Heiner Herberg

Elektronik

W0254828

Aus dem Programm
Elektrotechnik/Elektronik

Aufgabensammlung Elektrotechnik, Band 1 + 2
von M. Vömel und D. Zastrow

Elektrotechnik
von D. Zastrow

Vieweg Handbuch Elektrotechnik
von W. Böge

Handbuch Elektrische Engergietechnik
von L. Constantinescu-Simon

Elektronik
von D. Zastrow

Elektronik
von Heiner Herberg

Elemente der angewandten Elektronik
von E. Böhmer

Rechenübungen zur angewandten Elektronik
von E. Böhmer

Arbeitshilfen und Formeln für das technische Studium 4: Elektrotechnik / Elektronik / Digitaltechnik
von A. Böge

Elektrische Meßtechnik
von K. Bergmann

Vieweg Lexikon Technik
von A. Böge

vieweg

Heiner Herberg

Elektronik

Einführung für alle Studiengänge

Mit 529 Abbildungen

Herausgegeben von Otto Mildenberger

Die Deutsche Bibliothek - CIP-Einheitsaufnahme
Ein Titeldatensatz für diese Publikation ist bei
Der Deutschen Bibliothek erhältlich.

1. Auflage Januar 2002

Herausgeber: Prof. Dr.-Ing. Otto Mildenberger lehrte an der Fachhochschule Wiesbaden in den Fachbereichen Elektronik und Informatik.

Alle Rechte vorbehalten
© Springer Fachmedien Wiesbaden 2002
Ursprünglich erschienen bei Friedr. Vieweg & Sohn Verlagsgesellschaft mbH, Braunschweig/Wiesbaden, 2002

Das Werk einschließlich aller seiner Teile ist urheberrechtlich geschützt. Jede Verwertung außerhalb der engen Grenzen des Urheberrechtsgesetzes ist ohne Zustimmung des Verlags unzulässig und strafbar. Das gilt insbesondere für Vervielfältigungen, Übersetzungen, Mikroverfilmungen und die Einspeicherung und Verarbeitung in elektronischen Systemen.

www.vieweg.de

Konzeption und Layout des Umschlags: Ulrike Weigel, www.CorporateDesignGroup.de

Gedruckt auf säurefreiem Papier

ISBN 978-3-528-03911-0 ISBN 978-3-663-09913-0 (eBook)
DOI 10.1007/978-3-663-09913-0

Vorwort

Das vorliegende Buch wendet sich an Studierende und Ingenieure, die sich mit dem großen Gebiet der Elektronik im Haupt- und vor allem im Nebenfach beschäftigen.

In diesem Buch wird aufbauend auf den Grundlagen der Elektrotechnik eine Einführung in die konventionelle Elektronik vermittelt. Dazu ist zu Beginn im Kapitel 1 eine Zusammenfassung aller wesentlicher Fakten des Grundwissens aus der Elektrotechnik angegeben, auf die das Buch dann aufbaut. Im Anschluss wird der pn-Übergang behandelt, wobei sich auf die wesentlichen Fakten zur Anwendung beschränkt wird. Aufbauend auf den pn-Übergang wird als Schwerpunkt die Diode als Gleichrichter-Anwendung und die Z-Diode in Stabilisierungsschaltungen dargestellt. Zu diesen Anwendungen sind absichtlich sehr ausführlich die entsprechenden Herleitungen, auch mit vielen Zwischenschritten angegeben. Im Kapitel 3 wird der Bipolar-Transistor am Beispiel des npn-Typs vorgestellt und in den drei Grundschaltungen vorgestellt, angewendet sowie wieder ausführlich formal beschrieben. Dabei wird immer Wert darauf gelegt, dass *ein Typ* und *eine Grundschaltung* ausführlich diskutiert wird. Die anderen Schaltungsvarianten und Anwendungen werden danach in vergleichender Weise vorgestellt und kürzer behandelt. Dieser Weg setzt sich im Kapitel 4 mit dem Feldeffekttransistor fort, wo wieder nur eine Grundschaltung am Beispiel des n-Kanaltyp behandelt wird. Anschließend werden die anderen technologischen Systeme vergleichend betrachtet. Nach der Darstellung der Grundlagen zu den Bauelementen und deren Anwendungsmöglichkeiten werden aufbauend ab Kapitel 5 komplette Schaltungen untersucht und die Frage des Frequenzverhaltens von Wechselsignalverstärkern behandelt. Daran schließt sich eine Untersuchung zur Rückkopplungsprobelematik und der Mehrtransistoranwendung an. Aus der Anwendung des Bipolartransistors in einem Differenzverstärker erfolgt der Übergang auf die Kapitel 10 und 11, die als eine kurze Einführung in die Operationsverstärkertechnik zu sehen sind. Hier werden nur die Grundlagen zusammengetragen, Vergleiche zu den bisherigen Erkenntnissen gezogen und einige einfache Anwendungen behandelt. Tiefergehende Betrachtungen und Berechnungen sind nicht Inhalt dieses Buches, dazu ist auf die große Zahl der Spezialliteratur zurückzugreifen.

Wie bereits erwähnt, wird in diesem Buch, im Gegensatz zu anderen Büchern, besonders Wert darauf gelegt, dass bei den formalen Beschreibungen auf einfache Grundlagen zurückgegriffen und auf diese aufgebaut wird. Da oft den Studierenden das Verständnis bei der formalen Herleitung verloren geht, werden hier eine Vielzahl von Zwischenschritten eingefügt, was zu umfangreichen Formelsätzen führte. Gleiches trifft auch auf die Abbildungen und deren hohe Zahl zu, mit deren Hilfe das Verständnis weiter gefördert werden soll.

Dieses vorliegende Buch soll rein der Grundlagenvermittlung dienen. Deshalb wird so intensiv auf die Bauelemente und die Transistorschaltungen eingegangen, die heute bei den modernen Entwicklungsmethoden oft nur als Block mit einer mathematischen Funktion noch auftauchen. Das hier dargestellte Wissen wird u.a. in der Vorlesung an der Fachhochschule Frankfurt am Main eingesetzt und stellt den kompletten Lehrstoff der Grundlagen der Elektronik dar.

Abschließend möchte ich meinen Dank für die Unterstützung bei der Erstellung dieses Buches aussprechen und mich stellvertretend für alle Beteiligten bei Herrn Prof. Dr. Mildenberger als Verlagsbetreuer sowie bei Herrn Anders Meyer und Frau Ingrid Schleiter-Lausch FH Frankfurt/Main bedanken.

Frankfurt am Main im Oktober 2001 *Heiner Herberg*

Inhaltsverzeichnis

1 Einführung 1

1.1 Grundlegende Gesetze 1

1.1.1 Ohmsche Gesetz 1

1.1.2 Kirchhoffsche Gesetze 1

1.2 Quellen und Ersatzschaltbilder 2

1.2.1 Spannungsquelle 2

1.2.2 Stromquelle 2

1.3 Strom-/Spannungs-Verhalten von Bauelementen 3

1.3.1 Widerstände 3

1.3.2 Kondensator 9

1.3.3 Induktivitäten / Spulen 12

1.3.4 Strom-/Spannungsverhalten an R, C, L 15

1.4 Parallel- und Reihenschaltung von Bauelementen 19

1.4.1 Herleitung des Phasenwinkels 19

1.4.2 Grenzfrequenz, Tief- und Hochpassverhalten 21

1.4.3 Integrier- und Differenzierglieder mit RC-Kombinationen 24

1.5 Elektrische Leistung und Arbeit 26

1.5.1 Allgemeine Definitionen 26

1.5.2 Definition und Herleitung des Effektivwertes 27

1.5.3 Wirkleistung und Blindleistung 28

1.5.4 Elektrische Arbeit 29

2 PN-Diode 30

2.1 Physikalische Grundlagen 30

2.1.1 Aufbau eines Halbleiterkristalls 30

2.1.2 Eigenleitfähigkeit 30

2.1.3 PN-Übergang 32

2.2 Arbeitsweise von Halbleiterdioden 34

2.2.1 Allgemeine Kennlinie 34

2.2.2 Parameter von Halbleiterdioden 35

2.2.2 Temperaturverhalten 38

2.2.3 Großsignalverhalten 38

2.2.4 Kleinsignalverhalten 41

2.2.5 Schaltverhalten von Halbleiterdioden 43

2.3 Halbleiterdioden als Gleichrichter 45
2.3.1 Einleitung 45
2.3.2 Grundschaltungen mit ohmscher Last 45
2.3.3 Gleichspannungserzeugung mit Glättungskondensator 56
2.3.4 Gleichspannungserzeugung mit Siebkette 61
2.4 Halbleiterdioden als Logik-Baustein 63
2.5 Sonderformen von Dioden und deren Anwendungen 64
2.5.1 Z-Diode 64
2.5.2 Kapazitätsdioden 73
2.5.3 Tunneldiode 74
2.5.4 Schottky-Dioden 75
2.5.5 Lichtempfindliche Dioden 76
2.5.6 Leuchtdioden 77

3 Bipolar-Transistor 78
3.1 Grundlagen 78
3.1.1 Allgemeiner Aufbau eines Transistors 78
3.1.2 Funktionsweise des pnp-Transistors 78
3.1.3 Funktionsweise des npn-Transistors 82
3.2 Strom-/ Spannungsbeziehungen am Transistor 84
3.2.1 Grundlagen 84
3.2.2 Großsignalverhalten des Bipolartransistors 88
3.2.3 Kleinsignalverhalten des Bipolartransistors 101
3.2.4 Dynamisches Verhalten des Bipolartransistors 103
3.3 Arbeitspunkteinstellung 104
3.3.1 Grundsätze 104
3.3.2 Festlegung des Arbeitspunktes 105
3.3.3 Stabilisierung des Arbeitspunktes 111
3.3.4 Betrachtung der Arbeitspunkteinstellung beim Schalterbetrieb 117
3.3.5 Wechselstromverhalten 117
3.4 Weitere Schaltungsvarianten des Bipolartransistors 124
3.4.1 Kollektorschaltung 124
3.4.2 Basisschaltung 133
3.4.3 Beispielschaltung Spannungsregler 136
3.5 Transistor als digitaler Schalter 137
3.5.1 Grundlagen 137
3.5.2 Betrachtung der Betriebszustände 138
3.5.3 Schaltverhalten und Schaltzeiten 142

4 Feldeffekttransistoren 146
4.1 Grundlagen der Feldeffektransistortechnik 146
4.1.1 Einteilung der Feldeffekttransistoren nach der Steuerungsart 146
4.1.2 Grundfunktion und deren Zusammenhänge 147
4.2 Sperrschicht-FET 149
4.2.1 Grundlagen 150
4.2.2 Arbeitspunkteinstellung bei Sperrschicht-FET 159
4.3 Feldeffekttransistor mit Isolierschicht 163
4.3.1 Grundlagen 163
4.3.2 Mathematische Grundlagen 166
4.3.3 Kennlinienfelder für MOSFET 168
4.3.4 Arbeitspunkteinstellung für MOSFET 173
4.3.5 Weitere Grundschaltungen mit Feldeffekttransistoren 177
4.3.6 Feldeffekttransistor als gesteuerter Widerstand 182
4.4 Feldeffekttransistor als Schalter 184
4.4.1 Grundlagen 184
4.4.2 Statische Betrachtung 185
4.4.3 Statisches Übertragungsverhalten 188
4.4.4 Dynamisches Verhalten 191
4.5 CMOS-FET im Schalterbetrieb 197
4.5.1 Grundlagen 197
4.5.2 Statisches Verhalten des CMOS-Schalters 199
4.5.3 Dynamisches Verhalten des CMOS-Schalters 203

5 Kleinsignalverhalten von Transistoren 205
5.1 Einführung 205
5.2 Betrachtung des Bipolartransistors 206
5.2.1 Emitterschaltung 207
5.2.2 Basisschaltung 213
5.2.3 Kollektorschaltung 214
5.3 Umrechnung der h-Parameter 215
5.3.1 Umrechnung von Emitter- in Kollektorschaltung 216
5.3.2 Umrechnung von Emitter- in Basisschaltung 217
5.4 Arbeitspunktabhängigkeit der h-Parameter 218
5.5 Betrachtung des Unipolartransistors 221
5.5.1 Source-Schaltung 221
5.5.2 Interpretation der Differentiale am Kennlinienfeld 223
5.5.3 Arbeitspunktabhängigkeit der y-Parameter 224

6 Betriebskenngrößen von Transistorschaltungen ... 226
6.1 Der Vierpol ... 226
6.1.1 Allgemeine Grundlagen ... 226
6.1.2 Schnittstellenvarianten an einer Verstärkerschaltung ... 227
6.1.3 Beschreibungssysteme ... 228
6.2 Beschreibung mittels h-Parameter ... 229
6.2.1 Bedeutung der einzelnen Parameter (allgemeine Darstellung) ... 229
6.2.2 Interpretation der h-Parameter ... 230
6.2.3 Betrachtung von Ein- und Ausgangswiderstand ... 231
6.2.4 Betrachtung des Transistors und dessen Umfeld ... 235
6.2.5 Betrachtung von Ein- und Ausgangswiderstand ... 239
6.2.6 Betrachtung der Verstärkungen ... 242
6.3 Vierpol-Ersatzschaltbild mit y-Parametern ... 248
6.3.1 Allgemeine Darstellung ... 248
6.3.2 Bedeutung der Einzelparameter in y-Darstellung ... 248
6.3.3 Darstellung des Transistors mit y-Parameter ... 249
6.3.4 Betriebseigenschaften der y-Parameter ... 250
6.3.5 Zusammenhang zwischen h- und y-Parametern ... 252

7 Frequenzverhalten von Transistorschaltungen ... 253
7.1 Allgemeine Betrachtung der Emitter-Schaltung ... 253
7.1.1 Überlegungen zur Wirkung der Kapazitäten ... 254
7.2 Mathematische Betrachtungen ... 255
7.2.1 Betrachtung der Beschaltung ... 255
7.2.2 Betrachtung der Spannungsverstärkung ... 258

8 Der rückgekoppelte Transistorverstärker ... 268
8.1 Problemstellung ... 268
8.1.1 Rückkopplung ... 268
8.1.2 Ziel der Kopplungen ... 268
8.2 Prinzipien der Rückkopplung ... 269
8.3 Varianten der Rückkopplungen ... 270
8.4 Einsatzfall der Strom-Spannungs-Gegenkopplung ... 271
8.4.1 Spannungsanalyse ... 272
8.4.2 Analyse der Impedanzen ... 273
8.4.3 Umformung und Übertragung der Widerstandsanteile ... 274
8.4.4 Verstärkungsanalyse ... 276
8.4.5 Wirkungen auf die Ein- und Ausgangsimpedanz ... 277

8.4.6 Näherungen bei der Strom-/Spannungs-Gegenkopplung ... 279
8.5 Einsatzfall der Spannungs-/ Strom-Gegenkopplung ... 280
8.5.1 Grundprinzip ... 280
8.5.2 Analyse über y-Parameter ... 282

9 Differenzverstärker ... 287
9.1 Grundlagen ... 287
9.2 Allgemeiner Differenzverstärker ... 288
9.2.1 Grundvoraussetzungen für diese Funktion ... 288
9.2.2 Funktionsweise ... 289
9.2.3 Betrachtung der Signalparameter ... 290
9.2.4 Berechnung der Verstärkerparameter ... 293

10 Grundlagen der Operationsverstärkertechnik ... 295
10.1 Einführung ... 295
10.1.1 Allgemeine Beschreibung eines OPV ... 295
10.1.2 Hauptbaugruppen eines OPV ... 298
10.2 Grundkenngrößen von Operationsverstärkern ... 300
10.2.1 Wichtige Parameter ... 300
10.2.2 Übertragungsverhalten ... 301
10.2.3 Wechselstromeigenschaften ... 302
10.2.4 Statische Eigenschaften ... 305
10.2.5 Abgleichmöglichkeiten der Offsetfehler ... 306
10.3 Betriebsarten ... 307
10.3.1 Nichtinvertierender Betrieb ... 308
10.3.2 Invertierender Betrieb ... 308
10.3.3 Differenzbetrieb ... 309
10.3.4 Gleichtaktbetrieb ... 309
10.4 Allgemeine Grundanwendungen von Operationsverstärkern ... 310
10.4.1 Der rückgekoppelte OPV ... 310

11 Operationsverstärker - Anwendungen ... 313
11.1 Einführung zur Anwendung von Operationsverstärkern ... 313
11.1.1 Festlegungen ... 313
11.1.2 Grundschaltungen für Spannungsverstärker ... 313
11.2 Invertierender Spannungsverstärker ... 314
11.2.1 Betrachtung eines idealen Operationsverstärkers ... 314
11.2.2 Betrachtung eines realen Operationsverstärkers ... 318
11.2.3 Kompensation von Eingangsruhestrom und Offsetspannung ... 323

11.3 Nichtinvertierender Verstärker 325
11.3.1 Betrachtung des idealen OPVs 325
11.3.2 Betrachtung eines realen OPV 327
11.3.3 Ersatzschaltbild des nichtinvertierenden OPVs 328
11.3.4 Operationsverstärker als Niederfrequenzverstärker 330
11.4 Analoge Rechenschaltungen 332
11.4.1 Addierer 332
11.4.2 Subtrahierer 332
11.4.3 Exponentialverstärker 333
11.4.4 Logarithmierverstärker 334
11.5 Signalaufbereitung mit OPV 355
11.5.1 Integrierer 335
11.5.2 Differenzierer 337
11.5.3 Vierpolbeschaltung 338
11.6 Nichtlineare Schaltungsstufen 340
11.6.1 Spannungskomparator 340
11.6.2 Schmitt-Trigger 344
11.6.3 Astabiler Multivibrator 348

Literaturverzeichnis 352

Sachwortverzeichnis 355

1 Einführung

Am Anfang dieses Buches soll eine kurze Zusammenfassung der wichtigsten Grundlagen der Elektrotechnik stehen, die immer wieder in der Elektronik gebraucht werden und auf die die gesamten Betrachtungen und Berechnungen aufbauen.

1.1 Grundlegende Gesetze

Zu den Kernsätzen der Elektrotechnik/Elektronik gehören das Ohmsche Gesetz und die zwei Kirchhoffschen Sätze. Dabei hat es sich gezeigt, dass, so einfach diese Gesetze sind, hier die meisten Fehler bei der Anwendung auftreten.

1.1.1 Ohmsche Gesetz

Das Ohmsche Gesetz fixiert die Strom-/Spannungbeziehungen und den daraus resultierenden ohmschen Widerstand. Es dient weiterhin als Grundlage zur Beschreibung von nichtlinearen, realen Widerständen und imaginären (Blind-) Widerständen, die aus kapazitiven bzw. induktiven Wirkungen einen frequenzabhängigen Widerstandsanteil erbringen.

$$R = \frac{U}{I} \quad \text{bzw.} \quad U = I \cdot R \quad \text{und} \quad I = \frac{U}{R} \tag{1.1}$$

1.1.2 Kirchhoffsche Gesetze

Die zwei Kirchhoffschen Sätze beschreiben das Verhalten von Strom und Spannung in Stromkreisen (Maschen) und an Knotenpunkten (Verzweigungen). Diese Gesetze dienen zur Beschreibung bzw. Berechnung von Spannungsabfällen über den Bauelementen und zur Bestimmung der Größe des Stromes durch die Bauelemente.

Knotenpunktsatz

Die Summe der in einen Knoten hineinfließende Ströme ist gleich der Summe der aus dem Knoten austretenden Ströme, wobei exakt die Flussrichtung beachtet werden muss.

$$\sum_{\rightarrow\bullet} I_n = \sum_{\bullet\rightarrow} I_m \tag{1.2}$$

Hierbei stellt n den Index für die in den Knoten hineinfließenden Ströme und m den Index für die aus dem Knoten herausfließende Ströme dar.

Maschensatz

In einer geschlossenen Masche ist die Summe der Spannungen aller Spannungsquellen U_n gleich der Summe aller Spannungsabfälle über den Verbrauchern U_m (Wirkrichtungen beachten !).

$$\sum_n U_n = \sum_m U_m \tag{1.3}$$

Oft werden die Spannungsquellen auch mit U_0 oder E_n (elektromotorische Kraft EMK) gekennzeichnet.

1.2 Quellen und Ersatzschaltbilder

In der Elektrotechnik gibt es zwei Grundsysteme von Energiequellen, auf die jeder Erzeuger zurückgeführt werden kann. Damit man die Funktion recht einfach und sicher beschreiben kann, werden diese auf zwei ideale Bauelemente zurückgeführt. Es handelt sich dabei um die ideale Form einer Strom- bzw. Spannungsquelle und einen entsprechenden Innenwiderstand. Auch gestattet diese Art der Darstellung eine gegenseitige Umrechnung und eine entsprechende Ersetzung.

1.2.1 Spannungsquelle

Die gesamte reale Spannungsquelle, die aber nur an den Punkten 1 und 2 (Bild 1.1) zugängig ist, wird nun dargestellt als ideale Spannungsquelle und einem in der Quelle befindlichen internen Widerstand $R_{i0} = 0$ (im Bild nicht dargestellt).

Damit ergibt sich an der idealen Quelle eine konstante Spannung U_0. In Reihe (Serie) liegt der Innenwiderstand R_i, der zusammen mit der idealen Quelle die reale Quelle ergibt. Die Maschengleichungen nach den Kirchhoffschen Gesetzen liefern an der Trennstelle der Punkte 1 und 2 folgende Ansätze:

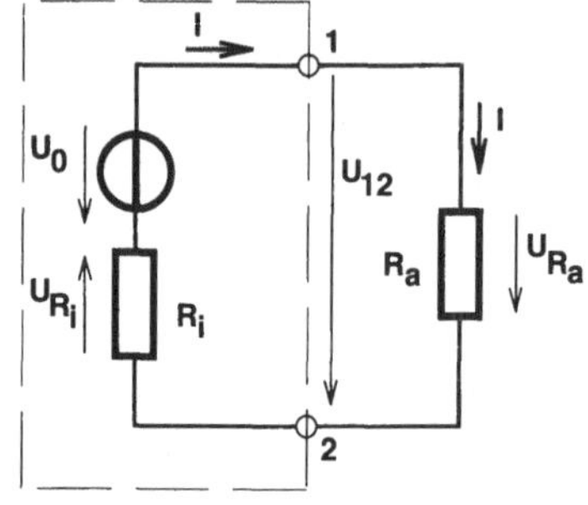

Bild 1.1 Ersatzschaltbild einer Spannungsquelle

$$U_{12} = I \cdot R_a$$

und $$U_{12} = U_0 - I \cdot R_i$$

Hierbei stellt die erste Gleichung die Definition für die Außenlast (Verbraucher) und der zweite Ansatz die Innenzustände der Quelle, die sogenannte Generatorgleichung, dar. Daraus folgt für die gesamte Masche von Quelle zum Verbraucher:

$$I \cdot R_a = U_0 - I \cdot R_i \qquad \text{bzw.} \qquad I = \frac{U_0}{R_i + R_a} \tag{1.4}$$

Betrachtet man nun die zwei möglichen äußeren Extremzustände, so ergeben sich zwei Werte:

Fall 1: Der Verbraucher ist kurzgeschlossen, also sein Widerstand ist Null:

Kurzschlussstrom: (bei $R_a = 0$) $$I_{kurz} = \frac{U_0}{R_i}$$

Fall 2: Der Verbraucher ist nicht angeschlossen, also sein Widerstand ist unendlich groß:

Leerlaufspannung: (bei $R_a = \infty$) $$U_{leer} = U_0$$

1.2.2 Stromquelle

Für die zweite Quellenart, die Stromquelle, wird nun der gleiche Untersuchungsweg beschritten. Diese Quelle besteht aus einer idealen Stromquelle mit einem konstanten Quellenstrom I_q und einem unendlich großen internen Widerstand R_{i0} (im Bild nicht dargestellt), die parallel einen Innenwiderstand R_i besitzt. Daraus lassen sich wieder gemäß der Kirchhoffschen Sätze folgende Zusammenhänge herleiten:

Knotensatz: $I_q = I_i + I_a$ bzw. $I_a = I_q - I_i$

Maschensätze:

Innenkreis: $U_{12} = I_i \cdot R_i$

und Außenkreis: $U_{12} = I_a \cdot R_a$

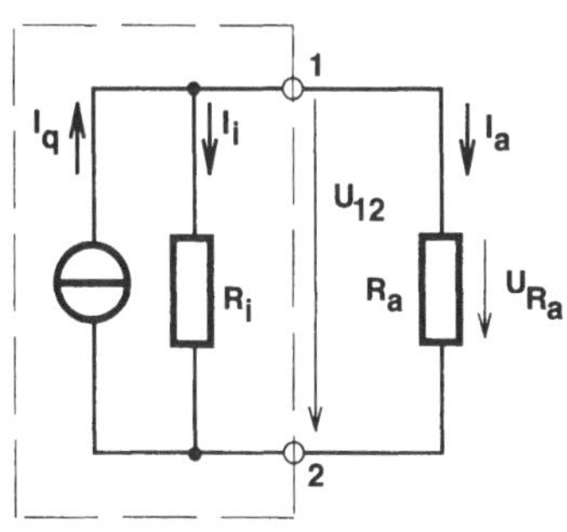

Bild 1.2 Ersatzschaltbild einer Stromquelle

Da U_{12} die von außen zugängige Klemmenspannung ist und über R_i und R_a anliegt, gilt weiterhin:

$$I_a \cdot R_a = I_i \cdot R_i \quad \text{bzw.} \quad I_a \cdot R_a = \left(I_q - I_a\right) \cdot R_i$$

$$I_i = I_a \cdot \frac{R_a}{R_i} \quad \text{und} \quad I_a = I_q \cdot \frac{R_i}{R_i + R_a}$$

Damit lässt sich die Klemmenspannung an den Punkten 1 und 2, die für den Benutzer zugängig ist, bestimmen.

$$U_{12} = I_q \cdot \frac{R_i \cdot R_a}{R_i + R_a} \tag{1.5}$$

Für die Grenzwerte ergibt sich in analoger Weise wie bei der Spannungsquelle:

Kurzschlussstrom: $I_{kurz} = I_q$

Leerlaufspannung: $U_{leer} = I_i \cdot R_i \quad \Rightarrow \quad I_i = I_q$

1.3 Strom-/Spannungs-Verhalten von Bauelementen

1.3.1 Widerstände

1.3.1.1 Ohmscher Widerstand

Unter linearen ohmschen Widerständen versteht man Bauelemente, die ihren Widerstand nicht durch physikalische Einflüsse (wie z.B. Licht, mechanische, chemische) verändern. Somit bleibt das Verhältnis Spannung/Strom konstant. Allerdings sind diese wie alle anderen Bauelemente mehr oder weniger stark temperaturabhängig. Beispiele für die rein ohmschen Widerstände sind Draht- und Schichtwiderstände sowie Potentiometer. Somit gilt hier das Ohmsche Gesetz und es ergibt sich: $R = \frac{U}{I}$ = konstant. Die Kennlinien sind immer *Geraden* mit einem dem Widerstands- bzw. Leitwert entsprechenden konstanten Anstieg.

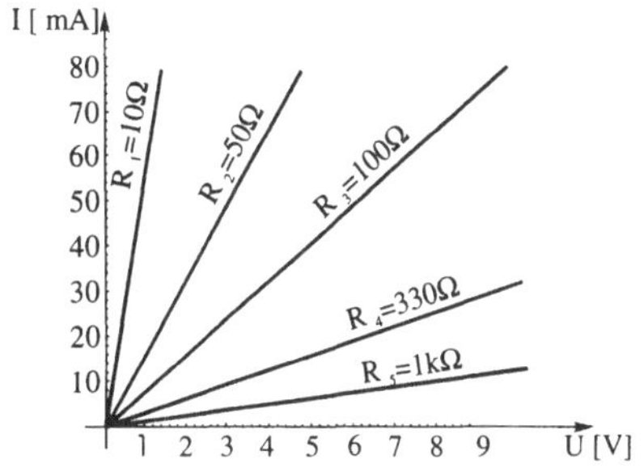

Bild 1.3 Linearer Widerstandsverlauf

Temperaturabhängigkeit

Wie bereits gesagt, kann die Temperaturabhängigkeit mehr oder weniger stark ausgeprägt sein und man geht in *einfachen Einsatzfällen* oft davon aus, dass keine Temperaturabhängigkeit besteht. Daraus folgt die Annahme und die Näherung: $\Delta R(\vartheta) = 0$. Das heißt, die Temperatur hat keinen Einfluss auf den Widerstandswert. In Realität besteht aber für alle Bauelemente die folgende Beziehung, wobei die temperaturabhängigen Beiträge oft sehr gering sind:

$$R(\vartheta) = R(\vartheta_0) + \Delta R(\Delta\vartheta) \tag{1.6}$$

Dabei bedeutet ϑ_0 die Bezugstemperatur, die die Zimmertemperatur darstellen soll (i.A. 20°C aber auch 25°C und 300K möglich), ϑ die Temperatur des Arbeitsbereiches und $\Delta\vartheta$ dementsprechend die Differenz der Arbeitstemperatur zur Bezugstemperatur. Eine weitere Darstellung ist wie folgt, wobei α_R den Temperaturbeiwert (-koeffizient) beinhaltet:

$$R(\vartheta) = R(\vartheta_0) \cdot (1 + \alpha_R \cdot \Delta\vartheta) \tag{1.7}$$

Für den Temperaturkoeffizienten gibt es zwei Darstellungsmöglichkeiten und daraus folgen zwei Berechnungen:

wenn: 1. *relativer Temperaturkoeffizient* vorliegt z.B.: $\alpha_R = 0{,}001 / \mathrm{K}$

$$\Delta R(\Delta\vartheta) = R(\vartheta_0) \cdot \alpha_R \cdot (\vartheta - \vartheta_0)$$

$$R(\vartheta) = R(\vartheta_0) \cdot (1 + \alpha_R \cdot (\vartheta - \vartheta_0)) \tag{1.8}$$

oder 2. *absoluter Temperaturkoeffizient* vorliegt z.B.: $\alpha_R = 0{,}01\ \Omega / \mathrm{K}$

$$\Delta R(\Delta\vartheta) = \alpha_R \cdot (\vartheta - \vartheta_0)$$

$$R(\vartheta) = R(\vartheta_0) + \alpha_R \cdot (\vartheta - \vartheta_0) \tag{1.9}$$

Hinweis:

Wenn man sich nicht sicher ist, welche der beiden Ansätze zu verwenden ist, so hilft die sogenannte Dimensionsrechnung (Einsetzen nur der Dimensionen in die Formeln).

Normreihen

Da im Herstellungsprozess Toleranzen auftreten, stellte sich die Frage, wie man den Produktionsausstoß optimieren kann, das heißt, nicht zu viel Ausschuss zu produzieren und gleichzeitig dem Anwender auf die Schwankungen der Parameter aufmerksam zu machen. Daraus entstanden die sogenannten IEC-Normreihen (Bild 1.4), die für Widerstände, Kondensatoren und Induktivitäten gilt sowie die Festwerte und auch einstellbare Bauelemente umfasst.

E6 (± 20%)	1,0				1,5				2,2				3,3				4,7				6,6			
E12 (± 10%)	1,0		1,2		1,5		1,8		2,2		2,7		3,3		3,9		4,7		5,6		6,8		8,2	
E24 (± 5%)	1,0	1,1	1,2	1,3	1,5	1,6	1,8	2,0	2,2	2,4	2,7	3,0	3,3	3,6	3,9	4,3	4,7	5,1	5,6	6,2	6,8	7,5	8,2	9,1

Bild 1.4 Darstellung der Hauptreihen

Die einfachste ist die E6-Reihe, die 6 Bereiche pro Dekade umfasst, und gemäß den Bildern 1.4 und 1.5 unterteilt ist. Weitere E-Reihen sind die E12, E24, E48 usw.. Hierbei ist zu erkennen, dass bei den E-Reihen neben der Verdopplung der Klassen pro Dekade noch eine Halbierung der Toleranzwerte hinzukommt. Das lässt natürlich den Schluss zu, dass sich mit jeder E-Reihe auch neben der Qualitätsstufung der Preis verändern wird. Deshalb sollte der Entwickler versuchen, für jeden Einsatzfall die optimale Preis-/Leistungsbeziehung zu erhalten. Einige Beispiele für mögliche technologische Auslegungen von Widerständen und Potentiometern sind in [1] dargestellt.

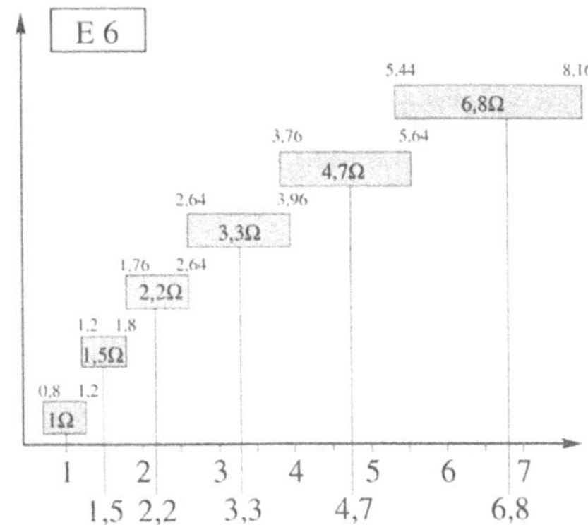

Bild 1.5 Grafische Darstellung der Bereichsüberschneidung

1.3.1.2 Nichtkonstante (nichtlineare) Widerstände

Nichtlineare Widerstände zeichnen sich dadurch aus, dass deren I/U-Verhalten keine Gerade darstellt, sondern einer nichtlinearen Funktion folgt, die unterschiedliche physikalische Ursachen haben kann. Im folgenden Punkt sind einige Beispiele dazu aufgeführt, die vor allem in der Steuerungs- und Regeltechnik sowie in der Sensorik ein großes Einsatzgebiet finden. Das Symbol (Bild 1.6) kennzeichnet einen äußeren Einfluss (X) auf das Widerstandsverhalten, der zum Beispiel Temperatur, Lichteinfall oder auch die anliegende Spannung sowie ein Druck sein kann. Aus dem Bild 1.7 ist zu erkennen, dass sich in jedem Punkt P ein eigenes Strom-/Spannungsverhältnis einstellt. Aus diesem Grund hat der Widerstand in jedem Punkt der Kennlinie einen anderen Widerstandswert.

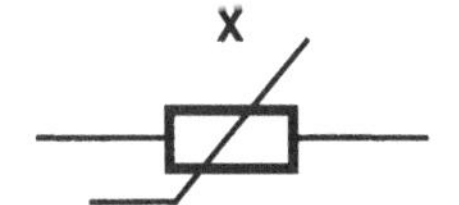

Bild 1.6 Allgemeines Symbol

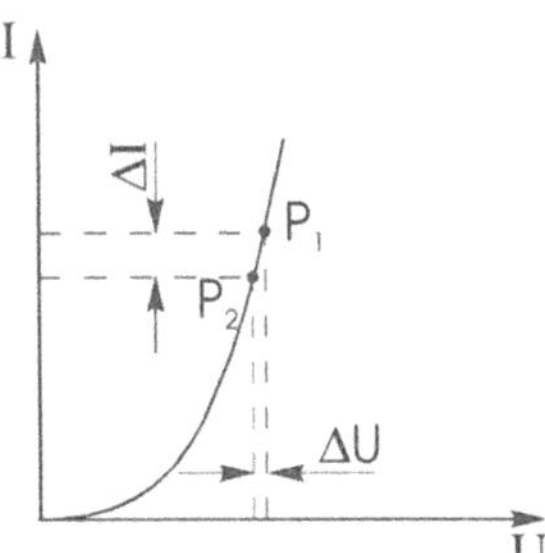

Bild 1.7 Nichtlinearer Widerstand

$$R(\mathrm{P}_1) = \frac{U(\mathrm{P}_1)}{I(\mathrm{P}_1)} \qquad (1.10)$$

Aus dieser ständigen Änderung des Widerstandswertes leitet sich der sogenannte differentielle Widerstand ab. Bei der Betrachtung eines Ausschnittes von dem Punkt P_1 nach dem Punkt P_2 ergibt sich:

$$r = \frac{\Delta U}{\Delta I} \quad \text{mit} \quad \Delta U = U(\mathrm{P}_1) - U(\mathrm{P}_2) \quad \text{bzw.} \quad \Delta I = I(\mathrm{P}_1) - I(\mathrm{P}_2)$$

Daraus lässt sich der *differentielle Widerstand* herleiten:

$$r = \frac{dU}{dI} \qquad (1.11)$$

Im folgenden Teil sollen einige Abhängigkeiten von physikalischen Größen kurz dargestellt werden, da diese in der Elektrotechnik/Elektronik häufig genutzt werden.

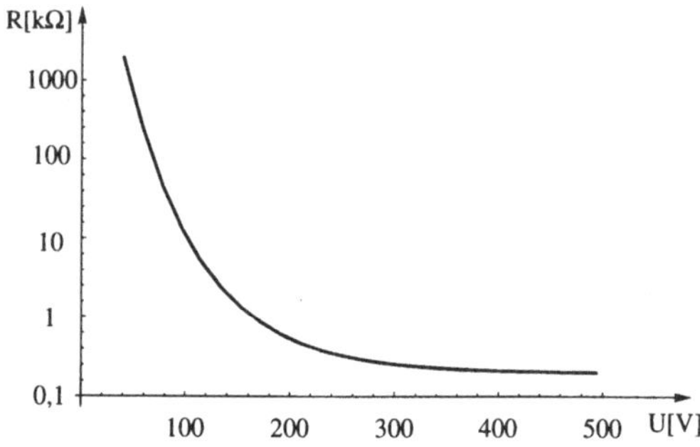

Bild 1.8 Widerstandsverlauf eines Varistors

1. Strom/Spannung

Der Widerstand dieses Bauelementes ist von der anliegenden Spannung bzw. dem durchfließenden Strom abhängig. Der Einsatz dieses Bauelementes erfolgt u.a. in der Verstärkertechnik (z.B. Senderöhrenregler).

Varistor (VDR)

$$R = \mathrm{f}(I) \quad \text{bzw.} \quad R = \mathrm{f}(U)$$

$$U = \mathrm{C} \cdot I^{\beta} \quad \text{bzw.} \quad I = \left(\frac{U}{\mathrm{C}}\right)^{\frac{1}{\beta}} \tag{1.12}$$

Der Kennlinienverlauf wird in der Regel einmal als Widerstandsänderung bezogen auf die anliegende Spannung (Bild 1.8) dargestellt. Eine weitere Darstellungsmöglichkeit ist das Vierquadranten-Strom-Spannungs-Diagramm, wie im Bild 1.9 zu sehen ist.

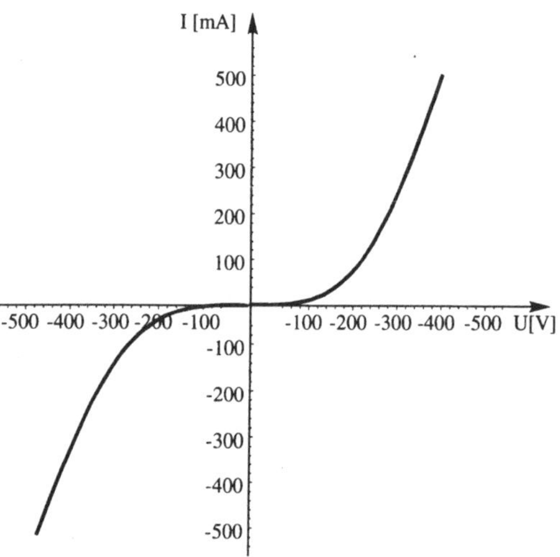

Bild 1.9 I/U-Kennlinie eines Varistors

2. Temperatur

Die temperaturabhängigen Bauelemente, die sogenannten Thermistoren, haben gegenüber normalen Widerständen ein ausgeprägtes Temperaturverhalten mit entweder einem positiven (Kaltleiter = PTC) oder einem negativen (Heißleiter = NTC) Temperaturbeiwert.

$$R = \mathrm{f}(\vartheta)$$

Thermistor

Den Kennlinienverlauf eines Heißleiters, der bei steigender Temperatur seinen Widerstandswert verringert, zeigt Bild 1.10, wo auch das nichtlineare Verhalten klar zu erkennen ist.

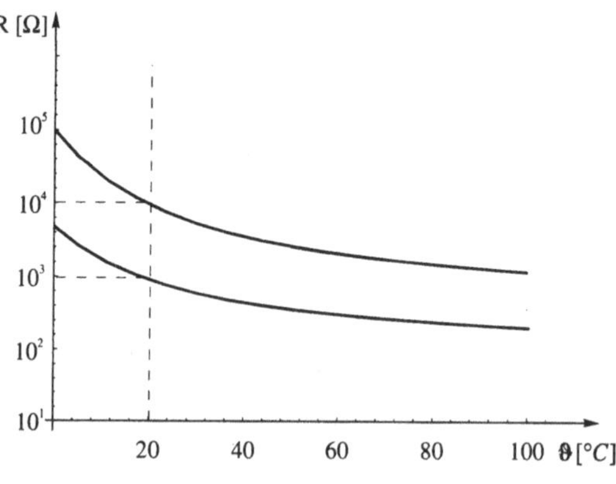

Bild 1.10 NTC-Kennlinie

Eine Besonderheit bringen Kaltleiter mit sich, die im Arbeitsbereich bei steigender Temperatur einen Anstieg des Widerstandswertes haben, da sie ein im Bild 1.11 dargestelltes Verhalten aufweisen. Dieses Verhalten führt zu einem Wendepunkt unterhalb des üblichen Arbeitsbereiches und damit auch zu einer nicht eindeutigen Zuordnung von Widerstands- zu Temperaturwerten. Somit ergibt sich eine Einschränkung des Arbeitsbereiches. Für einfache Anwendungen erfolgt der Einsatz des Bauelementes im Bereich von ϑ_N bis ϑ_E. Beispiele für Temperaturbeiwerte für Heiß- und Kaltleiter sind, wobei das Vorzeichen zu beachten ist:

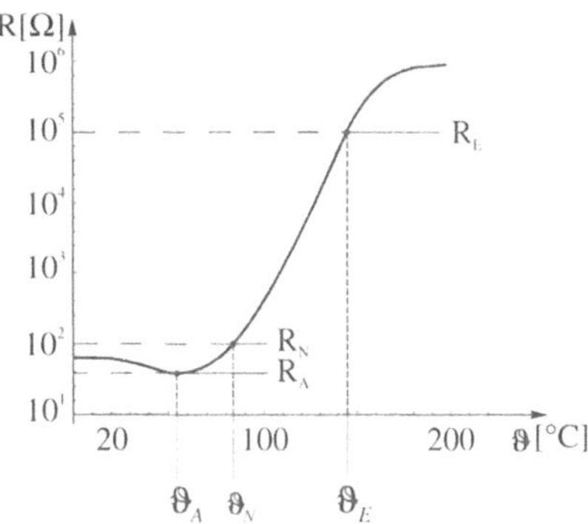

Bild 1.11 PTC-Kennlinie

NTC: $\alpha_{R(NTC)}$ = - 0,02...0,1 /° C (negatives Vorzeichen !)

PTC: $\alpha_{R(PTC)}$ = + 0,07...0,5 /° C (positives Vorzeichen !)

Ein ganz einfaches Einsatzbeispiel, bei dem auch beide Typen eingesetzt werden können, ist die Temperaturmessung, wie sie im Bild 1.12 dargestellt ist. Zu beachten bei solchen Einsatzbeispielen ist, dass der Widerstand als Sensor arbeitet und nicht durch seinen eigenen Leistungsumsatz sich und das zu messende Medium erwärmt.

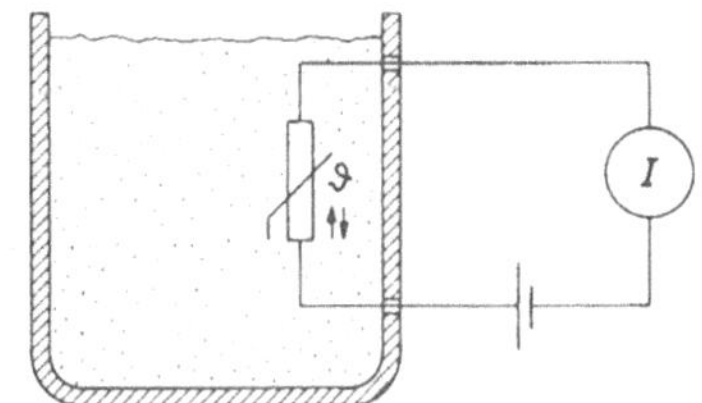

Bild 1.12 Einfacher Aufbau einer Temperaturmessung [1]

3. Geometrische Veränderungen (Dehnen, Stauchen)

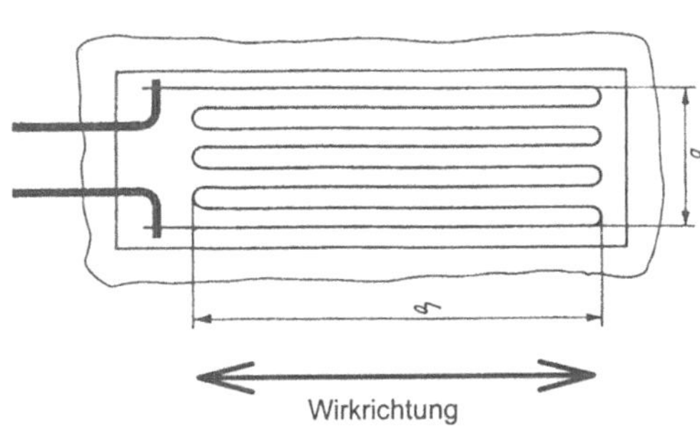

Bild 1.13 Draht-DMS [2]

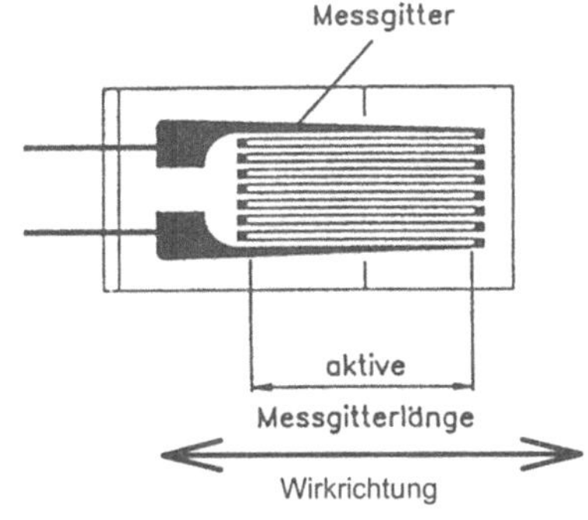

Bild 1.14 Folien-DMS [2]

Bei diesen Bauelementen erfolgt die Widerstandsänderung durch äußere Beanspruchung (Dehnen, Stauchen) und einer damit verbundenen Längen- und Querschnittsveränderung. Der hauptsächliche Einsatz erfolgt als Dehnungsmessstreifen (DMS) mit der entsprechenden geometrischen Veränderung des Trägermaterials und als Weiterführung durch Aufbringen auf eine Membrane als Drucksensor. Sehr ausführlich wird die Funktionsweise und die Anwendung in [17] beschrieben. Vom Grundansatz werden die folgenden Funktionen ausgenutzt.

$$R = f(p) \text{ bzw. } R = f(l)$$

und $R = f(A)$

Die physikalische Grundlage dazu bildet die Funktion:

$$R = \frac{l}{\kappa \cdot A} \quad \text{bzw.}$$

$$R = \rho \cdot \frac{l}{A} \qquad (1.13)$$

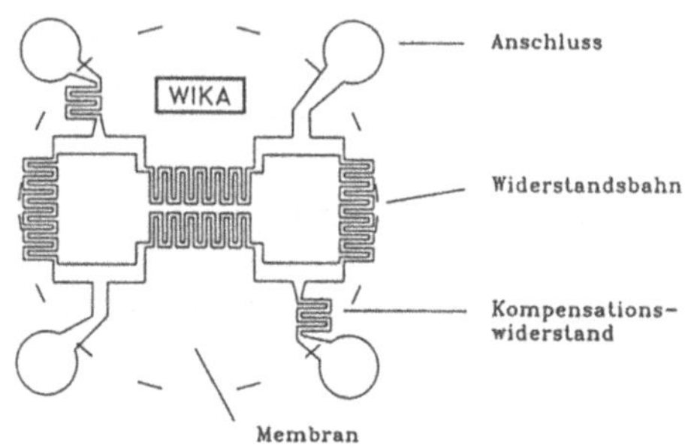

Bild 1.15 Membransensor zur Druckerfassung mit Temperaturkompensation [3]

4. Photowiderstand

Photowiderstände ändern ihren Widerstand in Abhängigkeit vom einfallenden Licht (Beleuchtungsstärke, Wellenlänge). Dabei ist besonders der aktive Wellenlängenbereich (vgl. Bild 1.18) entscheidend für die Änderung. Die Empfindlichkeit ist vom eingesetzten Material und gegebenenfalls von vorgesetzten Filtern abhängig. Dieses Bauelement ist aber nicht mit dem photoempfindlichen Halbleiterbauelement Photodiode bzw. -transistor zu verwechseln, bei denen ein anderer physikalischer Effekt ausgenutzt wird. Eingesetzt werden diese Bauelemente u.a. in Belichtungsmessern und Helligkeitssteuerungen. Der Nachteil ist hier, dass die Bauelemente recht großflächig gegenüber den photoempfindlichen Dioden sind. Einen großen Vorteil haben diese Bauelemente aber in dem großen Wellenlängenbereich, wo sie lichtempfindlich sind. Die Photodioden hingegen haben hier eine Empfindlichkeitseinschränkung und sind hauptsächlich im infraroten und roten Bereich aktiv.

Die allgemeine Funktion lautet: $R = f(B)$

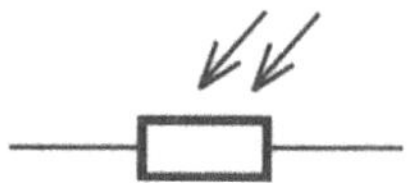

Bild 1.16 Schaltzeichen

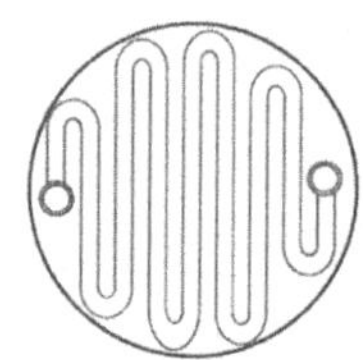

Bild 1.17 Schematische Darstellung eines Photowiderstandes

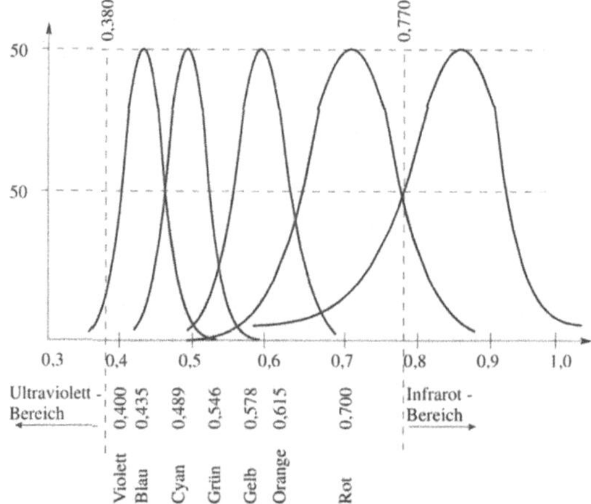

Bild 1.18 Mögliche spektrale Empfindlichkeiten verschiedener Photowiderstände (je nach Filtervorsätzen und Technologien)

1.3.2 Kondensator

Die kapazitiven Effekte spielen bei den Halbleiterbauelementen mit den nichtlinearen Funktionen eine wesentliche Rolle. Aus diesem Grund wird neben den Grundlagen zum Kondensator großen Wert auf das Strom-/Spannungsverhalten gelegt, und deshalb soll dieses Wissen hier nochmals kurz zusammengestellt.

1.3.2.1 Grundlagen

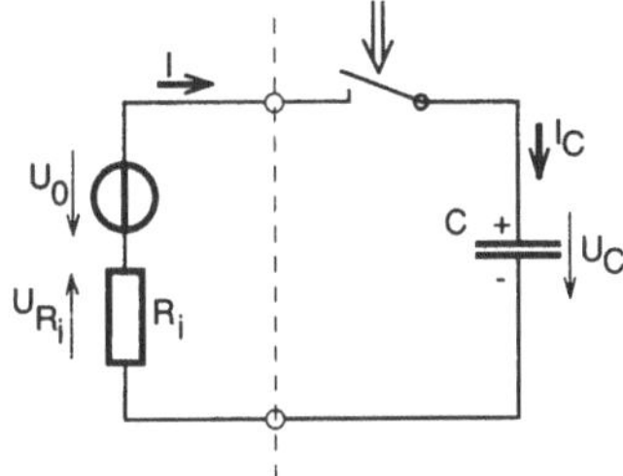

Bild 1.19 Grundschaltung

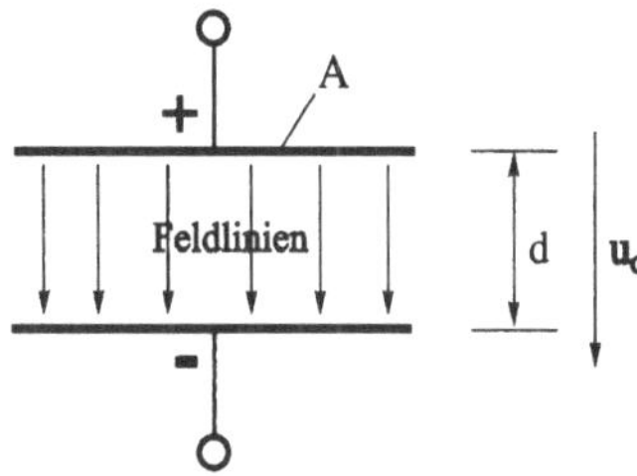

Bild 1.20 Plattenkondensator

Die Definitionen für das Bauelement Kondensator aus den physikalischen Beziehungen und dessen Geometrie lauten:

Feldstärke E: $|E| = \frac{u_C}{d} \quad \left[\frac{\mathrm{V}}{\mathrm{cm}}\right]$ bzw. $E = \left|\frac{u_C}{d}\right|$

Ladungsmenge Q: $Q = C \cdot u_C$

Kapazität C: $C = \frac{Q}{u_C} \quad \left[\frac{\mathrm{As}}{\mathrm{V}} = \mathrm{F}\right]$ bzw. $C = \varepsilon_0 \cdot \varepsilon_r \cdot \frac{A}{d}$

Nun ist zu erkennen, dass die Kapazität mit Vergrößerung der Wirkfläche steigt und mit steigendem Abstand sinkt.

1.3.2.2 Kombination von Kondensatoren

Auch ergeben sich oft bei der Berechnung Probleme mit der Parallel- und Reihenschaltung von Kondensatoren und dem sich daraus ergebenden Verhalten.

Parallelschaltung

$$C_{ges} = C_1 + C_2 + C_3 + \ldots + C_n \tag{1.14}$$

Die Gesamtkapazität bei Parallelschaltung ist durch die Summenbildung größer als die Einzelkapazitäten. Das ist ein gegensätzliches Verhalten zu Widerständen, doch die Ursache liegt darin, dass die Wirkungsfläche des Gesamtkondensators erhöht wird.

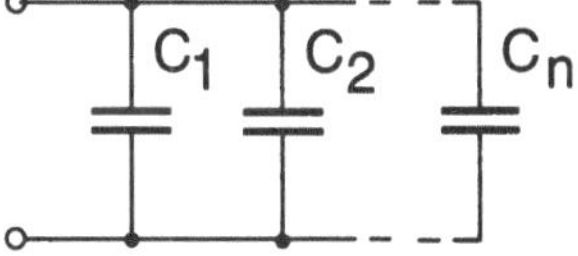

Bild 1.21 Kondensatoren in Parallelschaltung

Reihen- (Serien-) Schaltung

Die Gesamtkapazität ist kleiner als die kleinste Einzelkapazität, was ebenfalls über die Ladungsträger-

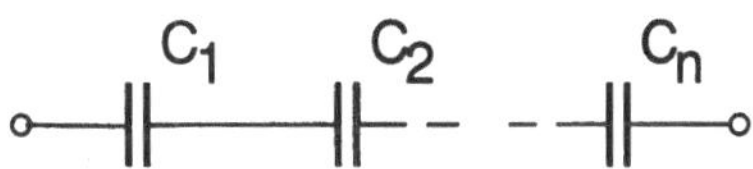

Bild 1.22 Kondensatoren in Reihenschaltung

Ladungsträgerpositionierung zu erklären ist.

$$\frac{1}{C_{ges}} = \frac{1}{C_1} + \frac{1}{C_2} + \frac{1}{C_3} + \ldots + \frac{1}{C_n} \tag{1.15}$$

1.3.2.3 Aufladung eines Kondensators

Im folgenden Teil wird das Schaltverhalten am Beispiel einer einfachen Grundschaltung dargestellt und danach in vergleichender Weise auf die Induktivitäten übertragen. Beim Schließen des Schalters zum Zeitpunkt t=0 stellt der Kondensator erst einen Kurzschluss (Last mit R = 0) dar. Es fließt ein Strom, der durch die Ladungssammlung ein elektrisches Feld aufbaut und nur vom Innenwiderstand der Quelle begrenzt wird. Mit zunehmender Ladung (Spannungsaufbau am Kondensator) geht dieser Strom zurück. Beide Kurven haben den Charakter einer Exponentialfunktion (vgl. Bilder 1.24 und 1.25). Das Produkt von R_i und C stellt die Zeitkonstante τ für den Aufladeverlauf dar. Der *zeitabhängige Aufladestrom* ergibt sich zu:

$$i_C = C\frac{du_C}{dt} \tag{1.16}$$

Dabei ist zu beachten, dass ein idealer Kondensator keinen *inneren Widerstand* besitzt und jegliche Ladungsträgermenge aufnehmen will. Der Maschensatz unter Einbeziehung der realen Spannungsquelle und des Kondensators ergibt:

$$U_0 = u_C + u_{Ri} \tag{1.17}$$

Aus dieser einfachen Maschenbeziehung folgt unter Einbeziehung des Innenwiderstands der Quelle und des Kondensatorladestroms

$$u_C = U_0 - R_i \cdot C\frac{du_C}{dt} \tag{1.18}$$

wobei zum Zeitpunkt $t = 0$ der Kondensator völlig entladen und somit $u_C = 0$ war. Unter Verwendung der Zeitkonstante τ, die das Produkt von Widerstand und Kondensator $\tau = R_i \cdot C$ bildet, ergibt sich:

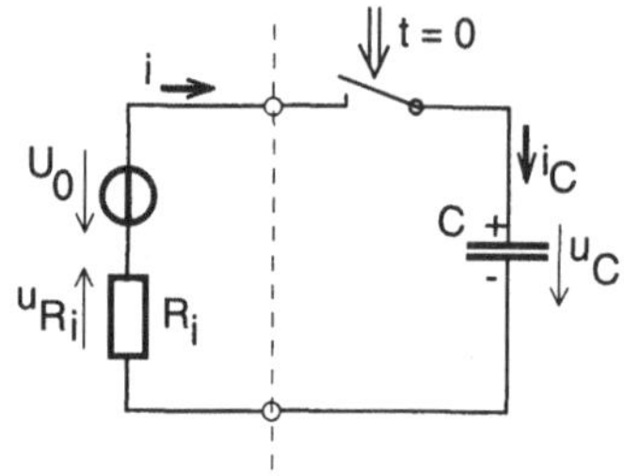

Bild 1.23 Ladeschaltung

$$u_C = U_0 - \tau\frac{du_C}{dt} \tag{1.19}$$

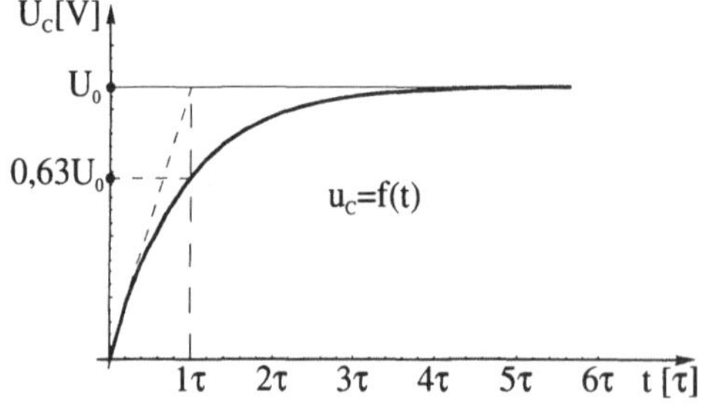

Bild 1.24 Spannungsverlauf

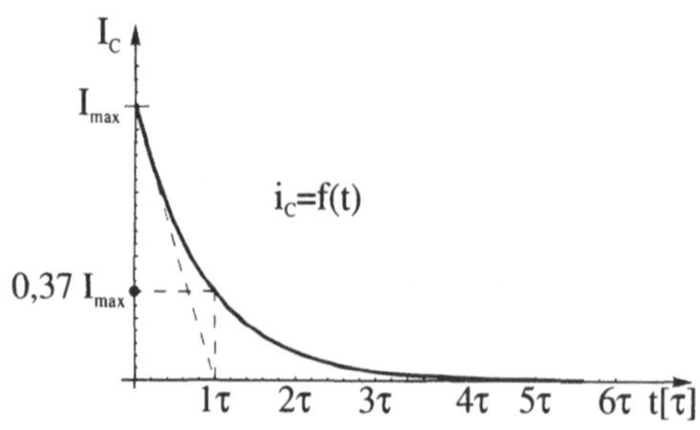

Bild 1.25 Stromverlauf

Aus der Lösung der Differentialgleichung folgt für die Spannung am Kondensator:

$$u_C = U_0 \cdot \left(1 - e^{-t/\tau}\right) \tag{1.20}$$

Dabei gilt für den *fließenden Strom* $i_C = I_{max} \cdot e^{-t/\tau}$ mit $I_{max} = \frac{U_0}{R_i}$, wobei der Maximalstrom durch den Innenwiderstand der Quelle begrenzt wird.

1.3.2.4 Entladung des Kondensators

Bei der Entladung fließt ein Strom, der wiederum durch einen Widerstand, aber jetzt durch den der angeschlossenen Last bestimmt wird, da ein *idealer Kondensator keinen Innenwiderstand* besitzt und alle Ladungsträger schlagartig abgeben will. Somit stellt jetzt das Produkt von Lastwiderstand R_L und aufgeladenem Kondensator C die Zeitkonstante τ für die Entladung dar. Damit folgt für den Entladespannungsverlauf eine analoge mathematische Beschreibung wie für den Ladevorgang.

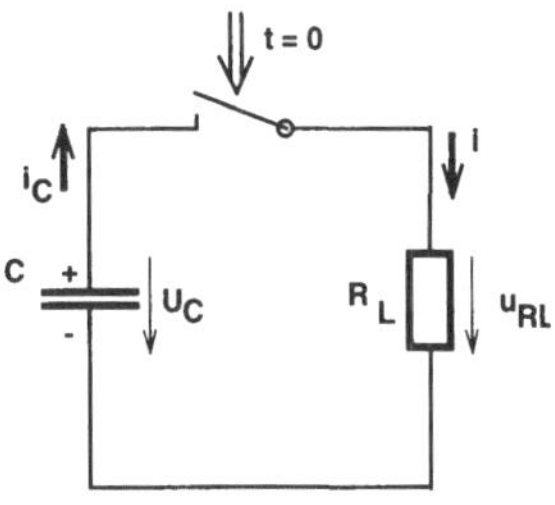

Bild 1.26 Entladeschaltung

Entladestrom:

$$i_C = I_{max} \cdot e^{-t/\tau} \tag{1.21}$$

Nach Maschensatz gilt bei t=0, dem Start der Entladung, $u_C = U_{C0}$ mit U_{C0} als *Aufladungsendwert* des Kondensators und außerdem ist $u_C = u_{RL}$.

So ergibt sich für den *Spannungsverlauf des Entladungsprozesses*

$$u_C = U_{C0} \cdot e^{-t/\tau} \tag{1.22}$$

mit $\tau = R_L \cdot C$. Daraus ist ersichtlich, dass die Entladungskurve ebenfalls eine e-Funktionen darstellt, wobei der *maximale (Start-) Strom* der Gleichung

$$I_{max} = \frac{U_{C0}}{R_L}$$

entspricht. Dabei ist jetzt im Gegensatz zum Aufladen U_{C0} der *Ladeendwert der Spannung des Kondensators* und R_L der Lastwiderstand, über den die Entladung erfolgt.

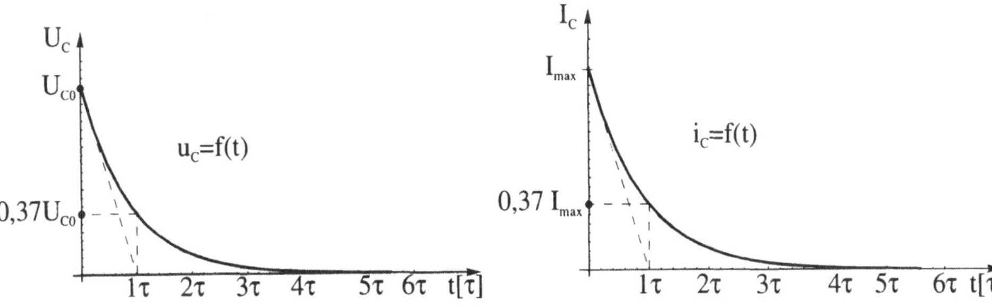

Bild 1.27 Spannungsverlauf

Bild 1.28 Stromverlauf

Der Kondensator stellt nun als Ladungssammler (-speicher) für die Entladung eine Spannungsquelle dar. Die Richtung der Spannung bleibt, der Strom kehrt sich in der Richtung um.

1.3.2.5 Allgemeiner Umladevorgang

In den vorangegangenen Betrachtungen wurden nur die zwei Sonderfälle berücksichtigt.

Fall 1: Der Kondensator war leer (völlig ohne Ladungsträger) und wird auf einen Zielwert geladen.

Fall 2: Der aufgeladene Kondensator wird von seinem Ladeendwert auf den leeren Zustand, also auf NULL, entladen.

Doch diese beiden Zustände sind gerade die zwei Sonderfälle. In Realität wird ein Kondensator von einem Wert auf einen anderen Wert *umgeladen*, wobei das durchaus mit einem Polaritätswechsel erfolgen kann. Das muss aber nicht sein. Demnach sind in den formalen Ansätzen der Startzustand und das angesteuerte Ziel mit einzubinden. Somit ergibt sich als *allgemeiner Spannungsverlauf über den Kondensator:*

$$u_C(t) = (U_{Ziel} - U_{Start}) \cdot \left(1 - e^{-t/\tau}\right) + U_{Start} \tag{1.23}$$

Dieser Ansatz ist auch daher logisch, da sich das Ansteigen oder Abfallen nach einer e-Funktion auf diese Start- und Endwerte bezieht. Er ist auch dann gültig, falls der Umladevorgang vorzeitig abgebrochen werden sollte.

1. Betrachtung des Ladevorgangs

Vergleicht man diesen Ladevorgang mit dem Sonderfall 1 und den Bildern 1.24 und 1.25, so ergibt sich $\tau = R_i \cdot C$; $U_{Start} = 0$; $U_{Ziel} = U_0$.

Aus dem allgemeinen Ansatz (Gl. 1.23) folgt jetzt:

$$u_C(t) = U_{Ziel} \cdot \left(1 - e^{-t/\tau}\right) = U_0 \cdot \left(1 - e^{-t/\tau}\right) \tag{1.24}$$

Das zeigt auch die graphische Darstellung mit der ansteigenden Exponentialfunktion.

2. Betrachtung des Entladevorganges

Vergleicht man diesen Entladevorgang mit dem Sonderfall 2 und den Bildern 1.27 und 1.28, so ergibt sich $\tau = R_L \cdot C$; $U_{Start} = U_{C0}$ (Aufladeendwert des Kondensators) ; $U_{Ziel} = 0$. Nimmt man nun wieder den allgemeinen Ansatz und setzt dort die Bedingungen ein, so folgt:

$$u_C(t) = (0 - U_{C0}) \cdot \left(1 - e^{-t/\tau}\right) + U_{C0}$$

$$u_C(t) = -U_{C0} \cdot \left(1 - e^{-t/\tau}\right) + U_{C0} = -U_{C0} + U_{C0} \cdot e^{-t/\tau} + U_{C0} = +U_{C0} \cdot e^{-t/\tau} \tag{1.25}$$

Dieses zeigt, wie auch in den graphischen Darstellungen der Bilder zu sehen ist, eine abfallende Exponentialfunktion.

1.3.3 Induktivitäten / Spulen

Die Induktivitäten haben durch die Umwandlung des einfließenden Stromes in ein magnetisches (Speicher-) Feld ein prinzipiell anderes ("umgekehrtes") Verhalten als die Kapazitäten. Bezüglich Reihen- und Parallelschaltung folgen die Induktivitäten den Regeln der ohmschen Widerstände. Weiterhin lässt sich eine Induktivität in zwei Teilkomponenten zerlegen. Dabei kann sie als eine *ideale Induktivität L* und als einen *ohmschen Widerstand* R_L (Widerstand aus dem Wicklungsdraht) dargestellt werden. Betrachtet man nun das Verhalten beim Laden (Einschalten einer Spannungsquelle) und Entladen (Abschaltprozess), so müssen sich durch das vorhandene Magnetfeld andere Beziehungen ergeben.

1.3.3.1 Grundlagen

Für die *induzierte Spannung* in einer Induktivität gilt folgende Grundbeziehung:

$$|u_i| = N\frac{d\Phi}{dt} \quad \text{bzw.} \quad u_i = \left|N\frac{d\Phi}{dt}\right| \qquad (1.26)$$

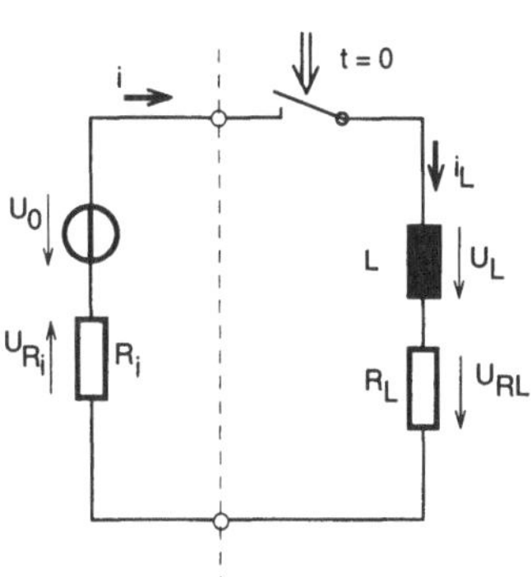

Bild 1.29 Grundschaltung mit Induktivität

Der magnetische Fluss wird aus dem Quotienten von magnetischer Durchflutung und magnetischem Widerstand bestimmt, wobei dieser auch durch die technisch-technologischen Größen der Spule beschrieben werden kann.

Magnetischer Fluss:

$$\Phi = \frac{\Theta}{R_m} = \frac{I \cdot N \cdot A \cdot \mu_0 \cdot \mu_r}{l}$$

Da weiter die *Induktivität* auch über die Bauelementeparameter bestimmt werden kann, folgt:

$$L = \frac{N^2 \cdot A \cdot \mu_0 \cdot \mu_r}{l}$$

Durch einfaches Einsetzen erhält man für den magnetischen Fluss:

$$\Phi = \frac{I \cdot N \cdot A \cdot \mu_0 \cdot \mu_r}{l} = I \cdot \frac{L}{N}$$

Greift man nun auf die *induzierte Spannung* zurück, so erhält man aus Gl. 1.26 die Beziehung:

$$|u_i| = L\frac{di}{dt} \qquad \text{bzw.} \qquad u_i = \left|L\frac{di}{dt}\right| \qquad (1.27)$$

Hier zeichnet sich schon das gegenteilige Verhalten zur Kapazität ab, denn hier wird der Strom nach der Zeit abgeleitet, beim Kondensator war es die Spannung.

1.3.3.2 Schaltvorgang: Stromkreis schließen

Mit dem gleichen Grundaufbau wie für den Kondensator lässt sich nun das Schaltverhalten für den Ein- und Ausschaltvorgang (Lade- und Entladeverhalten) bestimmen. Eine Spule besteht, wie bereits dargestellt, aus zwei Teilwiderständen, der ohmschen Komponente (Drahtwiderstand der Wicklung) und der induktiven Komponente, die das Magnetfeld aufbaut. Damit stellt der *ohmsche Anteil* in der gesamten Schaltung:

$$R_{ges} = R_i + R_L$$

Die *induzierte Spannung* stellt den Spannungsabfall über der idealen Induktivität dar:

$$u_L = L\frac{di}{dt} \qquad (1.28)$$

Aus dem Maschensatz der gesamten Schaltung folgt nach Zusammenfassung der ohmschen Anteile über

$U_0 = u_L + u_{RL} + u_{Ri}$ mit $R_{ges} = R_L + R_i$

$$U_0 = i \cdot R_{ges} + L \frac{di}{dt} \quad (1.29)$$

Nach der Umstellung über $\frac{U_0}{R_{ges}} = i + \frac{L}{R_{ges}} \frac{di}{dt} = I_{max}$

ergibt sich dann:

$$i_L = I_{max} - \frac{L}{R_{ges}} \frac{di}{dt} \quad (1.30)$$

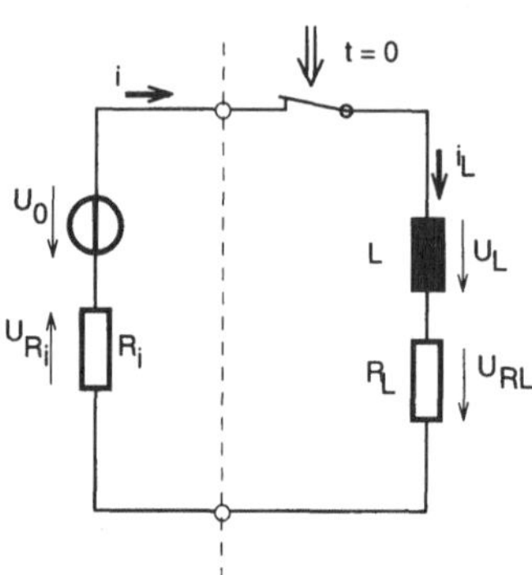

Bild 1.30 Auflade-Schaltung

Geht man nun den gleichen Betrachtungsweg wie beim Kondensator, so gilt für *den Stromfluss in der Masche* und somit auch durch die Spule:

$$i_L = I_{max}\left(1 - e^{-t/\tau}\right) \quad \text{mit der Zeitkonstante } \tau = \frac{L}{R_{ges}}$$

Für den Spannungsverlauf folgt $u_L = U_0 \cdot e^{-t/\tau}$.

Daraus ergibt sich im *eingeschwungenen Zustand* (bei $t = \infty$):

$$I_{max} = \frac{U_0}{R_{ges}} \qquad \text{und} \qquad u_L = 0$$

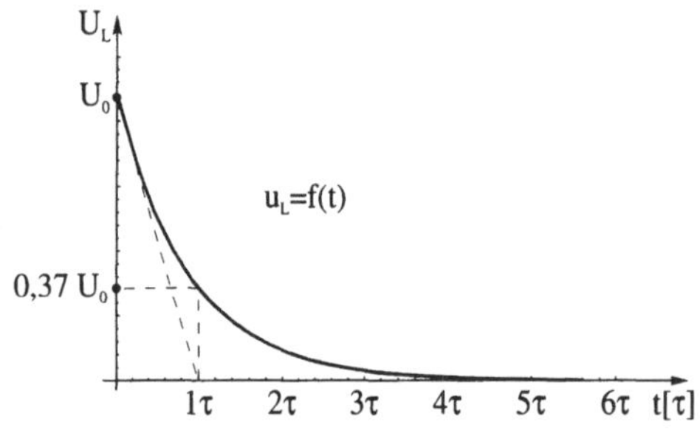

Bild 1.31 Spannungsverlauf

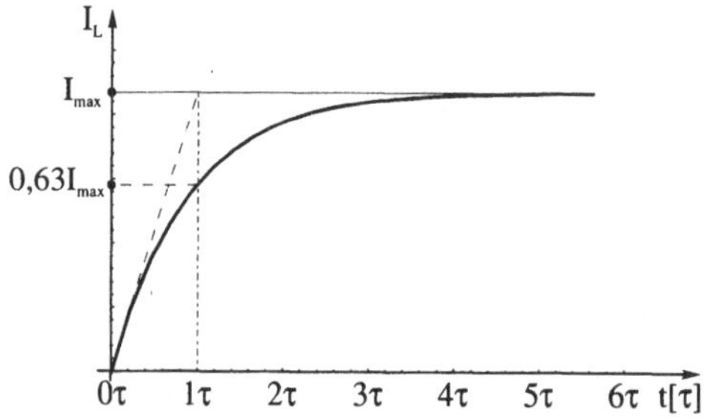

Bild 1.32 Stromverlauf

Aus dem Signalverlauf in den Bildern 1.31 und 1.32 im Vergleich mit den Bildern 1.24, 1.25 ist erkennbar, dass die Induktivitäten ein signalmäßig entgegengesetztes Verhalten gegenüber den Kondensatoren haben.

1.3.3.3 Schaltvorgang: Entladen über einen Lastwiderstand

Bei der Entladung erfolgt zum Zeitpunkt t=0 die Umschaltung vom Anschluss an die Spannungsquelle auf einen Lastwiderstand R_a. Eine Zwischenstellung, wo weder Quelle noch Last angeschaltet ist, soll es nicht geben (idealer Schalter). Für die Entladung (Abbau des magnetischen Feldes) gilt:

$$i_L = I_1 \cdot e^{-t/\tau} \quad (1.31)$$

Jetzt bilden neben der Induktivität und dem ohmschen Widerstand der Spule auch der Lastwiderstand R_a die Entlade-Zeitkonstante:

$$\tau = \frac{L}{R_L + R_a}$$

Somit folgt:

$$u_L = I_1 \cdot (R_a + R_L) \cdot e^{-t/\tau} \tag{1.32}$$

wobei I_1 der letzte Strom (unmittelbar vor dem Umschalten!) durch Spule darstellt. Die Induktivität (Spule) wird zur Spannungsquelle durch den Abbau der gespeicherten Energie des magnetischen Feldes. Die Richtung des Stromes bleibt bestehen, die Richtung der Spannung (Induktion) kehrt sich um, deshalb oft auch als *Gegeninduktionsspannung* bezeichnet.

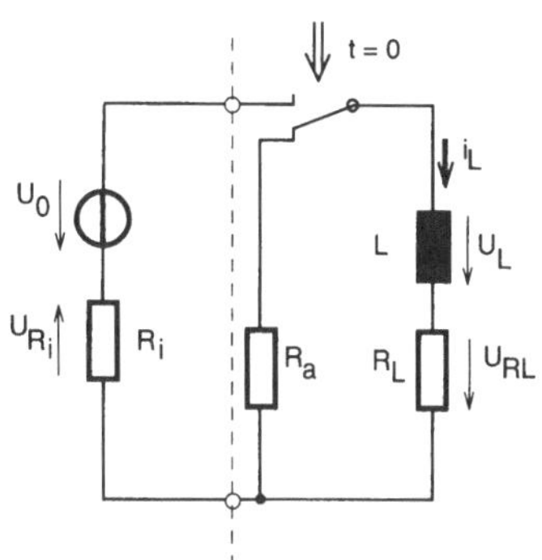

Bild 1.33 Entlade-Vorgang über Widerstand

1.3.3.4 *Schaltvorgang: Unterbrochener Stromkreis*

Nachdem im vorangegangenen Punkt der Schalter als *idealer Umschalter* von Laden aus der Quelle zum Entladen über den Lastwiderstand angesehen wurde, stellt sich nun die Frage: Was passiert, wenn der Schalter offen bleibt, also $R_a = \infty$ wird? Betrachtet man nun die Herleitung für u_L, so ergibt sich folgende Lösung:

$$u_L = I_1 \cdot (R_L + R_a) \cdot e^{-t/\tau}$$

und demnach folgt:

$$u_L = I_1 \cdot (R_L + \infty) \cdot e^{-t/\tau} \tag{1.33}$$

Daraus ergibt sich der logische Schluss, dass ein *kurzzeitiger Hochspannungsimpuls* entstehen muss $u_L \Rightarrow \infty$.

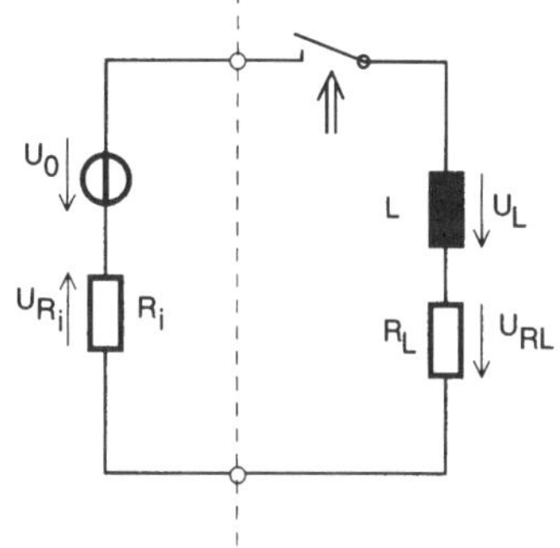

Bild 1.34 Entladung über offenen Schalter

Für den Entladestrom bedeutet das, schon weil der Stromkreis nicht geschlossen ist, dass kein Strom fließen kann $i_L = I_1 \cdot e^{-t/\tau} = 0$.

Eine Anwendung ist z.B. die Taktung von Weidezäunen, wo dieser Effekt als Nutzanwendung eingesetzt wird. In der Elektronik tritt diese Signalbildung als negativer und sehr unerwünschter Effekt u.a. in digitalen Schaltungen beim Einsatz von Relais auf, wenn diese mit logischen Pegeln angesteuert werden. Beim Ausschalten können hier sogenannte *Gegeninduktionsspitzen* auftreten, die die Schaltung zerstören. Deshalb sind zusätzliche Schutzmaßnahmen zum Abbau dieses Spannungsimpulses und zum Schutz der Bauelemente vorzusehen (sogenannte Freilaufdioden).

1.3.4 Strom-/Spannungsverhalten an R, C, L

Bisher wurde nur das Verhalten beim Anlegen einer Gleichspannungsquelle an die Bauelemente untersucht. Im weiteren Verlauf wird über einen Generator eine sinusförmige Wechselspannung in die Schaltungen eingespeist, statt wie bisher eine Gleichspannung. So stellt sich die Frage: Wie reagieren nun die Bauelemente, wie verhalten sich Strom und Spannung über den passiven Bauelementen (Widerstand, Kondensator, Induktivität) und was ergibt sich als Gesamtsignal?

Mathematische Grundlagen

Um die funktionellen Zusammenhänge für die Bauelemente zu verstehen, muss man in einem ersten Schritt die mathematischen Grundlagen betrachten. Das Bild 1.35 zeigt die Darstellung der Sinus-Funktion im Zeigerbild.

Grundregel:

Die Länge der Projektion eines mit konstanter Winkelgeschwindigkeit umlaufenden Zeigers der Länge $\hat{A}$ ist eine Sinus-Funktion der Form:

$$a = a(t) = \hat{A}\sin\alpha = \hat{A}\sin(\omega t + \varphi) \qquad (1.34)$$

Die Winkelgeschwindigkeit ist im Zeigerbild *entgegen dem Uhrzeigersinn positiv* definiert. Will man nun zwei Sinus-Funktionen der gleichen Frequenz darstellen, die aber eine zeitliche Verschiebung aufweisen, wie es im Bild 1.36 zu sehen ist, so entstehen die Beziehungen:

$$a(t) = \hat{A}\sin\omega t \qquad \text{und} \qquad b(t) = \hat{B}\sin(\omega t + \varphi)$$

Für den Stromkreis ergeben sich als Grundfunktion für Spannung und Strom, wobei die Phasenverschiebung zwischen den beiden Wellen $\varphi = 0 \ldots 360°$ betragen kann:

$$u(t) = \hat{U}\sin(\omega t + \varphi_U) \qquad \text{bzw.} \qquad i(t) = \hat{I}\sin(\omega t + \varphi_I) \qquad (1.35)$$

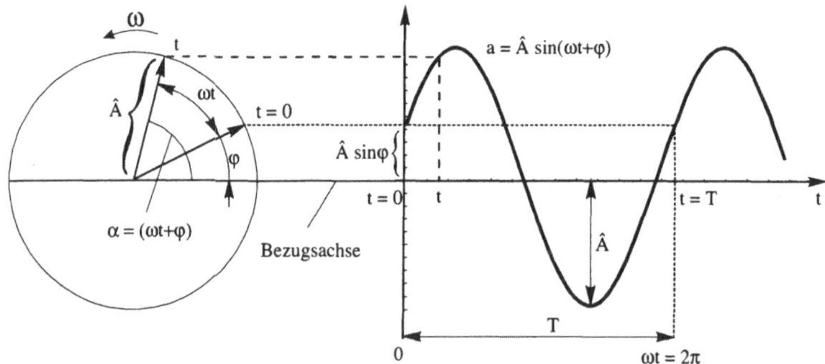

Bild 1.35 Darstellung der Zusammenhänge

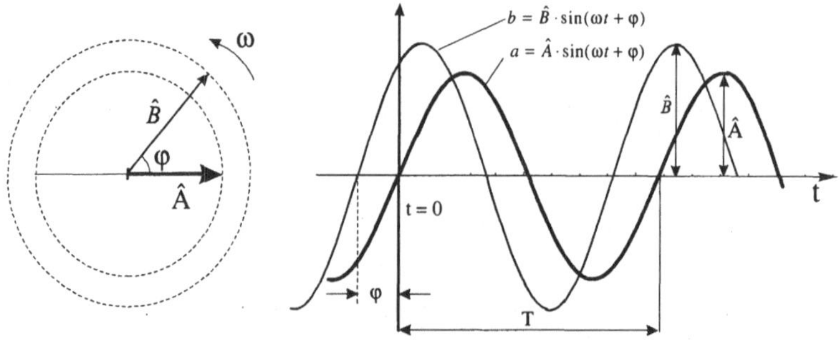

Bild 1.36 Funktioneller Verlauf zweier Sinus-Schwingungen

In den folgenden Schritten wird nun die Reaktion der Bauelemente (*R, C, L*) auf dieses Wechselsignal und dabei speziell der Phasenverlauf untersucht, wobei wiederum ein ganz einfacher Stromkreis, bestehend aus der Quelle und dem zu untersuchenden Bauelement, aufgebaut wird. Aus dem früheren Gleichstromansatz folgt nun der Ersatz von *U* durch *u(t)* und *I* durch *i(t)*, wobei $\hat{U}, \hat{I}$ die entsprechenden Spitzenwerte der sin-Schwingung darstellen und die Kreisfrequenz $\omega = 2\pi f$ ist. Sehr ausführlich sind Grundlagen zum Gleich- und Wechselstromkreis mit den gesamten Herleitungen in [4...7] dargelegt.

1.3.4.1 Widerstand

Für den ohmschen Widerstand, der keinerlei Möglichkeit zur Ladungs- und Energiespeicherung hat, folgt die Aussage, dass er den Phasenverlauf zwischen Strom und Spannung nicht beeinflussen kann, somit auch nicht frequenzabhängig ist.

Es ergibt der allgemeine Ansatz:

$$u(t) = R \cdot i(t) \tag{1.36}$$

Dementsprechend folgt über $i(t) = \frac{u(t)}{R} = \frac{\hat{U}\,\sin\omega t}{R} = \frac{\hat{U}}{R}\sin\omega t$

$$i(t) = \hat{I}\,\sin\,\omega t \tag{1.37}$$

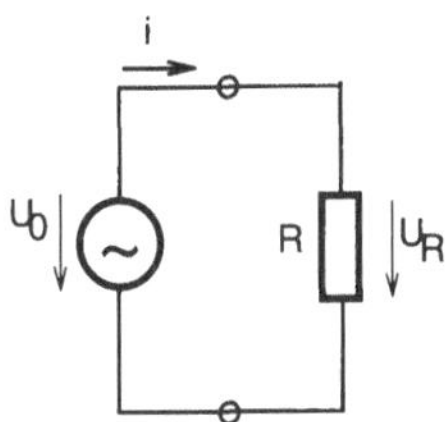

Bild 1.37 Schaltung

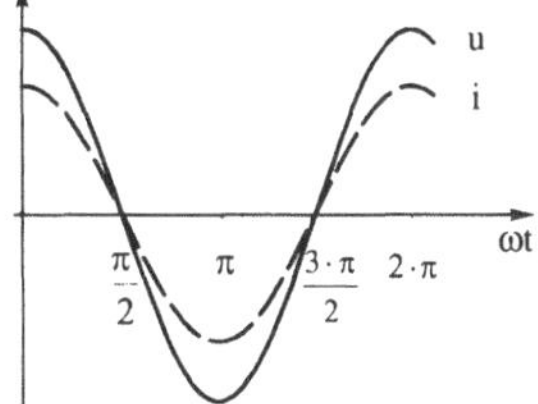

Bild 1.38 Phasenverlauf

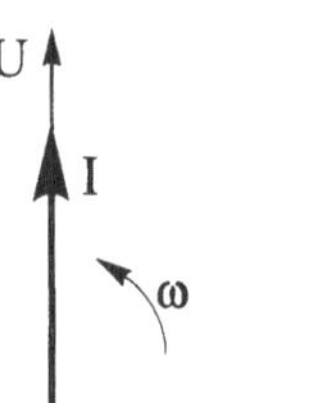

Bild 1.39 Phasenwinkel

Aus dem Ansatz und den Bildern 1.37 bis 1.39 ist ein *Gleichlauf (Gleichphasigkeit) von Strom und Spannung* ersichtlich.

1.3.4.2 Kondensator

Im Gegensatz zum Widerstand treten beim Kondensator durch das Lade- und Entladeverhalten Verschiebungen des zeitlichen Verlaufes des Stromes zur Spannung auf, die durch den Speichereffekt von Ladungsträgern entstehen.

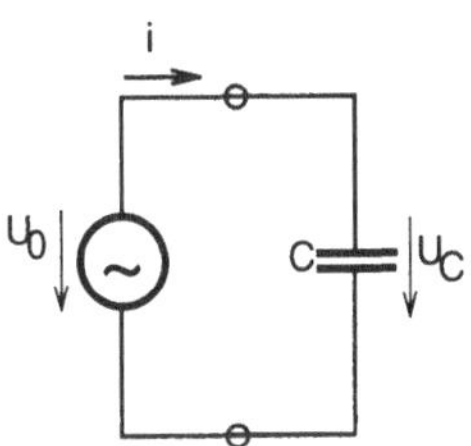

Bild 1.40 Schaltung

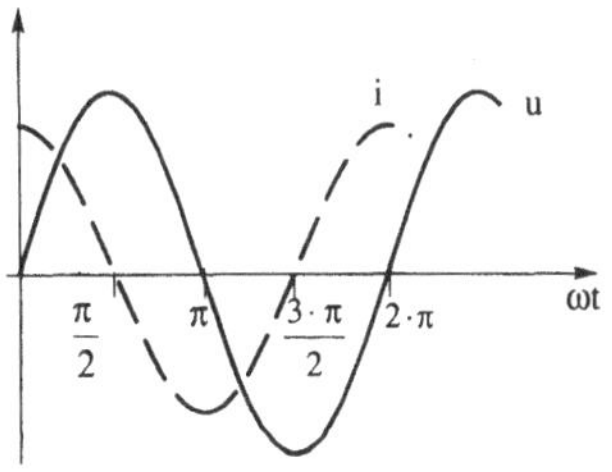

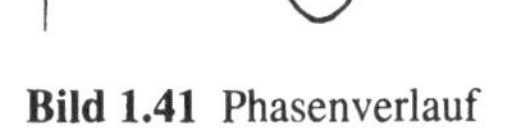

Bild 1.41 Phasenverlauf

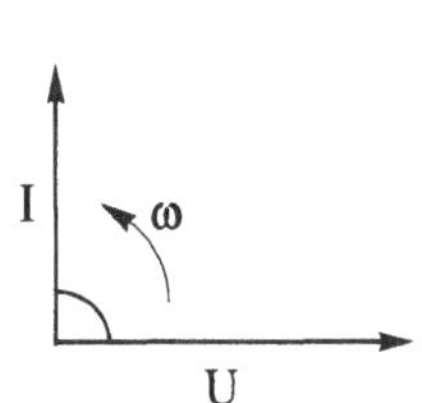

Bild 1.42 Phasenwinkel

Für eine Kapazität gilt der allgemeine Ansatz:

$$u_C(t) = \frac{1}{C}\int i\,dt \tag{1.38}$$

Für diesen Schaltungsaufbau gilt:

$$i(t) = C\frac{du}{dt} = C \cdot \hat{U}\,\frac{d\,(\sin \omega t)}{dt} \tag{1.39}$$

Mit der Ableitung $\frac{d\,(\sin \omega t)}{dt} = \omega \cdot \cos \omega t$ ergibt sich über $i(t) = C \cdot \omega \cdot \hat{U} \cdot \cos \omega t$ und $\cos(\omega t) = \sin(\omega t + 90°)$ letztlich für den Strom:

$$i(t) = C \cdot \omega \cdot \hat{U} \cdot \sin(\omega t + 90°) \tag{1.40}$$

Als Ergebnis ist nun festzustellen, dass *der Strom der Spannung um 90° vorauseilt bzw. die Spannung läuft dem Strom hinterher.* Weiterhin stellt der Kondensator einen *Blindwiderstand* X_C dar, der sich durch folgende Funktion beschreiben lässt:

$$\underline{X}_C = \left|X_C\right| \cdot e^{-j90°} = \frac{1}{j\omega C} \qquad \text{bzw.} \qquad \left|X_C\right| = \frac{U}{I} = \frac{1}{\omega C} \tag{1.41}$$

1.3.4.3 Induktivität

Bei den Induktivitäten treten auch im Gegensatz zum Widerstand durch den Auf- und Abbau des magnetischen Feldes Verschiebungen des zeitlichen Verlaufes des Stromes zur Spannung auf, da auch in diesem Bauelement, wie im Kondensator, Energie gespeichert werden kann.

Für eine Induktivität gilt der allgemeine Ansatz:

$$u_L(t) = L\frac{di}{dt} \tag{1.42}$$

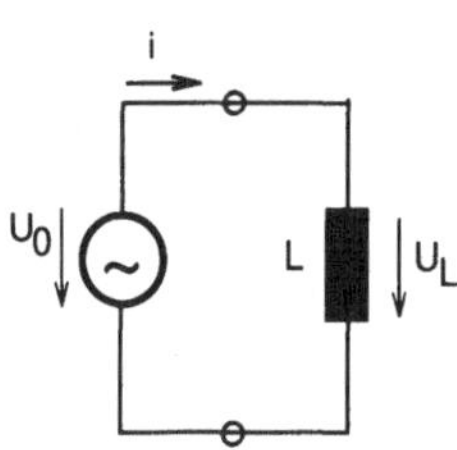

Bild 1.43 Schaltung

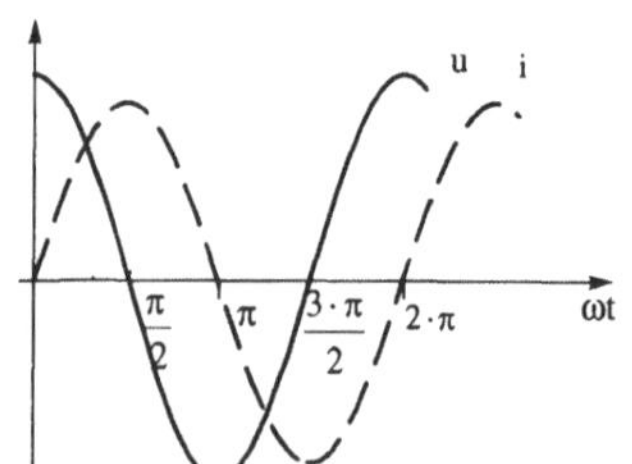

Bild 1.44 Phasenverlauf

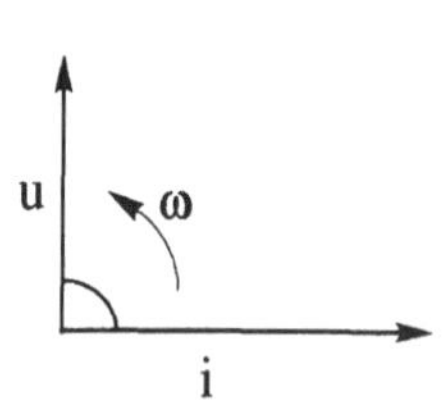

Bild 1.45 Phasenwinkel

In Analogie zur Kapazität folgt der Ansatz für die Induktivität:

$$u_L(t) = N\frac{d\Phi}{dt} = L\frac{di(t)}{dt} \tag{1.43}$$

Wiederum über $u(t) = L \cdot \hat{I}\,\frac{d\,(\sin \omega t)}{dt} = L \cdot \hat{I} \cdot \omega \cdot \cos \omega t$ folgt dann:

$$u(t) = L \cdot \hat{I} \cdot \omega \cdot \sin(\omega t + 90°) \tag{1.44}$$

Als Ergebnis kann nun festgestellt werden, dass *die Spannung dem Strom um 90° vorauseilt bzw. der Strom läuft der Spannung hinterher.* Weiterhin stellt die Spule erneut einen Blindwiderstand dar, der folgende Beschreibung hat:

$$\left|\underline{X}_L\right| = \frac{U}{I} = \omega L \qquad \text{bzw.} \qquad \underline{X}_L = \left|\underline{X}_L\right| \cdot e^{+j90°} = j\omega L \tag{1.45}$$

Zusammenfassend kann man nun feststellen:

- Der Widerstand kann keine Ladung speichern und somit es zu keiner Phasenverschiebung kommen kann. Der Strom läuft gleichphasig zur Spannung.
- Da Kondensatoren und Induktivitäten Energie über den Aufbau eines elektrischen bzw. magnetischen Feldes speichern, kommt es beim Laden und Entladen zu Phasenverschiebungen zwischen Strom und Spannung. Das Verhalten beider ist völlig gegensätzlich, was in der Art der Energiespeicherung begründet ist.

Weitere Darstellungen sind sehr umfangreich in [6,7] zu finden.

1.4 Parallel- und Reihenschaltung von Bauelementen

In diesem Teil erfolgt eine Zusammenfassung zu der Problematik der Zusammenschaltung der passiven Bauelemente (*R, C, L*) und deren Wirkung auf Strom und Spannung sowie auf die Phasenverläufe von Strom und Spannung.

1.4.1 Herleitung des Phasenwinkels

1.4.1.1 Phasenwinkel

Durch die Wirkung der Speicherfähigkeit und somit von Blind- und ohmschen Widerständen (Imaginär- und Realteil) entsteht eine Phasenverschiebung zwischen Strom- und Spannungsverlauf, die als Phasenwinkel definiert wird.

$$\tan\varphi = \frac{\text{Imaginärbeitrag von } \underline{Z}}{\text{Realbeitrag von } \underline{Z}} = \frac{\text{Im}\{\underline{Z}\}}{\text{Re}\{\underline{Z}\}} = \frac{X}{R}$$

$$\varphi = \arctan\left(\frac{\text{Im}\{\underline{Z}\}}{\text{Re}\{\underline{Z}\}}\right) = \arctan\left(\frac{X}{R}\right) \tag{1.46}$$

Dabei stellen in den Ansätzen X die Blind- und R die ohmschen Widerstandsanteile in der Schaltung dar. Für *ideale Bauelemente* gelten die Feststellungen:

ohmsche Widerstände	⇒	Phasenwinkel $\varphi = \pm 0°$
Kapazität (Kondensator)	⇒	Phasenwinkel $\varphi = -90°$
Induktivität (Spule)	⇒	Phasenwinkel $\varphi = +90°$

1.4.1.2 RC-Reihenschaltung

Die Schaltung in Bild 1.46 zeigt einen einfachen Aufbau eines RC-Zweipols, an dem dessen Strom/Spannungsverhalten diskutiert werden soll. Aus dem Verhalten der Einzelbauelemente ist bekannt: *R:* *I* phasengleich zu

C: *I* eilt *U* um 90 Grad voraus

Die *resultierende Gesamtspannung* an U_{34} ergibt sich zu:

$$U_{34} = \sqrt{U_R^2 + U_C^2} \tag{1.47}$$

Für den *komplexen Wechselstromwiderstand* folgt der Ansatz, wobei in der Fachliteratur unterschiedliche Schreibweisen verwendet werden, die hier gegenübergestellt wurden:

$$Z = |\underline{Z}| = \mathrm{f}\left(\frac{u}{i}\right) = \mathrm{f}\left(\frac{U_\sim}{I_\sim}\right)$$

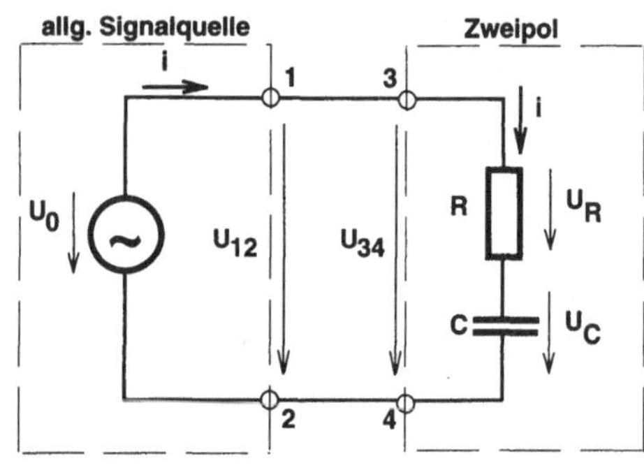

Bild 1.46 RC-Zweipol

Dabei sind $u(t) = U_\sim$ und $i(t) = I_\sim$ formal identische Darstellungen. Aus den geometrischen Beziehungen ergeben sich:

$$Z = \sqrt{R^2 + X_C^2}$$

$$\frac{U_R}{I} = R \quad \text{und} \quad \frac{U_C}{I} = |X_C| = -X_C$$

Für den Strom gilt nach Bild 1.46:

$$i = i_C = i_R$$

Gemäß der Gleichung 1.46 folgt für den Phasenwinkel somit der Zusammenhang:

$$\tan\varphi = \frac{\operatorname{Im}\{\underline{Z}\}}{\operatorname{Re}\{\underline{Z}\}} = \frac{U_C}{U_R} = \frac{-X_C}{R} = -\frac{\frac{1}{\omega C}}{R} = -\frac{1}{\omega CR} \tag{1.48}$$

Grafische Darstellung (Zeigerdiagramme)

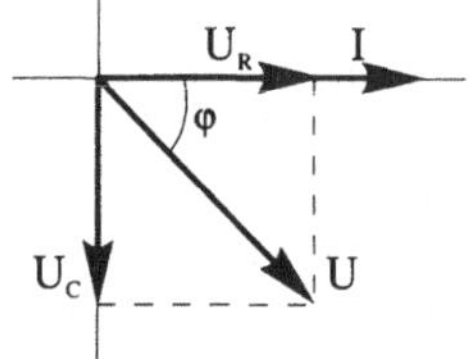

Bild 1.47 Spannungssignale

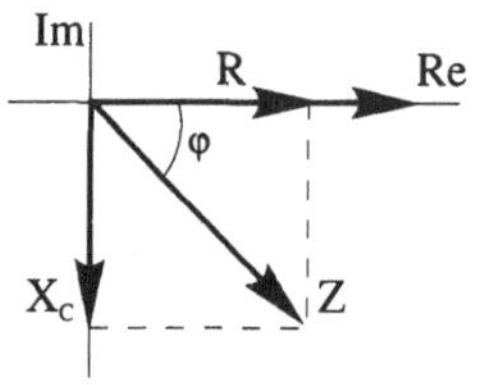

Bild 1.48 Widerstandsanteile

Da zur Bestimmung des Phasenwinkels der Blindwiderstand als Teilbeitrag mit eingeht, folgt daraus, dass der Phasenwinkel frequenzabhängig sein muss, da $\omega = 2\pi f$ ist. Hieraus lässt sich ableiten, dass mit steigender Frequenz der Phasenwinkel φ kleiner wird. Begründet wird das auch dadurch, dass bei Kapazitäten der Blindwiderstand sich mit steigender Frequenz verringert.

1.4.1.3 RL-Reihenschaltung

Baut man nun wieder eine einfache Schaltung auf, so lässt sich das Verhalten auf gleiche Weise bestimmen.

Für das Verhalten der Bauelemente gilt: *R:* *I* phasengleich zu *U* und
L: *I* eilt *U* 90 Grad nach

In Analogie zum RC-Zweipol können hier jetzt folgende Ansätze erstellt werden:

Gesamtspannung:

$$U_{34} = \sqrt{U_R^2 + U_L^2} \tag{1.49}$$

Mit den analogen Ansätzen für $\frac{U_R}{I} = R$ und $\frac{U_L}{I} = |X_L| = X_L$ folgt der

Wechselstromwiderstand

$$Z = |\underline{Z}| = \sqrt{R^2 + X_L^2} \qquad (1.50)$$

und der Phasenwinkel

$$\tan\varphi = \frac{\mathrm{Im}\{\underline{Z}\}}{\mathrm{Re}\{\underline{Z}\}} = \frac{U_L}{U_R} = \frac{X_L}{R} = \frac{\omega L}{R} \qquad (1.51)$$

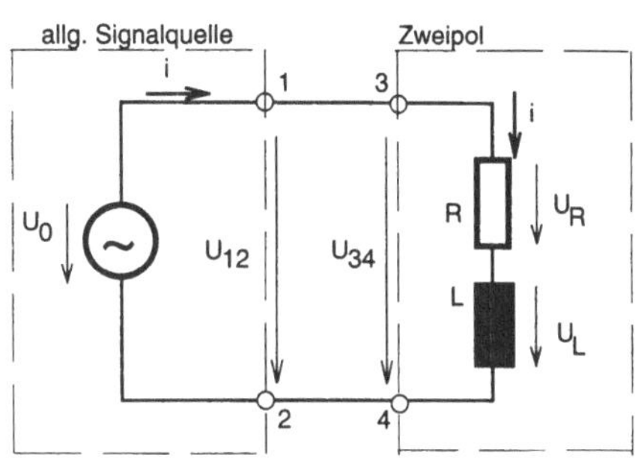

Bild 1.49 RL-Zweipol

Hier gilt für den Phasenwinkel, dass er ebenfalls frequenzabhängig ist und mit steigender Frequenz größer wird, denn bei Induktivitäten steigt mit der Frequenz deren Blindwiderstand an.

Grafische Darstellung (Zeigerdiagramme)

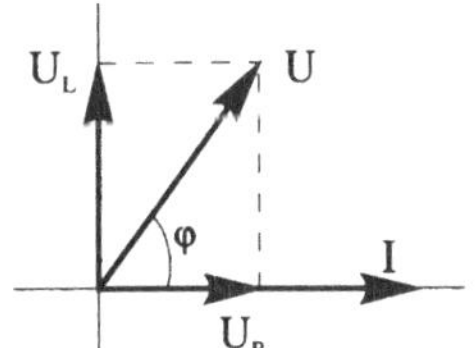

Bild 1.50 Spannungssignale

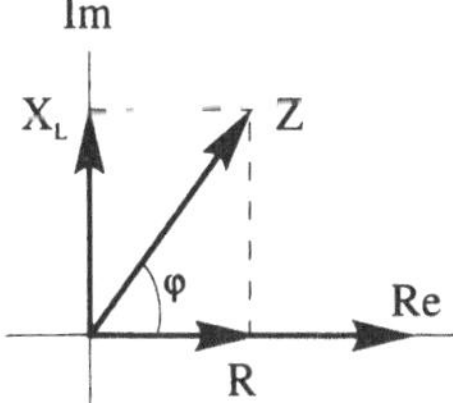

Bild 1.51 Widerstandsverhältnisse

1.4.2 Grenzfrequenz, Tief- und Hochpassverhalten

1.4.2.1 Definition der Grenzfrequenz

Die Frequenz, bei der der aktuelle Messwert den $1/\sqrt{2}$-fachen Wert (ca. 70,7%) seines Maximalwertes annimmt, heißt Grenzfrequenz. Bei dieser Frequenz ist der Phasenwinkel φ 45 Grad.

Für die Folgebetrachtungen bedeutet das, dass eine Grenzfrequenz dann auftritt, wenn die Ausgangsspannung den ca. 0,71-fachen Wert des möglichen Maximums annimmt. Das heißt weiterhin, an diesem Punkt, bei dieser Frequenz, *sind Imaginär- und Realteil vom Betrag her gleich groß*. Es ist dabei egal, ob man von niedrigen zu hohen oder von hohen zu niedrigen Frequenzen geht. Zu beachten ist weiterhin, dass es Schaltungen gibt, die mehrere Grenzfrequenzen haben können (z.B. bei Verstärkern oder Reihenschaltungen mehrerer frequenzabhängiger Baugruppen). Für diesen hier betrachteten Fall gilt als Maximumbezug das Eingangssignal.

1.4.2.2 RC-Glied als Tiefpass

Ein Tiefpass, den einfachste Fall stellt Bild 1.52 dar, ist eine Schaltung, die es gestattet, niedrige Frequenzen durchzulassen und bei steigender Frequenz das Ausgangssignal zu verringern. Der Kondensator bildet einen Blindwiderstand, der mit steigender Frequenz kleiner wird, und bei Anwendung der Maschenregel wird das Eingangssignal bei unbelastetem Ausgang entsprechend der Widerstandsverhältnisse aufgeteilt. Der ohmsche Widerstand ist frequenzunabhängig. Wie auch später zu sehen ist, wäre eine RL-Kombination ebenfalls möglich, wobei R durch L und C durch R ersetzt werden müsste.

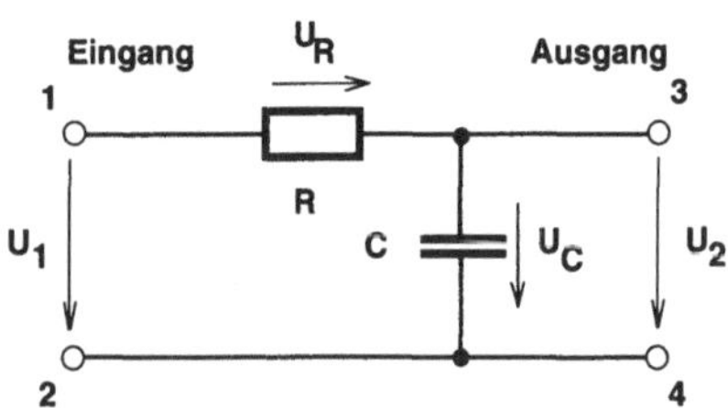

Bild 1.52 Grundschaltung RC-Tiefpass

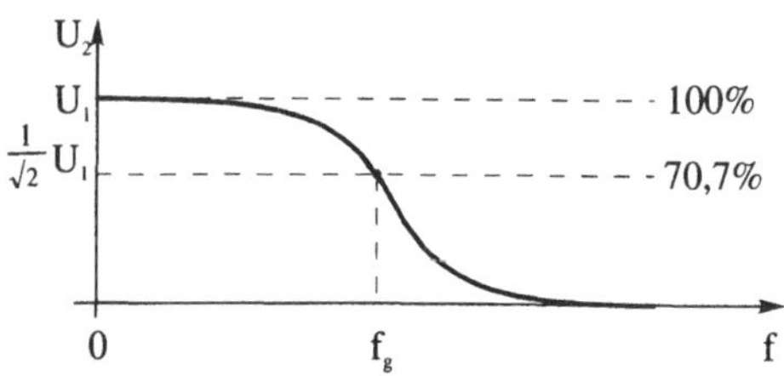

Bild 1.53 Signalverlauf am Ausgang

Gemäß Definition gilt bei:

$$f = f_g \quad \text{ist} \quad (\varphi = 45°)$$

Daraus ergibt sich die *Schlussfolgerung*, dass

$$|U_R| = |U_C| \quad \text{und} \quad R = |X_C| \qquad (1.52)$$

sein muss. Unter diesen Bedingungen kann gesetzt werden:

$$R = \frac{1}{\omega C} = \frac{1}{2\pi f_g C}$$

Daraus folgt dann:

$$f_g = \frac{1}{2\pi CR} = \frac{1}{2\pi \tau} \qquad (1.53)$$

Die Zeitkonstante des RC-Gliedes ergibt sich zu:

$$\tau = C \cdot R$$

Zeigerdiagramm bei der Grenzfrequenz

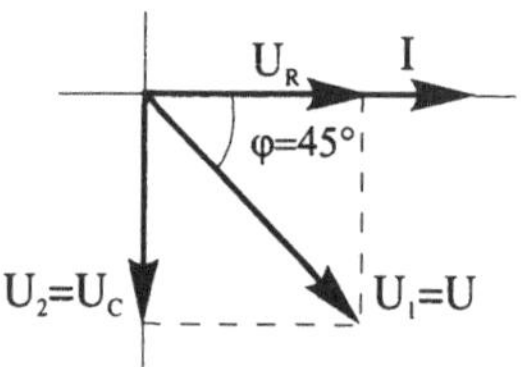

Bild 1.54 Spannungsbeiträge

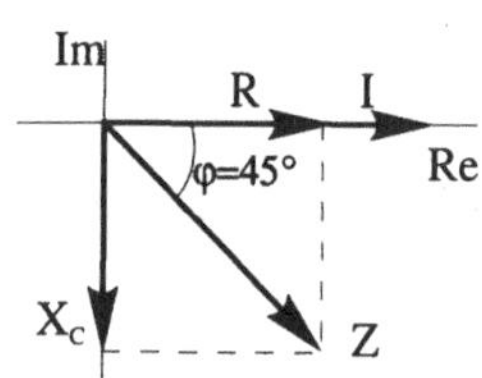

Bild 1.55 Widerstandsverhältnis

1.4.2.3 RC-Glied als Hochpass

Stellt man nun die gleiche Betrachtung statt an einem Tiefpass an einem Hochpass an, so folgt in Analogie zum vorherigen Punkt:

Bei der *Grenzfrequenz* ist: $f = f_g$ und $\varphi = 45°$

und damit $|U_R| = |U_C|$ sowie $R = |X_C|$.

Entsprechend folgt weiter

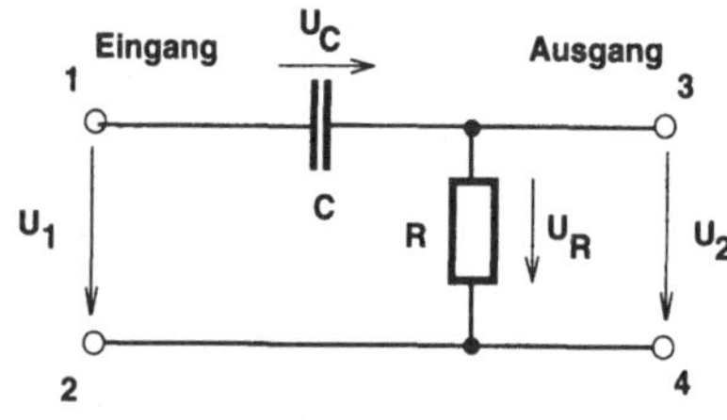

Bild 1.56 Grundschaltung RC-Hochpass

$$R = \frac{1}{\omega C} = \frac{1}{2\pi f_g C} \qquad f_g = \frac{1}{2\pi CR} = \frac{1}{2\pi \tau} \qquad (1.54)$$

mit der gleichen Zeitkonstante $\tau = R \cdot C$.

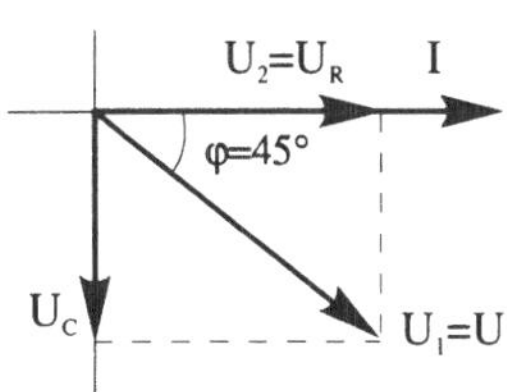

Bild 1.57 Signalbeiträge

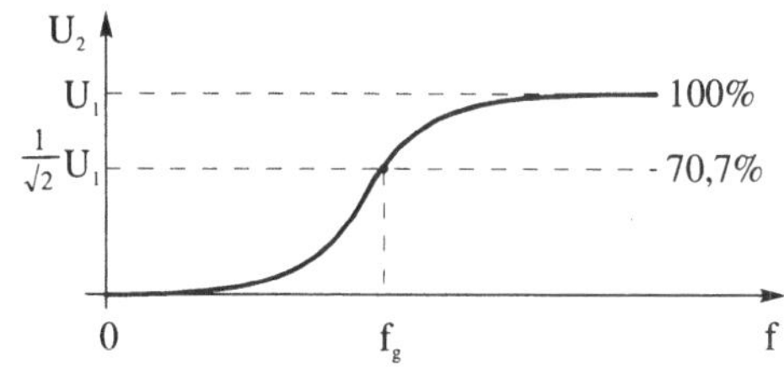

Bild 1.58 Verlauf des Ausgangssignals

1.4.2.4 RL-Glied als Hochpass

Schon bei der Schaltungsauslegung zeigt sich an der Position der Bauelemente im Vergleich mit Bild 1.52 und den Signalverläufen der Bilder 1.53 und 1.55 das entgegengesetzte Verhalten der Bauelemente Kondensator und Induktivität.

Es gilt wie bisher: bei $f = f_g$ ist: $\varphi = 45°$ und $|U_R| = |U_L|$ sowie $R = |X_L|$

Als Ergebnis der Betrachtung folgt dann:

$$R = \omega L = 2\pi f_g L \tag{1.55}$$

$$f_g = \frac{R}{2\pi L} \tag{1.56}$$

Zu beachten ist die Definition der Zeitkonstante, die jetzt lautet:

$$\tau = \frac{L}{R}$$

Der Signalverlauf im Bild 1.61 zeichnet sich, wie für einen Hochpass zu erwarten war, ab.

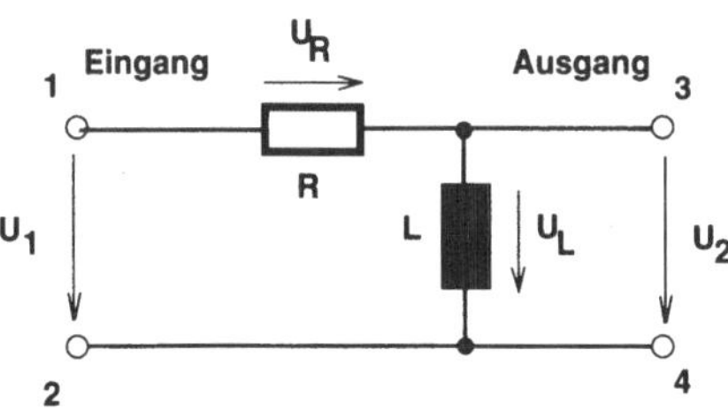

Bild 1.59 Grundschaltung RL-Hochpass

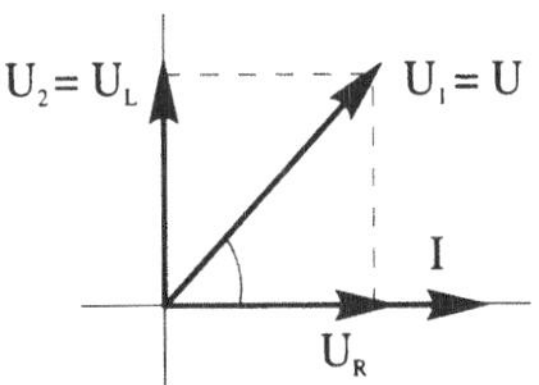

Bild 1.60 Signalbeiträge

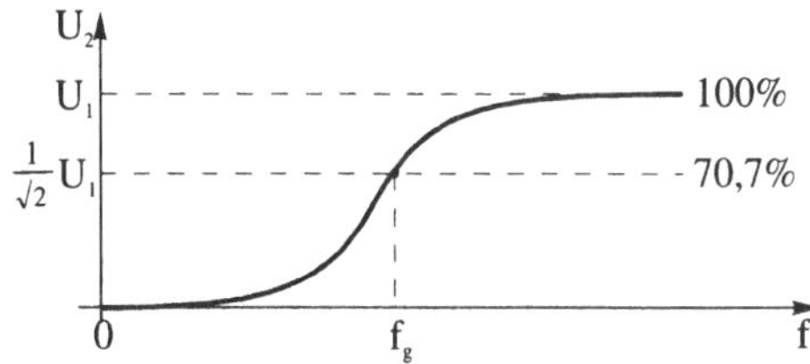

Bild 1.61 Verlauf des Ausgangssignals

1.4.2.5 LR-Glied als Tiefpass

Als letzte Variante ist nun noch die Tiefpasskonstruktion mit einem LR-Glied zu diskutieren. Sie liefert folgende zu erwartende Ergebnisse, die nicht weiter kommentiert werden sollen. Die Berechnung erfolgt in gleicher Weise wie bei der vorangegangenen Schaltung.

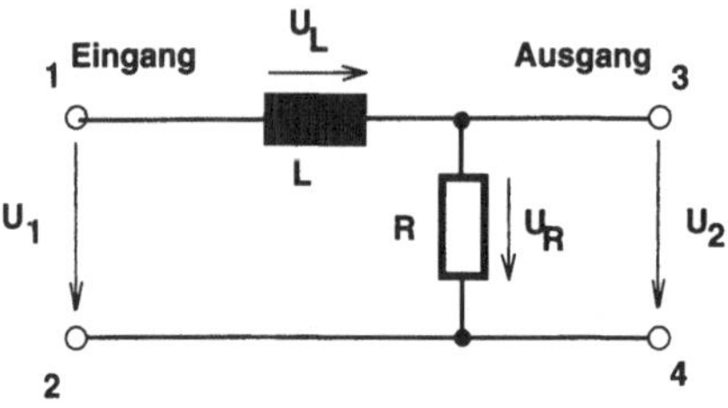

Bild 1.62 Grundschaltung RL-Tiefpass

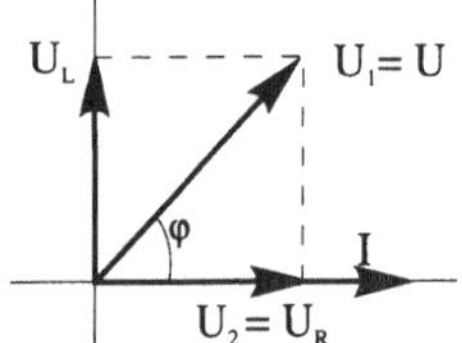

Bild 1.63 Signalbeiträge

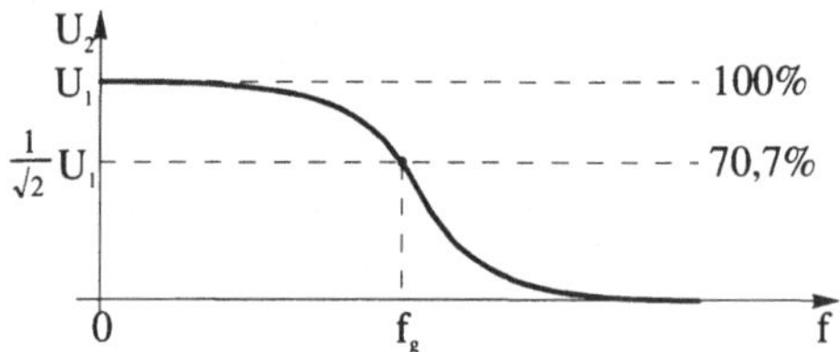

Bild 1.64 Verlauf des Ausgangssignals

1.4.3 Integrier- und Differenzierglieder mit RC-Kombinationen

1.4.3.1 RC-Integrierglied

Im Gegensatz zum Punkt 1.4.2 erfolgt jetzt die Ansteuerung nicht mit einem sinusförmigen Signal, sondern es wird über einen Generator ein Rechtecksignal eingespeist. Das bedeutet ja nichts anderes, als dass der Generator ein- und ausgeschaltet wird und damit an den Klemmen

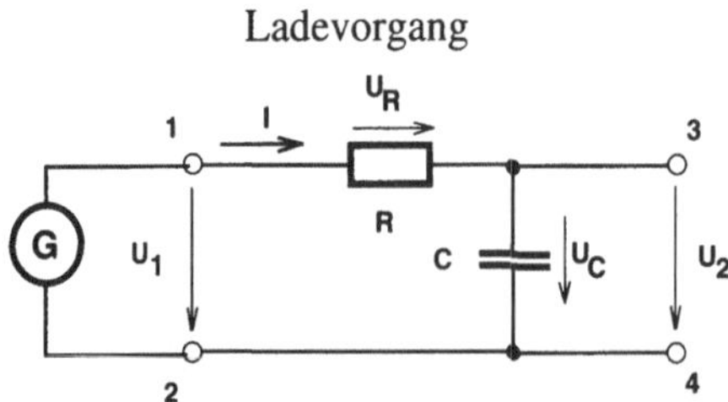

Bild 1.65 Ladevorgang von Quelle

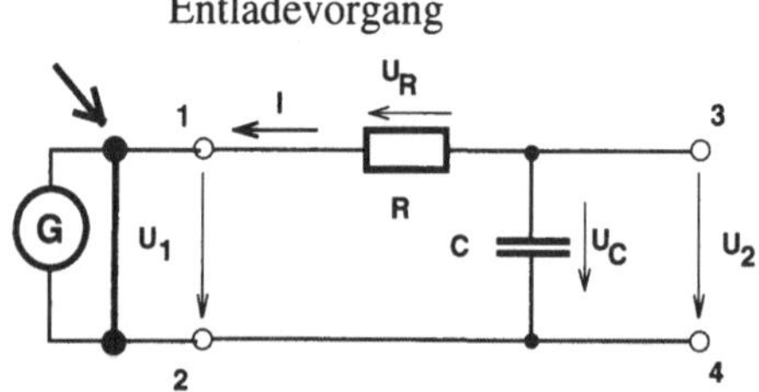

Bild 1.66 Entladung über Quelle

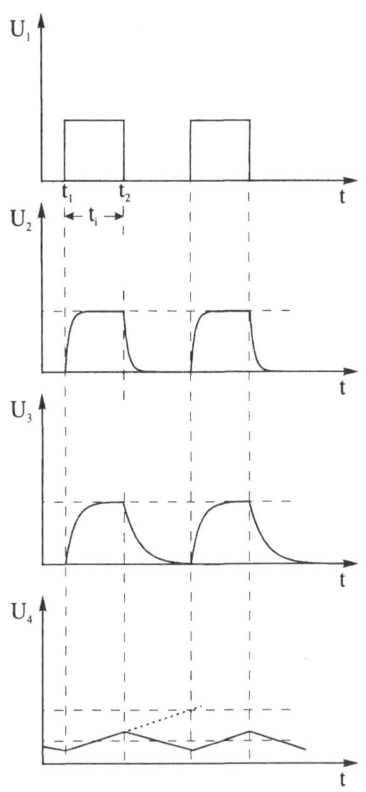

zeitlicher Verlauf der Signale

Eingangssignal

Ausgangssignal bei:

$\tau = RC =$ klein gegen t_i

$\tau = RC = \frac{1}{5} t_i$

$\tau = RC =$ groß gegen t_i

Bild 1.67 Signalverlauf am Integrierer

1.4.3.2 RC-Differenzierglied

Wie bei der Schaltung im Bild 1.65 wird nun der analoge Vorgang an einem RC-Differenzierglied gemäß Bild 1.68 durchgeführt. Da das Differenzierglied das Gegenstück zu einem Integrierglied darstellt, liegt auch der Gedanke nahe, einfach die Position der Bauelemente *R* und *C* zu tauschen.

Ladevorgang

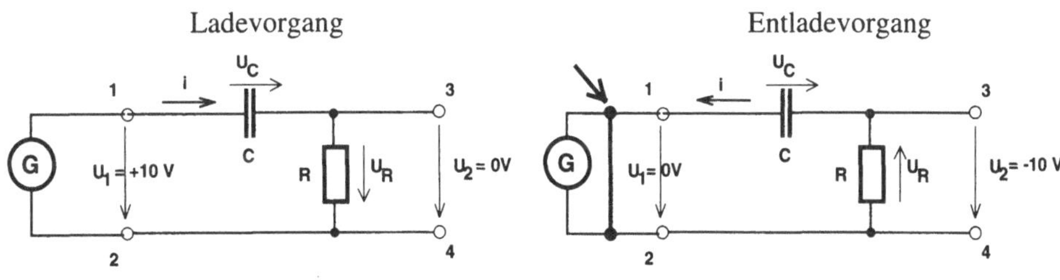

Bild 1.68 Ladevorgang von Quelle

Entladevorgang

Bild 1.69 Entladung über Quelle

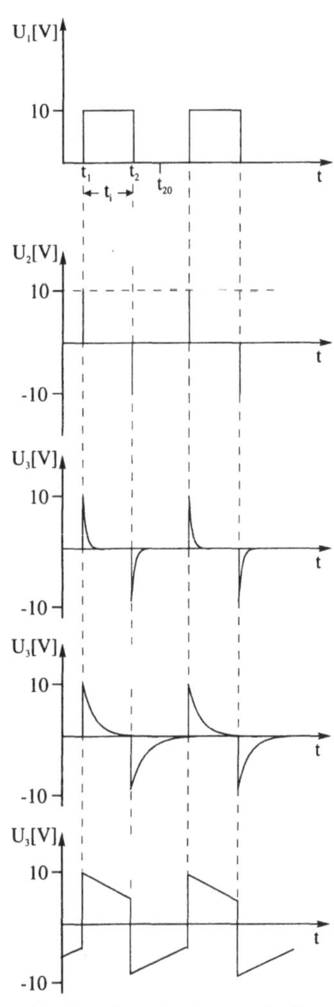

zeitlicher Verlauf der Signale

Eingangssignal

Ausgangssignale bei:

τ = sehr klein gegen t_i

τ = klein gegen t_i

τ = mittelgroß gegen t_i $\tau = \frac{t_i}{5}$

τ = sehr groß gegen t_i

Bild 1.70 Signalverlauf am Differenzierer

1.5 Elektrische Leistung und Arbeit

1.5.1 Allgemeine Definitionen

Definitionen:

Leistung ist das Produkt aus Strom und Spannung $P = U \cdot I$

Arbeit ist das Produkt aus Leistung und der Zeitdauer $W = P \cdot t$

Bei Gleichspannungsquellen gilt damit uneingeschränkt:

Gleich-Leistung: $P = U \cdot I$

Gleich-Arbeit: $W = P \cdot t$

Bei Wechselspannungsquellen besteht das Problem, dass die passiven Bauelemente C und L eine Verschiebung des Phasenwinkels verursachen, und damit ergeben sich auch Konsequenzen für die Leistungsberechnung im Wechselstromkreis, denn es gilt die zeitliche Änderung der Spannung $u(t) = \hat{U} \sin\omega t$.

1.5.2 Definition und Herleitung des Effektivwertes

Da in der Wechselstromtechnik der Effektivwert eine wesentliche Rolle spielt, soll er hier nochmals zur Wiederholung hergeleitet werden.

Für *rein sin-förmige* Anregung gilt:

$$U_{eff} = \frac{\hat{U}}{\sqrt{2}} = U \quad \text{und} \quad I_{eff} = \frac{\hat{I}}{\sqrt{2}} = I \tag{1.57}$$

Bei Rechteck-Anregung gilt analog:

$$U_{eff} = \frac{U_{on}}{TV} = U \quad \text{und} \quad I_{eff} = \frac{I_{on}}{TV} = I$$

Dabei stellt TV das Tastverhältnis zwischen EIN- und AUS-Anteil dar.

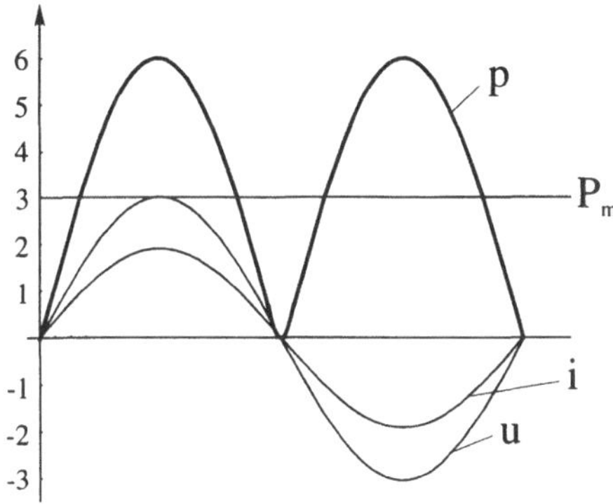

Bild 1.71 Phasenverlauf

Definition:

Ein Wechselstrom hat die Spannung U_{eff} , wenn er die selbe Arbeit (Leistung in einem Zeitintervall) erbringt wie ein Gleichstrom mit der Spannung U_{gl} .

Herleitung:

Aus den Signalbeschreibungen ergibt sich somit die Wechselsignalleistung über den Spannungs- und Strombeitrag $u(t) = \hat{U} \cdot \sin(\omega t)$ und $i(t) = \hat{I} \cdot \sin(\omega t)$

$$P(t) = u(t) \cdot i(t) = \hat{U} \cdot \hat{I} \cdot \sin^2(\omega t) \tag{1.58}$$

Die verrichtete Arbeit während einer Periode ist bestimmbar über:

$$W = \int_0^T P(t)\,\mathrm{d}t = \int_0^T u(t)\cdot i(t)\,\mathrm{d}t = \hat{U}\cdot\hat{I}\int_0^T \sin^2(\omega t)\,dt \tag{1.59}$$

Über die schrittweise Bearbeitung des Integrals folgt dann:

$$W = \hat{U}\cdot\hat{I}\cdot\frac{1}{\omega}\cdot\frac{1}{2}\left[\omega t - \sin(\omega t)\cdot\cos(\omega t)\right]_0^T \quad \text{und}$$

$$W = \hat{U}\cdot\hat{I}\cdot\frac{1}{2}\left[\frac{\omega t - \sin(\omega t)\cdot\cos(\omega t)}{\omega}\right]_0^T$$

sowie $W = \hat{U}\cdot\hat{I}\cdot\frac{1}{2}\left[\frac{2\pi - 0}{\frac{2\pi}{T}}\right]$ mit der Lösung: $W = \frac{1}{2}\hat{U}\cdot\hat{I}\cdot T$

Laut Definition muss nun gelten:

$$P = \frac{W}{T} = \frac{1}{2}\hat{U}\cdot\hat{I} \overset{!}{=} U\mathrm{eff}\cdot I\mathrm{eff} \tag{1.60}$$

Da aber $\hat{U} = \hat{I}\cdot R$ bzw. $\hat{I} = \frac{\hat{U}}{R}$ und $U_{eff} = I_{eff}\cdot R$ bzw. $I_{eff} = \frac{U_{eff}}{R}$ ist, so folgt weiter gemäß Definition $\frac{1}{2}\hat{U}\cdot\frac{\hat{U}}{R} \overset{!}{=} U_{eff}\cdot\frac{U_{eff}}{R}$ und letztlich:

$$\frac{(\hat{U})^2}{2\cdot R} \overset{!}{=} \frac{(U_{eff})^2}{R}$$

Bei Umstellung nach U_{eff} bzw. I_{eff} folgt (*was zu beweisen war*):

$$U_{eff} = \frac{\hat{U}}{\sqrt{2}} \qquad \text{und} \qquad I_{eff} = \frac{\hat{I}}{\sqrt{2}} \tag{1.61}$$

1.5.3 Wirkleistung und Blindleistung

Die leistungswirksamen Komponenten entstehen nur aus den Effektivwerten.

Bei *rein ohmscher Last* gilt:

$$P = U\cdot I \qquad \Rightarrow \qquad P_W = U_{eff}\cdot I_{eff} \tag{1.62}$$

Bei *nicht rein ohmscher Last* spielt die Wirkung des Phasenwinkels φ eine entscheidende Rolle. Es sind folgende Unterscheidungen zu treffen:

Wirkleistung P (P_W)

Blindleistung Q (P_{Bl})

Scheinleistung S (P_S) (rein rechnerischer Wert)

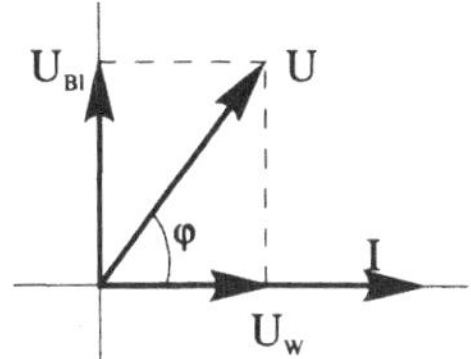

Bild 1.72 Wirk- und Blindspannung

Im Fall von reinen Kondensatoren und Induktivitäten gilt eine Phasenverschiebung von $\varphi = 90°$ und somit folgt:

Blindleistung: $P_{Bl} = U_C \cdot I = Q_C$

$P_{Bl} = U_L \cdot I = Q_L$

Aus der Unterteilung der Gesamtspannung in:

Wirkspannungsanteil U_W $\quad P_W = U_W \cdot I$

Blindspannungsanteil U_{Bl} $\quad P_{Bl} = U_{Bl} \cdot I$

Natürlich sind diese Zusammenhänge auch aus der grafischen Lösung ableitbar.

Wirkanteil $\quad \cos\varphi = \frac{U_W}{U} \quad U_W = U \cdot \cos\varphi$

Blindanteil $\quad \sin\varphi = \frac{U_{Bl}}{U} \quad U_{Bl} = U \cdot \sin\varphi$

Wirkleistung: $P_W = U \cdot I \cdot \cos\varphi \quad [W]$

Blindleistung: $P_{Bl} = U \cdot I \cdot \sin\varphi \quad [Var]$

Scheinleistung (Rechenwert): $P_S = U \cdot I \quad [VA]$

Umrechnungshinweis: $P_W = P_S \cdot \cos\varphi$

$P_{Bl} = P_S \cdot \sin\varphi$

1.5.4 Elektrische Arbeit

Abschließend soll noch die Definition und die Berechnung der elektrischen Arbeit herangezogen werden, woraus auch die wirkenden Größen zu erkennen sind.

Definition: *Die elektrische Arbeit ist das Produkt aus Wirkleistung und Zeit.*

$$W = P_W \cdot t \qquad (1.63)$$

Merke: *Nur die Wirkleistung verrichtet elektrische Arbeit.*

Eine Blind- oder Scheinleistung erbringt keine Arbeit

2 PN-Diode

2.1 Physikalische Grundlagen

Um die Funktionsweise von Dioden und später dann die Arbeitsweise der Bipolar-Transistoren zu verstehen, ist es notwendig, die physikalischen Grundlagen und den Ladungsträgertransport zu untersuchen. Im folgenden Kapitel wird über eine kurze Darstellung der physikalischen Grundlagen zum technisch nutzbaren Effekt übergegangen. Daran anschließend werden zwei Einsatzgebiete, den Gleichrichter und der Z-Diode als Stabilisator intensiver behandelt. Abschließend werden noch weitere Diodentypen im Überblick kurz behandelt.

2.1.1 Aufbau eines Halbleiterkristalls

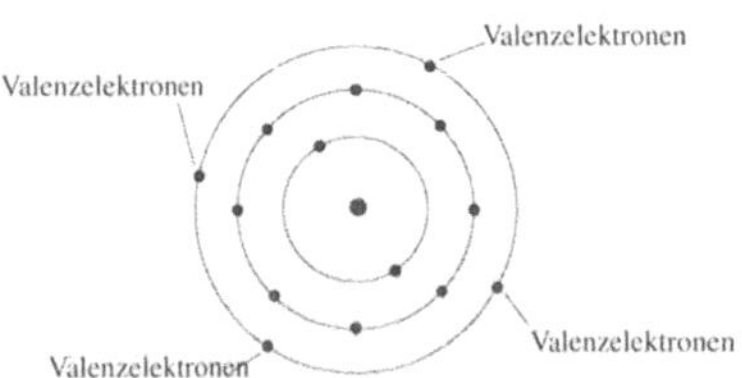

Bild 2.1 Silizium-Atommodell

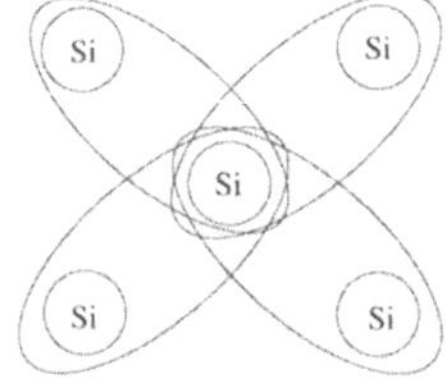

Bild 2.2 Si-Atomverband

In jedem Atom sind die den Kern umfliegenden Elektronen auf Bahnen (Schalen) nach festen Gesetzen angeordnet. Dabei stellen die Elektronen auf den äußeren Schalen (sogenannte Valenzelektronen) eine Bindung zu den Nachbaratomen her. Man spricht von einer gemeinsamen Nutzung, da jedes Atom bestrebt ist, die Schalen entsprechend den Gesetzen auf einen "kompletten Satz" nämlich 8 Elektronen (außer der innersten Schale mit 2 Elektronen) aufzufüllen. Am Beispiel des Silizium-Atommodells ist diese gemeinsame Nutzung im Bild 2.2 dargestellt. Die 4 Außenelektronen gehen in Beziehung mit je 1 Elektron der 4 Nachbaratome. Da Silizium heute das hauptsächliche Grundmaterial in der Halbleiterelektronik darstellt, sollen sich die weiteren Betrachtungen auch auf diesen Werkstoff beziehen. Die gleichen Betrachtungen sind aber auch an anderen Werkstoffen (z.B. Germanium) möglich.

2.1.2 Eigenleitfähigkeit

In jeder Halbleiterkristallstruktur ist eine relativ geringe Eigenleitfähigkeit vorhanden, die u.a. vom Reinheitsgrad, von vorhandenen freien Elektronen im Material und von der Temperatur (Schwingungen) des Materials abhängig ist. Diese Eigenleitfähigkeit entsteht durch bestehende (restliche) Verunreinigungen, also dem Vorhandensein von Fremdatomen, im Kristallmaterial, das aus dem Herstellungsprozess kommen kann, durch das Aufbrechen von Kristallverbindungen durch Wärmeeinwirkung (Wärmeschwingungen) und auch durch fehlende Bindungsmöglichkeiten der Randatome (sogenannte Oberflächenleitfähigkeit).

Für die Halbleitermaterialien Silizium und Germanium gelten folgende Werte für die Eigenleitfähigkeit (κ_i)

Silizium: $\kappa_{i(Si)} = \dfrac{1}{2 \cdot 10^5\ \Omega \cdot \mathrm{cm}}$ Germanium: $\kappa_{i(Ge)} = \dfrac{1}{40\ \Omega \cdot \mathrm{cm}}$

Der Vorgang einer gezielten Verunreinigung nennt man Dotierung und wird bei der Herstellung von Halbleitermaterialien eingesetzt, um somit bestimmte Leitungseffekte zu erhalten. Dabei ist ganz wesentlich und technologisch schwierig, dass diese Dotierungen definiert bezüglich Intensität und Lokalisierung eingebracht werden, um daraus den entsprechenden physikalischen Effekt zu erhalten.

Im folgenden Teil werden die zwei Grunddotierungsarten (n- und p-Dotierung) behandelt, die die Grundlage für den pn-Übergang darstellen und bei der Herstellung von Dioden sowie Bipolar-Transistoren Anwendung finden.

2.1.2.1 n-Silizium

Unter den Begriff n-Silizium versteht man eine Halbleiterstruktur, die mit negativen Ladungsträgern "überfüttert" wurde. Das heißt, sie hat in ihrer Struktur Elektronen enthalten, die keine feste Bindung zu einem Nachbaratom eingehen können, da alle Schalen besetzt sind, und somit frei zur Verfügung stehen. Für den Herstellungsprozess bedeutet das:

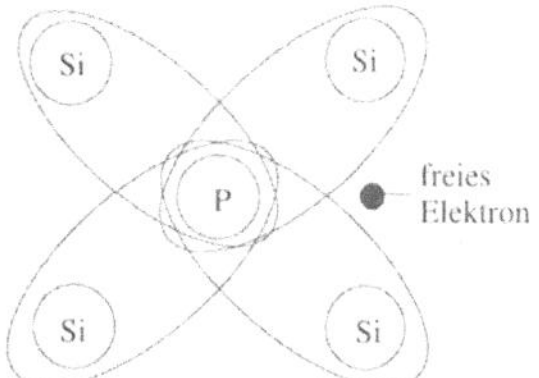

Bild 2.3 n-dotiertes Silizium

Das hochreine Silizium muss einen *Elektronenüberschuss* erhalten, in dem gezielt mit 5-wertigen Material (z.B. Phosphor, Arsen, Antimon) dotiert wird.

Daraus folgt der Schluss, dass 4 Elektronen Bindungen eingehen können, das 5. Elektron bleibt frei (Bild 2.3). Diese übrig gebliebenen Elektronen können sich nun relativ frei bewegen und stellen dementsprechend eine negative Ladung dar.

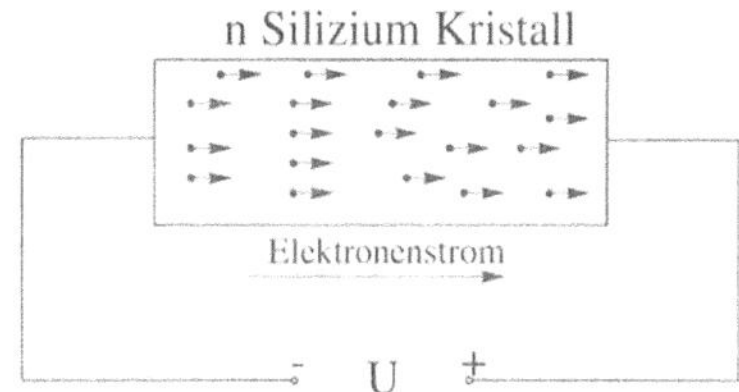

Bild 2.4 Elektronenstrom im n-Si

Aus dieser Überlegung lässt sich schließen:

Je größer der Dotierungsgrad, desto niederohmiger ist das Material (steigende Leitfähigkeit, fallender Widerstandswert)

Legt man eine äußere Spannung an diese dotierte Kristallstruktur, so bewegen sich die freien Elektronen zum Pluspol der Quelle, da gleiche Polaritäten sich bekanntlich abstoßen.

2.1.2.2 p-Silizium

In Analogie zum n-Silizium, das einen Elektronenüberschuss besitzt, muss man auch eine Kristallstruktur herstellen können, die einen Elektronenmangel und somit einen Löcherüberschuss enthalten muss. Das hochreine Silizium erhält dadurch den gewünschten Elektronenmangel in dem durch gezieltes Dotieren mit 3-wertigen Material (z.B. Aluminium, Gallium, Indium) 3 Elektronen wie bisher in Bindung gehen. Nun fehlt an einer Stelle 1 Elektron, es entsteht ein Loch und somit ein positiver Ladungsüberschuss. Diese Löcher sind wiederum, wie auch die Elektronen, im Material frei beweglich und stellen positive Ladungsträger dar. Es steigt mit dem Dotierungsgrad ebenfalls die Leitfähigkeit. Bei angelegter Spannung "hüpfen" die Elektronen von Loch zu Loch. Oder anders ausgedrückt, die Löcher "wandern" zum Minuspol und die Elektronen zum Pluspol.

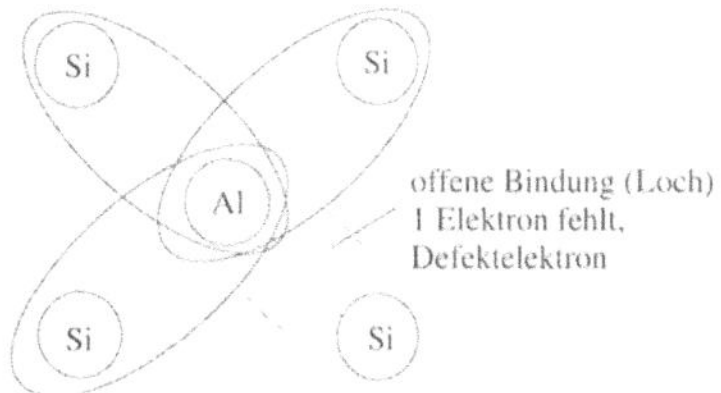

Bild 2.5 p-dotiertes Silizium

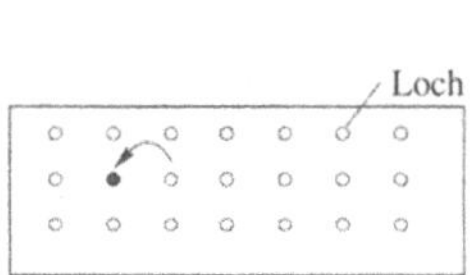

Bild 2.6 p-dotiertes Silizium

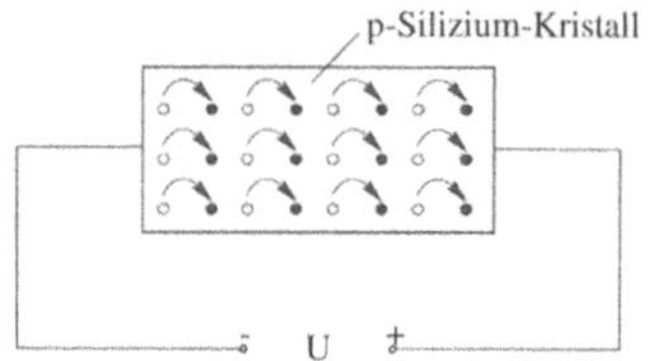

Bild 2.7 Verlauf des Löcherstromes

2.1.3 PN-Übergang

Diese zwei Möglichkeiten der Dotierung wird gezielt eingesetzt, und es werden beide Gebiete aneinandergesetzt. Hier wird jetzt eine Grenzschicht aufgebaut, wo p- und n-dotierte Gebiete aneinanderstoßen. Nun stellt sich die Frage: Wie verhalten sich die Ladungsträger im Grenzbereich? Um das zu verstehen, sind mehrere Teilschritte zu durchlaufen, damit das Verhalten deutlich sichtbar wird. Als erster Fall muss der Ruhezustand, ohne angelegter Spannung, betrachtet werden. Anschließend sind die zwei Möglichkeiten des Anlegens einer äußeren Spannungen zu untersuchen.

2.1.3.1 PN-Übergang (ohne äußere Spannung)

Im ersten Fall soll das Verhalten im Ruhezustand, also ohne äußere Wirkung (angelegte Spannung), untersucht werden.

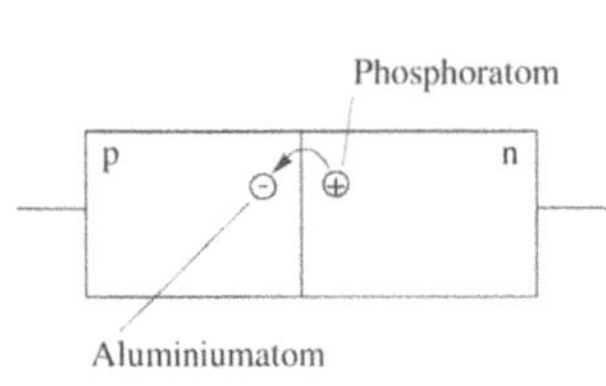

Bild 2.8 Ladungsträgerwanderung

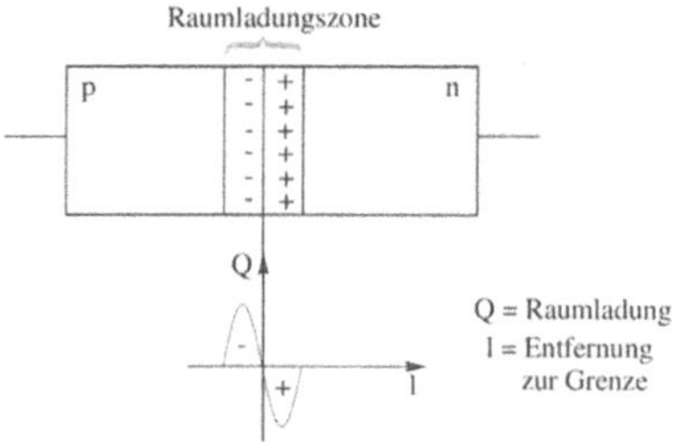

Bild 2.9 Ausbildung der Raumladungszone

Durch die Wärmeschwingungen der Gitterstruktur des Halbleiterkristalls wandern freie Elektronen aus dem n- in das p-Gebiet. Daraus folgt, es ergibt sich eine Potentialverschiebung durch die Wanderung, das Phosphoratom wird zum positiv geladenen Ion und das Aluminiumatom wird zum negativ geladenen Ion.

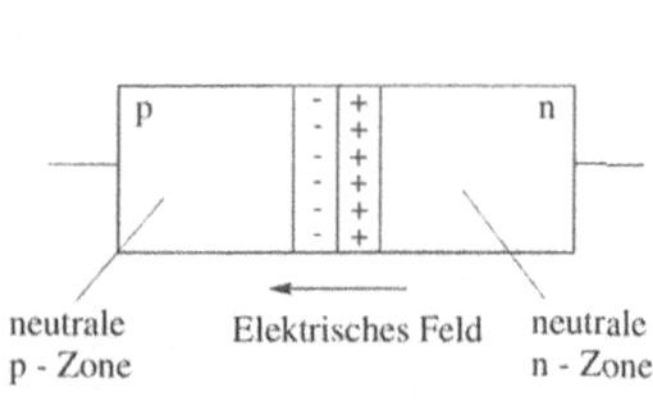

Bild 2.10 Wirkrichtung des elektrischen Feldes

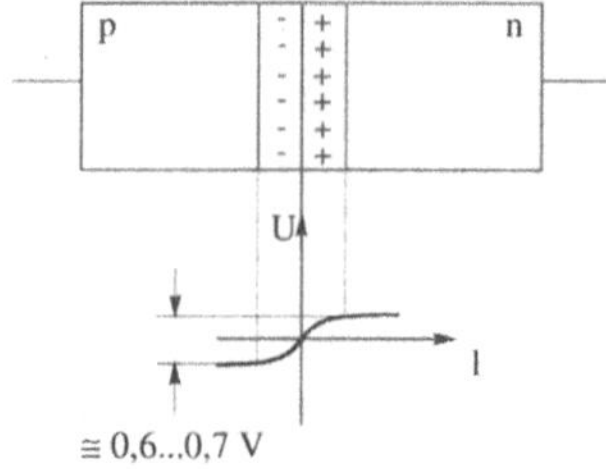

Bild 2.11 Diffusionsspannung

Dadurch bildet sich die sogenannte *Raumladungszone*, die durch die temperaturabhängigen Kristallschwingungen in ihrer Ausbreitung ebenfalls temperaturabhängig ist. In diesem durch die Wanderung der Ladungsträger entstandenen Bereich entsteht durch den Potentialunterschied zwischen den Ladungsträgern ein *elektrisches Feld*. Das Bild 2.10 zeigt, dass sich dieser Effekt direkt an der Grenze zwischen dem n- und p-Dotierungen ausbildet. Durch diese *Ladungsträgerdiffusion* bildet sich weiterhin ein Spannungsverlauf mit der sogenannten *Diffusionsspannung* (auch Fluss- oder Schleusenspannung genannt).

Es gelten dabei für Silizium $u_{diff} \approx$ 0,6...0,7 V und für Germanium: $u_{diff} \approx$ 0,3 V.

Diese Parameter sind physikalisch bedingt und stellen feste Werte dar, die nicht durch Veränderungen des Herstellungsprozesses beeinflusst werden können.

2.1.3.2 PN-Übergang (mit äußere Spannung)

Bisher wurde nur der physikalische Effekt behandelt. Nun stellt sich die Frage nach der technischen Nutzbarkeit. Das Ziel ist es, ein Bauelement zu erhalten, das idealer Weise in eine Stromflussrichtung leitet, in der anderen Richtung voll sperrt. Will man nun an diesen "sich selbsteinstellenden Zustand" eine äußere Spannung anlegen, so ergeben sich zwei Möglichkeiten der Beschaltung.

Fall 1: Minuspol der Quelle an p-Zone und Pluspol an n-Zone

Fall 2: Minuspol der Quelle an n-Zone und Pluspol an p-Zone

Diese zwei Fälle sollen jetzt näher untersucht werden, ob und wie diese technisch nutzbar gemacht werden können.

a) Fall 1: Minuspol an p-Zone

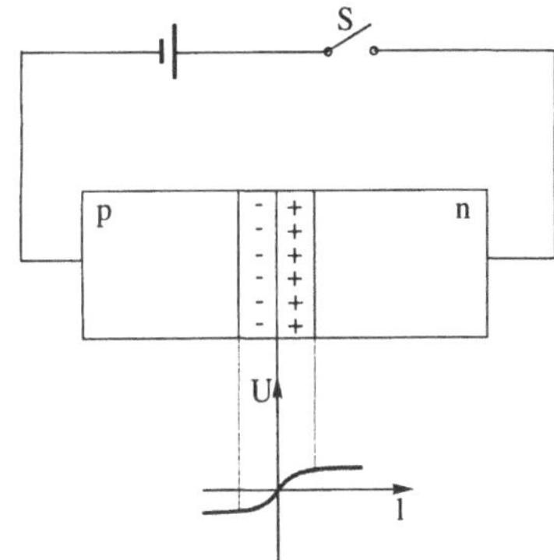

Bild 2.12 Ausgangszustand (Schalter geöffnet)

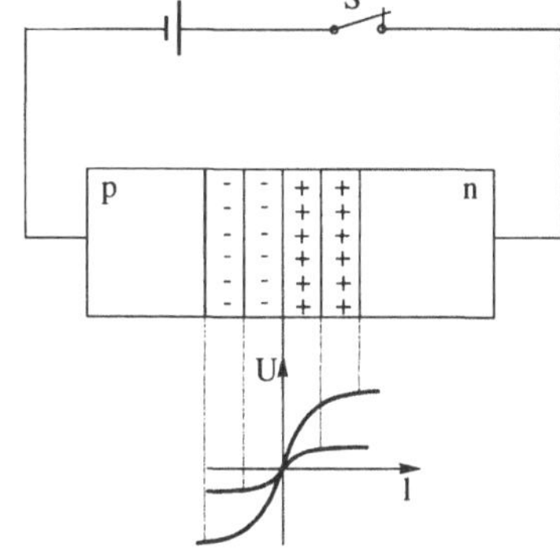

Bild 2.13 Minuspol an p-Zone

Legt man den negativen Pol einer Spannungsquelle an die p-Zone und den positiven an die n-Zone, ergibt sich folgendes Verhalten: Durch den Pluspol werden die Elektronen aus dem n-Bereich förmlich "herausgesaugt". Gleiches passiert am p-Gebiet, wo die Löcher zum Minuspol gezogen werden. Anders betrachtet kann man sich auch vorstellen, dass in das p-Gebiet Elektronen von der Quelle "hineinwandern" und auf der n-Seite tun das die Löcher.

Folgende Ergebnisse zeigen sich:
- je größer die herrschende Spannung in der Kristallzone, desto breiter die Raumladungszone,
- die Raumladungszone besitzt keine beweglichen Ladungsträger,
- es baut sich ein elektrisches Feld auf.

Es kann keine Ladungsträgerbewegung durch den pn-Übergang erfolgen, der Stromkreis ist unterbrochen und es liegt die *Sperrschichtpolung* vor. Da sich die Ladungsträger in der Raumladungszone ähnlich wie bei einem Plattenkondensator gegenüberstehen, entsteht hier auch eine Kapazität. Dieser Effekt der Sperrschichtkapazität wird u.a. in der Kapazitätsdiode genutzt, wo durch entsprechende Dotierungsvarianten der Kondensatoreffekt verstärkt wird.

b) Fall 2: Pluspol an p-Zone

Durch den Pluspol werden die Löcher in Richtung Grenzschicht getrieben und durch den Minuspol werden die Elektronen in Richtung p-Gebiet verschoben. Es entsteht ein zweiseitiger Ladungsträgerstrom.

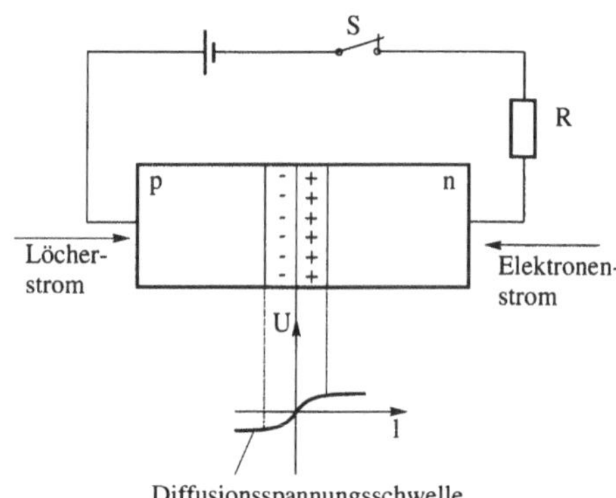

2.14 Pluspol an p-Zone

Folgende Ergebnisse zeigen sich:
- Raumladungszone wird abgebaut
- Schichten transportieren die Ladungsträger und das Bauelement wird durchlässig (leitend)

In diesem Fall fließt *nach dem Überwinden der Diffusionsspannung* ein Strom durch die Zonen und der pn-Übergang befindet sich in der *Durchlasspolung.*

2.2 Arbeitsweise von Halbleiterdioden

Aus den zwei Erkenntnissen der vorangegangenen Grundlagen lässt sich nun die Funktionsweise der Dioden als Anwendung des pn-Übergangs erklären. Es gibt zwei Grundfunktionen, die je nach Dotierungsverlauf entsprechend ideal angesehen werden können. Betrachtet man die zwei Zustände als Idealisierung, so könnte man sagen:

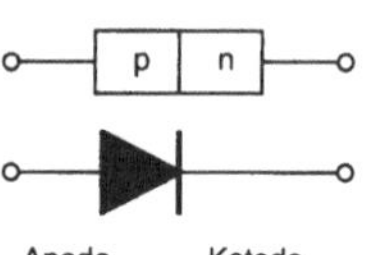

Bild 2.15 Schaltsymbol

Idealisierte Diodenfunktion:

	Widerstandsverhalten	*Idealisierung*
in Durchlassrichtung:	niederohmig	Schalter geschlossen
in Sperrrichtung	hochohmig	Schalter offen

Für den praktischen Einsatz ist diese Idealisierung leider nur sehr beschränkt nutzbar. Dafür ist es aber günstig, aus dem wahren, leider nichtlinearen Verhalten, ein einfaches Ersatzschaltbild aus zwei linearen Bauelementen herzuleiten, wobei die Näherung aber nur geringe Abweichungen zur Realität bringen darf.

2.2.1 Allgemeine Kennlinie

Zur Bestimmung der Verhaltensweise und somit zur Aufnahme einer Strom-/Spannungskennlinie wird die im Bild 2.16 dargestellte Messschaltung eingesetzt und mit ihr die Messung im Durchlass- und Sperrbereich durchgeführt.

Man erhält für Germanium- und Silizium-Dioden einen in den folgenden Bildern dargestellten Verlauf. Dabei ist im Bild 2.17 der 1. Quadrant für den Durchlassbereich und im Bild 2.18 im 3. Quadraten der Sperrbereich für beide Dioden dargestellt. Es ist aus den Kurvenverläufen klar zu erkennen, dass die Si-Diode der Vorstellung und dem Ziel eines Schalters näher als die Ge-Diode kommt.

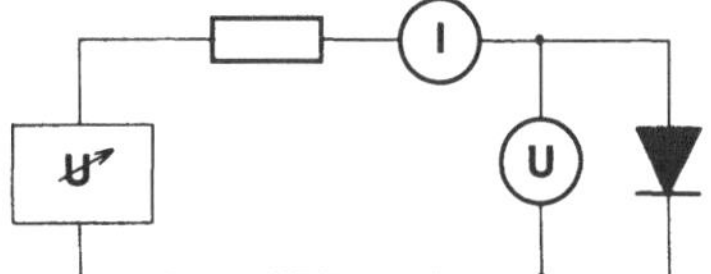

Bild 2.16 Messschaltung zur Kennlinienerfassung

a) Durchlassbetrieb

(+ an Anode, - an Kathode)

b) Sperrbetrieb

(- an Anode, + an Kathode)

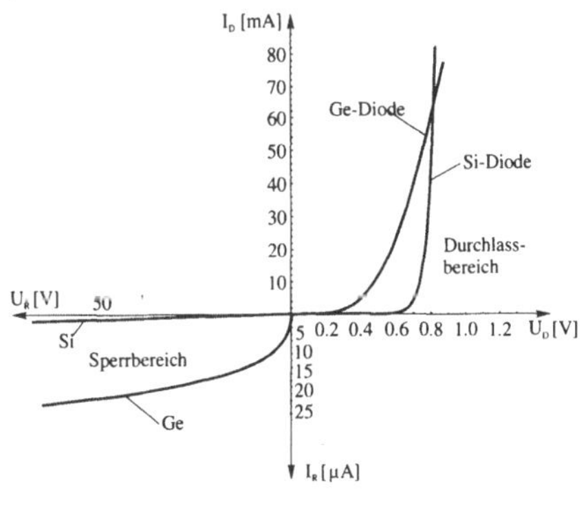

Bild 2.17 Kennlinien für Ge- u. Si-Dioden im Durchlassbereich

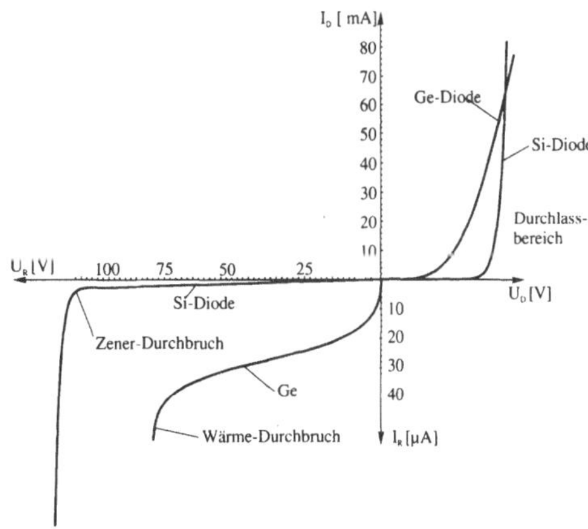

Bild 2.18 Kennlinien für Ge- u. Si-Dioden im Sperrbereich

Für die Beurteilung einer Diode auf deren Einsatzfähigkeit für die entsprechende Anwendung sind folgende *Hauptparameter* interessant. In Durchlassrichtung bleibt die sogenannte *Flussspannung* U_F als Spannungsabfall über der Diode stehen. Sie stellt einen technologisch bedingten, feststehenden Wert dar. Weiterhin ist *der maximaler Strom in Durchlassrichtung* I_{Fmax} als typabhängiger Wert zu beachten, der sich auf die thermische Grenze bezieht sowie die *maximale Spannungsfestigkeit in Sperrrichtung* U_{Sperr}, die ebenfalls typabhängig und technologisch bedingt ist, und die auf die Durchbruchs-, also Zerstörungsgrenze zeigt. Bei der Spezialanwendung in Form der Z-Dioden, die eine hochdotierte Diode darstellt, ist die *Z-Spannung* U_{Z0} für den Einsatz von wesentlichem Interesse. Auf diese Parameter wird speziell im Punkt 2.5 eingegangen.

2.2.2 Parameter von Halbleiterdioden

2.2.2.1 Typische Kennlinien unterschiedlicher Materialien

Mit den folgenden Beispielen im Bild 2.19 soll ein kleiner Rückblick auf früher eingesetzte Materialien für Gleichrichter erfolgen. Dabei kann man die zeitliche Reihenfolge auch an der Qualität der Kennlinien bzw. deren Näherung an den Schalterbetrieb sehen.

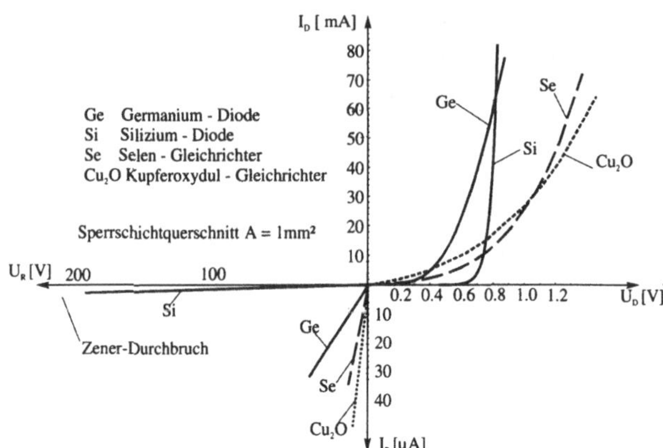

Bild 2.19 Kennlinienverlauf

So wurden als erste Kupferoxydul- und Selen-Gleichrichter eingesetzt, die neben einem recht schlechten Durchlass/-Sperrverhalten außerdem noch einen sehr großen Flächenbedarf hatten. Danach kam die große Zeit der Germanium-Dioden, deren Verhaltensweisen wesentlich besser waren, aber von den noch besseren Silizium-Dioden fast ausschließlich abgelöst wurden. Die Germanium-Bau-elemente kommen bei allgemeinen Gleichrichtern heute kaum noch zum Einsatz. Ihr Einsatz liegt in speziellen Anwendungen, wo die niedrige Flussspannung von Bedeutung ist. Betrachtet man noch weitere Parameter, eine Auswahl ist in Bild 2.20 zusammengetragen, so ist der Vorteil von Silizium eindeutig zu erkennen. Auch zeigt die Entwicklung, dass das Silizium nicht der Endstand der Entwicklung sein wird, da es doch noch nicht den gewünschten Zielfunktionen voll entspricht.

	Germanium	Silizium	Selen	Kupferoxydul
Schwellspannung	0,3 V	0,7 V	0,6 V	0,2 V
Durchlasswiderstand R_F (bezogen auf mm^2) Sperrschichtquerschnitt	5 Ω bis 100 Ω	2 Ω bis 50 Ω	5 Ω bis 100 Ω	10 Ω bis 50 Ω
Sperrwiderstand R_R	0,1 MΩ bis 10 MΩ	1 MΩ bis 3000 MΩ	0,1 MΩ bis 1 MΩ	50 kΩ bis 500 kΩ
Max. Sperrspannung	bis ca. 200 V	bis ca. 3000 V	bis ca. 40 V	ca.6 V
Max. Sperrschichttemperatur	90 °C	200 °C	85 °C	50 °C
Gleichrichterwirkungsgrad	98 %	99,5 %	90 %	75 %

Bild 2.20 Zusammenstellung einiger Kenngrößen unterschiedlicher Gleichrichtermaterialien

2.2.2.2 Bestimmung der Schwellspannung

Wie in der Einleitung zu diesem Kapitel erklärt wurde, stellt die Diode als Anwendung des pn-Übergangs ein nichtlineares Bauelement sowohl in der Durchlass- als auch in der Sperrrichtung dar. Somit muss es das Ziel sein, ein möglichst einfaches aus mehreren passiven Bauelementen bestehendes Ersatzschaltbild zu konstruieren, das dem realen Verhalten recht nahe kommt.

Diodenverhalten

Im Durchlassbereich steigt der Strom erst minimal und dann immer deutlicher sehr steil an. Der Strom in Flussrichtung folgt dabei einer Exponentialfunktion gemäß Gl. 2.1.

$$I_D = I_S \cdot \left(e^{U_D/mU_T} - 1\right) \tag{2.1}$$

In dieser Funktion sind die Parameter wie folgt zu beschreiben:

I_D stellt den Diodenstrom in Durchlassrichtung dar, U_D ist die anliegende äußere Spannung in Durchlassrichtung (über der Diode), I_S Diodensperrsättigungsstrom, m fasst alle Materialkonstanten und technologische Parameter zusammen und U_T ist die Temperaturspannung.

Aus der e-Funktion ist klar zu erkennen, dass kein einfaches Ersatzschaltbild zu erzielen ist. Deshalb soll diese Funktion nun durch entsprechende Verfahren zerlegt werden. Der Grundgedanke läuft darauf hinaus, dass einmal eine Unterteilung des gesamten Funktionsbereichs in zwei getrennte Bereiche (Durchlass- und Sperrbereich) erfolgen muss. Danach kann durch eine Tangente im Arbeitsbereich eine zweite Komponente erstellt werden. Der dritte Teil stellt eine Verschiebung des Ursprunges im Koordinatensystem dar. Im folgenden Teil werden die einzelnen Komponenten untersucht, bevor die Ersatzschaltbild-Konstruktion erfolgen kann.

Schwellspannung

Die Schwellspannung U_S ist der Wert, wo die durch den Arbeitspunkt konstruierte Tangente die U-(x-)-Achse schneidet. Dabei sollte diese Tangente eine recht gute Näherung an die Kennlinie der Diode über ein recht weiten Arbeitsbereich bringen, damit diese Vereinfachung einen recht grossen Gültigkeitsbereich erhält. Im Bild 2.21 ist das Verfahren dargestellt. Die Schwellspannung ist *nicht* der Beginn des Stromflusses (!). Als Richtwerte gelten für Ge-Dioden $U_{S(Ge)} \approx 0{,}3$ V und für Si-Dioden $U_{S(Si)} \approx 0{,}7$ V.

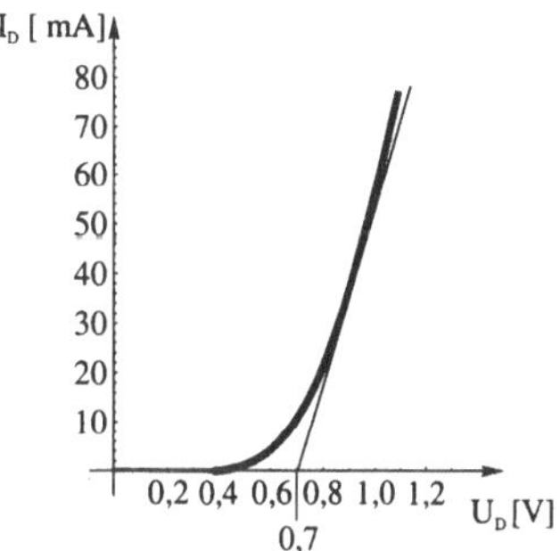

Bild 2.21 Grafische Lösung (Beispiel einer Si-Diode)

2.2.2.3 *Widerstand und Arbeitspunkt*

Aus der Kennlinie im Durchlassbereich ist ersichtlich, dass es kein lineares Verhalten zwischen Strom und Spannung gibt. So kann man einmal in den *Gleichstromwiderstand* bezogen auf einen festen Punkt, also das I-/U-Verhalten in diesem Punkt, unterscheiden, der sich nach dem Ohmschen Gesetz richtet. Weiterhin bildet sich an dieser nichtlinearen Kennlinie ein *differentieller Widerstand* als Ableitung in einem Bezugspunkt ab. Im Bild 2.22 ist dieser Ansatz beispielhaft grafisch dargestellt.

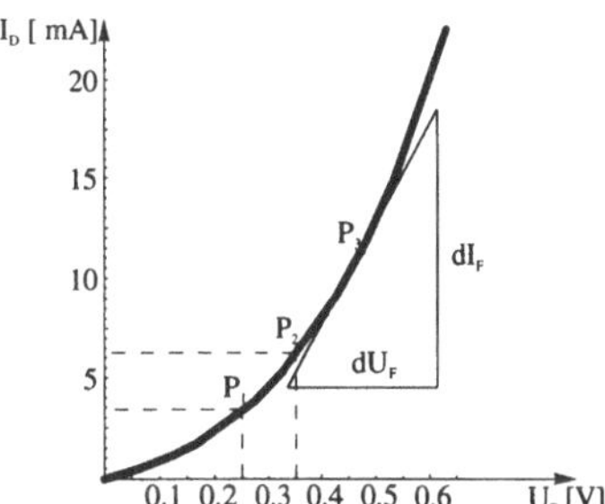

Bild 2.22 Arbeitspunktbetrachtung

Gleichstromwiderstand (auf einem Punkt bezogen) nach dem Ohmschen Gesetz:

Der Wert für R_F ist nur in diesem Arbeitspunkt (Punkt. 3) gültig.

$$R = \frac{U}{I} \quad \text{und damit} \quad R_F\,(\text{Pkt3}) = \frac{U_{F3}}{I_{F3}} \tag{2.2}$$

differentieller Widerstand:

$$r = \frac{\Delta U}{\Delta I} \quad \text{und somit auch} \quad r_D = \frac{dU_F}{dI_F} \tag{2.3}$$

Beachten: *r_D hat wie auch R an jedem Punkt der Kennlinie einen anderen Wert und sie sind nicht gleich und auch nicht voneinander abhängig.*

2.2.2 Temperaturverhalten

1. Durchlassverhalten

Wie bereits in Gl. 2.1 dargestellt, fließt durch die Diode gemäß der Dioden-Grundfunktion ein Strom:

$$I_D = I_S \cdot \left(e^{U_D/mU_T} - 1\right)$$

Die bereits beim Diodenverhalten beschriebenen Parameter sollen nun weiter untersucht werden. Aus der Gleichung 2.4 ist zu erkennen, dass der Diodenstrom in Durchlassrichtung temperaturabhängig sein muss, da die Temperaturspannung über

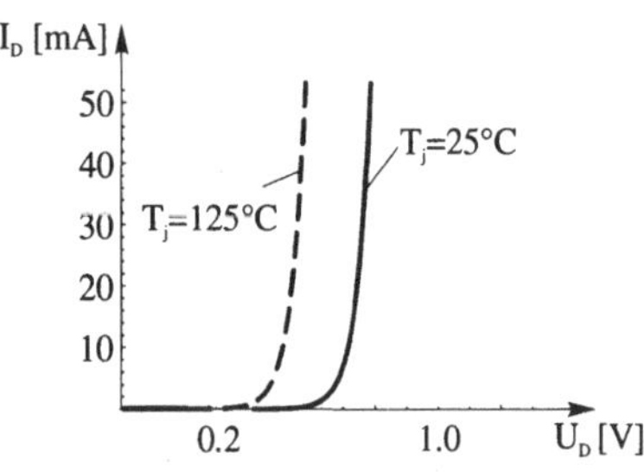

Bild 2.23 Durchlasskennlinienverlauf

$$U_T = \frac{kT}{e} \tag{2.4}$$

beschrieben wird. Somit ist ersichtlich, dass in die Temperaturspannung U_T die vorliegende Chip-Temperatur eingeht und somit ist der Diodenstrom temperaturabhängig in der Form:

$$I_D = f(\vartheta) \qquad \text{da} \qquad U_T = f(\vartheta)$$

Betrachtet man nun den Verlauf der Temperatureinwirkung getrennt nach Durchlass- und Sperrwirkung, so ergeben sich schematisch die beiden Bilder 2.23 und 2.24. Aus der Durchlasskurve ist zu erkennen, dass mit steigender Temperatur die Kennlinie zur y-Achse rückt, was bedeutet, dass mit steigender Temperatur der Strom nahezu linear zunimmt, also der Durchlasswiderstand sich verringert. Dieses Verhalten wird formal beschrieben durch:

$$U_D(\vartheta) = U_D(\vartheta_0) + d_T \cdot \Delta\vartheta \tag{2.5}$$

2. Sperrbereich

Betrachtet man dagegen den Sperrbereich, so ist ein starker, exponentiell ansteigender Strom bei steigender Temperatur zu sehen. Dies folgt der Formel:

$$I_{Sperr}(\vartheta) = I_{Sperr}(\vartheta_0) \cdot e^{\alpha\Delta\vartheta} \tag{2.6}$$

Zusammenfassend ist festzustellen, dass bei steigender Temperatur sowohl der Durchlass- als auch der Sperrstrom ansteigt, mit der Feststellung, dass sich im Durchlass- ein lineares und im Sperrbereich ein exponentielles Verhalten zeigt.

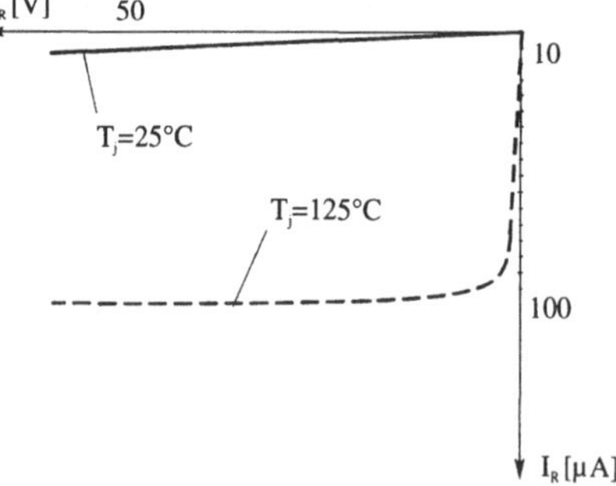

Bild 2.24 Sperrkennlinienverlauf

2.2.3 Großsignalverhalten

Im folgenden Teil wird das Ersatzschaltbild für die Diode in Durchlassrichtung in 3 Schritten hergeleitet und aufgebaut. Der vierte Schritt stellt dann aus der erfolgten Herleitung für den Durchlassbereich den Schritt zum Sperrverhalten dar, wo die einzelnen Schritte 1 bis 3 von ihrer logischen Folge her übernommen werden. Möglich ist das daher, da für beide Funktionsrichtungen die Dioden exponentielle Funktionen haben. Zu beachten ist aber, dass in jede Richtung unterschiedliche Kennwerte nachzubilden sind. Zur Bestimmung des Funktionsbereiches (Durchlass- oder Sperrbereich) dient das Diodensymbol in der folgenden Betrachtung immer als ein *idealer Schalter*, der den entsprechenden Quadranten freigibt.

1. ideales Ersatzschaltbild (Schalter)

Die Idealvorstellung des Schaltverhaltens einer Diode ist eigentlich *der ideale Schalter*, den aber die reale Diode nicht erfüllen kann. Ein als *ideal bezeichneter Schalter* schaltet genau im Nullpunkt (I=0, U=0), das ist der Ursprung des Koordinatensystems, ein und auch an der selben Stelle wieder aus. Er stellt die Funktion so dar, dass er wie ein mechanischer Schließer genau im Ursprung des Koordinatensystems, also bei $U = 0$ schließt und somit der Strom I von 0 auf Maximum geht. Bei $U < 0$ ist er geöffnet und demnach fließt kein Strom. Kommt man aus dem Bereich $U \geq 0$ wieder zurück, so schaltet er an der gleichen Stelle wieder aus. Das Bild 2.25 zeigt dieses Verhalten. Für das Ersatzschaltbild der Diode bedeutet der ideale Schalter eine Freigabe des ersten Quadraten (Durchlassbereich) in eben der genannten idealen Weise: $I = 0$ für $U < 0$ und $I = \max$ für $U \geq 0$.

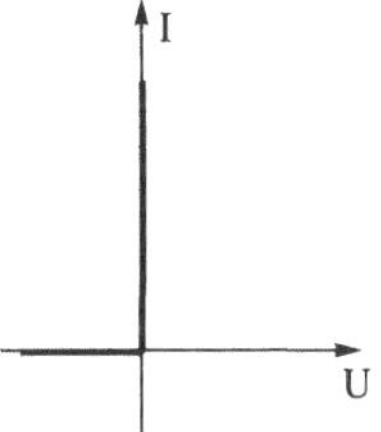

Bild 2.25 Idealer Schalter

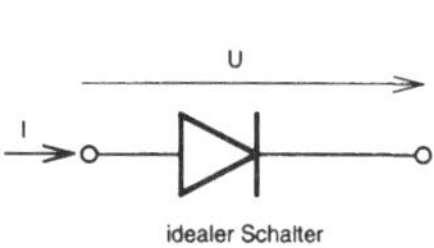

Bild 2.26 Symbolische Darstellung

2. Einbeziehung der Schleusenspannung

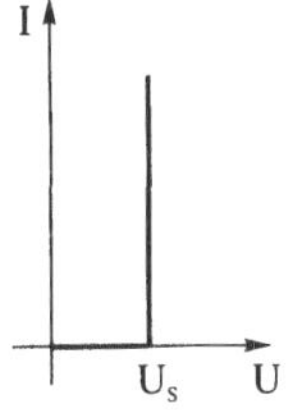

Bild 2.27 Schalter mit Spannungsquelle

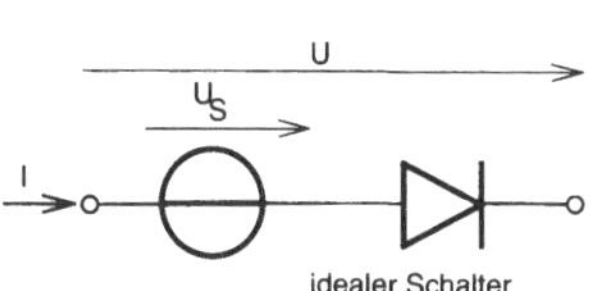

Bild 2.28 Schaltungstechnische Darstellung

Bei der vorangegangenen mathematischen Betrachtung der Diodenkennlinie, sie stellt eine e-Funktion dar, wurde eine Tangente an die Kennlinie gelegt, die in Näherung den Arbeitsbereich gut wieder abbildet. Der Durchtrittspunkt durch die Spannungsachse (x-Achse) wurde als Schwellspannung definiert. Daraus folgt, dass der ideale Schalter auf der U-Achse verschoben werden muss, weil ein Widerstand immer einen Ursprung in einen Punkt ($U = 0$; $I = 0$) benötigt. Die Schwellspannung stellt diesen "Ausgangspunkt" für den Widerstand im Punkt 3 dar. $I = 0$ für $U < U_S$ und $I = \max$ für $U \geq U_S$. Also kann man sagen, die Schleusenspannung ist der Versatz (der verschobene Ursprung) auf der U-Achse (x-Achse). Dieser Versatz stellt, da dieser auf der U-Achse erfolgt, eine Spannungsquelle mit dem Wert U_S dar.

3. Einbeziehung des Bahnwiderstandes

Die an den Arbeitspunkt bzw. -bereich angelegte Tangente stellt ja nicht wie der ideale Schalter eine Senkrechte dar, sondern hat eine Neigung. Das bedeutet in einem I-/U-Koordinatensystem immer einen Leitwert bzw. Widerstand. Je steiler die Gerade, desto geringer ist der Widerstand (größer der Leitwert).

Bild 2.29 Gesamtersatzschaltbild

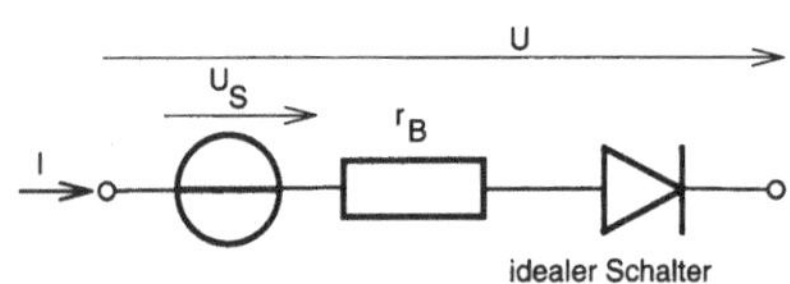

Bild 2.30 Schaltungstechnische Darstellung

Das bedeutet für die Entwicklung des Ersatzschaltbildes der Diode nun, dass alle drei Bauelemente (idealer Schalter für die Quadratenfreigabe, Spannungsquelle als Verschiebung des Ursprunges und Tangente als Widerstand bzw. Leitwert) definiert sind und sie liegen alle in Reihe zueinander. Damit ergibt sich folgendes Ersatzschaltbild.

Rein formal ergibt sich die Lösung

$$I = 0 \text{ für } U < U_S \quad \text{und} \quad I > 0 \text{ für } U \geq U_S$$

bzw.: $U = U_S + r_B \cdot I$ für $I > 0$

Bei dieser Näherung ist zu beachten, dass der reale Bahnwiderstand, der aus der e-Funktion sich abbildet ein differentieller Widerstand r_B ist. Da nun durch das Tangentenverfahren der Widerstand aus einer Geraden hergeleitet wird, ist dieser Wert konstant (die Steigung einer Geraden ist in jedem Punkt gleich) und kann mit R_B beschrieben werden. Viele Hersteller geben auch *für bestimmte Arbeitsbereiche* einen festen Wert und damit $R_B = r_B$ = konstant an, was die Berechnung der Schaltung wesentlich erleichtert, aber auch nicht ganz exakt die Diode beschreibt. Doch diese Methode ist für den Normalfall der Diodenanwendung hinreichend genau und ingenieurmäßige Praxis. Zu beachten ist, dass im Nahbereich um die Schwellspannung dieses Modell nicht eingesetzt werden kann, da die Abweichungen zu groß sind.

4. Ersatzschaltbild in Sperrrichtung

In Sperrrichtung ist vor allem das Verhalten bei der Zener-Diode interessant. Wendet man nun die Erkenntnisse aus den Punkten 1 bis 3 hier an und geht von dem gleichen Schema aus, so ergibt sich eine analoge Lösung.

Da jetzt der *Sperrbetrieb* vorliegt, arbeitet der ideale Schalter wiederum im Koordinatenursprung und gibt aber jetzt nicht den 1. sondern den 3. Quadranten frei. Damit erfolgt die Betrachtung nur für den 3. Quadranten und die Werte sind die Sperrspannung U_Z und der Sperrstrom (bzw. Z-Strom) I_Z. Die weiteren Schlussfolgerungen sind analog zur Durchlassrichtung, da als Grundfunktion wiederum ein e-Funktion vorliegt.

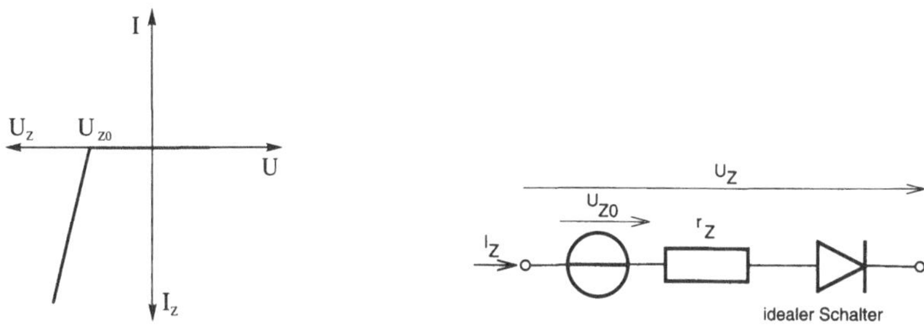

Bild 2.31 Zenerdiodenersatzschaltbild **Bild 2.32** Schaltungstechnische Darstellung

für $U_Z \leq U_{Z0}$ ist $I_Z = 0$

und für $U_Z > U_{Z0}$ ist $I_Z > 0$ und es gilt $U_Z = U_{Z0} + r_Z \cdot I_Z$

Das weitere Verhalten und die Anwendungen der Zener-Diode werden ausführlich im Abschnitt 2.5 behandelt.

2.2.4 Kleinsignalverhalten

Unter Kleinsignalverhalten für Dioden versteht man eine Änderung um einen kleinen Wertebereich *u(t)* im Bereich um einen festgelegten Punkt (Arbeitspunkt). Bei den folgenden Betrachtungen soll der Durchlassbereich untersucht werden.

2.2.4.1 Herleitung des statischen Ersatzschaltbildes

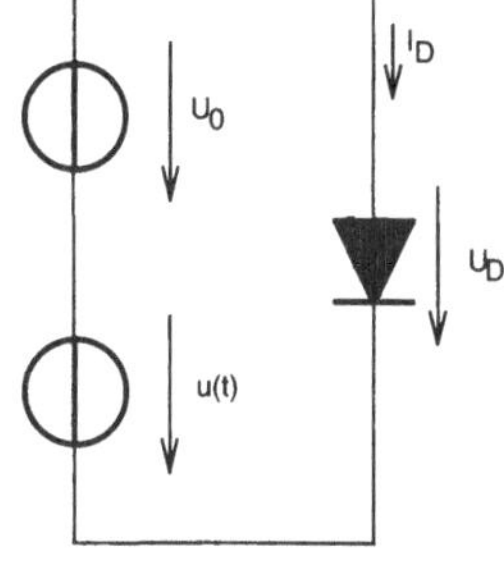

Bild 2.33 Messschaltung

Im ausgewählten Arbeitspunkt (A) gilt (U_0, I_0). Über die Taylor-Reihenentwicklung, die hier als Näherung und zur Veranschaulichung auf das 1. Glied reduziert wurde, folgt:

$$I_D = I_0 + \left.\frac{dI}{dU}\right|_{U_0} \cdot (U - U_0) \tag{2.7}$$

mit $I_0 = I_S \cdot e^{U/m \cdot U_T}$

Dabei ist die Ableitung $\frac{dI}{dU}$ der *differentielle Leitwert*

$$g = \left.\frac{dI}{dU}\right|_{U_0} = \frac{d}{dU}\left[I_S \cdot \left(e^{U/mU_T} - 1\right)\right] = \frac{I_0}{m \cdot U_T} \tag{2.8}$$

Verschiebt man das Koordinatensystem in den Arbeitspunkt, so wird:

$I - I_0 = i(t)$ und $U - U_0 = u(t)$

Dementsprechend ergibt sich aus dem Ohmschen Gesetz auch der Zusammenhang:

$$i(t) = g \cdot u(t) \tag{2.9}$$

Mit der Messschaltung gemäß Bild 2.33 kann dieses Kleinsignalverhalten ermittelt werden. U_0 ist die Spannungsquelle, die zum Einstellen des Arbeitspunktes benutzt wird. $u(t)$ ist ein kleines Wechselspannungssignal, dass nun auf den statischen Zustand des Arbeitspunktes addiert wird. Im Kennlinienfeld kann die folgende Konstruktion grafisch durchgeführt werden. Greift man nun auf die mathematische Funktion aus Gl. 2.9 zurück, so stellt sich folgender Zusammenhang dar.

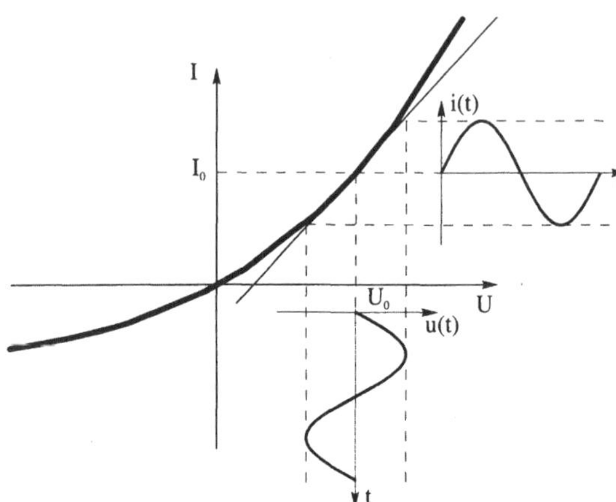

Bild 2.34 Graphische Konstruktion am Arbeitspunkt

$$g = \left.\frac{dI}{dU}\right|_{U_0} = g_D = \frac{I_0}{\mathrm{m} \cdot U_T} = \frac{1}{r_D}$$

Als Ergebnis folgt für den differentiellen ohmschen Widerstand

$$r_D = \frac{\mathrm{m} \cdot U_T}{I_0} \tag{2.10}$$

Das Ersatzschaltbild für das Kleinsignalverhalten muss zwangsläufig ein *differentieller ohmscher Widerstand* r_D sein, da die Kennlinie *keine Gerade* ist. Eine gleichartige Aussage kann man auch für den Sperrbereich treffen.

2.2.4.2 Dynamisches Verhalten

Das dynamische Verhalten ist dann interessant, wenn an das Bauelement Wechsel- oder Rechteckspannungen angelegt werden. Durch die ständige Veränderung des Eingangssignals wirken dann auch die frequenzabhängigen Komponenten des Bauelements. Durch die Physik des Bauelements bedingt wirken die kapazitiven Anteile der Raumladungszone, die aus zwei Komponenten sich zusammensetzen:

Diffusionskapazität C_d

Sperrschichtkapazität C_j

Betrachtet man nun diese Komponenten einzeln, so ergeben sich die folgenden Schlussfolgerungen:

a) Diffusionskapazität

Sie wird durch die im pn-Übergang örtlich unterschiedliche Raumladungsdichte gebildet.

$$C_d = \frac{dQ_B}{dU} \tag{2.11}$$

Mit $Q_B = \tau_B \cdot I$ und $I = I_S \cdot \left(e^{U/mU_T} - 1\right)$ folgt:

$$C_d = \tau_B \frac{dI}{dU} = \tau_B \frac{dI_S}{dU} \cdot \left(e^{U/mU_T} - 1\right) = \tau_B \frac{I}{\mathrm{m} \cdot U_T} \tag{2.12}$$

b) Sperrschichtkapazität

Diese Kapazität ist vergleichbar mit einer Art Plattenkondensator zwischen der p- und n-Zone im Sperrzustand, denn dann stehen sich die positiven und negativen Ladungsträger getrennt gegenüber, wie es auch bei herkömmlichen Kondensatoren der Fall ist. Somit kann die Sperrschichtkapazität wie folgt beschrieben werden:

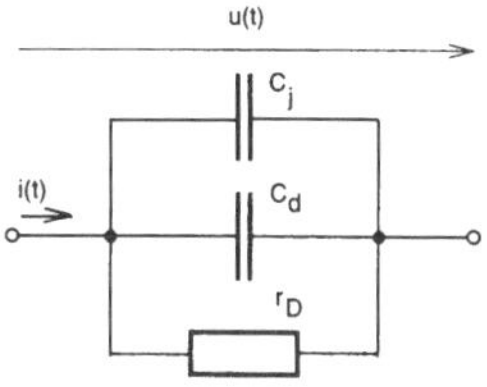

Bild 2.35 Dynamisches Ersatzschaltbild einerDiode

$$C_j = \varepsilon \cdot \frac{A}{d}$$

$$C_j = \frac{C_{j0}}{\left(1 - \frac{U}{U_D}\right)^n} \tag{2.13}$$

mit $C_{j0} = C_j \big|_{U=0}$

Aus diesen Überlegungen kann dann das dynamische Ersatzschaltbild mit zwei parallelgeschalteten Kapazitäten zum Bahnwiderstand entworfen werden.

2.2.5 Schaltverhalten von Halbleiterdioden

Um die Parameter beim Schalten (Reaktionszeiten) bestimmen zu können, erfolgt ein Messaufbau mit dem zwischen den zwei möglichen Zuständen umgeschaltet werden kann. Es wird dabei angenommen, dass der Umschalter völlig verzögerungsfrei arbeitet und schlagartig von einem in den andern Zustand springt.

Problem:

Aus der Tatsache, dass die Diode kein ideales Bauelement ist und, wie eben dargestellt, speichernde Elemente (Kondensatoren) im pn-Übergangsbereich besitzt, muss das ideale Ein-/Aus-Schaltsignal durch diese Bauelementeanteile beeinflusst werden und es müssen *sich Schaltverzögerungen in der Ein- und Ausschaltkurve* beim Messen zeigen.

2.2.5.1 Messaufbau

Der Messaufbau zeigt einen Stromkreis "Sperren" (Minuspol liegt an Anode Pluspol liegt an der Kathode der Diode an), wo über die Quelle U_1 mit einem Widerstand R_1 ein Sperrstrom I_R fließen wird. Über den Schalter, der ohne Verzögerung schalten soll, kann auf den zweiten Stromkreis umgeschaltet werden, der die Diode in den Durchlassbereich bringt, da U_2 umgekehrt gepolt ist wie U_1. Der Widerstand R_1 begrenzt den Strom in Durchlassrichtung.

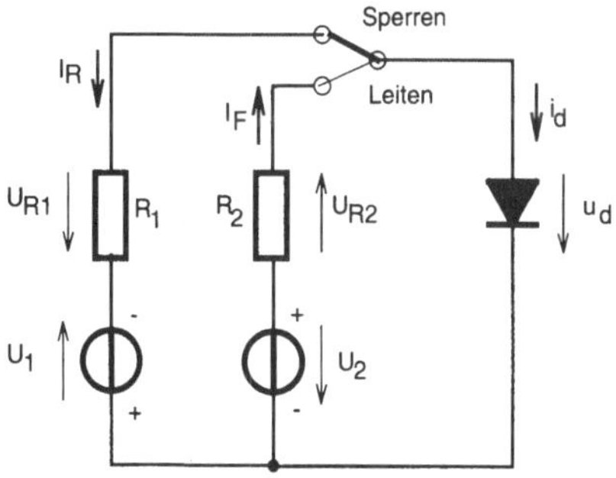

Bild 2.36 Messaufbau zum Schaltverhalten

Aus dem dynamischen Ersatzschaltbild der Diode (Bild 2.35), wo der Speichereffekt deutlich wurde, sind nun Verzögerungen im Durchschalten des Eingangssignals zu erwarten, die auf die Bauelemente

$$r_D = \frac{\mathrm{m} \cdot U_T}{I_0}, \qquad C_j = \frac{C_{j0}}{\left(1 - \frac{U}{U_D}\right)^n} \qquad \text{und} \qquad C_d = \tau_B \frac{I}{\mathrm{m} \cdot U_T} \tag{2.14}$$

zurückzuführen sind.

2.2.5.2 *Fallstudien des Schaltprozesses*

Im folgenden Teil werden nun die zwei Zustände und die sich beim Umschalten ergebenden Schaltzustände untersucht.

Es erfolgt von einem eingeschwungenen Sperrzustand bei $t = t_0$ das Umschalten in den Durchlasszustand. Dabei tritt eine Stromspitze auf, da von der Schaltung her schon das neue "Außenpotential" an der Diode anliegt, aber durch den Speichereffekt des Bauelements im Inneren noch die Sperrspannung aufgebaut ist. Beim Rückschalten tritt ein ähnlicher Effekt auf, der das Ausräumen des Durchlassflusses bewirkt und dann in den Sperrzustand mit dem recht minimalen Sperr- (Leck-) Strom übergeht. Im Bild 2.39 ist der Signalverlauf an der Diode beim Umschalten dargestellt.

Fall 1: Sperrzustand

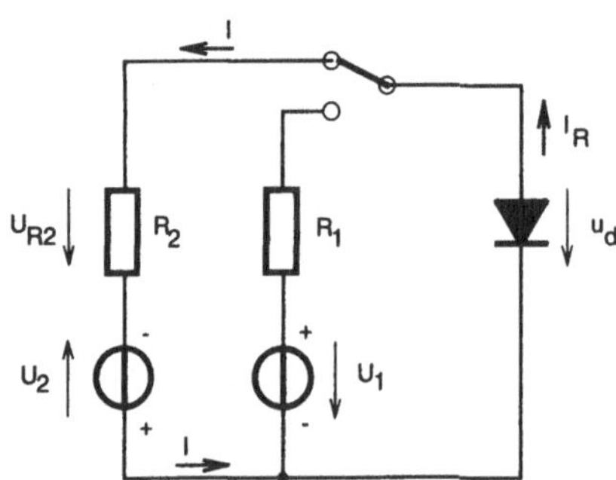

Bild 2.37 Sperrbetrieb

Fall 2: Durchlasszustand

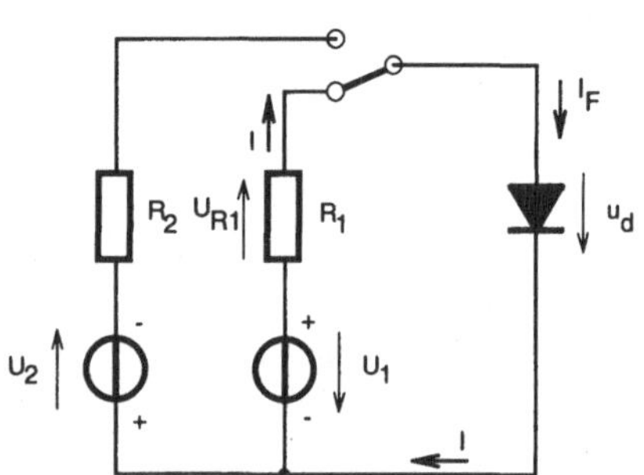

Bild 2.38 Durchlassbetrieb

Schaltfunktion:

$t = t_0$	Umschaltpunkt auf Leiten	$i_d = \frac{U_1 + U_2}{R_1}$	$u_d = -U_2$
$t = t_1$	Nulldurchgang	$i_d = I_F$	$u_d = 0$
$t = t_2$	Durchlasszustand	$i_d = I_F$	$u_d = U_F$
$t = t_u$	Umschaltpunkt auf Sperren	$i_d = I_R$	$u_d = U_F$
$t = t_3$	Nulldurchgang	$i_d = I_R$	$u_d = 0$
$t = t_4$	eingeschwungener Zustand	$i_d = 0{,}1 \cdot I_R$	$u_d = -U_2$

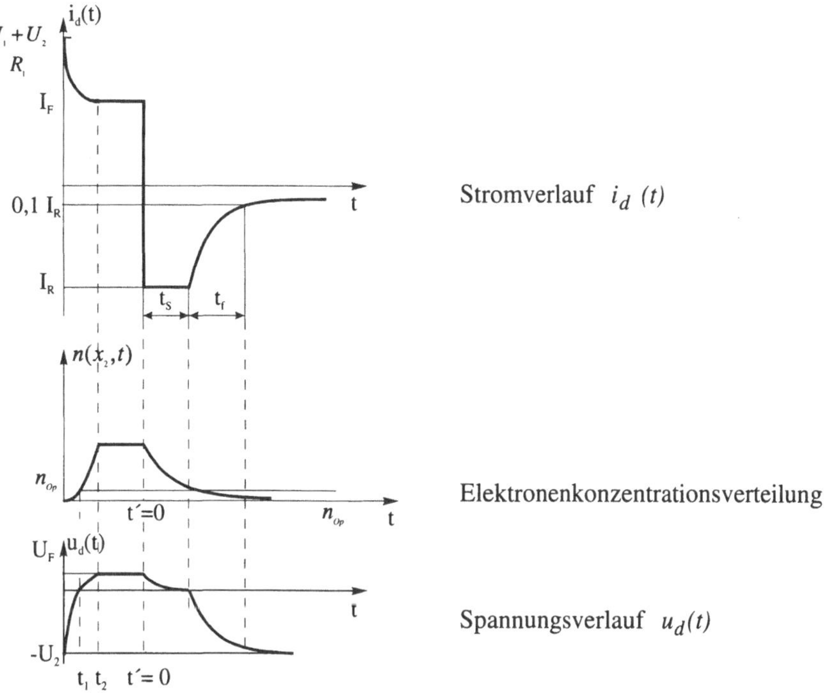

Bild 2.39 Strom-/Spannungsverläufe beim Umschalten

2.3 Halbleiterdioden als Gleichrichter

2.3.1 Einleitung

Im folgenden Punkt werden Einsatzfälle der Dioden in Gleichrichterschaltungen behandelt, wobei auf die physikalischen Grundlagen des pn-Übergangs und die Eigenschaften der Dioden, die in den vorangegangenen Kapiteln behandelt wurden, zurückgegriffen wird. Es ist dabei zu beachten, dass aus dem eingangsseitig anliegenden Wechselspannungssignal durch den Einsatz von Dioden nur eine *pulsierende Gleichspannung* (Halbwellensignal) erzeugt werden kann. Eine stabile Gleichspannung ist nur über eine Weiterbehandlung in einem Siebglied und über eine dann folgende Stabilisierungsschaltung zu erzielen.

2.3.2 Grundschaltungen mit ohmscher Last

Um das Verständnis zu erleichtern, werden im folgenden Punkt die drei Grundschaltungen der Gleichrichtung

- *Einweg-Gleichrichter*
- *Zweiweg- Gleichrichter und*
- *Brücken-Gleichrichter*

mit ihren Funktionen, mathematischen Beziehungen und ihren Vor- und Nachteilen dargestellt. Um keine Signalverfälschung durch speichernde Bauelemente (z.B. Kondensatoren) zu erhalten, erfolgen vorerst alle Betrachtungen mit einem rein ohmschen Lastwiderstand.

2.3.2.1 Einweg-Gleichrichtung

Die Einweg-Gleichrichtung stellt die einfachste Möglichkeit des Aufbaus einer Gleichrichtung dar. Es erfolgt *über eine Diode nur die Gleichrichtung einer (der positiven) Halbwelle.* Betrachtet man nun den Signalverlauf über der Diode und dem Lastwiderstand, so ist folgender Sachverhalt zu erkennen. Bis zum Erreichen der Schwellspannung baut sich über der Diode die volle Eingangsspannung auf, erst danach wird sie leitend und demnach fließt bis zu diesem Punkt kein Strom. Ab der Schwellspannung steht bei der positiven Halbwelle über der Diode immer die Schwellspannung und alle höheren Werte fallen über dem Lastwiderstand ab. Es fließt somit ein lastabhängiger und natürlich gleichphasiger Strom. Dieser Vorgang hält so lange an, bis die abfallende Kurve wieder den Schwellwert erreicht hat. Ab diesem Punkt sperrt die Diode wieder. Für die negative Halbwelle gilt, dass die Diode immer sperrt und so baut sich die volle negative Halbwelle über der Diode als Spannungsabfall. Dabei darf die Sperrspannungsgrenze der Diode nicht überschritten werden. Demnach fließt in diesem Zustand kein Strom, was der Aufgabe der Gleichrichtung entspricht. Für die Berechnung der Einzelspannungen und der Ströme sowie der Leistung für die Diode und für den Lastwiderstand ergibt sich bei dieser genauen Betrachtung ein erheblicher Aufwand. In solchen Fällen sucht man immer für die ingenieurtechnische Handhabung nach einer einfachen und ausreichend genauen Näherung.

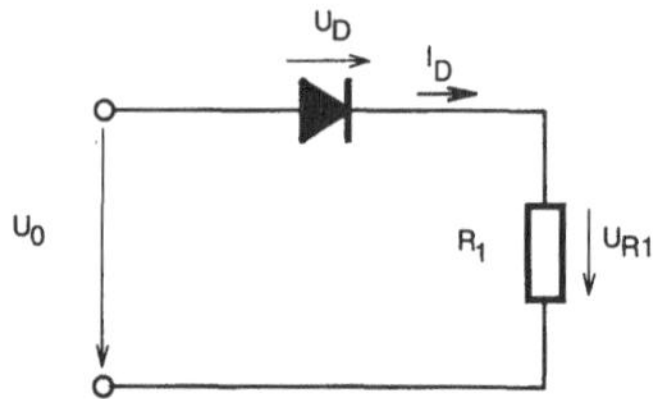

Bild 2.40 Grundschaltung der Einweg-Gleichrichtung

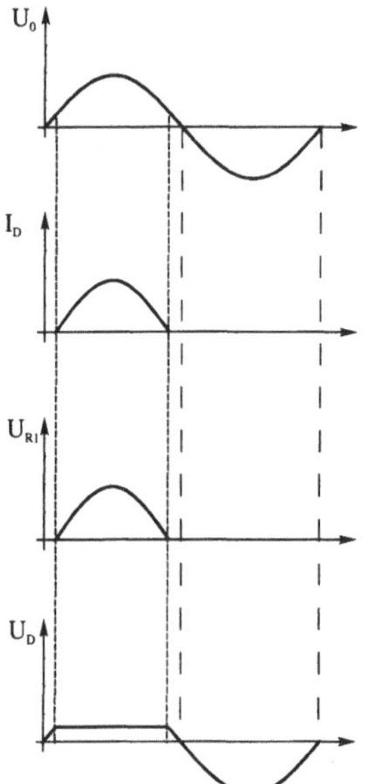

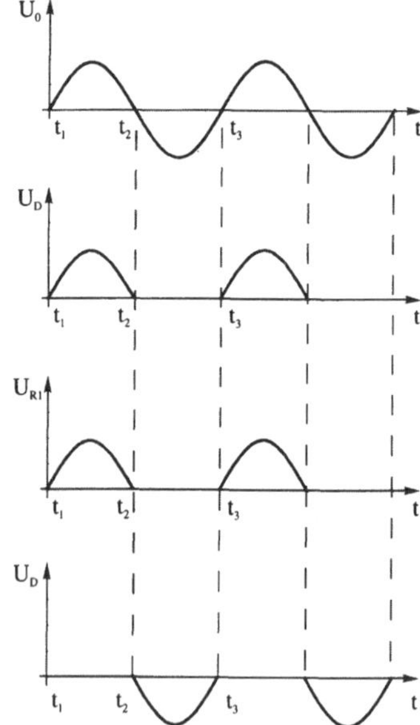

Bild 2.41 Darstellung der einzelnen Signale
a) exakte Darstellung
b) idealisiertes Diodenverhalten

Bei der exakten Darstellung ist U_D einbezogen, bei der Idealisierung ist $U_D = 0$.

Die *Näherung* für die Gleichrichtung lautet folgendermaßen:

Wenn die gleichzurichtende Spannung wesentlich größer als die Schwellspannung der Diode ist, so kann man die Vereinfachung annehmen, dass man die Diode als einen idealen Schalter definiert. Das bedeutet, dass für die Diode die Schwellspannung von ca. 0,7 V auf Null gesetzt werden kann. Nun heißt es weiter, dass die Diode die komplette positive Halbwelle zur Last passieren lässt, über der Diode keine Spannung abfällt. Das erleichtert die Rechnungen wesentlich ohne damit größere Fehler einzutragen. Die Signalverläufe für den exakten (Bild 2.41a) und vereinfachten (Bild 2.41b) Zustand zeigen, dass die Fehlerbeträge, die bei der Idealisierung entstehen, sehr gering sind. Für den Sperrfall ist keine Näherung notwendig, denn dort sperrt die Diode dauernd.

Aus der Schaltung der *Einweg-Gleichrichtung* sind folgende Ansätze herleitbar:

Die Eingangsspannung wird dargestellt als allgemeine Funktion für die

Wechselspannung $U_0 = u(t) = \hat{U} \cdot \sin \omega t$ (2.15)

und als *Maschensatz* $U_0 = u(t) = u_D(t) + u_{R1}(t)$ (2.16)

Untersucht man nun, ohne die Näherung anzuwenden, die einzelnen Halbwellen so ergeben sich 3 Betrachtungsbereiche.

1) Für die *positive Halbwelle unter der Schwellspannung*,

wo gilt $U_0 > 0$ aber $U_0 \le U_F$ folgt:

$$u_D = u(t) \qquad u_{R1}(t) = 0 \qquad i(t) = 0$$

2) Für die *positive Halbwelle oberhalb der Schwellspannung*,

wo gilt $U_0 > 0$ und $U_0 > U_F$ folgt:

$$u_D = U_F \qquad u_{R1}(t) = u(t) - U_F \qquad i(t) = \frac{u_{R1}(t)}{R_1} = \frac{u(t) - u_D}{R_1} = \frac{u(t) - U_F}{R_1}$$

Das ist der Bereich, wo der Strom durch die Diode zum Lastwiderstand gehen kann, die Diode ist leitend.

3) Für die *negative Halbwelle*,

wo gilt $U_{Sperr} < U_0 < 0$, liegt der Sperrzustand vor und es ergibt sich wie im 1. Fall kein Stromfluss zum Lastwiderstand

$$u_D = u(t) \qquad u_{R1}(t) = 0 \qquad i(t) = 0$$

Mathematische Betrachtung (Einweg-Gleichrichtung)

Bei der mathematischen Betrachtung der Ein- und Ausgangssignale wird die bereits erwähnte Vereinfachung benutzt, die sagt, dass die gleichzurichtende Eingangsspannung viel größer als die Schwellspannung der Diode ist, bzw. die eingesetzte Diode eine ideale Schaltcharakteristik hat. Diese Annahme ist für die meisten Anwendung zulässig, vor allem dann, wenn eine Gleichrichtung einer Versorgungsspannung vorliegt.

Es soll demnach gelten: $\hat{U} >> U_F$ und $U_F \overset{!}{=} 0$

Folgende Signalwerte liegen am Eingang an:

Eingangsspannung: $$U_0 = u(t) = \hat{U} \cdot \sin \omega t \tag{2.17}$$

Gleichspannungsanteil: $$U_{GE} = 0 \tag{2.18}$$

Effektivwert der Eingangsspannung: $$U_{effE} = \sqrt{\frac{1}{T}\int_0^T u^2(t)\mathrm{d}t} = \frac{\hat{U}}{\sqrt{2}} \tag{2.19}$$

Die Herleitung des Effektivwertes wurde bereits unter Punkt 1.5.2 durchgeführt.

Für den Fall der Einweg-Gleichrichtung ergeben sich nun zwei Betrachtungen für die Ausgangsspannung:

Durchlassbereich $u(t) = \hat{U} \cdot \sin \omega t$ für $0 \le t \le T/2$

Sperrbereich $u(t) = 0$ für $T/2 \le t \le T$

Merke:

> *Die Ausgangssignale (Strom und Spannung) bei der Einweg-Gleichrichtung liegen nur in der Zeit* $0 \le t \le T/2$ *an.*

Daraus folgt für die Ausgangssignale, die *nur* während der *positiven Halbwelle* anliegen:

Ausgangsgleichspannung: $$U_{GA} = \frac{1}{T}\int_0^{T/2} \hat{U} \cdot \sin \omega t \, \mathrm{d}t \tag{2.20}$$

Unter der Betrachtung der Grenzen: $U_{GA} = \frac{\hat{U}}{T} \cdot \left[-\frac{\cos \omega t}{\omega} \right]_0^{T/2}$

folgt über $U_{GA} = \frac{\hat{U}}{2\pi}(-\cos \pi + \cos 0)$ und es ergibt sich mit den Werten für $\cos 0 = +1$ und $\cos \pi = -1$ für die

Gleichanteile der Ausgangsspannung:

$$U_{GA} = \frac{\hat{U}}{\pi} \quad \text{bzw. für den Ausgangsstrom} \quad I_{GA} = \frac{\hat{U}}{\pi \cdot R} \tag{2.21}$$

Da es sich aber um eine pulsierende Halbwelle handelt, stellt sich sofort die Frage nach den *Effektivwerten*, da diese bekanntlich für u.a. die Leistungsbilanz benötigt werden.

$$U_{effA} = \sqrt{\frac{1}{T}\int_0^{T/2} \hat{U}^2 \sin^2 \omega t \, \mathrm{d}t} = \frac{\hat{U}}{2} \quad \text{bzw.} \quad I_{effA} = \frac{\hat{U}}{2 \cdot R} \tag{2.22}$$

Definition und Herleitung der Welligkeit

Die Welligkeit ist das Verhältnis von Wechsel- zu Gleichspannungsanteil einer Spannung und so ergibt sich:

$$w = \frac{U_W}{U_G} = \frac{\text{Wechselspannunganteil}}{\text{Gleichspannunganteil}} = 1{,}21 \tag{2.23}$$

Die entsprechende Herleitung erfolgt über die *Leistungsbetrachtung*:

$$P = U \cdot I = I^2 \cdot R = \frac{U^2}{R} \tag{2.24}$$

Das komplette Ausgangssignal setzt sich aus Gleich- und Wechselanteil zusammen, die über die wiederum aus den jeweiligen Leistungsanteilen bestimmt werden können.

Gleich-(spannungs-) Leistungsanteil $$P_{GA} = \frac{U_{GA}^2}{R} \tag{2.25}$$

Welligkeits-(spannungs-)Leistungsanteil $$P_{WA} = \frac{U_W^2}{R} \tag{2.26}$$

Halbwellen-(eingangs-)Leistungsanteil $$P_H = \frac{1}{2} \cdot \frac{U_{effE}^2}{R} \tag{2.27}$$

Diese Teilkomponenten werden nun zusammengesetzt und es folgt für eine Halbwelle:

$$P_H = \frac{1}{2} \cdot \frac{U_{effE}^2}{R} = \frac{U_{GA}^2}{R} + \frac{U_W^2}{R}$$

Mit den Ansätzen für $\frac{U_{effE}^2}{2} = U_{GA}^2 + U_W^2$ und $U_W = \sqrt{\frac{U_{effE}^2}{2} - U_{GA}^2}$ sowie

mit $U_{effE} = \frac{\pi}{\sqrt{2}} \cdot U_{GA}$ kann dann gesetzt werden:

$$U_W = \sqrt{\left(\frac{\pi \cdot U_{GA}}{\sqrt{2} \cdot \sqrt{2}}\right)^2 - U_{GA}^2} = U_{GA} \cdot \sqrt{\left(\frac{\pi}{2}\right)^2 - 1} = 1{,}21 \cdot U_{GA} \tag{2.28}$$

Die wesentlichen Dioden-Parameter, um die Anforderungen an die Diode bestimmen zu können bzw. zu prüfen, ob eine Diode den Ansprüchen der Schaltung genügt, sind der Maximal auftretende Strom (Spitzenstrom), der mittlere Diodenstrom (Mittelwert der Belastung) und die maximale Spannung in Sperrichtung (Sperrspannungsfestigkeit). Für die Einweg-Gleichrichterschaltung sind diese Werte wie folgt zu berechnen:

Diodenspitzenstrom: $$\hat{I}_D = \frac{\hat{U}}{R} \tag{2.29}$$

mittlerer Diodenstrom (Mittelwert): $$I_{DM} = I_{GE} = \frac{\hat{U}}{\pi \cdot R} \tag{2.30}$$

maximale Diodensperrspannung: $$U_{max} = \hat{U} \tag{2.31}$$

Um nun die hauptsächlichen Signalparameter für die Einweg-Gleichrichtung bestimmen zu können, geht man wieder vom *idealen Gleichrichter und einer rein ohmschen Last* aus.

Aus der bekannten Näherung $U_{effE} >> u_D$ und daher $U_D = 0$ ergibt sich für den Bezug zwischen Ein- und Ausgangsspannung: $\hat{U}_E = \hat{U}_A$

Weiterhin lassen sich zwischen Gleichanteil und Effektivwert aus den Grundansätzen die folgenden Beziehungen herstellen.

$$U_{GA} = \frac{\hat{U}_A}{\pi} = \frac{\sqrt{2}\,U_{effE}}{\pi} = 0{,}45 \cdot U_{effE} \tag{2.32}$$

$$U_{effA} = 2{,}22 \cdot U_{GA} \tag{2.33}$$

$$U_{effA} = \frac{U_{effE}}{\sqrt{2}} = \frac{2{,}22}{\sqrt{2}} \cdot U_{GA} = 1{,}57 \cdot U_{GA} \tag{2.34}$$

Für die Strombetrachtung geht man in gleicher Weise vor.

Da keine Verzweigung in der Schaltung erfolgt, muss der Eingangsstrom gleich dem Ausgangsstrom sein, also gilt: $I_E = I_A$. Bei der angenommenen idealen Halbwellengleichrichtung ist auch $\hat{U}_E = \hat{U}_A = \hat{U}$, woraus sich sofort $I_{effA} = \frac{\hat{U}}{2 \cdot R}$ herleiten lässt.

Weiter ergibt sich aus dem Grundansatz $\hat{I} = \frac{\hat{U}}{R}$ mit $I_{effE} = \frac{\hat{I}}{2}$ dann:

$$I_{GA} = \frac{\hat{I}}{\pi} = \frac{2 \cdot I_{effA}}{\pi} = 0{,}64 \cdot I_{effA}$$

Da weiterhin $I_{effA} = \frac{U_{effA}}{R_{Last}}$ ist, kann auch der Bezug zwischen Gleichstromanteil und Effektivwert herstellt werden.

$$I_{effA} = 1{,}57 \cdot I_{GA} \tag{2.35}$$

2.3.2.2 Zweiweg- und Brücken-Gleichrichtung

Nachdem die einfache Einweg-Gleichrichtung betrachtet wurde, waren schon im Signalverlauf deren Schwächen zu erkennen und es stellt sich die Frage: Wie kann man die zweite Halbwelle nutzen? Dies erfolgt über die Lösungen der Zweiweg- und Brücken-Gleichrichtung. Es werden die zwei technischen Lösungen in einem Punkt behandelt, weil sie viele Gemeinsamkeiten haben. Auch kann sofort auf die entsprechenden Unterschiede eingegangen werden. Beide Lösungen bauen darauf auf, dass die beiden gleichzurichtenden Halbwellen immer nacheinander und nie zeitgleich auftreten können, was jede sin-Funktion sicherstellt.

a) Zweiweg-Gleichrichtung

Hier erfolgt die wechselweise und zeitversetzte Gleichrichtung der positiven und negativen Halbwelle über zwei Dioden, wobei die Mittelanzapfung (Punkt 0) des Transformators, die unbedingt notwendig ist, das Bezugspotential (Masse) bildet. Durch die Mittelanzapfung bildet sich die positive Halbwelle zwischen Punkt 1 und 0 als positives Signal ab und kann die Diode D_1 passieren.

Gleichzeitig bildet sich zwischen 0 und 2 eine negative Halbwelle durch den Wicklungssinn (Richtung) ab. Liegt nun die negative Halbwelle der Eingangsspannung U_0 vor, so wird sie sich wegen des gleichen Wicklungssinns an den Punkten 0 und 1 als negative und durch die Richtungsänderung zwischen 0 und 2 als positive Halbwelle abbilden. So kann diese positive Halbwelle die Diode D_2 passieren und gelangt zum Lastwiderstand. Aus dem Signalverlauf ist zu erkennen, dass beide Halbwellenströme in gleicher Richtung durch den Lastwiderstand laufen.

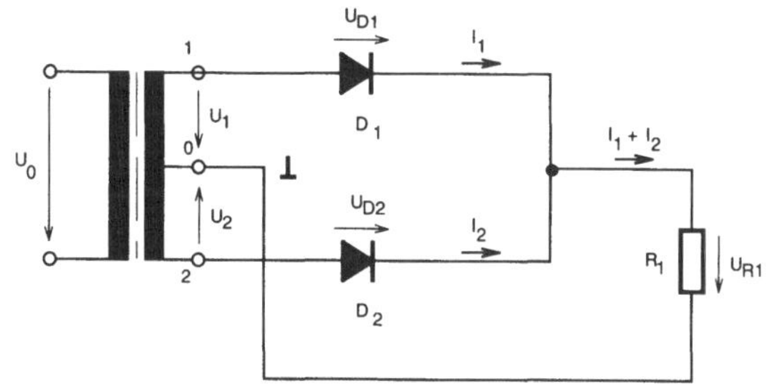

Bild 2.42 Zweiweg-Gleichrichtung

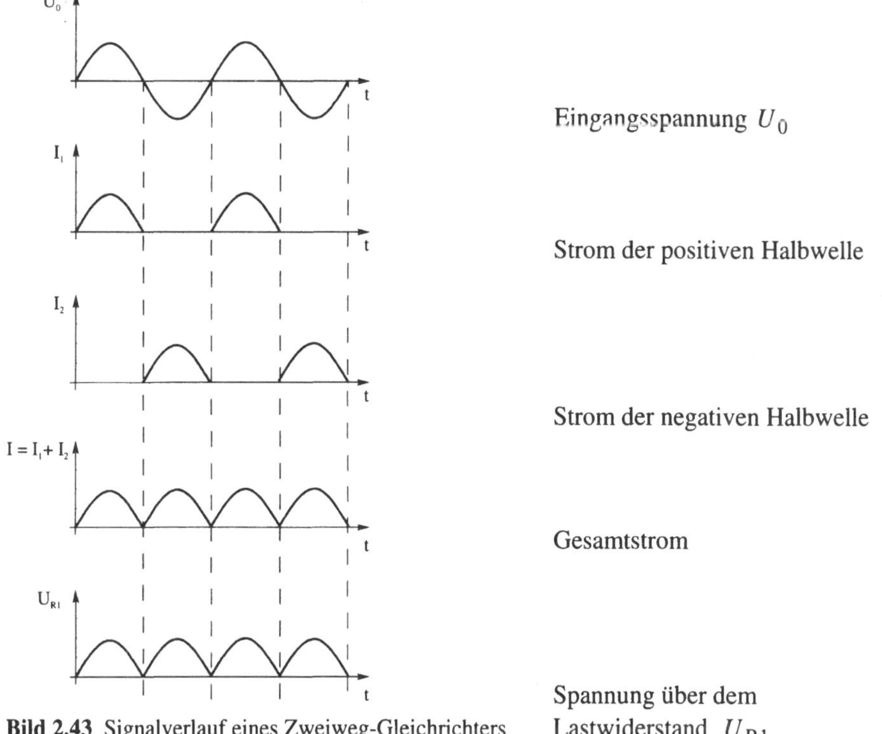

Bild 2.43 Signalverlauf eines Zweiweg-Gleichrichters

b) Brücken-Gleichrichtung

Die Brücken-Gleichrichtung benötigt keinen Transformator mit Mittelanzapfung, der die Halbwellen bezogen auf diese bereitstellt. Der Grundgedanke basiert darauf, dass die anliegende Wechselspannung in jeder Halbwelle immer einen "freien Weg" über eine "Vorwärts"- und eine "Rückwärts"-Diodenstrecke hat. Aus dem Bild 2.44 ist ersichtlich, dass bei der positiven Halbwelle der Strom im Punkt 1 eintritt, über die Diode D_1 zum Lastwiderstand geht und danach über D_2 an Punkt 2 austritt (ausgezogene Linie).

Der Weg am Punkt 3 zur Diode D_3 ist gesperrt, genauso wie der Weg am Punkt 4 zu D_4. Auch ein Abzweigen an Punkt 5 zu D_3 sowie am Punkt 6 zu D_4 ist nicht möglich, da das Potential an den Kathoden höher ist. Die negative Halbwelle folgt dem gleichen Mechanismus und der Strom tritt im Punkt 2 ein, geht über D_4 zu Punkt 4 und dann zum Lastwiderstand. Von dort geht der Stromfluss über Punkt 5, D_3, Punkt 3 schließlich nach Punkt 1 (gestrichelte Linien).

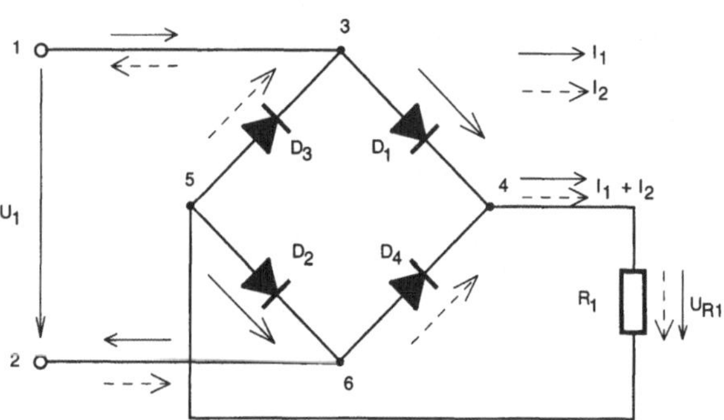

Bild 2.44 Schaltung des Brücken-Gleichrichters

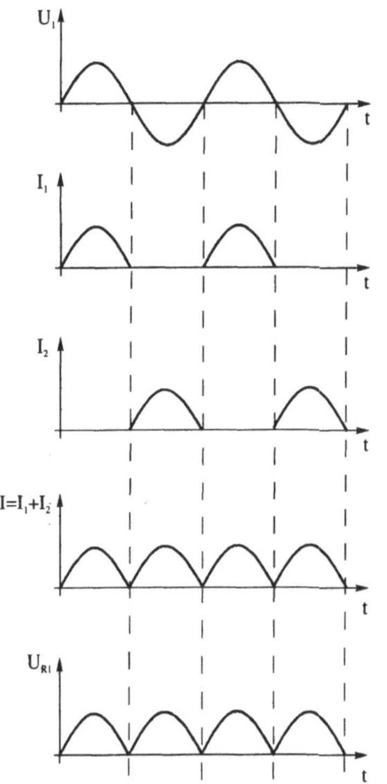

Eingangsspannung U_1

Strom der positiven Halbwelle I_1

Strom der negativen Halbwelle I_2

Gesamtstrom $I = I_1 + I_2$

Spannung über den Lastwiderstand U_{R1}

Bild 2.45 Signalverlauf des Brücken-Gleichrichters

Der Signalverlauf im Bild 2.45 zeigt nun, dass jetzt auch die zweite Halbwelle genutzt werden kann, was zu einer besseren Gleichrichtung führt. Die zweite Halbwelle wird förmlich "hochgeklappt" und läuft in gleicher Richtung wie die erste durch den Lastwiderstand, was auch Ziel der Gleichrichtung ist.

Vergleicht man die Signalverläufe von Zweiweg- und Brücken-Gleichrichtung, so ist zu erkennen, dass sie am Lastwiderstand in gleicher Weise sich abbilden. Aus dem Signal am Lastwiderstand ist nicht zu erkennen, welche der beiden Gleichrichtungen verwendet wurde. Es ist aber zu beachten, und das wird in den folgenden Punkten untersucht, dass unterschiedliche Ansprüche bezüglich der Belastbarkeit an die Dioden gestellt werden müssen.

Mathematische Betrachtung (Zweiweg- und Brücken-Gleichrichtung)

Für die Betrachtung soll wiederum die bereits diskutierte Vereinfachung der *idealen Diode* mit $\hat{U} >> U_F$ bzw. $U_F = 0$ gelten. Es liegt weiterhin für beide Lösungen die gleiche Eingangsspannung $U_0 = u(t) = \hat{U} \cdot \sin \omega t$ an, und es ergeben sich wie bei der Einweg-Gleichrichtung die Eingangsbeziehungen:

Gleichspannungsanteil: $U_{GE} = 0$ (2.36)

Effektivwert am Eingang: $U_{effE} = \sqrt{\frac{1}{T}\int_0^T u^2(t)dt} = \frac{\hat{U}}{\sqrt{2}} \approx 0{,}707 \cdot \hat{U}$ (2.37)

Für die Fälle der Zweiweg- und Brücken-Gleichrichtung treten nun die folgenden Ausgangssignale auf. Die Ausgangsspannung ist ebenfalls wieder ein sinusförmiges Signal.

Jetzt erfolgt im Gegensatz zur Einweg-Gleichrichtung eine Wiederholung aller $T/2$ und nicht aller T, denn von $0 \le t \le T/2$ sind die Strecken über D_1 - D_2 der Brücken- bzw. D_1 der Zweiweg-Gleichrichtung leitend, von $T/2 \le t \le T$ sind die Strecken über D_3 - D_4 der Brücken- bzw. D_2 der Zweiweg-Gleichrichtung aktiv. Somit ergibt sich unter Beachtung der genannten Wiederholung für die

Ausgangsgleichspannung: $U_{GA} = \frac{1}{T/2}\int_0^{T/2} \hat{U} \cdot \sin\omega t \, dt$ (2.38)

Bei der Grenzwertbetrachtung $U_{GA} = \frac{2 \cdot \hat{U}}{T}\left[-\frac{\cos \omega t}{\omega}\right]_0^{T/2}$ ergibt sich für diesen Fall:

$$U_{GA} = \frac{2 \cdot \hat{U}}{\pi} \quad \text{und} \quad I_{GA} = \frac{2 \cdot \hat{U}}{\pi \cdot R}. \tag{2.39}$$

In Analogie folgt der Ansatz für den *Ausgangseffektivwert*:

$$U_{effA} = \sqrt{\frac{1}{2 \cdot T}\int_0^{T/2} \hat{U}^2 \left(\sin^2 \omega t\right) dt} \quad \text{bzw.} \quad U_{effA} = \frac{\hat{U}}{\sqrt{2}}\sqrt{\frac{1}{T}\int_0^{T/2} \left(\sin \omega t\right) dt} \tag{2.40}$$

$$U_{effA} = \frac{\hat{U}}{\sqrt{2}} \quad \text{und} \quad I_{effA} = \frac{\hat{U}}{\sqrt{2} \cdot R} \tag{2.41}$$

Weiterhin muss noch die *Welligkeit* betrachtet werden und sie ergibt sich zu:

$$w = \frac{U_W}{U_G} = \sqrt{\left(\frac{U_{effA}}{U_{GA}}\right)^2 - 1} = \sqrt{\left(\frac{\pi}{2\sqrt{2}}\right)^2 - 1} = 0{,}483 \tag{2.42}$$

Dieser Wert für die Welligkeit gilt ebenfalls für die Zweiweg- und Brücken-Gleichrichtung. Die Unterschiede zeichnen sich aus der Schaltungsgestaltung bei den hauptsächlichen Dioden-Parametern ab, die aber bei genauer Betrachtung der Schaltungen sofort eindeutig erklärbar sind.

Für die Zweiweg- und Brücken-Gleichrichtung gilt *gemeinsam*

Diodenspitzenstrom: $$\hat{I}_D = \frac{\hat{U}}{R} \tag{2.43}$$

mittlerer Diodenstrom (Mittelwert): $$I_{DM} = \frac{I_{GE}}{2} = \frac{\hat{U}}{\pi \cdot R} \tag{2.44}$$

Die maximale Diodenspannung in Sperrrichtung (Sperrspannungsfestigkeit) ist genauer zu betrachten und zeigt bedingt durch den Schaltungsaufbau klare *Unterschiede*

Zweiweg-Gleichrichter: $U_{max} = 2 \cdot \hat{U}$

Brücken-Gleichrichter: $U_{max} = \hat{U}$

Somit stellt sich im Weiteren die gleiche Frage für die wesentlichen Signalparameter der beiden Schaltungen beim Anschluss einer rein ohmschen Last und *idealen Gleichrichtung*.

Es gilt erneut die *Idealisierung* mit: $U_{effE} >> U_D$; $U_D = 0$ und $\hat{U}_E = \hat{U}_A$

Für die Ausgangsgleichspannung folgt damit

$$U_{GA} = 2 \cdot \frac{\hat{U}_A}{\pi} \tag{2.45}$$

und unter Bezugnahme auf die effektive Eingangsspannung ergibt sich durch Einsetzen:

$$U_{GA} = 2 \cdot \frac{\hat{U}_A}{\pi} = \frac{\sqrt{2} \cdot 2 \cdot U_{effE}}{\pi} \tag{2.46}$$

Das ergibt dann die einfachen Bezüge:

$$U_{GA} = 0{,}9 \cdot U_{effE} \quad \text{bzw.} \quad U_{effE} = 1{,}11 \cdot U_{GA}$$

Für den Ausgangsgleichstrom wird nun in Analogie wie beim Einweg-Gleichrichter verfahren und es ergeben sich folgende Zusammenhänge. Da beide Halbwellen durchgelassen werden und der gesamte einfließende Strom am Ausgang und somit am Lastwiderstand ankommt, kann formal geschrieben werden:

$$I_{eff} = \frac{\hat{I}}{\sqrt{2}} \quad \text{und} \quad I_{effE} = I_{effA} \quad \text{sowie} \quad U_{effE} = U_{effA}$$

$$I_{GA} = 2 \cdot \frac{\hat{I}}{\pi} = \frac{2 \cdot \sqrt{2} \cdot I_{effA}}{\pi} = 0{,}9 \cdot I_{effA} \tag{2.47}$$

bzw. $I_{effA} = 1{,}11 \cdot I_{GA}$ mit $I_{effA} = \dfrac{U_{effA}}{R_{Last}}$

Für den Strom pro Diode folgt:

$$I_D = \frac{I_{eff}}{\sqrt{2}} = 0{,}78 \cdot I_{GA} \tag{2.48}$$

Die *Welligkeit*, die bereits unter der Spannungsbetrachtung behandelt wurde, ergibt sich zu:

$$w = \frac{U_W}{U_{GA}} = 0{,}485$$

Damit besteht der Bezug zwischen Welligkeits- und Gleichspannung am Ausgang über

$$U_W = 0{,}485 \cdot U_{GA}$$

und durch die rein ohmsche Last gilt analog für den Strom:

$$I_W = 0{,}485 \cdot I_{GA}$$

Zusammenfassung

Bei der *Einweg-Gleichrichtung* wird nur eine Halbwelle zur angeschlossenen Last durchgelassen, die zweite Halbwelle wird von der Diode gesperrt. Das bedeutet, dass während der ersten Halbwelle phasengleich zur Spannung ein Strom zum Abnehmer gelangt, in der zweiten Halbwelle fließt kein Strom und somit tritt eine Versorgungspause ein, die einen riesigen Nachteil für die Erzeugung einer Gleichspannung darstellt.

Bei der *Zweiweg-Gleichrichtung* wird je Pfad eine Halbwelle durchgelassen und durch den Wicklungssinn des Transformators wird die zweite Halbwelle "hochgeklappt". Das bedeutet aber, dass der Transformator als Quelle unbedingt eine Mittelanzapfung haben muss.

Bei der *Brücken-Gleichrichtung* ist eine Mittelanzapfung nicht notwendig und trotzdem können beide Halbwellen über je einen Pfad mit "Eingangs-" und "Ausgangsdiode" in gleicher Richtung über die Last laufen.

Für alle drei Varianten gilt aber, dass bisher nur pulsierende Halbwellen nach dem Gleichrichter auftreten, die keinesfalls eine weiterverwertbare Gleichspannung darstellen. Um das zu erreichen, ist noch eine Glättung über ein zwischenspeicherndes Element notwendig. Dafür bietet sich der Kondensator mit seiner speichernden Funktion an, der dann in einer sogenannten Glättung oder Siebung eingesetzt wird.

Betrachtet man die Diodenparameter, so gilt für alle drei Fälle für den maximalen Diodenstrom

$$I_{Dmax} = \hat{I}_D = \frac{\hat{U}}{R_{Last}}$$

Bei der maximalen Sperrspannung gibt es Unterschiede durch den Schaltungsaufbau und es gilt:

für Einweg-Gleichrichtung $U_{Dmax} = \hat{U}$

für Brücken-Gleichrichtung $U_{Dmax} = \hat{U}$

für Zweiweg-Gleichrichtung $U_{Dmax} = 2 \cdot \hat{U}$

2.3.3 Gleichspannungserzeugung mit Glättungskondensator

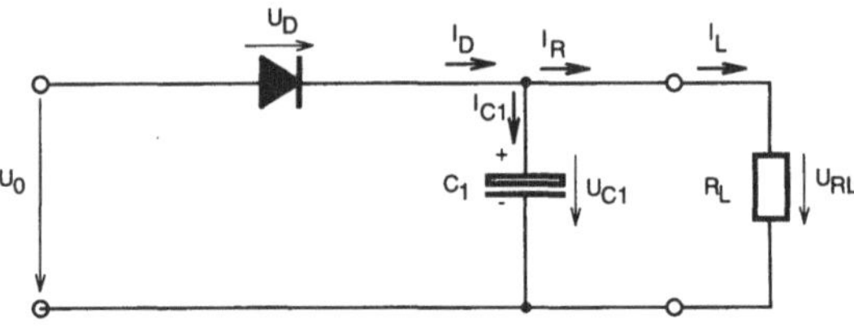

Bild 2.46 Grundschaltung für Glättung

Aus den bisher behandelten Gleichrichterschaltungen erhält man wie dargelegt nur ein pulsierendes Signal für die jeweiligen Halbwellen. Nun wird über einen Kondensator mittels seiner Speicherfunktion die Ladung zwischengespeichert und somit das Signal geglättet. Dabei hängt der resultierende Signalverlauf über dem Glättungskondensator und somit als Ausgangsspannung von dem Lade- (Dioden-) Strom ("nachfüllen") und von dem Entlade- (Last-) Strom ("abholen") ab. Das einfache Grundprinzip der Glättung ist im Bild 2.47 zu sehen. Die positive Halbwelle passiert die Diode (Durchlassstrom) und lädt den Kondensator auf. Die negative Halbwelle wird durch die Diode blockiert (Sperrrichtung, kein Rückfluss) und der Kondensator wird in Richtung Lastwiderstand entladen. Daraus ergeben sich für die Ladeperiode eine Zeitkonstante τ_1, die von dem Kondensator und dem Widerstand in Richtung der Quelle bestimmt wird. Für die Entladung, bestimmt wieder der Kondensator den Wert der Zeitkonstante τ_2, aber jetzt muss der Widerstand in Richtung Verbraucher (Last) einbezogen werden. Es ist bei der Schaltungsauslegung und der Dimensionierung für die Dioden zu beachten, dass in der Durchlass-/Ladephase als Last einmal der Kondensator mit seinem differentiellen, komplexen Widerstand und der Lastwiderstand mit seinem ohmschen Widerstand an der Diode wirken. Beim Entladen spielen nur der Kondensator und die Last eine Rolle. Aus dem Signalverlauf (Bild 2.47) ist ein schnelles Nachladen durch das direkte Folgen der Spannung zu erkennen, beim Entladen erfolgt ab dem Scheitelpunkt eine exponentielle Entladung gemäß der Zeitkonstante aus Kondensator und Widerstand.

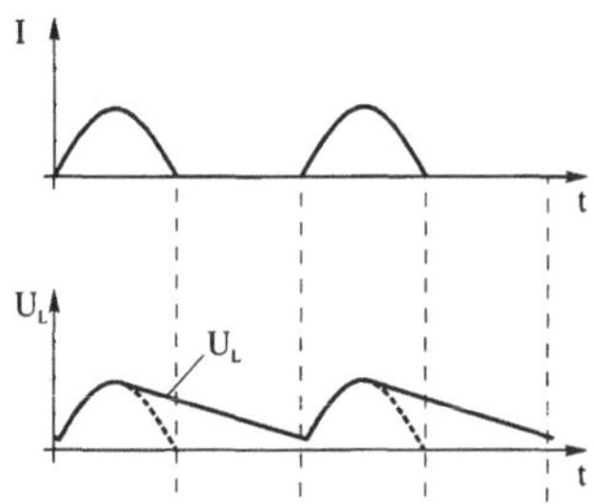

Bild 2.47 Signalverlauf am Lastwiderstand

Dieses Verhalten lässt folgenden Schluss zu:

Je größer die Kapazität des Glättungskondensators und je kleiner der Längswiderstand der Quelle gegenüber dem Lastwiderstand ist und/oder je kleiner der Entlade-/Laststrom ist, desto geringer wird die Welligkeit sein. Die Gleichrichterschaltungen, bei denen nur eine Halbwelle zum Laden zur Verfügung steht, haben eine lange "Nachladepause" (Dauer der negativen Halbwelle) und sind daher sehr ungünstig. Besser ist der Einsatz von Zweiweg- oder Brücken-Gleichrichter, da in diesen Fällen beide Halbwellen am Glättungskondensator anliegen und so die Entladung nicht zu weit herunter gehen kann.

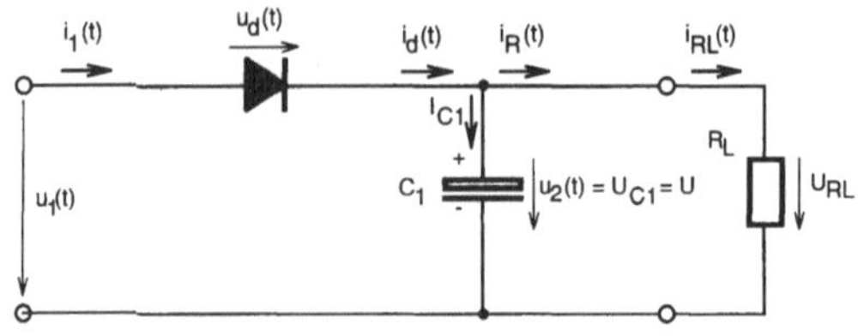

Bild 2.48 Einfache Glättung mit Kondensator und ohmscher Last

Mathematische Betrachtung Einweg-Gleichrichter mit Glättungskondensator und ohmscher Last

Für die Betrachtung sollen zur Vereinfachung folgende Näherungen die Rechnung vereinfachen:

1. Die Diode soll einen *konstanten Innenwiderstand* $r_d = R_d$ haben.
2. Weiter soll gelten: $i_d = 0$ für $u_d \le 0$

und $i_d = \frac{u_d}{R_d}$ für $u_d > 0$

Auch soll als Verbraucher (Last) ein rein ohmscher Widerstand angeschlossen sein, also alle komplexe Größen werden auf den realen Widerstand zurückgeführt. Die Ausgangsspannung sei eine *reine Gleichspannung* U_R und damit gilt der Ansatz:

$$u_d(t) = u_1(t) - U_R \tag{2.49}$$

Für den Strom durch den Lastwiderstand ergibt sich demnach:

$$I_R = \frac{U_R}{R} \tag{2.50}$$

Bei geladenem Kondensator (eingeschwungener Zustand) folgt außerdem, da der Ladestrom dann $i_C = 0$:

$$I_R = \overline{i_d(t)} = \frac{1}{T}\int_0^T i_1(t)\,dt \tag{2.51}$$

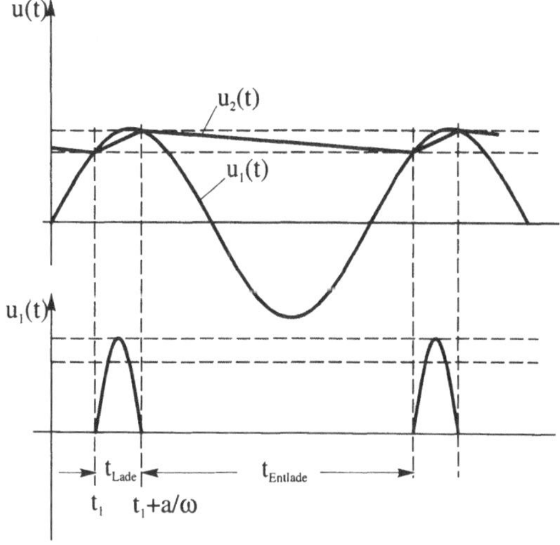

Bild 2.49 Spannungs- und Stromverlauf im Lade und Entladezyklus

$i_d(t)$ fließt aber nur im Nachladezeitraum wenn $u_1(t) > U_R$ erfüllt ist. Dazu kommt noch, dass die Diode "einschalten" muss, und das bedeutet $u_d(t) > 0$ (bei idealisierter Diode), sonst gilt ohne Idealisierung $u_d(t) \ge U_S$

So bedeutet das für den Ladezeitraum:

$$t_1 \le t \le t_1 + \frac{\alpha}{\omega} \tag{2.52}$$

Dieses Verhalten ist in dem Bild 2.49 zu erkennen. Für den Stromflusswinkel α und die Ladezeit (Stromflusszeit durch die Diode) kann angenommen werden:

Kein Strom: $i_d = 0$ für $u_1(t) < U_R$

Ladestrom: $i_d = \frac{(u_1(t) - U_R)}{R_d}$ für $u_1(t) \ge U_R$

Damit folgt für den mittleren Diodenstrom

$$\overline{i_d} = \frac{U_R}{R_d} = \int_A^B \frac{1}{R_d}\cdot(\hat{u}_1 \cdot \sin\omega t - U_R)\,dt \tag{2.53}$$

Mit den Grenzen: $A=\frac{T}{4}-\frac{\alpha}{2\omega}$ und $B=\frac{T}{4}+\frac{\alpha}{2\omega}$ ergibt sich:

$$\overline{i_d}=\frac{1}{T\cdot R_d}\cdot\left[-\frac{\hat{U}_1}{\omega}\cdot\cos\omega t-U_R\cdot t\right]_A^B$$

Um die Betrachtung auf die Spannung zu beziehen, folgt: $\frac{U_R}{R}=\frac{1}{\pi R_d}\cdot\left[\hat{U}_1\cdot\sin\frac{\alpha}{2}-U_R\frac{\alpha}{2}\right]$

Weiterhin gilt die Randbedingung: $u_d=\hat{U}_1\cdot\sin\omega t-U_R=0$ für $t=\frac{T}{4}\pm\frac{\alpha}{2\omega}$ und es folgt:

$$\frac{U_R}{\hat{U}_1}=\cos\frac{\alpha}{2}$$

Nach der Umwandlung in eine tan-Funktion ergibt sich:

$$\frac{R_d}{R}=\frac{1}{\pi}\cdot\left(\tan\frac{\alpha}{2}-\frac{\alpha}{2}\right) \tag{2.54}$$

Für diese Tangensfunktion gilt in Näherung folgende Vereinfachung:

$$\tan\frac{\alpha}{2}\approx\frac{\alpha}{2}+\frac{1}{3}\left(\frac{\alpha}{2}\right)^3 \quad \text{und somit: } \alpha\approx 2\cdot\sqrt[3]{3\pi\frac{R_d}{R}} \tag{2.55}$$

Aus dem dargelegten Verhalten lassen sich jetzt die charakteristischen Werte der Einweg-Gleichrichtung mit Ladekondensator zusammenstellen.

Für den periodischen *Diodenspitzenstrom* folgt aus der Maschengleichung $u_1(t)=u_d(t)+U_R$ und unter Annahme der *idealen Diode mit* $u_d(t)=i_d(t)\cdot R_d$ ergibt sich für den Strom:

$$i_d(t)=\frac{u_1(t)-U_R}{R_d}$$

Als *periodischer Maximalwert* erhält man anschließend:

$$I_{dmax}=\hat{I}_d=\frac{1}{R_d}\left(\hat{U}_1-U_R\right) \tag{2.56}$$

Zu beachten ist aber der Zustand, wenn das System eingeschaltet wird und der Kondensator leer ist. In diesem Augenblick tritt der maximale Ladestrom in der Form eines Einschaltstromstosses auf, der sich beschreiben lässt als:

$$I_{Lademax}=\frac{\hat{U}_1}{R_d} \tag{2.57}$$

Die *maximale Diodensperrspannung* tritt genau dann auf, wenn der Kondensator geladen ist und an der Kathode der Diode der Spitzenwert der negativen Halbwelle anliegt.

$$U_{dmax}=\hat{U}_1+U_R$$

Der ungünstigste Fall, der auftreten kann, und damit muss man rechnen, ist, wenn der Kondensator voll geladen ist, somit keine Entladung erfahren hat und an der Kathode die Spitze der negativen Halbwelle erreicht wird.

$$U_{dmax} = 2 \cdot \hat{U}_1 \tag{2.58}$$

Die *Brummspannung* ist der Spannungsbereich, in dem der Ausgang der Glättungsschaltungen während des Lade- und Entladezykluses schwankt. Aus dem Ladungsverlauf lässt sich die Brummspannung ableiten

$$\Delta Q = C \cdot U_{Br} = I_R \cdot t_{Entlade} = I_R \cdot \left(T - \frac{\alpha}{\omega}\right) \tag{2.59}$$

$$U_{BR} = \frac{I_R}{\omega C}(2\pi - \alpha) \tag{2.60}$$

Interessanter ist meist die Frage nach der Welligkeit nach einer erfolgten Glättung. Aus dem annähernden Dreieckverhalten (nur stückweise Entladung nach der e-Funktion) der Brummspannung lässt sich folgender Zusammenhang konstruieren:

$$U_W = \frac{U_{BR}}{2 \cdot \sqrt{3}} = \frac{I_R \cdot (2\pi - \alpha)}{2 \cdot \sqrt{3} \cdot \omega C} \tag{2.61}$$

Als Richtwerte (*Faustformel*) werden in der Literatur für den ingenieur-technischen Einsatz für die Einweg-Gleichrichtung unter den üblichen Annahmen $\alpha = 60^0$ und f =50 Hz angegeben:

$$U_{BR}[\mathrm{V_{ss}}] \approx 17 \frac{(I_R[\mathrm{mA}])}{(C[\mu\mathrm{F}])}$$

und $$U_W[\mathrm{V_{eff}}] \approx 5 \frac{(I_R[\mathrm{mA}])}{(C[\mu\mathrm{F}])}$$

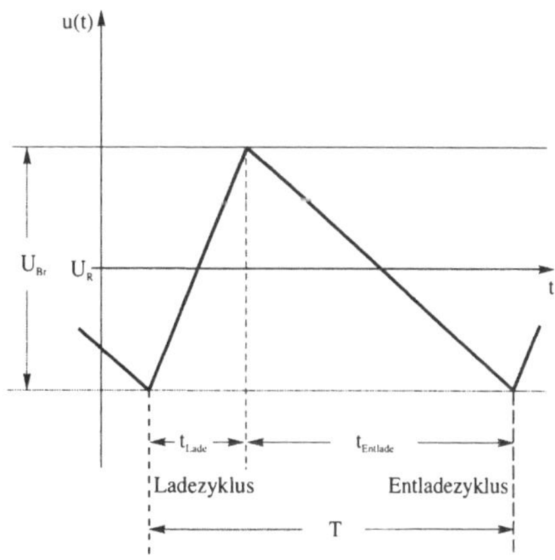

Bild 2.50 Verlauf der Brummspannung

Stellt man nun die Frage nach der Zweiweg- und Brücken-Gleichrichtung, die ja besser sein müssen, da sie beide Halbwellen einbringen, so ergeben sich folgende charakteristische Werte.

Vom Schaltungsaufbau in den Bildern 2.51 und 2.52 her ist zu erkennen, dass für beide Lösungen *zwei getrennte und zeitversetzte* Ladestränge existieren, die dementsprechend den doppelten Ladestrom bringen müssten. Aus der Einweg-Gleichrichtung ist bekannt

$$I_R = \overline{i_d(t)}$$

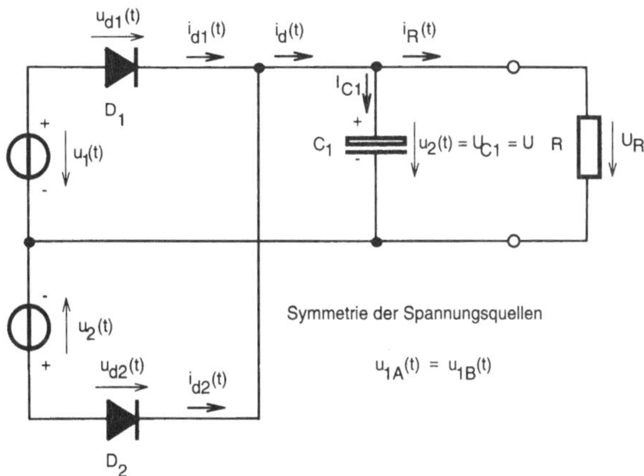

Bild 2.51 Zweiweg-Gleichrichtung

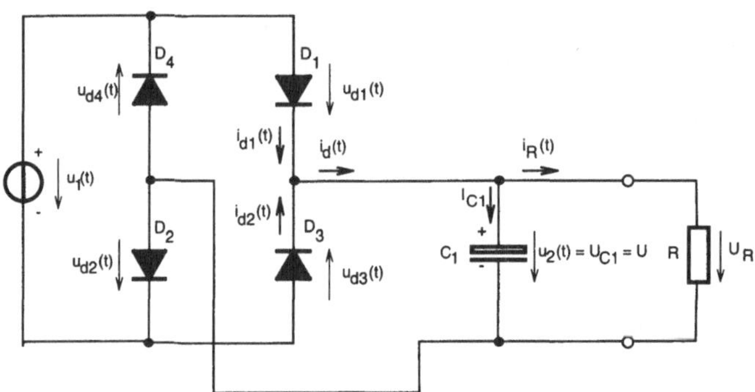

Bild 2.52 Brücken-Gleichrichtung

Nun gilt aber jetzt für diese Schaltungen

$$I_R = \overline{i_d(t)} = \overline{i_{d1}(t)} + \overline{i_{d2}(t)} \tag{2.62}$$

wobei durch den symmetrischen Aufbau und bei Verwendung von Dioden mit gleichen Parametern die beiden Ströme $\overline{i_{d1}(t)} = \overline{i_{d2}(t)}$ sein müssen. Daraus lässt sich weiter schließen:

$$I_R = \overline{i_d(t)} = \overline{i_{d1}(t)} + \overline{i_{d2}(t)} = 2 \cdot \overline{i_{d1}(t)}$$

Dementsprechend folgt damit:

$$I_R = \frac{U_R}{R} = 2 \cdot \frac{1}{\pi \cdot R_d} \cdot \left[\hat{U}_1 \cdot \sin\frac{\alpha}{2} - U_R \cdot \frac{\alpha}{2} \right] \tag{2.63}$$

Durch die Parallelschaltung wird der Diodenwiderstand förmlich *"halbiert"* und so ergibt sich für den *Stromflusswinkel*:

$$\alpha \approx 2 \sqrt[3]{\frac{3}{2} \pi \frac{R_d}{R}} \tag{2.64}$$

Da der Ladezyklus mit der doppelten Frequenz (beide Halbwellen aktiv) läuft, wird die *Brummspannung* zu:

$$U_{BR} = \frac{I_R}{C} \left(\frac{T}{2} - \frac{\alpha}{\omega} \right) = \frac{I_R}{\omega C} (\pi - \alpha) \tag{2.65}$$

Als Literaturwerte (*Faustformel*) gelten nun für die Zweiweg- und die Brücken-Gleichrichter wiederum bei $\alpha = 60^0$ und f = 50 Hz

$$U_{BR}[\mathrm{Vss}] \approx 6{,}7 \frac{(I_R[\mathrm{mA}])}{(C[\mu\mathrm{F}])} \quad \text{und} \quad U_W[\mathrm{Veff}] \approx 2 \frac{(I_R[\mathrm{mA}])}{(C[\mu\mathrm{F}])}$$

Für die ingenieur-technische Praxis nimmt man zur Signalabschätzung (Nähe-rungen) nachfolgende, praxistaugliche Näherungen, die hier ohne Herleitung und Beweisführung genannt werden sollen.

Für Ein-, Zweiweg- und Brückenschaltung ergeben sich folgende *vereinfachte und praktisch einsetzbare, sogenannte ing.-technische Lösungsansätze:*

Ausgangsgleichspannung:

$$U_{GA} = \frac{U_{effE} \cdot \cos\frac{\alpha}{2}}{0{,}71} \tag{2.66}$$

Für die gezielte Berechnung der notwendigen Eingangswerte ergibt sich:

für Einweg-Gleichrichtung

Effektive Eingangsspannung:	$U_{effE} \cong 0{,}9 \cdot U_{GA}$
Effektiver Eingangsstrom:	$I_{effE} \cong 2{,}5 \cdot I_{GA}$
Strom durch jede Diode:	$I_D \cong 2{,}5 \cdot I_{GA}$
Welligkeitsspannung:	$U_W \approx \dfrac{1{,}5 \cdot I_{GA}}{\omega C}$

für Zweiweg- und Brücken-Gleichrichtung

Effektive Eingangsspannung:	$U_{effE} \cong 0{,}85 \cdot U_{GA}$
Effektiver Eingangsstrom:	$I_{effE} \cong 1{,}75 \cdot I_{GA}$
	$I_D \cong 1{,}24 \cdot I_{GA}$
Welligkeitsspannung:	$U_W \approx \dfrac{1{,}2 \cdot I_{GA}}{\omega C}$

2.3.4 Gleichspannungserzeugung mit Siebkette

Nachdem über den Gleichrichter (vgl. Punkt 2.3.2) eine pulsierende Gleichspannung (Halbwellen) erhalten wurde, soll nun aus diesem pulsierenden Signal über einen Tiefpass (*RC*-Glied) eine weitere Signalglättung mit dem Ziel einer Gleichspannung erzielt werden. Dabei spielen wieder das frequenzabhängige Verhalten und die Speichermöglichkeit der Kondensatoren eine wesentliche Rolle. Zum einfacheren Verständnis wird als Last wiederum ein rein ohmscher Widerstand angenommen. In Analogie zum Glättungskondensator (vgl. Punkt 2.3.3) wird hier aber eine $R_S C$ -Kombination als *frequenzabhängiger Spannungsteiler* eingesetzt. Da die Netzfrequenz der Speisespannung als f_{Netz} = konst. anzunehmen ist, ergeben sich feste Verhältnisse. Die Aufgabe von R_S ist auch der Schutz der Dioden vor Ladespitzenstrom des meist sehr groß ausgelegten Kondensators, was beim reinen Siebglied nicht gegeben war.

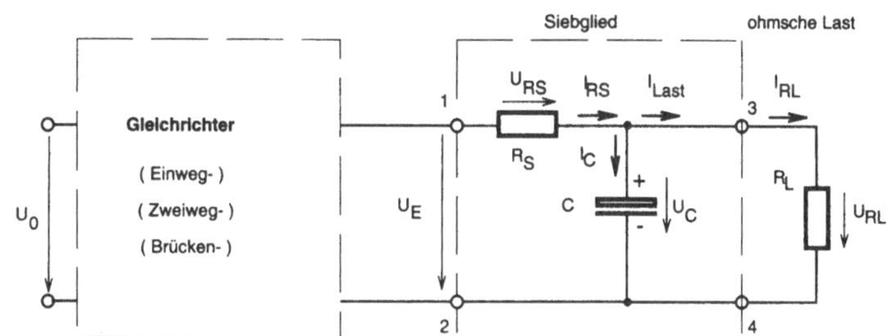

Bild 2.53 Einfache Siebkette mit RC-Glied

Eine wesentliche Aussage zur Qualität der Siebung ist der *Siebfaktor,* der das Verhältnis zwischen Eingangs- (zwischen den Punkten 1 und 2) und der Ausgangswelligkeit (zwi-schen den Punkten 3 und 4) darstellt und somit die Glättungswirkung beschreibt.

$$S = \frac{U_{WE}}{U_{WA}} \tag{2.67}$$

Es ist zu beachten, dass *nur der Wechselanteil in die Berechnung* eingeht, denn der Gleichanteil kann ungehindert das System durchlaufen.

Im Siebglied gilt:

$$\underline{Z}_S = R_S + jX_C \tag{2.68}$$

Mit $Z_S = \left|\underline{Z}_S\right| = \sqrt{R_S^2 + X_C^2}$ und $X_C = \dfrac{1}{\omega \cdot C}$ sowie $I_W = \dfrac{U_{WE}}{Z_S}$ und $U_{WA} = I_W \cdot X_C$

ergibt sich für den *Siebfaktor:*

$$S = \frac{U_{WE}}{U_{WA}} = \frac{I_W \cdot \sqrt{R_S^2 + X_C^2}}{I_W \cdot X_C} \tag{2.69}$$

Da immer $R_S >> X_C$ sein muss, gilt als praxistauglich und hinreichend genaue Aussage:

$$S \approx \omega \cdot R_S \cdot C \tag{2.70}$$

Als Hinweis sei gegeben, dass der Siebkondensator in der Regel eine große Kapazität von >100 µF hat, was bedeutet, dass bei der Netzfrequenz von 50 Hz sich ein Blindwiderstand von < 30Ω abbildet.

Bei *LC*-Siebgliedern (anstelle des Widerstandes *R* steht eine Induktivität *L*) gilt analog als *praxistaugliche Näherung:*

$$S \approx \omega^2 \cdot L \cdot C \tag{2.71}$$

Bei Belastung durch einen angeschlossenen Abnehmer erfolgt ein zusätzlicher Gleichstrom durch R_S und damit ein Spannungsabfall am Längswiderstand R_S des Siebgliedes während des Ladeprozesses. Somit muss beachtet werden, dass dieser Anteil nicht zu groß wird und man sollte (ohne Begründung) folgende Faustregel beachten:

$$U_{RS} \approx 0{,}01 \cdot K_L \cdot U_{GA} \tag{2.72}$$

Dabei stellt K_L den zulässigen Lastschwankungsfaktor [%] dar.

Zum Abschluss werden noch drei Beispiele von Schaltungsvarianten angegeben, ohne dabei weiter auf die Dimensionierung einzugehen.

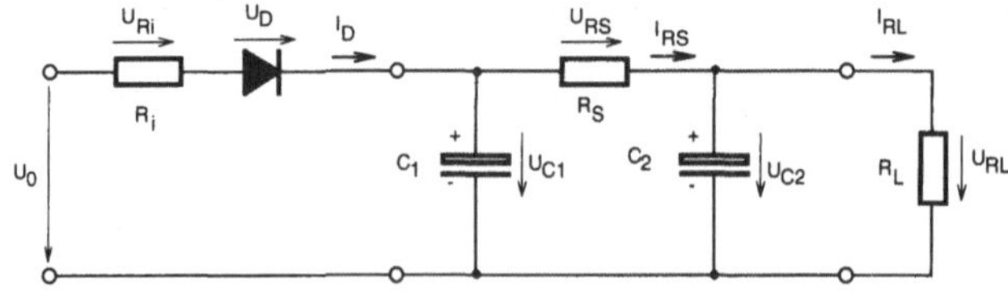

Bild 2.54 Einweg-Gleichrichtung mit Siebkette

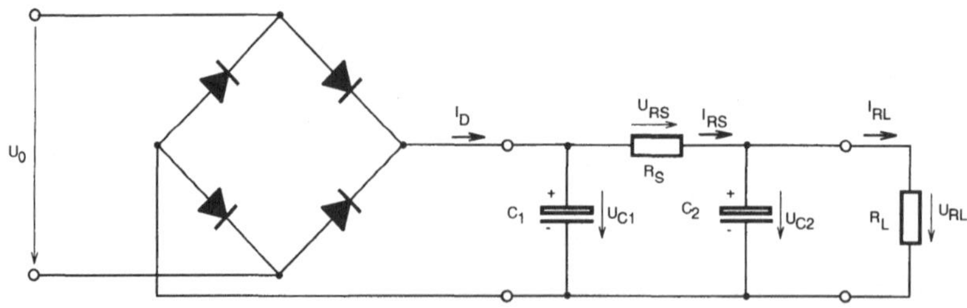

Bild 2.55 Brücken-Gleichrichter mit Siebkette

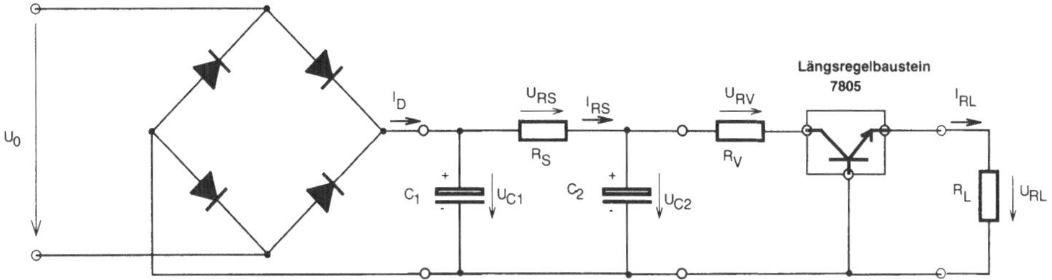

Bild 2.56 Einfacher Gleichspannungsregler (Längsregelschaltung)

Die Bilder 2.54 bis 2.56 zeigen die sogenannte *C-R-C*-Kombination, wobei C_1 mit dem Innenwiderstand der Gleichrichter und der Quelle ein Siebglied bilden und R_S bildet mit C_2 das zweite Siebglied. Dabei ist der Innenwiderstand der Quelle oft kritisch für die Dioden bzw. für den Ladestrom. In der Gleichspannungsreglerschaltung (Bild 2.56) erfolgt die Feinausregelung über einen integrierten sogenannten Längsregler, der bei richtiger Eingangsdimensionierung die Brummspannung völlig beseitigen kann und dementsprechend ein reines Gleichsignal liefert.

2.4 Halbleiterdioden als Logik-Baustein

Wenn sich die Dioden, wie in den Grundlagen im Punkt 2.2 dargestellt, im Ersatzschaltbild als Schalter nähern lassen, so muss man diese auch in logischen Verknüpfungen der Digitaltechnik einsetzen können. Zu beachten ist aber bei der Wahl der Logikpegel, dass im Ein-Zustand (Strom durch die Diode) über jede Si-Diode die Flussspannung von ca. $U_F \approx +0{,}7\ \text{V}$ abfällt. Das ist auch der Grund dafür, dass diese einfache Verknüpfungsart alleinstehend kaum noch angewendet wird, weil nach mehreren Stufen der Pegel völlig verändert wäre. Trotzdem soll kurz auf die grundsätzliche Nutzung an zwei Beispielen eingegangen werden.

Man definiert beispielsweise folgende Pegel: log 1 ≈ +4 ... +5 V

log 0 ≈ 0 ... +1 V

Nachfolgend soll an zwei Beispielen die möglichen logischen Verknüpfungen dargestellt werden. Weiterhin soll gleichzeitig auf die *unterschiedlichen Definitionen der Pegel* und *der Funktion für den geschlossenen Schalter* verwiesen werden.

Beispiel 1:

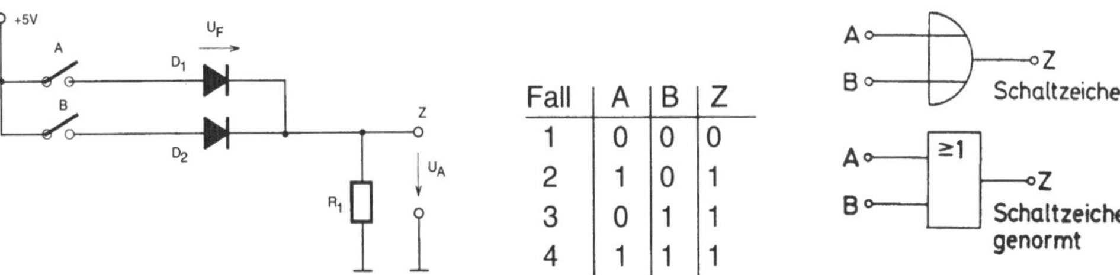

Fall	A	B	Z
1	0	0	0
2	1	0	1
3	0	1	1
4	1	1	1

Bild 2.57 ODER-Gatter in Diodentechnik

Bild 2.58 Logiktabelle ODER

Bild 2.59 Schaltzeichen

Im Bild 2.57 wird die Verknüpfung des logischen ODER gezeigt, bei der die Schalter nach dem "1-Pegel" schalten und der geschlossene Schalter soll ebenfalls logisch "1" darstellen.

Beispiel 2:

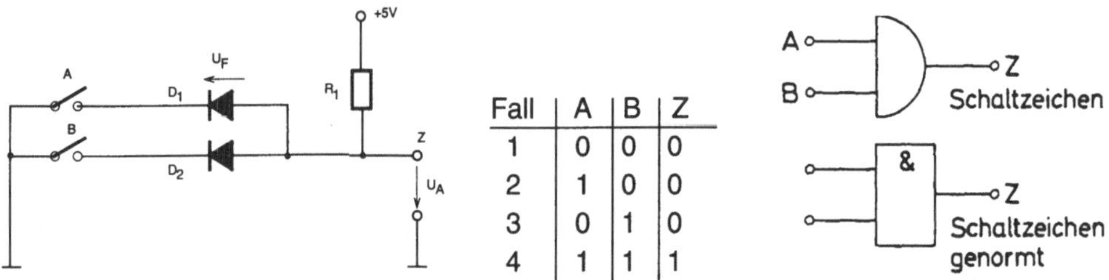

Fall	A	B	Z
1	0	0	0
2	1	0	0
3	0	1	0
4	1	1	1

Bild 2.60 UND-Gatter in Diodentechnik **Bild 2.61** Logiktabelle UND **Bild 2.62** Schaltzeichen

Dieses Beispiel zeigt genau das Gegenstück in der Form des logischen UND, wobei aber die Schalter gegen "0-Pegel" schalten. Außerdem soll jetzt der offene Schalter das "logisch 1" darstellen.

Eine weitere Behandlung dieser Logik soll unterbleiben, da diese reine Dioden-Logik heutzutage keine Anwendung mehr findet. Interessant ist aber diese Verknüpfung im Verbund mit Transistoren, welche anschließend eine Signalregenerierung vollziehen.

2.5 Sonderformen von Dioden und deren Anwendungen

Im folgenden Abschnitt werden nun weitere Diodentypen, sogenannte Sonderformen, behandelt, die zwar die gleiche Grundfunktion wie die "einfachen Gleichrichter-Dioden" haben, aber durch technologische Eingriffe und Spezialbehandlungen werden bestimmte Eigenschaften besonders hervorgehoben. Dabei wird kein Wert auf Vollständigkeit und tiefgreifende physikalische Grundlagen gelegt, sondern die Darstellungen sollen den allgemeinen Charakter einer Übersicht haben. Eingehender wird die Zener- (kurz Z-Diode) und deren Anwendungen behandelt, da diese eine große Verbreitung in den verschiedensten Stabilisierungsschaltungen hat.

2.5.1 Z-Diode

2.5.1.1 Physikalische Grundlagen

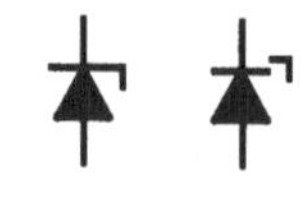

Bild 2.63 Symbol

Eine Hauptanwendung dieser speziell hergestellten Diodentypen ist die Nutzung des Zener-Effektes, der bei bestimmten Dotierungen des pn-Material genutzt werden kann. Das Wesen der Z-Diode liegt in der Nutzung diese Dioden in Sperrichtung und dort des physikalischen Effektes eines Sperr-Durchbruches, der exakt in bestimmten Grenzen gehalten werden muss, damit der reversible Zustand bleibt. Folgende Mechanismen laufen in Sperrichtung ab:

Bei kleiner Sperrspannung tritt ein nahezu spannungsunabhängiger Sperrstrom auf, der auf vorwiegend thermischen Effekten und Restverunreinigungen des Halbleitermaterials basiert.

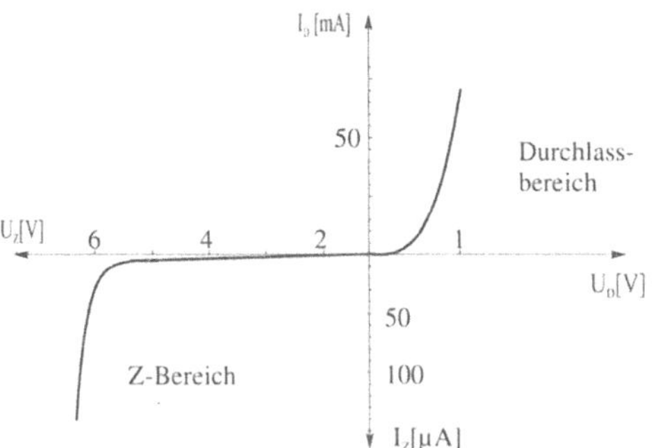

Bild 2.64 Durchlass- und Sperrbereich einer Z-Dioden-Kennlinie

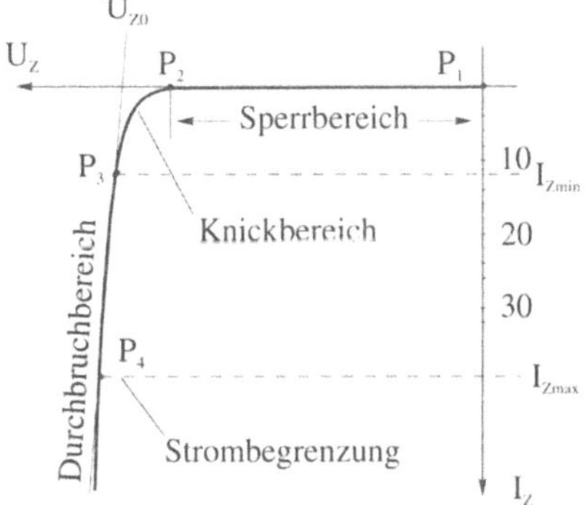

Bild 2.65 Sperrbereichseinteilung

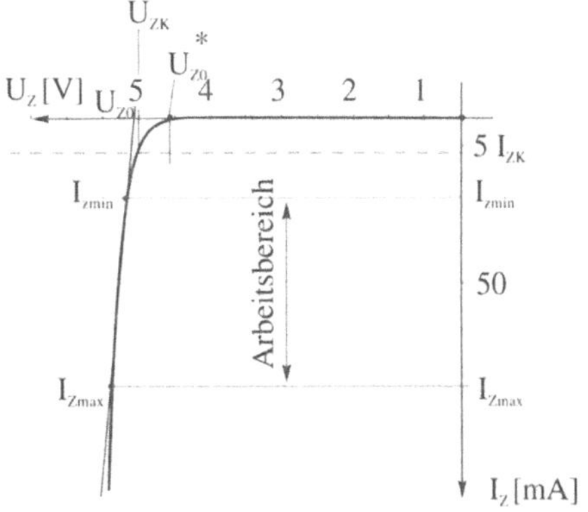

Bild 2.66 Arbeitsbereich einer Z-Diode

Bei steigender Sperrspannung steigt die Feldstärke am pn-Übergang bis zu dem Punkt, bei dem die Ladungsträger durch die starke Kraftwirkung des elektrischen Feldes herausgerissen werden. Somit setzt ein Ladungsträgerstrom freier, herausgelöster Ladungsträger (Elektronen und Löcher) ein (Zener-Effekt).

Bei einem weiteren Anstieg der Sperrspannung erhöht sich die Feldwirkung weiter, der Ladungsträgerstrom steigt gewaltig an und reißt bei Kollision weitere Ladungsträger mit aus ihrer Position. Es entsteht der sogenannte Lawinen-Effekt (Avalanche-Effekt). Solange dieser Effekt nicht zu groß wird, bleibt er reversibel.

Zu beachten ist, dass diese Vorgänge unbedingt durch Strombegrenzung und Verlustleistungsableitung (Kühlung) unter Kontrolle gehalten werden müssen. Bei einem weiteren Sperrspannungsanstieg wird dann der Sperrstrom, er folgt einer e-Funktion, extrem schnell ansteigen und das führt zu einer thermischen Zerstörung. Im Bild 2.64 ist ein allgemeiner Kennlinienverlauf für eine Z-Diode dargestellt. Zu ergänzen ist noch, dass der Knickpunkt und somit das starke Ansteigen des Stromes in Sperrrichtung technologisch beeinflusst werden kann. Das heißt, es ist möglich, unterschiedliche Z-Spannungen bei den Dioden herzustellen. In Durchlassrichtung ist hingegen die Diffussionsspannung physikalisch gegeben und nicht technologisch veränderbar. Da es sich im Sperrbereich ebenfalls um eine e-Funktion handelt, ist der Gedanke naheliegend, die gleiche Methode der Herleitung eines Ersatzschaltbildes zu verwenden, wie sie im Durchlassbereich benutzt wurde. Zunächst betrachten wir vier Bereiche: Sperrbereich, Knickbereich, Durchbruchbereich (reversibler Bereich) und Zerstörungsbereich (nicht reversibler Durchbruch). Der Sperrbereich, wie im Bild 2.65 dargestellt zwischen Punkt 1 und Punkt 2 liegt, liefert ein gutes Sperrverhalten, wie es auch bei Gleichrichtern genutzt wird. Zwischen Punkt 2 und 3 befindet sich der sogenannte Knickbereich, wo ein Stromanstieg auftritt. Hier ist die Kurve sehr nichtlinear. Für die Stabilisierungsanwendung ist somit dieser Bereich ungeeignet. Von Punkt 3 bis 4 steigt der Strom zwar weiter gemäß einer e-Funktion an, jedoch ist der Anstieg sehr steil. Das gestattet in diesem Bereich, wo bei relativ großer Stromänderung nur eine geringe Spannungsänderung folgt, eine recht gute Linearisierung. Im Punkt 4 ist die Leistungsgrenze der Diode erreicht. Ein Überschreiten dieser Grenze würde zu einer thermischen Zerstörung der Diode führen.

U^*_{Z0} Beginn des Sperrstromflusses

U_{ZK} Wert in der Mitte des Knickbereiches

U_{Z0} Durchtrittspunkt der Tangente durch die Achse

Von I_{Zmin} bis I_{Zmax} gilt, dass die Kennlinie ausreichend genau als Gerade genähert werden kann (vgl. Herleitung des Ersatzschaltbildes einer Diode). In Analogie zur Herleitung des Ersatzschaltbildes einer Diode in Durchlassrichtung, ist auch eine Vereinfachung der Kennlinie für die Z-Diode möglich. Aus diesem bereits genutzten Näherungsverfahren ist ersichtlich, dass bis zu der Schwellspannung, hier U_{Z0}, die Diode im vorliegenden Sperrbetrieb voll sperrt und danach ein linearer Anstieg des Sperrstromes I_Z erfolgt, der durch einen ohmschen Leitwert bzw. Widerstand dargestellt werden kann.

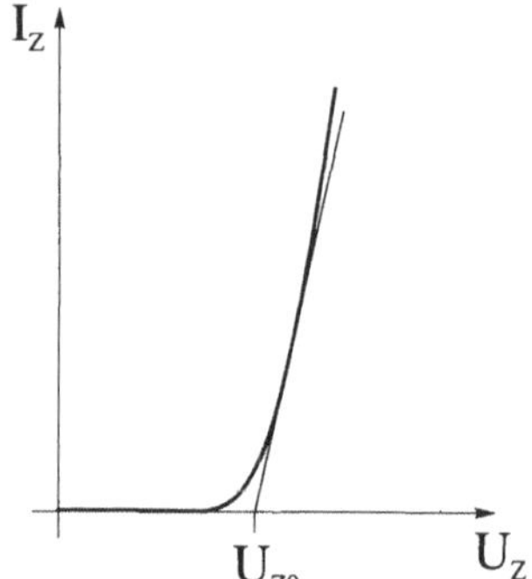

Bild 2.67 Vereinfachte Kurve (Achsen gedreht zu Bild 2.66)

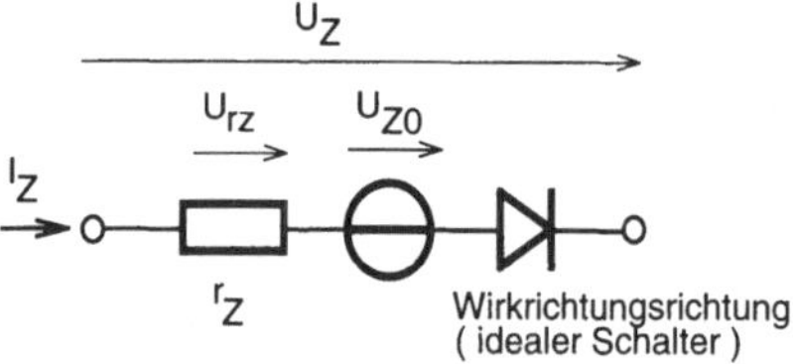

Bild 2.68 Abgeleitetes Ersatzschaltbild

$$g = \frac{d\,I_Z}{d\,U_Z} \quad \text{bzw.} \quad r_Z = \frac{d\,U_Z}{d\,I_Z} \tag{2.73}$$

Für das Ersatzschaltbild gelten nun als gute und ausreichend genaue Näherung die Ansätze:

$$I_Z = 0 \qquad \text{für} \qquad U_Z < U_{Z0}$$

$$I_Z = \frac{U_Z - U_{Z0}}{r_Z} \quad \text{für} \qquad U_Z \geq U_{Z0}$$

2.5.1.2 Stabilisierungsschaltung mit Z-Diode

Wenn eine Z-Diode zur Stabilisierung eingesetzt werden soll, dürfen zwei Bedingungen nicht verletzt werden.

1. Der Diode muss immer mindestens I_{Zmin} zur Verfügung stehen, damit die Funktion der Stabilisierung überhaupt möglich ist.

   Das heißt: $I_Z \geq I_{Zmin}$ muss durch die Diode fließen können.

2. Es muss auch garantiert werden, dass I_{Zmax} nicht überschritten wird, da sonst die Diode zerstört (thermische Überlastung) werden kann. Die Diode kann selbst das nicht abfangen, da die Sperr-Kennlinie sehr steil ist, was aus dem relativ geringen Innenwiderstand r_Z des Bauelementes resultiert.

Diese beiden Kriterien sind bei der Schaltungsberechnung *unbedingt* zu beachten, wobei eine wesentliche Rolle der Begrenzungswiderstand (Längswiderstand) R_l spielt, der den Schutz der Diode darstellt, allerdings auch den Gesamtstrom, Strom durch die Z-Diode und den Lastwiderstand, begrenzt.

Aus dem Bild 2.69 lassen sich folgende Gleichungen ableiten:

$$I_E = I_Z + I_A \quad \Rightarrow \quad I_Z = I_E - I_A$$

$$U_E = U_{R1} + U_A$$

bzw. $U_E = U_{R1} + U_Z$ da $U_Z = U_A$

$$U_E = U_Z + (I_A + I_Z) \cdot R_1 \tag{2.74}$$

Aus dem Ersatzschaltbild Bild 2.70 lassen sich die Ansätze aufstellen:

$$U_Z = U_{Z0} + I_Z \cdot r_Z = U_A = I_A \cdot R_A \tag{2.75}$$

$$U_E = U_{Z0} + I_Z \cdot r_Z + (I_A + I_Z) \cdot R_1 \tag{2.76}$$

Durch einfaches Einsetzen in die Masche

$$U_E = U_Z + (I_A + I_Z) \cdot R_1$$

ergibt sich aus $U_Z = U_{Z0} + I_Z \cdot r_Z$ und mit $I_Z = \frac{U_Z - U_{Z0}}{r_Z}$ die Lösung:

$$U_E = U_Z + \left(I_A + \frac{U_Z - U_{Z0}}{r_Z}\right) \cdot R_1 \tag{2.77}$$

Bildet man nun die Ableitung der Eingangsspannung nach der Z-Spannung

$$\frac{dU_E}{dU_Z} = \frac{d\left(U_Z + \left(I_A + \frac{U_Z}{r_Z} - \frac{U_{Z0}}{r_Z}\right) \cdot R_1\right)}{dU_Z} = \left(1 + \left(0 + \frac{1}{r_Z} - 0\right) \cdot R_1\right) = 1 + \frac{R_1}{r_Z} \tag{2.78}$$

folgt bei I_A = konst.

$$\left.\frac{dU_E}{dU_Z}\right|_{I_A = \text{konst}} = 1 + \frac{R_1}{r_Z} \tag{2.79}$$

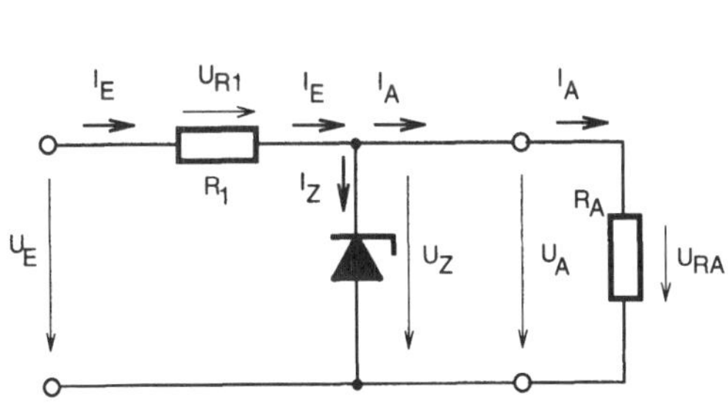

Bild 2.69 Grundschaltung der Stabilisierung

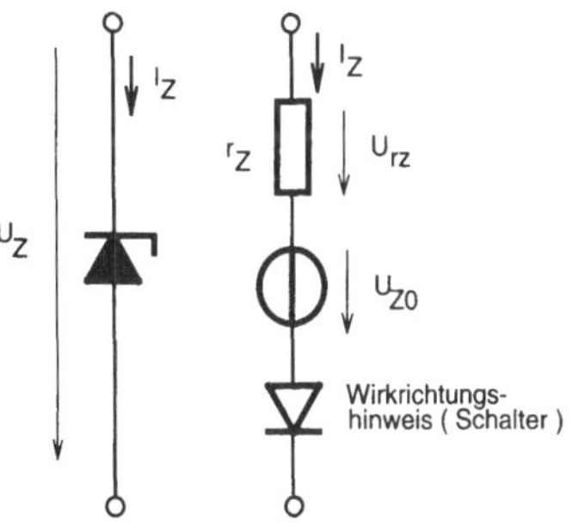

Bild 2.70 Ersatzschaltbild

Mit der im Regelfall erfüllten Annahme: $\frac{R_1}{r_Z} >> 1$ ist somit als Näherung ansetzbar:

$$dU_Z \approx \frac{r_Z}{R_1} dU_E$$

Weiterhin erhält man durch das Einsetzen:

$$U_Z \approx \frac{r_Z}{R_1} \cdot U_E - I_A \cdot r_Z + U_{Z0} \quad \text{und} \quad \left.\frac{dU_Z}{dI_A}\right|_{U_E = \text{konst}} \approx -r_Z$$

Demnach gilt dann auch:

$$dU_Z \approx -r_Z \, dI_A \tag{2.80}$$

Aus diesen mathematischen Betrachtungen ist das Ziel der Stabilisierung erkennbar, einen möglichst kleinen dynamischen Widerstand r_Z der Z-Diode zu erhalten und das bedeutet wiederum, dass man sich im Bereich ab Punkt 3 (Bild 2.65) bis zur Leistungsgrenze Punkt 4 bewegen muss.

In den folgenden zwei Punkten erfolgt eine Gegenüberstellung einer einfachen, ingenieurtechnischen Lösung zur überschlagsmäßigen Berechnung, bei der nur U_Z als Gesamtinformation über die Z-Diode zur Verfügung steht, und der genauen, akademischen Berechnung, bei der die beiden Diodenparameter U_{Z0}, r_Z bekannt sein müssen.

2.5.1.3 Näherungsrechnung für die Stabilisierung (ing.-technischer Ansatz)

Für die folgende Näherungsbetrachtung werden folgende Annahmen getroffen

- der Strom von der Quelle ist konstant (lastunabhängig)
- allen Strom, den der Lastkreis nicht abnimmt, fließt durch die Z-Diode
- r_Z ist vernachlässigbar und wird zu $r_Z = 0$ gesetzt

Die Schlussfolgerung ist nun, die Diode ist in Sperrrichtung ein idealer Schalter, der bei U_{Z0} schlagartig einschaltet.

Aus vereinfachten Datenblättern, wie zum Beispiel Kurzzusammenstellungen auf Übersichts-CDs, ist meist I_{ZmaxDB} (maximaler Sperrstrom) zu entnehmen.

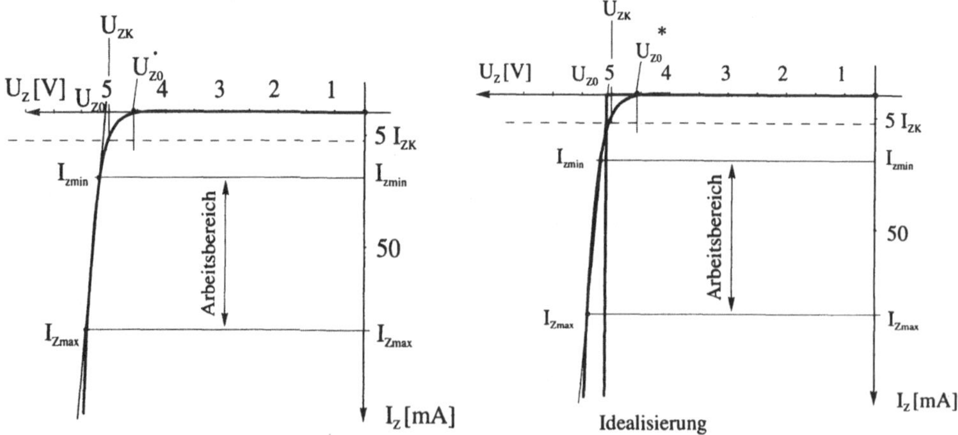

Bild 2.71 Sperrstromverlauf einer Z-Diode **Bild 2.72** Idealisierter Sperrstromverlauf

Unter dieser Vorgabe lassen sich folgende Bedingungen für den praktischen Einsatz gewinnen:

$I_{Zmin} = 0{,}1 \cdot I_{ZmaxDB}$ 10 %-Grenze

$I_{Zmax} = I_{Amax} - I_{Amin} \leq 0{,}9 \cdot I_{ZmaxDB}$ 90 %-Grenze des Datenblattes

$I_{ZmaxDB} = \dfrac{P_{ZmaxDB}}{U_Z}$ Werte aus Datenblatt

Für die Anwendung in einer Schaltung sollte man niemals die Grenzwerte der Datenblätter I_{ZmaxDB}, P_{ZmaxDB} in ihrer vollen Höhe nutzen, sondern nur die daraus berechneten Werte I_{Zmin}, I_{Zmax}, um immer eine gewisse Sicherheitsreserve zu haben. Auch ist zu bedenken, dass bei derartigen Festlegungen ein Rückschluss von I_{Zmin} auf I_{Zmax} nicht zulässig ist. In ausführlichen Unterlagen sind meist U_{Z0}, r_Z, I_{Zmin}, I_{Zmax}, P_{Zmax} einzeln aufgeführt und auch Informationen zum Temperaturverhalten angegeben. Dabei ist aus der Kenntnis von I_{Zmax} und U_{Z0} auf P_{Zmax} bzw. von P_{Zmax} und U_{Z0} auf I_{Zmax} schließbar.

Demonstrationsbeispiel nach der Näherungslösung

Gegeben: $U_E = 18\text{V}$ $U_Z = 8\text{V}$ $R_1 = 100\Omega$

$R_A = 160\Omega$ $Iz_{maxDB} = 150\text{mA}$

Diese Rechnung wird nur bei Überschlagsrechnungen verwendet oder wenn U_{Z0} und r_Z unbekannt sind. Diese Berechnung soll die zwei Betrachtungen für die Grenzfälle zeigen, wobei hier die Frage nach der sicheren Funktion gestellt wird. Im vorliegenden Fall sind alle Bauelemente bekannt.

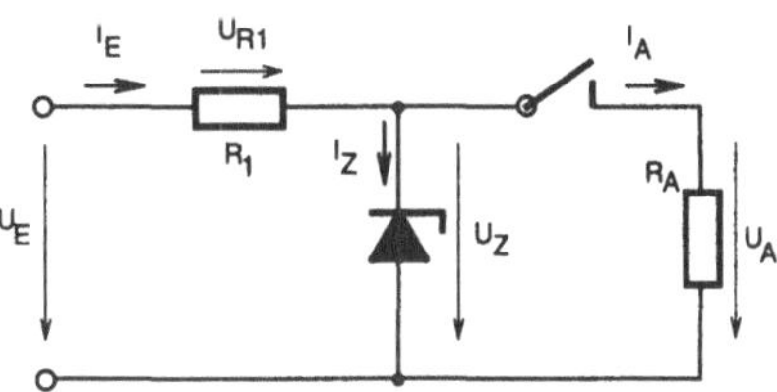

Bild 2.73 Schaltung für den lastlosen Fall

Fall 1: ohne Last (Schalter offen)

Hier ist nur ein Maschenansatz möglich, und es ist zu prüfen, ob die Diode nicht überlastet wird. Da der Schalter offen ist, bedeutet das $I_A = 0$ und $U_E = U_{R1} + U_Z$.

Daraus folgt nach Umstellung: $I_E = I_Z = \dfrac{U_E - U_Z}{R_1} = 100\text{mA}$

Es muss garantiert werden, dass der maximale Strom durch die Diode nicht überschritten wird. Somit steht die Frage, ob $I_{Zmax} \leq 0{,}9 \cdot I_{ZmaxDB}$ erfüllt ist, was hier positiv beantwortet werden kann.

Fall 2: mit Last (Schalter geschlossen)

Damit die Diode ihre Aufgabe erfüllen kann, muss nun als anderer Grenzwert, der Fall der vollen Belastung der Schaltung durch den Lastwiderstand, überprüft werden. Es muss sichergestellt werden, dass stets der Diode mindestens I_{Zmin} zur Verfügung steht, damit diese stabilisieren kann. Der Ausgangsstrom I_A berechnet sich nach dem ohmschen Gesetz aus der Parallelschaltung von Z-Diode und Lastwiderstand R_A.

$$I_A = \frac{U_A}{R_A} = \frac{U_Z}{R_A} = 50\text{mA}$$

da $U_A = U_Z$. Weiterhin ist $U_Z = 8\text{V}$ und somit $U_1 = 10\text{V}$

Bei dieser Berechnung ist der Eingangsstrom wie im Fall 1 $I_E = 100\text{mA}$ und somit ergibt sich: $I_Z = I_E - I_A = 50\text{ mA}$

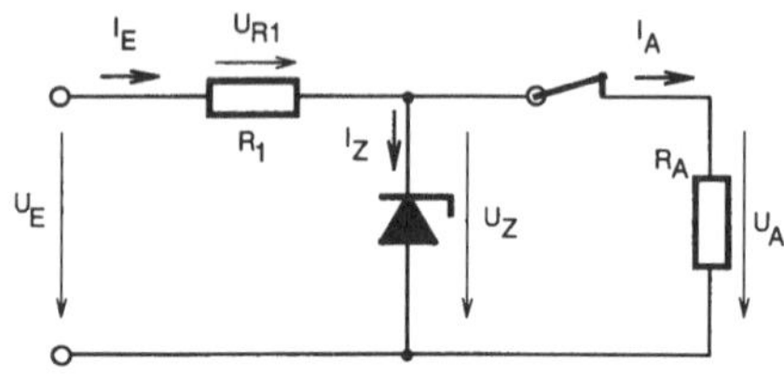

Bild 2.74 Schaltung für den Belastungsfall

Zur Sicherstellung der Stabilisierung muss nun geprüft werden, ob $I_Z \geq I_{Zmin}$ erfüllt ist, was bestätigt werden kann.

Fall 3: Minimaler Lastwiderstand / maximale Belastung

Weiterhin ist die Frage oft interessant, welcher minimale Lastwiderstand angeschlossen werden darf, was der Berechnung der maximalen Belastung der Schaltung gleichkommt. Für diese Betrachtung kommt die Schaltung gemäß Bild 2.75 in Betracht, wobei die Rechnung anders aufgebaut wird.

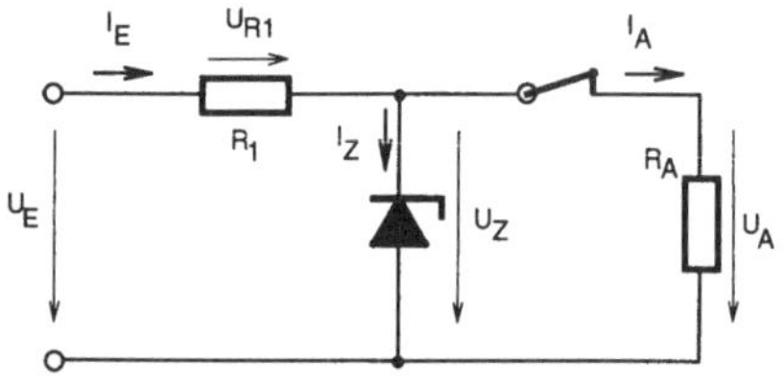

Bild 2.75 Berechnung des minimalen Lastwiderstandes

Die Stabilisierung ist gewährleistet, wenn

$$I_{Zmin} \geq 0{,}1 \cdot I_{ZmaxDB}$$

Damit folgt wieder aus $U_Z = 8\text{V}$ der Spannungsabfall über R_1 mit $U_{R1} = 10\text{V}$. Hieraus lässt sich auf den Eingangsstrom schließen.

$$I_E = \frac{U_{R1}}{R_1} = 100\text{mA}$$

Im nächsten Schritt wird der Minimalstrom für die Z-Diode abgezogen. Der übrigbleibende Strom kann voll vom Verbraucher, also dem Lastwiderstand, genutzt werden.

$$I_A = I_E - I_{Zmin}$$
$$= 100\text{mA} - 15\text{mA} = 85\text{mA}$$

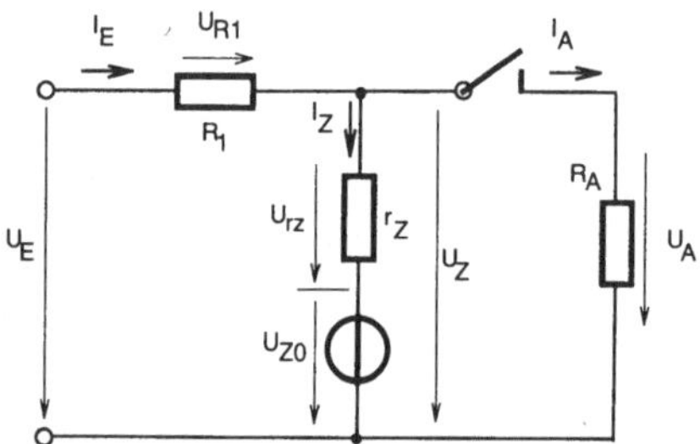

Bild 2.76 Grundschaltung mit Ersatzschaltbild für die Z-Diode

Die Bestimmung des Lastwiderstandes ist dann einfach möglich.

$$R_{A\min} = \frac{U_Z}{I_A} = 94{,}11\ \Omega$$

Da es diesen Wert nicht als Widerstand gibt, muss aus der Auswahlreihe (E-Reihe) ausgewählt werden, wobei immer nach oben zu runden (zu höheren Werten) und die Toleranz mit einzubeziehen ist.

Dementsprechend folgt als Ergebnis der Wert

$$R_{Amin} = 100\Omega \quad (5\ \%).$$

2.5.1.4 Exakter Berechnungsweg

Im folgenden Punkt wird nun zum Vergleich der exakte (akademische) Berechnungsweg unter Betrachtung des bauelementespezifischen Verhaltens (Einbeziehung des differentiellen Widerstandes der Diode (r_Z) und der Schleusenspannung (U_{Z0})) durchlaufen. Es wird sich zeigen, dass die in der Näherung berechneten Werte durchaus praxistauglich sind. Dazu ist aber die Kenntnis der genauen Parameter gemäß Ersatzschaltbild notwendig, wobei als Einschränkung gelten soll, dass der differentielle Widerstand r_Z im Betrachtungs- (Arbeits-) Bereich als konstant angesehen wird. Als Grund sei an die Tangente an der Kennlinie erinnert. Aus der Schaltung ist nun auch ersichtlich, dass die Spannung U_Z über der Z-Diode je nach Belastung schwanken wird, da über r_Z entsprechend der Größe des Stromes I_Z eine Spannung U_{rz} abfällt. Es werden zum Vergleich die gleichen technischen Daten der Schaltung wie bei der Näherungsrechnung eingesetzt.

$$U_E = 18\text{V} \ ; \ R_1 = 100\Omega \ ; \ R_A = 160\Omega \ ; \ I_{ZmaxDB} = 150\text{mA}$$

Aus bisher $U_Z = 8\text{V}$ folgen nun die genaueren Angaben für $U_{Z0} = 8\text{V}$ und $r_Z = 5\Omega$.

Es ist erneut die gleiche Betrachtung der zwei Grenzfälle wie bei der Näherungsrechnung durchzuführen.

Fall 1: ohne Last (offener Schalter)

$$U_E = U_{R1} + U_{rz} + U_{Z0} \tag{2.81}$$

Eingesetzt folgt weiter:

$$U_E = I_{Z\max} \cdot R_1 + I_{Z\max} \cdot r_Z + U_{Z0} \quad \text{und über} \quad U_E = I_{Zmax} \cdot (R_1 + r_Z) + U_{Z0}$$

$$I_{Zmax} = \frac{U_E - U_{Z0}}{R_1 + r_Z} = \frac{10\text{V}}{105\Omega} = 95{,}2\text{mA} \tag{2.82}$$

(vgl.: Näherung 100 mA)

Die Ursache ist der genauere Ansatz für die Spannung über der Z-Diode.

$$U_Z = U_{Z0} + I_{Z\max} \cdot r_Z = 8\text{V} + 95{,}2\text{mA} \cdot 5\Omega = 8{,}48\text{V} \qquad \text{(vgl.: Näherung =8 V)}$$

Aus diesem Ansatz tritt deutlich hervor, dass, wie es auch die Kennlinie zeigt, die Z-Spannung über der Diode Uz stromabhängig ist, was im Näherungsverfahren absichtlich vernachlässigt wurde. Weiterhin ist festzustellen, dass im Leerlauf der Widerstand der Masche nicht nur aus R_1, sondern aus der Summe von R_1 und r_Z besteht.

Fall 2: mit Last (Schalter geschlossen)

$$U_E = U_{R1} + U_Z \tag{2.83}$$

Auch hier gilt weiter $U_Z = U_A$, $I_A = \frac{U_Z}{R_A}$, $U_Z = I_A \cdot R_A$ und es ergibt sich:

$$U_Z = U_{Z0} + I_{ZRest} \cdot r_Z \tag{2.84}$$

Dabei muss entsprechend dem Stabilisierungskriterium der Reststrom I_{ZRest} durch die Diode immer die Bedingung erfüllen: $I_{ZRest} \geq I_{Zmin}$

Über weiteres Einsetzen in die Strombetrachtung erhält man:

$$I_E = I_{ZRest} + I_A$$

$$U_E = (I_{ZRest} + I_A) \cdot R_1 + (U_{Z0} + I_{ZRest} \cdot r_Z)$$

$$U_E = I_{ZRest} \cdot R_1 + \frac{U_{Z0} + I_{ZRest} \cdot r_Z}{R_A} \cdot R_1 + U_{Z0} + I_{ZRest} \cdot r_Z$$

$$I_{ZRest} = \frac{U_E - \left(U_{Z0} \cdot \left(1 + \frac{R_1}{R_A}\right)\right)}{R_1 + \frac{r_Z \cdot R_1}{R_A} + r_Z} = 47{,}34\text{mA} \tag{2.85}$$

(vgl. mit Näherung 50 mA)

Auch im zweiten Betrachtungsfall ist zu erkennen, dass die Näherungsrechnung höhere Werte hatte als die exakte, was diese durchaus als sichere Schätzung zulässt.

2.5.1.5 Temperaturverhalten von Z-Dioden

Wie auch die Dioden in Durchlassrichtung, gibt es im Sperrbereich eine Temperaturabhängigkeit, die allerdings eine Besonderheit aufweist. Der Temperaturkoeffizient α_{Uz0} ist bei Z-Dioden mit Z-Spannungen $U_Z \leq 6\,\text{V}$ *negativ* und $U_Z > 6\text{V}$ *positiv*. Dieses Verhalten zeigt die Temperaturkennlinie einer Z-Diode bei einer großen Temperaturänderung von 100°C im Bild 2.77.

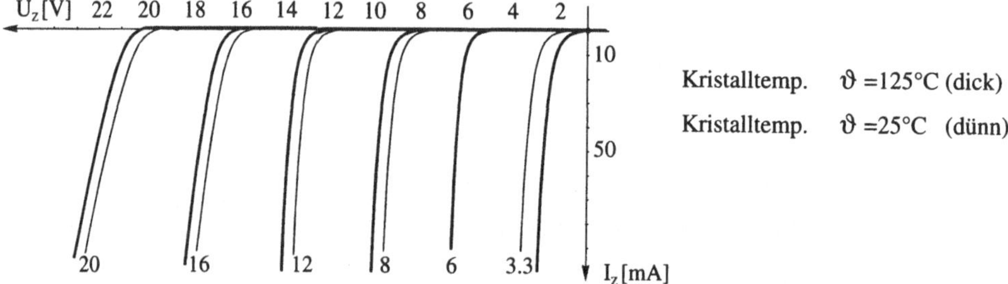

Bild 2.77 Kennlinienverschiebung bei Temperaturänderung

Zur Berechnung des Temperaturverhaltens gilt folgender allgemeiner Ansatz

$$U_{Z0}(\vartheta) = U_{Z0}(\vartheta_\theta) + \Delta U_{Z0}$$

mit $\Delta U_{Z0} = U_{Z0}(\vartheta_0) \cdot \alpha_{Z0} \cdot \Delta T$

$$U_{Z0}(\vartheta) = U_{Z0}(\vartheta_0) \cdot (1 + \alpha_{Z0} \cdot (\vartheta - \vartheta_0)) \tag{2.86}$$

Zu beachten ist bei diesen Ansätzen, welche Dimension der Temperaturkoeffizient α_{UZ0} hat, der oft auch nur mit α_{Z0} oder α_Z bezeichnet wird. Es gibt wie bei den Widerständen auch hier absolute und relative Temperaturkoeffizienten. Zur Anwendung siehe die Hinweise unter Punkt 1 für die Widerstandskoeffizienten. Weiterhin zeigt der differentielle Widerstand ebenfalls ein Temperaturverhalten (wie Widerstände), wobei es je einen Wert für den Durchlass- und für den Sperrbereich gibt, da ja die Widerstandswerte ebenfalls sich unterscheiden.

2.5.1.6 *Leistungsgrenzwert*

Die Grenzleistung ist dann erreicht, wenn die umgesetzte elektrische Leistung gerade noch im Sinne von thermischer Energie (Wärme) an die Umgebung abgeleitet werden kann. Bestimmt wird dieser Punkt durch die maximal zulässige Chiptemperatur, die thermische Übertragung vom Chip zum Gehäuse, die thermische Übertragung vom Gehäuse in die Umgebung, die Umgebungstemperatur und durch eventuell eingesetzte Zusatzkühlung.

Aus der allgemeinen Leistungsdarstellung $P = U \cdot I$ folgt hier $P_Z = U_Z \cdot I_Z$ mit:

$$P_Z \overset{!}{\leq} P_{tot} \tag{2.87}$$

$$P_{tot} = U_Z \cdot I_{Zmax} \tag{2.88}$$

Die Angaben in Datenblättern für die Grenzwerte beziehen sich i.A. auf die Zimmertemperatur, die unterschiedlich von +20°C bis +27°C definiert sein kann, und dass keine Zusatzkühlung eingesetzt wird.

2.5.2 Kapazitätsdioden

Diese Diode stellt eine Spezialanwendung mit erhöhter Sperrschichtkapazität dar, die durch spezielle Dotierung erreicht wird. Im Bild 2.78 ist das Schaltsymbol dargestellt.

Bild 2.78 Schaltsymbole

Allgemein kann man sagen: Je größer die Sperrspannung, desto breiter die Sperrschicht, was wiederum einen größeren mittleren Ladungsträgerabstand bedeutet und so eine kleinere Kapazität zur Folge hat. Die Anwendung liegt in einer spannungsgesteuerten Kapazität, wie sie unter anderem in Tunern von Radios und Fernsehgeräten eingesetzt werden.

Zur Veranschaulichung kann man für die Kapazitätsdiode eine Analogie zum Kondensator herstellen, wie sie in den Bildern 2.79 und 2.80 dargestellt ist.

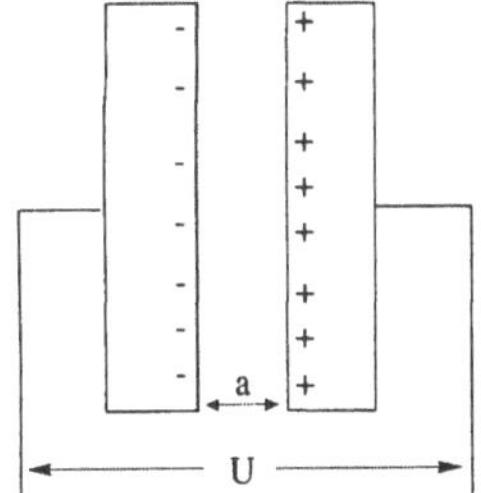

Bild 2.79 Vergleich Plattenkondensator

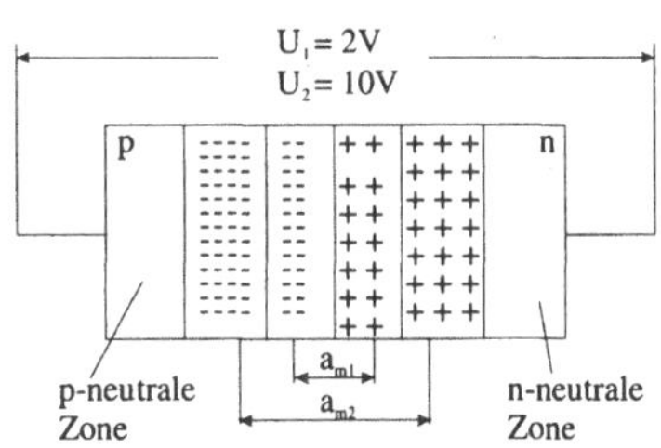

Bild 2.80 Sperrschichtbreite

Dementsprechend lässt sich auch ein formaler Bezug zwischen Kondensator und Kapazitätsdiode herstellen:

$$C_C = \frac{\varepsilon_0 \cdot \varepsilon_r \cdot A}{a} \quad \Rightarrow \quad C_D \approx \frac{\varepsilon_0 \cdot \varepsilon_r \cdot A}{a_m} \tag{2.89}$$

Dabei stellt a den Plattenabstand des Kondensators dar, zu dem a_m das Äquivalent in der Form des mittleren Ladungsträgerabstandes ist. Aus der allgemeinen *U/C*-Kennlinie $C = f\,(U_R)$ lässt sich der Bezug zwischen Sperrspannung und Kapazität gut erkennen. Gemäß der Herleitungsverfahren für Ersatzschaltbilder bei Dioden wird nun, wie Bild 2.81 zeigt, der Ersatzkondensator in Reihe eingebaut. Für die Kapazitätsdiode ergeben sich noch zur Qualitätsbestimmung folgende zwei wesentliche Parameter.

Verlustfaktor $$\tan\delta = \frac{R_B}{X_C} = \frac{1}{Q} \tag{2.90}$$

Güte $$Q = \frac{1}{\tan\delta} = \frac{X_C}{R_B} = \frac{1}{2\pi \cdot f \cdot C \cdot R_B} \tag{2.91}$$

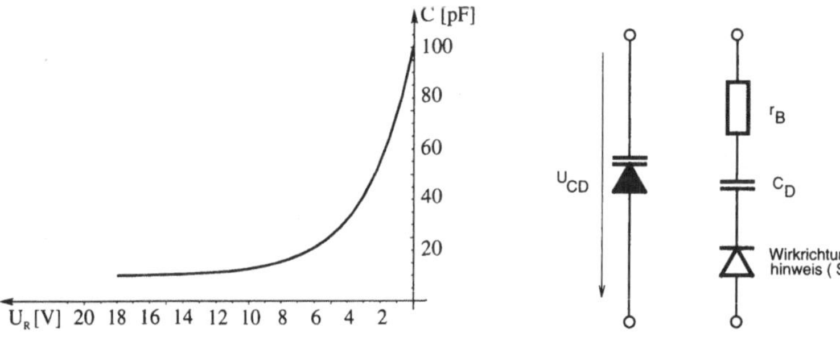

Bild 2.81 U/C-Verhalten

Bild 2.82 Ersatzschaltbild

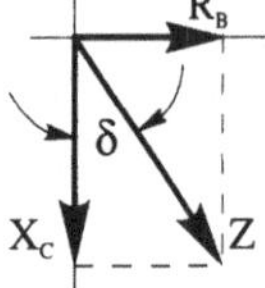

Bild 2.83 Phasenwinkel

Bild 2.84 Schaltsymbol

2.5.3 Tunneldiode

Die Dioden, die den Tunneleffekt besonders gut darstellen, sind aus Germanium und haben eine extrem hohe Dotierung. Man spricht von sogenannten "entarteten Kristallen". Legt man in Durchlassrichtung eine sehr kleine Spannung an, so wird die bestehende Sperrschicht bei dieser extremen Dotierung "durchtunnelt". Es ergeben sich, wie im Bild 2.85 dargestellt, zwei Funktionsweisen in der Art des Tunnelstroms und des normalen Durchlassstromes, wie man ihn bei jeder Diode in Durchlassrichtung findet.

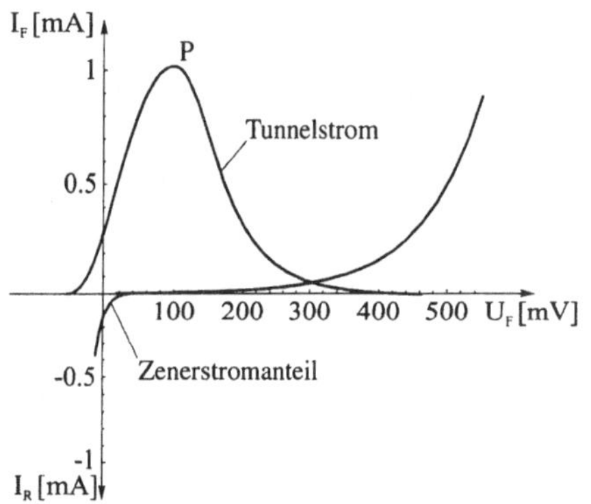

Bild 2.85 Dioden- und Tunnelstrom

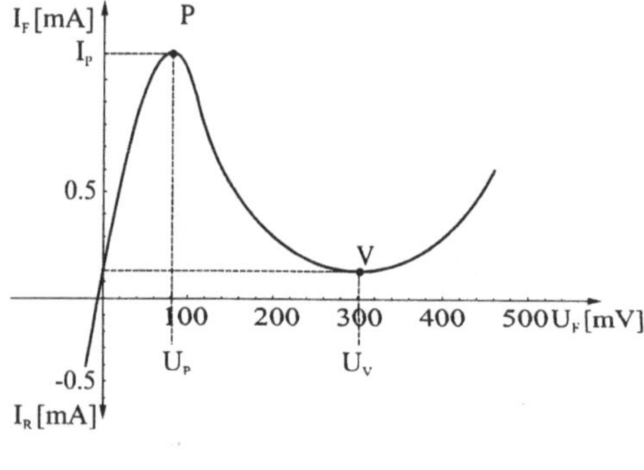

Bild 2.86 I/U-Kennlinie

Im Bild 2.86 ist dann der außen zu messende resultierende Gesamtstrom dargestellt. Eine Besonderheit bei diesem Typ ist, dass Tunneldioden keinen deutlichen Sperrzustand aufweisen. Für die Anwendung ist der Bereich von Punkt P bis V interessant. In diesem Bereich bildet diese Diode einen negativen differentiellen Widerstand. Das Einsatzgebiet ist unter anderem in Oszillatoren im HF-Bereich. Das recht komplexe Ersatzschaltbild stellt eine Kombination von differentiellen Widerständen, Kapazität und Induktivität dar.

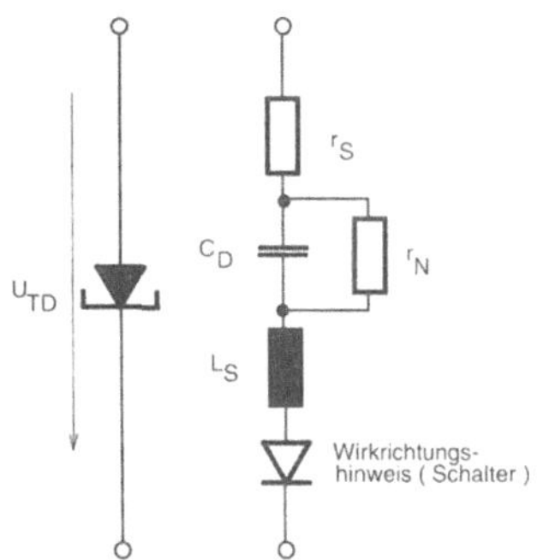

Bild 2.87 Tunneldiodenersatzschaltbild

2.5.4 Schottky-Dioden

Durch den Aufbau des pn-Übergangs, der nicht wie bisher durch zwei Si-Schichten, sondern durch eine Metall-Silizium-Kombination erfolgt, gelang es dem Forscher Schottky, ein völlig neuartiges Bauelement mit eigenen Eigenschaften zu entwickeln. Ziel war es, schnellere Bauelemente zu entwickeln und dabei den Speichereffekt von Ladungsträgern am pn-Übergang, der Verzögerungszeiten verursacht, zu minimieren. Dabei war es die Idee, eine Metall-Elektrode einzusetzen, in der sich freie Ladungsträger sehr schnell bewegen können. Der Strom wird nun nur durch Majoritätsträger (Elektronen) gebildet. Die Sperrschichtkapazität ist durch diese neue Materialkomposition sehr gering und damit sind kurze Schaltzeiten erreichbar. In den folgenden Bildern 2.89 und 2.90 sind der Ladungsträgertransport in Sperr- und Durchlassrichtung dargestellt. Hier ist gut zu erkennen, dass im ehemaligen p-Bereich jetzt die Metallkonstruktion steht und dort sich keine Ladungsträgerfelder aufbauen. Da diese Diode ein Verhalten hat, das dem der normalen Diode gleichkommt, folgt somit, dass das Ersatzschaltbild, im Bild 2.91 dargestellt, wie bei der einfachen Diode aufgebaut sein muss. Aus dem Gedanken heraus, dass die Schaltgeschwindigkeit erhöht wird, ist auch das Einsatzgebiet definiert in der Art schneller Schaltdioden und in integrierten Schaltkreisen.

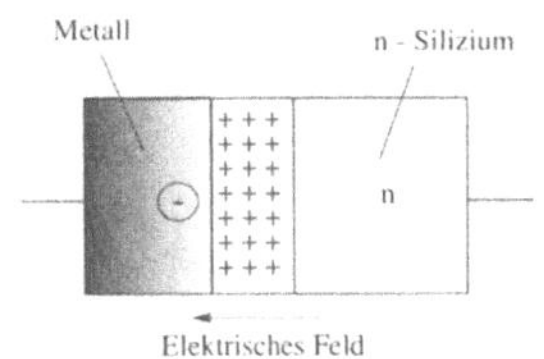

Bild 2.88 Prinzipieller Aufbau einer Schottky-Diode

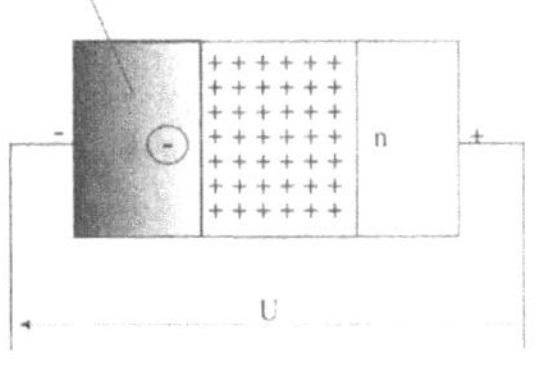

Bild 2.89 Sperr-Polung

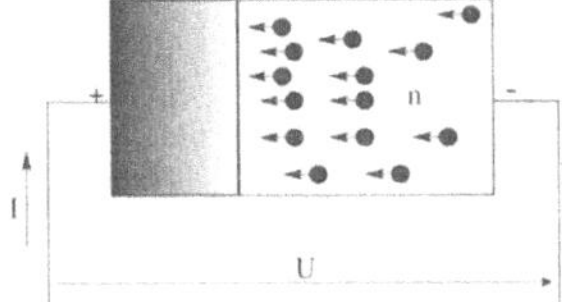

Bild 2.90 Durchlasspolung

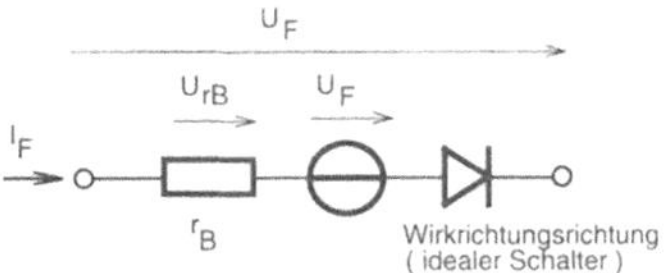

Bild 2.91 Ersatzschaltbild

2.5.5 Lichtempfindliche Dioden

Bild 2.92 Schaltsymbol

Im Gegensatz zu den bisherigen Anwendungen, wird hier der pn-Übergang freigelegt, so dass von der Umwelt Licht auf den pn-Übergang fallen kann. Die Diode ist in Sperrichtung zu betreiben. Durch das einfallende Licht, das selbst Energiequanten darstellt, wird der Übergang aktiviert. Das heißt, es werden Ladungsträger aus der Bindung herausgeschlagen und gehen durch die Sperrschicht. Der Dunkelstrom, der dem herkömmlichen Sperrstrom entspricht, ist sehr gering und durch die Beleuchtung und der damit verbundenen Ladungsträgerbewegung entsteht ein analoges Ansteigen des Sperrstroms analog zur Beleuchtungsstärke. Es ist nahezu ein linearer Zusammenhang zu erkennen.

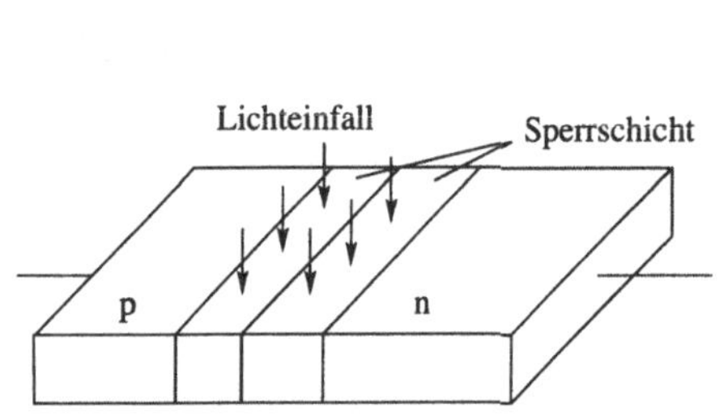

Bild 2.93 Beleuchteter pn-Übergang

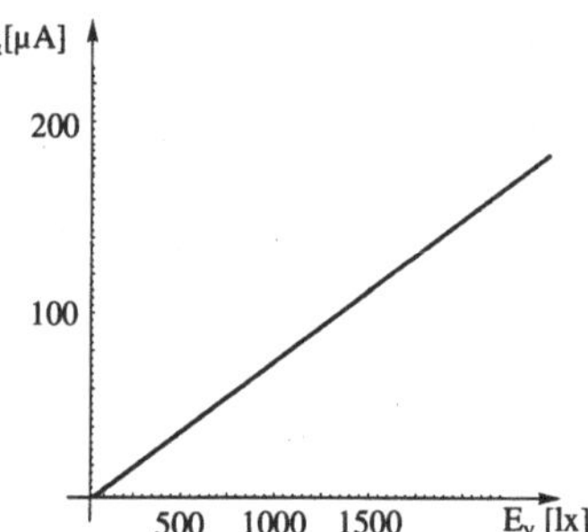

Bild 2.94 Beleuchtungsstärke und Sperrstrom

Ein wesentliches Kriterium stellt dabei die Wellenlänge des einfallenden Lichtes dar, da nicht jede Wellenlänge eine Ladungsträgerfluss auslösen kann. Im Gegensatz zum Photowiderstand haben pn-Übergänge einen eingeschränkten Empfindlichkeitsbereich und man kann allgemein sagen, dass sich bei Silizium die Empfindlichkeit im sichtbaren bis infraroten und bei Germanium fast nur im infraroten Bereich bewegt. Das Bild 2.95 zeigt einen Vergleich der Empfindlichkeitsverläufe (spektrale Empfindlichkeit) von Si- und Ge-Dioden. Den gleichen Effekt erzielt man auch bei Transistoren, wobei dort die Basis freigelegt und somit beleuchtet wird. Die Empfindlichkeit ist durch den Verstärkungseffekt des Transistors größer, die Spektralbereiche sind analog zur Diode zu sehen. Die kurze Zusammenstellung einiger typischen Kennwerte zeigt die Einsatzmöglichkeit der lichtempfindlichen Dioden und Transistoren. Haupteinsatzgebiete sind Intensitätsmessungen. Daraus abgeleitet ist ein großer Einsatz im Bereich der Datenübertragung und der Sicherheitstechnik, wobei immer die Verbindung zur folgenden lichtemittierenden (lichtsendende) Diode zu sehen ist.

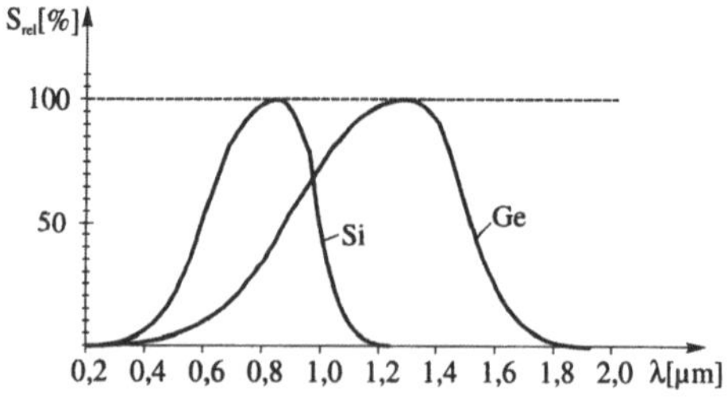

Bild 2.95 Spektrale Empfindlichkeit von Si- und Ge-Dioden

2.5.6 Leuchtdioden

Die lichtemittierenden Dioden (LED) haben eine Spezialdotierung des pn-Übergangs (meist aus GaAs, GaP bzw. ähnlichen Verbindungen) mit dem Ziel, dass durch den Durchlassstrom Rekombinationen erfolgen. Die freiwerdende Energie liegt je nach Materialauswahl in solchen Wellenlängenbereichen, dass sie als sichtbares Licht vom Menschen wahrgenommen werden kann bzw. im nichtsichtbaren Infrarotbereich.

Bild 2.96 Schaltsymbol

Der Betrieb erfolgt immer in Durchlassrichtung und je nach Dotierung sind die abgestrahlten Wellenlängen Infrarot, Rot, Grün, Gelb (Blau, Weiß). Durch entsprechende Kombinationen von Einzeldioden sind Symbole (Punkte, Zeichen, Ziffern u.ä.) zusammensetzbar. Die Haupteinsatzgebiete sind einmal als Anzeigeelemente sogenannte Leuchtmittel (Signalleuchten, Ziffernanzeigen) zu sehen. Ein weiteres großes Einsatzgebiet stellt die Anwendung in Kombination mit der lichtempfindlichen Diode als Empfänger dar. Hier sind die Opto-Koppler zur Potentialtrennung und Datenübertragung (analog und digital) und die Speisung von Lichtleitkabel zur Signalübertragung als Beispiele zu nennen.

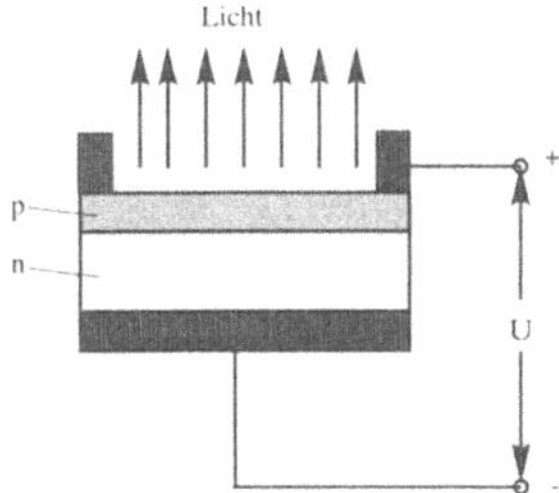

Bild 2.97 Aufbau einer LED

3 Bipolar-Transistor

Den Ausgangspunkt für die Betrachtung von Transistoren in der bipolaren Technik bilden die Erkenntnisse, die bei der Behandlung der Dioden gesammelt wurden, und die Tatsache, dass eine Kombination von zwei pn-Übergängen erfolgen kann. Die Bipolar-Transistoren stellen einfach formuliert eine Zusammenschaltung von zwei Dioden dar, wobei die eine Strecke für die Steuerung (Eingang) und die zweite als gesteuerte Leitungsstrecke (Ausgang) angesehen werden kann. Diese sind maßgebend für die Funktion. Aus der Schichtfolge lassen sich zwei Grundtypen ableiten.

Schichtfolge: N-P | P-N ⇒ npn-Transistor

P-N | N-P ⇒ pnp-Transistor

3.1 Grundlagen

3.1.1 Allgemeiner Aufbau eines Transistors

Die folgenden Bilder 3.1 und 3.2 zeigen die möglichen Schichtfolgen, die Aufteilung in zwei Einzeldioden und die entsprechenden Schaltsymbole.

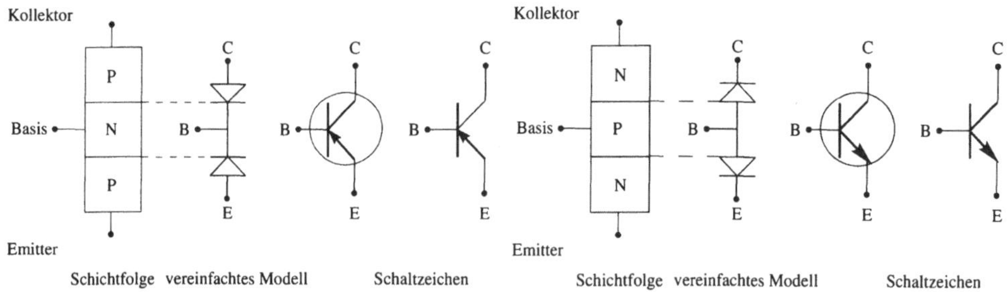

Bild 3.1 pnp-Transistor

Bild 3.2 npn-Transistor

Um aus den Symbolen die Schichtfolge, die für die Funktion wesentlich ist, herauszulesen, gilt die Festlegung, dass der Pfeil des Emitteranschlusses zur n-Schicht zeigt.

3.1.2 Funktionsweise des pnp-Transistors

Im folgenden Punkt werden am Beispiel des pnp-Transistors kurz und nur überblicksmäßig die physikalischen Grundlagen erklärt. Zur Vertiefung sei auf die Literatur [8...13] verwiesen. Zur Veranschaulichung und zum einfachen Erkennen der physikalischen Mechanismen ist für den pnp-Transistor die Erklärung an der Löcher-Bewegung günstiger, was der Darstellung der technischen Stromrichtung entspricht. Im folgenden Abschnitt wird nur der Normalbetrieb (Einsatz als Verstärker) behandelt. Die zweite Betriebsart, der Inversbetrieb, wird nur in ihren Grundlagen (vgl. Punkt 3.2.2.2) behandelt. Es sei aber auf die eine Hauptanwendung in der Eingangsstufe des TTL-Gatters verwiesen.

3.1.2.1 Normalbetrieb

Damit der Transistor seiner Aufgabe als Verstärker gerecht wird, wird, wie in den Bildern 3.3 und 3.4 dargestellt, eine negative Betriebsspannung an den Kollektor und eine negative Eingangssteuerspannung an die Basis angelegt. Die Polarität bezieht sich dabei immer auf den Emitterpunkt, der für diese Betrachtungen den Bezugspunkt (Masse) darstellt.

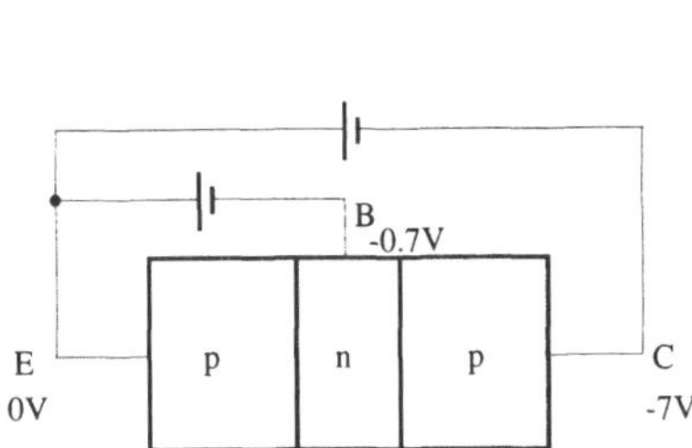

Bild 3.3 Schichtfolge pnp-Transistor

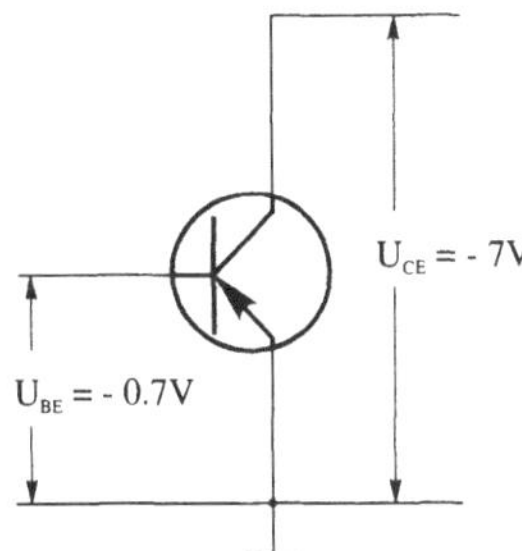

Bild 3.4 Grundschaltung

Aus dieser Darstellung ist sofort zu erkennen, dass nun der pn-Übergang (links) leitend und der np-Übergang (rechts) gesperrt sein muss. Das sind auch die grundlegenden Bedingungen für den Normalbetrieb, die lauten:

1. Emitter ist der Bezugspunkt (Massepotential)
2. Basis ist *negativer* als der Emitter
3. Kollektor ist *negativer* als der Emitter *und auch* als die Basis

Dabei kann die Basis-Emitterspannung für den Verstärkerbetrieb je nach Transistortyp zwischen U_{BE}=-0,6 ... -0,9V liegen. Entsprechend der Anwendungen kann die maximal zulässige Kollektor-Emitterspannung Werte zwischen U_{CE}=-2...-300V betragen.

Funktionsablauf

Im folgenden Teil sollen die Funktionsschritte erklärt werden. Erste Bedingung ist, dass ein Ladungsträgerstrom aktiviert werden muss. Das kann nur über den leitenden Kreis, also der Basis-Emitterstrecke, erfolgen. Der zweite Mechanismus ist das Verhalten an der gesperrten Diode. Dort spielt die Wirkung des elektrischen Feldes die entscheidende Rolle. Aus der technologischen Auslegung der drei Übergänge (vgl. Bild 3.5) wird dann die Verstärkerfunktion hergeleitet.

In folgenden sechs Schritten wird die Funktion kurz dargestellt:

1. Der Übergang Emitter-Basis ist leitend.
   Bei $U_{BE}>U_{BEF}$ (vgl. mit der Schwellspannung der Gleichrichterdiode U_S)
   wird ein Ladungsträgertransport (Löcherbewegung vom Emitter zur Basis) wirksam.
2. Der Übergang Basis-Kollektor ist gesperrt.
   Kollektorspannung ist negativer als die Basisspannung.

Daraus ergeben sich zwei Teilfunktionen.

3. Ladungsträger (Löcher) wandern vom Emitter zur Basis (die Sperrschicht ist abgebaut, wegen $U_{BE}>U_{BEF}$) = *Ladungsträgerinjektion.*
4. In der Sperrschicht (Basis-Kollektor) besteht ein starkes elektrisches Feld.
5. Die Kraftwirkung wirkt in Richtung Kollektorzone auf die Löcher.

6. Die Ladungsträger (Löcher) werden zum Kollektor beschleunigt.
   Sie fliegen durch die Sperrschicht = *Ladungsträgerfalle*

Die im Bild 3.6 angegebene prozentuale Verteilung der Ladungsträgerströme ist nur ein Beispiel. Sie bewegen sich je nach Transistortyp von 1:5 bis etwa 1:1000. Das Bild 3.7 zeigt einen Schnitt durch eine Halbleiterstruktur, wo die Schichtfolge für einen Transistor gut zu erkennen ist.

Merksatz:

> *Vom Emitter zur Basis bewegen sich Löcher, die durch das starke elektrische Feld zwischen Basis und Kollektor durch den Basisraum zum Kollektor "hindurchfliegen" (Verstärkungswirkung). Der Anteil der durchfliegenden Ladungsträger ist abhängig von der Dotierung der Schichten und der Geometrie der Basiszone. Somit ist diese nahezu konstant.*

Die Gleichstromverstärkung (*B*) wird definiert als das Verhältnis Kollektor- zu Basisstrom. Eine weitere Kompomente, die aber einen relativ geringen Einfluss auf die Verstärkung ausübt, ist die Kollektor-Emitter-Spannung U_{CE} und der damit verbundene sogenannte Early-Effekt.

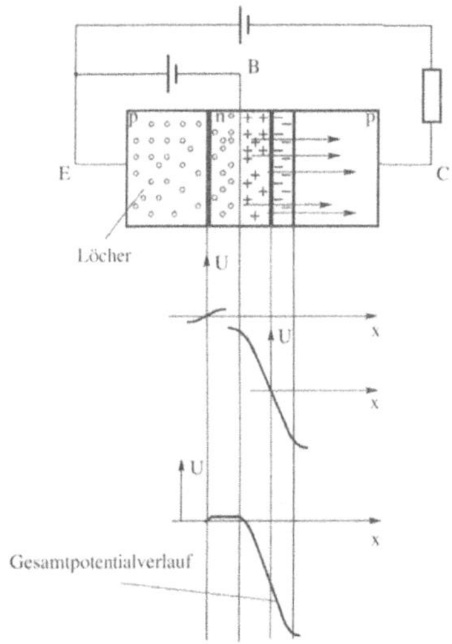

Bild 3.5 Potentialverlauf

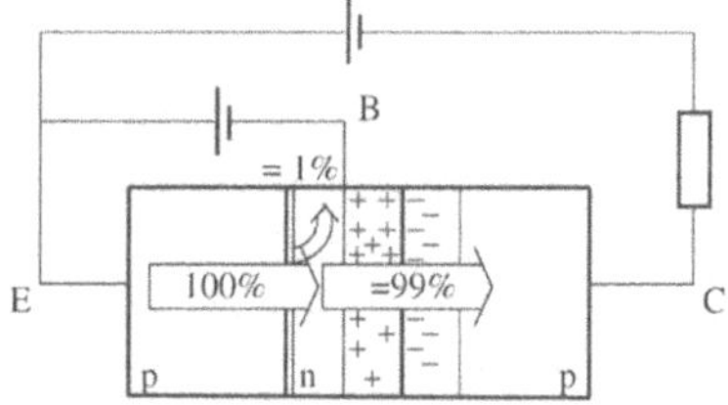

Bild 3.6 Ladungsträgerstrom

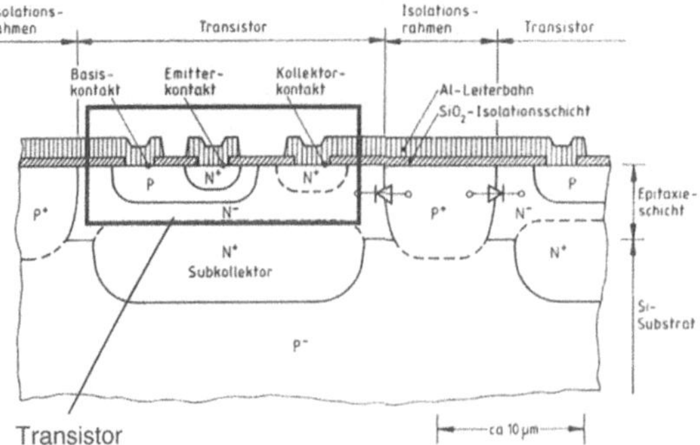

Bild 3.7 Bipolartransistor mit Polysilizium Basis-Emitter-Kontakten [14]

3.1.2.2 Strom-/Spannungs-Kenngrößen

Um den Transistor mit den herkömmlichen Methoden der Strom-/Spannungsbeziehungen beschreiben zu können, muss man sich die Grundschaltung hernehmen und dort die Ströme und Spannungen festlegen. Aus diesen wie im Bild 3.8 dargestellten Beziehungen können dann die einzelnen Maschen gebildet werden. Zu beachten sind die Wirkungsrichtung der Ströme und Spannungen, die sich nach der technischen Stromrichtung (Strom von Plus nach Minus, also Bewegungsrichtung der Löcher) orientieren.

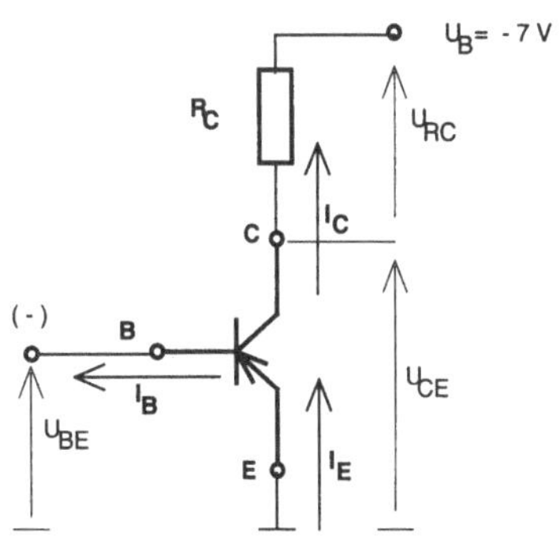

Bild 3.8 Grundschaltung (Emitterschaltung)

3.1.2.3 Grundlegende Erkenntnis

Aus dem Schaltbild und dem physikalischen Verhalten lassen sich folgende Erkenntnisse ableiten:

- Da die Stromverstärkung B aus den technologischen Bedingungen hervorgeht, folgt, dass kleine Basisstromänderungen zu entsprechend großen Kollektorstromänderungen führen müssen. So gilt

$$B=\frac{I_C}{I_B} \tag{3.1}$$

- Dieses Verhältnis kann als nahezu konstant angesehen werden.
- Es wirkt gegen diese Konstanz störend der sogenannte Early-Effekt.
- Durch den eingebauten Kollektorwiderstand R_C, der als Begrenzung des Kollektorstroms und somit auch den Schutz des Transistors wirkt, folgt weiter:

  Eine Änderung des Kollektorstroms zieht eine Änderung des Spannungsabfalls U_{RC} an R_C nach sich und gleichzeitig eine Änderung der Kollektor-Emitter-Spannung U_{CE}, da die Ausgangsmasche für alle Fälle lautet:

$$U_B=U_{RC}+U_{CE} \tag{3.2}$$

  Unter Einbeziehung des Kollektorstromes folgt

$$U_{RC}=I_C \cdot R_C \tag{3.3}$$

  und es ergibt sich:

$$U_B=I_C \cdot R_C+U_{CE} \tag{3.4}$$

Zu beachten ist bei dieser Schaltung, dass die Betriebsspannung negativ ist und das Basispotential ebenfalls negativer als das Emitterpotential sein muss. Diese Festlegung fordert ganz einfach die Schichtfolge pnp des Transistors.

3.1.3 Funktionsweise des npn-Transistors

Um die Gleichartigkeit der Funktion zu erkennen, ist es günstig bei dem npn-Typ die Funktionsmechanismen über die *Elektronen-Bewegung* zu betrachten. Beim pnp-Typ erfolgte das über die Löcherbewegung.

Folgende Überlegungen sind zugelassen:

Die Schichtfolge ist umgekehrt zum pnp-Transistor und demnach muss es ein umgekehrtes Verhalten im Sinne der Beschaltung geben.

Das heißt also:
- Betriebsspannung positiv gegenüber Emitter als Bezugspunkt
- Verhalten nicht an Löchern, sondern an der Elektronenwanderung in analoger Weise erklärbar.

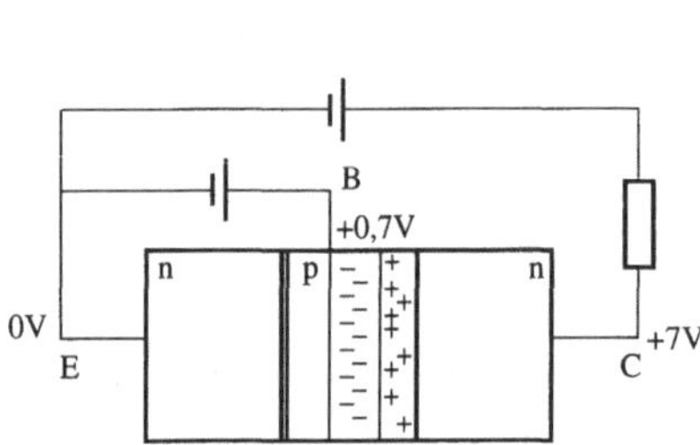

Bild 3.9 Schichtfolge npn-Transistor

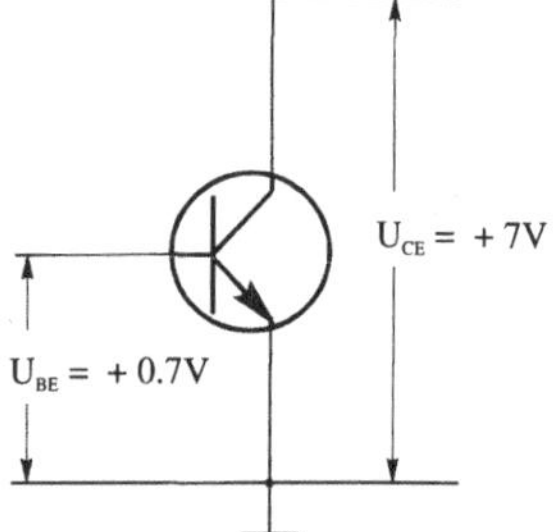

Bild 3.10 Grundschaltung

Der Emitter wird wieder als Bezugspunkt und somit als Masse genommen. Das bedeutet, der np-Übergang (links) ist leitend und der pn-Übergang (rechts) ist gesperrt. Das ist völlig analog zum pnp-Transistor.

3.1.3.1 Normalbetrieb

Somit müssen sich auch die Analogien zu den Vorbedingung für Normalbetrieb ergeben, wobei die Änderung der Schichtfolge eine Potentialänderung zur Folge haben muss:

1. Emitter ist der Bezugspunkt (Massepotential)
2. Basis ist *positiver* als der Emitter
3. Kollektor ist *positiver* als der Emitter *und auch* die Basis

Dabei kann die Basis-Emitterspannung für den Verstärkerbetrieb wieder je nach Typ zwischen U_{BE} =+0,6 ... +0,9V liegen. Entsprechend der Typenauswahl des Transistors und der Aufgabe kann die maximal zulässige Kollektor-Emitterspannung zwischen U_{CE} =+2 ... +300V liegen. Zu beachten ist, diese Werte sind jetzt *positiv*.

Funktionsablauf im Normalbetrieb

Im folgenden Ablauf soll der Funktionsweise völlig analog zum pnp-Transistor erklärt werden. Die erste Bedingung ist wieder, dass ein Ladungsträgerstrom aktiviert werden muss, was wiederum über den leitenden Kreis, also der Basis-Emitterstrecke, erfolgt. Der zweite Mechanismus ist ebenfalls analog an der gesperrten Diode zu finden. Dort spielt die Wirkung des elektrischen Feldes wiederum die entscheidende Rolle.

In den folgenden sechs Schritten wird die Funktion (analog zum pnp-Transistor) beschrieben:

1. Der Übergang Emitter-Basis ist leitend.
   Bei $U_{BE} > U_{BEF}$ wird ein Ladungsträgertransport (Elektronenbewegung von Emitter zur Basis) wirksam.
2. Der Übergang Basis-Kollektor ist gesperrt.
   Kollektorspannung ist positiver als die Basisspannung.

Daraus ergeben sich zwei Teilfunktionen:

3. Die Ladungsträger (Elektronen) wandern vom Emitter zur Basis.
   (Sperrschicht ist abgebaut, wegen $U_{BE} > U_{BEF}$) = *Ladungsträgerinjektion*
4. Die Basiszone ist sehr dünn, in der Sperrschicht (Basis-Kollektor) besteht ein starkes elektrisches Feld (umgekehrte Richtung wie bei pnp-Übergang).
5. Die Kraftwirkung erfolgt in Richtung Kollektorzone auf die Elektronen.
6. Die Elektronen werden zum Kollektor beschleunigt.
   Die Elektronen fliegen durch die Sperrschicht = *Ladungsträgerfalle*

Merksatz:

Vom Emitter zur Basis bewegen sich Elektronen, die durch das starke elektrische Feld zwischen Basis und Kollektor durch den Basisraum zum Kollektor "hindurchfliegen". Der Anteil der durchfliegenden Ladungsträger ist abhängig von der Dotierung der Schichten und der Geometrie der Basiszone (Bauelementeparameter) und damit nahezu konstant.

3.1.3.2 Strom-/Spannungs-Kenngrößen

Um auch hier die Analogien herzuleiten, sei auf folgende Fakten hingewiesen. Die Betriebsspannung ist positiv bezogen auf den Massepunkt, der am Emitteranschluss liegt. Da wiederum die technische Stromrichtung angewendet wird, sind nun die Wirkungsrichtungen senkrecht nach unten gerichtet (von + nach -). Der Basisstrom fließt jetzt in die Basis hinein, im Gegensatz zum pnp-Transistor. Der Kollektorstrom fließt in den Kollektor hinein und der Emitterstrom tritt aus dem Emitter aus.

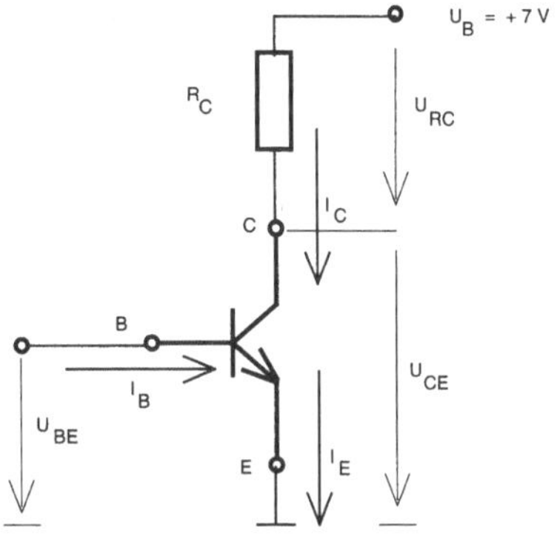

Bild 3.11 Grundschaltung (Emitterschaltung)

3.1.3.3 Grundlegende Erkenntnis

Es ist klar aus dem Bild 3.11 ersichtlich, dass sich hier auch die gleichen grundlegenden Beziehungen ableiten lassen:

- kleine Basisstromänderungen führen zu großen Kollektorstromänderungen,
- Verstärkungsbeziehung gilt ebenfalls mit: $B = \frac{I_C}{I_B}$
- durch den Kollektorwiderstand R_C folgt ebenfalls eine Änderung des Spannungsabfalls U_{RC} über R_C und weiter die Änderung der Kollektor-Emitter-Spannung U_{CE}.

Die Maschenregel ist gleichfalls anzuwenden und bringt:

$U_B = U_{RC} + U_{CE}$ und mit $U_{RC} = I_C \cdot R_C$ ergibt sich

die gleiche Ausgangsmasche wie beim pnp-Typ. Das war auch zu erwarten.

$$U_B = I_C \cdot R_C + U_{CE} \qquad (3.5)$$

3.2 Strom-/ Spannungsbeziehungen am Transistor

3.2.1 Grundlagen

3.2.1.1 Vereinbarung

Um die Verhaltensweise und die äußere Beschaltung diskutieren zu können, muss man bezüglich der Ströme und Spannungen folgende Vereinbarungen treffen:

1. Es erfolgt die Betrachtung in der *technischen Stromrichtung.* Der Strom fließt vom Plus- zum Minuspol, was einer *Löcherwanderung* entspricht.
2. Der Strom und die Spannung sind in Pfeilrichtung positiv, wenn die Formelzeichen positiv sind.

Da weiterhin sich die Verhaltensweisen von npn- und pnp-Transistoren und deren Berechnungen in Schaltungen grundsätzlich gleichen, wird in den folgenden Darlegungen, so nicht anders angegeben, nur auf der Transistor vom Typ npn eingegangen. Um die Vereinbarungen und deren Folgen nachvollziehen zu können, seien folgende Bilder 3.12 bis 3.14 als Vergleich der Festlegungen und von pnp- und npn-Typ dargestellt.

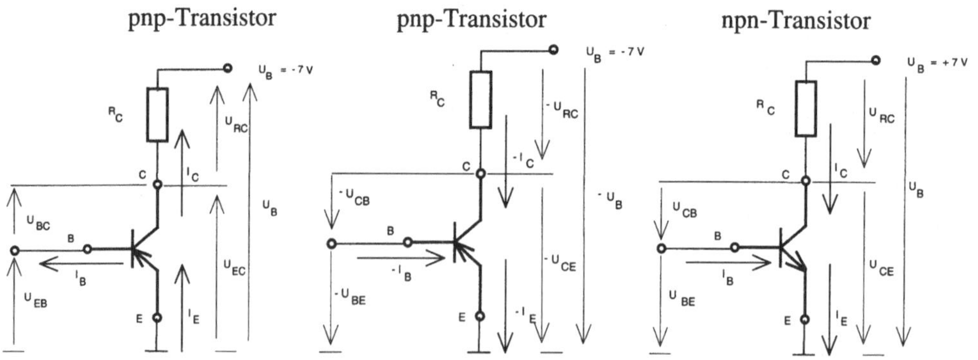

Bild 3.12 Positive Richtung **Bild 3.13** Negative Richtung **Bild 3.14** Positive Richtung

3.2.1.2 Grundansätze

Wie im Bild 3.15 dargestellt, so lassen sich auch an einem Transistor Strom- und Spannungssignale ansetzen und natürlich auch zu Knoten und Maschen formulieren. Demnach sind folgende formale Grundansätze an einem Transistor zur Beschreibung möglich:

Ströme: $I_C = B \cdot I_B$ (3.6)

$I_E = I_C + I_B = I_B(1+B)$ (3.7)

Spannungen: $U_{CE} = U_{CB} + U_{BE}$ (3.8)

Dabei gelten I_B, U_{BE} als gegebene Eingangsgrößen (Bezüge), B als reiner Bauelementeparameter und I_C, I_E, U_{CE} als Ausgangsgrößen.

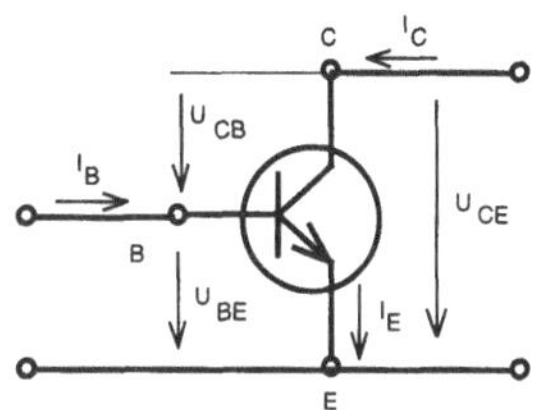

Bild 3.15 Signale am Transistor

Technologische Hauptwerte

Von den Herstellern werden in den Datenblättern meist die Hauptparameter

$$I_{Cmax} \; ; \; I_{Bmax} \; ; \; U_{CBmax} \; ; \; U_{BEmax} \; ; \; U_{CEmax} \; ; \; P_{tot}$$

als Grenzwerte bekanntgegeben. Weitere Informationen sind neben der Stromverstärkung B noch Aussagen zum Verhalten im Wechselstrom- bzw. Hochfrequenz- und Schalterbetrieb. Neben dem Einsatz des Transistors als Verstärker wird er auch in der Digitaltechnik als Schalter eingesetzt. Dabei sind als wesentliche Bauelementeparameter die Daten

in den Schaltzuständen AUS: (Y) $I_{BEY} \; ; \; I_{CEY} \; ; \; U_{BEY} \; ; \; U_{CEY}$

EIN: (X) $I_{BEX} \; ; \; I_{CEX} \; ; \; U_{BEX} \; ; \; U_{CEX}$

sowie die *Schaltzeiten* mit den Hauptaussagen für die Ein- und Ausschaltverzögerungen t_{ein}, t_{aus} interessant.

3.2.1.3 Grundschaltungsvarianten

Ausgehend vom inneren Aufbau und der Funktion eines Transistors sind drei Einsatzvarianten möglich, *wobei jede Versionen eigene Charakteristika hat,* die sich positiv oder auch negativ auf die Gesamtanwendung auswirken können.

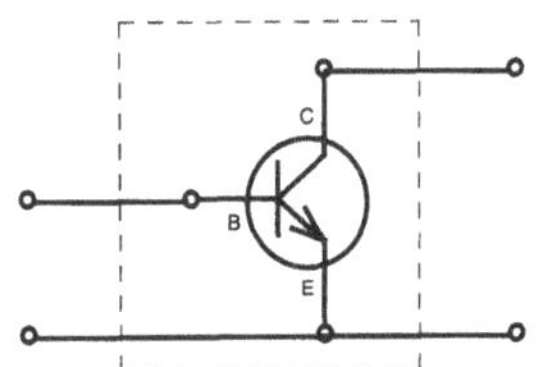

Bild 3.16 Emitterschaltung

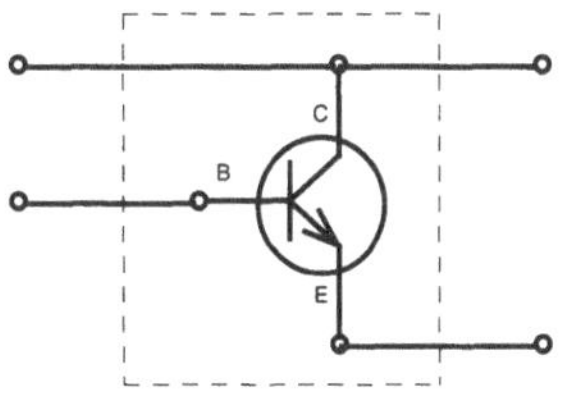

Bild 3.17 Kollektorschaltung

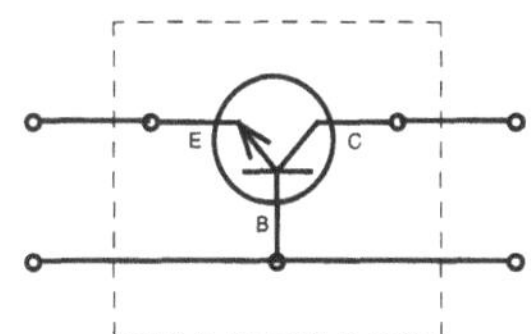

Bild 3.18 Basisschaltung

3.2.1.4 Vierpol-Parameter

Aus der Systemtheorie sind formale Beschreibungen von Systemen, ohne den inneren Aufbau zu kennen und einzubeziehen, allgemein bekannt. Die Ziele solcher Beschreibungen sind nur die Verhaltensweisen des zu betrachtenden Systems eingangs- und ausgangsseitig zu beschreiben. Daraus leitet sich folgender Gedankengang ab:

Hat man einen Schaltungskomplex mit unbekanntem Inhalt (Blackbox), so kann man dieses System als eine Baugruppe mit vier Anschlüssen (Vierpol) betrachten. Dieser Vierpol in seiner allgemeinen Art kann von außen über zwei Ansätze beschrieben werden, wobei die anliegenden Spannungen und die fließenden Ströme die Hauptparameter darstellen, die auch vom Anwender außerhalb gemessen werden können. Die Bewertungsfaktoren, hier am Beispiel der Hybrid-(h-) Parameter behandelt, stellen dabei eine Nachbildung die inneren Parameter dar, die die folgenden Zusammenhänge repräsentieren. Dieser Gedanke lässt sich auch auf einzelne Bauelemente wie Transistoren übertragen, was im folgenden Teil dargestellt wird. Dieses einfache Vierpol-System lässt sich nun über die Hybridparameter mit folgender formaler Beschreibung darstellen:

Bild 3.19 Schema eines allgemeinen Vierpols

$$U_1 = h_{11} \cdot I_1 + h_{12} \cdot U_2 \tag{3.9}$$

$$I_2 = h_{21} \cdot I_1 + h_{22} \cdot U_2 \tag{3.10}$$

Dabei darf der Fakt nicht vergessen werden, dass es sich um eine allgemeine Beschreibung handelt, was bedeutet, dass das unbekannte System in der Blackbox einerseits eine erwünschte Vorwärtswirkung zeigt, aber auch eine Rückwirkung des Ausgangs auf das Eingangsverhalten haben kann, was durchaus unerwünschte Folgen zeigen kann. Die Beschreibung muss dem natürlich auch Rechnung tragen. Um den mathematischen Hintergrund der h-Parameter verstehen und diese bestimmen zu können, muss man sich die Ansätze *messtechnisch* vorstellen. Somit ergeben sich aus den dargestellten mathematischen Ansätzen folgende Zustandsbeschreibungen für einen Vierpol, der z.B. als Einzelbauelement einen Transistor darstellt:

1. Ansatz

Der Ausgang wird kurzgeschlossen, damit wird $U_2 = 0$. Danach wird I_1 eingespeist und U_1 wird gemessen. Damit fällt aus Gleichung 3.9 der Term $h_{12} \cdot U_2 = 0$ heraus und es ergibt sich:

$$U_1 = h_{11} \cdot I_1$$

Bei der Umstellung nach h_{11} ergibt sich:

Eingangswiderstand $$h_{11} = \frac{U_1}{I_1} \tag{3.11}$$

Da sich aus der Darstellung ein *U/I*-Verhältnis mit den Indizes 1 ergibt, kann das nur die Abbildung des Eingangswiderstandes sein.

Mit den anderen drei h-Parametern wird in *analoger Weise* verfahren.

2. Ansatz

Der Eingang wird offen gelassen, womit Eingangsstrom $I_1 = 0$ wird, U_2 wird angelegt und U_1 wird gemessen. Durch $I_1 = 0$ wird h_{11} herausgelöst und es ergibt sich:

Spannungsrückwirkung $$h_{12} = \frac{U_1}{U_2} \tag{3.12}$$

Spannungsrückwirkung deswegen, da ein Verhältnis Eingangsspannung bezogen auf die Ausgangsspannung hergestellt wird.

3. Ansatz

Der Ausgang wird kurzgeschlossen $U_2 = 0$. Danach wird I_1 eingespeist und I_2 wird gemessen.

Stromverstärkung $$h_{21} = \frac{I_2}{I_1} \tag{3.13}$$

Das Ergebnis, die Stromverstärkung, ist aus dem Verhältnis der Ströme zu erkennen und da der Bezug von Ausgangsstrom auf Eingangsstrom läuft, kann man auch von einer Vorwärts-(strom-)verstärkung sprechen.

4. Ansatz

Der Eingang ist offen und damit der Eingangsstrom $I_1 = 0$. Danach wird U_2 angelegt und I_2 wird gemessen.

Ausgangsleitwert $$h_{22} = \frac{I_2}{U_2} \tag{3.14}$$

Als Leitwert wird dieser Faktor deshalb bezeichnet, da ein Strom-/Spannungsverhältnis gebildet wird.

Bei dieser Darstellung ist aber daran zu denken, dass jede Grundschaltung, die der Transistor einnehmen kann, eigene Größen hervorbringt. Somit muss noch eine Kennzeichnung der einzelnen Parameter nach der eingesetzten Schaltungsvariante erfolgen.

Emitterschaltung: h_{11e} ; h_{12e} ; h_{21e} ; h_{22e}

Kollektorschaltung: h_{11k} ; h_{12k} ; h_{21k} ; h_{22k} (statt k auch c üblich)

Basisschaltung: h_{11b} ; h_{12b} ; h_{21b} ; h_{22b}

Von den Bauelementeherstellern werden meist nur die Daten für die Emitterschaltung h_{mne} bekanntgegeben, die für die anderen Anwendungen umgerechnet werden müssen. Weitere mögliche mathematische Beschreibungen stellen die y-, z- und a-Parameter dar, die jeweils auf einem anderen Ansatz der äußeren Betrachtung basieren Die Umrechnungen sind u.a. in [23,24] tabellenhaft dargestellt.

3.2.1.5 Vierpol-Ersatzschaltbild mit h-Parametern

Um eine anschauliche und verständliche Darstellung der Transistorfunktionen zu erhalten, ist die Darstellung über Ersatzschaltbilder eine gute und häufig eingesetzte Lösung, weil sie auch durch ihre Einfachheit (Einsatz der Bauelemente z.B. Widerstand, Kondensator, Strom- und Spannungsquelle) die Berechnungen und das Verständnis wesentlich unterstützt.

Maschenbeziehung:

$$U_1 = U_{11} + U_{12} \tag{3.15}$$

$$U_1 = h_{11} \cdot I_1 + h_{12} \cdot U_2 \tag{3.16}$$

Knotenbetrachtung:

$$I_2 = I_{21} + I_{22} \tag{3.17}$$

$$I_2 = h_{21} \cdot I_1 + h_{22} \cdot U_2 \tag{3.18}$$

Das Bild 3.20 zeigt die Maschen- und Knotenbildung im Ersatzschaltbild, aus der auch die formale Herleitung gut zu erkennen ist.

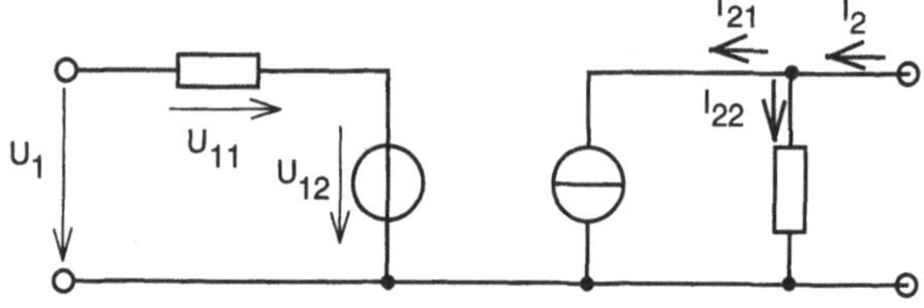

Bild 3.20 Maschen- und Knotendarstellung

Im Bild 3.21 ist ein Ersatzschaltbild unter Einbeziehung der h-Parameter dargestellt. Es ist klar zu erkennen, dass der Eingang eine Spannungsquelle mit in Reihe liegendem Innenwiderstand zeigt und der Ausgang stellt eine Stromquelle dar, die ihren Innenwiderstand zu sich parallel abbildet. Das sind klare Erkenntnisse aus den Grundlagen der Elektrotechnik (siehe auch Kapitel 1) und sie sollen nicht weiter diskutiert werden. Folgende Fakten sollen nur nochmals wiederholt werden:

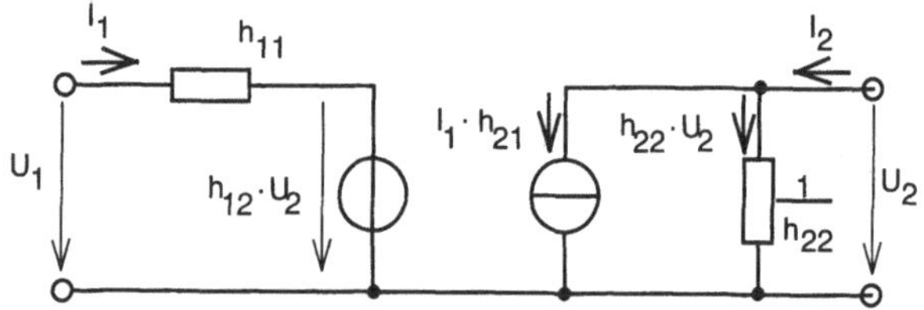

Bild 3.21 Ersatzschaltbild mit h-Parametern

Eine *Spannungsquelle hat einen internen Widerstand von NULL.* Deswegen liegt auch der Innenwiderstand in Reihe. Die *Stromquelle hat einen internen Widerstand von UNENDLICH* und somit muss der Innenwiderstand parallel liegen. Wenn man nun sich eine Schaltungsvariante des Transistors hernimmt, und das soll die *Emitterschaltung* sein, so kann man zwischen den *h*-Parametern im Ersatzschaltbild und den Teilbauelementen im Transistor folgende Zusammenhänge herstellen.

Basis-Emitter-Widerstand $r_{BE} = h_{11}$

Basis-Emitter-Spannungsquelle $U_{BE0} = h_{12} \cdot U_2$

Kollektorstromquelle $I_C = B \cdot I_B \cong h_{21} \cdot I_1$

Kollektor-Emitter-Widerstand $g_{CE} = h_{22}$ bzw. $r_{CE} = \frac{1}{h_{22}}$

3.2.2 Großsignalverhalten des Bipolartransistors

Wie bereits erwähnt, erfolgt die Behandlung des Transistors (so nicht anders vermerkt) am Beispiel des npn-Typs und dazu erstmal am Einsatzfall in der Emitterschaltung. Von diesen Erkenntnissen ausgehend, werden danach die anderen Grundschaltungen in vergleichender Weise behandelt. Das Großsignalverhalten von Transistoren ist beschreibbar durch:

- Kennlinienfelder
- Ersatzschaltbilder
- mathematische Beziehungen (Formelsätze)

Dabei sind alle drei Varianten gleichberechtigt und müssen auch ineinander überführbar sein. Das heißt, es muss die Möglichkeit bestehen, z.B. in den Kennlinien die h-Parameter zu finden und diese in die Formeln übertragen zu können.

3.2.2.1 Herleitung der Kennlinienfelder

In der Regel wird ein Transistor, wie im Bild 3.22 dargestellt, auf einem Messplatz ausgemessen, wobei der Messaufbau einer Emitterschaltung entspricht. Auch ist es natürlich logisch, das Bauelement bestens zu beschreiben und alle möglichen Informationen herauszuziehen sowie diese in Kennlinienfeldern darzustellen. Dazu eignet sich die Emitterschaltung deswegen am Besten, weil sie sowohl eine Spannungs- als auch eine Stromverstärkung bietet. Folgende sechs Kennliniendarstellungen (-aufzeichnungen) sind zur Beschreibung eines Bipolartransistors möglich:

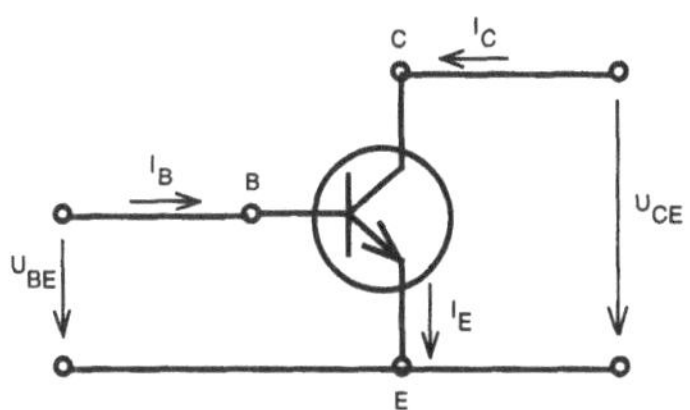

Bild 3.22 Strom- und Spannungsverläufe an einem npn-Transistor

Eingangskennlinienfeld	$I_B = \mathrm{f}\,(U_{BE}, U_{CE})$
Stromsteuerkennlinienfeld	$I_C = \mathrm{f}\,(I_B, U_{CE})$
Spannungssteuerkennlinienfeld	$I_C = \mathrm{f}\,(U_{BE}, U_{CE})$
Ausgangskennlinienfeld	$I_C = \mathrm{f}\,(U_{CE}, I_B)$ bzw. $I_C = \mathrm{f}\,(U_{CE}, U_{BE})$
Rückwirkungskennlinienfeld	$U_{BE} = \mathrm{f}\,(U_{CE}, I_B)$

Dazu ist zu bemerken, dass bei einer grafischen Lösung zur Bestimmung der Arbeitspunktbedingungen (der notwendigen äußeren Beschaltung) über die Kennlinienfelder minimal drei Felder zur Verfügung stehen müssen, um einen Schluss vom Ausgang mit gegebenen Kriterien auf die dazu notwendigen Eingangsbedingungen bzw. in umgekehrter Richtungen durchführen zu können. Günstig erweisen sich dabei das Ausgangskennlinienfeld (1. Quadrant) als Startpunkt mit dem vorgesehenen Arbeitspunkt. Danach wird über das Stromsteuerkennlinienfeld (2. Quadrant) zum Eingangskennlinienfeld (3. Quadrant) gegangen. Wie bereits gesagt, ist auch eine Lösung in der Gegenrichtung möglich. Das Spannungssteuerkennlinienfeld (4. Quadrant) ist für die grafische Lösung nicht zu empfehlen, da die Kurven zu flach verlaufen und somit große Abweichungen beim grafischen Verfahren entstehen können.

1. Eingangskennlinienfeld

$I_B = \mathrm{f}\,(U_{BE}, U_{CE})$

Die Basis-Emitterstrecke wird in der Durchlassrichtung betrieben. Dabei ist bei der Betrachtung von $I_B = \mathrm{f}\,(U_{BE})$ eine Dioden-Kennlinie zu erkennen, die die Basis-Emitter-Diodenstrecke repräsentiert. Aus dem Diodenverhalten ist bekannt, dass sich der Basisstrom (über Basis-Emitter-Diode) exponentiell zur Basis-Emitter-Spannung verhält.

$$I_B = \mathrm{f}\left(e^{U_{BE}/U_T}\right) \tag{3.19}$$

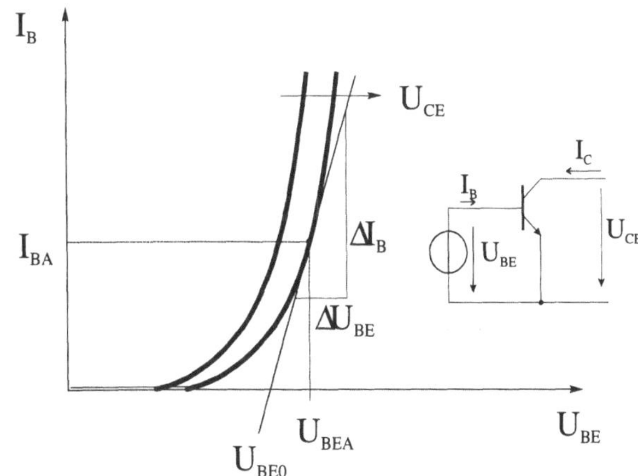

Bild 3.23 Eingangskennlinienfeld $I_B = \mathrm{f}\,(U_{BE}, U_{CE})$

So ergibt sich der im Bild 3.23 dargestellte Verlauf. Die Ableitung an dieser Funktion ergibt den *differentiellen Basis-Emitter-Widerstandes.*

$$r_{BE}=\frac{\Delta U_{BE}}{\Delta I_B} \qquad \left(r_{BE}=\frac{dU_{BE}}{dI_B}=h_{11e} \right) \tag{3.20}$$

2. Stromsteuerkennlinienfeld

$I_C = \mathrm{f}\,(I_B, U_{CE})$

Der Kollektorstrom I_C ist in weiten Grenzen (Bereichen) zum Basisstrom I_B proportional und dementsprechend bildet sich nahezu eine Gerade ab. Damit kann für die Stromverstärkung B als Näherung angesetzt werden:

$$I_C=B\cdot I_B$$

$$\Rightarrow B=\frac{I_C}{I_B}\cong h_{21e} \tag{3.21}$$

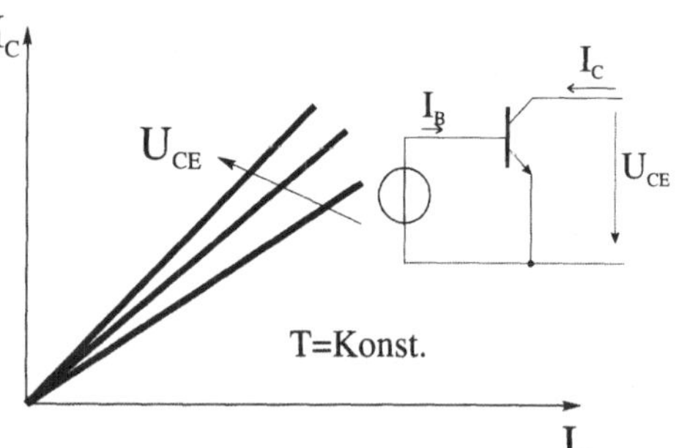

Bild 3.24 Stromsteuerkennlinienfeld $I_C = \mathrm{f}\,(I_B, U_{CE})$

Mathematisch exakt gilt aber der Bezug auf jeden einzelnen Punkt, und somit muss die Ableitung gebildet werden, die demnach die differentielle Stromverstärkung ergibt.

$$\beta=\frac{\Delta I_C}{\Delta I_B} \quad \text{bzw.} \quad \beta=\frac{dI_C}{dI_B}=h_{21e} \tag{3.22}$$

Bedingung ist aber, dass U_{CE} konstant sein muss. Anderenfalls wirkt zusätzlich der Early-Effekt, der den Verlauf der Verstärkungskurve beeinflusst.

Early-Effekt

Mit zunehmender U_{CE} steigt I_C, obwohl I_B konstant bleibt. Die Ursache ist im Anstieg des elektrischen Feldes zwischen Basis und Kollektor zu sehen. Daraus ergibt sich durch die Feldwirkung eine größere Kraftwirkung zur Ablenkung der Ladungsträger zum Kollektor hin. Das hat zur Folge, dass ein höherer Anteil der Ladungsträger zum Kollektor gezogenen wird.

3. Spannungssteuerkennlinienfeld

$I_C = \mathrm{f}\,(U_{BE}, U_{CE})$

Aus der bekannten Näherung $I_C=B\cdot I_B$ ergibt sich ein qualitativ ähnlicher Verlauf wie beim Eingangskennlinienfeld. Nur dieser wird noch mit dem Stromsteuerkennlinienfeld als verstärkende Wirkung kombiniert. Die Wirkung des Early-Effektes tritt hier ebenfalls auf.

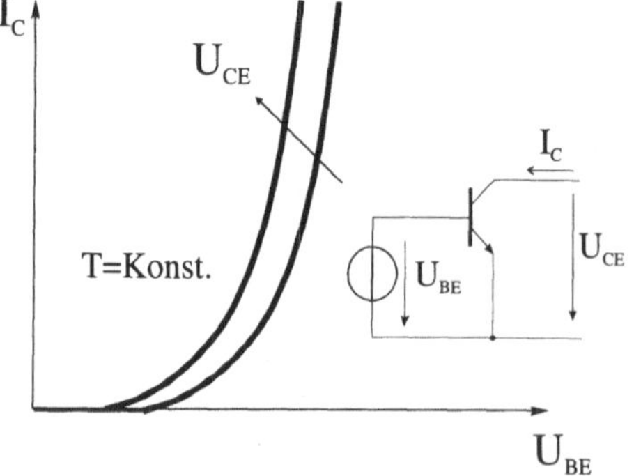

Bild 3.25 Spannungssteuerkennlinienfeld $I_C = \mathrm{f}\,(U_{BE}, U_{CE})$

4. Ausgangskennlinienfeld 1

$I_C = \mathrm{f}\,(U_{CE}, I_B)$

Dieses Kennlinienfeld wird in drei Hauptfunktionsbereiche eingeteilt:

Sperrbereich

Der Sperrbereich liegt in der Nähe der x-(U_{CE}) Achse. Die Basis-Emitter-Diode sperrt, da $U_{BE} \leq 0$ ist. Die Grenzlinie liegt bei $U_{BE} = 0$ bzw. dazu entsprechend $I_B = 0$. Es fließt kein Strom in die Basis und somit kein Kollektorstrom, der aus der Steuerfunktion des Transistors hervorgeht. Allerdings ist trotzdem ein minimaler Kollektorstrom vorhanden, der auf die nicht ideale Funktion des Transistors verweist und stellt den sogenannten Leckstrom dar.

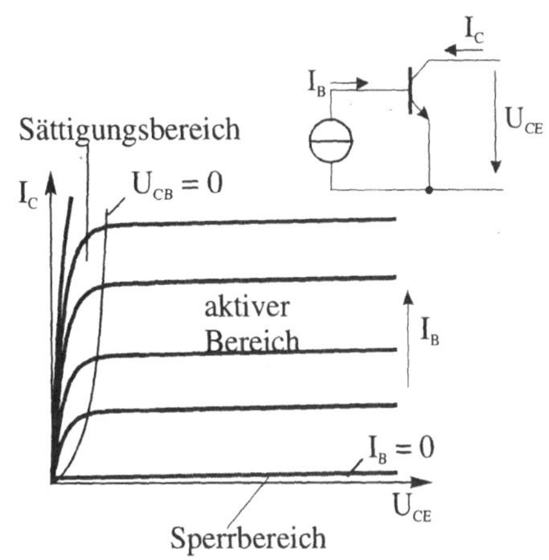

Bild 3.26 Ausgangskennlinienfeld 1 $I_C = f(U_{CE}, I_B)$

Aktiver Bereich

In der Mitte des Kennlinienfeldes liegt der aktive Bereich, der für den Verstärkerbetrieb genutzt werden kann. In diesem Bereich sind die Kennlinien nahezu als Geraden ansehbar und das bestätigt eine lineare Verstärkung zwischen I_B und I_C. Die unterschiedliche Steigung hat ihre Ursache im beschriebenen Early-Effekt. An diesen Bereich schließt sich nach rechts (hier nicht dargestellt) der Durchbruchbereich an, der auf jeden Fall gemieden werden sollte.

Sättigungsbereich

In diesem Bereich tritt der Fall ein, dass die Basis-Kollektor-Diode leitend wird, da die Spannung zwischen Basis und Kollektor positiv, also größer Null wird ($U_{BC} > 0$). Die Grenze zum aktiven Bereich stellt die Sättigungslinie mit $U_{CEsat}=U_{CE}$ bzw. $U_{BC} = 0$ dar. In diesem Bereich ist ein starkes Abknicken der Kennlinien festzustellen, dass sofort auf eine große Nichtlinearität schließen lässt, was wiederum bedeutet, dass dieser Bereich ungeeignet für den Verstärkerbetrieb ist. Da aber hier U_{CE} sehr klein wird, findet dieser Bereich im Schalterbetrieb seine Anwendung.

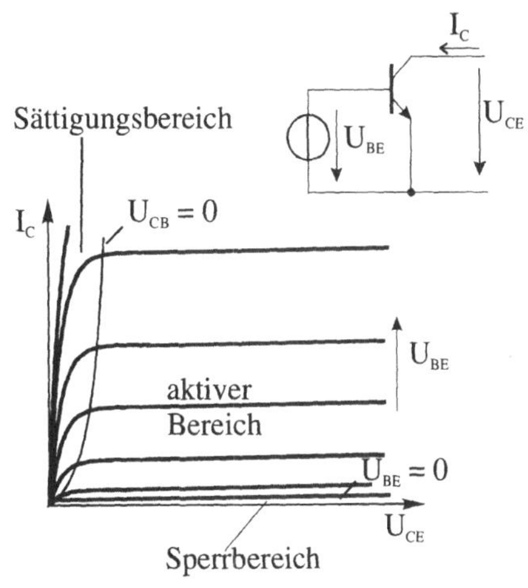

Bild 3.27 Ausgangskennlinienfeld 2 $I_C = f(U_{CE}, U_{BE})$

5. *Ausgangskennlinienfeld 2* $I_C = f(U_{CE}, U_{BE})$

Dieses Kennlinienfeld stellt eine Analogie zum Ausgangskennlinienfeld 1 dar und hat auch einen ähnlichen Verlauf. Es wurde hier der Parameter I_B durch U_{BE} ersetzt.

Wegen $I_C \sim I_B \sim e^{U_{BE}/U_T}$ ist die Kennlinienschar nicht äquidistant, sondern exponentiell steigend bezogen auf U_{BE}. Die Bereichseinteilung ist gleich zum Ausgangskennlinienfeld 1.

6. Betrachtung des Early-Effektes

Den Ausgangspunkt bildet das Ausgangskennlinienfeld 1 mit $I_C = \mathrm{f}\,(U_{CE}, I_B)$.

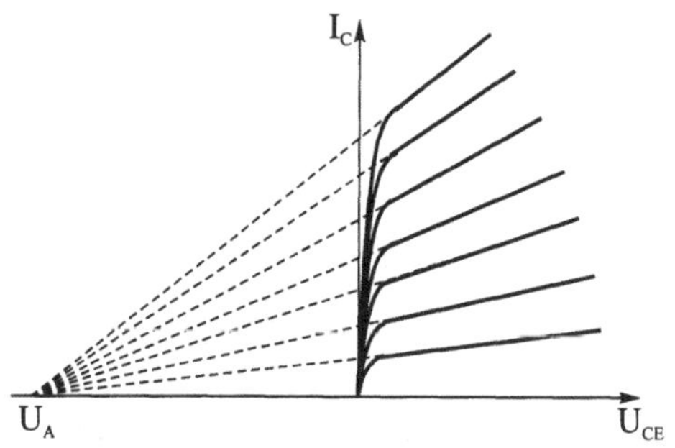

Bild 3.28 Betrachtung des Early-Effektes

Die Kennlinien steigen *im aktivem Bereich* leicht an (im Bild 3.28 überbetont dargestellt), wobei der Punkt U_A auf der *U*-Achse den Brennpunkt der Verlängerungen darstellt, und der die Early-Spannung repräsentiert. Die Ursache des Anstieges liegt im physikalischen Wirkprinzip, das bei einem Spannungsanstieg über U_{CE} den Anstieg des Kollektorstroms I_C nach sich zieht, obwohl der eingespeiste Basisstrom I_B konstant bleibt. Der Grund liegt, wie bereits dargestellt, in der Erhöhung des elektrischen Feldes durch den Anstieg von U_{CE} und der damit verbundenen höheren Kraftwirkung auf die Ladungsträger. Das führt zu der Erhöhung des Ladungsträgerübertritts in den Kollektor, was gleichbedeutend mit einer Erhöhung der Stromverstärkung ist.

7. Rückwirkungskennlinienfeld

$U_{BE} = \mathrm{f}\,(U_{CE}, I_B)$

Durch die Erhöhung von U_{CE} folgt eine Verbreiterung der Basis-Kollektor-Raumladungszone (siehe Early-Effekt) und eine minimale Verringerung der Basis-Emitter-Zone mit nachfolgender Erhöhung von U_{BE}. Dieser Effekt ist relativ gering und wird i.A. vernachlässigt. Für das grafische Lösungsverfahren zur Schaltungsbestimmung eignet sich dieses Kennlinienfeld nicht besonders gut. Aus dem Rückwirkungskennlinienfeld lässt sich in analoger Weise über die Ableitung wieder auf einen *h*-Parameter schließen, der die Spannungsrückwirkung oder auch manchmal als Rückwärts-(spannungs-)Verstärkung bezeichnet, darstellt.

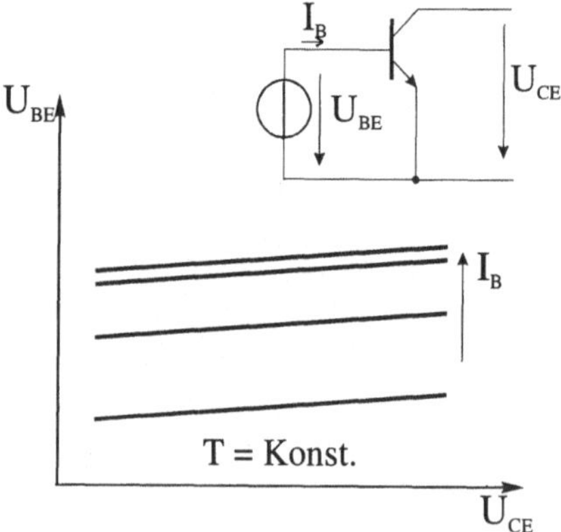

Bild 3.29 Rückwirkungskennlinienfeld $U_{BE} = \mathrm{f}\,(U_{CE}, I_B)$

$$v_r = \frac{\Delta U_{BE}}{\Delta U_{CE}} \qquad \left(v_r = \frac{dU_{BE}}{dU_{CE}} = h_{12e} \right) \tag{3.23}$$

Dazu sollte ergänzt werden, dass diese Wirkung mit dem Technologiefortschritt sehr weit zurückgedrängt wurde und für die meisten Anwendungen keine Rolle mehr spielt. Das ist auch daran zu erkennen, dass die Kennlinien sehr flach verlaufen und auch, wie bereits gesagt, für die graphische Lösung ungeeignet sind.

8. Zusammenfassung im Vierquadraten-Kennlinienfeld

Um einen Transistor über sein Kennlinienfeld beschreiben und den Arbeitspunkt grafisch eingangs- und ausgangsseitig bestimmen zu können, genügen die im Bild 3.30 gezeigten *vier Kennlinienfelder,* wobei die Kennlinien des 1. bis 3. Quadraten ausreichend sind. Dabei ist wesentlich, dass die Einzelfelder gemeinsame Achsen benutzen und damit zusammengesetzt dieses sogenannte *Vierquadrantenfeld* bilden. Wie bereits gesagt, eignet sich der 4. Quadrant sehr schlecht für das grafische Lösungsverfahren und sollte nicht genutzt werden.

Grafische Lösung zur Schaltungsbeschreibung

In der Regel wird eine Transistorstufe in folgenden Schritten vom Ausgang zum Eingang berechnet:

Im Ausgangskennlinienfeld (1. Quadrant)

1. Eintragung der "Generatorkennlinie" mit den zwei Grenzen auf der I_C-(Kurzschlussstrom) und der U_{CE}-Achse (Leerlaufspannung).
2. Festlegung des Arbeitspunktes gemäß vorliegender Aufgabenstellung.
3. Ableitung von I_{CA} und U_{CEA}, loten auf die Achsen.

Im Steuerkennlinienfeld (2. Quadrant)

4. Aus I_{CA} wird über die Kennlinie I_{BA} bestimmt.

Im Eingangskennlinienfeld (3. Quadrant)

5. Aus I_{BA} wird über die Kennlinie U_{BEA} bestimmt.

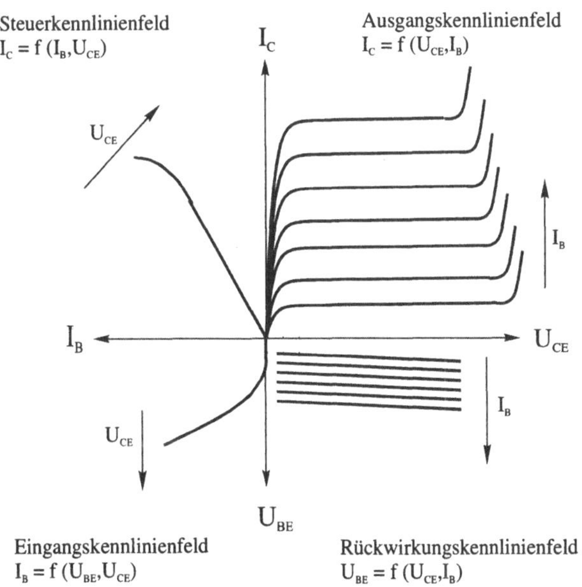

Bild 3.30 schematische Darstellung der Vierquadraten-Kennlinienfeld

Danach sind der Basisvorwiderstand oder der Basisspannungsteiler für diesen gewählten Arbeitspunkt berechenbar. Aus der grafischen Lösung sind nur der notwendige Basisstrom und die Basis-Emitterspannung ablesbar. Zu beachten ist dabei immer, dass es sehr unterschiedliche Bedingungen für den Arbeitspunkt geben kann.

3.2.2.2 Herleitung des statischen Ersatzschaltbild eines npn-Transistors

Bei der Betrachtung des statischen Ersatzschaltbildes wird davon ausgegangen, dass *ein eingeschwungenes System* vorliegt und keine dynamischen Komponenten wirken (vgl. dynamisches Ersatzschaltbild).

1. Komplettes Gesamtersatzschaltbild

Wie bereits erwähnt, eignen sich Ersatzschaltbilder mit ihren einfachen Strukturen gut zur Beschreibung von komplexen Bauelementen. Eine sehr gute und übersichtliche Darstellung bietet das Ersatzschaltbild nach Ebers-Moll (siehe Bild 3.31 für einen npn-Transistor). Dabei bietet das *Gesamtersatzschaltbild* alle Komponenten zur Beschreibung des statischen Verhaltens für den Normal- und für den Inversbetrieb. Das Modell ist nicht zur Beschreibung des dynamischen Verhaltens gedacht und geeignet.

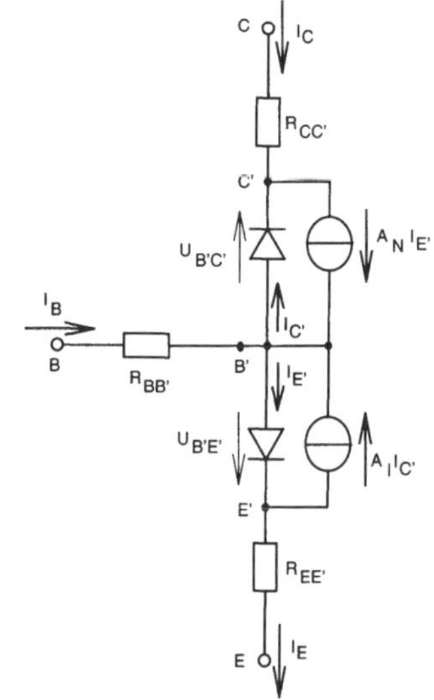

Bild 3.31 Komplettes Ersatzschaltbild nach Ebers-Moll

Mathematische Zusammenhänge

Um diese Schaltung richtig analysieren zu können, muss man zwischen inneren und äußeren Beziehungen unterscheiden. Folgende Zusammenhänge sind bestimmbar:

Äußerer Kollektorstrom

(am Kollektoranschluss messbar)

$$I_C = -I_{C'} + A_N \cdot I_{E'} \tag{3.24}$$

Äußerer Emitterstrom

(am Emitteranschluss messbar)

$$I_E = I_{E'} - A_I \cdot I_{C'} \tag{3.25}$$

Stromknoten: $I_E = I_C + I_B$ (3.26)

Eine weitere Betrachtung kann an den beiden Dioden im Inneren des Transistors erfolgen und sie ergeben sich zu:

Innerer Kollektorstrom

(durch Basis-Kollektor-Diode)

$$I_{C'} = I_{CS} \cdot (e^{U_{B'C'}/U_T} - 1) \tag{3.27}$$

Innerer Emitterstrom (durch Basis-Emitter-Diode)

$$I_{E'} = I_{ES} \cdot (e^{U_{B'E'}/U_T} - 1) \tag{3.28}$$

Dabei stellen I_{ES} und I_{CS} die Sättigungsströme der Emitter- bzw. Kollektor-Dioden und R_{BB}, R_{EE}, R_{CC} die Bahnwiderstände der Basis, des Emitters bzw. des Kollektors dar. Aus dieser Gesamtdarstellung (Bild 3.31) lassen sich in weiteren Schritten für die zwei Funktionsbereiche, Normal- und Inversbetrieb, je ein reduziertes Ersatzschaltbild ableiten, wobei für jeden einzelnen Fall die nicht wirkenden Bauelemente weggelassen werden müssen. Ein gleichzeitiges Auftreten des Normal- und des Inversbetriebes ist generell nicht möglich, da sie sich gegenseitig ausschließen.

2. Reduziertes Ersatzschaltbild für den Normalbetrieb ($U_{B'C'} \leq 0$)

Für die äußere Beschaltung gelten für den Normalbetrieb die Bedingungen:

Kollektorspannung > Basisspannung
Basisspannung > Emitterspannung (Bezugspunkt)

Die Bahnwiderstände im Emitter- und Kollektorraum R_{EE}, R_{CC} sind sehr klein und somit für die weiteren Betrachtungen vernachlässigbar. Daraus folgt weiterhin, dass die Punkte C zu C' und E zu E' zusammenrücken. Dementsprechend ergeben sich folgende mathematische Zusammenhänge zur Beschreibung der äußeren Ströme.

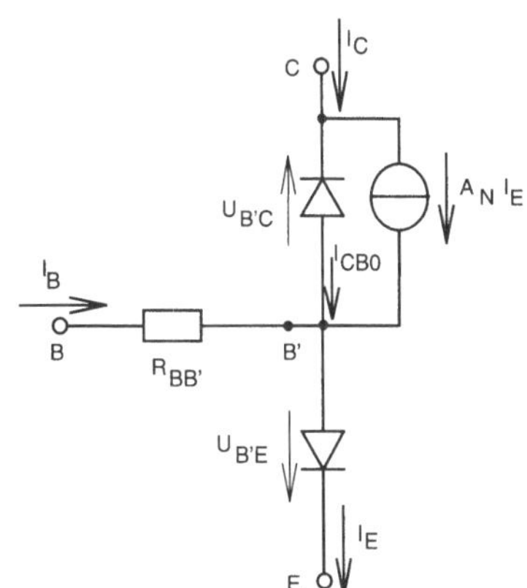

Bild 3.32 Ersatzschaltbild für Normalbetrieb

$$I_C = A_N \cdot I_E + I_{CB0} \tag{3.29}$$

mit $I_{CB0} = I_C \big|_{I_E = 0}$

(Leckstrom vom Kollektor zur Basis)

und $$I_E = I_{ES} \cdot (e^{U_{B'E}/U_T} - 1) \tag{3.30}$$

Somit ergibt sich für den Basisstrom aus dem Knotenansatz im Punkt B'

$$I_B = I_E - I_C = (1 - A_N) \cdot I_E - I_{CB0} \tag{3.31}$$

Nach der Umstellung kann man auf die äußeren Ströme in den Kollektor und in die Basis schließen. Es folgt:

$$I_C = \frac{A_N}{1 - A_N} \cdot I_B + \frac{I_{CB0}}{1 - A_N} \tag{3.32}$$

$$I_C = B_N \cdot I_B + I_{CE0} \tag{3.33}$$

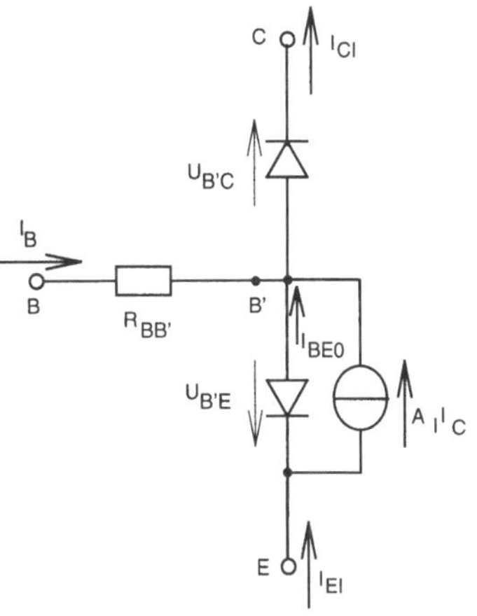

Bild 3.33 Ersatzschaltbild für Inversbetrieb

Mit dem Kollektor-Emitter-Leckstrom $I_{CE0} = I_C \big|_{I_B = 0}$ erhält man für den Basisstrom

$$I_B = \frac{I_E}{1 + B_N} - I_{CB0} \tag{3.34}$$

3. Reduziertes Ersatzschaltbild für den Inversbetrieb ($U_{B'E'} \leq 0$)

Der Inversbetrieb, im Bild 3.33 dargestellt, ist dadurch gekennzeichnet, dass die Basis-Emitter-Strecke gesperrt ist, weil der Emitter positiver als die Basis ist ($U_{B'E'} \leq 0$) ist. Der Basisstrom kann nun zum Kollektor abfließen, da die Basis-Kollektor-Strecke leitend wird, denn die Basis ist positiver als der Kollektor. Somit kann für die äußere Beschaltung gesagt werden:

Kollektorspannung < Basisspannung
Basisspannung < Emitterspannung

Ein wesentlicher Anwendungsfall, an dem auch die Signalverhältnisse deutlich zu erkennen sind, ist die Eingangsstufe von TTL-Logikgattern der Standard-Serie (z.B. 7400).

4. Inhärente (innere) Gleichstromverhältnisse im Normalbetrieb

Hier wird der Zusammenhang zwischen den inneren, im Bereich der pn-Übergänge im Transistor und äußeren, für den Anwender nutzbaren Verstärkungsverhältnissen dargestellt Dabei stellt *A* die innere Verstärkung und *B* die äußere Verstärkung dar.

Kollektor-Emitter-Gleichstromverhältnis $$A_N = \frac{I_C - I_{CB0}}{I_E} \tag{3.35}$$

Kollektor-Basis-Gleichstromverhältnis $$B_N = \frac{I_C - I_{CE0}}{I_B} \tag{3.36}$$

Aus diesen zwei Ansätzen ergeben sich die folgenden Umrechnungsbeziehungen:

$$A_N = \frac{B_N}{1+B_N} \quad \text{und} \quad B_N = \frac{A_N}{1-A_N}$$

Restströme (Fehlerströme, Leckströme)

Unter den Begriff "Restströme" sind die Fehlerströme, auch als Leckströme bezeichnet, zu verstehen, die durch das nicht ideale Verhalten des Transistors entstehen. Sie haben ihre Ursache in den nicht absolut idealen Schichtmaterialen (Dotierungsfehler, Verunreinigungen). Wenn keine (Nutz-) Ströme in den Transistor fließen, sind trotzdem folgende Restströme vorhanden:

Kollektor-Basis-Reststrom $$I_{CB0} = I_C\big|_{I_E=0} \tag{3.37}$$

Kollektor-Emitter-Reststrom $$I_{CE0} = I_C\big|_{I_B=0} \quad \text{bzw.} \quad I_{CE0} = \frac{I_{CB0}}{1-A_N} = I_{CB0} \cdot (1+B_N) \tag{3.38}$$

Zu bedenken ist, dass diese Ströme bei den heutigen Technologien sehr gering (Bereich $\ll 10^{-6}$ A) sind und bei der allgemeinen Verstärkerberechnung keine Rolle spielen, da sie i.A. um drei Zehnerpotenzen niedriger als die für die Anwendung fließenden Nutzströme sind. Doch man muss beachten, dass diese für bestimmte Spezialanwendungen aber durchaus relevant sind und dort dann in die Rechnungen einbezogen werden müssen.

Eingangsbetrachtung

Aus der folgenden Betrachtung ist zu ersehen, dass die *Basis-Emitter-Diode das bestimmende Element für die Transistorfunktion* darstellt. Es ist zu erkennen, dass der Emitterstrom von der Basis-Emitterspannung abhängt und sich aus dem Ebers-Moll-Modell zu

$$I_E = I_{ES} \cdot (e^{U_{B'E}/mU_T} - 1) \tag{3.39}$$

ergibt. Allgemein formuliert heißt das, der Emitterstrom folgt $I_E = f(U_{B'E})$. Der Kennlinienverlauf stellt, wie bei einer normalen Einzeldiode, eine e-Funktion dar. Weiterhin wurden bereits folgende Zusammenhänge erläutert, die nun auch auf den Ausgang und die dortigen Signale schließen lassen. Es besteht die Beziehung nach Gl. 3.34:

$$I_B = \frac{I_E}{1+B_N} - I_{CB0}$$

Wie bereits aus dem Basisknoten (Gl. 3.26) bekannt ist, gilt für den Emitterstrom der Zusammenhang $I_E=I_C+I_B$ und aus der Diskussion der physikalischen Grundlagen wurde bereits ein Zusammenhang zwischen Basis- und Kollektorstrom als Verstärkung begründet. Demnach gilt außerdem:

$$I_C=B\cdot I_B \tag{3.40}$$

Ausgangsbetrachtung

Die Ausgangsfunktion hat eine eindeutige Abhängigkeit vom Eingangsverhalten und von der Verstärkerwirkung . Somit ist über den Verstärkungsfaktor B und den Basisstrom I_B das ausgangsseitige Verhalten bestimmbar.

$$I_C=B_N\cdot I_B+I_{CE0} \quad \text{bzw.} \quad I_E=I_C+I_B$$

5. Vereinfachtes statisches (Gleichstrom-) Großsignalersatzschaltbild

Aus dem Modell nach Bild 3.33 lässt sich folgendes, einfaches Ersatzschaltbild für den statischen Großsignalbetrieb ableiten. Für den *ingenieur-technischen Gebrauch* werden für Si-Transistoren beim heutigen technologischen Stand und bei einfachen Schaltungsanwendungen *folgende Vereinfachungen* angesetzt:

Restströme

$I_{CB0}=I_{CE0}=0$ (im nA-Bereich)

Basisbahnwiderstand

$R_{BB'}=0$ da $I_B\cdot R_{BB'} \ll U_{BE}$

Daraus folgt:

$$B_N \equiv B=\frac{I_C}{I_B} \tag{3.41}$$

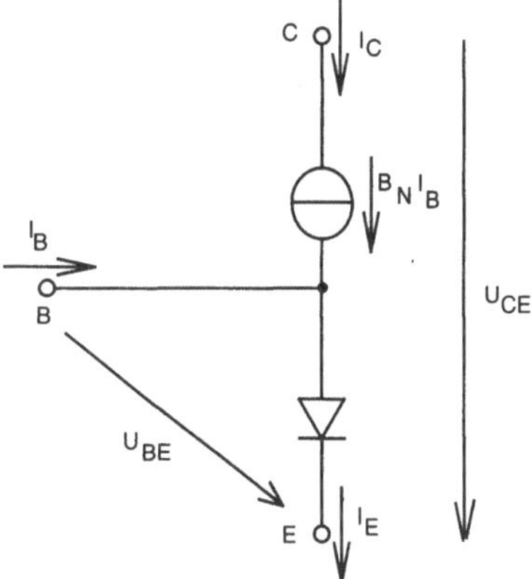

Bild 3.34 vereinfachtes statisches Ersatzschaltbild

3.2.2.3 Vereinfachte Großsignalbeschreibung

Aus dem allgemeinen Ersatzschaltbild in h-Parametern-Darstellung lässt sich in gleicher Weise wie im Punkt 2.2.3 ein vereinfachtes Modell herleiten und damit auch ein einfacher Formelansatz bestätigen. Die Darstellung im Bild 3.35 der Reihenschaltung von Spannungsquelle und zugehörigem Innenwiderstand wurde auch bei der Herleitung der Diode in Durchlassrichtung angewendet.

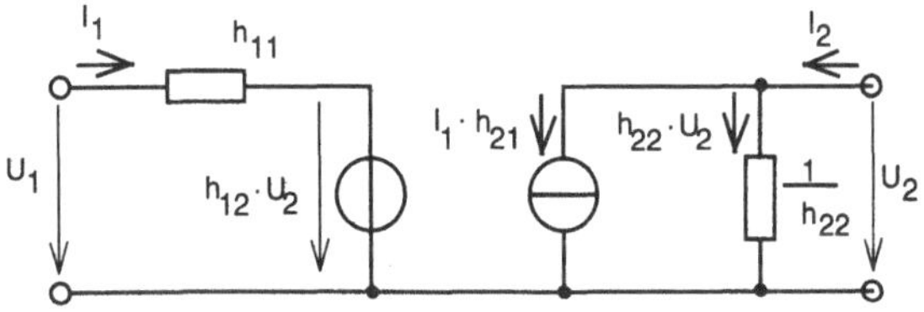

Bild 3.35 allgemeine Darstellung mit h-Parameter

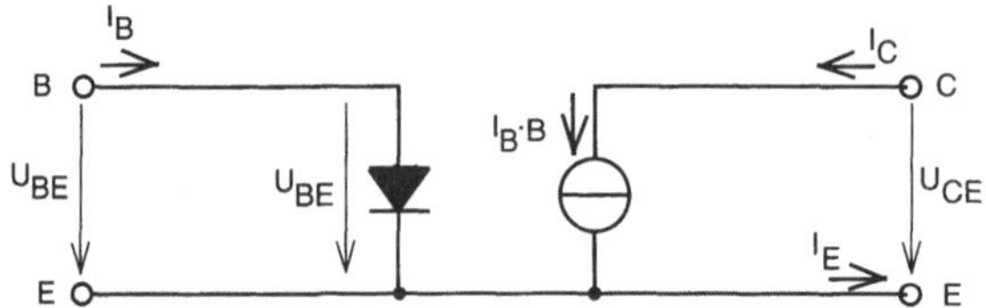

Bild 3.36 Stark vereinfachte Darstellung

Somit kann man die Eingangskonfiguration auf eine Diode rückschließen, wobei natürlich die Parameter der Basis-Emitter-Diode anzusetzen sind. Da die Kennlinien im Ausgangskennlinienverlauf sehr flach (fast parallel zur x-Achse) verlaufen, ergibt sich ein Wert für den differentiellen Leitwert gegen Null, was zur Folge hat, dass dieser bei der Vereinfachung weggelassen werden darf. So folgt aus Bild 3.35 das stark vereinfachtes Ersatzschaltbild im Bild 3.36. Aus diesen Vereinfachungen folgen jetzt die entsprechenden vereinfachten Formelansätze für die Beschreibung des Basis- und auch des Kollektorstroms,

$$I_B = I_{BS} \cdot (e^{U_{BE}/U_T} - 1) \tag{3.42}$$

$$I_C = B \cdot I_B \tag{3.43}$$

wobei I_{BS} der Basis-Sättigungsstrom der Basis-Emitter-Diode ist. Aus dieser starken Vereinfachung folgen auch die vereinfachten Kennlinienbetrachtungen. Es ergibt sich eine e-Funktion für die Eingangsbetrachtung. Im Ausgang stellt sich das Kennlinienfeld als Parallelen zur x-Achse dar.

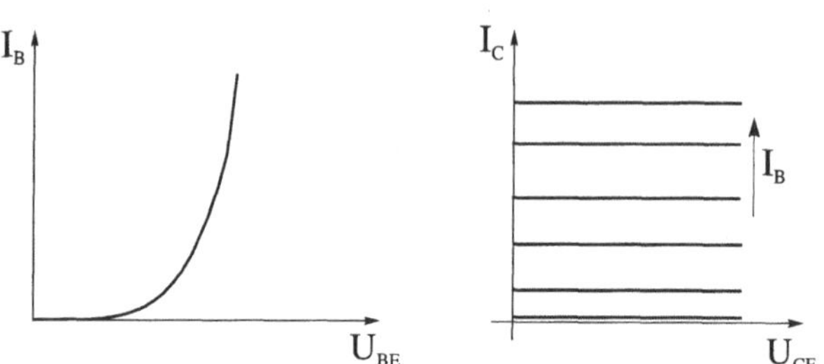

Bild 3.37 Vereinfachtes Ein- und Ausgangskennlinienfeld

3.2.2.4 Linearisierung der Eingangskennlinie

Wie auch bei der Diodenbetrachtung (vgl. Kapitel 2) kann man die Eingangskennlinien einer Näherung durch Linearisierung unterziehen, was für weitere Betrachtungen von einem wesentlichen Vorteil ist. Dabei folgt für die Übertragung der Linearisierung auf die Ausgangskennlinie die Einbeziehnung des Early-Effektes.

Aus der *Grundformel der Diode* $I_B = I_{BS} \cdot (e^{U_{BE}/U_T} - 1)$ ergibt sich nun:

$$I_B = \frac{1}{r_{BE}} \cdot (U_{BE} - U_{BE0}) \tag{3.44}$$

Das gilt aber nur für den Fall: $U_{BE} \geq U_{BE0}$, sonst ist $I_B = 0$.

Mit der Betrachtung, dass $U_{BE0} = U_F$ und $E_{Fak} = \dfrac{U_{CE}}{U_A}$ den Early-Faktor beschreibt, folgt für die Ausgangsseite aus $I_C = B \cdot I_B$ nun:

$$I_C = B \cdot I_B \cdot (1 + E_{Fak})$$

Nach entsprechender Einsetzung ergibt sich letztendlich:

$$I_C = B \cdot I_B \cdot (1 + \frac{U_{CE}}{U_A}) \quad \text{bzw.} \quad I_C = B \cdot I_B + \frac{U_{CE}}{r_{CE}} \tag{3.45}$$

Hierbei ist der Gültigkeitbereich $U_{CE} >> U_{CEsat}$ Bedingung aus dem Early-Effekt. Weiterhin ist auch zu sehen, dass der Kollektorstrom hauptsächlich vom Basisstrom abhängig ist, aber weiterhin noch von der Kollektor-Emitter-Spannung minimal beeinflusst wird, was auf dem Early-Effekt beruht.

Kennlinien der linearen Großsignalbeschreibung

Diese Kennlinien zeigen, dass die Eingangskennlinie der Näherung einer Diode (Versatz um die Schwellspannung und linearer Anstieg entsprechend linearisiertem Durchlasswiderstand) entspricht. Die Ausgangskennlinien zeigen nun neben der reinen Stromverstärkung nun noch das Ansteigen aus dem Early-Effekt. Mit diesen Lösungen ist der Transistor schon recht genau und für die meisten Einsatzfälle auch ausreichend beschreibbar.

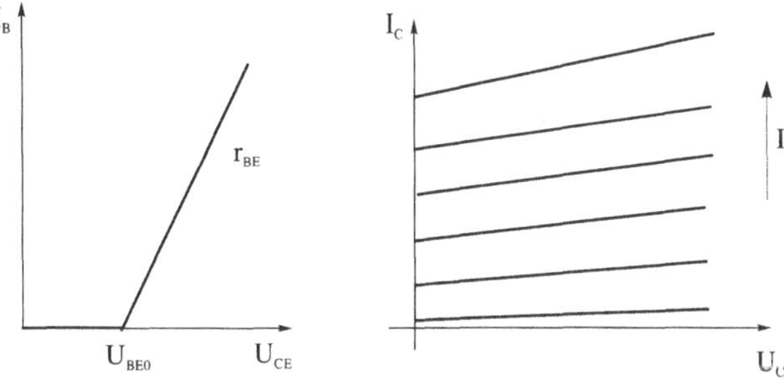

Bild 3.38 Eingangs- und Ausgangskennlinienfeld

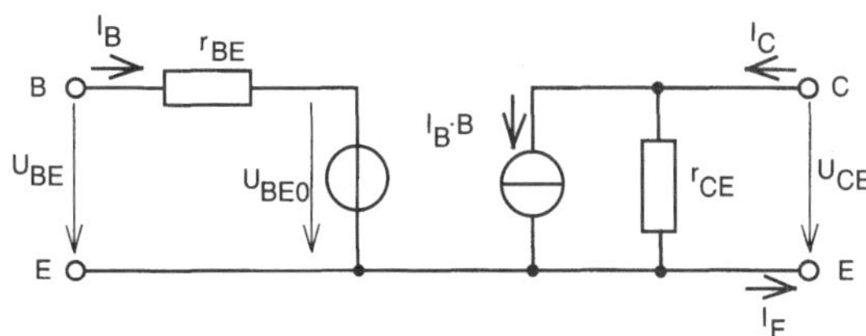

Bild 3.39 Großsignalersatzschaltbild (Bauelementedarstellung)

Erweitertes Ersatzschaltbild (lineare Großsignalbeschreibung)

Das sich nun ergebende erweiterte Ersatzschaltbild basiert auf der Aufteilung der Eingangsstrecke (Basis-Emitter-Strecke) in zwei getrennte Bauelemente, die wie bei der Herleitung der Diodenersatzschaltbilder einen Basis-Emitter-Widerstand r_{BE} und die Schwellspannung U_{BE0} darstellen. Betrachtet man zum Vergleich den Vierpol mit seinen h-Parametern, so findet man dort die in der Näherung erarbeiteten Bauelemente wieder. Mit der jetzt entstandenen Lösung ist der Transistor für den statischen Betrieb voll definiert.

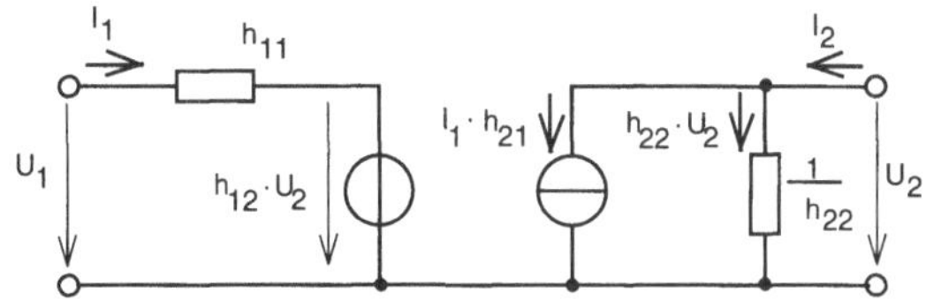

Bild 3.40 Großsignalersatzschaltbild (h-Parameter-Darstellung)

3.2.2.5 *Temperaturverhalten eines Transistors*

Wie alle Bauelemente hat auch der Transistor eine Temperaturabhängigkeit. Dabei ist aber besonders zu beachten, dass ein Transistor, wie eben hergeleitet, aus mehreren Teilbauelementen besteht, die selbst mehr oder weniger stark wirkende Temperaturabhängigkeiten haben können.

Aus der Diodenbetrachtung ist bekannt:

1. Verschiebung im Durchlassbereich linear
2. Verschiebung im Sperrbereich exponentiell

Daraus folgen die Beziehungen:

Basis-Emitter-Spannung $U_{BE}(\vartheta) = U_{BE}(\vartheta_0) + d_T \Delta\vartheta$ (3.46)

Kollektor-Emitter-Reststrom $I_{CE0}(\vartheta) = I_{CE0}(\vartheta_0) \cdot e^{\lambda_T \Delta\vartheta}$ (3.47)

Gleichstromverstärkung $B(\vartheta) = B(\vartheta_0) \cdot e^{b\Delta\vartheta}$ (3.48)

Betrachtung des Temperaturverhaltens

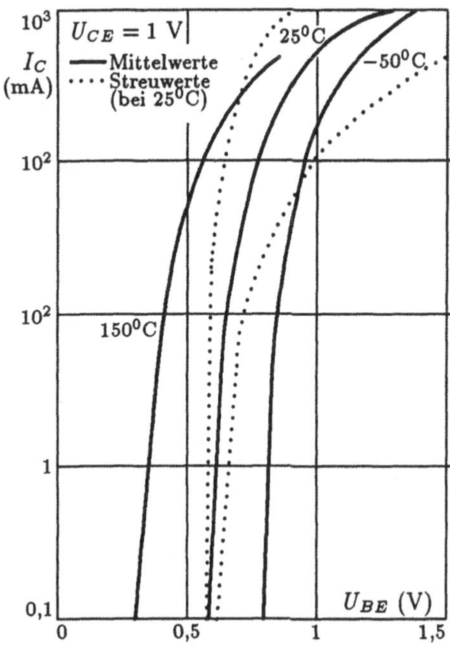

Bild 3.41 Temperaturverhalten des Kollektorsperrstroms [15]

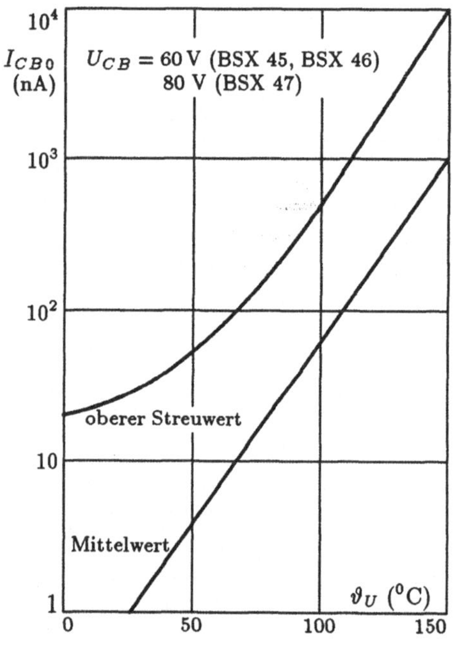

Bild 3.42 Temperaturverhalten des Kollektorstroms [15]

Als ein Beispiel wird das Verhalten des Transistors BSX 45 [15] dargestellt, und man erkennt in den Bildern 3.41-3.42 die Wirkung der Temperatur auf die jeweilige Signalgröße.

Es gilt: $I_C = B \cdot I_B + I_{CE0}$ und folglich

$$I_C = B \cdot I_{BS} \cdot (e^{U_{BE}/U_T} - 1) + I_{CE0} \quad \text{sowie} \quad U_{CE} = U_B - I_C \cdot R_C$$

Da im Allgemeinen $I_B >> I_{CE0}$ gilt, ist I_{CE0} meist ohne Einfluss auf die Kennlinienverläufe. Weiterhin ist die Wirkung der Temperaturabhängigkeit auf die Verstärkung $B = f(\vartheta)$ noch interessant, wozu die Darstellung am Beispiel des BSX 20 im Bild 3.43 dienen soll.

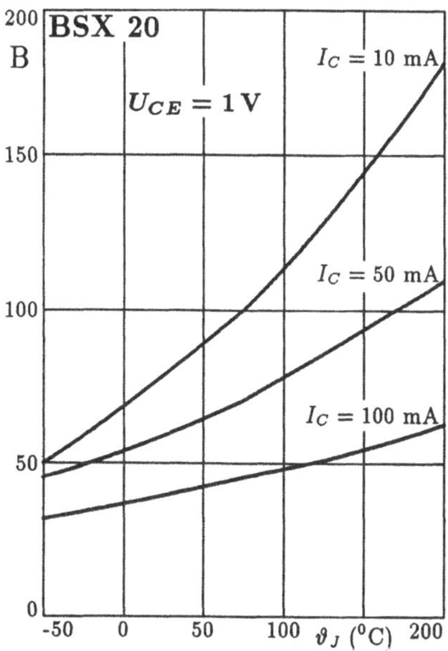

Bild 3.43 Temperaturabhängigkeit der Verstärkung $B = f(\vartheta)$ [15]

3.2.3 Kleinsignalverhalten des Bipolartransistors

Die Darstellung erfolgt wiederum am npn-Transistor in Emitterschaltung. Eine Übertragung auf die anderen Schaltungsversionen und den pnp-Transistor ist in bekannter Weise möglich. Das Kleinsignalverhalten eines Transistors wird beschrieben durch entweder ein *lineares (bzw. linearisiertes) Ersatzschaltbild* oder durch einen *Satz linearer Gleichungen.* Die Gewinnung der Formelsätze erfolgt durch die Linearisierung der Transistor-Kennlinien in (um) einen gewählten Arbeitspunkt A. Zur folgenden Betrachtung sei auf die weitergehenden Herleitungen in [16] verwiesen, wo diese Linearisierungsverfahren ausführlich dargestellt wurden.

Eingangskennlinienfeld:

Es ergibt sich nun für den Basisstrom der Ansatz:

$$I_B = f(U_{BE}, U_{CE}) \Rightarrow f(U_{BEA} + \Delta U_{BE}, U_{CEA} + \Delta U_{CE})$$

Verwendet man die *Entwicklung nach Taylor*, so ergibt sich:

$$I_B = f(U_{BEA}, U_{CEA}) + \frac{\partial}{\partial U_{BE}} f(U_{BE}, U_{CE}) \Delta U_{BE}$$

$$+ \frac{\partial}{\partial U_{CE}} f(U_{BE}, U_{CE}) \Delta U_{CE} + \text{höhere Glieder} \tag{3.49}$$

Die höheren Ableitungen können wegen ihrer kleinen Beiträge i.A. vernachlässigt werden.

Ausgangskennlinienfeld:

In Analogie wird die Ausgangskennlinie behandelt:

$$I_C = f(U_{CE}, I_B) \Rightarrow f(U_{CEA} + \Delta U_{CE}, I_{BA} + \Delta I_B)$$

Nach Taylor (nur 1. Ableitung genutzt) ergibt sich folglich:

$$I_C = f(U_{CEA}, I_{BA}) + \frac{\partial}{\partial U_{CE}} f(U_{CE}, I_B)\Delta U_{CE}$$

$$+ \frac{\partial}{\partial I_B} f(U_{CE}, I_B)\Delta I_B + \text{höhere Glieder} \tag{3.50}$$

Für den Basisstrom gilt dann analog:

$$I_B = f(U_{BE}, U_{CE}) = f(U_{BEA} + \Delta U_{BE}, U_{CEA} + \Delta U_{CE}) = I_{BA} + \Delta I_B$$

Dabei sind folgende Ansätze bekannt:

Basisgleichstrom	$f(U_{BEA}, U_{CEA}) = I_{BA}$
Eingangsleitwert	$\frac{\partial}{\partial U_{BE}} f(U_{BE}, U_{CE}) = \frac{1}{r_{BE}}$
Rückwärtssteilheit	$\frac{\partial}{\partial U_{CE}} f(U_{BE}, U_{CE}) = S_r$
Kollektorgleichstrom	$f(U_{CEA}, I_{BA}) = I_{CA}$
Ausgangsleitwert	$\frac{\partial}{\partial U_{CE}} f(U_{CE}, I_B) = \frac{1}{r_{CE}}$
Stromverstärkung	$\frac{\partial}{\partial I_B} f(U_{CE}, I_B) = \beta$

Kleinsignalersatzschaltbild

Bei der festgelegten und zulässiger Vernachlässigung der höheren Glieder ergibt sich aus den folgenden formalen Ansätzen auch ein einfaches und von der Struktur her schon bekanntes Ersatzschaltbild.

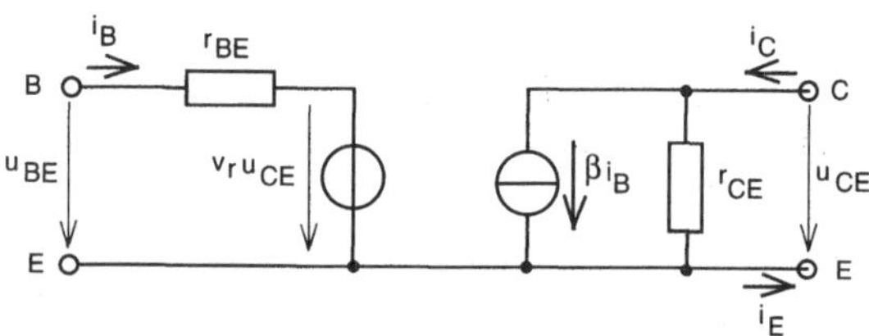

Bild 3.44 Kleinsignalersatzschaltbild mit Eingangsspannungsquelle

Basisstromänderung:

$$\Delta I_B = \frac{1}{r_{BE}} \Delta U_{BE} + S_r \cdot \Delta U_{CE} \tag{3.51}$$

Kollektorstromänderung:

$$\Delta I_C = \frac{1}{r_{CE}} \Delta U_{CE} + \beta \cdot \Delta I_B \tag{3.52}$$

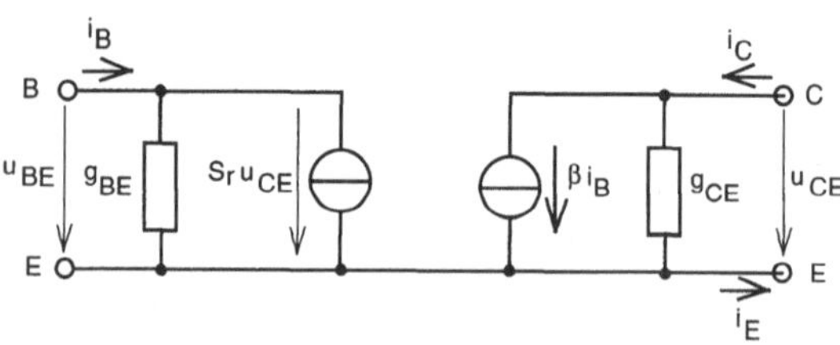

Bild 3.45 Kleinsignalersatzschaltbild mit Eingangsstromquelle

Für die Kleinsignalparameter gilt, wie auch aus den schon bekannten Kennlinienfeldern, die alle keine reinen Geraden darstellen:

$$r_{BE}, S_r, r_{CE}, \beta = f(\omega, AP)$$

Das heißt, die Kleinsignalparameter sind *alle* frequenz- ($\omega = 2\pi f$) und arbeitspunktabhängig (AP). Folgt man dieser Feststellung so ist klar zu erkennen:

Die Kleinsignalparameter sind *alle* differentielle Werte, das heißt Ableitungen an einen definierten Punkt. Dieser definierte Punkt ist der Ausgangspunkt der Betrachtung, bei dem gesagt wurde, dass erst ein statischer Arbeitspunkt eingestellt werden muss. Erst danach erfolgt die Betrachtung um diesen Punkt. Aus den Kennlinienfeldern ist weiterhin schon aus dem Verlauf der Kennlinien die Arbeitspunktabhängigkeit zu erkennen.

Betrachtung des Vierquadranten-Kennlinienfeldes

Aus den Darstellungen im Vierquadranten-Kennlinienfeld im Bild 3.46 sind folgende Steigungen herauslesbar:

1. Quadrant: $r_{CE} = \left.\frac{\Delta U_{CE}}{\Delta I_C}\right|_{I_{CA}}$ 2. Quadrant: $\beta = \left.\frac{\Delta I_C}{\Delta I_B}\right|_{U_{CEA}}$

3. Quadrant: $r_{BE} = \left.\frac{\Delta U_{BE}}{\Delta I_B}\right|_{U_{CEA}}$ 4. Quadrant: $v_r = \left.\frac{\Delta U_{BE}}{\Delta U_{CE}}\right|_{I_{BA}}$ bzw. $S_r = -\frac{v_r}{r_{BE}}$

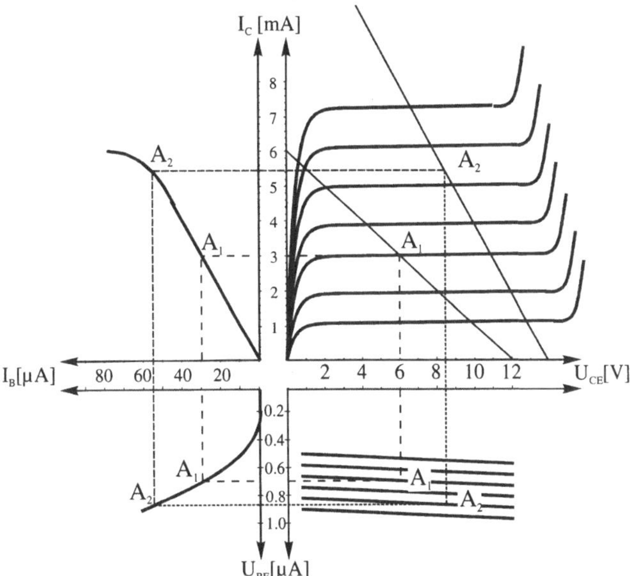

Bild 3.46 Vierquadranten-Kennlinienfeld mit Arbeitspunktmarkierungen

3.2.4 Dynamisches Verhalten des Bipolartransistors

Bisher erfolgten nur die Betrachtungen bei anliegenden Gleichspannungssignalen und damit spielten die Einflüsse und Reaktionen von kapazitiven Parametern keine Rolle. Beim Anlegen von Wechselspannungen gilt diese bisherige Vereinfachung nicht mehr. Es ist dann notwendig, die kapazitiven Einflüsse der Grenzschichten (Sperrschichtkapazitäten) und der unterschiedlichen Ladungsträgerverteilungen (Diffusionskapazitäten) mit zu beachten und in die Berechnungen einzubeziehen.

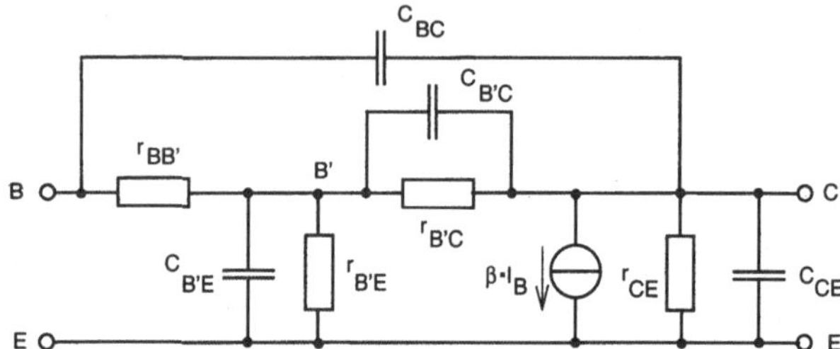

Bild 3.47 Schematische Darstellung des dynamischen Ersatzschaltbildes (Emitterschaltung)

Daraus ergibt sich ein allgemeines Ersatzschaltbild, das die Wirkungsstellen der internen Kapazitäten mit einbezieht und darstellt. Die weitere Behandlung dieser Problematik erfolgt im Kapitel 6.

3.3 Arbeitspunkteinstellung

Der Sinn und Zweck einer Arbeitspunkteinstellung bzw. -auswahl liegt in dem Anliegen, den Transistor und somit auch die gesamte Verstärkerschaltung so einzustellen, dass eine *optimale Übertragung des Eingangssignals an den Ausgang* erfolgen kann. Jede Aufgabenstellung und somit jeder Einsatzfall kann "optimal" immer eine andere Bedeutung haben. Dabei kann der wesentliche Aspekt für die Wahl des Arbeitspunktes beispielsweise abhängen von:

- weitgehende verzerrungsfreie Übertragung, d.h. es ist ein annähernd linearer Kennlinienbereich zu wählen.
- größte Verstärkung und damit maximalen Signalhub am Ausgang, d.h. es ist die maximale Aussteuerbarkeit anzuwählen, was gleichbedeutend mit der Mitte des möglichen Arbeitsbereich ist.
- breitbandige Übertragung, was eine weitgehende Frequenzunabhängigkeit bedeutet und damit sind die frequenzabhängigen Parameter in ihren geringen Wirkungsbereich zu wählen.
- hohe Unterdrückung der Störpegel, die u.a. das Rauschen der Bauelemente darstellen.

Auch sind bei all diesen Betrachtungen die Schwächen, nämlich die Nichtlinearitäten des Transistors, soweit wie möglich auszuschließen, was ebenfalls durch eine günstige Wahl des Arbeitspunktes erreicht werden kann.

3.3.1 Grundsätze

Folgende Grundsätze sind für die Überlegungen immer zu beachten:

1. Es dürfen im Funktionsbereich (Arbeitsbereich) keine Grenzwerte der Bauelemente überschritten werden, denn das bedeutet die Gefahr der Zerstörung.
2. Für *Verstärkereinsätze* ist der lineare Bereich der Kennlinien zu nutzen, um eine möglichst gute Nachbildung des verstärkten Eingangssignals zu erhalten. Es dürfen keine Übersteuerungen auftreten, was sofort Verzerrungen zur Folge hätte.
3. Für *Schaltereinsätze*, also in digitalen Schaltungen, ist ein schneller Durchlauf durch den Arbeitsbereich des Verstärkers zu realisieren. Mit dem Betrieb im Übersteuerungs- und Sperrbereich erreicht man einen hohen Signalhub zwischen den zwei Logikpegeln und somit erzielt man schnell Rechtecksignale mit hoher Flankensteilheit.

Aus diesen genannten Grundsätzen sind folgende Grenzwerte über die Datenblätter zu überprüfen:

Verlustleistung $P_{V\,max}; P_{tot}\ ^*$,

max. Kollektorstrom $I_{Cmax}\ ^*$ und

max. Kollektor-Emitter-Spannung $U_{CEmax}\ ^+$.

Zusätzlich sind die nachfolgenden Parametergrenzen bei der Berechnung und dem Abgleich der Schaltung mit zu beachten:

max. Basisstrom $I_{Bmax}\ ^+$,

max. Basis-Emitter-Spannung $U_{BEmax}\ ^+$ und

max. Kollektor-Basis-Spannung $U_{CBmax}\ ^+$.

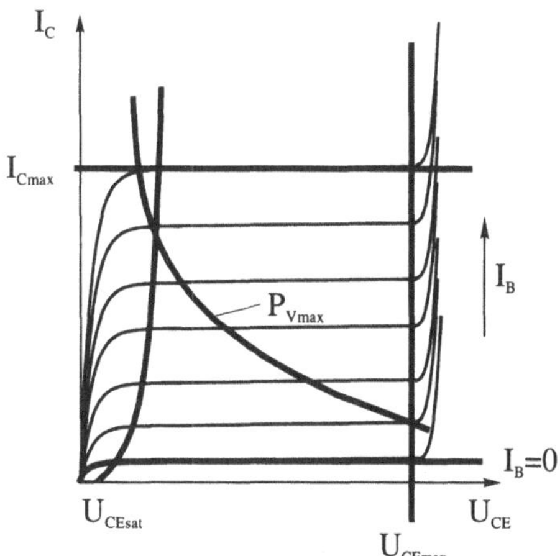

Bild 3.48 Allgemeine Ausgangskennlinie mit Grenzen

Dabei sind die mit * gekennzeichneten Grenzen durch die Wärmeabfuhr und die mit + gekennzeichneten durch technologische Größen bedingt. Im Bild 3.48 sind die Grenzwerte, die im Ausgangskennlinienfeld zu erkennen sind eingezeichnet.

Wärmeumsatz

Einen wesentlichen Grenzwert für den Einsatz von Transistoren und auch anderen Bauelementen bildet der Wärmeumsatz. Das heißt, wie wird die im Bauelement entstandene Verlustleistung abgeleitet. Die im Transistor umgesetzte Verlustleistung, die als Wärme anfällt, muss vom Chip, wo die physikalische Funktion stattfindet, über das Gehäuse an die Umgebung abgegeben werden. Anderenfalls kann sich das Bauelement intern überhitzen und zerstört werden.

zugeführte Leistung $$P_{Vmax} = I_C \cdot U_{CE} + I_B \cdot U_{BE}\Big|_{max} \approx I_C \cdot U_{CE}\Big|_{max} \quad (3.53)$$

abführbare Leistung $$P_{Vmax} = G_{th} \cdot (\vartheta_{jmax} - \vartheta_G) \quad (3.54)$$

Dabei stellen G_{th} den Wärmeleitwert [W/K], ϑ_G die Gehäusetemperatur [K], und ϑ_{jmax} die max. Sperrschichttemperatur [K] dar.

3.3.2 Festlegung des Arbeitspunktes

3.3.2.1 Wesentliche Entscheidungskriterien

Je nach Aufgabenstellung sind folgende Auswahlkriterien anzuwenden: geringe Verzerrungen des Ausgangssignals, große Aussteuerbarkeit (ohne Signalbegrenzung), große Verstärkung, kleine Verlustleistung der Verstärkerstufe und geringes Rauschen. Diese Kriterien sind nicht alle gleichzeitig auswählbar. Für die weiteren Betrachtungen der folgenden Schaltungen werden zwei Kriterien als

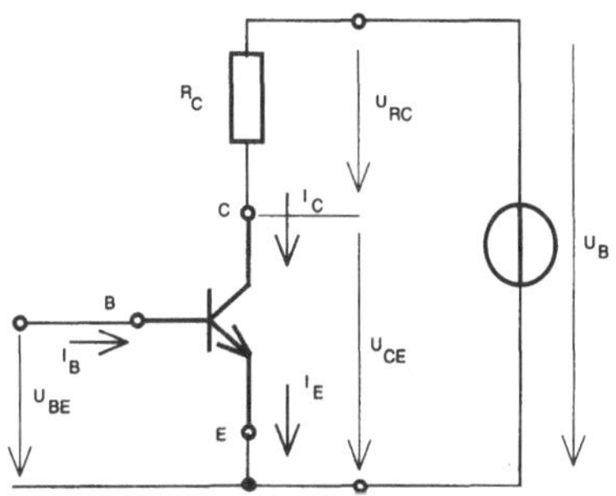

Bild 3.49 Grundschaltung für npn-Transistor

Vorzugsgrößen ausgewählt und behandelt. Die Schaltungen werden *entweder* auf maximale Aussteuerbarkeit *oder* auf minimalen Ruhestrom im Arbeitspunkt berechnet und eingestellt. Beide Kriterien können nicht gleichzeitig erfüllt werden.

3.3.2.2 Arbeitspunktwahl

Betrachtet man das schematische Ausgangskennlinienfeld im Bild 3.50 so kann man die mögliche Lage des Arbcitspunktes an drei Beispielvarianten ablesen. Aus dem Bild sind folgende Situationen zu erkennen:

Das Eingangssignal wird beim Arbeitspunkt A2 richtig und somit unbegrenzt übertragen. Bei Wahl des Arbeitspunktes in Punkt A1 und A3 erfolgt eine Begrenzung des Ausgangssignales. Für A3 wird die positive Halbwelle des Eingangssignals begrenzt, für A1 erfolgt die Begrenzung der negativen. Für den Verstärkereinsatz sind die Arbeitspunkte A1 und A3 nicht tauglich. Aus der Schaltung lässt sich für den Ausgang folgender Maschenansatz schreiben:

$$U_B = U_{RC} + U_{CE}$$

bzw. $$U_B = I_C \cdot R_C + U_{CE} \qquad (3.55)$$

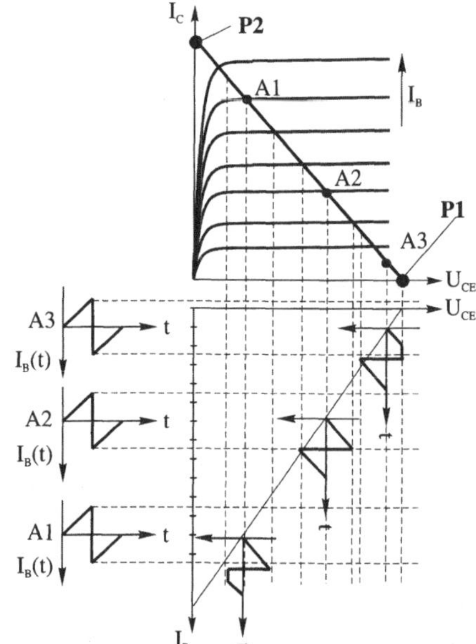

Bild 3.50 Betrachtung von 3 Arbeitspunkten

Durch Einbeziehung der sogenannten *Generatorkennlinie*, die für diese Schaltung eine Gerade darstellt, ergeben sich die wie auch im Bild 3.51 eingezeichneten Achsenschnittpunkte unter den mathematischen Bedingungen:

Schnittpunkt mit der x-Achse (U_{CE}-Achse): (Leerlauf-Zustand)

Aus der Gl. 3.55 folgt unter der Bedingung $I_C = 0$ der Schnittpunkt bei

$$U_B = U_{CE} \qquad \text{(P1)}$$

Schnittpunkt mit der y-Achse (I_C-Achse): (Kurzschlusszustand)

Wiederum aus der Ausgangsgleichung ergibt sich unter der Bedingung $U_{CE} = 0$ zu:

$$I_{CK} = I_C = \frac{U_B}{R_C} \qquad \text{(P2)}$$

Der Punkt (P2) ist nur theoretisch erreichbar aber mathematisch bestimmbar, da Kennlinien in diesem achsnahen Bereich nicht vorhanden sind und somit das Bauelement dort nicht definiert ist.

3.3.2.3 Arbeitspunkteinstellung

In den meisten Einsatzfällen wird für das Vorgabekriterium die *maximale Aussteuerbarkeit* gewählt. Es ist aber auch denkbar, als Kriterium z.B. den minimalen Ruhestrom im Arbeitspunkt zu setzen. Bei einer maximalen Aussteuerbarkeit muss der Arbeitspunkt *in der Mitte* des möglichen Verstärkerbereichs liegen. Das bedeutet (vgl. Bild 3.51), der linke Endpunkt ist die Grenze zum Sättigungsbereich (P4), da in den Sättigungsbereich wegen der hohen Kennlinienkrümmung und somit der großen Verzerrungen nicht eingetreten werden darf. Der rechte Endpunkt stellt die Grenze des Sperrbereichs (P3) dar, da in den Sperrbereich ebenfalls nicht eingetreten werden darf, denn dort erfolgt wegen des Sperrverhaltens die Signalbegrenzung. Aus diesen Überlegungen folgt der Ansatz für die Mitte des Arbeitsbereiches und somit für den

Arbeitspunkt der maximalen Aussteuerbarkeit:

$$U_{CEA} = \frac{U_B - U_{CEsat} - U_{CESperr\,Rest}}{2} + U_{CEsat} \cong \frac{U_B + U_{CEsat}}{2} \tag{3.56}$$

Als eine *einfache Näherung* ist zulässig, da in den meisten Anwendungsfällen die Beziehungen $U_{CESperr\,Rest} < U_{CEsat} << U_B$ gelten:

$$U_{CEA} \approx \frac{U_B}{2} \tag{3.57}$$

Berechnungsgrundlage

Aus der Ausgangsmasche (Gl. 3.55) und der Arbeitspunktfestlegung für maximale Aussteuerbarkeit (Gl. 3.57) ergibt sich für den Kollektorstrom im Arbeitspunkt

$$I_{CA} \cong \frac{U_B}{2 \cdot R_C} \tag{3.58}$$

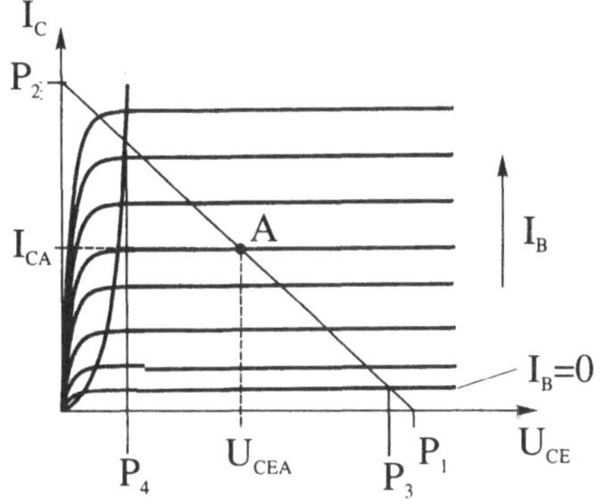

Bild 3.51 Beispielkennlinienfeld mit Generatorgeraden

Über die Gleichstromverstärkung folgt nun der Schritt vom Ausgang zum Eingang und somit zum Basisstrom für den Arbeitspunkt

$$I_{BA} = \frac{I_{CA}}{B} \cong \frac{U_B}{2 \cdot B \cdot R_C} \tag{3.59}$$

Für die Beispielwerte: $U_B = 12\text{V}$, $R_C = 2\,\text{k}\Omega$ und $B = 100$ ergibt sich für den Arbeitspunkt bei maximaler Aussteuerbarkeit nach obigen Formeln:

$$I_{CA} = 3\text{ mA} \quad U_{CEA} = 6\text{ V} \quad I_{BA} = 30\,\mu\text{A}$$

Hinweis:

Die Basis-Emitter-Spannung für den Arbeitspunkt U_{BEA} ist nicht so einfach berechenbar. Sie ist aber aus dem Kennlinienfeld ablesbar oder dieser Wert muss vorgegeben werden.

Merke:

Um den gewünschten Arbeitspunkt zu erhalten, muss I_{BA} und auch U_{BEA} durch eine entsprechende äußere Beschaltung zur Verfügung gestellt und eingespeist werden.

3.3.2.4 Schaltungstechnische Lösungen

Um den notwendigen Strom für die Basis im Arbeitspunkt bereitstellen zu können, gibt es zwei grundlegende Lösungen für die einfache Emitterschaltung. Der Strom kann im einfachen Fall über einen Basisvorwiderstand oder über einen Basisspannungsteiler an die Basis des Transistors geführt werden.

a) Schaltungslösung mit Basisvorwiderstand

Diese einfache Lösung, einen Widerstand zwischen Betriebsspannung und Basis zu schalten, kann auch leicht über eine Eingangsmasche berechnet werden. Allerdings sei bereits hier darauf verwiesen, dass diese Lösung nicht immer eingesetzt werden kann. Z.B. bei der Stromrückkopplung ist diese Lösung nicht zulässig. Aus der Eingangsmasche ist dann ganz einfach der Widerstand zu bestimmen, was allerdings voraussetzt, dass die Basis-Emitter-Spannung für diesen Arbeitspunkt bekannt sein muss. Somit ergibt sich als *eingangsseitige* Masche:

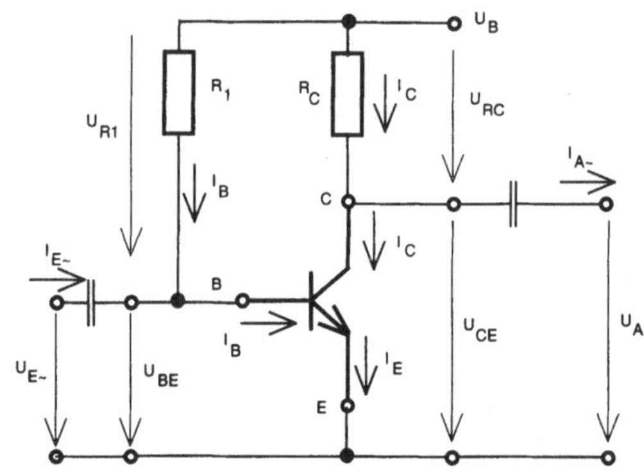

Bild 3.52 Grundschaltung mit Basisvorwiderstand

$$U_B = U_{R1} + U_{BEA} = I_{BA} \cdot R_B + U_{BEA} \tag{3.60}$$

Basisvorwiderstand

$$R_1 = \frac{U_B - U_{BEA}}{I_{BA}} \tag{3.61}$$

Unter Einbeziehung der *Ausgangsmasche*

$$U_B = I_C \cdot R_C + U_{CE} \tag{3.62}$$

und der Stromverstärkung B ergibt sich als eine *mögliche Näherung:*

$$R_1 \cong \frac{U_B}{I_{BA}} \approx 2 \cdot B \cdot R_C \tag{3.63}$$

Dieser Ansatz gilt nur, wenn U_{BEA} vernachlässigt werden kann, anderenfalls muss der Wert vorgegeben werden. Um den Arbeitspunkt unter diesen Bedingungen exakt einzustellen, wird R_1 i.A. als Einstellregler ausgelegt, an dem dann der notwendige Wert abgeglichen wird.

Konstruktion des Arbeitspunktes mit Basisvorwiderstand an den Kennlinien

Die grafische Lösung zur Arbeitspunkteinstellung wird vom Ausgang her aufgebaut. Das heißt, der gewünschte Arbeitspunkt wird im Ausgangskennlinienfeld entsprechend der Aufgabenstellung (z.B. maximale Aussteuerbarkeit) über die Generatorgerade fixiert. Daraus ergeben sich die Werte für U_{CEA} und I_{CA}. Durch Übertragung (Loten) über die Stromsteuerkennlinie (2. Quadrant des Vierquadrantenkennlienfeldes) gelangt man in das Eingangskennlineienfeld (3. Quadrant) und erhält dort die Werte für U_{BEA} und I_{BA}. Die Steigungen der Geraden in den Bildern 3.54 und 3.55 basieren dabei auf den Leitwerten des Kollektor- bzw. des Basisvorwiderstandes. Die Schnittpunkte mit den Achsen sind durch die Maschenbezüge eingangs- bzw. ausgangsseitig berechenbar, wobei jeweils die zwei Extremfälle betrachtet werden müssen. Diese sind am Beispiel der Ausgangskennlinie der Achsdurchtritt bei $I_C = 0$ bzw. bei $U_{CE} = 0$.

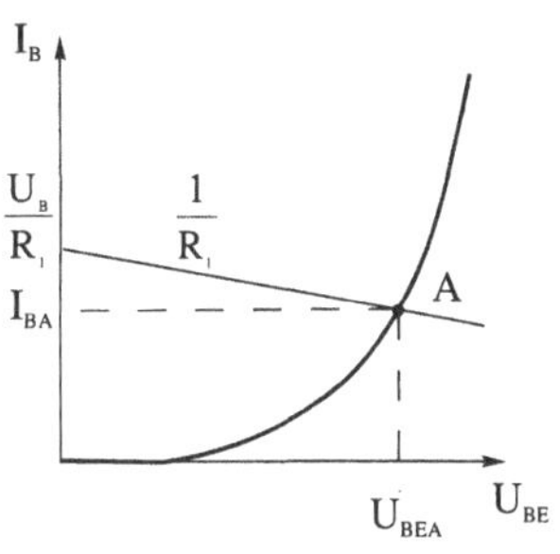

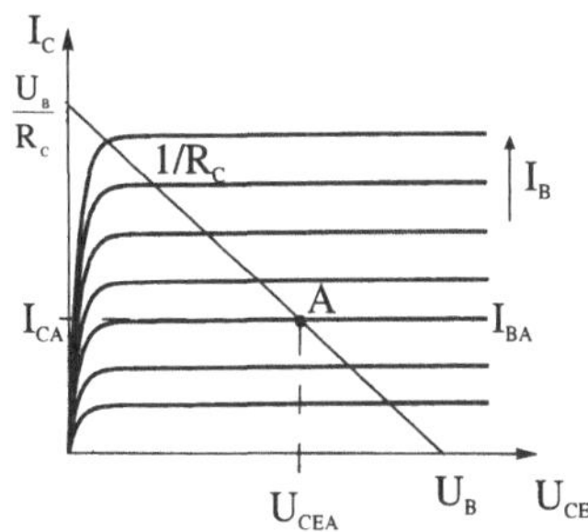

Bild 3.53 Eingangs- und Ausgangskennlinienkonstruktion

b) Schaltungslösung mit Basisspannungsteiler

Diese Lösung ist etwas aufwendiger und belastet den Eingangswiderstand der Schaltung. Allerdings ist diese Lösung immer einsetzbar. Dazu ist weiter zu beachten, dass nun ein Querstrom von der Betriebsspannung über R_1 und R_2 zur Masse fließt, der einerseits die Spannungsquelle belastet, aber andererseits zur Arbeitspunktfixierung notwendig ist. Im Eingangsbereich können nun folgende Ansätze aufgestellt werden, wobei nur die Gleichsignalbetrachtung für die Arbeitspunkteinstellung vorgenommen wird.

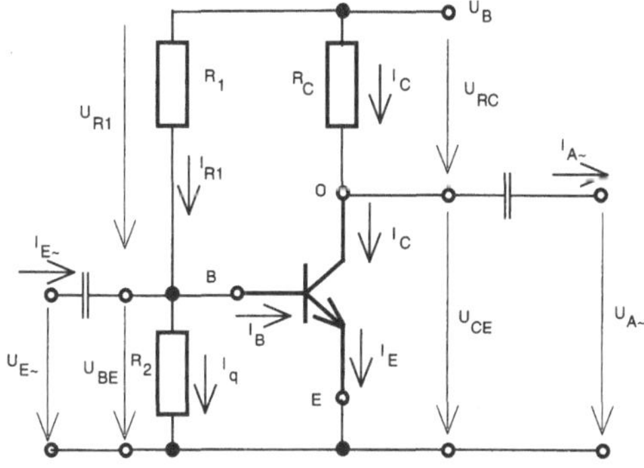

Bild 3.54 Grundschaltung mit Basisspannungsteiler

$$U_B = U_{R1} + U_{R2} = I_{R1} \cdot R_1 + I_{R2} \cdot R_2 \tag{3.64}$$

Mit $I_{R1} = I_B + I_q$ und $I_{R2} = I_q$ sowie aus der Parallellage $U_{R2} = U_{BE}$ folgt:

$$R_2 = \frac{U_{BE}}{I_q} \quad \text{bzw.} \quad R_1 = \frac{U_B - U_{BE}}{I_q + I_B} \tag{3.65}$$

Betrachtet man nun aus den allgemeinen Ansätzen den *Arbeitspunkt*, so ergeben sich folgende Bezüge: $I_B \Rightarrow I_{BA}$ und $U_{BE} \Rightarrow U_{BEA}$ sowie $I_{R1} = I_{BA} + I_q$.

Gemäß Gln. 3.64 und 3.65 ergibt sich im Arbeitspunkt:

$$R_2 = \frac{U_{BEA}}{I_q} \quad \text{bzw.} \quad R_1 = \frac{U_B - U_{BEA}}{I_q + I_{BA}}$$

Hinweis:

Damit die Widerstände R_1 und R_2 berechenbar werden und der Spannungsteiler *nahezu stabil* arbeitet, gilt als *Richtwert für die ingenieur-technische Bestimmung* zur Dimensionierung des Querstromes

$$I_q \approx 10 \cdot I_{BA} \tag{3.66}$$

Merke:

Die Funktion des Transistors ist unverändert. Die Berechnung von I_{BA} aus I_{CA} ist wie bisher möglich, da die Kennlinien weiter gültig und nutzbar zur Konstruktion des Arbeitspunktes mit Basisvorwiderstand sind.

Konstruktion des Arbeitspunktes mit Basisspannungsteiler

Bei einem eingesetzten Eingangsspannungsteiler wird die Arbeitspunktkonstruktion in gleicher Weise wie bei der Schaltung mit einem Basisvorwiderstand durchgeführt, nur das nun die Eingangsbeschaltung zur Arbeitspunktfixierung nicht durch einen Widerstand R_B, sondern über die beiden Spannungsteilerwiderstände R_1, R_2 vollzogen wird. Ausgangsseitig ist die Bearbeitung gleich. Somit ergibt sich nur eine Änderung im Eingangskennlinienfeld.

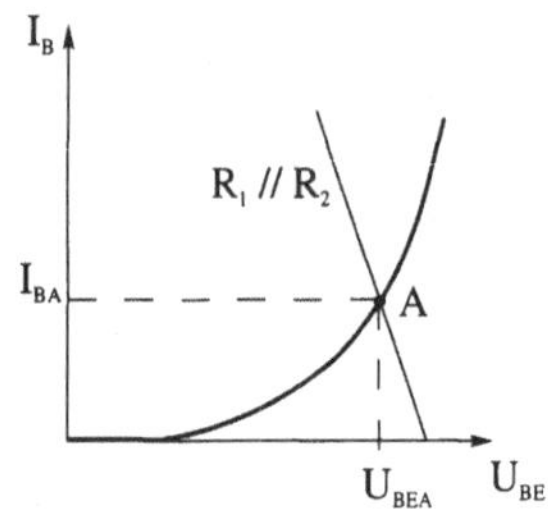

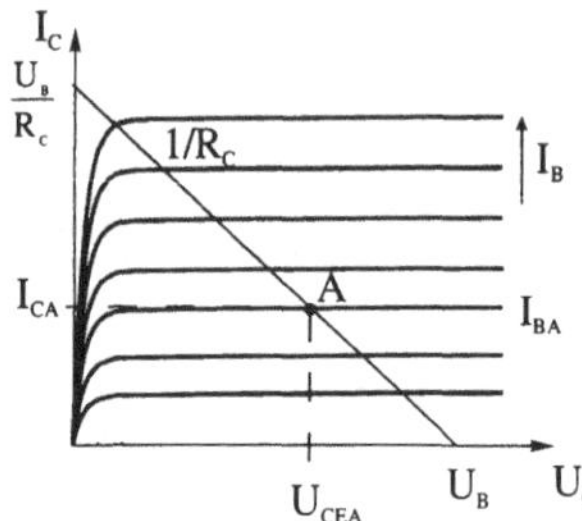

Bild 3.55 Eingangs- und Ausgangskennlinienkonstruktion

Berechnung der Bauelemente

Es erfolgt wieder aus der Ausgangsmasche (vgl. Berechnung zum Basisvorwiderstand) die Bestimmung von R_C, nachdem die Arbeitspunktbedingungen und somit U_{CEA} und I_{CA} bekannt sind.

$$R_C = \frac{U_B - U_{CEA}}{I_{CA}} \tag{3.67}$$

Bei maximaler Aussteuerbarkeit und Zulässigkeit der bereits gemachten Näherung, ergibt sich vereinfacht: $R_C \cong \frac{U_B}{2 \cdot I_{CA}}$. Natürlich gilt wieder der Weg über den Transistor und die Nutzung der Stromverstärkung $I_{BA} = \frac{I_{CA}}{B}$. Da gemäß der gemachten Betrachtung zum Querstrom $I_q \approx 10 \cdot I_{BA}$ gelten soll, ergibt sich für die eingangsseitigen Widerstände des Spannungsteilers:

$$R_1 = \frac{U_B - U_{BEA}}{I_{R1}} = \frac{U_B - U_{BEA}}{I_{BA} + I_q} \approx \frac{U_B - U_{BEA}}{11 \cdot I_{BA}} \tag{3.68}$$

$$R_2 = \frac{U_{BEA}}{I_q} \approx \frac{U_{BEA}}{10 \cdot I_{BA}} \tag{3.69}$$

Bewertung der Schaltung mit Basisvorwiderstand und -spannungsteiler

Vorteil:

Die Widerstände stellen eine einfache Lösung der Arbeitspunkteinstellung dar.

Nachteile:

Diese Einstellung des Arbeitspunktes ist recht kritisch, da sich I_C exponentiell zu U_{BE} bewegt. Somit muss eine exakte Einstellung möglich sein.

Daraus resultiert die Empfehlung, dass R_B bei Schaltungslösung a) und R_2 bei Schaltungsvariante b) als eine Kombination aus einem Festwiderstand (ca. 90% des errechneten Wertes) und aus einem Potentiometer (ca. 20% des errechneten Wertes) ausgeführt wird. Mit dem so entstandenen Einstellbereich ist einmal eine leichte Verstellung und genaue Einstellung erreichbar und weiterhin sind eventuelle Bauelementeschwankungen ausgleichbar. Ein weiterer Nachteil ist, dass der Arbeitspunkt stark temperaturabhängig ist und sich ein sehr niedriger Eingangswiderstand abbildet. Diese Nachteile haben zur Folge, dass jede Schaltung (auch bei Serienfertigung !) *einzeln* ausgemessen und *einzeln* abgeglichen werden muss. Die thermische Instabilität des Arbeitspunktes bringt vor allem im Dauerbetrieb und natürlich bei Temperaturschwankungen Probleme. Daraus leitet sich eindeutig die Aufgabe ab, dass eine Stabilisierung notwendig ist und schaltungstechnisch realisiert werden muss, um einen sicheren Betrieb zu garantieren.

3.3.3 Stabilisierung des Arbeitspunktes

Der Grundgedanke zielt darauf hin, dass die *Einbeziehung des Ausgangssignals* in die Arbeitspunkteinstellung erfolgen muss, um ein Abwandern des eingestellten Arbeitspunktes zu erkennen und zu verhindern. Prinzipiell ergeben sich zwei Lösungsmöglichkeiten, die aber nie gleichzeitig angewendet werden dürfen.

Die *Spannungsgegenkopplung,* auch als Spannungs-Strom-Gegenkopplung bezeichnet, erfolgt in der Art, dass die Ausgangsspannung abgegriffen wird und regelnd auf den Basisstrom einwirkt.

Die *Stromgegenkopplung*, auch Strom-Spannungs-Gegenkopplung bezeichnet, erfolgt über die Kontrolle des Emitterstroms, der auf das Basis-Emitter-Potential wirkt, das wiederum über die Kennlinie des Transistors auf die Größe des Basisstromes Einfluss hat.

3.3.3.1 Stabilisierung mit Spannungsgegenkopplung

Um den Abgriff und damit die Kontrolle über die Ausgangsspannung zu erhalten, wird der Basisvorwiderstand R_1 nicht mehr direkt an die konstante Betriebsspannung U_B gelegt, sondern der Anschluss erfolgt jetzt auf das Ausgangspotential U_{CE} und somit an den Kollektor des Transistors. Für den Fall des Weglaufens des Arbeitspunktes ändert sich das Potential am Kollektor. Das zieht nach sich, dass der Spannungsabfall über R_1 geändert wird. Somit folgt ebenfalls der Strom durch R_1 proportional zur Spannung. Dieser Strom ist aber gleichzeitig I_B des Transistors und folglich wird über dessen Kennlinien der Ausgangsstrom nachgeregelt. Diese Schaltung wirkt sowohl für Gleich- als auch für Wechselsignale. Zur Veranschaulichung der Stabilisierungswirkung sollen folgende Näherungsansätze dienen:

Da $I_C >> I_B$ und U_B sowie R_C als konstant angesehen werden können, kann angesetzt werden:

$$U_B \cong I_C \cdot R_C + U_{CE}$$

und es ergibt sich:

$$\Delta I_C \approx \frac{\Delta U_{CE}}{R_C}$$

In Analogie kann weiter angesetzt werden:

$$I_B = \frac{U_{CE} - U_{BE}}{R_1} \quad \text{und} \quad \Delta I_B \approx \frac{\Delta U_{CE}}{R_1}$$

Weiterhin kann U_{BE} für den ausgewählten Arbeitspunkt als konstant angenommen werden, was folgende Schlüsse aus den vorangegangenen Ansätzen zulässt:

Aus den Näherungen $\Delta I_C \approx \frac{\Delta U_{CE}}{R_C}$ und $I_B = \frac{U_{CE} - U_{BE}}{R_1}$ ergibt sich der Zusammenhang:

$$\Delta I_B \approx -\frac{R_C}{R_1} \Delta I_C \qquad (3.70)$$

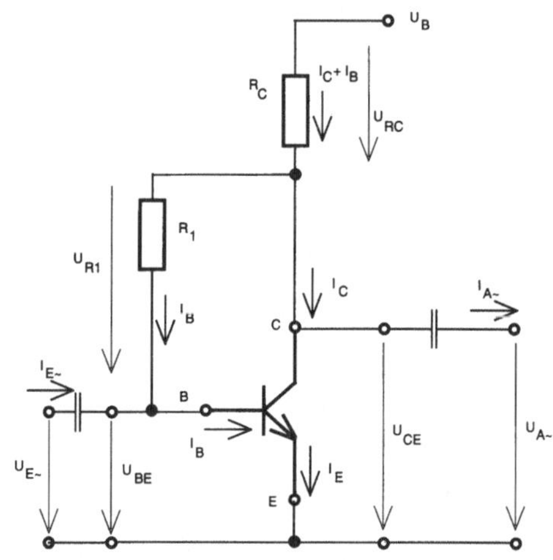

Bild 3.56 Grundschaltung der Spannungsgegenkopplung

Dazu steht der Vergleich aus dem Verhalten des stromgesteuerten Transistors $I_B \approx \frac{I_C}{B}$.

Merke:

Das R_C / R_1 -Verhältnis stellt den Rückkopplungsgrad dar.

Die stabilisierende Wirkung ist um so besser, je größer das R_C / R_1 -Verhältnis ist.

Dimensionierung der Bauelemente im Vergleich zur nichtrückgekoppelten Variante:

Der Basiswiderstand wird nun berechnet nach:

$$R_1 = \frac{U_{CEA} - U_{BEA}}{I_{BA}} \qquad \left(\text{vgl. ohne Kompensation: } R_1 = \frac{U_B - U_{BEA}}{I_{BA}}\right) \qquad (3.71)$$

Über den Ansatz $R_1 = \frac{U_B - U_{RC} - U_{BEA}}{I_{BA}} = \frac{U_B}{I_{BA}} - \frac{U_{RC}}{I_{BA}} - \frac{U_{BEA}}{I_{BA}}$ und unter den Annahmen, dass $U_{CEA} = U_B - U_{RC}$ und den Vereinfachungen unter den Bedingungen $U_B >> U_{BEA}$ und $I_C >> I_B$ gilt, folgt für den Basiswiderstand:

$$R_1 \approx B \cdot \left(\frac{U_B}{I_{CA}} - R_C \right) \qquad (3.72)$$

Unbedingt zu beachten ist bei der rückgekoppelten Schaltung, dass zur Berechnung für den Kollektorwiderstand jetzt der Basisstrom ebenfalls anzusetzen ist. So ergibt sich:

$$R_C = \frac{U_B - U_{CEA}}{I_{CA} + I_{BA}} \qquad (3.73)$$

Wenn nun wieder die vereinfachende Annahme $I_C >> I_B$ gilt, so erreicht man näherungsweise wieder:

$$R_C \cong \frac{U_B - U_{CEA}}{I_{CA}}$$

Da bei der bisherigen Lösung immer eine Rückkopplung aller Signale, also Gleich- und Wechselsignale, erfolgt, ist das Ziel nicht gut erreicht, denn es soll ja nur der Arbeitspunkt stabilisiert werden und nicht das zu verstärkenden Signal beeinträchtigt werden. Aus diesem Gedanken heraus, muss eine Lösung für nur Gleichspannungs-Arbeitspunktstabilisierung gesucht werden. D.h. es müssen die Wechselsignale aus der Rückkopplung ausgeschlossen werden. Die Wechselsignale, die als Nutzsignale verstärkt werden sollen, dürfen nicht rückgekoppelt werden. Bild 3.57 zeigt eine derartige Lösung. Der Kondensator leitet in der Rückkoppelschleife die Wechselanteile gegen Masse und somit werden diese nicht an die Basis zurückgeführt.

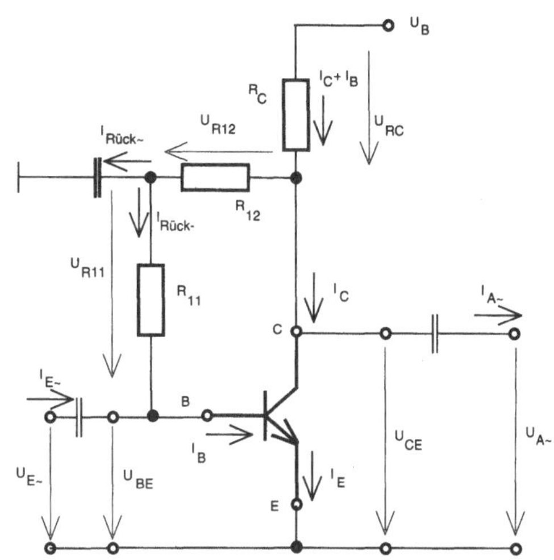

Bild 3.57 Grundschaltung der Gleichspannungsgegenkopplung

3.3.3.2 Stabilisierung mit Stromgegenkopplung

Die zweite Möglichkeit der Rückkopplung stellt die Strom- bzw. Strom-Spannungs-Gegenkopplung dar. Der Grundgedanke liegt in der Überwachung des Emitterstroms durch den Einbau des Widerstandes R_E. Der Strom I_E erzeugt an dem Widerstand R_E einen Spannungsabfall U_{RE}, der proportional dem durchfließenden Strom ist. Da am Eingang ein Basisspannungsteiler mit R_1, R_2 aufgebaut ist, hält dieser, da I_q=konst. und $I_q >> I_{BA}$ ist, das Potential gemäß der Spannungsteilerregel fest. Somit steht das Potential über R_2 *nahezu* fest.

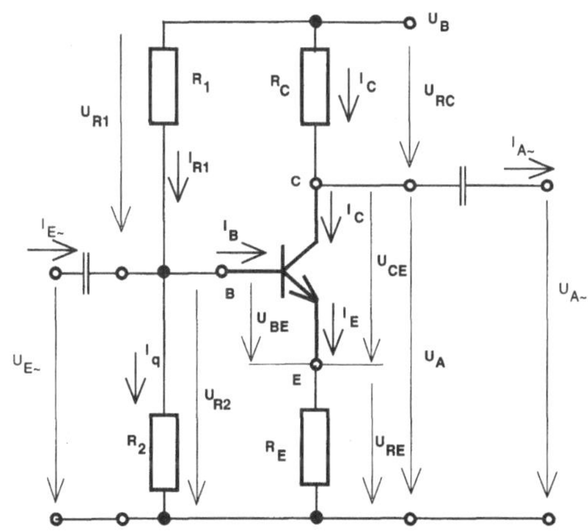

Bild 3.58 Grundschaltung der Stromgegenkopplung

Wird nun durch eine Veränderung des Emitterstroms der Spannungsabfall über R_E verändert, ändert sich gemäß der Maschenregel auch die Spannung U_{BE} über der Basis-Emitter-Strecke gegenläufig zu U_{RE} (vgl. Gl. 3.76). Aus der Transistorfunktion (siehe Eingangskennlinienfeld) folgt aus der Veränderung von U_{BE} eine Veränderung von I_B. Aus dem gegenläufigen Verhalten von U_{RE} und U_{BE} ergibt sich die Funktion der Rückkopplung. Im Bild 3.58 ist eine entsprechende Anwendungsschaltung dargestellt. Diese Schaltung bezieht sich hier auf alle Gleich- und Wechselsignale im Verstärker. Das ist, wie auch bei der Spannungsgegenkopplung nicht das gewollte Ziel, denn es soll nur der Arbeitspunkt stabilisiert werden. Diese Schaltung bezieht wieder das zu verstärkende Signal mit ein und schwächt somit das verstärkte Ausgangssignal mit ab. Aus dieser Schaltung lassen sich ausgangs- und eingangsseitig folgende Ansätze ableiten:

Ausgangsmasche $$U_B = U_{RC} + U_A = U_{RC} + U_{CE} + U_{RE} \qquad (3.74)$$

Eingangsmasche $$U_B = U_{R1} + U_{R2} \qquad (3.75)$$

$$U_{R2} = U_{BE} + U_{RE} \quad \text{bzw.} \quad U_{BE} = U_{R2} - U_{RE} \qquad (3.76)$$

Um die Funktion der Rückkopplung nochmals nachvollziehen zu können, sollen folgende Überlegungen helfen. Nach einem bereits eingestellten Arbeitspunkt folgt dessen Veränderung (Abdriften) und es sei der folgende Verlauf mit den entsprechenden Schritten zu untersuchen. Wenn I_C steigt, so steigt auch I_E und damit ebenfalls auch U_{RE}. Zwischen Basis und Masse liegt über R_2 die Spannung U_{R2}, die durch den Querstrom I_q festgehalten wird. Folglich muss bei steigender U_{RE} dann U_{BE} absinken. Der Transistor regelt der Funktion seiner Eingangskennlinien folgend auf einen kleineren I_B. Diese Basisstromreduzierung bewirkt sofort einen kleineren I_C, was bedeutet, dass der vorher erhöhte Kollektorstrom zurückgeführt wird. Damit ist die stabilisierende Wirkung erreicht.

Aus den Gln. 3.75 und 3.76 ergibt sich:

$$U_{BE} \approx \frac{R_2}{R_1 + R_2} \cdot U_B - I_E \cdot R_E \qquad (3.77)$$

Mit der Vereinfachung $I_E = I_B + I_C \cong I_C$, die bei großen Werten von B wegen $I_C >> I_B$ zulässig ist, kann festgestellt werden:

$$\Delta U_{BE} \approx -R_E \cdot \Delta I_C \quad \text{bzw.} \quad \Delta U_{BE} \approx \frac{R_E}{R_C} \cdot \Delta U_A \qquad (3.78)$$

Merke:

Das R_E / R_C -Verhältnis stellt den Rückkopplungsgrad dar.

Die stabilisierende Wirkung ist um so besser, je größer das R_E / R_C -Verhältnis ist.

Begrenzt wird die Größe von R_E dadurch, dass man mit ihm auch den notwendigen Aussteuerbereich beeinflusst und dass über diesen auch eine Verlustleistung entsteht. Folgende Kriterien sind zu beachten:

1. Als *ingenieur-technischen Richtwert* kann man als praxistaugliche Lösung annehmen:

   $$U_{RE} \approx 0{,}1 \cdot U_B \qquad (3.79)$$

2. Der entstehende Spannungsabfall über R_E sollte nicht kleiner als 1 V im Arbeitspunkt gewählt werden.
3. Für den Querstrom I_q wird als günstiger, praxistauglicher *ingenieur-technischen Richtwert* die bereits genannte Vereinbarung $I_q \approx 10 \cdot I_{BA}$ empfohlen.

Dabei wird der Eingangsspannungsteiler nahezu unabhängig von I_B-Schwankungen und andererseits wird der Querstrom nicht zu groß und belastet die Betriebsspannungsquelle U_B nicht wesentlich. Auch werden die Werte für R_1, R_2 nicht zu klein, was sich weiter noch auf den Eingangswiderstand der gesamtem Schaltung negativ auswirken würde. Für die Dimensionierung der Bauelemente gelten folgende formelle Ansätze:

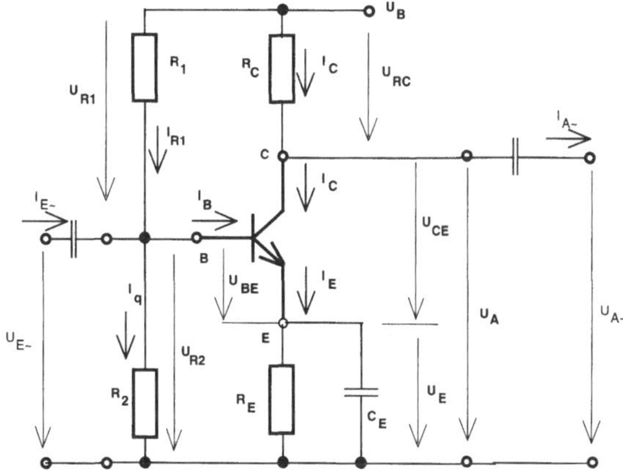

Bild 3.59 Grundschaltung der Gleichstromgegenkopplung

$$R_1 = \frac{U_B - (U_{BEA} + U_{RE})}{I_{BA} + I_q} \approx \frac{U_B - (U_{BEA} + U_{RE})}{11 \cdot I_{BA}} \tag{3.80}$$

Bei der Anwendung der Näherungen $I_q \approx 10 \cdot I_{BA}$ und $I_C >> I_B$ folgt weiter:

$$R_2 = \frac{U_{BEA} + U_{RE}}{I_q} \cong \frac{U_{BEA} + U_{RE}}{10 \cdot I_{BA}} \tag{3.81}$$

$$R_C = \frac{U_B - (U_{CEA} + U_{RE})}{I_{CA}} \tag{3.82}$$

$$R_E = \frac{U_{RE}}{I_{CA} + I_{BA}} = \frac{U_{RE}}{(B+1) \cdot I_{BA}} \approx \frac{U_{RE}}{B \cdot I_{BA}} \tag{3.83}$$

Die bisherige Schaltungslösung nach Bild 3.58 zeigt, wie bereits gesagt, den Nachteil, dass alle, also Gleich- und Wechselsignale in die Rückkopplung einbezogen werden. Das ursprügliche Ziel war es aber, nur die Gleichsignale, die für die Arbeitspunkteinstellung und dessen Stabilisierung notwendig sind, in die Gegenkopplung einzubeziehen. Die Wechselsignale sind ungehindert durchzulassen. Mit der Änderung im Bild 3.59 gegenüber Bild 3.58 ist das möglich. Die Wechselstromsignale werden nun nicht mehr rückgekoppelt, da der Kondensator C_E den Emitterwiderstand R_E bei Wechselsignalen überbrückt. Hierbei ist allerdings zu beachten, dass der Wert von C_E recht groß sein sollte, damit der komplexe Widerstand von $Z_E = R_E \,||\, C_E$ schon bei niedrigen Frequenzen gegen Null geht.

Driftverstärkung

In vielen Quellen und Berechnungen taucht bei Betrachtungen von Stabilitätsproblemen und bei Rückkopplungen der Begriff der *Drift-(Spannungs-)verstärkung* auf. Die Driftverstärkung ist ein Maß für die Stabilität und stellt das betragsmäßige Verhältnis der Änderung der Ausgangsspannung zur Änderung der Eingangsspannung dar. Je kleiner die Driftverstärkung ist, desto besser ist die Stabilität.

$$V_D = \left| \frac{\Delta U_{Ausgang}}{\Delta U_{Eingang}} \right| \tag{3.84}$$

Für die zwei Arten der Rückkopplungen werden folgende Betrachtungen angestellt:

Spannungsrückkopplung

Aus dem Schaltbild 3.60 sind folgende Beziehungen herauszulesen:

$$U_{CE} = U_{R1} + U_{R2}$$

mit $U_{BE} = U_{R2}$

Die Driftverstärkung ist für diese Schaltung definiert als:

$$V_D = \left|\frac{\Delta U_{CE}}{\Delta U_{BE}}\right| = \left|\frac{U_{R1} + U_{R2}}{U_{R2}}\right| \tag{3.85}$$

Damit ergibt sich die Lösung:

$$V_D = \frac{R_1 + R_2}{R_2} = 1 + \frac{R_1}{R_2} \tag{3.86}$$

Als Ergebnis dieser Betrachtung ist zu erkennen, dass für die Driftverstärkung die Größen der beiden Widerstände des Eingangsspannungsteiler entscheidend sind.

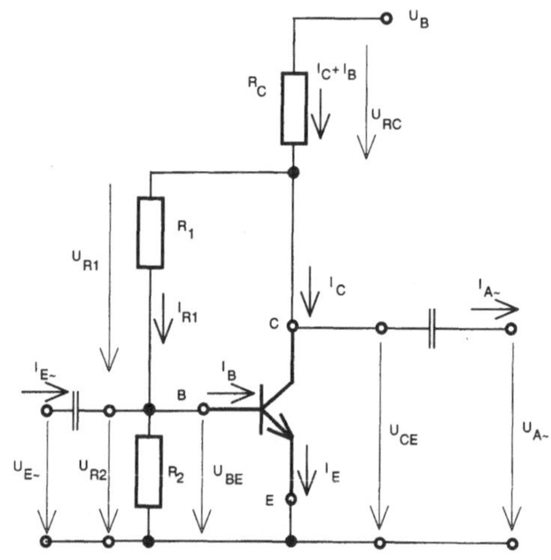

Bild 3.60 Spannungsrückkopplung

Stromrückkopplung

Für die Schaltung nach Bild 3.61 leitet sich die Driftverstärkung nach den Beziehungen $V_D = \left|\frac{\Delta U_A}{\Delta U_{R2}}\right|$ her. Da für diese Betrachtung folgender Ansatz für die Rückkopplung gelten soll $U_{R2} = U_{BE} + U_{RE}$ folgt mit $U_{R2} =$ konstant weiter:

$$|\Delta U_{BE}| = |\Delta U_{RE}|$$

Mit der weiteren Annahme, dass der Transistor eine hohe Stromverstärkung B hat, kann weiterhin vereinfacht werden und es folgt nun mit

$$|\Delta U_{RE}| = \Delta I_E \cdot R_E \approx \Delta I_C \cdot R_E$$

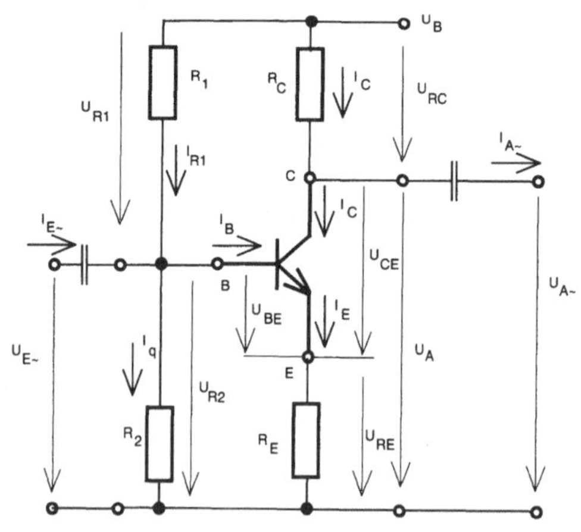

Bild 3.61 Stromrückkopplung

als Gesamtergebnis die Driftverstärkung zu:

$$V_D = \left|\frac{\Delta U_A}{\Delta U_{BE}}\right| \approx \frac{\Delta I_C \cdot R_C}{\Delta I_C \cdot R_E} = \frac{R_C}{R_E} \tag{3.87}$$

Daraus lässt sich zeigen, wie hier eben bewiesen wurde, dass bei der Stromgegenkopplung nicht die Eingangsbeschaltung, sondern das Verhältnis zwischen Kollektor- und Emitterwiderstand ausschlaggebend ist.

3.3.4 Betrachtung der Arbeitspunkteinstellung beim Schalterbetrieb

Auch bei der Anwendung des Transistors als digitales Schaltelement muss man die Frage nach dem Arbeitspunkt stellen. Wie bereits aus der Einführung zur Verstärkerbetrachtung bekannt ist, stellt man an den Schalter andere Forderungen als an den Verstärker bezüglich der Signalübertragung. Der Grundgedanke bezieht sich darauf, dass nur zwei Zustände benötigt werden und keine Verzerrungsfreiheit garantiert werden muss. Dafür ist ein wesentliches Kriterium, dass ein schnelles Schalten von EIN- in den AUS-Zustand und zurück erfolgen sollte. Um das zu realisieren, ist eine Übersteuerung der Schaltung notwendig. Übersteuerung bedeutet aber, dass mehr Strom in die Basis hineingeschickt werden muss als über die Stromverstärkung transformiert an Kollektorstrom benötigt würde.

Daraus folgt, es gilt nun eben *nicht* $I_B = \frac{I_C}{B}$, *sondern* $I_B > \frac{I_C}{B}$.

Für die zwei Schaltzustände folgen somit zwei klare Aussagen.

Schalter EIN: $I_C = N \cdot B \cdot I_B$ (3.88)

Dabei ist N der *Übersteuerungsfaktor*, und er bewegt sich i.A. im Bereich von 0,2..0,5. Höhere oder niedrigere Übersteuerungen sind in der Regel nicht sinnvoll. Für die Ausgangs- und Eingangsspannungen ergeben sich dann etwa folgende Werte für Si-Transistoren:

$U_{CE} = U_{CEX} \leq 0{,}3\text{V}$ und $U_{BE} = U_{BEX} \geq 0{,}7\text{V}$.

Nachdem sich im ersten Zustand ein möglichst starkes Leiten und eine weite Näherung an einen geschlossenen mechanischen Schalter ergeben sollte, folgt im zweiten Zustand demnach ein volles Sperren des Transistors und somit sind folgende Feststellung zulässig.

Schalter AUS: $I_C = 0$ $U_{CE} = U_{CEY} = U_B$ und $U_{BE} = U_{BEY} \leq 0{,}3\text{V}$ (3.89)

Betrachtet man nun das Ausgangskennlinienfeld im Bild 3.62 so sind 3 Punkte wesentlich und interessant. Punkt 1 liegt auf der Sperrgrenze. Der Punkt 2 steht bei dieser gewählten Generatorgerade auf dem Grenzpunkt zwischen Arbeits-(Verstärker-) und dem Sättigungsbereich. Der Punkt 3 stellt das Übersteuerungsmaximum dar und liegt auf der letzten Kennlinie des Transistors mit dem höchsten Basisstrom. Daraus lassen sich die beiden Schaltpunkte festlegen. Der Punkt für den AUS-(Y)-Zustand liegt bei Punkt 1 und der EIN-(X)-Zustand muss sich zwischen den Punkten 2 und 3 befinden, wobei die Nähe von Punkt 3 anzustreben ist. Eine weitere Betrachtung kommt unter dem Punkt des Schalterbetriebes (Kapitel 3.5).

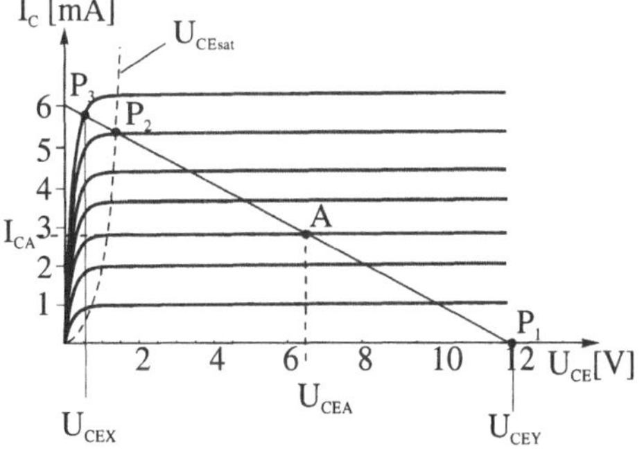

Bild 3.62 Kennlinienfeld für Schalterbetrieb

3.3.5 Wechselstromverhalten

Um überhaupt die Betrachtung zu den einzelnen Ersatzschaltbildern durchführen zu können, muss man erst eine grundsätzliche Frage klären. Es ist bei diesen Betrachtungen wohl zu erwarten, dass vor allem unterschiedliche kapazitive Wirkungen eine Rolle spielen werden. Diese müssen sich in Bezug auf ihre Wirkung im Verstärkungsprozess in den einzelnen Ersatzschaltbildern widerspiegeln. Prinzipiell muss man das Verhalten bei Gleichsignalen, so wie es bei der Arbeitspunkteinstellung vollzogen wurde, und bei Wechselsignalwirkungen, was der eigentlichen Verstärkung unserer Nutzsignale entspricht, getrennt untersuchen. Bei der Wechselstromsignalbetrachtung hat sich eine *Dreiteilung in einzelne Funktionsbereiche* als sehr nützlich erwiesen. Bevor man nun die Ersatzschaltbilder herleitet, soll die Unterteilung genauer untersucht werden.

a) Gleichstrom-Betrachtung

Bei der Gleichstrombetrachtung ist die Frequenz f=0. Dementsprechend stellen alle Kondensatoren bzw. kapazitive Wirkungen einen unendlichen Blindwiderstand X_C dar. Somit kann über diese Kapazitäten kein Signalfluss erfolgen.

b) Wechselstrom-Betrachtung

Bei der Betrachtung von Wechselsignalen und deren Wirkung in einer Schaltung und in den Bauelementen hat sich die bereits genannte Einteilung in 3 Frequenzbereiche als sehr praktisch und gut nutzbar erwiesen. An dieser Stelle sei gleich darauf verwiesen, dass je nach dem Anwendungsfall den 3 Bereichen bestimmte Frequenzbereiche zugeordnet werden. Es gibt keine Standardfestlegung. Es erfolgt nur eine Einteilung in niedrige, mittlere und hohe Frequenzen. Um den Sinn dieser Einteilung richtig zu erkennen, soll die Schaltung im Bild 3.63 eine Hilfestellung bieten. Aus den Grundlagen der Bauelemente Diode und Transistor ist bekannt, dass sich im gesperrten pn-Übergang die sogenannte Sperrschichtkapazität aufbaut. Durch die Inhomogenitäten bilden sich Diffusionskapazitäten, die alle Kondensatoren mit relativ geringen Kapazitäten darstellen. Diese und die Koppelkondensatoren im Ein- und Ausgang der Gesamtschaltung werden bestimmte Wirkungen hinterlassen, die in der Dreiteilung untersucht werden sollen.

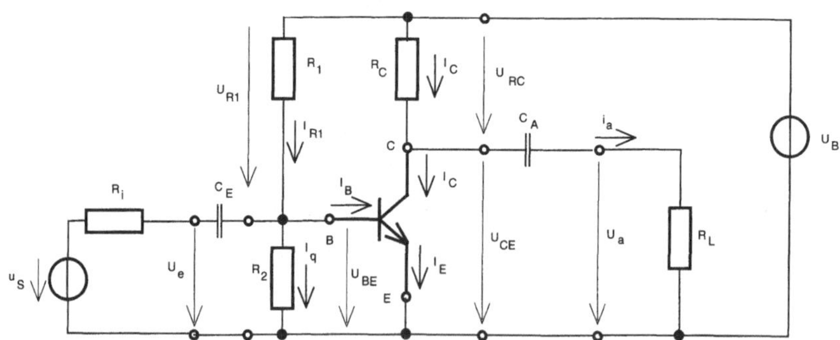

Bild 3.63 Emitterschaltung mit Basisspannungsteiler

Niedrige Frequenzen

Die kleinen Kondensatoren im Transistor (Sperrschicht- und Diffusionskapazitäten) werden einen extrem hohen Blindwiderstand liefern und können als $X_C \to \infty$ angesehen werden. Die Koppelkondensatoren am Ein- und Ausgang haben in Bezug auf die Transistorkapazitäten einen relativ großen Kapazitätswert und sind so in die Berechnung einzubeziehen. Auch sind diese bei derartigen Schaltungen für die untere Grenzfrequenz verantwortlich.

Mittlere Frequenzen

Die mittleren Frequenzen werden so definiert, dass die kleinen Kapazitäten im Transistor noch nicht wirken und weiter unendliche Blindwiderstände darstellen $X_C \to \infty$. Die Koppelkondensatoren in der Schaltung (Kondensatoren zur Signalein- und -auskopplungen) wirken sich durch die Größe der Kapazität so aus, dass deren Blindwiderstand gegen Null läuft $X_C \to 0$. Damit kann die Vereinfachung erfolgen, dass die Transistorkapazitäten ausscheiden und die Koppelkondensatoren durch eine Drahtbrücke ersetzt werden können. Das vereinfacht die Berechnung erheblich. Auch wird sich zeigen, dass in diesem Frequenzbereich die Verstärkungen am größten sind und somit hier die Grundberechnungen erfolgen werden.

Hohe Frequenzen

Bei hohen Frequenzen wirken alle äußeren Kondensatoren wieder mit einem Blindwiderstand $X_C \to 0$. Sie können nun als Drahtbrücke angesehen werden. Jetzt wirken aber die internen im Transistor befindlichen Kapazitäten mit ihren wahren Werten auf die Schaltung. Das hat zur Folge, das sich unerwünschte Strompfade aufbauen, die die Verstärkung erneut behindern und begrenzen. In diesem Bereich, dass das dynamische Verhalten beschreibt, ist die obere Grenzfrequenz der Schaltung, die vom Transistor bestimmt wird, berechenbar. Weiterhin sind hier die Schaltzeiten für den Schalterbetrieb berechen- und messbar.

3.3.5.1 Wechselstrom-Ersatzschaltbild

Aus den eben vollzogenen Bereichseinteilungen ist klar zu erkennen, dass sich für jeden Be reich ein eigenes Ersatzschaltbild ableiten lässt. Die allgemein bekannte Definition für das Wechselstrom- bzw. Wechselspannungsersatzschaltbild ist ungenau und müsste noch exakterweise den Frequenzbereich (niedrig, mittel, hoch) kennzeichnen. Allgemein kann gesagt werden, dass oft unter dem Begriff "Wechselstrom-Ersatzschaltbild" eigentlich das Ersatzschaltbild für mittlere Frequenzen gemeint ist. Im folgenden Teil soll nun aus der Schaltung des Bildes 3.63 das Wechselstrom-Ersatzschaltbild für mittlere Frequenzen abgeleitet werden.

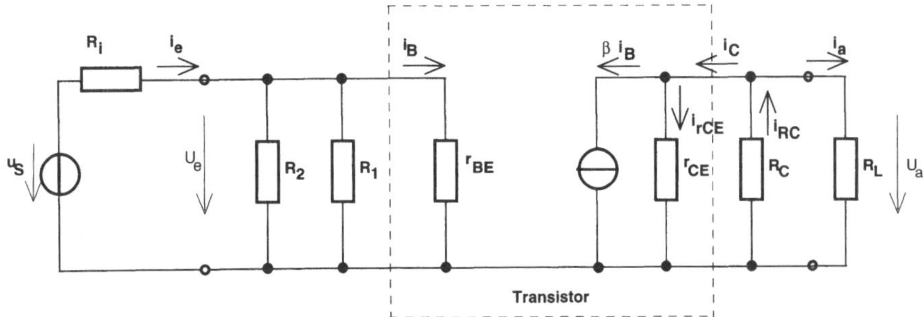

Bild 3.64 Wechselspannungsersatzschaltbild für mittlere Frequenzen

Aus diesem Ersatzschaltbild ist zu ersehen, dass bei dieser Betrachtung die Koppelkondensatoren im Schaltungsein- und -ausgang als Brücke ersetzt werden. Die kleinen inneren Kapazitäten des Transistors greifen noch nicht in das Signalgeschehen ein. Weiter ist ein ganz wesentlicher Fakt, dass die Gleichspannungsquellen einen internen Quellenwiderstand (nicht Innenwiderstand !) von Null haben und somit bei dieser Betrachtung als Brücke dargestellt werden. Somit "klappen" R_1 und R_C herunter. Eine Stromquelle hat hingegen einen unendlichen Quellenwiderstand und ihr realer Innenwiderstand liegt parallel (vgl. Kapitel 1).

3.3.5.2 Verstärkungsberechnung bei Wechselsignalen

Hier werden die Berechnungen zur *Strom- und Spannungsverstärkung der Transistorstufe* behandelt, wobei immer die Lage der Bezugspunkte (Ein- und Ausgangssignal) und das Verhalten kapazitiv wirkender Bauelemente genau zu analysieren ist. Um einmal die maximalen Verstärkungswerte zu erhalten und auch die einfachste Schaltungsversion als Grundlage zu nehmen, wird auf den mittleren Frequenzbereich zurückgegriffen.

a) Spannungsverstärkung

Die Spannungsverstärkung ist immer das Verhältnis zwischen Ausgangsspannung zu Eingangsspannung, wobei diese dann nicht durch Spannungswerte ausgedrückt werden sollen, sondern durch für den Bereich feste Werte wie Bauelementegrößen und Parameter des Transistors. Somit ergibt sich allgemein für die Spannungsverstärkung:

$$V_u = \frac{u_a}{u_e} \tag{3.90}$$

Um die Transistorfunktion des stromgesteuerten Bauelementes mit einzubeziehen und eine Verbindung zwischen Basis und Kollektor herzustellen, wird der Begriff des *generierten Kollektorstromes* $i_{CG} = \beta \cdot i_B$ eingeführt. Er stellt die Verbindung von Basisstrom zu dem Strom, der im Bauelement auf der Ausgangsseite generierter wird, her. Er ist *nur in Näherung* mit dem Strom am Kollektoranschluss gleichzusetzen.

In weiteren Schritten ist die Ausgangs- und Eingangsspannung durch Bauelementeparameter zu ersetzen, wobei gleichzeitig der Gedanke gepflegt wird, dass in beiden Spannungsansätzen dann der Basistrom auftritt und herausgekürzt werden kann.

Ausgangsbeziehung: $$u_a = i_{ages} \cdot r_{ages} \tag{3.91}$$

Mit den Beziehungen $r_{ages} = r_{CE} \parallel R_C \parallel R_L$ und $i_{ages} = -i_{CG}$ ergibt sich $u_a = -i_{CG} \cdot (r_{CE} \parallel R_C \parallel R_L)$ und somit:

$$u_a = -i_B \cdot \beta \cdot (r_{CE} \parallel R_C \parallel R_L) \tag{3.92}$$

Im Eingangsbereich wird in gleicher Weise verfahren. So ergibt sich durch die parallele Lage von R_1, R_2, r_{BE}:

Eingangsbeziehungen: $$i_B = \frac{u_e}{r_{BE}} \quad \text{bzw.} \quad u_e = i_B \cdot r_{BE} \tag{3.93}$$

So folgt für die *Spannungsverstärkung:*

$$V_u = \frac{u_a}{u_e} = -\beta \cdot \frac{r_{CE} \parallel R_C \parallel R_L}{r_{BE}} \tag{3.94}$$

Betrachtet man die Werte von R_C, R_L, r_{CE}, so zeigt sich, dass die *folgende Näherung* wegen $R_C, R_L \ll r_{CE}$ durchaus zulässig ist:

$$V_u \cong -\beta \cdot \frac{R_C \parallel R_L}{r_{BE}} \tag{3.95}$$

Merke:

Zwischen Eingangs- und Ausgangsspannung besteht eine Phasenverschiebung von 180°, die durch das negative Vorzeichen gekennzeichnet wird.

b) Stromverstärkung:

Nach analogem Schema wird nun die Stromverstärkung betrachtet.

$$V_i = \frac{i_a}{i_e} \tag{3.96}$$

Es ist wieder genau auf die Lage der Beziehungspunkte von Ein- und Ausgangswert zu achten.

Eingangsstrom der Schaltung: $i_e = \frac{u_e}{r_e}$ mit $r_e = R_1 \parallel R_2 \parallel r_{BE}$

$$i_e = \frac{u_e}{R_1 \parallel R_2 \parallel r_{BE}} \tag{3.97}$$

Da die Widerstandswerte des Eingangsspannungsteilers R_1, R_2 wesentlich höher sein sollten als der Basis-Emitter-Widerstand, ist der abfließende Strom über diesen Spannungsteiler sehr gering und somit kann als die Näherung $R_1, R_2 >> r_{BE}$ und somit

$$i_e \cong i_B = \frac{u_e}{r_{BE}} \tag{3.98}$$

angesetzt werden. Ist diese Näherung nicht möglich, so ist zwischen i_e und i_B die Stromteilerregel anzuwenden, da für die Ausgangsbetrachtung der Bezug auf i_B einzubeziehen ist. Für die Betrachtung des Ausgangsstromes muß ein Bezug auf den Eingangsstrom hergestellt werden, so dass keine Spannungen oder Ströme im Ansatz übrigbleiben.

Ausgangsstrom der Schaltung:

$$i_a = -\beta \cdot i_B \cdot \frac{r_{CE} \parallel R_C \parallel R_L}{R_L} \tag{3.99}$$

Eingesetzt erhält man dann für die *Stromverstärkung*:

$$V_i = \frac{i_a}{i_e} = -\beta \cdot \frac{r_{CE} \parallel R_C \parallel R_L}{R_L} \tag{3.100}$$

Da die am Ausgang der Verstärkerstufe angeschlossenen Widerstände R_C, R_L meist erheblich kleiner sind als der Kollektor-Emitter-Widerstand r_{CE}, kann wieder eine Vereinfachung aus $R_C \parallel R_L << r_{CE}$ angesetzt werden:

$$V_i \approx -\beta \cdot \frac{R_C}{R_C + R_L} \tag{3.101}$$

c) Leistungsverstärkung

Gemäß der Definition ergibt sich die Leistungsverstärkung aus dem Produkt aus Spannungs- und Stromverstärkung zu:

$$V_p = V_u \cdot V_i \tag{3.102}$$

$$V_P = \frac{u_a}{u_e} \cdot \frac{i_a}{i_e} = \left(-\beta \cdot \frac{r_{CE} \parallel R_C \parallel R_L}{r_{BE}} \right) \cdot \left(-\beta \cdot \frac{r_{CE} \parallel R_C \parallel R_L}{R_L} \right) \tag{3.103}$$

Unter Anwendung der Näherungen vereinfacht sich die Lösung zu:

$$V_P \cong \beta^2 \cdot \left(\frac{R_C || R_L}{r_{BE}} \right) \cdot \left(\frac{R_C}{R_C + R_L} \right) \tag{3.104}$$

Merke:

Emitterschaltungen haben große Spannungsverstärkung und auch große Stromverstärkung. Somit ist auch eine sehr hohe Leistungsverstärkung vorhanden.

3.3.5.3 Eingangs- und Ausgangswiderstand

Bei den Berechnungen des Ein- bzw. Ausgangswiderstandes einer Schaltung ist immer die Übergangsstelle zu betrachten und die Wirkung der davor- bzw. dahinterbefindlichen Baugruppen zu untersuchen. Auch ist für die Wechselstrombetrachtung das Verhalten der Koppelkondensatoren entscheidend, die bei mittleren Frequenzen zu $X_C \to 0$ werden.

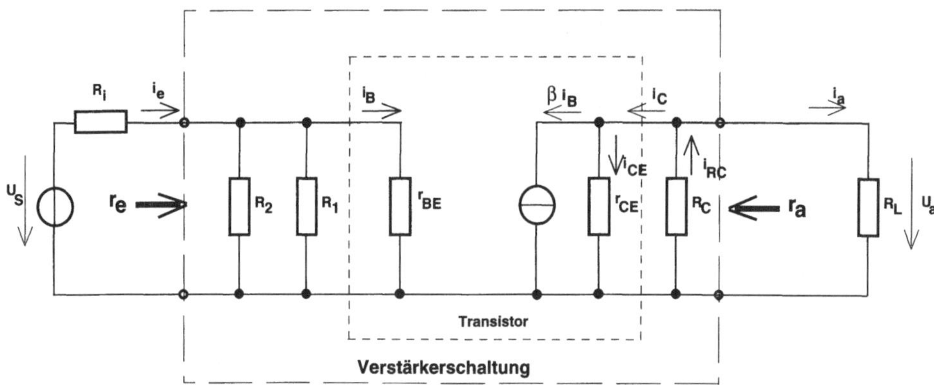

Bild 3.65 Betrachtung des Ein- und Ausgangswiderstandes aus dem (Wechselstrom-) Ersatzschaltbild bei mittleren Frequenzen

a) Eingangswiderstand:

Zur Bestimmung des Eingangswiderstandes wird von der Signalquelle aus in die Schaltung vorwärts hineingesehen. Das bedeutet, der Widerstand der Quelle geht nicht in die Rechnung ein. Es ergibt sich somit:

$$r_e = R_1 || R_2 || r_{BE} \qquad \text{bzw.} \qquad r_e = \frac{R_1 \cdot R_2}{R_1 + R_2} || r_{BE} \tag{3.105}$$

Will man die Signalquelle wenig belasten, so muss $R_1 || R_2$ relativ hochohmig sein, dann wird $r_e = r_{BE}$ (Datenblattwerte: 100 Ω.... 5 kΩ). Aus der Schaltung Bild 3.64 und dem Ersatzschaltbild 3.65 ist ersichtlich, dass die Ausgangsbeschaltung bei der Emitterschaltung hier keinen Einfluss auf den Eingangswiderstand ausübt.

b) Ausgangswiderstand

Zur Bestimmung des Ausgangswiderstandes wird von dem Lastwiderstand aus in die Schaltung rückwärts hineingesehen. Das bedeutet, der Widerstand der angeschlossenen Last geht nicht in die Rechnung ein. Von der Ausgangslast in die Schaltung gesehen gilt:

$$r_a = R_C || r_{CE} \tag{3.106}$$

Da in der Regel $R_C << r_{CE}$ folgt näherungsweise: $r_a \approx R_C$

Es ist auch ersichtlich, dass die Eingangsbeschaltung bei der Emitterschaltung, wie in Bild 3.64 dargestellt, keinen Einfluss auf den Ausgangswiderstand ausübt.

Ankopplung an Verbraucher

Bei der Ankopplung von Lasten (z.B. weitere Verstärkerstufen) an Verstärkerbaugruppen sind drei prinzipielle Möglichkeiten gegeben, die unterschiedliche Wirkungen haben.

Verstärkungsziel	*bei*	*Anpassungsart*
große Spannungsverstärkung	$R_L \to \infty$	Spannungsanpassung
große Stromverstärkung	$R_L \to 0$	Stromanpassung
große Leistungsverstärkung	$R_L = r_a$	Leistungsanpassung

Aus diesen Koppelvarianten ergeben sich folgende Berechnungen:

Maximale Spannungsverstärkung

Aus dem allgemeinen Ansatz $V_u \approx -\beta \cdot \frac{R_C || R_L}{r_{BE}}$ folgt *bei Spannungsanpassung* mit $R_L \to \infty$

$$V_{umax} = -\beta \cdot \frac{r_a}{r_{BE}} \tag{3.107}$$

Maximale Stromverstärkung

Aus dem allgemeinen Ansatz $V_i \approx -\beta \cdot \frac{R_C}{R_C + R_L}$ folgt *bei Stromanpassung* mit $R_L \to 0$

$$V_{imax} = -\beta \tag{3.108}$$

Maximale Leistungsverstärkung

Die maximale Leistungsanpassung und damit die maximale Leistungsübertragung liegt dann vor, wenn $R_L = r_a$ und $R_C = r_a$ gilt. Das bedeutet gleichzeitig, dass $R_L = R_C$ erfüllt sein muss. Eingesetzt in die Formel für die Leistungsverstärkungen ergibt sich

$$V_{p\,max} = V_u \cdot V_i = \left(-\beta \cdot \frac{R_C || R_L}{r_{BE}}\right) \cdot \left(-\beta \cdot \frac{R_C}{R_C + R_L}\right) = \left(-\beta \cdot \frac{r_a}{2 \cdot r_{BE}}\right) \cdot \left(-\beta \cdot \frac{r_a}{2 \cdot r_a}\right)$$

Werden nun die genannten Bedingungen erfüllt, so ergibt sich schließlich:

$$V_{pmax} = \beta^2 \cdot \frac{r_a}{4 \cdot r_{BE}} \tag{3.109}$$

3.4 Weitere Schaltungsvarianten des Bipolartransistors

Bisher wurden an der Emitterschaltung alle Grundlagen behandelt. Sie bietet den Vorteil einer Strom- und Spannungsverstärkung, hat aber auch u.a. den Nachteil des relativ geringen Eingangswiderstandes. Im folgenden Teil wird in vergleichender Weise auf die anderen zwei Grundschaltungen, die Kollektor- und die Basisschaltung, eingegangen. Dabei liegt bei allen Betrachtungen das Hauptaugenmerk auf den bisherigen Erkenntnissen und Berechnungsmethoden, die an der Emitterschaltung demonstriert wurden, wobei immer die Frage der Vergleichbarkeit (Verwendbarkeit) der Methodik im Vordergrund steht. Es soll also nicht ein völlig neuer Berechnungsgang aufgebaut, sondern so weit wie möglich die bekannten Prinzipien unter der neuen Schaltungsvariante eingesetzt werden. Weiter ist besonders auf die Lage der Abgriffe für das Eingangs- und Ausgangssignal zu achten, denn diese entscheiden über die Art und die Funktionsweise der nun zu betrachtenden Schaltungen.

3.4.1 Kollektorschaltung

Um die Unterschiede und Gemeinsamkeiten klar zu erkennen, folgt ein Vergleich der Emitterschaltung mit Basisspannungsteiler im Bild 3.66, gestrichelt ist eine mögliche Stromgegenkopplung angedeutet, mit der Kollektorschaltung im Bild 3.67 dargestellt.

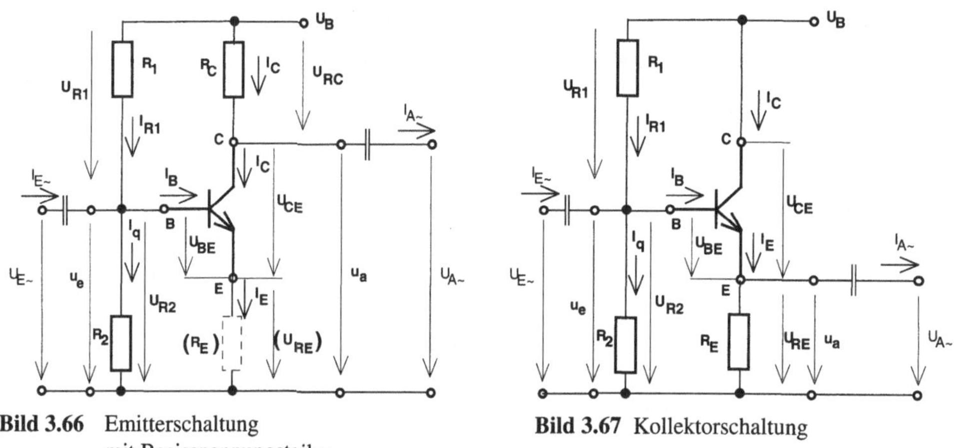

Bild 3.66 Emitterschaltung mit Basisspannungsteiler

Bild 3.67 Kollektorschaltung

3.4.1.1 Ähnlichkeiten und Unterschiede zur Emitterschaltung

Folgende *Ähnlichkeitsmerkmale* sind zu erkennen:

1. Natürlich müssen Strom- und Spannungsbeziehungen weiterhin anwendbar sein.
2. Die Transistorparameter können sich ebenfalls nicht verändert haben, dementsprechend sind die Transistoren sowohl in der Emitter- als auch in der Kollektor- und natürlich in der Basisschaltung einsetzbar.
3. Das Ausgangssignal des Stromes ist *phasengleich* zum Eingangssignal, wie auch bei der Emitterschaltung.
4. Auch hier erfolgt der Abgriff des Ausgangssignals zwischen Transistor und Widerstand.
5. Aus dem Schaltungsaufbau ist ersichtlich, dass R_E immer als eine Gegenkopplung (vgl. Stromgegenkopplung bei der Emitterschaltung) wirkt.

Folgende *Unterscheidungsmerkmale* sind zu erkennen:

1. Der Ausgang ist nicht mehr am Kollektor, *sondern am Emitter* angeschlossen.
2. Zur Begrenzung des Kollektorstroms und somit auch des Emitterstroms wurde Widerstand R_C zwischen der Betriebsspannung und dem Kollektoranschluss durch R_E zwischen Emitteranschluss und Masse ersetzt. Zu beachten ist, dass R_E ist nicht mit dem Stromgegenkopplungswiderstand bei der Emitterschaltung zu verwechseln ist.
3. Die Spannungsverstärkung ist für den normalen Verstärkerbetrieb *immer kleiner Eins*, da $U_{BE} > 0$ sein muss und sich die Masche ergibt:

$$U_{R2}=U_{BE}+U_{RE} \tag{3.110}$$

4. Der Eingangswiderstand des Transistors r_{Tre} (in die Basis gesehen) ist in der Regel wesentlich höher als bei der Emitterschaltung, da sich *für die Emitterschaltung*

$$r_{Tre}=r_{BE} \tag{3.111}$$

   und *für die Kollektorschaltung*

$$r_{Tre} = r_{BE} + (1+\beta)\cdot R_E \tag{3.112}$$

   ergibt. Das hat auch einen höheren Eingangswiderstand der Schaltung zur Folge.
5. Der Ausgangswiderstand der Schaltung ist niedrig , da meist ein geringer Wert für den Emitterwiderstand R_E vorliegt und der Transistor einen kleinen Rückwärtswiderstand r_{Tra} abbildet. So ergibt sich:

$$r_a=R_E \,||\, r_{Tra} \leq R_E \tag{3.113}$$

6. Das Ausgangssignal der Spannung ist *phasengleich* zum Eingangssignal, wobei bei der Emitterschaltung eine Phasenverschiebung von 180° erfolgte.
7. Ein Einsatz eines Basisvorwiderstandes zur Arbeitspunktstabilisierung ist nicht möglich. Es ist *immer* ein Basisspannungsteiler vorzusehen.

Weitere Betrachtungen zur Kollektorschaltung:

Die Gleichspannung U_2 an R_2 ist durch den Querstrom I_q bestimmt und fixiert den Arbeitspunkt nahezu auf einen festen Wert. Zwangsläufig ergibt sich die Feststellung, dass, wenn U_{RE} steigt, muss U_{BE} fallen, denn $U_{R2}=$ konstant. Das ergibt einen eindeutigen Gegenkopplungseffekt auf der Basis der Strom-/Spannungs-Rückkopplung (vgl. Bild 3.67). Da festgestellt wurde, dass der Eingangswiderstand hoch ist und der Ausgangswiderstand gering, lässt sich eine Hauptanwendung als Impedanzwandler erkennen. Weiter wurde dargelegt, dass die Kollektorschaltung keine Spannungsverstärkung haben kann. Somit ist nur der Einsatz als Stromverstärker, meist mit Leistungstransistoren, sinnvoll. Man beachte, dass keine Verstärkung einen Wert zwischen 0...1 bedeutet. Es erfolgt in diesem Fall eine Abschwächung. Bei einen negativen Wert heißt das, dass wohl eine Verstärkung existiert, aber eine Phasenverschiebung um 180 Grad vorliegt.

3.4.1.2 Mathematische Beziehungen

Aus der Betrachtung der Schaltung im Bild 3.67 sind 3 wichtige Maschenansätze herauslesbar:

Ausgangsmasche: $$U_B=U_{CE}+U_{RE} \tag{3.114}$$

Eingangsmasche: $U_B = U_{R1} + U_{R2}$ (3.115)

Koppelmasche: $U_{R2} = U_{BE} + U_{RE}$ (3.116)

im Arbeitspunkt gilt analog: $U_{R2}\big|_A = U_{BEA} + U_{RE}$ (3.117)

Weiterhin sind natürlich für die Gleichstrombetrachtung/Arbeitspunkteinstellung gültig:

$$I_C = B \cdot I_B \quad \text{und} \quad I_E = I_C + I_B \tag{3.118}$$

Beim Einsatz von hochverstärkenden Transistoren ($B \geq 100$) sind Vereinfachungen anwendbar. Zu beachten ist, dass Leistungstransistoren diese Bedingung meist nicht erfüllen, was wiederum dann keine Vereinfachung zulässt.

$$I_E \approx I_C \quad \text{da} \quad I_C >> I_B$$

mit $U_{RE} = I_E \cdot R_E = (I_B + I_C) \cdot R_E = (1+B) \cdot I_B \cdot R_E$

$$U_{RE} \cong I_C \cdot R_E \cong B \cdot I_B \cdot R_E \tag{3.119}$$

a) Spannungsverstärkung

Wie zu erwarten ist, gilt für die Verstärkung wieder der allgemeine Ansatz $V_U = \frac{u_a}{u_e}$. Es steht nun erneut die Aufgabe, mit entsprechenden Ansätzen, die Eingangs- und Ausgangsspannung zu ersetzen. Es wird dabei, wie auch die Schaltung zeigt, auf der Wechselsignalebene gearbeitet.

Mit der *Eingangsspannung*:

$$u_e = u_{R2} = u_{BE} + u_{RE}$$

ergibt sich über $u_e = i_B \cdot r_{BE} + i_E \cdot (R_E \parallel R_L)$ und $i_E = i_B + i_C = (1+\beta) \cdot i_B$

$$u_e = i_B \cdot r_{BE} + i_B \cdot (1+\beta) \cdot (R_E \parallel R_L) \tag{3.120}$$

Mit der *Ausgangsspannung:*

$$u_a = u_{RE} = i_E \cdot (R_E \parallel R_L) = i_B \cdot (1+\beta) \cdot (R_E \parallel R_L) \tag{3.121}$$

ergibt sich durch einfaches Einsetzen für die *Spannungsverstärkung:*

$$V_U = \frac{i_E \cdot (R_E \parallel R_L)}{i_B \cdot r_{BE} + i_E \cdot (R_E \parallel R_L)}$$

Durch zielgerichtetes Umstellen ergibt sich die Endlösung

$$V_U = \frac{1}{1 + \frac{r_{BE}}{(1+\beta) \cdot (R_E \parallel R_L)}} \tag{3.122}$$

Da in den meisten Fällen β sehr groß ist gilt $(1+\beta) \cdot (R_E \parallel R_L) >> r_{BE}$ und es folgt *näherungsweise*: $V_U = \frac{u_a}{u_e} \approx 1$

Das heißt, es gibt keine Spannungsverstärkung und der Wert von V_U liegt zwischen 0...1.

b) Stromverstärkung

Unter der Annahme, dass über den Spannungsteiler fast kein Eingangsstrom abzweigen soll, was heißt, dass die Widerstände R_1,R_2 sehr hochohmig gegenüber dem Transistoreingang sind, gilt nachfolgende Vereinfachung. Nicht vergessen werden darf dabei aber, dass über R_1,R_2 der Querstrom I_q zur Arbeitspunkteinstellung und über R_1 zusätzlich noch der Basisarbeitsstrom I_{BA} fließt (vgl. Punkt 3.3.5.2).

$$V_i = \frac{i_a}{i_e} \approx \frac{i_a}{i_B} \quad \text{bzw.}$$

$$V_i \approx \frac{i_a}{i_B} = \frac{i_E \cdot \frac{G_L}{(G_L + G_E)}}{i_B} \tag{3.123}$$

Dabei stellt der Ansatz mit den Leitwerten $G_L = 1/R_L$ und $G_E = 1/R_E$ das Stromverteilungsverhältnis mit dem Ansatz über die Widerstandswerte $\frac{1/R_L}{(1/R_L + 1/R_E)}$ am Ausgang dar.

Als Ergebnis erhält man dann für die Stromverstärkung der Kollektorschaltung:

$$V_i \approx (1+\beta) \cdot \frac{\frac{1}{R_L}}{\left(\frac{1}{R_L} + \frac{1}{R_E}\right)} \quad \text{bzw.}$$

$$V_i \approx (1+\beta) \cdot \frac{1}{1 + \frac{R_L}{R_E}} \tag{3.124}$$

Hieraus ist zu erkennen, dass bei der Stromverstärkung der gesamtem Schaltung neben der internen Stromverstärkung des Transistors auch die äußeren Beschaltungsverhältnisse einen wesentlichen Einfluss haben. Die höchste Stromverstärkung tritt auf, wenn $R_E >> R_L$ und dann ergibt sich als *Maximalverstärkung*:

$$V_{i\max} \approx 1 + \beta \tag{3.125}$$

Das wäre u.a. dann der Fall, wenn der Emitterwiderstand selbst die Last wäre.

Merke:

Mit der Kollektorschaltung kann eine große Stromverstärkung, aber keine Spannungsverstärkung erzielt werden.

3.4.1.3 Eingangs- und Ausgangswiderstand

Zur Bestimmung des Ein- und Ausgangswiderstandes ist immer der Betrachtungspunkt und die Richtung zu beachten. In den Bildern 3.68 bis 3.70 sind die entsprechenden Schnittpunkte entsprechend dargestellt. Auch sind aus diesen Bildern, die Schnittstellen um den Transistor zu erkennen und wie daraus die formalen Ansätze hergeleitet werden.

Hinweis:

Oft werden der Transitorein- bzw. -ausgangswiderstand mit der Bezeichnung Transistor-vorwärts- und -rückwärtswiderstand bezeichnet, woraus sich die Gleichheiten von

$$r_{eTr} \equiv r_{Trv}\,;\, r_{aTr} \equiv r_{Trr}$$

ergeben. Der Ansatz für den Eingangswiderstand der Schaltung folgt aus dem Verhältnis:

$$r_e = \frac{u_e}{i_e} \tag{3.126}$$

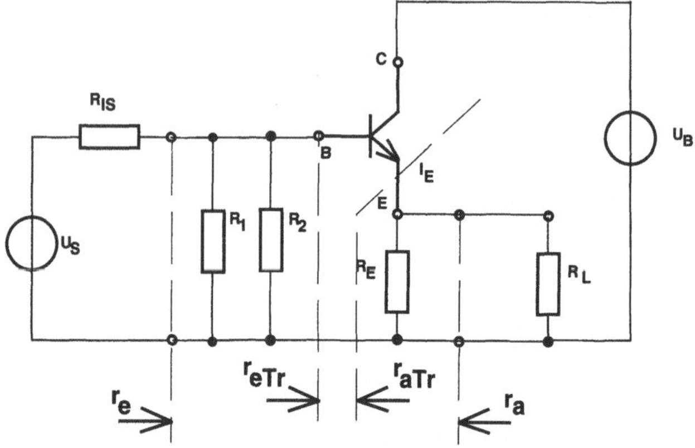

Bild 3.68 Betrachtung der Ein- und Ausgangswiderstände

Aus der Betrachtung der Schaltung ist sofort die Lösung zu erkennen. Es ergibt sich:

$$r_e = R_1 || R_2 || r_{eTr} \tag{3.127}$$

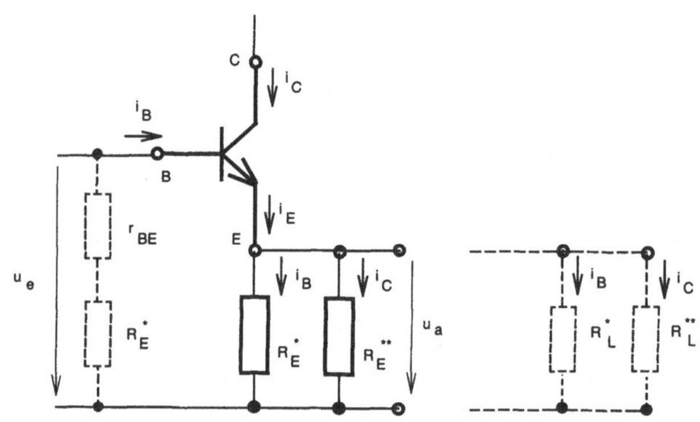

Bild 3.69 Projektion des Transistoreingangswiderstandes

Herleitung des Transistor-Eingangswiderstandes

Nicht sofort zu sehen, aber ganz logisch herleitbar, ist der Transistoreingangswiderstand über die einfache Betrachtung, dass sich am Transistor ein Widerstand über die anliegende Spannung und den hineinfließenden Strom abbilden lässt. Weiter muss für den Emitterwiderstand R_E und analog für den Lastwiderstand R_L festgestellt werden, dass nur der Anteil einbezogen werden kann, durch den der betrachtete, also der Basisstrom weiterfließt. Aus dem Bild 3.69 ist nur für R_E (analog gilt das auch für R_L) die Betrachtung

$$r_{eTr} = \frac{u_e}{i_B} = \frac{u_{BE} + u_a}{i_B} \tag{3.128}$$

anzusetzen, wobei die Teilspannungen über $u_{BE} = i_B \cdot r_{BE}$ und $u_a = i_E \cdot R_E$ beschrieben werden. Mit der Feststellung, dass der R_E vom gesamten Emitterstrom $R_E = \frac{u_a}{i_E}$ durchflossen wird, muss man nun den Anteil des Widerstandes herauslösen, durch den aber nur der Basisstrom fließt. Somit folgt die Aufteilung in zwei parallelliegende Widerstände. Jetzt können diese Widerstände in einen vom Basisstrom und einen vom Kollektorstrom durchflossenen Ersatzwiderstand betrachtet werden. Damit sind auch die folgenden Ansätze der Aufteilung anwendbar: $R_E = R_E^* \,||\, R_E^{**}$ mit $R_E^* = \frac{u_a}{i_B}$ und $R_E^{**} = \frac{u_a}{i_C}$

Der Zusammenhang der Ströme i_E, i_C, i_B lässt sich klar über die Stromverstärkungen B bzw. β herstellen und es ergibt sich für den Widerstand der von i_B durchflossen wird:

$$R_E^* = \frac{u_a}{i_B} = \frac{u_a \cdot (1+\beta)}{i_E} = (1+\beta) \cdot R_E \tag{3.129}$$

Damit folgt für den *Eingangswiderstand der Transistorstufe*, der auf der Wirkung von i_B basiert: $r_{eTr} = \frac{u_{BE}+u_a}{i_B} = \frac{i_B \cdot r_{BE} + i_E \cdot (R_E \| R_L)}{i_B}$

$$r_{eTr} = r_{BE} + (1+\beta) \cdot (R_E \parallel R_L) \tag{3.130}$$

Herleitung für den Ausgangswiderstand:

Bei der Betrachtung des Ausgangswiderstandes bildet sich gemäß Bild 3.68 der Ansatz

$$r_a = \frac{u_a}{i_E} = R_E \parallel r_{rTr} \tag{3.131}$$

ab. Nun stellt sich die Frage, was der Basisstrom für eine Abbildung der Bauelemente des Eingangsbereiches am Emitter bringt. Weiterhin ist wieder das Verhältnis zwischen Emitter- und Basisstrom zu beachten. So ergibt sich am Transistor:

$$r_{rTr} = \frac{r_{BE}+R_i}{1+\beta} \tag{3.132}$$

mit $\quad R_i = R_{IS} \parallel R_1 \parallel R_2$

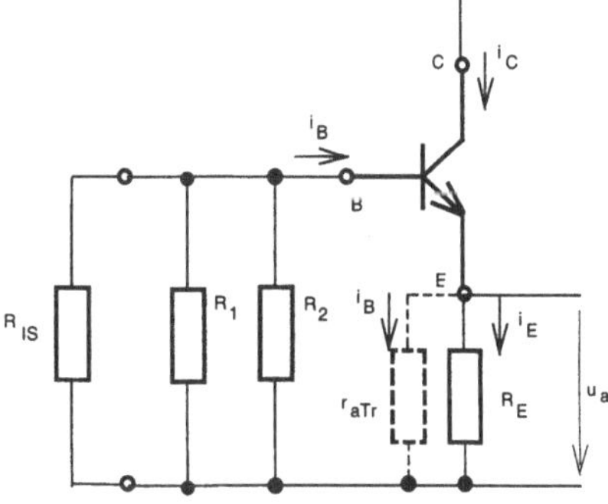

Bild 3.70 Projektion des Transistor-Ausgangswiderstandes

Als gesamter Ausgangswiderstand folgt dann

$$r_a = R_E \parallel \frac{r_{BE}+R_i}{1+\beta} \tag{3.133}$$

Zu beachten ist, dass bei dieser Schaltung

- der Eingangswiderstand der nachfolgenden Baugruppe/Lastwiderstand R_L sich auf den Eingangswiderstand der vorliegenden Schaltung und
- der Ausgangswiderstand der vorgeschalteten Baugruppe/Signalquelle R_{IS} sich auf den Ausgangswiderstand der betrachteten Schaltung auswirkt.

Das ist bei der Emitterschaltung *nicht* der Fall. Zum Vergleich sei auf die Emitterschaltung verwiesen, wo $r_e \approx r_{BE}$ und somit recht klein, hingegen aber $r_a \approx R_C$ recht groß sind.

Merke:

Bei der Kollektorschaltung ist r_e sehr groß, dafür aber r_a sehr klein, da der Verstärkungsfaktor β eine wesentliche Rolle spielt.

3.4.1.4 Arbeitspunkteinstellung

Die grafische Lösung zur Bestimmung der Arbeitspunktwerte erfolgt analog zu der Emitterschaltung in den Schritten:

1. Einzeichnen der "Generatorkennlinie" mit Schnittpunkten auf x- und y-Achse.
2. Festlegung des Arbeitspunktes und somit von U_{CEA} und folglich auch von I_{CA} entsprechend den Anforderungen der Aufgabenstellung.
3. Über den bekannten grafischen Weg wird aus dem Vierquadrantenkennlinienfeldern I_{BA} und U_{BEA} bestimmt. Über einen Formelansatz ist nur I_{BA} aus dem Ausgang und somit über I_{CA} bestimmbar. U_{BEA} ist wiederum nicht mit den einfachen Ansätzen berechenbar, aber aus dem Eingangskennlinienfeld ablesbar.
4. Daraus sind dann R_1 und R_2 zu berechnen.

Für die Wahl des Arbeitspunktes gilt wieder *bei maximaler Aussteuerbarkeit die Näherung* unter den zur Emitterschaltung genannten Bedingungen:

$$U_{CEA}=\frac{U_B}{2} \qquad \text{und} \qquad I_{CA}=\frac{U_B}{2\cdot R_E} \tag{3.134}$$

Zu beachten:

Unter anderen Bedingungen ist U_{CEA} erst zu berechnen und danach der gleiche Lösungsweg zu beschreiten. In den meisten Anwendungsfällen erfolgt aber die *Leistungsanpassung* und damit gilt: $V_p = V_u \cdot V_i \cong V_i$ da $V_u \approx 1$ $V_{p\max} \cong V_{i\max}$

Dieser Fall ist erfüllt, wenn $R_E = R_L$.

3.4.1.5 Anwendungsbeispiele

a) Kollektorschaltung als Impedanzwandler

Aus dem Grund, dass bei dieser Anwendung nun nicht der Emitter direkt auf der Masse aufliegt, folgt nun der in Reihe zum Basis-Emitter-Widerstand liegende Widerstandsanteil des Emitterwiderstandes stark erhöhend auf den Eingangswiderstand der Schaltung. Somit ergibt sich unter Verwendung der Werte aus Bild 3.71:

Eingangswiderstand: $r_e = R_1 || R_2 || r_{eTr}$

$$r_{eTr}=\frac{u_{BE}+u_a}{i_B}=\frac{i_B\cdot r_{BE}+i_E\cdot(R_E||R_L)}{i_B}$$

$$r_{eTr}=r_{BE}+(1+\beta)\cdot(R_E||R_L)$$

mit $r_{BE} << R_E, R_L$ ergibt sich $r_{eTr} \approx (1+\beta)\cdot(R_E||R_L) = 146\text{k}\Omega$ und folglich

$$r_e = R_1||R_2||r_{eTr} = 68{,}7\text{k}\Omega$$

Ausgangswiderstand: $r_a = R_E \,||\, \frac{r_{BE}+R_i}{1+\beta} \cong R_E \,||\, \frac{R_i}{1+\beta}$

Mit $R_i = R_{IS}||R_1||R_2 \approx 36\text{k}\Omega$ und $r_{BE} << R_i$ erhält man: $r_a \approx 2{,}7\,\text{k}\Omega \,||\, 180\,\Omega \approx 168\,\Omega$

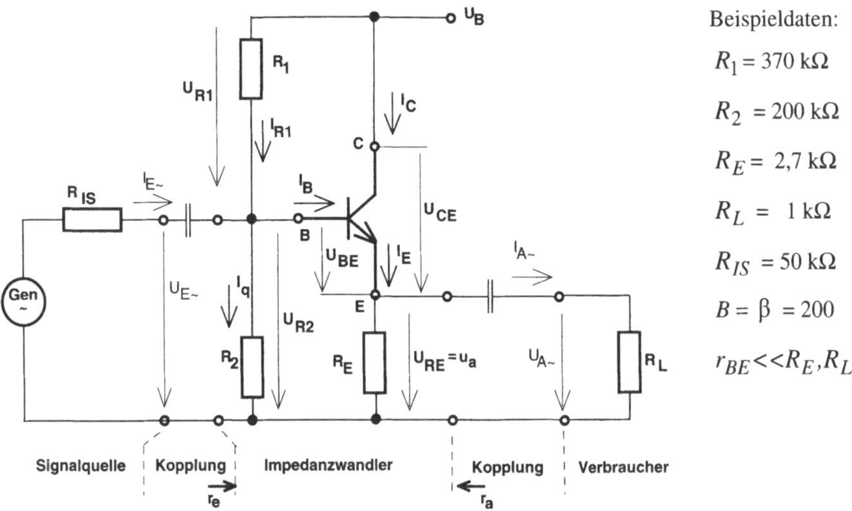

Bild 3.71 Beispielschaltung zur Widerstandsberechnung

b) Bootstrap-Schaltung

Eine besondere Anwendung zur Eingangswiderstandserhöhung stellt die Bootstrap-Schaltung dar. Die Grundidee liegt darin, dass der Einfluss des Basisspannungsteilers reduziert wird. Das erfolgt durch Abtrennen des Mittelpunktes des Teilers von der Basis und Ergänzung eines Längswiderstandes. Somit wird der Spannungsteiler *indirekt* über R_3 angekoppelt. Allerdings muss dabei beachtet werden, dass durch R_3 der Basisstrom fließt und sich somit ein zusätzlicher Spannungsabfall ergibt. Damit würde sich der Arbeitspunkt verschieben. Demnach hat so eine Schaltung nur dann einen rechten Sinn, wenn der Basisstrom extrem klein gehalten werden kann (z.B. hochverstärkender Transistor). Weiterhin hat diese Schaltung noch eine kapazitive Rückkopplung vom Emitter zum Teilerknoten.

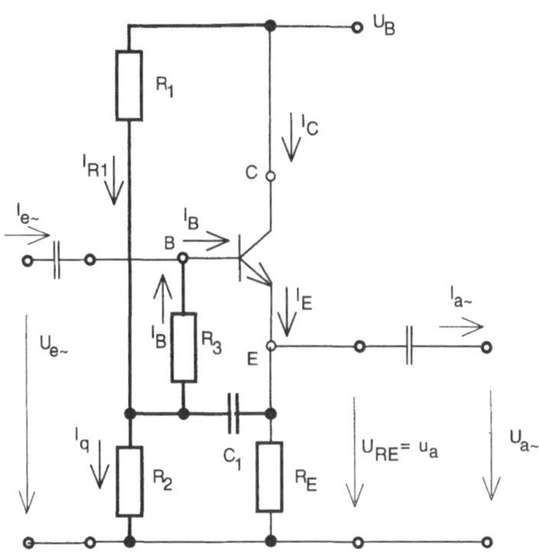

Bild 3.72 Grundschaltung für Bootstrap

c) Darlington-Schaltung

Diese Schaltung stellt eine Hintereinanderschaltung von zwei Kollektorschaltungen dar, wobei diese durch die hohe erzielbare Stromverstärkung meist in Leistungsstufen eingesetzt wird. Auch können die beiden Transistoren in ein Gehäuse integriert werden, wobei nach außen nur noch 3 Anschlüsse geführt werden brauchen.

Diese Schaltung im Bild 3.73 zeigt folgende Grundmerkmale:

- Der Eingangswiderstand wird sehr hoch durch die Hintereinanderschaltung und Wirkung der Emitterwiderstände auf den Eingang (vgl. Kollektorschaltung).

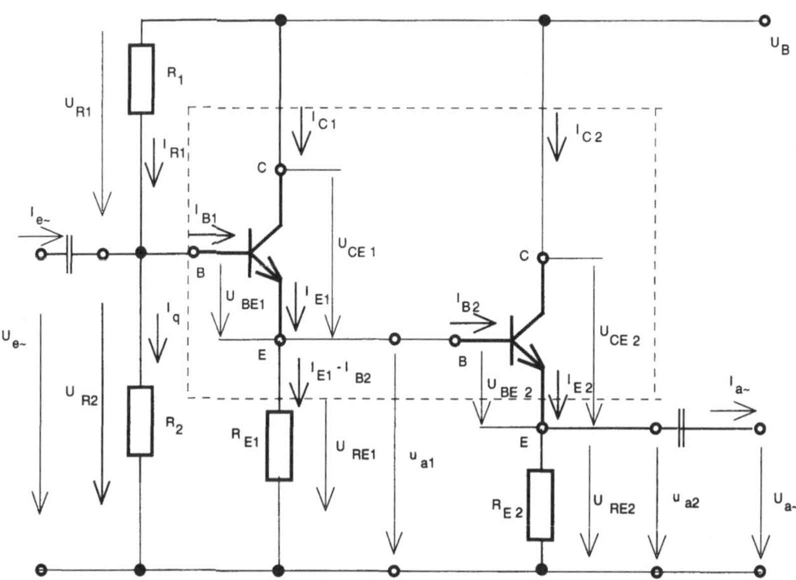

Bild 3.73 Darlington-Stufe

- Der Ausgangswiderstand kann durch Einsatz eines Leistungswiderstandes als Transistor 2 stark reduziert (wenige Ohm möglich) werden.
- Hohe Gesamtstromverstärkung durch Hintereinanderschaltung (Multiplikation der Einzelverstärkungen).
- Weiterhin ist eine direkte Stromeinspeisung in Basis 2 möglich. R_{E1} kann gegebenenfalls entfallen.

Für die Darlington-Stufe gilt folgende Berechnung, wobei sofort zu ersehen ist, dass die Berechnungen recht umfangreich werden. Dabei sei noch darauf verwiesen, dass man die beiden Stufen getrennt behandeln und danach multiplikativ verbinden kann.

Eingangswiderstand:

$$r_e = R_1 || R_2 || r_{eTr12} \tag{3.135}$$

mit $$r_{eTr12} = \frac{u_{BE1} + u_{a1}}{i_{B1}} = \frac{i_{B1} \cdot r_{BE1} + i_{E1} \cdot (R_{E1} || r_{eTr2})}{i_{B1}}$$

und $$r_{eTr12} = r_{BE1} + (1+\beta_1) \cdot (R_{E1} || (r_{BE2} + (1+\beta_2) \cdot (R_{E2} || R_L)))$$

Bei $\beta_1;\beta_2 > 100$ ist die Vereinfachung möglich:

$$r_{eTr12} \approx \beta_1 \cdot r_{BE2} + (\beta_1 \cdot \beta_2) \cdot (R_{E2} \, || \, R_L) \tag{3.136}$$

Ausgangswiderstand:

$$r_a = R_{E2} \, || \, \frac{r_{BE2} + r_{aTr1}}{1+\beta_2} \tag{3.137}$$

mit $$r_{aTr1} = R_{E1} \, || \, \frac{r_{BE1} + R_i}{1+\beta_1}$$ und $R_i = R_{IS} || R_1 || R_2$.

Spannungsverstärkung:

$$V_u = V_{u1} \cdot V_{u2}$$

Mit $V_{u1} \approx \dfrac{1}{1+\dfrac{r_{BE1}}{(1+\beta_1)\cdot(R_{E1} \parallel r_{eTr2})}}$ und da $\dfrac{r_{BE1}}{(1+\beta_1)\cdot(R_{E1} \parallel r_{eTr2})} \to 0$ folgt: $V_{u1} \approx 1$

Demnach gilt: $V_u \approx V_{u2}$ und somit

$$V_u \approx \frac{1}{1+\dfrac{r_{BE2}}{(1+\beta_2)\cdot(R_{E2} \parallel R_L)}} \tag{3.138}$$

Hieraus ist zu erkennen, dass die Gesamtschaltung eine Spannungsverstärkung kleiner Eins haben wird, wie es von einzelnen Kollektorstufen her bekannt ist. Aber es ergibt sich eine große Stromverstärkung, die je nach Schaltungslösung dann berechnet werden muss und genau deswegen werden meist hochverstärkende Eingangstransistoren (T1) eingesetzt, denen dann ein geringverstärkender Leistungstransistor (T2) folgt.

3.4.2 Basisschaltung

3.4.2.1 Grundlagen

Der dritte grundlegende Schaltungseinsatz stellt die Basisschaltung dar. Sie wird nicht so häufig eingesetzt wie die anderen, hat aber sein Haupteinsatzgebiet u.a. in Antennenverstärkern.

Die Schaltung hat folgende Besonderheiten:

- Ein- und Ausgang liegen entgegengesetzt (vertauscht zu den anderen Anwendungen)
- Gleichstrom I_E fließt in R_E (kleiner Anteil)
- Wechselstrom i_e fließt zur Quelle (großer Anteil)
- extrem kleiner Eingangswiderstand wegen $R_E \parallel r_{BE}$
- Ausgangswiderstand nahezu gleich R_C

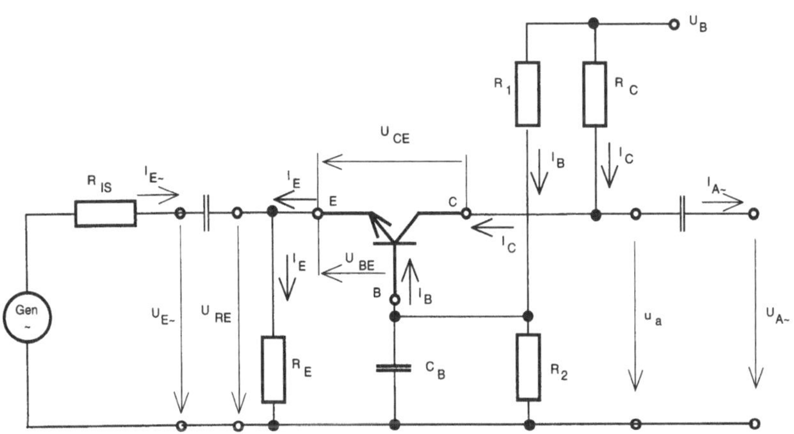

Bild 3.74 Basisschaltung

In dieser Schaltungsversion liegen r_{CE} und C_{CE} im Verstärkungszweig des Transistors (Brücke über Kollektor und Emitter) und bilden eine Mitkopplung mit einer großen Schwingneigung. C_{CB} liegt dem Ausgang parallel und wirkt bei steigender Frequenz.

3.4.2.2 Berechnung von Eingangs- und Ausgangswiderstand

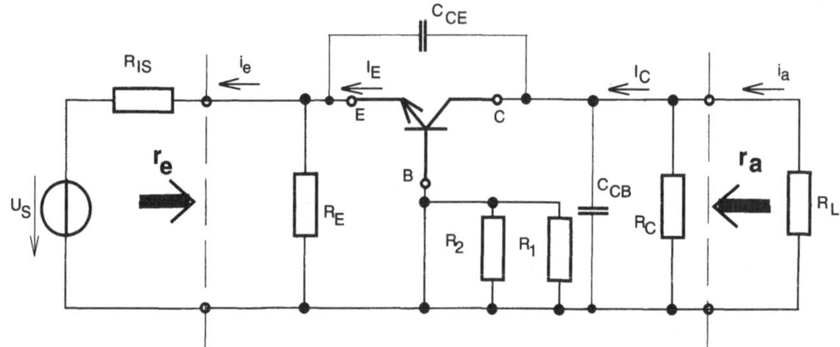

Bild 3.75 Ersatzschaltung zur Bestimmung des Ein- und Ausgangswiderstandes (bei mittleren und hohen Frequenzen sind die externen Kondensatoren überbrückt)

Es ergeben sich aus dieser Konfiguration folgende Ansätze:

Zu beachten ist, wie im Bild 3.75 zu sehen ist, dass durch den Kondensator C_B und die Betriebsspannung die Widerstände R_1,R_2 bei der Betrachtung der wechselstrommäßigen Ein- und Ausgangswiderstände r_e,r_a überbrückt sind.

Eingangswiderstand:

$$r_e=R_E \,||\, r_{eTr} \tag{3.139}$$

$$r_{eTr}=\frac{u_{BE}}{i_E}=\frac{i_B \cdot r_{BE}}{i_B+i_C}=\frac{i_B \cdot r_{BE}}{i_B+\beta \cdot i_B}$$

$$r_{eTr}=\frac{r_{BE}}{1+\beta} \tag{3.140}$$

Da $R_E>>r_{BE}$ und $\beta>>1$ ist, kann *näherungsweise* gesagt werden: $r_e \approx \frac{r_{BE}}{\beta}$

Ausgangswiderstand:

Aus der Schaltung ist klar zu erkennen, dass, vom Ausgang in die Schaltung gesehen, sich nur R_C abbildet, denn der Transistor stellt dazu die gesperrte Basis-Kollektor-Strecke parallel zur Verfügung, die extrem hochohmig wirkt. So ergibt sich die einfache Lösung:

$$r_a \approx R_C \tag{3.141}$$

3.4.2.3 Verstärkungsberechnung

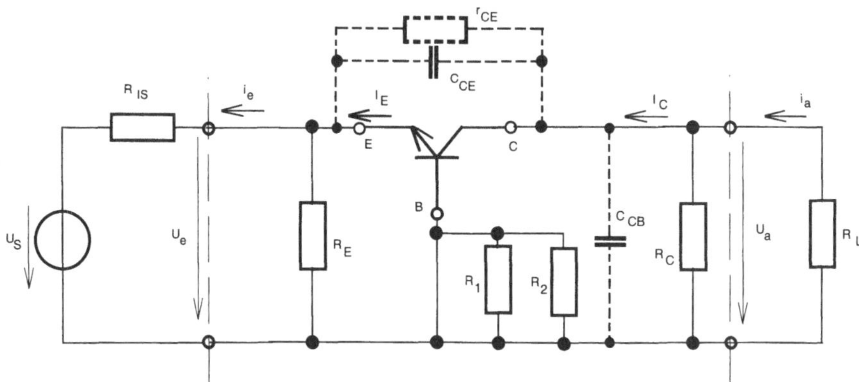

Bild 3.76 Ersatzschaltung zur Betrachtung der Kondensatorwirkung

Für die Berechnung der Verstärkungen werden wieder die selben Grundansätze wie bei der Emitter- und Kollektorschaltung angewendet, aber unter Beachtung der Stellung des Transistors. Weiterhin werden die Spannungen bzw. Ströme durch Bauelementeparameter und sich herauskürzende Ströme ersetzt.

a) Spannungsverstärkung

Für den Ansatz $V_u = \frac{u_a}{u_e}$ werden wieder die Spannungen ersetzt, so dass nur Bauelementeparameter bleiben. Somit ergeben sich

$$u_e = u_{BE} = i_B \cdot r_{BE}$$

$u_a = i_a \cdot R_L = i_C \cdot R_L || R_C$ und mit $i_C = i_B \cdot \beta$ folgt dann:

$$V_u = \frac{i_C \cdot R_L || R_C}{i_B \cdot r_{BE}} = \frac{i_C \cdot R_L || R_C}{i_B \cdot r_{BE}} = \frac{\beta \cdot R_L || R_C}{r_{BE}} \tag{3.142}$$

Hat dann die Eingangsspannungsquelle einen bekannten Innenwiderstand R_i so folgt weiter:

$$u_{BE} = u_S - i_E \cdot R_{IS} \tag{3.143}$$

Eine Näherung in der Art $u_S \approx i_E \cdot R_{IS}$ ist möglich, da im Allgemeinen $u_S >> u_{BE}$

$$V_u \approx \frac{R_L || R_C}{R_{IS} + r_{eTr}} \approx \frac{R_L || R_C}{R_{IS}} \quad \text{da ebenfalls} \quad R_{IS} >> r_{eTR} \tag{3.144}$$

Merke:

Damit ist die Spannungsverstärkung nahezu unabhängig von den Transistorparametern und sehr stabil.

b) Stromverstärkung

Hier sind erneut aus dem Ansatz $V_i = \frac{i_a}{i_e}$ nach gleichem Schema die Ströme zu ersetzen.

Da i.A. $R_E >> r_{eTr}$ ist, kann man sagen:

$$i_e \approx i_E = i_B + i_C = i_B \cdot (1+\beta)$$

$$i_a = i_C \cdot \frac{\frac{1}{R_L}}{\frac{1}{R_L}+\frac{1}{R_C}} = i_C \cdot \frac{1}{1+\frac{R_L}{R_C}} = i_B \cdot \beta \cdot \frac{1}{1+\frac{R_L}{R_C}}$$

$$V_i = \frac{i_B \cdot \beta \cdot \left(\frac{1}{1+\frac{R_L}{R_C}} \right)}{i_B \cdot (1+\beta)} = \frac{\beta}{(1+\beta)} \cdot \frac{1}{1+\frac{R_L}{R_C}} < 1 \qquad (3.145)$$

Merke:

Die Stromverstärkung einer Basisschaltung ist V_i immer < 1

c) weitere Betrachtungen

Im Falle $R_C >> R_L$ und β sehr groß (> 100) folgt: $V_i = \frac{\beta}{(1+\beta)} \approx 1$

Für die *Leistungsverstärkung* ergibt sich:

$V_p = V_u \cdot V_i$ mit $V_i \approx 1$ und somit $V_p \approx V_u$

3.4.3 Beispielschaltung Spannungsregler

Eine sehr häufige Anwendung ist neben den Verstärkereinsätzen die Spannungsreglerfunktion über einen sogenannten Längsregler (Bild 3.77). Es sei extra darauf verwiesen, dass diese Anwendung *keine Basisschaltung*, sondern eine Kollektorschaltung (Emitterfolger) darstellt. Das ist auch eindeutig nach der Umzeichnung zu erkennen (Bild 3.78). Zu beachten ist, dass die Ausgangsspannung sich ergibt zu:

$$U_A = U_Z - U_{BE} \qquad (3.146)$$

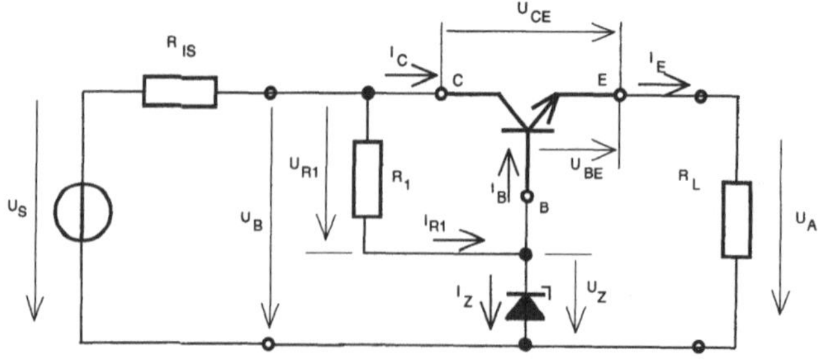

Bild 3.77 Spannungsregelschaltung (Längsregler)

Bei dieser Schaltung muss man daran denken, dass der Ansatz nach Gl. 3.146 für die Ausgangsspannung gilt. In vielen Anwendungen wird deshalb eine Diode *in Durchlassrichtung* an die Z-Diode angehangen, um damit die Basis-Emitter-Spannung des Transistors auszugleichen (vgl. gestichelte Lösung in Bild 3.76). Weiterhin ist zu beachten, dass für derartige Schaltungen meistens Leistungstransistoren eingesetzt werden, die eine geringe Stromverstärkung B haben. Damit ist die Näherung $I_E=I_C$ nicht verwendbar. Somit ergibt sich für den Emitter- und somit für den Laststrom:

$$I_E=I_B+I_C=(1+B)\cdot I_B \neq B\cdot I_B \tag{3.147}$$

$$I_{R1}=I_Z+I_B \tag{3.148}$$

Da zur Stabilisierung durch die Z-Diode immer minimal $I_{Z\,min}$ fließen muss, gilt für die Berechnung von R_1:

$$R_1=\frac{U_{R1}}{I_{R1}} \quad \text{und} \quad R_1=\frac{U_B-U_Z}{I_B+I_{Z\,min}} \tag{3.149}$$

Mit der Beschreibung der Z-Diode und deren Ströme sowie der Klemmspannung U_Z gilt weiter (vgl. Punkt 2.5.1):

$$U_Z=U_{Z0}+I_{Z\,min}\cdot r_Z \quad \text{und}$$

$$I_B=\frac{I_E}{1+B} \quad \text{sowie}$$

$$I_E=\frac{U_A}{R_L}=\frac{U_Z-U_{BE}}{R_L}$$

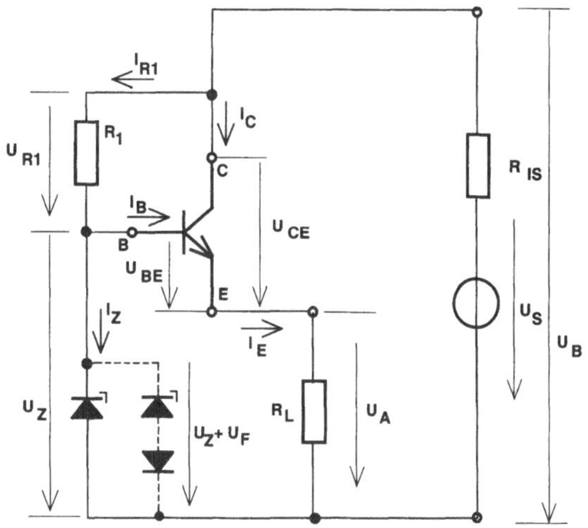

Bild 3.78 Spannungsregler (umgezeichnet)

Damit folgt für den Basisstrom, der in der Stabilisierungsschaltung eingeregelt wird:

$$I_B=\frac{U_Z-U_{BE}}{(1+B)\cdot R_L}$$

Um den Vorwiderstand für die Stabilisierung berechnen zu können, erfolgt das Einsetzen in Gln. 3.149:

$$R_1=\frac{U_B-U_Z}{\left(\frac{U_Z-U_{BE}}{(1+B)\cdot R_L}\right)+I_{Z\,min}} \tag{3.150}$$

3.5 Transistor als digitaler Schalter

3.5.1 Grundlagen

Beim Einsatz des Transistors im Schalterbetrieb sind nur folgende zwei Zustände interessant, und diese Schaltpunkte sollen auf schnelle Weise erreicht werden:

	ausgeprägter Sperrzustand	$r_{CE} \Rightarrow \infty$	(AUS)
oder	ausgeprägter Durchlasszustand	$r_{CE} \Rightarrow 0$	(EIN)

Weiterhin gehört dazu ein schneller Durchlauf durch den Arbeitsbereich des Transistors, da i.A. nur die zwei logischen Zustände ausgewertet und Rechtecksignale übertragen werden. Natürlich muss auch die Problematik des Umschaltprozesses beachtet werden, da dort die Schaltverzögerungen die Signale beeinflussen können.

Kennlinienbetrachtung

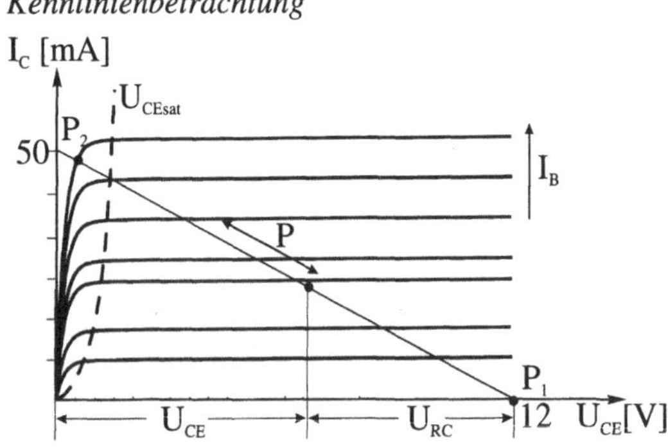

Bild 3.79 Schaltpunkte im Ausgangskennlinienfeld

Beispiel:

Technische Daten für BSY 51:

Durchlasszustand (Punkt 2)	*Sperrzustand* (Punkt 1)
$I_B \approx 1\,\text{mA}$	$I_B \approx 0$
$U_{BE} \approx 0{,}75\,\text{V}$	$U_{BE} \approx 0$
$U_{CE} \approx 0{,}2\,\text{V}$	$U_{CE} \approx U_B = 12\text{V}$
$r_{CE} \approx 4\,\Omega$	$r_{CE} \approx 100\,\text{M}\Omega$
$I_C \approx 50\,\text{mA}$	$I_C \approx 0$

Transistorschaltzustände

Im Schalterbetrieb ergeben sich nun wie im Bild 3.79 dargestellt, die zwei Schaltzustände und somit die Betrachtung in den zwei Grenzpunkten (P1 und P2), die die Arbeitspunkte für die Digitaltechnik ergeben. Die angegebenen Signalgrößen in den Bildern 3.80 und 3.81 sind Beispielwerte, die nur zur Information über die Pegellagen dienen sollen.

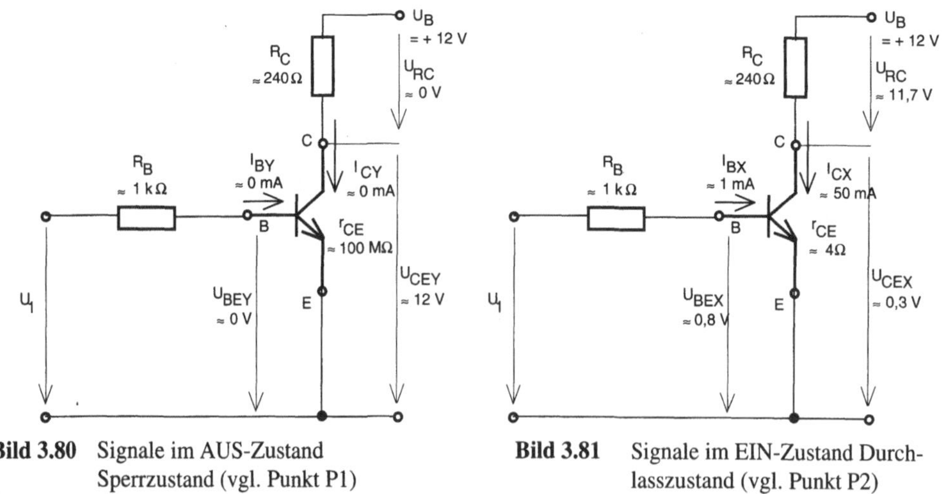

Bild 3.80 Signale im AUS-Zustand Sperrzustand (vgl. Punkt P1)

Bild 3.81 Signale im EIN-Zustand Durchlasszustand (vgl. Punkt P2)

3.5.2 Betrachtung der Betriebszustände

Man kann beim Schalterbetrieb zwei Grundbetriebsarten, den nichtübersteuerten und den übersteuerten Zustand, betrachten. Dabei dient die *erzwungene Übersteuerung* der Erhöhung der Schaltgeschwindigkeit beim Einschalten und ein weiteres Absenken der Kollektor-Emitter-Spannung. In den folgenden Unterpunkten sollen nun die einzelnen Schritte beim Umschalten und dementsprechend die einzelnen Betriebsbereiche untersucht werden.

3.5.2.1 *Nichtübersteuerter Betrieb*

Für diesen Zustand gelten die folgende Bedingungen der Beschaltung des Transistors:

Basis-Emitter-Spannung U_{BE}: 0 ... + 0,7 V $\leq U_S$

Kollektor-Basis-Spannung U_{CB}: > 0,7 V $U_{BC} < U_S$

Kollektorstrom $I_C = B \cdot I_B$

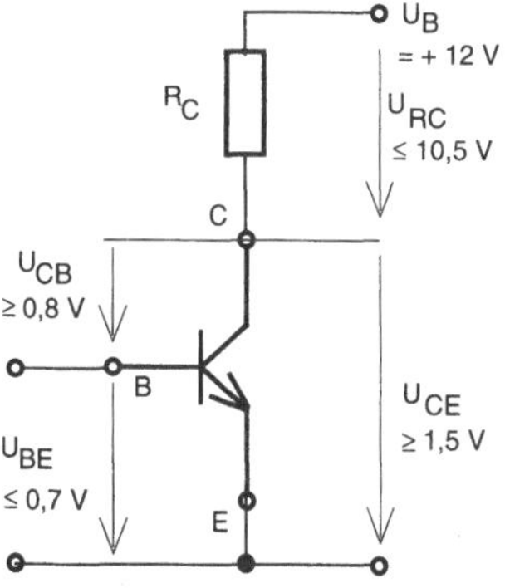

Bild 3.82 Pegelzustände um den Transistor

Dabei hat B einen konstanten Wert. Das bedeutet, dass man sich nur *rechts der Sättigungsgrenze* U_{CEsat} bzw. $U_{CB} > 0{,}7$ V bewegt. Gleichzeitig befindet man sich, da man nicht im Sperrbereich ist, im Arbeitsbereich des Verstärkers. Bezogen auf die Stromsteuerkennlinie (2.Quadrant der Vierquadratenkennlinie) ist man im "geraden" Bereich und deswegen ist auch ein linearer Zusammenhang zwischen dem Kollektor- und dem Basisstrom vorhanden.

Kennlinienverlauf

Punkt 1: Sperrbereich

Basis-Emitter-Spannung

$U_{BE} = 0$ (U_{BEY})

Kollektor-Basis-Spannung

$U_{CB} \cong U_B$ (U_{CBY})

Kollektorstrom

$I_C \cong 0$ (I_{CY})

Kollektor-Emitter-Spannung

$U_{CE} \cong U_B$ (U_{CEY})

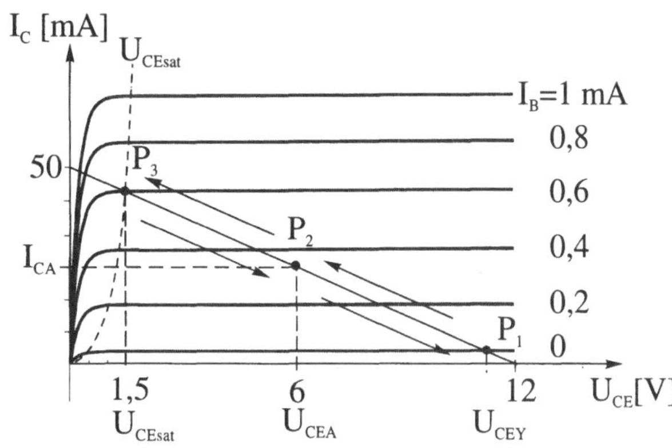

Bild 3.83 Arbeitsbereich 1

Punkt 2: Arbeitsbereich

Im Arbeitsbereich, der ja auch für den Verstärkerbetrieb benutzt wird, gilt:

Basis-Emitter-Spannung $U_{BE} < 0{,}7$ V $< U_S$

Kollektor-Basis-Spannung $U_{CB} > 0{,}7$ V $U_{BC} < U_S$

Kollektorstrom $I_C = B \cdot I_B$ B = konstant

Kollektor-Emitter-Spannung $U_{CE} > 1{,}5$ V

Das Ende des Arbeits-/Verstärkerbereiches ist an der Sättigungsgrenze (Punkt P3), wo die einzelnen Kennlinien am Ende der Linearität stehen und diese nun abknicken und sehr nichtlinear werden.

3.5.2.2 *Übersteuerter Betrieb*

Für den übersteuerten oder auch übersättigt genannten Bereich gilt, dass mehr Basisstrom eingespeist wird, als eigentlich für den Kollektorkreis und damit Abnehmer gemäß der Verstärkungsformel $I_C = B \cdot I_B$ notwendig ist. Weiterhin erkennt man diesen Bereich daran, dass die Kennlinien aus ihrem linearen Verlauf herausgehen und dann zum Nullpunkt hin abschwenken (Punkt P3 bis P5).

Somit stellen sich beim Eintritt in den übersteuerten Bereich die Fragen:

- Was passiert, wenn nun mehr als notwendig Basisstrom eingespeist wird ?
- Was passiert, wenn U_{BE} über $U_{BE} = U_S$ erhöht wird, also $U_{BE} > U_S$ wird ?

Weiterhin wäre für den Verstärkerbetrieb klar, dass hier erhebliche Verzerrungen wegen der beginnenden Nichtlinearitäten der Kennlinien zu erwarten sind. Doch das ist für den Schalterbetrieb nicht relevant. In den folgenden Betrachtungen soll erst das Verhalten an der Grenze der Sättigung und danach das Verhalten in diesem Bereich betrachtet werden.

a) Sättigungsgrenze

Kennlinienverlauf

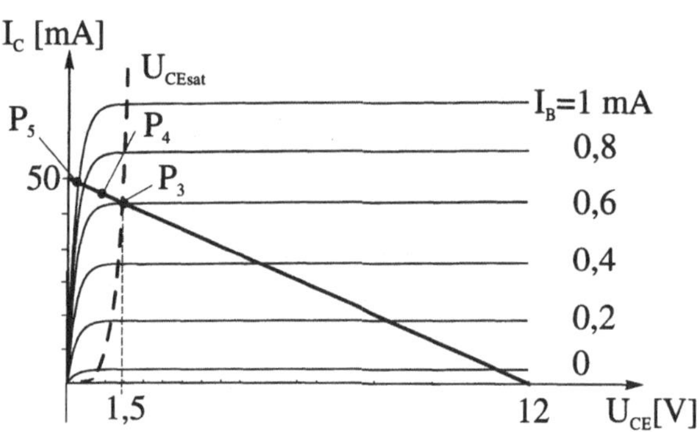

Bild 3.84 Arbeitsbereich 2

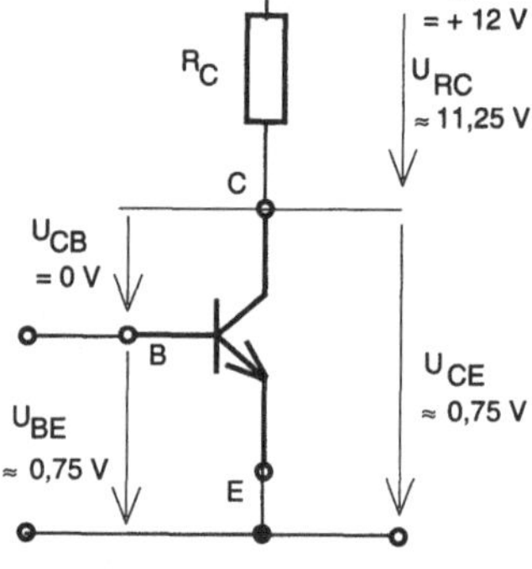

Bild 3.85 Pegelzustände um den Transistor

Im Punkt 3 ist Grenze zum Sättigungsbereich mit der Bedingung $U_{CB} = 0$ V erreicht und setzt man eine Maschenbetrachtung um den Transistor, so folgt nun auch $U_{CE} = U_{BE} \approx 0{,}75$ V

Basis-Emitter-Spannung	$U_{BE}: \approx 0{,}75 \text{ V} = U_{BEsat} \Rightarrow I_{Bsat}$
Kollektor-Basis-Spannung	$U_{CB}: = 0 \text{ V}$
Kollektorstrom	$I_C = B \cdot I_B$ (hier ist die Gültigkeitsgrenze !)
Kollektor-Emitter-Spannung	$U_{CE}: \approx 0{,}75 \text{ V} = U_{CEsat} \Rightarrow I_{Csat}$

Bei steigendem I_B wird der Basis-Raum mit Ladungsträger "überschwemmt" ("gesättigt"), da $I_E = f(I_B)$ ist, wird so die Kollektor-Basis-Sperrspannung abgebaut. Gleiches passiert, wenn $U_{BE} > U_S$ wird, da auch der Zusammenhang $I_B = f(U_{BE})$ gültig ist.

b) Übersteuerung (Übersättigung)

Bei einer weiteren Erhöhung des Basisstroms, bzw. der Basis-Emitter-Spannung tritt die Übersättigung (Übersteuerung) ein. Die Kennlinien kommen in den Knickbereich des Ausgangskennlinienfeldes, wo auch als Beispiel der Punkt 4 liegt.

Kennlinienverlauf

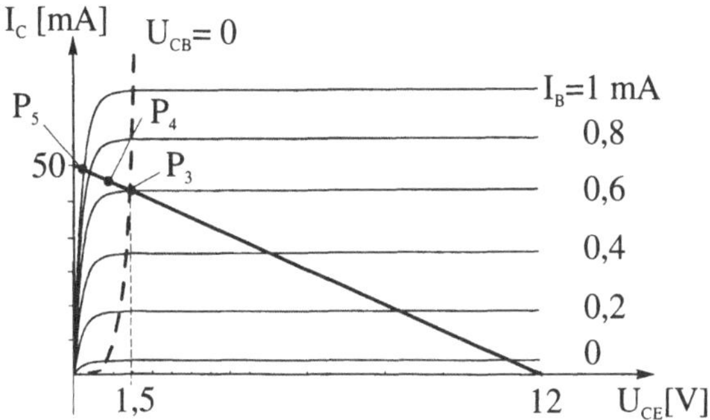

Bild 3.86 Ausgangskennlinie mit Arbeitsgerade

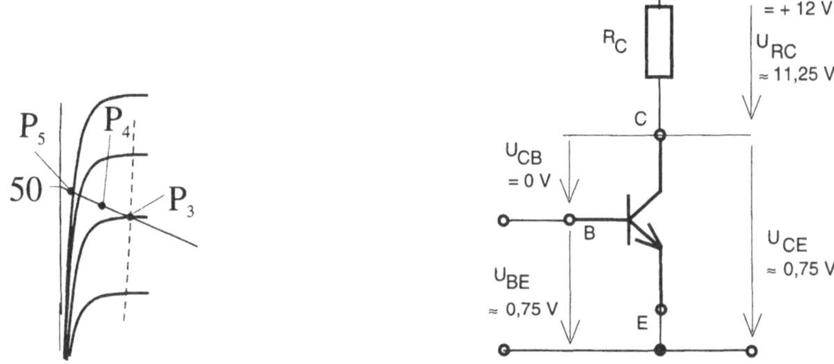

Bild 3.87 Ausschnitt mit der Darstellung der Funktionspunkte 3 bis 5

Bild 3.88 Pegelzustände um den Transistor

Der Arbeitspunkt im Schalterbetrieb für das logische EIN liegt zwischen den Punkten P3 und P5. Der Punkt 3 stellt die Sättigungsgrenze und der Punkt 5 den maximal erreichbaren Kennlinienpunkt dar.

Dabei gilt für den *Übersteuerungsfaktor*

$$\ddot{u} = \frac{I_{BX}}{I_{B0}} \tag{3.151}$$

mit I_{BX}: Basisstrom im Arbeitspunkt

I_{B0}: Basisstrom an der Sättigungsgrenze, wo $I_C = B \cdot I_B$ noch gilt.

Somit folgt für den Basisstrom im *Übersteuerungsfall*:

$$I_{BX} = \ddot{u} \cdot \frac{I_{CX}}{B} \tag{3.152}$$

Für den *Sättigungs-(Übersteuerungs-)bereich* gilt nun wie beispielsweise auch im Punkt 5:

Basis-Emitter-Spannung	U_{BE}: $> 0{,}75\text{ V} = U_{BEX}$
Kollektor-Basis-Spannung	U_{CB}: $\leq 0\text{ V}$
Kollektor-Emitter-Spannung	U_{CE}: $\leq 0{,}3\text{ V} = U_{CEX} \quad \Rightarrow I_{CX}$

Der Zusammenhang zwischen Kollektor- und Basisstrom ist nicht mehr über den Stromverstärkungsfaktor bestimmbar, sondern es muss der Übersteuerungsfaktor zusätzlich mit einbezogen werden. Als Grundansätze ergeben sich nun:

Kollektorstrom $$I_{CX} = \frac{U_B - U_{CEX}}{R_C} \tag{3.153}$$

Basisstrom $$I_{BX} = \frac{ü}{B} \cdot \frac{U_B - U_{CEX}}{R_C} \tag{3.154}$$

c) Beispieldarstellung an der Kennlinie

Um die Wirkung der Übersteuerung an der Kennlinie zu erkennen, sei folgendes Beispiel aufgeführt. An der Sättigungsgrenze (Punkt 3) gilt $I_{B0} = 2$ mA. Geht man auf der Arbeitsgeraden weiter, so erreicht man im Punkt P_X einen Basisstrom von 3 mA. Somit hat man einen Übersteuerungsfaktor von 1,5 erreicht. Die Frage kann auch umgekehrt gestellt werden. Es soll ein Übersteuerungsfaktor von 1,5 erreicht werden. Damit muss der Basisstrom nicht 2 mA wie an der Grenze sein, sondern auf 3 mA erhöht werden. In einem Ansatz betrachtet, kommt man auf die Lösung $I_{BX} = ü \cdot I_{B0}$, woraus sich im Punkt P_X dann $1{,}5 \cdot 2\text{ mA} = 3\text{ mA}$ ergibt. Bei der Übersteuerung ist aber auch der Fakt zu beachten, dass je höher die Übersteuerung erfolgt, also je größer der Strom über den unbedingt notwendigen hinaus ist, desto schneller schaltet zwar der Transistor ein. Das Ausschalten wird dadurch aber verlangsamt, weil ein zu hoher Ladungsträgerüberschuss im Basisraum ist, der erst abgebaut werden muss. Man erhält also ein schnelleres Einschalten, aber das Ausschalten dauert länger, die Einschaltverzögerung nimmt ab, die Ausschaltverzögerung zu. Diese Gedanken sollen im Folgepunkt näher untersucht werden.

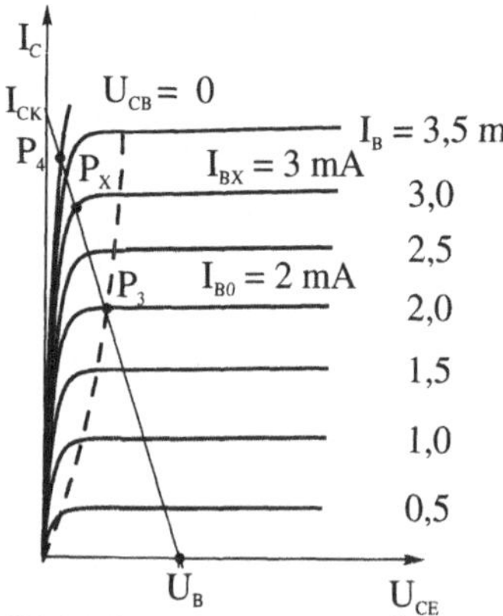

Bild 3.89 Schaltpunkt im Übersteuerungsbereich

3.5.3 Schaltverhalten und Schaltzeiten

Beim Einspeisen eines Rechtecksignals, wie es in der Digitaltechnik üblich und im Bild 3.90 dargestellt ist, wirken sich die dynamischen Parameter des Transistors aus, die ihre Ursachen in den Einflüssen der inneren Kapazitäten haben. Weiterhin wirkt sich auch der Grad der Übersteuerung wegen der Ladungsträgerüberschwemmung, wie bereits dargestellt, auf das Schaltverhalten aus. Zur Messung derartiger Schaltzeiten gelten folgende Festlegungen. Es handelt sich bekannter Weise um exponentielle Verläufe, die rein mathematisch erst im Unendlichen abgeschlossen sind. Um technisch ein auswertbares Ergebnis zu erzielen, wurden deshalb zwei Punkte festgelegt, die zur Bewertung geeignet sind. Das sind einmal 10% des

Endwertes des Signals. Bis dorthin läuft die ein System kennzeichnende Reaktionsverzögerung. Bei 90% des Zielwertes wird festgelegt, dass hier der Endzustand "nahezu" erreicht und die gesamte verzögernde Wirkung abgeschlossen ist. Nun gilt es nur noch zu unterscheiden, ob es sich um das Ein- oder Ausschalten handelt, woraus dann die Anstiegs- bzw. Einschaltzeiten und Abfall- oder Ausschaltzeiten abgeleitet werden.

3.5.3.1 EIN-Schalten in den Durchlassbereich

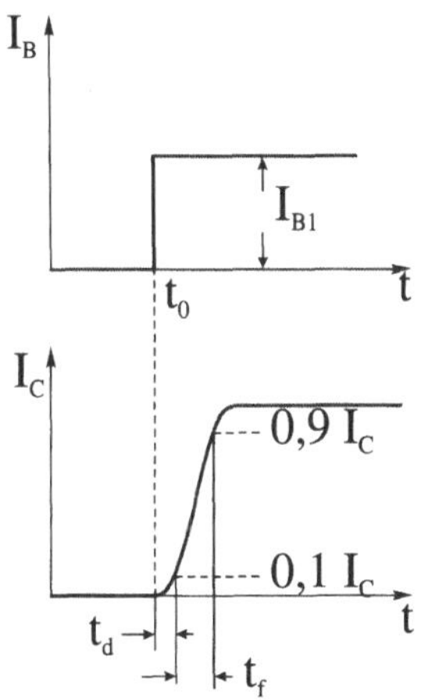

Bild 3.90 Ausgangssignal beim EIN-Schalten

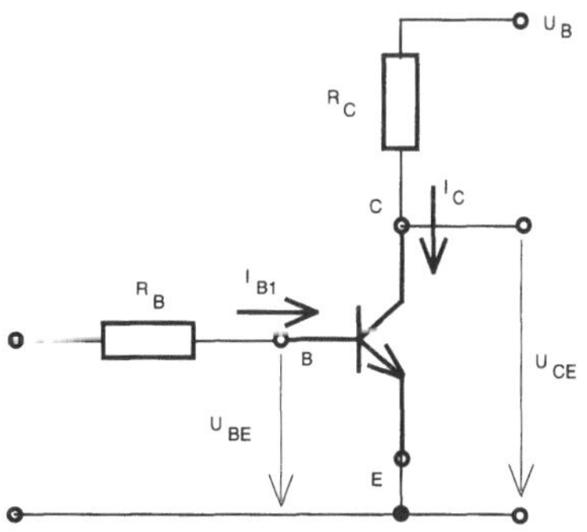

Bild 3.91 Grundschaltung

Beim Schalten eines Transistors werden mehrere Funktionsfolgen durchlaufen, die in unterschiedliche Zeitetappen eingeteilt werden:

1. Die Basis-Emitter-Diode schaltet vom Sperrzustand in den Durchlassbereich.

   Verzögerungszeit *delay time* t_d (von t_0 bis 10% von I_C)

2. Die Basis wird auch wegen der Übersteuerung überflutet und der Kollektorstrom baut sich auf.

   Anstiegszeit *rise time* t_r (von 10% bis 90% des I_C)

3. Der gesamte Prozess wird in der Einschaltzeit zusammengefasst.

   Einschaltzeit *on time* t_{ein} (von t_0 bis 90% von I_C)

Somit ergibt sich die Summe aus beiden Teilzeiten.

$$t_{ein}=t_d+t_r \tag{3.155}$$

Rein formal kann die Anstiegszeit wie folgt beschrieben werden, ohne dieses zu beweisen. Die Verzögerungszeit basiert auf rein inneren Parametern, die recht umfangreich herzuleiten sind. Das ist auch i.A. nicht notwendig, da in den Datenblättern diese Zeiten aufgeführt sind.

$$t_r = \tau_{on} \cdot \ln\left(\frac{ü - 0{,}1}{ü - 0{,}9}\right) \tag{3.156}$$

3.5.3.2 AUS-Schalten in den Sperrbereich

Auch der Ablauf des Ausschaltens ist, wie bereits beschrieben, in einzelne Phasen einteilbar.

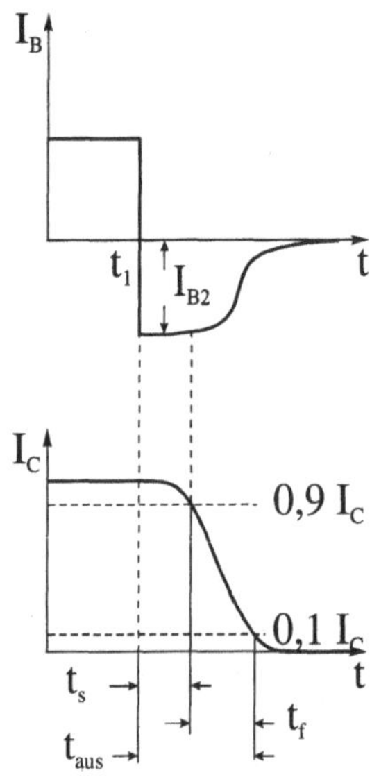

Bild 3.92 Ausgangssignal beim AUS-Schalten

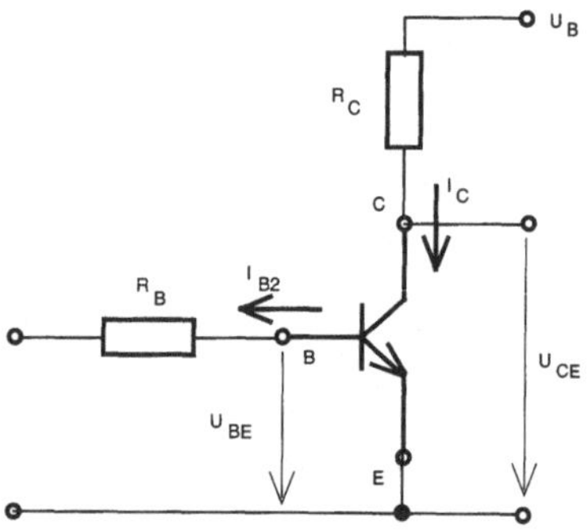

Bild 3.93 Grundschaltung

1. Die Speicherzeit, auch als "Ausräumzeit" bezeichnet, ist die Reaktionszeit bis der Kollektorstrom von 100% auf 90% abfällt. Sie ist hauptsächlich abhängig vom Übersteuerungsgrad und einen eventuell möglichen Rückstrom aus der Basis heraus. Sie existiert nur im Übersteuerungsfall. Im nichtübersteuerten Zustand ist diese Zeit $t_s \approx 0$.

   Speicherzeit *hold time* t_s (von t_1 bis 90% von I_C)

$$t_s \approx \tau_s \cdot \ln\left(\frac{\left(I_{B2}/I_{B0}\right)+ü}{\left(I_{B2}/I_{B0}\right)+1}\right) \tag{3.157}$$

2. Die Abfallzeit beim Ausschalten bezieht sich auf das starke Absinken des Kollektorstroms und den Aufbau der Sperrschicht zwischen Basis und Kollektor.

   Abfallzeit *fall time* t_f (von 90% bis auf 10% von I_C)

$$t_f \approx \tau_s \cdot \ln\left(\frac{\left(I_{B2}/I_{B0}\right)+0{,}9}{\left(I_{B2}/I_{B0}\right)+0{,}1}\right) \tag{3.158}$$

3. Die Ausschaltzeit beinhaltet wieder den gesamten Prozess und ergibt sich als Summe beider Teilzeiten.

   Ausschaltzeit *off time* t_{aus} (von t_1 bis 10% von I_C)

$$t_{aus} = t_s + t_f \tag{3.159}$$

Betrachtungen zu den Schaltzeiten

Die Einschaltzeiten sind gering, wenn ein großer I_B fließt und schnell den Transistor öffnet. Das bedeutet eine Übersteuerung und hat zur Folge, dass schnell der Sättigungsbereich erreicht wird. Je nach Übersteuerungsgrad wird entsprechend tief in den Sättigungsbereich eingedrungen und entsprechend ist auch die Ladungsträgerüberschwemmung. Im Gegensatz dazu sind die Ausschaltzeiten aber nur dann gering, wenn keine Speicherzeiten existieren. Das ist aber nur dann der Fall, wenn keine Übersteuerung vorliegt. Somit liegt hier ein *Widerspruch für die Anwendung* vor. Damit galt es eine entsprechende schaltungstechnische Lösung zu finden, die den Widerspruch ausgleichen kann. In Bild 3.94 ist eine derartige Lösung dargestellt, die diese Gegensätzlichkeit aufheben kann.

1. Beim Einschalten tritt eine Schaltflanke auf, für die der Blindwiderstand des Kondensators C_B gegen Null läuft ($X_C \rightarrow 0$) und es fließt somit ein großer Basisstrom I_{BX} , weil der Basiswiderstand R_B förmlich überbrückt wurde. Damit erreicht man jetzt ein schnelles Übersteuern.
2. R_B ist so zu dimensionieren, dass er I_{B0} während des EIN-Zustandes bereitstellt und so der Transistor nur kurzzeitig stark übersteuert wurde. Im anhaltenden EIN-Zustand ist er nicht mehr übersteuert.
3. Beim Ausschaltbeginn ist der Transistor durch die R_B -Dimensionierung nicht übersteuert. Somit $t_s \approx 0$ und er ist schnell ausschaltbar. Für den Ausschaltpunkt gilt ebenso wieder die Reaktion des Kondensators auf Schaltflanken.

Damit wäre das Ziel erreicht, dass ein schnelles Einschalten und außerdem ein schnelles Ausschalten möglich ist.

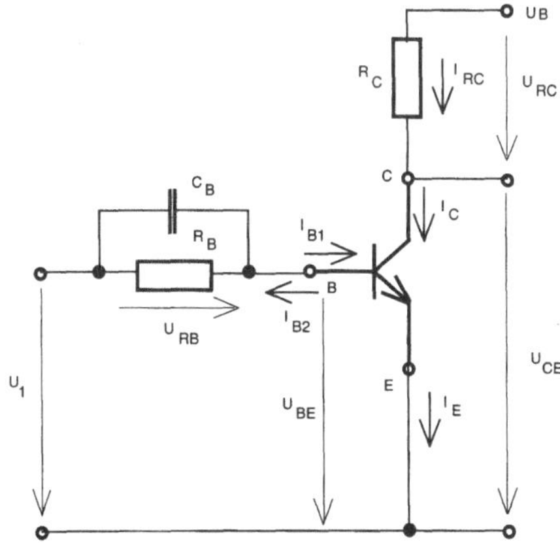

Bild 3.94 Schaltung zur Erhöhung der Schaltgeschwindigkeit

4 Feldeffekttransistoren

In diesem Kapitel werden die Grundlagen der Feldeffekttransistor (FET)-Technik in kurzer Form dargestellt, wobei die zwei Hauptgruppen Sperrschicht-FET und Isolierschicht-FET an je einem typischen Vertreter, dem n-Kanaltyp, behandelt werden. Die Feldeffekttransistoren sind wie die Bipolartransistoren in beiden Kanaldotierungsarten (n- oder p-dotiert) herstellbar und haben dementsprechend analoge Verhaltensweisen. So ist es einfach möglich, Schlüsse auf die anderen Dotierungsvarianten zu ziehen. Auch sind Kombinationen auf einen Chip möglich, was große Anwendung in der Digitaltechnik findet. Nach einer kurzen Einführung und sehr kurz und einfach behandelten physikalischen Grundlagen werden dann die Schaltungseinsätze beschrieben, wobei viel Wert darauf gelegt wird, dass nicht der FET autonom, sondern immer im Vergleich zum Bipolartransistor zu sehen ist. Es steht damit immer die Frage, was ist gleich oder ähnlich zum Bipolartransistor und kann somit übernommen werden, und was ist, meist aus den physikalischen Bedingungen kommend, anders und zeigt die Besonderheiten des FETs.

4.1 Grundlagen der Feldeffektransistortechnik

Das Funktionsprinzip basiert darauf, dass eine Steuerung der Leitfähigkeit (Leitwertänderung) des Ausgangskreises durch Anlegen einer äußeren Spannung an den Eingang erfolgen kann. Damit ist der FET ein *potentialgesteuertes Bauelement.* Im Vergleich dazu ist der Bipolartransistor, wo der Basisstrom das steuernde Element ist, ein stromgesteuertes Bauelement.

Es gibt zwei prinzipielle Lösungsmöglichkeiten:

1. Änderung der für den Stromfluss wirksamen Kanalfläche der Strecke zwischen Drain-Source-Kontakt.
2. Änderung der Ladungsträgerdichte (-verteilung) im Verbindungskanal zwischen Drain- und Source-Insel.

4.1.1 Einteilung der Feldeffekttransistoren nach der Steuerungsart

Nach diesen zwei Steuerungsvarianten werden die FET wie folgt eingeteilt und bezeichnet:

1. Änderung des Kanalquerschnitts (PN-Übergang, Sperrschicht-Effekt).
2. Änderung der Ladungsträgerdichte (Ladungsträgerverschiebung an der Isolierschicht, ("Kondensator-Effekt").

Für den Aufbau dieser Bauelemente gilt:

1. Die Kanaldotierungen ist als n- oder p-Kanal möglich.
2. Leitet die Kanalzone ohne angelegter Gate-Spannung, ist das ein selbstleitender Typ. Leitet die Kanalzone ohne angelegter Gate-Spannung nicht, folgt daraus ein selbstsperrender Typ.

Aus diesen Erkenntnissen ist folgende Einteilung der Feldeffekttransistoren gemäß Bild 4.1 erstellbar. Dabei gelten folgende Hinweise zur deutschen Symboldarstellungen, aus denen genau das Bauelement zu erkennen ist:

- Der Pfeil am Gate- oder am Bulk-Anschluss zeigt auf n-Gebiet.

- Ist das Gate mit dem Drain verbunden, so liegt ein Sperrschicht-FET, ist das Gate nicht mit Drain verbunden, so liegt ein Isolierschicht-FET vor.
- Sind Drain und Source verbunden ist es ein selbstleitender FET, sind Drain, Bulk und Source als Inseln dargestellt, dann ist es ein selbstsperrender Typ.

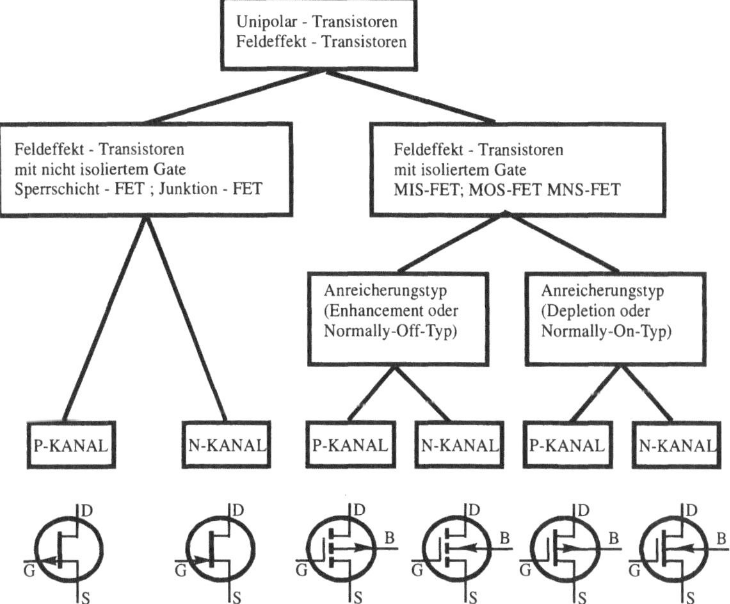

Bild 4.1 Systematik der FET

4.1.2 Grundfunktion und deren Zusammenhänge

Die dotierte Kristallstrecke zwischen Drain und Source, also der Ausgangskreis, ist als ein Widerstand beschreibbar und daraus resultiert ein fast reines ohmsches Verhalten dieser Ausgangsstrecke. Demnach läßt sich diese Strecke über die Leitfähigkeitskriterien beschreiben.

4.1.2.1 Leitfähigkeiten

Für undotierte Halbleiter gilt für den Leitwert, wobei auf die Parameter der Halbleiterstruktur Bezug genommen werden muss:

$$\kappa_H = e_0 (\mu_n \cdot n + \mu_p \cdot p) \tag{4.1}$$

Dabei sind die Parametern e_0 die Elementarladung, n die Elektronendichte, N_D die Donatorendichte, μ_n die Elektronenbeweglichkeit, p die Löcherdichte, N_A die Akzeptorendichte und μ_p die Löcherbeweglichkeit. Es ist zu erkennen, dass es sich hier alles um halbleiterspezifische Parameter handelt, was auch zu erwarten war. Unter Einbeziehung der geometrischen Größen kann dann wie bei allen anderen Widerständen auf den Widerstand bzw. Leitwert geschlossen werden.

Bei n-dotiertem Material ergibt sich:

$$\kappa_n = e_0 \cdot \mu_n \cdot n = e_0 \cdot \mu_n \cdot N_D \tag{4.2}$$

Das gilt nur unter der Bedingung: $n \approx N_D$ und $p = \dfrac{n_i^2}{N_D} << n$.

Die Analogie besteht für das p-dotiertes Material

$$\kappa_p = e_0 \cdot \mu_p \cdot p = e_0 \cdot \mu_p \cdot N_A \qquad (4.3)$$

mit den analogen Bedingungen: $p \approx N_A$ und $n = \dfrac{n_i^2}{N_A} << p$.

Aus dem allgemeinen Ansatz folgt unter der Einbeziehung der Bauelementeabmessungen (Geometrie) für einen Widerstand

$$R = \frac{l}{\kappa \cdot A} \quad \text{bzw.} \quad G = \kappa \cdot \frac{A}{l}$$

für den Leitwert.

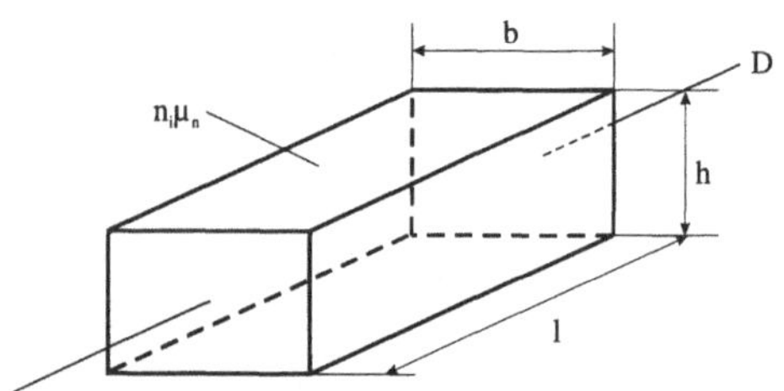

Bild 4.2 Halbleiterkristallgeometrie

Für die zu betrachtenden Halbleiterstrukturen läßt sich, wie auch im Bild 4.2 veranschaulicht ist, sagen:

$$G = \kappa \cdot \frac{A}{l} = e_0 \cdot \mu \cdot n \cdot \frac{b \cdot h}{l} \qquad (4.4)$$

l stellt die Länge und A den Querschnitt (Fläche $b \cdot h$) der Halbleiterstrecke dar. Legt man eine Spannung an den Enden des Kristalls (vgl. Bild 4.3) an, so entsteht durch das Widerstandsverhalten der Struktur ein Spannungsabfall über der Länge der Drain-Source-Strecke. Dieses Widerstandsverhalten muss nun über einen weiteren physikalischen Effekt *gezielt beeinflusst* werden. Es besteht somit die Aufgabe, durch eine *Veränderung des leitfähigen Querschnittes* den Widerstand der Gesamtstrecke zu ändern, wobei dieser nur vergrößert, also die Leitfähigkeit verringert werden kann.

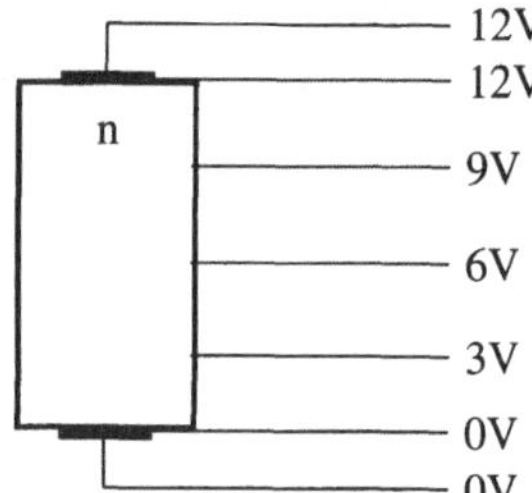

Bild 4.3 Spannungsabfall über n-dotierten Halbleiterkristall

4.1.2.2 Grundaufbau des Sperrschicht-FET (JFET)

Das Bild 4.4 zeigt folgenden Aufbau:

- An einem n-dotierten Kristall werden an den gegenüberliegenden Enden je eine Kontaktfläche für den Drain- ("Eingang") und Source-Kontakt ("Ausgang") angebracht.
- Daraus ergibt sich ohne weitere Beschaltung immer eine leitende Strecke (vgl. Widerstand).

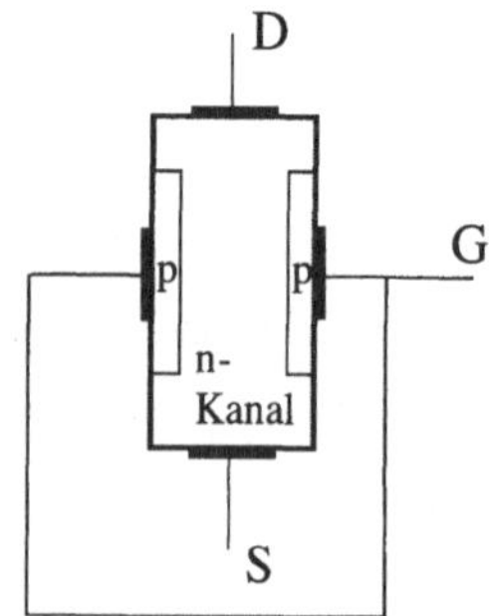

Bild 4.4 Allgemeiner Grundaufbau eines n-Kanal-Sperrschicht FET

- Längs der Widerstandsstrecke werden zwei stark p-dotierte Gebiete eingebracht. Diese werden ebenfalls mit Kontakten versehen und dienen als Steuer-elektroden (Gates). Die Verbindung ist notwendig, um eine Symmetrie zu erzielen.
- Durch die angelegte negative Spannung zwischen Gates und Source (Sperrrichtung!) breitet sich das Sperrfeld als Raumladungswolke aus und verengt den leitenden Kanal (Membran-Effekt). Somit folgt eine spannungsabhängige Querschnittsverringerung, die wiederum die Widerstandsvergrößerung auslöst.

Eine umgekehrte Dotierung ist prinzipiell technologisch möglich und folglich muss eine umgekehrte Polarität vorliegen.

4.1.2.3 Grundaufbau eines MOSFET

Das zweite Grundprinzip wird im MOSFET angewendet. Das Bild 4.5 zeigt folgenden Aufbau:

- Das Bauelement besteht aus einem p-dotierten Substrat (Trägermaterial).
- Drain und Source sind als n-dotierte Inseln in das Substrat diffundiert ("eingelassen").
- Zwischen Gate (Steuerelektrode) und Substrat liegt eine Isolation (vgl. Kondensator).
- Ziel ist es, zwischen den beiden Inseln eine Verbindung zu erzeugen, so dass im Ausgangskreis ein Strom fließen kann.

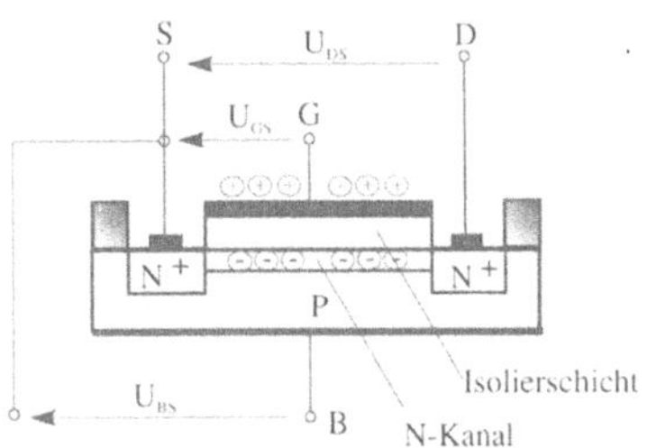

Bild 4.5 Grundaufbau des n-Kanal-MOS-FET

Beim *selbstleitenden* Typ folgt:

Das Substrat hat zwischen Drain und Source einen n-angereicherten Kanal, der bereits bei der Herstellung technologisch eingebracht wurde. Somit muss die Gate-Steuerspannung über das "Kondensatorprinzip" die negativen Ladungsträger aus dem Kanal vertreiben und den Kanal abbauen. Das erfolgt in der Art, dass auf der Gate-Elektrode die gleiche Polarität wie im Kanal erzeugt wird. Damit stoßen sich gleiche Ladungsträger ab. Die Brücke wird abgebaut, und der Leitungsweg wird unterbrochen.

Beim *selbstsperrenden* Typ folgt:

Das Substrat hat zwischen Drain und Source keinen leitenden Kanal. Die Gate-Steuerspannung muss die recht geringe Zahl der freien, beim n-Kanaltyp die negativen Ladungsträger aus dem Substratbereich als "Gegenelektrode" heranziehen und einen sogenannten Inversionskanal aufbauen. Eine umgekehrte Dotierung ist prinzipiell möglich und folglich muss eine umgekehrte Polarität folgen. Ein sehr vereinfachter Vergleich zum Verständnis des FET wäre dadurch gegeben, dass man beim FET der Drain-(Senke) dem Kollektor-, der Source-(Quelle) dem Emitter- und der Gate-(Steuertor) dem Basis-Anschluss als ein Äquivalent ansehen würde.

4.2 Sperrschicht-FET

Wie bereits eingangs gesagt, wird hier am Beispiel des n-Kanal-JFET die Funktionsweise des Sperrschicht-FETs erläutert, so dass danach einfach die Schlüsse auf die andere Dotierungsart gezogen werden können.

4.2.1 Grundlagen

4.2.1.1 Aufbau eines Sperrschicht-FET

Das grundlegende Funktionsprinzip wurde in der Einführung schon genannt und soll nun detaillierter am n-Kanal-JFET untersucht werden

- Das Grundkristall ist schwach dotierter n-Kanal und stellt die ausgangsseitige Leitbahn dar.
- Das Grundkristall besitzt zwei gegenüberliegende Anschlüsse, Drain (Stromeintritt) und Source (Stromaustritt).
- In das Grundkristall sind gegenüberliegend zwei stark dotierte p-Kanal Inseln eingebracht worden. Diese sind meist miteinander verbunden und bilden die Steuerelektroden.

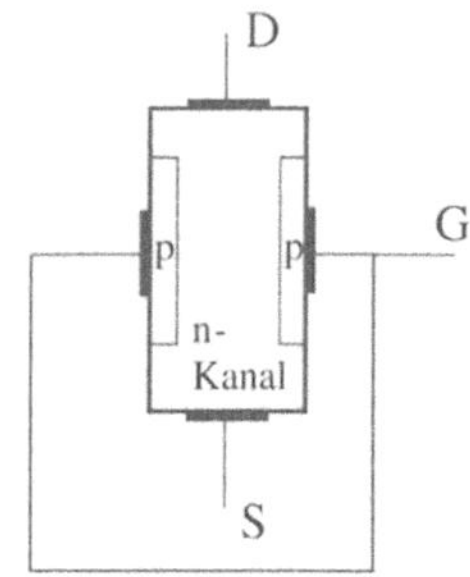

Bild 4.6 Grundaufbau eines Sperrschicht-FET

Merke:

Die PN-Übergänge (Gate - Substrat) werden immer in Sperrichtung betrieben.

4.2.1.2 Verhalten bei angelegter Spannung

a) Fall 1: Gate-Spannungsänderung

Es wird keine ausgangsseitige Spannung angelegt:

$$U_{DS} = 0$$

Funktion

1. Da am Gate (p-dotiert) ein negatives Potential zur Source (n-dotiert) anliegt, folgt ein gleichmäßiger und *paralleler Sperrschichtaufbau* und die Raumladungszonenbreite *d* ist:

$$d = f\,(U_{GS}) \tag{4.5}$$

2. Wenn die Gate-Spannung weiter ins Negative steigt, kommt der Punkt, wo die Raumladungszonen aneinanderstoßen und somit wird der n-Bereich geschlossen (Abschnürung).

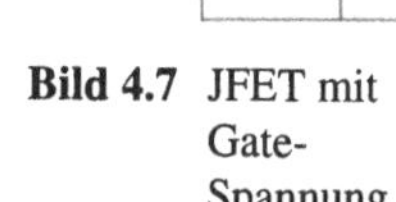

Bild 4.7 JFET mit Gate-Spannung

U_{GS} ist dabei die Gate-Source-Spannung und U_P ist die Pinch-off Voltage (Abschnürspannung) :

$$-U_{GS} = U_P \qquad \text{bzw.} \qquad U_{GS} = -U_P \tag{4.6}$$

b) Fall 2: Drain-Source-Spannungsänderung

Es ist keine Gate-Spannung angelegt, das heißt, das Gate ist mit Source verbunden und $U_{GS} = 0$.

Funktion

1. Da am Gate kein Potential (zu Source kurzgeschlossen) liegt, ergibt sich ein *schräger Sperrschichtaufbau* als Folge des Potentialabfalls (durch Widerstandsverhalten) entlang der Drain-Source-Strecke und die Raumladungszonenbreite b ist $b = f(U_{DS})$.

2. Steigt die Drain-Source-Spannung weiter an, wird zu einen bestimmten Zeitpunkt der rechte und linke Flügel zusammenstoßen. Die Sperrschicht schließt in der Nähe des Drain-Kontakt zuerst (wegen der Potentialdifferenz). Bei $U_{DS} = U_{DSS}$ stoßen die Raumladungszonen aneinander und der n-Bereich ist geschlossen. Somit wird der Stromfluss unterbunden. Hier stellen U_{DS} die Drain-Source-Spannung und die U_{DSS} die Drain-Source-Sättigungsspannung dar.

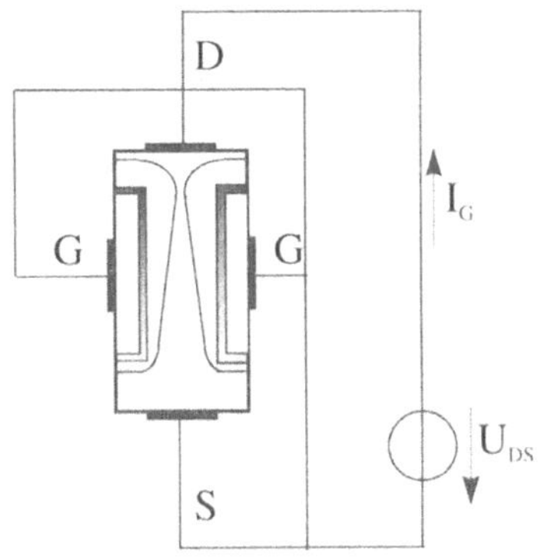

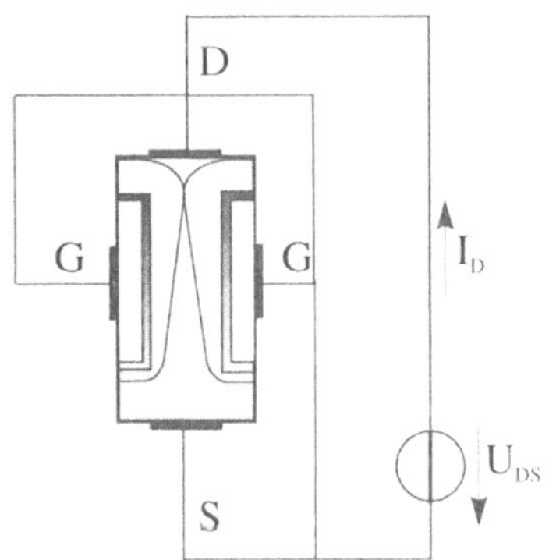

Bild 4.8 JFET mit Drain-Source-Spannung
a) $U_{DS}<U_{DSS}$ b) $U_{DS}=U_{DSS}$

c) Gesamtfunktion

Kombiniert man nun beide Funktionen, so folgt der eigentliche Betrieb des Bauelement mit folgenden physikalischen Effekten:

Werden beide Strecken aktiviert, dann folgt:

$$U_{GS} \neq 0 \text{ bzw. } U_{GS} < 0 \quad \text{(negativ !)}$$

und $$U_{DS} \neq 0 \text{ bzw. } U_{DS} > 0 \quad \text{(positiv !)}$$

Das hat zur Folge:

- längssymmetrischer Sperrschichtaufbau durch Gates
- keine Quersymmetrie, da Spannungsabfall durch Widerstandsverhalten des n-Gebietes
- in Drain-Nähe erfolgt zuerst der Kanalverschluss

Stoßen die beiden Sperrschichten zusammen, so wird der Stromfluss von Drain nach Source unterbrochen, der Transistor ist geschlossen und die Drain-Source-Strecke ist hochohmig.

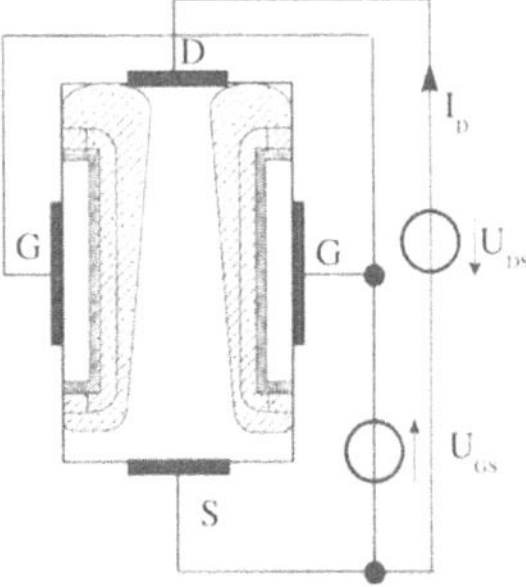

Bild 4.9 Gesamtverlauf der Sperrschicht am JFET

4.2.1.3 Herleitung des Strom-/ Spannungsverhaltens

Durch das Verhalten des Materials (Eigenschaften) und durch die Geometrie ist ein Widerstandsverhalten ableitbar und daraus natürlich auch die Funktionen für Strom und Spannung.

a) Herleitung der Spannungsparameter

Für die Herleitung der Funktionen für Strom und Spannung des Sperrschicht-FETs spielt die Sperrschichtbreite als Grundelement (Steuerung) die entscheidende Rolle. Um die Zusammenhänge zu erkennen, muss man auf die physikalischen Leitungsmechanismen und deren Zusammenhänge zurückzugreifen.

Es ergibt sich für die Sperrschichtweite nach [8,9]:

$$d_N = \sqrt{\frac{2\,\varepsilon_0 \varepsilon\, N_A (U_D + U_R)}{e_0\,(N_A + N_D)\,N_D}} \tag{4.7}$$

Da die Akzeptorendichte viel höher ist, folgt bei dem Verhältnis $N_A >> N_D$:

$$d_N = \sqrt{\frac{2\,\varepsilon_0 \varepsilon\,(U_D + U_R)}{e_0\,N_D}}$$

Der Kanal sperrt (schnürt ein und schließt), wenn *jede Seite die halbe Breite des Kanals* $d_N = b/2$ abdeckt, woraus sich d_N ergibt unter Einbeziehung von $U_R = U_{DSP} - U_{GS}$ zu:

$$d_N = \sqrt{\frac{2\,\varepsilon_0 \varepsilon\,(U_D + U_{DSP} - U_{GS})}{e_0\,N_D}} = \frac{b}{2} \tag{4.8}$$

Stellt man nun um, so folgt für Drain-Source-Spannung U_{DSP} an der Abschnürgrenze (Pinch-off-Punkt):

$$U_{DSP} = \frac{e_0 \cdot N_D \cdot b^2}{8 \cdot \varepsilon \cdot \varepsilon 0} - U_D + U_{GS} \tag{4.9}$$

Die maximale Sättigungsspannung U_{DSS} (zum Abschnüren/Sperren) tritt auf in dem Fall, wenn $U_{GS} = 0$ und dementsprechend folgt:

$$U_{DSS} = \frac{e_0 \cdot N_D \cdot b^2}{8 \cdot \varepsilon \cdot \varepsilon_0} - U_D \tag{4.10}$$

Die Gate-Source-Spannung (Pinch-off-Spannung), die den Kanal schließt, wenn $U_{DS} = 0$ ergibt sich zu:

$$U_p = \frac{e_0 \cdot N_D \cdot b^2}{8 \cdot \varepsilon \cdot \varepsilon_0} + U_D \tag{4.11}$$

Daraus lässt sich herleiten

$$U_{DSP} = U_{GS} - U_P \tag{4.12}$$

und die *maximale Sättigungsspannung* ist, wenn:

$$U_{DSS} = -U_p \tag{4.13}$$

Damit wären die Spannungen und deren Beziehungen hergestellt.

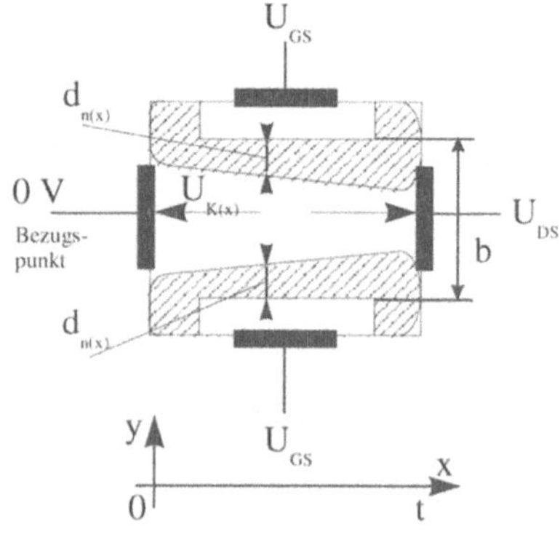

Bild 4.10 Geometrische Beziehungen

b) Herleitung der Stromparameter

Um nun die Stromparameter ableiten zu können, wird wieder auf die Darstellung im Bild 4.10 zurückgegriffen. Zum besseren Verständnis der wesentlichen Einflussgrößen, werden folgende zulässigen Vereinfachungen getroffen:

- die Bahnwiderstände werden vernachlässigt
- μ_n sei konstant im Bahnbereich
- es wirkt nur eine Feldstärke in x-Richtung (nach Schockley)

Jetzt folgt für den Drainstrom I_D als *reiner Elektronendriftstrom*

$$I_D = e_0 \cdot N_D \cdot \mu_n \cdot A(x) \cdot E_K(x) \tag{4.14}$$

Unter Beschreibung der *Kanalfeldstärke* $E_K(x) = \frac{dU_K(x)}{dx}$

und des *Querschnittes* $A(x) = \left(b - 2d_n(x)\right) \cdot h$

wobei $A(x)$ der sich in x-Achse ändernde Kanalquerschnitt, $U_K(x)$ die Kanalspannung, U_R die Sperrspannung zwischen Gate und Source, b Breite und h die Höhe des Kanals sind. U_D ist die Diffusionsspannung.

Nach einigen Umstellungsschritten ergibt sich die *Sperrschichtweite*:

$$d_N = \sqrt{\frac{2\varepsilon_0 \varepsilon (U_D - U_{GS} + U_K(x))}{e_0 N_D}} \tag{4.15}$$

Über $E_K(x)\,dx = dU_K(x)$ folgt:

$$I_D\,dx = e_0 \cdot \mu_n \cdot N_D \cdot h \left(b - 2 \cdot \sqrt{\frac{2\varepsilon_0 \varepsilon (U_D - U_{GS} + U_K(x))}{e_0 N_D}} \right) dU_K(x)$$

Aus der Überlegung zu der Situation an den Kontaktpunkten (vgl. Bild 4.10) ergibt sich bei $x = 0$ ist $U_K(x) = 0$ und bei $x = l$ ist $U_K(x) = U_{DS}$. Damit folgt nach dem Einsetzen:

$$I_D \int_0^l dx = e_0 \cdot \mu_n \cdot N_D \cdot h \int_0^{U_{DS}} \left(b - 2 \cdot \sqrt{\frac{2\varepsilon_0 \varepsilon (U_D - U_{GS} + U_K(x))}{e_0 N_D}} \right) dU_K(x)$$

Aufgelöst und unter Berücksichtigung, dass $G = \kappa \cdot \frac{A}{l} = e_0 \cdot \mu \cdot n \cdot \frac{b \cdot h}{l}$ ist, folgt:

$$I_D = G_K \left(U_{DS} - \frac{2}{3} \sqrt{\frac{8 \cdot \varepsilon \cdot \varepsilon_0}{e_0 \cdot N_D \cdot b^2}} \left(\left(U_D - U_{GS} + U_{DS}\right)^{3/2} - \left(U_D - U_{GS}\right)^{3/2} \right) \right) \tag{4.16}$$

Spätestens an dieser Stelle ist zu erkennen, dass es sich um einen sehr komplexen und vor allem nichtlinearen Zusammenhang handelt, der in dieser Art für den Anwender des FET nicht verwendbar ist. Deshalb muss man nun die Frage stellen, ob es nicht vereinfachende Schritte gibt, die einfach handhabbare Beziehungen ergeben. Im Folgeteil soll das nun versucht werden.

Der Sättigungsstrom I_{DSP} ergibt sich aus der Festlegung, dass dann $U_{DS} \Rightarrow U_{DSP}$, also der Abschnürpunkt erreicht ist. So ergibt sich für den *Sättigungsstrom*:

$$I_{DSP}= G_K\left(U_{DSP}-\frac{2}{3}\sqrt{\frac{8\cdot\varepsilon\cdot\varepsilon_0}{e_0\cdot N_D\cdot b^2}}\left((U_D-U_{GS}+U_{DSP})^{3/2}-(U_D-U_{GS})^{3/2}\right)\right)$$

Setzt man die Vereinfachungen ein, dass $U_D<<U_{DS}$ und $U_D<<U_{GS}$ ist, so ergibt sich:

$$I_{DSP}=I_D\Big|_{U_{DS}=U_{DSP}}=G_K\left(U_{GS}-\frac{U_P}{3}-\frac{2}{3}\cdot U_{GS}\cdot\sqrt{\frac{U_{GS}}{U_P}}\right) \tag{4.17}$$

Da wie die maximale Sättigungsspannung auch der maximaler Sättigungsstrom bei $U_{GS}=0$ liegen muss, folgt:

$$I_{DSS}=I_D\Big|_{U_{DS}=U_{DSP}}=I_{DSP}\Big|_{U_{GS}=0}=-\frac{G_K\cdot U_P}{3} \tag{4.18}$$

In Abhängigkeit von I_{DSS}, ein Wert, der oft in Datenblättern genannt wird, ergibt sich:

$$I_{DSP}=I_{DSS}\left(1-3\cdot\frac{U_{GS}}{U_P}+2\cdot\frac{U_{GS}}{U_P}\cdot\sqrt{\frac{U_{GS}}{U_P}}\right) \tag{4.19}$$

Diese Herleitungen zeigen eindeutig, dass der Ausgangsstrom I_{DS} (Drain-Source-Strom) immer eine Abhängigkeit von der Eingangsspannung U_{GS} Gate-Source-Spannung und vom Wert der Pinch-off-Spannung U_P darstellt. Damit ist klargestellt, das der FET ein spannungsgesteuertes Bauelement ist, und es durch den Sperrschicht-Effekt am Gate keinen Eingangsstrom geben darf (außer Leckströme).

4.2.1.4 Betrachtung der Kennlinienfelder des JFET

a) Ausgangskennlinienfeld $I_D=f(U_{DS},U_{GS})$

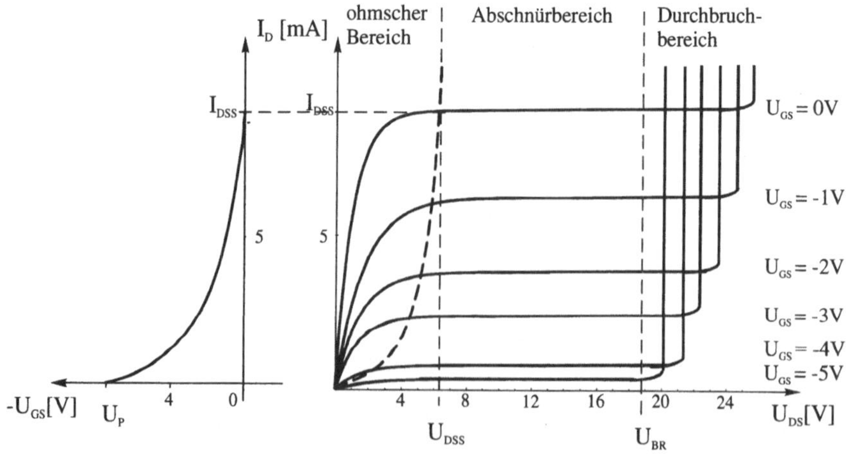

Bild 4.11 Steuerkennlinie (links), Ausgangskennlinienfeld (rechts) eines Sperrschicht-FETs

Aus der Feststellung, dass es sich hier um eine, wie schon mehrfach begründet, Potentialsteuerung handelt, ergeben sich nur zwei Kennlinien zur Bestimmung des Ein- und Ausgangsverhaltens des FET. Zum Vergleich mit dem Bipolartransistor waren drei Kennlinien unbedingt notwendig. Zum Vergleich ist die Steuerkennlinie im Bild 4.11 auf der linken Seite mit angegeben. Das Ausgangskennlinienfeld kann in 3 Bereiche eingeteilt werden (vgl. dazu auch die Einteilung beim Bipolartransistor).

1. *Ohmscher Bereich* $U_{DS} \leq U_{GS} - U_P$
   - $I_D = \mathrm{f}(U_{DS}, U_{GS})$ und annäherungsweise proportional U_{DS}.
   - Die Raumladungszonen beeinflussen den Drain-Source-Strom nahezu nicht.
   - Der FET verhält sich wie ein steuerbarer Widerstand. Der Kanal ist relativ breit.
2. *Abschnürbereich* $U_{DS} > U_{GS} - U_P$
   - $I_D \approx \mathrm{f}(U_{GS})$ Hier ist der aktive Bereich zur Spannungsverstärkung und somit für den Verstärkerbetrieb geeignet.
   - Die Raumladungszone ist stark ausgedehnt und steuert den Stromfluss.
   - $I_D \neq \mathrm{f}(U_{DS})$ hat nahezu keinen Einfluss auf I_D (außer dem sogenannten λ-Effekt, der eine Analogie zum Early-Effekt darstellt).
3. *Durchbruchbereich* $U_{DS} > U_{Br}$ $\quad U_{Br} \approx \mathrm{f}(U_{GS})$
   - Der Durchbruch der Sperrstrecke erfolgt in der Regel zwischen Drain und Gate und zieht einen steilen Anstieg des Drain-Stroms mit der eventuellen Zerstörung des Bauelementes nach sich (rechter Teil der Kennliniendarstellung).

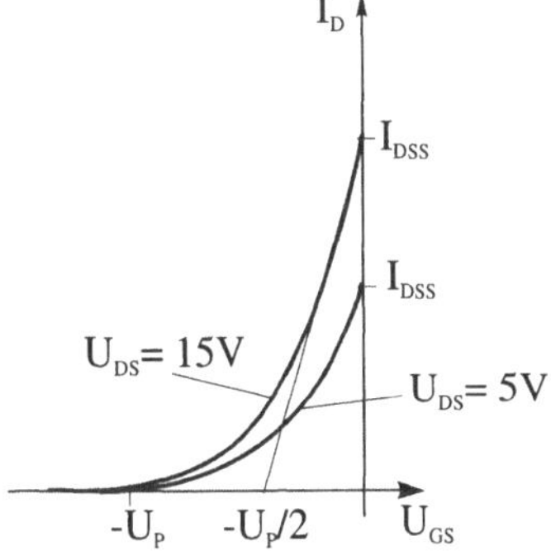

Bild 4.12 Steuerkennlinie eines JFET

b) Steuerkennlinienfeld $I_D = \mathrm{f}(U_{GS}, U_{DS})$

Für die Beschreibung der Funktion von I_D kann in zwei Fälle unterschieden werden und die sind abhängig von der Drain-Source-Spannung U_{DS}.

Somit folgt eine Betrachtung für den:

1. *Ohmschen Bereich*, wo gilt: $U_{DS} \leq U_{GS} - U_P$

$$I_D \cong G_K \left(U_{DS} - \frac{2}{3} \cdot \frac{(U_D - U_{GS} + U_{DS})^{3/2} - (U_D - U_{GS})^{3/2}}{\sqrt{(U_D - U_P)}} \right) \tag{4.20}$$

2. *Abschnürbereich*, wo gilt: $U_{DS} > U_{GS} - U_P$

$$I_D \cong I_{DSS} \left(1 - \frac{U_{GS}}{U_P} \right)^2 \tag{4.21}$$

Daraus ist zu sehen, dass für die normale Anwendung als Verstärker die Eingangssteuerkennlinie einer quadratischen Funktion (Bild 4.12) entspricht. Beim Bipolartransistor stellt die Eingangsfunktion einen exponentiellen Verlauf dar. Auch ist hier als Eingangsbeschreibung nur die Steuerkennlinie möglich, da kein Eingangsstrom fließt und somit eine U/I-Beschreibung nicht möglich ist.

4.2.1.5 Weitere Kennwerte

a) Steilheit

Da es sich hier um ein spannungsgesteuertes Bauelement handelt, kann auch keine Beziehung zwischen Eingangs- und Ausgangsstrom hergestellt werden, so wie es beim Bipolartransistor möglich war. An dessen Stelle tritt als Funktion die Steilheit, die den Zusammenhang von Eingangsspannung und Ausgangsstrom zeigt. Die Funktion ist aus der Steuerkennlinie herauszulesen.

Definition: $S = \frac{\Delta \text{ Ausgangsstrom}}{\Delta \text{ Eingangsspannung}} = \frac{\Delta I_D}{\Delta U_{GS}}$

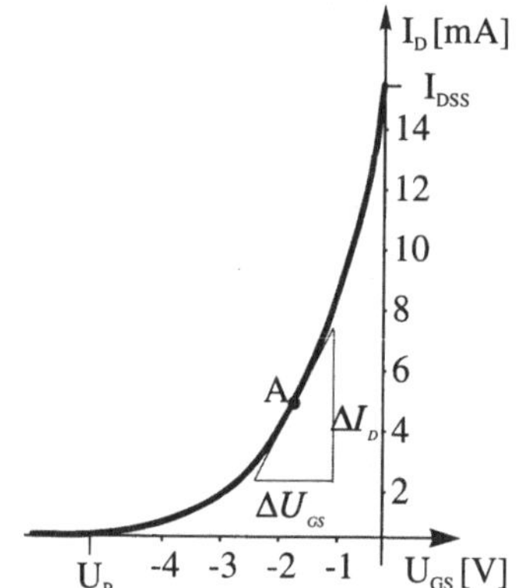

Bild 4.13 Steilheitsberechnung an der Eingangssteuerkennlinie

Dieser Ansatz bezieht sich auf eine konstante Drain-Source-Spannung U_{DS}. Hierbei stellen ΔI_D die Ausgangs-, also die Drain-Stromände-rung und ΔU_{GS} die Eingangs-, also die Gatespannungsänderung dar. Es ergibt sich dann für die Beschreibung der Steilheit aus dem Drain-Stromansatz:

$$I_D \cong I_{DSS} \left(1 - \frac{U_{GS}}{U_P} \right)^2 \qquad (4.22)$$

$$S = \frac{dI_D}{dU_{GS}} = \frac{2 \cdot I_{DSS}}{U_P} \cdot \left(\frac{U_{GS}}{U_P} - 1 \right) \qquad (4.23)$$

Unter Verwendung der Steilheit bei maximaler Sättigung S_S, die bei $U_{GS} = 0$ auftritt und auch *Sättigungssteilheit* genannt wird, ergibt sich weiter:

$$S = \left. \frac{dI_D}{dU_{GS}} \right|_{U_{DS} = 0} = S_S \cdot \left(1 - \frac{U_{GS}}{U_P} \right) \qquad \text{mit} \qquad S_S = S\big|_{U_{GS} = 0} = -\frac{2 \cdot I_{DSS}}{U_P}$$

Um eine Vorstellung über die Größe zu erhalten, so liegen die üblicher Werte im Bereich von etwa $S \approx 1 ... 50 \frac{\text{mA}}{\text{V}}$.

b) Differentieller Ausgangswiderstand

Der differentielle Ausgangswiderstand wird auf die gleiche Weise wie beim Bipolartransistor gebildet. Er stellt ja einen Zusammenhang zwischen Ausgangsspannung und -strom dar. Weiter ist er im Sinne des Ersatzschaltbildes der Innenwiderstand für die Stromquelle des Ausgangskreises.

Somit kann weiter ein Vergleich zum Bipolartransistor gezogen werden. Er wird im Abschnürbereich (Arbeitsbereich für den Verstärkerbetrieb) sehr groß und annähernd konstant sein. Im ohmschen Bereich wird er kleiner und sich sehr stark ändern, wo der FET auch als steuerbarer Widerstand eingesetzt werden kann.

$$r_{DS} = \frac{\Delta U_{DS}}{\Delta I_D} \tag{4.24}$$

Als ein üblicher Wert gilt im Abschnürbereich $r_{DS} \approx 80\,\mathrm{k\Omega} \ldots 200\,\mathrm{k\Omega}$.

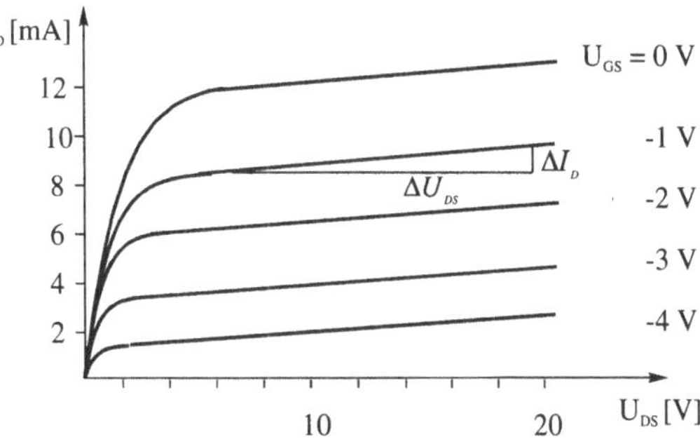

Bild 4.14 Bestimmung des differentiellen Ausgangswiderstandes

c) Differentieller Eingangswiderstand:

Hier ist zu beachten, dass es keinen Eingangsstrom I_G gibt, der als steuerndes Element wirkt. Auch ist durch den Sperrzustand des Gate-Source- bzw. Gate-Drain-Übergangs kein Strom zu erwarten. Daher gilt $I_G = 0$. Weil aber ein Minoritätsträgerstrom ($I_{Sperr} \approx 5 \ldots 20\,\mathrm{nA}$) nicht vermeidbar ist, wird dieser für die Berechnung eines Eingangswiderstands herangezogen. So kann die Beziehung abgeleitet werden, wobei dieser Strom nahezu konstant ist.

$$r_{GS} = \frac{\Delta U_{GS}}{\Delta I_{Sperr}} \cong \text{konst.}$$

Die üblichen Werte liegen im Bereich $r_{GS} \approx 10^{10} \ldots 10^{14}\,\Omega$.

d) Verlustleistung

Die Verlustleistung wird ebenfalls in gleicher Weise wie beim Bipolartransistor bestimmt, nur dass es eben keine eingangsseitige Komponente gibt. Daher ist die Verlustleistung nur aus dem Drainstrom und dem Spannungsabfall über der Drain-Source-Strecke berechenbar:

$$P = U_{DS} \cdot I_D \tag{4.25}$$

4.2.1.6 Ersatzschaltbilder für Sperrschicht-FET

Ausgangspunkt soll bei diesen Betrachtungen das h-Parameter-Ersatzschaltbild des Bipolartransistors sein. Allerdings muss sofort die Frage nach den Eigenheiten des FETs gestellt werden und wie diese sich auf die Erstellung eines Ersatzschaltbildes auswirken.

1. Da kein Eingangsstrom fließt, folgt dass r_{GS} und r_{GD} extrem hochohmig sein müssen.
2. Aus dem selben Grund kann auch keine Spannungsquelle mit Innenwiderstand in Reihe vorliegen.
3. Die Stromquelle im Ausgang ist nicht über den Eingangsstrom zu beschreiben, sondern an deren Stelle muss eine Verbindung über die Steilheit erfolgen.

Aus diesen einfachen Überlegungen ergibt sich das Ersatzschaltbild in folgender Art. Dabei kann man mit dieser Darstellung den Gleichspannungs- und den Bereich für niedrige sowie auch mittlere Frequenzen beschreiben. Durch die extrem hochohmigen Widerstände zwischen Gate und Drain bzw. Gate und Source werden diese als unendlich gesetzt und somit bleibt der Eingang förmlich offen "hängen", und es ergibt sich die vereinfachte Darstellung. Für den Einsatzfall bei hohen Frequenzen, wo die internen Kapazitäten des Transistors wirken werden, stellt sich die Frage, wo diese in das Ersatzschaltbild eingreifen. Zu erwarten sind durch die Sperrschicht eine kondensatorische Wirkung zwischen Gate und Source und zwischen Gate- und Drain. Weiterhin muss sich durch die ungleiche Ladungsträgerverteilung im Ausgangskreis ein Kondensator zwischen Drain und Gate abbilden. Somit kann gesagt werden, dass sich wieder wie beim Bipolartransistor 3 Kondensatoren im Ersatzschaltbild abbilden müssen. So ergibt sich das im Bild 4.17 abgebildete Ersatzschaltbild für hohe Frequenzen.

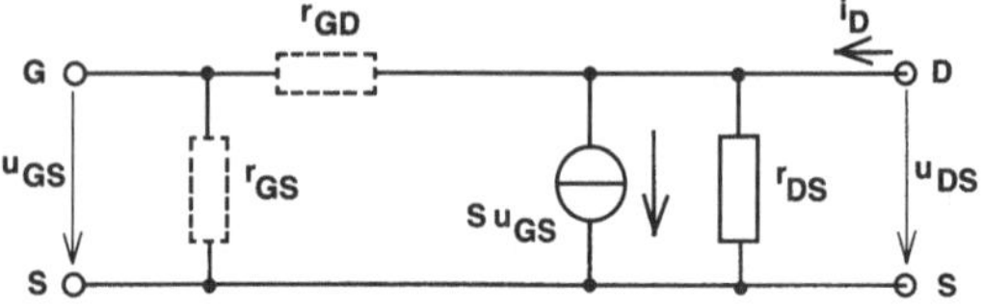

Bild 4.15 Vereinfachtes Ersatzschaltbild für den Sperrschicht-FET

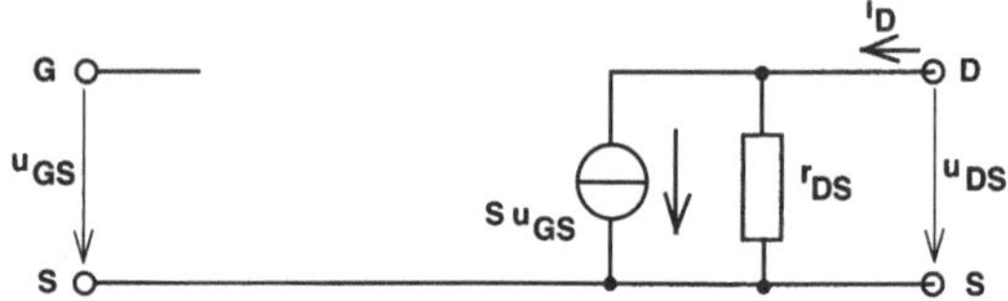

Bild 4.16 Ersatzschaltbild für den Sperrschicht-FET ohne Sperrschichtwiderstände

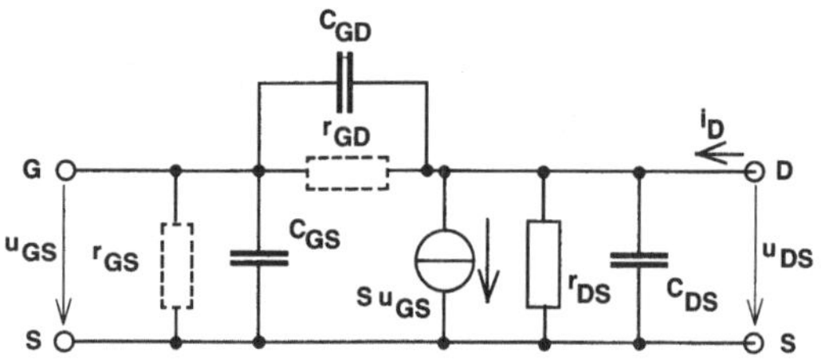

Bild 4.17 Ersatzschaltbild für hohe Frequenzen

4.2.1.7 *Temperaturverhalten von Sperrschicht-FET*

Bei steigender Temperatur wirken zwei Faktoren:

1. Es nimmt die Beweglichkeit der freien Ladungsträger ab.

   strommindernder Effekt

2. Die Sperrschichtbreite verkleinert sich.

   stromerhöhender Effekt

Der Effekt nach 1. wirkt hauptsächlich bei größeren Strömen, der unter 2. hauptsächlich bei kleinen Strömen. Da die beiden gegeneinander wirken, heben sich diese bei ca. $I_D \approx 0{,}25 \cdot I_{DSS}$ auf, was im Bild 4.18 zu erkennen ist.

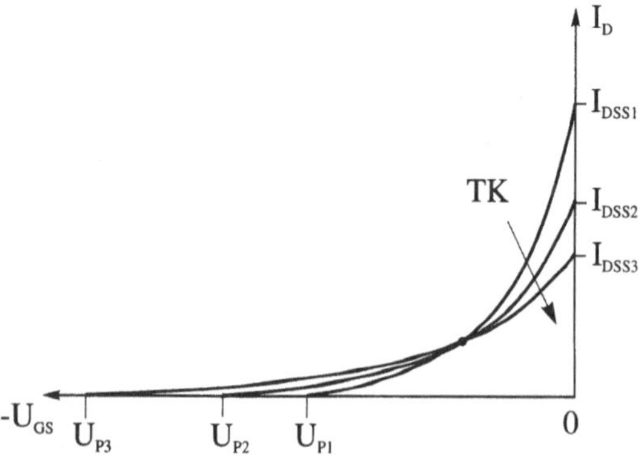

Bild 4.18 Temperatur-Kennlinien eines JFET

4.2.2 Arbeitspunkteinstellung bei Sperrschicht-FET

Hier erfolgt in Analogie zum Bipolartransistor in der Emitter-Schaltung die Betrachtung zur Arbeitspunkteinstellung an der Source-Schaltung. Dabei wird wieder die Frage gestellt, was aus den bisherigen Kenntnissen übernommen werden kann und was nicht anwendbar ist.

4.2.2.1 Einstellung über Gate-Source-Spannung $(-U_V)$

Die Gate-Spannung (Signalaussteuerung am Gate bezogen auf den Source-Punkt) für den Arbeitsbereich muss sich im Steuerkennlinienfeld zwischen U_P (negative Spannung) und Null bewegen. Sonst kommt kein Ausgangsstrom zustande. Da der Sperrbetrieb der Gate-Source-Strecke gewährleistet werden muss, ist die einzustellende Arbeitspunktspannung (Vorspannung) *immer negativ* gegenüber dem Source-Anschluss. Über R_V wird diese Spannung am Gate bereitgestellt. Dabei ist darauf zu achten, dass kein Strom in das Gate fließt, was auch keinen Spannungsabfall über R_V zur Folge hat. Weiterhin wirkt, da der Transistoreingangswiderstand r_{Tre} nahezu unendlich ist, R_V sich auf den Eingangswiderstand aus und stellt nun annähernd allein den Wert für r_e.

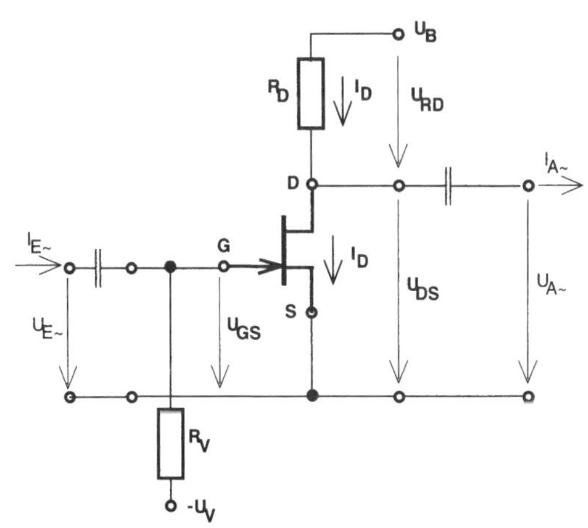

Bild 4.19 Grundschaltung zur Vorspannungserzeugung

Eingangswiderstand

$$r_e = R_V \parallel r_{GS} = \frac{R_V \cdot r_{GS}}{R_V + r_{GS}} \cong R_V \tag{4.26}$$

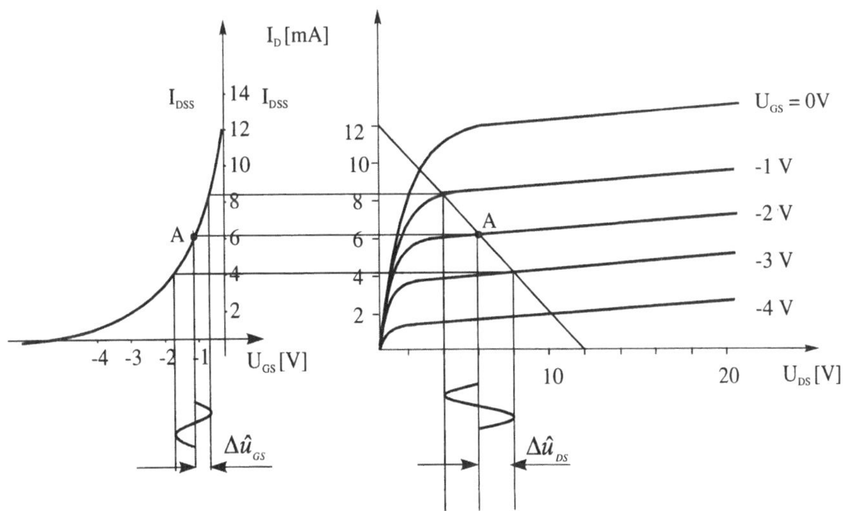

Bild 4.20 Kennlinienbetrachtung mit Hinweis auf die grafische Lösung

Diese Näherung ist deswegen eine gültige Annahme, da, wie eben erwähnt, $r_{GS} \Rightarrow \infty$ geht. Im Bild 4.20 ist eine grafische Lösung vorgestellt worden. Es wird wiederum im Ausgangskennlinienfeld der Arbeitspunkt entsprechend den gewünschten Bedingungen gesucht. Die Generatorkennlinie wird ebenfalls wie beim Bipolartransistor durch R_D und die zwei Achsendurchtrittspunkte bestimmt. Danach ergeben sich durch das Loten auf die Achsen die Ausgangsarbeitsspannung U_{DSA} und der Drain-Arbeitsstrom I_{DA}. Von der Ausgangskennlinie erfolgt über die Drain-Stromachse (y-Achse) der Übergang in die Steuerkennlinie. Hier wird ebenfalls auf die Steuerkennlinie gelotet und dann auf die negative x-Achse, wo dann das Arbeitspunktpotential für U_{GSA} abgelesen werden kann. Damit ist der Eingang bestimmt. Weiter werden in völliger Analogie zum Bipolartransistor nun die folgenden Parameter bestimmt. Es ist nur zu beachten, dass kein Eingangsstrom fließt und somit die Steilheit als "Koppelglied" zwischen Ein- und Ausgang einzubeziehen ist.

Ausgangswiderstand
$$r_a = R_D || r_{DS} = \frac{R_D \cdot r_{DS}}{R_D + r_{DS}} \tag{4.27}$$

Spannungsverstärkung
$$V_u = \frac{u_a}{u_e} \tag{4.28}$$

Unter dem Einsatz der *Steilheit* $S = \frac{\Delta I_D}{\Delta U_{GS}}$ und da die Eingangsspannung $u_e \overset{\downarrow}{=} U_{GS}$ ist sowie die Ausgangsspannung über Strom und Ausgangswiderstand dargestellt werden kann, folgt:

$$u_a = I_D \cdot r_a$$

Wird jetzt auf Gl. 4.28 zurückgegriffen, so ergibt sich für die *Spannungsverstärkung*:

$$V_u = \frac{R_D \cdot r_{DS}}{R_D + r_{DS}} \cdot S\Big|_A \tag{4.29}$$

Merke:

Eine Stromverstärkung gibt es bei FET nicht, da kein Verhältnis zwischen Aus- und Eingangsstrom erstellt werden kann !

Hinweis:

Vorsicht beim Gebrauch allgemeiner Kennlinienfelder, da die Kennlinien der FET von Bauelement zu Bauelement sehr streuen können !

4.2.2.2 Einstellung mittels Source-Widerstand (R_S)

Da die Schaltung mit Vorwiderstand im Punkt 4.2.2.1 den Mangel hat, dass eine zusätzliche negative Betriebsspannung benötigt wird, wird nun eine andere Lösung ohne zusätzlicher Spannungsquelle vorgestellt. Dieser Lösung liegt der Gedanke zu Grunde, dass nur das Potential U_{GS} , also die Spannung zwischen Gate und Source negativ sein muss. Das heißt aber auch, dass das Source-Potential "hochgelegt" werden kann, und zwar so weit, dass der Arbeitspunkt dann mindestens auf Null liegt. Dies ist möglich, wenn ein Widerstand in den Source-Kreis zwischen Source und Masse gelegt wird. Folgende mathematische Betrachtungen sollen gelten:

Am Eingang ist $U_{RV} = 0$, der Widerstand liegt gegen Masse und es fließt funktionsgemäß kein Strom durch R_V zum Gate. Außerdem ist $I_D = I_S$ bei der Einstellung des gleichstromorientierten Arbeitspunktstroms.

Somit folgt über den Maschensatz:

$$U_{GS} + U_{RS} = U_{RV} = 0 \quad (4.30)$$

$$U_{GS} + I_D \cdot R_S = 0$$

Damit ergibt sich ein Drainstrom im Arbeitspunkt zu:

$$I_D \cdot R_S = - U_{RS}$$

$$I_{DA} = -\frac{U_{GSA}}{R_S} \quad (4.31)$$

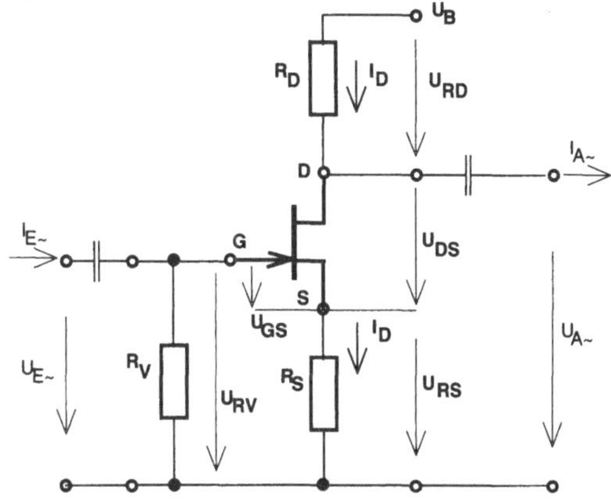

Bild 4.21 Schaltung mit Source-Widerstand

Es ist zu beachten, dass U_{GS} eine *negative* Spannung ist !

Am Ausgang gelten folgende Beziehungen, die über Maschensätze hergeleitet werden können:

$$U_B = U_{RD} + U_{DS} + U_{RS} \quad (4.32)$$

$$U_B = U_{DS} + I_D \cdot (R_D + R_S) \quad \text{bzw.} \quad U_{DS} = U_B - I_D \cdot (R_D + R_S)$$

Abschließend ergibt sich die Drain-Source-Spannung im Arbeitspunkt zu:

$$U_{DSA} = U_B - I_{DA} \cdot (R_D + R_S) \quad \text{bzw.} \quad U_{DSA} = U_B + \frac{U_{GSA} \cdot (R_D + R_S)}{R_S} \quad (4.33)$$

Es ist natürlich möglich, nicht nach U_{DSA}, sondern nach U_{GSA} umzustellen, und statt den Ausgang den Eingang zu bestimmen. Das Bild 4.22 zeigt den Kennlinienverlauf bei der Arbeitspunkteinstellung mit Source-Widerstand. Hier ist zu beachten, dass in der Generatorgeraden sich jetzt nicht nur der Drain-Widerstand R_D, sondern auch der Widerstand R_S mit abbildet.

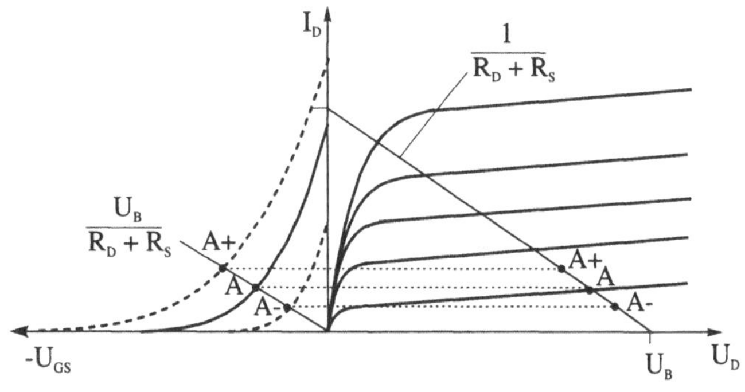

Bild 4.22 Kennlinienverlauf mit Source-Widerstand

Merke:

Durch die Gegenkopplung mittels R_S wirken sich die Toleranzen der Steuerkennlinien weniger auf die Arbeitspunkteinstellung aus. Je größer R_S , desto kleiner die toleranzbedingten Verschiebungen.

Aber: *Dabei wird I_D kleiner und somit auch der Aussteuerbereich.*

4.2.2.3 Einstellung mittels Source-Widerstand und Eingangsspannungsteiler

Wie eben im Punkt 4.2.2.2 dargestellt wurde, ist die Gate-Arbeitspunktspannung jetzt Null oder positiv gegen Masse gemessen. Das erlaubt den Einsatz eines Spannungsteilers. Es wäre gleichfalls möglich, den Spannungsteiler auch zwischen zwei Betriebsspannungen zu schalten, wobei eine negativ sein wird. Allerdings bildet der Spannungsteiler jetzt wieder den Hauptanteil bei der Berechnung des Eingangswiderstandes. Um den Widerstand hochzutreiben, kann hier, da kein Gate-Strom fließt, ein Längswiderstand R_V zusätzlich eingesetzt werden. Den Potentialwert legen aber die Widerstände R_1 und R_2 fest.

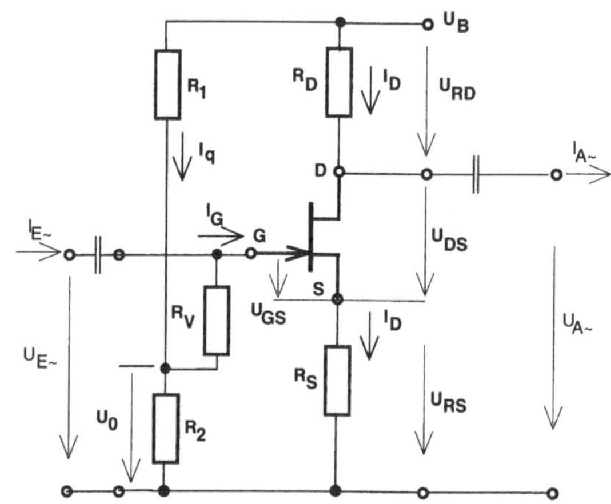

Bild 4.23 Schaltung mit Eingangsspannungsteiler und Source-Widerstand

Aus mathematischer Sicht sind folgende Betrachtungen anzustellen:

Die Verschiebung der Eingangsgeneratorkennlinie aus dem Ursprung zu U_0 ergibt:

$$U_0 = \frac{R_2}{R_1+R_2} \cdot U_B \tag{4.34}$$

R_V spielt, wie bereits beschrieben, keine Rolle für den Vorspannungspunkt, da $I_G = 0$ und somit $I_{RV} = 0$ ist. Dafür dient R_V zur Erhöhung des Eingangswiderstandes, denn der Eingangswiderstand bildet sich jetzt als

$$r_e = (R_V + (R_1 \| R_2)) \| r_{eTr} \cong (R_V + (R_1 \| R_2)) \tag{4.35}$$

ab, wobei $r_{eTr} \Rightarrow \infty$ gesetzt werden kann.

Bei günstiger Wahl von R_1 und R_2 kann auch R_S sehr groß sein, was eine weitere Minimierung der toleranzbedingten Einflüsse bringt.

Merke:

Je größer R_1,R_2, desto flacher diese Kennlinie und so geringer werden die Einflüsse durch die Streuungen der Bauelemente.

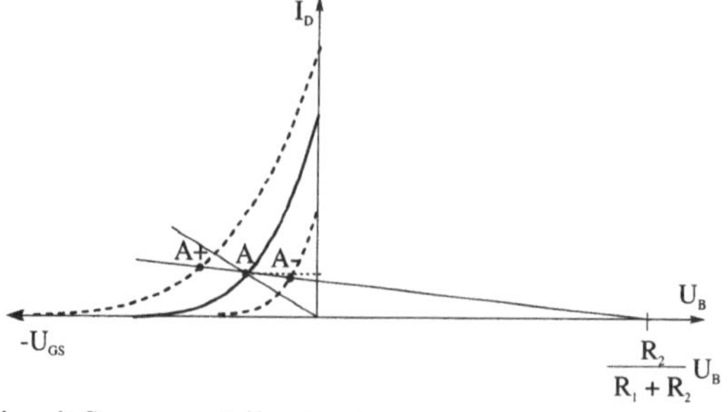

Bild 4.24 Steuerkennlinie mit Spannungsteilereinsatz

Zusammenfassend kann festgestellt werden:

Bei n-Kanal-Sperrschicht-FET:

- Drain und Source befinden sich direkt an einer n-Kanalzone.
- Das Gate besteht aus zwei p-dotierten, gegenüberliegenden Gebieten.
- Die Anschlüsse sind direkt kontaktiert
- Steuereffekte: ohmscher Bereich (gesteuerter Widerstand)
  Abschnürbereich (Verstärkungswirkung)
- U_{DS} ist positiv U_{GS} ist negativ $\Rightarrow$ Sperrschicht-Effekt.
- r_{GS} ist extrem hoch, daher kein Eingangsstrom und somit liegt eine Potentialsteuerung vor.

Bei n-Kanal-Sperrschicht-FET:

- umgekehrte Dotierung.
- Drain und Source befinden sich an einer p-Kanalzone.
- Gate besteht aus zwei n-dotierten, gegenüberliegenden Gebieten.
- U_{DS} ist negativ U_{GS} ist positiv $\Rightarrow$ Sperrschicht-Effekt.

Mit diesen Eigenschaften öffnet sich der FET ein großes Einsatzgebiet bei hochohmigen Eingangsverstärkern, in der Operationsverstärkertechnik und in der Sensorik. Abschließend sei noch der Hinweis gegeben, dass die FET sehr empfindlich gegen statische Aufladungen sind, was ein äußerst vorsichtiges Handling fordert.

4.3 Feldeffekttransistor mit Isolierschicht

Nachdem im vorangegangenen Abschnitt der Sperrschicht-Feldeffekttransistor behandelt wurde, erfolgt nun die Betrachtung des Isolierschicht-Types nach der gleichen Methodik. Demnach wird in diesem Punkt immer der Vergleich zum Sperrschicht-FET gesucht. Es werden zielgerichtet die Gemeinsamkeiten und die Gegensätze herausgearbeitet.

4.3.1 Grundlagen

Wie in der Struktur der Feldeffekttransistoren nach ihren technologischen und physikalischen Funktionsprinzipien (Punkt 4.1) dargestellt wurde, sind die Isolierschicht-FET aus technologischer Sicht in zwei Funktionsprinzipien einzuteilen:

- Anreicherungstyp
- Verarmungstyp

Weiterhin ist es natürlich möglich, diese FET als n- und p-Kanal-Typen auszuführen. Dabei sei gleich zu Beginn darauf verwiesen, dass es wie beim Bipolar- und beim Sperrschicht-Feldeffekttransistor für die n- und p-Kanal-Typen eine gleiche Funktionsweise gibt, natürlich die Polarität ist gegensinnig. Somit wird in den folgenden Darstellung nur ein Typ, der n-Kanaltyp, weiter behandelt.

4.3.1.1 n-Kanal-Anreicherungstyp

Aufbau des Transistors

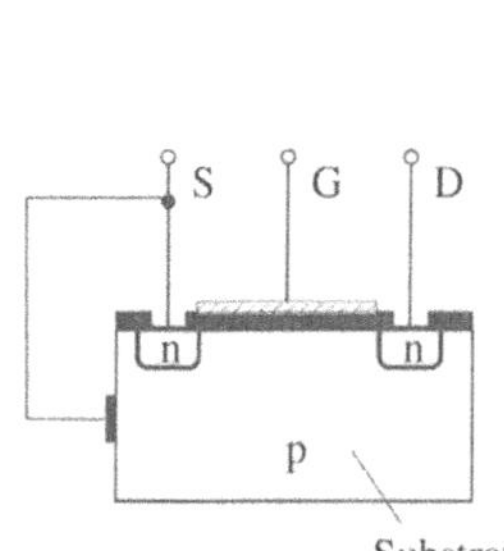

Bild 4.25 Grundstruktur

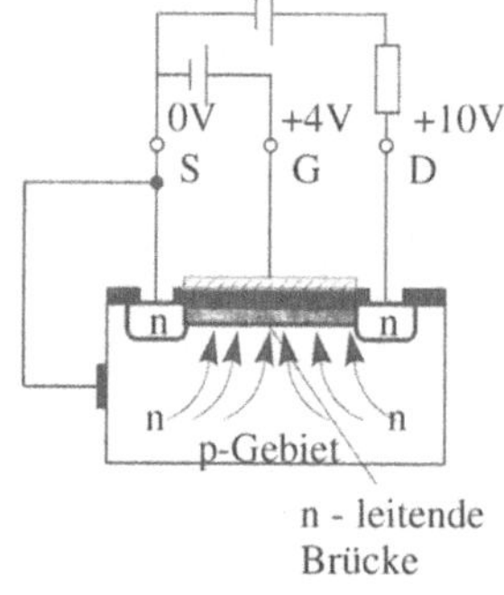

Bild 4.26 Brückenaufbau zum leitenden Zustand

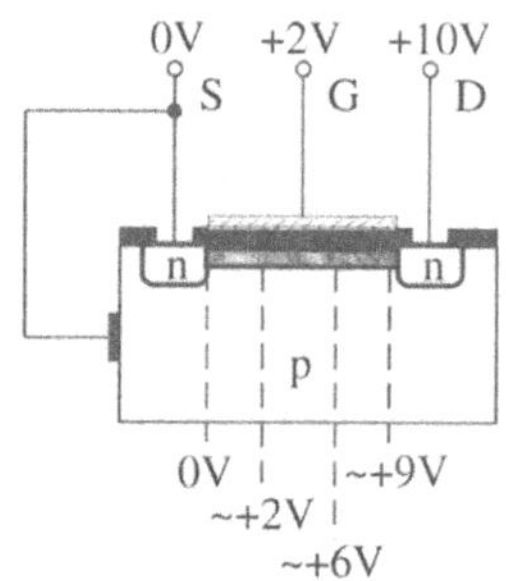

Bild 4.27 Potentiale im Kanal

- Das Substrat besteht aus p-dotiertem Silizium in das zwei stark n-dotierte Inseln (Source und Drain) eingebracht und direkt mit den Anschlüssen Drain und Source kontaktiert sind.
- Auf das p-Gebiet wird zwischen den beiden Inseln eine dünne Isolierschicht aufgebracht und darüber befindet sich die flächenhafte Gate-Elektrode, die den ganzen Bereich überdeckt. Daraus lässt sich dann ein Kondensator-Effekt ableiten. *Kanalbildungsmechanismus.*
- Zwischen Drain und Source liegt eine positive Spannung U_{DS} $\Rightarrow$ $I_D = 0$ (npn-Strecke sperrt).
- An das Gate wird eine positive Spannung U_{GS} angelegt.
- Durch den Kondensator-Effekt erfolgt parallel zum Gate im p-Kanal eine *Elektronenanreicherung,* die dann eine n-leitende Brücke zwischen Drain und Source erzeugt (Leitungskanal).

Funktionsweise des Kanals

- Wenn genügend Ladungsträger (frei bewegliche Elektronen) in dem Kanal angesammelt wurden, entsteht zwischen der n-dotierten Drain-Insel über den mit Elektronen gefüllten Kanal eine Verbindung zur n-dotierten Source-Insel.
- Da längs der Kanalzone durch die Ladungsträgeransammlung eine Widerstandsbahn entsteht, folgt somit auch ein Spannungsabfall. Dabei entsteht eine schräge Sperrschichtausbildung, wobei sich die Abschnürung beim Drain-Anschluss am stärksten ausbildet (Spannungsgefälle).

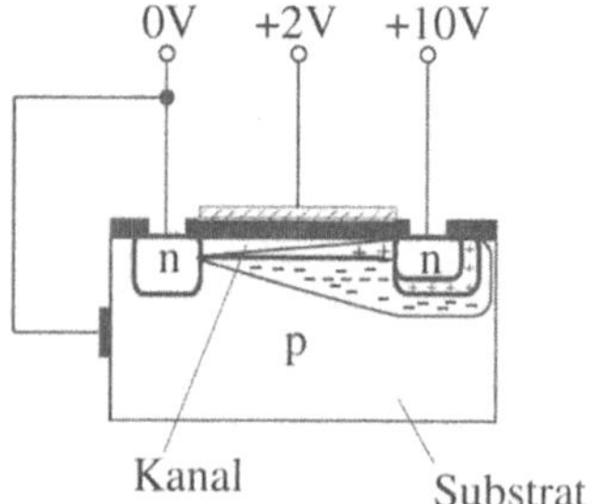

Bild 4.28 Ladungsträgerverteilung im Kanal

- Weiterhin besteht eine Sperrschicht zwischen Drain und Substrat, so das Substrat mit dem Source-Potential verbunden ist, anderenfalls entstehen Fehlströme.

- Bis zur Abschnürung U_P zeigt das Bauelement ein ohmsches Verhalten, danach setzt die Steuerung durch das Gate-Potential ein.

Dabei ist aber zu beachten, dass $I_D = f\,(U_{GS}, U_{DS})$ ist, d.h. die Sperrschichtbreite ist abhängig von der Gate-Spannung, die zur Steuerung dienen soll und von der Drain-Source-Spannung, die über die Betriebsspannung eingestellt werden kann.

4.3.1.2 p-Kanal-Anreicherungstyp

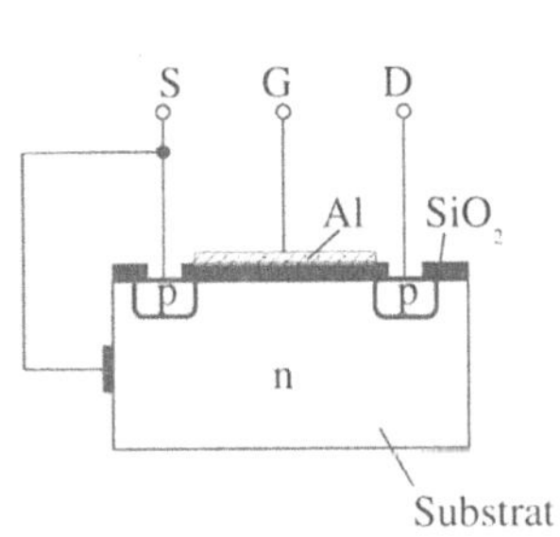

Bild 4.29 Grundstruktur

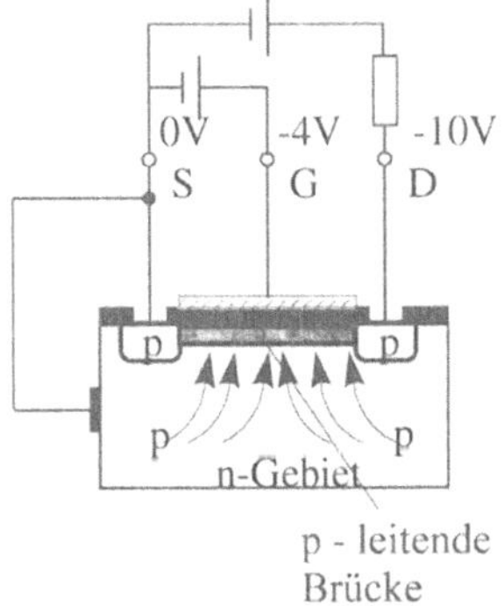

Bild 4.30 Brückenaufbau zum leitenden Zustand

Funktionsweise:

Wie bereits einführend schon dargestellt, muss sich eine gleiche Funktionsweise ergeben wie beim n-Kanaltyp. Der Unterschied liegt nur in der Lage der Potentiale, die durch die Änderung der Schichtfolgen herbeigeführt werden. Somit wird auf eine detaillierte Darstellung verzichtet, die Bilder 4.31 und 4.32 zeigen die Funktion deutlich. Neu ist hier, dass jetzt nicht eine Brückenbildung durch freie negative Ladungsträger (Elektronen) erfolgt, sondern die Brücke wird durch positive Ladungsträger (Löcher) erzeugt.

4.3.1.3 n-Kanal-Verarmungstyp

Grundaufbau

Es besteht ein analoger Grundaufbau wie beim Anreicherungstyp nur mit dem Zusatz, dass bereits eine leitende Brücke im Fertigungsprozess "eingebaut" wurde. Das hat zur Folge, dass dieses Bauelement selbstleitend ist, da eine leitende Brücke im Ruhezustand durch den technologischen Eingriff schon vorhanden ist. Daraus ergibt sich für die Steuerung die Aufgabe, den Transistor, der im Grundzustand leitend ist, durch das angelegte Gate-Potential auszuschalten. Es muss also die Brücke abgebaut werden.

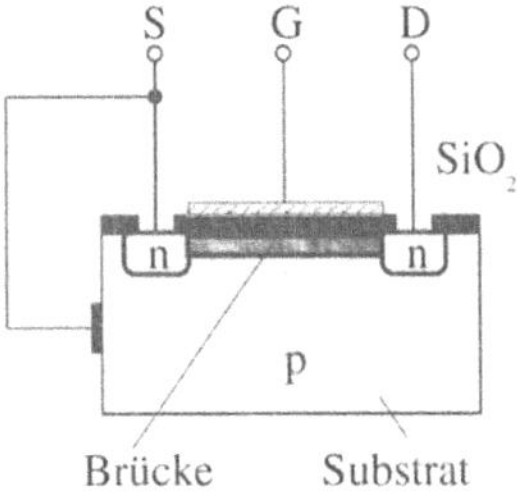

Bild 4.31 Grundstruktur

Funktionsweise

- Ohne einer angelegten Gate-Spannung leitet bereits die Drain-Source-Strecke.
- Für die Steuerung sind zwei Wege möglich.

1. Wird eine positive Gate-Spannung angelegt, folgt eine Erhöhung der Leitfähigkeit und I_D steigt weiter an.
   Das liegt daran, dass im Substrat noch weitere freie Ladungsträger sich befinden, die durch das angelegte Gate-Potential sich als Brückenverbreiterung parallel zur technologischen Brückenverbindung anlegen.
2. Wird hingegen eine negative Gate-Spannung angelegt, so sinkt die Leitfähigkeit und damit sinkt auch I_D (beabsichtigtes gesteuertes Schließen des FET). Das hat die Ursache darin, dass sich gleiche Ladungsträger abstoßen. Die Kraftwirkung der negativen Ladungsträger bricht die Brücke auf und drückt die Ladungsträger in den tieferen Bereich des Substrates.

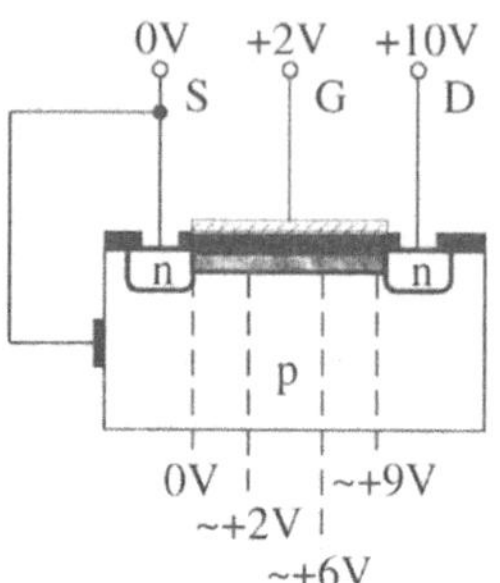

Bild 4.32 Brückenaufbau im Ruhezustand

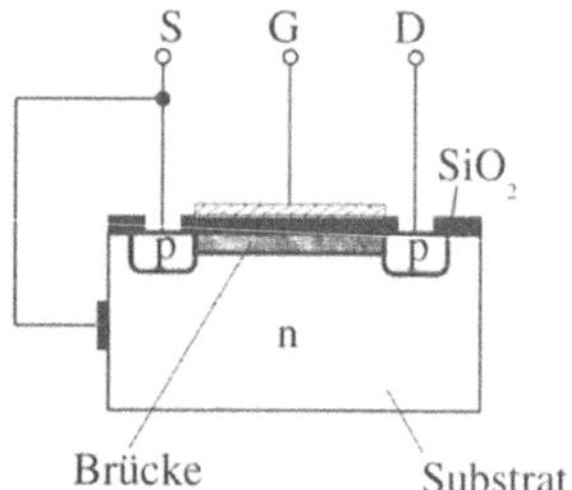

Bild 4.33 Grundstruktur

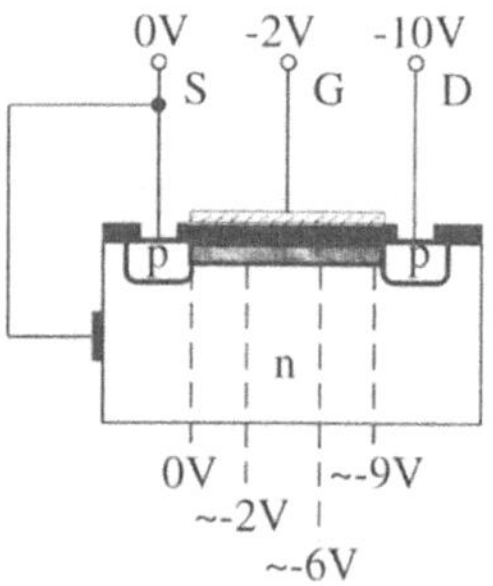

Bild 4.34 Brückenaufbau im Grundzustand

4.3.1.4 p-Kanal-Verarmungstyp

Für den p-Kanal-Verarmungstyp gilt die gleiche Aussage wie beim Anreicherungstyp und aus diesem Grund werden hier nur nochmals die Funktionsbilder dargestellt, eine Erläuterung ist nicht notwendig. Natürlich sind die Potentiale beim Einsatz von p-Kanal-Verarmungstypen ebenfalls umgekehrt zum n-Typ.

4.3.2 Mathematische Grundlagen

Zur Vereinfachung der Formelsätze werden folgende zulässige Festlegungen, die schon beim Sperrschicht-FET festgelegt wurden und gültig waren, getroffen:

- Beweglichkeit der Ladungsträger im Kanal wird als konstant angenommen.
- Der Kanalstrom ist ein reiner Driftstrom von Majoritätsträgern.
- Bahnwiderstände werden wegen hoher Dotierung nicht einbezogen.
- Das Driftfeld hat nur eine x-Richtung.

Auch soll für die Untersuchungen jetzt nur der n-Kanal-Anreicherungstyp betrachtet werden. Aus den vorangegangenen Funktionsbeschreibungen ist klar zu erkennen gewesen, dass starke Parallelitäten vorhanden sind, und so die hier durchgeführten mathematischen Herleitungen dann auch auf die anderen Typen übertragbar sind. Entscheidend für den Funktionsmechanismus sind der Aufbau des Kanals und dessen Breite. Demnach ist der Ausgangspunkt zur Betrachtung die Gate-Kanalkapazität für den Aufbau der Brücke und die Kanalbreite (-weite) für die Stärke des Ausgangsstroms, was der Steuermechanmismus repräsentiert. Somit wird zur Bestimmung der Hauptparameter von diesen zwei Ansätzen ausgegangen.

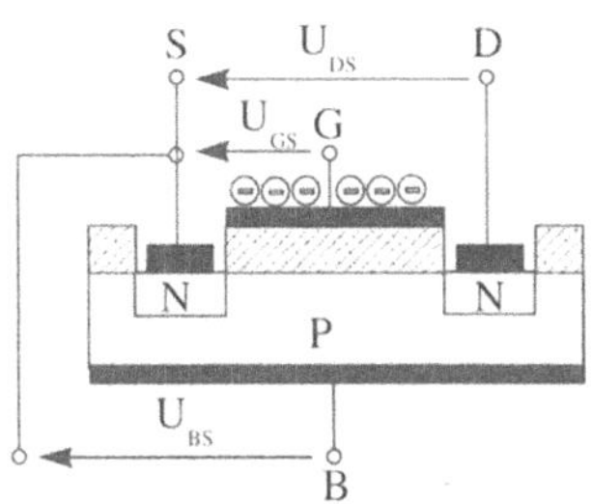
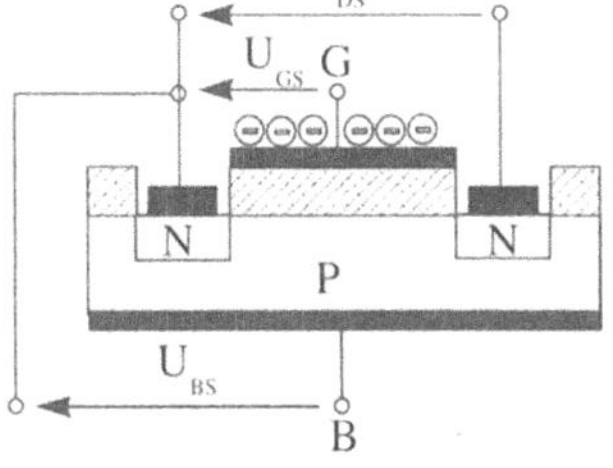

Bild 4.35 n-Kanal-Anreicherungstyp

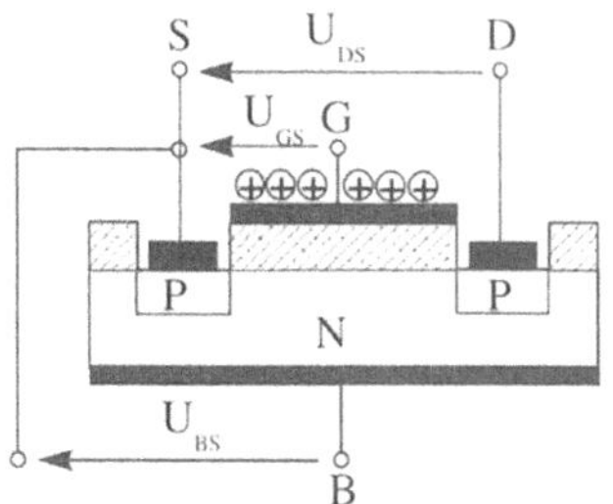

Bild 4.36 Vergleich p-Typ

Gate-Kanalkapazität $$C_{GK} = \frac{\varepsilon_0 \cdot \varepsilon_I \cdot h \cdot l}{d}$$

Sperrschichtweite $$d_P = \sqrt{\frac{2 \cdot \varepsilon_0 \cdot \varepsilon_H \cdot (U_D + U_R)}{e_0 \cdot N_A}}$$

mit der *Diffusionsspannung* $$U_D = U_T \cdot \ln \frac{N_D \cdot N_A}{n_i^2}$$

Drainstrom (= Driftstrom) $$I_D = e_0 \cdot b \cdot h \cdot \mu_n \cdot n(x) \cdot \frac{dU_K(x)}{dx} \tag{4.36}$$

Dabei sind folgende Parameter ε_0 absolute Dieelektrizitätskonstante, h Höhe des Kanals, d Dicke des Kanals, ε_I Dieelektrizitätskonstante der Isolierschicht, l Länge des Kanals, ε_H Dieelektrizitätskonstante des Halbleiters, U_R Sperrspannung, e_0 Elementarladung, N_A Akzeptoren im Substrat, μ_n Elektronenbeweglichkeit, $U_K(x)$ Kanalspannung.

Für den Drain-Source-Strom, der den Ausgangsstrom darstellt und ein reiner Driftstrom ist, ergibt sich für die Elektronenbeweglichkeit:

$$n(x) = \frac{C_{GK}}{e \cdot b \cdot h \cdot l}(U_{GS} - U_S - U_K(x)) - \frac{\sqrt{2 \cdot \varepsilon_0 \cdot \varepsilon_H \cdot e_0 \cdot N_A}}{e_0 \cdot b} \sqrt{U_D + U_K(x) - U_{BS}} \tag{4.37}$$

Entsprechend dem Ansatz in Formel 4.3 folgt damit:

$$I_D = \frac{C_{GK} \cdot \mu_n}{l^2} \left\{ \left(UGS - U_S - \frac{2 \cdot d \cdot \sqrt{2 \cdot \varepsilon_0 \cdot \varepsilon_H \cdot e_0 \cdot NA}}{3 \cdot \varepsilon_0 \cdot \varepsilon_I \cdot U_{DS}} \cdot \left[(U_{DS} + U_D - U_{BS})^{3/2} - (U_D - U_{BS})^{3/2} \right] - \frac{U_{DS}}{2} \right) \cdot U_{DS} \right\}$$

Schwellspannung

Unter dem Begriff der *Schwellspannung* versteht man beim FET den Punkt auf der Steuerkennlinie und damit die Gate-Spannung, wo der Drainstrom erstmals einsetzt. Oft auch als Fußpunkt auf der U_{GS} bezeichnet mit $I_D = 0$. Es ist dabei darauf zu achten, dass dieser Punkt U_{T0} bzw. U_P abhängig von Typ des eingesetzten FET ist.

Für den n-Kanal-Anreicherungstyp gilt:

$$U_{T0} = U_S + \frac{2 \cdot d \cdot \sqrt{2 \cdot \varepsilon_0 \cdot \varepsilon_H \cdot e_0 \cdot N_A}}{3 \cdot \varepsilon_0 \cdot \varepsilon_I \cdot U_{DS}} \cdot \left[(U_{DS} + U_D - U_{BS})^{3/2} - (U_D - U_{BS})^{3/2} \right]$$

Mit den zulässigen Vereinfachungen, dass $U_{BS} = 0$, also eine direkte Verbindung zwischen Bulk und Source besteht, und dass eine Vernachlässigung der Diffusionsspannung U_D gelten soll, folgt für die Schwellspannung dann:

$$U_{T0} = U_S + \frac{2 \cdot d}{3 \cdot \varepsilon_0 \cdot \varepsilon_I} \sqrt{2 \cdot \varepsilon_0 \cdot \varepsilon_H \cdot e_0 \cdot N_A \cdot U_{DS}} \tag{4.38}$$

Fasst man wieder die Materialeigenschaften in dem Faktor *K*, oft auch als β bezeichnet, zusammen, ergibt sich:

$$\beta = \frac{\varepsilon_0 \cdot \varepsilon_I \cdot \mu_n \cdot h}{d \cdot l} \equiv K \tag{4.39}$$

und für den Drainstrom I_D bei selbstsperrenden FET folgt eine übersichtliche Lösung zu:

$$I_D = K \left[(U_{GS} - U_{T0}) \cdot U_{DS} - \frac{U_{DS}^2}{2} \right] \tag{4.40}$$

Für den selbstleitenden FET stellt sich das analog dar.

$$I_D = K \left[(U_{GS} - U_p) \cdot U_{DS} - \frac{U_{DS}^2}{2} \right]$$

Der Unterschied besteht in den Werten (U_{T0}, U_P) und somit in der Lage von U_{T0} (positive Spannung) und U_P (negative Spannung). Es sei darauf verwiesen, dass *K* nicht mit der Stromverstärkung β bei Bipolartransistoren zu verwechseln ist.

4.3.3 Kennlinienfelder für MOSFET

4.3.3.1 n-Kanal-Anreicherungstyp (selbstsperrend)

Am Abschnürpunkt gelten folgende Bedingungen:

$$U_{DS} = U_{DSP} = U_{GS} - U_{T0} \quad \text{und} \quad U_{GS} > U_{T0}$$

Damit folgt für den Strom:

$$I_{DSP} = I_D \big|_{U_{DS} = U_{DSP}} = \frac{K}{2} \cdot (U_{GS} - U_{T0})^2 = \frac{K}{2} \cdot U_{DSP}^2 \tag{4.41}$$

Für den Fall, dass der Transistor geschlossen ist, gilt $U_{GS} \leq U_{T0}$ und $I_D = 0$.

Definiert man wieder den *Sättigungsstrom* I_{DSS} als Drain-Source-Strom bei $U_{GS} = 0$, ist dieser aber hier *kein maximaler Strom.* Die Aussage, dass er ein Maximalstrom ist, gilt nur beim Sperrschicht-FET.

$$I_{DSS} = I_{DSP}\Big|_{U_{GS}=0} = \frac{K}{2} \cdot U_{T0}^2 \tag{4.42}$$

Somit kann man wieder eine Abhängigkeit des Stroms am Abschnürpunkt bezogen auf den Sättigungsstrom I_{DSS} herstellen.

$$I_{DSP} = I_{DSS} \cdot \left(\frac{U_{GS}}{U_{T0}} - 1 \right)^2 \tag{4.43}$$

Steilheit

Als ein Kriterium für das Übertragen der anliegenden Eingangsspannung in einen Ausgangsstrom gilt die *Steilheit,* denn einen Stromverstärkungsfaktor wie beim Bipolartransistor gibt es bei FET nicht. Die Steilheit, die man umgekehrt auch beim Bipolartransistor ansetzen kann, stellt einen Bezug zwischen Ausgangsstrom und Eingangsspannung dar.

$$\textit{Steilheit} \quad S = \frac{\Delta I_{DSP}}{\Delta U_{GS}} = \frac{2\, I_{DSS}}{U_{T0}} \left(\frac{U_{GS}}{U_{T0}} - 1 \right) = K \cdot (U_{GS} - U_{T0}) \tag{4.44}$$

Mit $S_S = S$, wenn $U_{GS} = 0$ ergibt sich wiederum:

$$S_S = -K \cdot U_{T0} \qquad \text{und somit} \qquad S = S_S \cdot \left(\frac{U_{GS}}{U_{T0}} - 1 \right)$$

Differentieller Ausgangsleitwert

Wie auch beim Sperrschicht-FET ist ausgangsseitig ein Ausgangswiderstand (-leitwert) zu bestimmen.

$$g_{DS} = \frac{dI_D}{dU_{DS}}\Big|_{U_{GS}=0} = K \cdot (U_{GS} - U_{T0} - U_{DS}) \tag{4.45}$$

Einen Eingangsleitwert bzw. -widerstand gibt es unter den gleichen Bedingungen wie beim Sperrschicht-FET nicht, da kein Strom in den Eingang fließen kann.

Kennlinienfelder für selbstsperrenden FET

Vergleicht man die Kennlinienfelder mit denen des Sperrschicht-FETs, so stellt man fest, dass sie sich vom Prinzip her ähneln. Das Ausgangskennlinienfeld ist außer im Durchbruchbereich gleich. Ein weiterer Unterschied besteht in dem Wertebereich der U_{GS}-Kennlinien. Die Steuerkennlinie hat wiederum vom Prinzip her den ähnlichen Verlauf, nur dass sie sich im positiven U_{GS}-Wertebereich bewegt. Demnach ist auch U_{T0} ebenfalls im positiven Bereich, wobei U_P beim Sperrschicht-FET im negativen Bereich lag.

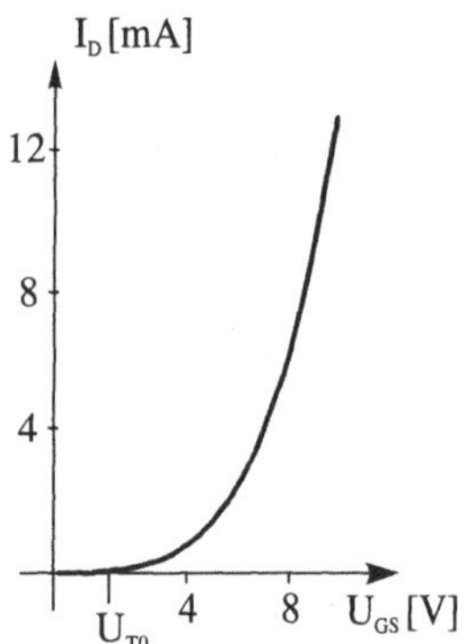

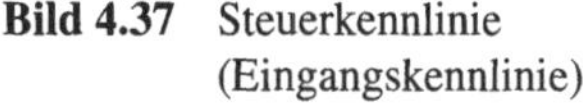

Bild 4.37 Steuerkennlinie (Eingangskennlinie)

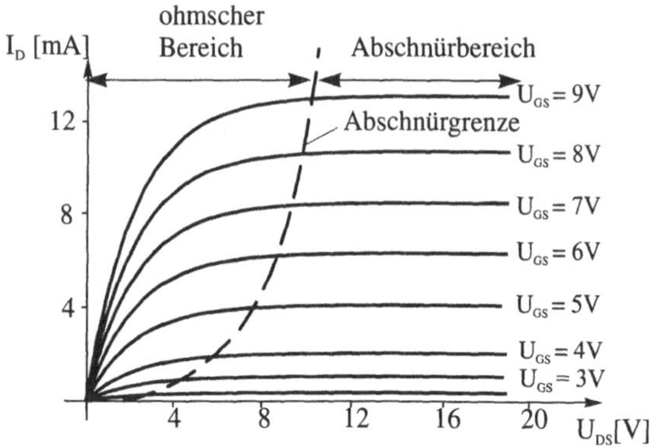

Bild 4.38 Ausgangskennlinienfeld

4.3.3.2 n-Kanal-Verarmungstyp (selbleitend)

Dieser Typ wird nun, schon wie es Absicht beim Vergleich mit dem Bipolartransistor war, jetzt ganz einfach mit dem n-Kanal-Anreicherungstyp verglichen. Von den grundlegenden physikalischen Beziehungen her ist zu erwarten, dass sehr viele Ähnlichkeiten auftreten werden, außer, dass eine leitende Brücke aufgebaut werden muss, denn diese ist technologisch schon eingebracht und damit vorhanden. Für den Abschnürpunkt und somit zu dem dortigen Abschnürstrom bestehen die Bedingungen:

$$U_{DS} = U_{DSP} = U_{GS} - U_P \qquad \text{und} \qquad U_{GS} \geq U_P$$

Damit folgt für den Abschnürstrom:

$$I_{DSP} = I_D\big|_{U_{DS} = U_{DSP}} = \frac{K}{2} \cdot (U_{GS} - U_P)^2 = \frac{K}{2} \cdot U_{DSP}^2 \qquad (4.46)$$

Weiter gilt in Analogie zum Anreicherungstyp jetzt aber bei $U_{GS} < U_P$, dass kein Strom mehr fließt und $I_D = 0$ ist. Eine Besonderheit ist bei diesem Transistortyp für $U_{GS} > 0$, den hier gilt: $I_D > I_{DSS}$. Ab der Grenze $U_{GS} = 0$ tritt der sogenannte *Anreicherungsbetrieb* in Kraft, wie dieser unter dem Punkt 4.3.3.1 beschrieben wurde. Zum Vergleich mit dem Sperrschicht-FET tritt bei $U_{GS} \geq 0$ ein Durchbruch zum Gate ein, da der Sperrbetrieb dort nicht mehr gewährleistet ist.

Kennlinienverläufe

Definiert man jetzt wieder einen Sättigungsstrom I_{DSS} als Drainstrom bei $U_{GS} = 0$, der wiederum kein *maximaler Sättigungsstrom* ist, so ergibt sich:

$$I_{DSS} = I_{DSP}\big|_{U_{GS} = 0} = \frac{K}{2} \cdot U_P^2 \qquad (4.47)$$

Das gilt für den Bereich größer der "Schwellspannung", also für $U_{GS} \geq U_P$:

$$I_{DSP} = I_{DSS} \cdot \left(1 - \frac{U_{GS}}{U_P}\right)^2 \tag{4.48}$$

Weiter lässt sich auf analoge Weise beschreiben:

Steilheit $$S = \frac{dI_{DSP}}{dU_{GS}} = K \cdot (U_{GS} - U_P) \tag{4.49}$$

Mit $S_S = S$, wenn $U_{GS} = 0$ ergibt sich nun:

$$S_S = -K \cdot U_P \quad \text{und somit} \quad S = S_S \cdot \left(1 - \frac{U_{GS}}{U_P}\right)$$

Differentieller Ausgangsleitwert

$$g_{DS} = \frac{dI_D}{dU_{DS}} = K \cdot (U_{GS} - U_P - U_{DS}) \tag{4.50}$$

Einen Eingangswiderstand (-leitwert) gibt es unter den bereits genannten Bedingungen wiederum nicht.

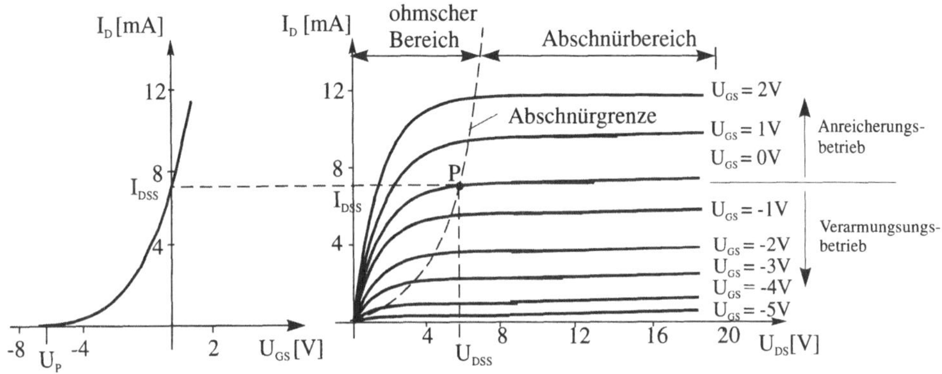

Bild 4.39 Steuerkennlinie (Eingangskennlinie)

Bild 4.40 Ausgangskennlinienfeld

4.3.3.3 *Kennlinienvergleich selbstleitende und selbstsperrende FET*

Hieraus ist ersichtlich, dass die Steuerkennlinien *schematisch* gleiche funktionelle Verläufe haben, wobei zu beachten ist, dass die Pinch-off-Spannungen und die Richtungen sich je nach Typ und Kanaldotierung unterscheiden. Beim Ausgangskennlinienfeld zeigen alle einen analogen Verlauf, wobei die Kennlinien unterschiedliche Werte bezüglich U_P, U_{T0} haben.

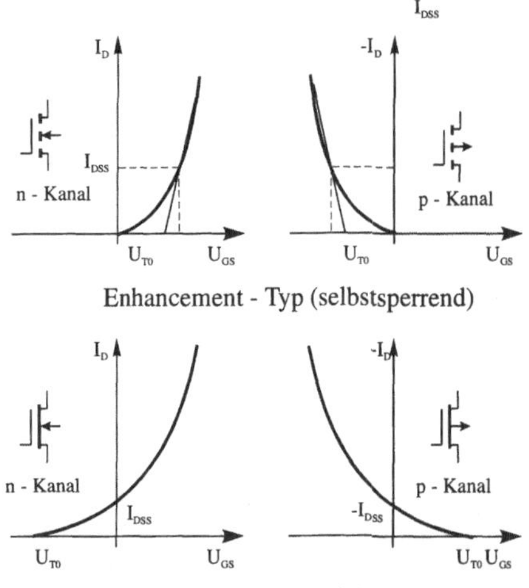

Bild 4.41 Steuerkennlinien der vier MOSFET-Typen

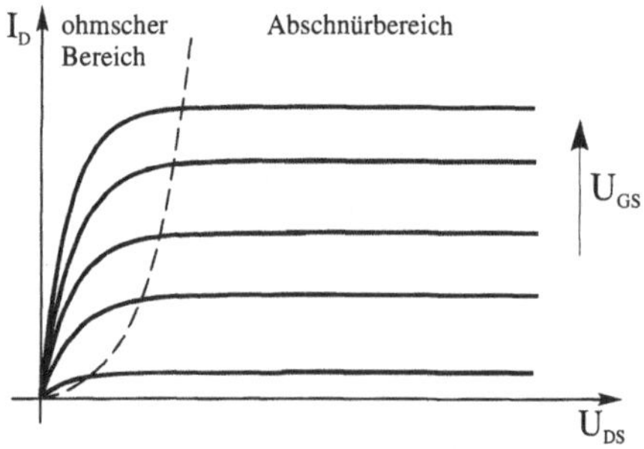

I_D ohmscher Bereich

Abschnürbereich

U_{GS}

U_{DS}

Bild 4.42 Ausgangskennlinienfeld (gültig für die gesamte FET-Familie)

4.3.3.4 Ersatzschaltbilder für Isolierschicht-FET

Die Ersatzschaltbilder der Isolierschicht-FET (n- bzw. p-Kanaltyp und Anreicherungs- bzw. Verarmungstyp) sind von der Struktur her gleich den Bildern des Sperrschicht-FET, wobei die Parameterwerte natürlich von den einzelnen Typen abhängen.

Die Widerstände r_{GS} , r_{GD} sind durch die Isolierschicht extrem hoch und entfallen somit. Wie zu ersehen ist, sind diese Darstellungen einfache Lösungen für den Gleich-, niedrigen und mittleren Frequenzbereich. Auch zeigt sich, dass für den Hochfrequenzbereich wieder drei Kapazitäten das Transistorverhalten darstellen, wo damit die Isolierschichtkapazitäten und die Bahn- (Diffusions-) Kapazitäten beschrieben werden.

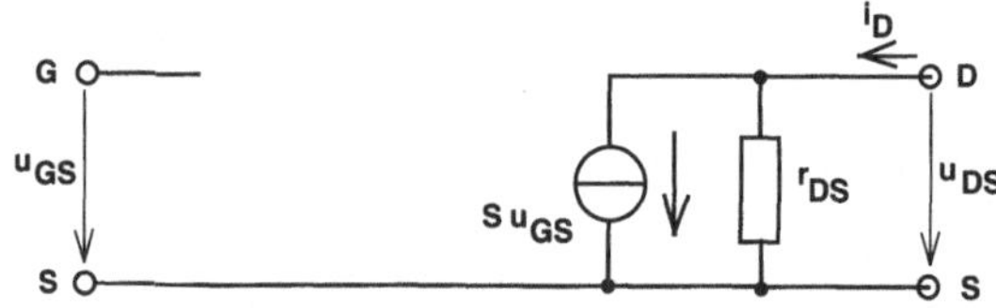

Bild 4.43 Ersatzschaltbild für Gleichsignale, für niedrige und mittlere Frequenzen

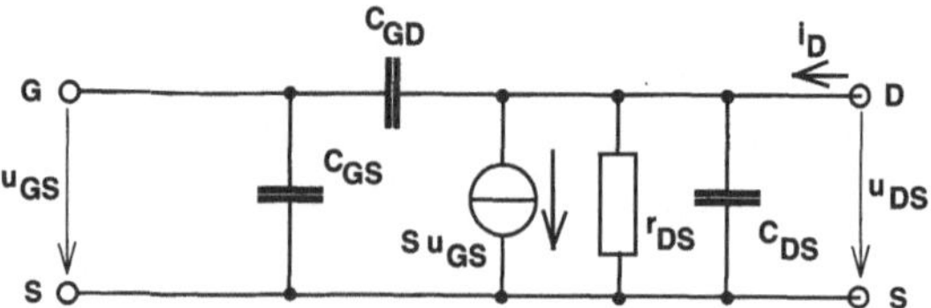

Bild 4.44 Ersatzschaltbild für hohe Frequenzen

4.3.3.5 Beispiele des Schichtaufbaus von MOSFET

In den folgenden Bildern sind zwei Ausführungen von Feldeffekttransistoren dargestellt, woraus man auf die einzelnen technologischen Schritte schließen kann.

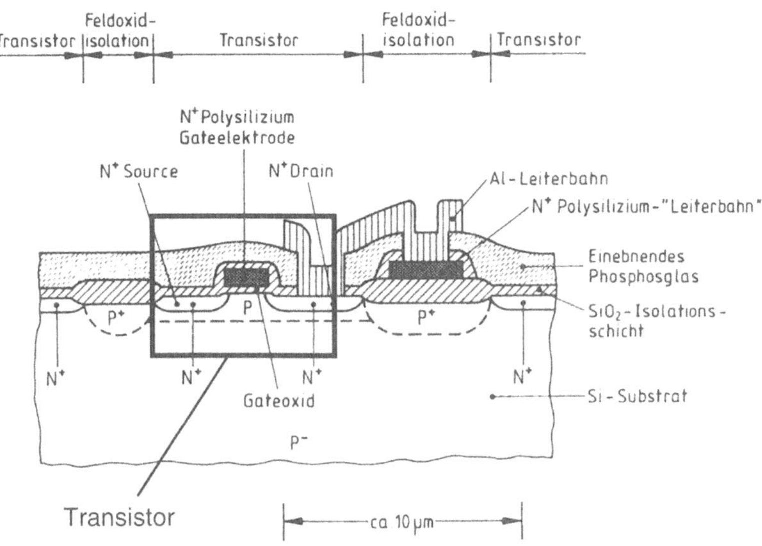

Bild 4.45 n-Kanal MOS-Transistor [14]

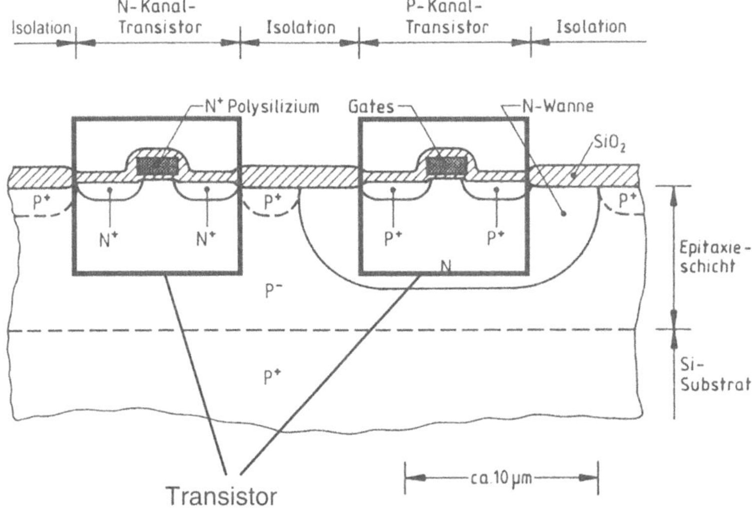

Bild 4.46 Beispiel einer CMOS-Schaltung mit n- und p-Kanal-Transistor [14]

4.3.4 Arbeitspunkteinstellung für MOSFET

Die Problematik der Arbeitspunkteinstellung wird im folgenden Teil am Beispiel des selbstsperrenden MOSFET in Source-Schaltung behandelt. Danach sind die Schlüsse auf die weiteren Anwendung der anderen FET-Transistortypen möglich. Gleichfalls ist die Verbindung zu den Berechnungs- und Einstellregeln für die Drain- und Gate-Schaltung in analoger Weise herzustellen.

4.3.4.1 Problemstellung

Über den Gate-Widerstand bzw. über eine Widerstandskombinationen ist das Potential am Gate so einzustellen, dass am Drain-Ausgang das Arbeitspotential (Arbeitspunkt) anliegt und der entsprechende Drain-Arbeitsstrom fließt. Zu beachten ist, FET haben Potential-(Spannungs-) Steuerung mit der Funktion $I_D = f(U_{GS})$. Zum Vergleich hat ein Bipolartransistor eine Stromsteuerung nach $I_C = B \cdot I_B$. Das bedeutet für die Berechnung, dass von einem Ausgangs-Ar-beitspunktstrom auf ein Eingangspotential geschlossen werden muss und dass ein Vorwiderstand oder -kombination keinen Strom für den Transistor liefern braucht. Betrachtet man dazu das Bild 4.47, so kommt gleich die Frage auf, dass die Widerstände relativ frei wählbar sind, denn es gibt nur ein Potential (Spannungs-) Verhältnis zwischen R_1 und R_2. Damit ist für diese Widerstände nur dann ein fester Wert zu bestimmen, wenn als Zusatzinformation der Eingangswiderstand der Schaltung vorgegeben wird.

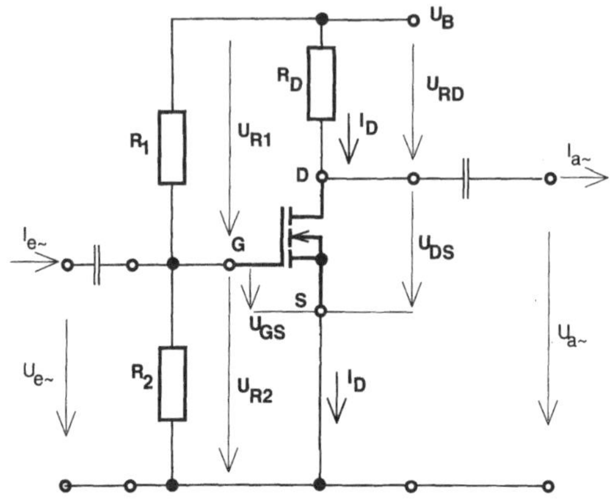

Bild 4.47 Grundschaltung mit Eingangsspannungsteiler

4.3.4.2 Veranschaulichung über die Kennlinienverläufe

Im Bild 4.48 ist ein Beispiel der Arbeitspunktfestlegung dargestellt und wie man graphisch eine Beziehung zwischen Ein- und Ausgangssignal herstellen kann. Dabei wird auf das bekannte Verfahren aus der Bipolar- und Sperschicht-FET-Technik zurückgegriffen. Im zulässigen Arbeitsbereich der Ausgangskennlinie wird der Arbeitspunkt nach den Kriterien der Aufgabenstellung auf der Generatorkennlinie festgelegt (Punkt A). Dabei ist zu beachten, dass wie bei den bisher schon behandelten Transistoren kein Eintritt in den ohmschen und auch nicht in den Sperrbereich bei maximaler Aussteuerung erfolgt. Weiter ist zu beachten, dass für den Fall der maximalen Aussteuerbarkeit bei allen FET $U_{DSA} \cong U_B/2$ *nicht gilt*, wie es als Näherung von Bipolartransistor bekannt ist. Die Ursache liegt darin, dass die Grenze des ohmschen Bereiches wesentlich weiter in U_{DS}-Richtung hineingeht. Unter den eben genannten Fakten kann nun eine einfache Rechnung über Spannungs- und Strombetrachtungen analog zum Bipolar-Transistor und Sperrschicht-FET erfolgen.

Folgende Ansätze sind eingangsseitig möglich:

$$U_B = U_{R1} + U_{R2} \qquad \text{wobei} \qquad U_{GS} = U_{R2}$$

Da, wie schon beschrieben, $I_G = 0$ und damit $I_{R1} = I_{R2}$ sollten diese auf eine Minimum eingestellt werden, um nicht unnütz die Betriebsspannungsquelle zu belasten. Ohne weitere Forderungen ist R_1 *oder* R_2 frei wählbar, der andere Widerstand ergibt sich aus dem Teilerverhältnis. Sie sollten aber *hochohmig* festgelegt werden, da der Eingangsspannungsteiler den Eingangswiderstand bestimmt.

Demnach ergibt sich:

$$U_{GS} = \frac{R_2}{R_1 + R_2} \cdot U_B$$

Für die Ausgangsseite gilt für den Drain-Strom im Arbeitspunkt I_{DSA} der Ansatz:

$$I_{DSA} = I_{DSS} \cdot \left(\frac{U_{GSA}}{U_{T0}} - 1 \right)^2 \tag{4.51}$$

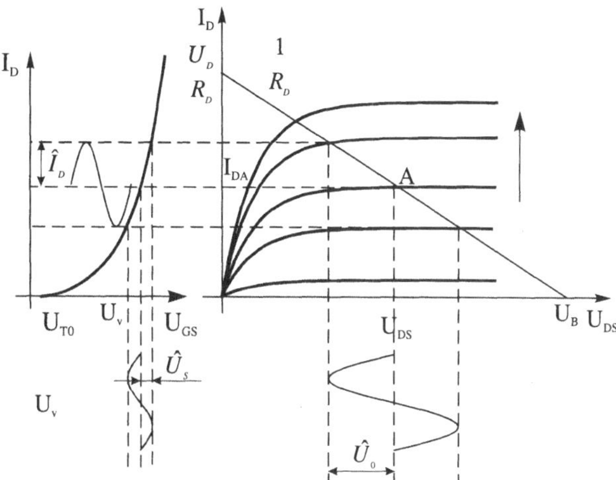

Bild 4.48 Allgemeine Signalübertragung

Hier ist auch aus dem Ansatz sofort eine Beziehung zur eingangsseitigen Spannung zu erkennen. Natürlich gilt diese quadratische Funktion nur für den Arbeitsbereich für den Verstärkerbetrieb, wo man sich immer nur im Abschnürbereich bewegen darf. Umgestellt kann dann ganz einfach die Gate-Source-Spannung im Arbeitspunkt bestimmt werden.

$$U_{GSA} = \left(1 + \sqrt{\frac{I_{DSA}}{I_{DSS}}} \right) \cdot U_{T0} \tag{4.52}$$

Legt man nun z.B. R_2 fest, so folgt über den Spannungsteiler: $\frac{U_B}{U_{GS}} = \frac{R_1 + R_2}{R_2}$

$$R_1 = R_2 \cdot \left(\frac{U_B - U_{GS}}{U_{GS}} \right) = R_2 \cdot \left(\frac{U_B}{U_{GS}} - 1 \right) \tag{4.53}$$

Dazu ist es aber notwendig, dass die Werte für I_{DSS} und U_{T0} bekannt sein müssen.

Ein analoger Ansatz und Lösungsweg ergibt sich für den Verarmungstyp, wobei dort der Wert nicht von U_{T0}, sondern von U_P eingesetzt werden muss. So sieht man wieder, dass bei funktionellen Ähnlichkeiten es mit Sicherheit auch Gleichnisse bezüglich der Berechnung geben muss.

4.3.4.3 Lösung über Kennlinien

Aus den Bildern 4.47 und 4.48, und wie schon beschrieben wurde, ist ersichtlich, dass hier die gleiche Methode wie bei Bipolartransistoren und beim Sperrschicht-FET angewendet werden kann. Allerdings ist die graphische Lösung einfacher abzuarbeiten, da nur zwei Kennlinienfelder, das Ausgangskennlinienfeld und die Steuerkennlinie, notwendig sind.

Folgende Arbeitsschritte werden durchgeführt:

- Generatorkennlinie einzeichnen.
- Arbeitspunkt gemäß Aufgabenstellung festlegen. Daraus ergeben sich die Ausgangssignale im Arbeitspunkt (U_{DSA}, I_{DSA}).

- Durch gemeinsame I_D - Achse kann der graphische Übertrag auf die Steuerkennlinie erfolgen, woraus sich der Wert U_{GSA} für die Gate-Spannung im Arbeitspunkt ergibt.
- Danach sind die Werte für den Eingangsspannungsteiler berechenbar, wobei einer der Widerstände vorgegeben werden kann. Es ist dabei aber immer auf hochohmige Werte zu achten.

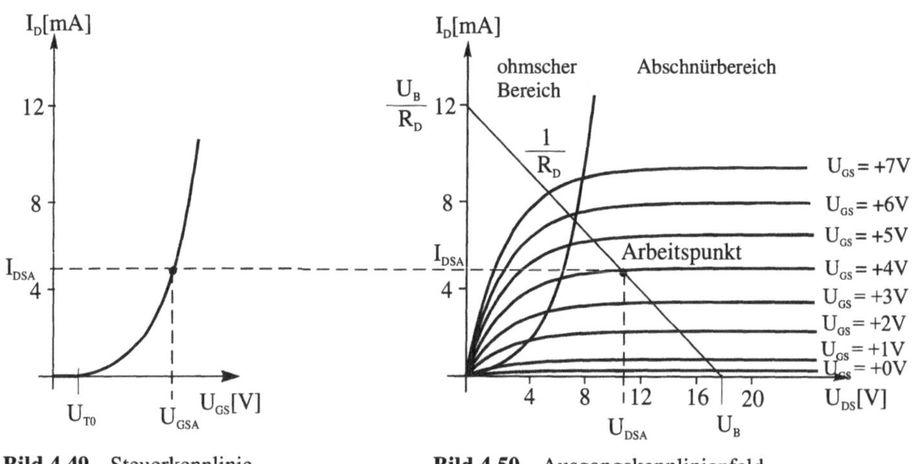

Bild 4.49 Steuerkennlinie $I_D = f(U_{GS})$

Bild 4.50 Ausgangskennlinienfeld $I_D = f(U_{DS})$

4.3.4.4 Vergleich der Arbeitspunkteinstellung

Betrachtet man nun im Vergleich zum Anreicherungstyp den Sperrschicht-FET und den Verarmungs-FET, so kann man eine gleiche Herangehensweise für alle drei Typen erkennen. Die Ausgangskennlinien sind für alle drei funktionell ähnlich. Nur die Steuerkennlinien haben andere Fußpunkte bei ebenfalls gleichem funktionellen Verlauf. Im Bild 4.51 ist dieser Vergleich von Sperrschicht, selbstleitenden und selbstsperrenden FET dargestellt. Die Kurve 1 stellt den Sperrschicht-FET, Kurve 2 den Verarmungs- und Kurve 3 den Anreicherungstyp dar. Abgesehen von den Werten für U_{GS} in dem Ausgangskennlinienfeld ist es für alle drei ähnlich. So folgt auch die graphische Lösung für alle drei gleich. Bei dieser Betrachtung ist zu beachten, dass alle einen quadratischen Steuerkennlinienverlauf haben, der aber auf unterschiedlichen Ansätzen beruht, was wie folgt dargestellt werden kann:

1. *Sperrschicht*-FET: $$I_{DS} = I_{DSS} \cdot \left(1 - \frac{U_{GS}}{U_P}\right)^2$$

2. *selbstleitende* FET: $$I_{DS} = I_{DSS} \cdot \left(1 - \frac{U_{GS}}{U_P}\right)^2$$

3. *selbstsperrenden* MISFET: $$I_{DS} = I_{DSS} \cdot \left(\frac{U_{GS}}{U_{T0}} - 1\right)^2$$

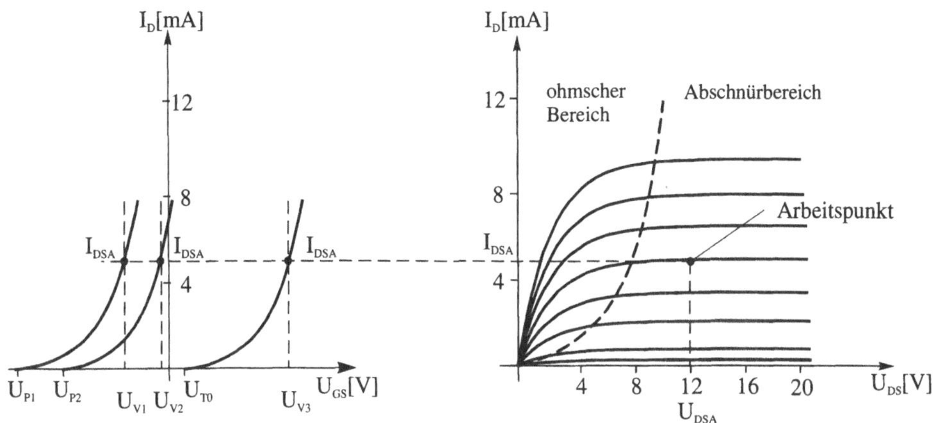

Bild 4.51 Steuerkennlinie

Bild 4.52 Ausgangskennlinienfeld

Es sind für U_P die Polarität zu beachten. I_{DSS} ist der Drain-Source-Sättigungsstrom. Er tritt immer bei $U_{GS}=0$ auf, ist aber nur beim Sperrschicht-FET der maximale Drainstrom, bei den anderen ist dieser auch bei $U_{GS}=0$ (Nulldurchgang) aber kein Maximalwert.

Merke:

Die Grundansätze sind für alle FET-Typen wie bei Bipolartransistoren ausführbar. Aber es ist zu beachten, dass es sich beim FET immer um eine Potentialsteuerung handelt, und somit gibt es keinen Gate-Strom.

4.3.5 Weitere Grundschaltungen mit Feldeffekttransistoren

In diesem Teil soll untersucht werden, ob es beim Einsatz von Feldeffekttransistoren die gleichen Möglichkeiten der Gegenkopplung wie bei Bipolartransistoren gibt. Auch soll geklärt werden, ob auch eine Analogie zu der Kollektor- und Basisschaltung im Sinne einer Drain- und Gate-Schaltung möglich ist. Es wird weiter die Frage gestellt, ob alle Schaltungsvarianten für selbstleitende und gleichermaßen für selbstsperrende Transistoren einsetzbar sind

4.3.5.1 Source-Schaltung mit Gegenkopplungen

Die Source-Schaltung, die bisher immer im Vordergrund stand und deren Berechnung im vorangegangenen Teil ausführlich behandelt wurde, wird nun auf ihre Gegenkoppelmöglichkeiten überprüft. Wie vom Bipolartransistor bekannt ist, müsste es eine Spannungs- und auch eine Stromrückkopplung geben. Das soll im folgenden Teil untersucht werden, wobei nicht alle Schaltungsvarianten einzeln behandelt werden. Da die FET ihre Schwellspannungen im positiven und negativen Spannungsbereich haben können, ist dieser Fakt für das Gate-Potential zu beachten. Da die folgenden Schaltungen die prinzipiellen Lösungen zeigen und sich, so weit das möglich ist, auf alle FET-Typen beziehen sollen, muss das eingangsseitige Potential im positiven und negativen Bereich einstellbar sein, was mit der wahlweise Aufschaltung (mit * gekennzeichnet) angegeben wird.

a) Spannungsgegenkopplung

Das Bild 4.53 zeigt am Beispiel eines n-Kanal-Anreicherungstyps die prinzipielle Lösung der Spannungsrückkopplung für selbstleitende und -sperrende FET. Wie beim Bipolartransistor wird die Spannungsrückkopplung durch ein Einbeziehen des Ausgangspotentials in den Eingangsspannungsteiler ausgeführt. R_1 aus dem Eingangsspannungsteiler lag ohne Rückkopplung an der stabilen Betriebsspannung U_B, jetzt aber am Drain-Anschluss und somit am Ausgangspotential. Verändert sich nun der Arbeitspunktwert, so folgt über die Spannungsteilung auch eine Änderung des Gate-Potentials. Der mit dem Stern gekennzeichnete Punkt bedeutet, dass dieser sowohl auf Masse als auch auf eine negative Versorgungsspannung gelegt werden kann. Das hängt von der Lage des Arbeitspotentials U_{GSA} ab. Für n-Kanal-Anreicherungstypen ist diese Spannung positiv, für Verarmungstypen und Sperrschicht-FET ist diese Spannung negativ. Um nur eine Gleichspannungsrückkopplung zu erreichen, so wird das Wechselsignal über einen Kondensator gegen Masse abgeleitet und gelangt nicht zum Gate. Da dieser Kondensator nicht direkt an den Gate- oder Drain-Anschluss angekoppelt werden kann, wird der Widerstand R_1 in zwei Teile R_{11} und R_{12} aufgeteilt.

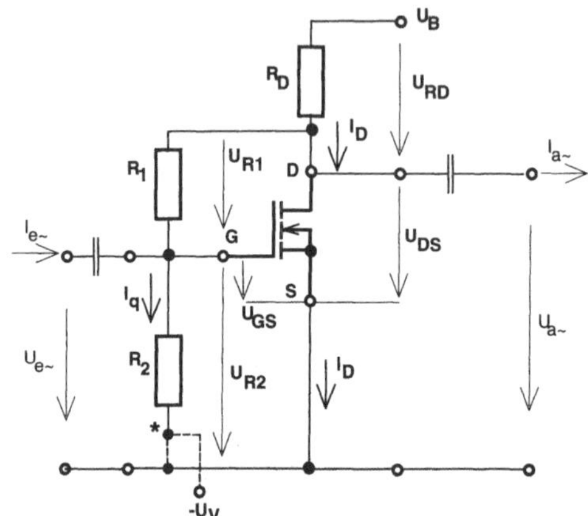

Bild 4.53 Spannungsrückkopplung für Gleich- und Wechselspannung

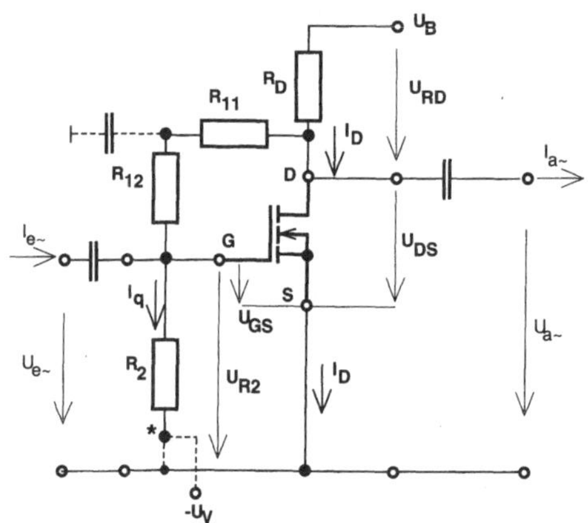

Bild 4.54 Spannungsrückkopplung nur für Gleichspannung

b) Stromgegenkopplung

Für eine Stromrückkopplung ist es notwendig, den ausgangsseitigen Strom, also I_D, zu überwachen und als Regelelement einzubeziehen. Da der Gleichstrom I_D gleich I_S ist, baut man wie beim Bipolartransistor nun zwischen Source und Masse einen Widerstand R_S ein. Bei sich änderndem Strom I_S wird sich sofort U_{RS} ändern. Da wiederum die Masche

$$U_{R2} = U_{GS} + U_{RS}$$

gültig ist und zu dem U_{R2} konstant ist, wirkt U_{RS} gegen U_{GS} und somit rückkoppelnd.

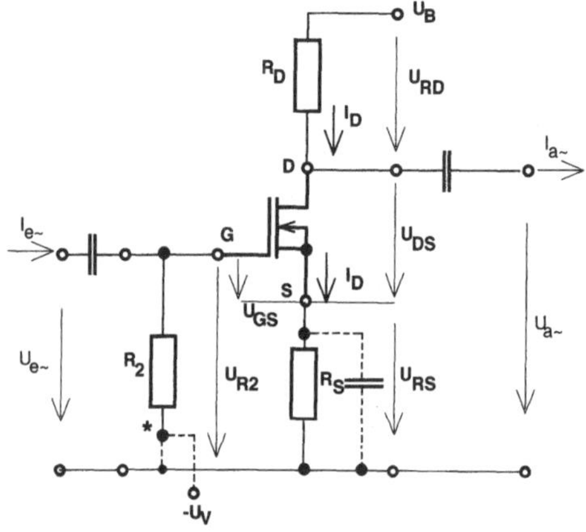

Bild 4.55 Gleichstromgegenkopplung für selbstleitende FET

Lösungsvariante nur für selbstleitende FET

Wie bereits mehrfach dargestellt und bewiesen, benötigt ein selbstleitender n-Kanaltyp ein negatives Gate-Source-Steuerpotential. Demnach kann man folgende Schaltung gemäß Bild 4.55 verwenden, wobei der gekennzeichnete Punkt (*) wieder auf Masse oder auf eine negative Vorspannung U_V gelegt werden kann. Ein Spannungsteiler ist hier nicht notwendig. Auch bietet sich hier, wie auch schon beim Bipolartransistor, eine einfache Lösung für die Gleichspannungsgegenkopplung. Um die zu verstärkenden Wechselsignale nicht in die Rückkopplung einzubeziehen, wird ein Kondensator parallel zu R_S gelegt. Damit ist für diese Wechselsignale bei richtiger Dimensionierung der Widerstand R_S überbrückt, weil der Blindwiderstand des Kondensators gegen Null geht. Auch ist diese Lösung sinnvoll, da man eigentlich nur den Arbeitspunkt stabilisieren will und der wird über Gleichsignale eingestellt.

Lösungsvariante für selbstleitende und selbstsperrende FET

Die folgenden zwei Bilder 4.56 und 4.57 zeigen eine universelle Lösung, die für alle drei Typen eingesetzt werden können. Die Grundlagen dafür sind die selben wie die bereits beschriebenen. Zu ergänzen ist zu Bild 4.57, dass man einfach durch einen Längswiderstand R_3 den Eingangswiderstand erhöhen kann, weil hier eine Potentialsteuerung und somit kein Stromfluss durch R_3 vorliegt. Für den Eingangswiderstand ergibt sich dann der Ansatz:

$$r_e = \left(R_3 + \left(R_1 || R_3\right)\right) \;||\; r_{Trv} \tag{4.54}$$

Da bei FET der Transistoreingangswiderstand r_{Trv} gegen unendlich geht, ergibt sich die Vereinfachung:

$$r_e = R_3 + \left(R_1 || R_3\right)$$

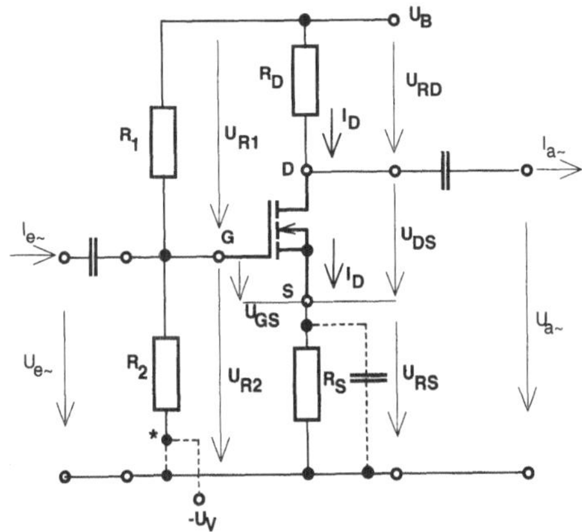

Bild 4.56 Stromgegenkopplung

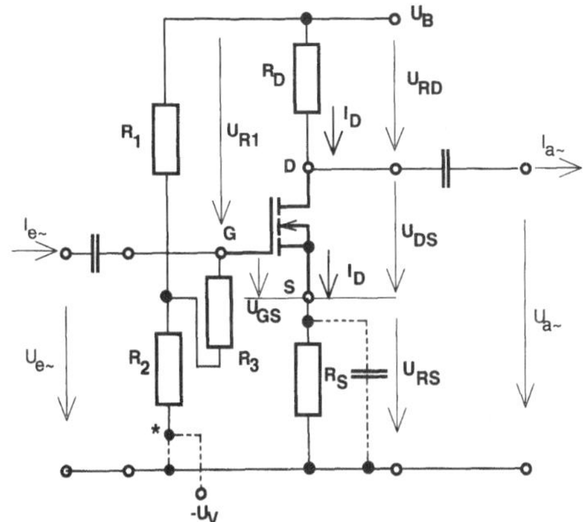

Bild 4.57 Stromgegenkopplung mit erhöhtem Eingangswiderstand

4.3.5.2 Drain-Schaltung

Die Drain-Schaltung, wie im Bild 4.58 zu sehen, stellt ein Äquivalent zur Kollektorschaltung dar, und so ist es wieder naheliegend, vergleichend die Schaltung zu betrachten. Kennzeichnend für die Drain-Schaltung, oder oft auch als Source-Folger bezeichnet, ist, dass der Ausgangsabgriff am Source-Anschluss erfolgt und als ausgangsseitiger Strombegrenzer dient der Source-Widerstand R_S. Das Eingangssignal wird wieder am Gate eingespeist. Interessant für diese Schaltung ist, dass nun der Source-Punkt recht hoch angehoben wird, und die bei n-Kanal-FET notwendige negative Gate-Source-Spannung jetzt ein positives Potential (gegen Masse gemessen) am Gate zulässt. Somit ist keine zusätzliche Spannungsquelle notwendig. Von der Schaltungsanwendung ist hier nicht der Vorteil der Eingangswiderstandserhöhung zu sehen, denn diese bietet der FET schon selbst. Natürlich stellt trotzdem diese Schaltung eine Impedanzwandlung dar. Je nach Leistungsfähigkeit des eingesetzten FET ist ein entsprechend großer Ausgangsstrom aus der Schaltung zu ziehen. Weiter ist es auch hier prinzipiell möglich, den Source-Widerstand wegzulassen und an seine Stelle gleich den Verbraucher zu schalten. Der Begriff "Source-Folger" kommt daher, dass das Source-Potential immer dem Gate-Potential folgt.

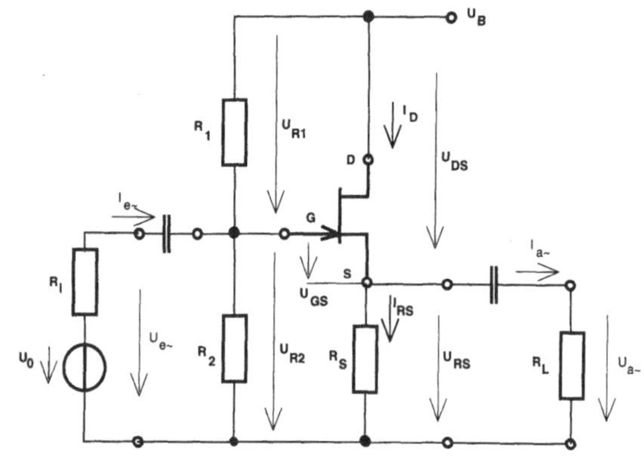

Bild 4.58 Grundschaltung einer Drain-Schaltung

$$U_S = U_{RS} = U_{R2} - U_{GS}$$

Die Feststellung vom Bipolartransistor, dass dort die Kollektorschaltung keine Spannungsverstärkung, sondern nur eine Stromverstärkung bringt, gilt hier nicht, da FET keine Stromverstärkung haben. Der Ausgangsstrom wird weiter in Bezug auf die Gate-Source-Spannung generiert, denn die Transistorfunktion ist unabhängig von der angewandten Schaltung.

Ersatzschaltbild

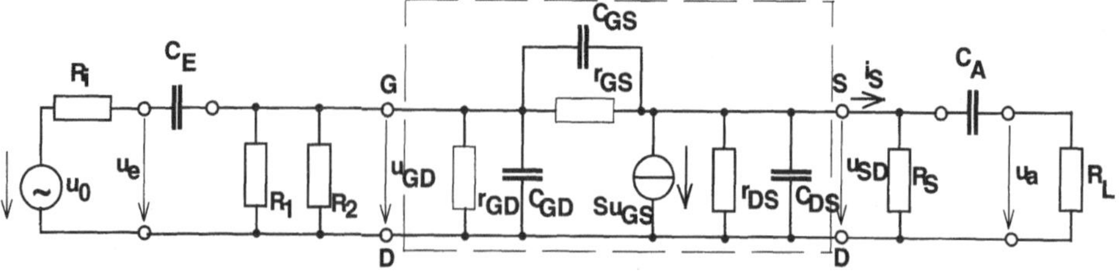

Bild 4.59 Allgemeines Wechselstrom-Ersatzschaltbild einer Drain-Schaltung (für alle Frequenzen und mit allen Bauelementen)

Für die einzelnen Frequenzbereiche gelten die gleichen Festlegungen bezüglich der Wirkung der einzelnen Kapazitäten wie bei der Source-Schaltung. Im weiteren Verlauf lassen sich nun die Berechnungen von Verstärkungen und Grenzfrequenzen der Schaltung wie bekannt durchführen. Dabei sollten folgende Hinweise zum Ein- und Ausgangswiderstand beachtet werden:

$$r_e = R_1 || R_2 \qquad \text{da} \qquad r_{Trv} = \infty \qquad r_{GD}, r_{GS} \rightarrow \infty \tag{4.55}$$

Der Source-Widerstand R_S wirkt sich *nicht* auf den Eingang aus, wie es von der Kollektorschaltung her bekannt ist. Das liegt daran, dass in den FET kein Eingangsstrom fließt, der über die Spannung einen Widerstand abbildet. Der Ausgangswiderstand r_a der Schaltung wird aus der Parallelschaltung des Drain-Source-Widerstand r_{DS} und dem Source-Widerstand R_S gebildet. Hier ist allerdings die Größe von r_{DS} nicht wie bei Bipolartransistoren zu vernachlässigen.

$$r_a = R_S \parallel r_{DS} \tag{4.56}$$

$$r_a \cong r_{DS} \quad \text{wenn} \quad r_{DS} << R_S \qquad \text{bzw.} \qquad r_a \cong R_S \quad \text{wenn} \quad r_{DS} >> R_S$$

4.3.5.3 Gate-Schaltung

Die Gate-Schaltung stellt das Äquivalent zur Basisschaltung dar. Das Eingangssignal, was das zu verstärkenden Wechselspannungssignal darstellt, wird über R_S angelegt, das Ausgangssignal wird am Drain-Punkt abgegriffen. Aus dem Ersatzschaltbild, Bild 4.61, sind die wirkenden Größen für den Ein- und den Ausgangswiderstand abzulesen. Da nun der Drain-Source-Widerstand r_{DS} mit der Stromquelle in der "Brücke" zwischen Ein- und Ausgang liegt und dieser im Gegensatz zu r_{GS} und r_{GD} nicht extrem hochohmig ist, haben alle Widerstände einen Einfluss auf den Ein- und Ausgangswiderstand. Mit der Feststellung, dass r_{GD}, $r_{GS} \to \infty$ gelten soll, ergibt sich für den

Eingangswiderstand

$$r_e = R_S \parallel \left(r_{DS} + \left(R_D \parallel R_L\right)\right) \tag{4.57}$$

und den *Ausgangswiderstand*

$$r_a = R_D \parallel \left(r_{DS} + \left(R_S \parallel R_i\right)\right) \tag{4.58}$$

Weiterhin ist bei dieser Schaltung zu beachten, dass die Stromquelle mit r_{DS} und C_{DS} in der "Brücke" liegt, wonach diese Schaltungsart sehr schnell zum Schwingen neigt.

Ersatzschaltbild

Für die Berechnung der Schaltung müssen dann die entsprechenden Frequenzbereiche ausgewählt werden, wonach sich wiederum die wirkenden Kapazitäten richten. Notwendig ist das vor allem bei der Berechnung von Verstärkungen und Grenzfrequenzen.

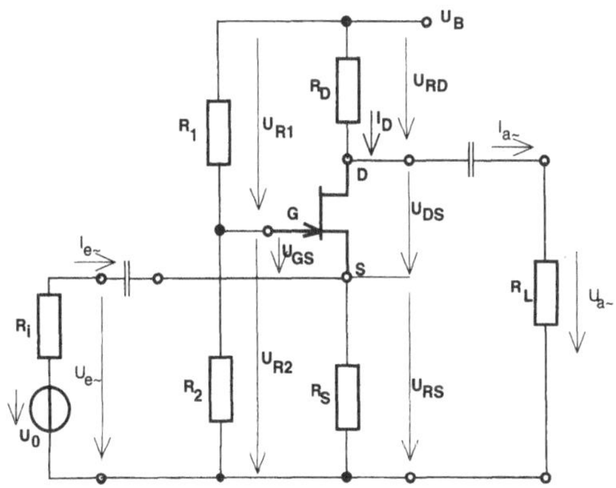

Bild 4.60 Grundschaltung einer Gate-Schaltung

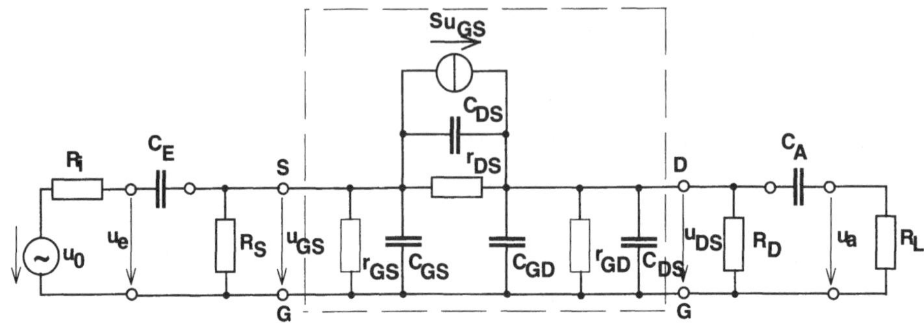

Bild 4.61 Allgemeines Gesamtersatzschaltbild einer Gate-Schaltung (für alle Frequenzen und mit allen Bauelementen)

Hinweis:

Es ist zu beachten, dass aus dem allgemeinen und somit universellen Ersatzschaltbild in der Darstellung des Bildes 4.61 für den entsprechenden Anwendungsbereich die nicht gültigen Bauelemente herauszustreichen sind.

4.3.6 Feldeffekttransistor als gesteuerter Widerstand

Widerstände sind in integrierten Schaltungen als konventionelle Bauelementestrukturen sehr schlecht realisierbar. Aus dem Gedanken heraus, dass man den FET im ohmschen Bereich, wo eine starke Änderung des Drain-Source-Widerstand erfolgt, betreiben kann, wäre durch gezieltes Anlegen der Gate-Source-Steuerspannung, ein definierter Bahnwiderstand zwischen Drain und Source einstellbar. Das würde dann einem leistungslos steuerbaren Widerstand entsprechen. Für den Einsatz als steuerbarer Widerstand ist der Bogenbereich der Kennlinie links der Abschnürgrenze, also im ohmschen Bereich, nutzbar. Der Drainstrom ist in diesem Bereich definiert als

$$I_D = K\left[(U_{GS}-U_P)\cdot U_{DS} - \frac{U_{DS}^2}{2}\right] \tag{4.59}$$

und daraus ist der Widerstand der Drain-Source-Strecke herleitbar.

$$R_{DS} = \frac{1}{G_{DS}} = \frac{U_{DS}}{I_D} = \frac{1}{K\cdot\left[(U_{GS}-U_P)-\frac{U_{DS}}{2}\right]} \tag{4.60}$$

Je nach Typ des FET ist die Lage (Wert) von U_P bzw. U_{T0} zu beachten.

In dem Kennlinienfeld, Bild 4.62 zeigt als Beispiel einen n-Kanal, selbstsperrenden FET, ist der Verlauf im ohmschen Bereich mit angelegten Tangenten, die differentielle Leitwerte bedeuten, dargestellt. Es ist aus der Darstellung zu sehen, dass der Wert von der Steuerspannung U_{GS} und außerdem von U_{DS} abhängig ist. Leitet man das nun mathematisch her, so ergibt sich für den *differentiellen Widerstand* der Drain-Source-Strecke:

$$r_{DS} = \frac{dU_{DS}}{dI_D} = \frac{1}{\frac{dI_D}{dU_{DS}}} = \frac{1}{K\cdot[U_{GS}-U_P-U_{DS}]} \tag{4.61}$$

Aus dieser Gleichung erklärt sich sofort, dass $r_{DS} = f(U_{GS}, U_P, U_{DS})$ ist und dass bei $U_{DS} << U_{GS} - U_P$ sich ergibt:

$$r_{DS} = \frac{1}{K \cdot (U_{GS} - U_P)} \qquad (4.62)$$

Daraus ist weiter zu schließen, dass der geringste Widerstand, der dem eingeschalteten, voll durchgesteuerten Zustand des FETs r_{DSon} entspricht, dann auftritt, wenn $U_{GS} = 0$

$$r_{DS}\Big|_{U_{GS}=0} = r_{DSon} = -\frac{1}{K \cdot U_P} \qquad (4.63)$$

bzw.: $$r_{DS} = \frac{r_{DSon}}{1 - \frac{U_{GS}}{U_P}}$$

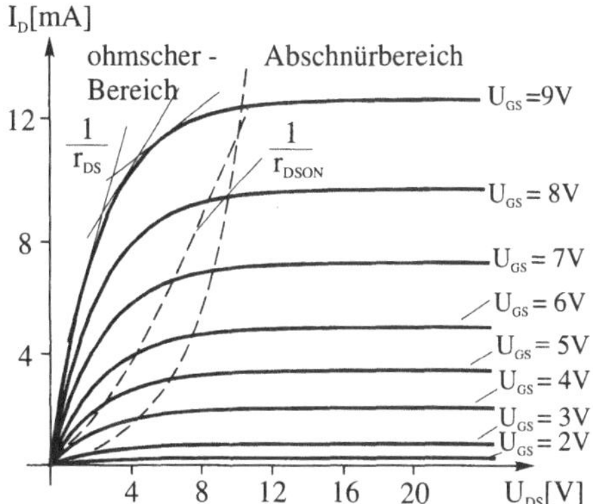

Bild 4.62 Ausgangskennlinienfeld mit Leitwerttangenten

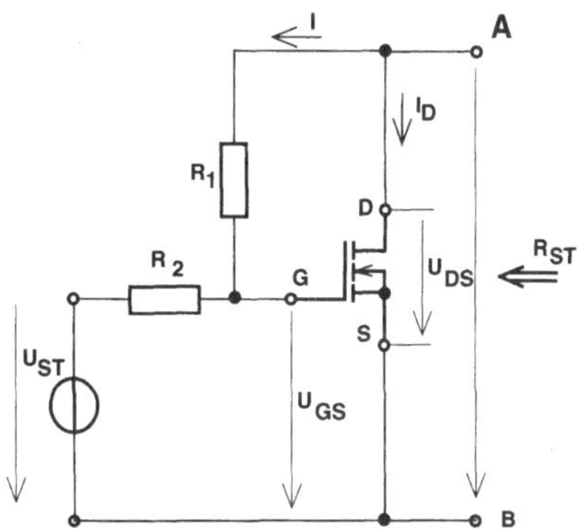

Bild 4.63 Schaltung eines FET als steuerbarer Widerstand

Durch die Forderung $U_{DS} << U_{GS} - U_P$, was der Ansteuerung im ohmschen Bereich entspricht, ist der FET nicht so einfach einsetzbar, sondern er muss eine äußere Beschaltung erhalten, die den FET im ohmschen Bereich hält. Das Bild 4.63 zeigt eine Ansteuermöglichkeit des FETs, damit er die Funktion als gesteuerter Widerstand ausübt. Zu beachten ist, dass die aktive Strecke, also die Widerstandsabbildung, zwischen den Drain- und Source-Anschluss sich befindet. Zwischen Source-Anschluss und R_2 wird die Steuerspannung angelegt, die dann den Widerstandswert der Drain-Source-Strecke bestimmen soll. Will man den Zusammenhang zwischen Widerstand R_{ST} und der Steuerspannung U_{ST} finden, so gelten folgende Herleitungsschritte. Mit der Festlegung, dass $R_1 = R_2 = R$ gleich groß sein sollen, folgt für die *Gate-Source-Spannung*

$$U_{GS} = \frac{U_{ST} + U_{DS}}{2}$$

An der Sättigungsgrenze gilt: $r_{DS} = \frac{dU_{DSP}}{dI_{DSP}} = \frac{1}{K \cdot (U_{GS} - U_P)}$ und bei $U_{GS} = 0$ gilt:

$$r_{DS}\Big|_{U_{GS}=0} = r_{DSon} = -\frac{1}{K \cdot U_P}$$

Ersetzt man nun U_{GS} und bezieht die Widerstandswert r_{DSon} mit ein, so ergibt sich die Lösung:

$$r_{DS} = \frac{1}{K \cdot \left(\frac{U_{ST}}{2} - U_P \right)} = \frac{r_{DSon}}{1 - \frac{U_{ST}}{2 \cdot U_P}} \qquad (4.64)$$

Damit ergibt sich für den gesamten Komplex zwischen den Punkten A und B im Bild 4.63 als gesamter *gesteuerter Widerstand*

$$R_{ST} = \frac{U_{DS}}{I_D + I} = \frac{1}{K \cdot \left(\frac{U_{ST}}{2} - U_P \right) + \frac{1 - \frac{U_{ST}}{U_{DS}}}{2 \cdot R}} \tag{4.65}$$

Mit R als sehr hochohmige Widerstände, denn es werden keine Steuerströme benötigt, folgt $I_D >> I$ und damit ergibt sich die *Näherung*:

$$R_{ST} \cong \frac{U_{DS}}{I_D} = \frac{r_{DSon}}{1 - \frac{U_{ST}}{2 \cdot U_P}}$$

4.4 Feldeffekttransistor als Schalter

4.4.1 Grundlagen

Folgende Überlegungen sollen angestellt werden, die die Frage des Schaltereinsatzes beantworten sollen:

- Ein FET müsste auch als Schalter funktionieren, wie es beim Bipolartransistor möglich ist.
- Es müssen die Endpunkte des Verstärkerbetriebs angesteuert werden bzw. die Grenzen überschritten werden. Das heißt, es muss ein eindeutiger Sperrzustand eingestellt werden und der Eintritt in den ohmschen Bereich muss ermöglicht werden.
- Ein schnelles Erreichen von zwei Schalt- (End-) Zuständen muss ebenfalls gesichert werden.

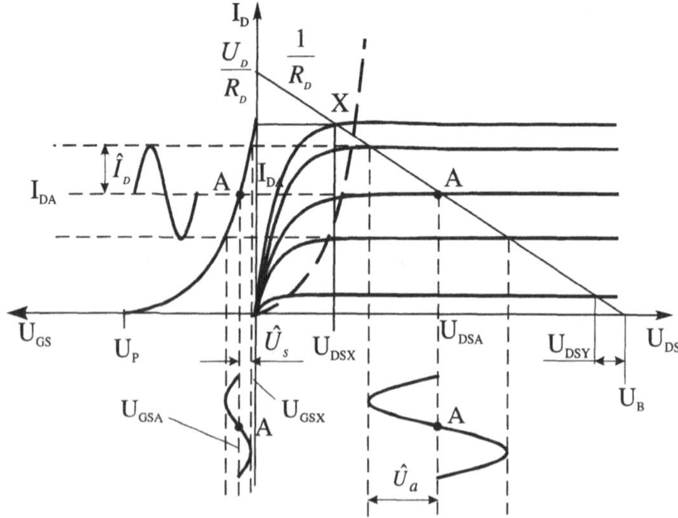

Bild 4.64 Vergleich Verstärker- und Schalterbetrieb in den Kennlinienfeldern (Bsp.: Sperrschicht-FET)

Aus den behandelten Grundlagen zum FET ist ersichtlich, dass das Schalter-Verhalten mit FET gut erreichbar ist, da ein geringer EIN-Widerstand r_{DSon} und hoher AUS-Widerstand r_{DSoff} in der Drain-Source-Strecke realisiert werden kann. Besonders interessant für den Schalterbetrieb ist aber auch, dass es nahezu keinen Eingangsstrom für die Gatter gibt, was eine hohe Gatterkoppelrate an den Ausgängen zulässt. Es besteht ein geringer Stromverbrauch (Leistungsumsatz im Gatter) bei den Schaltpunkten, denn in den Endpunkten liegt entweder einen hohe Spannung über den Transistor, dann fließt kein Strom, oder es fließt ein Strom durch den Transistor, dann liegt aber kaum eine Spannung über den Transistorausgang an. Weiter ist es möglich, durch einen komplementären Aufbau (n- und p-Kanal-FET) von zwei FET einen gegenläufigen EIN- und AUS-Zustand der beiden Transistoren zu erzwingen. Das hätte zur Folge, da immer nur ein Transistor EIN ist, dass kein Querstrom entstehen kann und immer die entsprechenden Potentiale am Ausgang anliegen. Diese Idee spielt in der CMOS-Technik eine entscheidende Rolle. Weiterhin sind mehrere Schaltkreisfamilien mit unterschiedlichen Betriebsspannungen und somit auch mit unterschiedlichen logischen Pegeln realisierbar und im Angebot (z.B. 5V, 9V, 12V, 15V-Technik). Mit höheren Pegelabständen ergeben sich einerseits eine höhere Störsicherheit, aber andererseits auch längere Umschaltzeiten. Es besteht ein bedingter Nachteil, denn der Leistungsverbrauch ist durch die Umschaltvorgänge frequenzabhängig. Betrachtet man die Ausgangs- und die Steuerkennlinienfelder, wie im Bild 4.64 dargestellt, so kann man eindeutig die Möglichkeit des Schaltereinsatzes erkennen.

Es kann festgestellt werden:

Da das Ausgangskennlinienfeld gewisse Ähnlichkeit mit dem der Bipolartransistoren hat, können auch ähnliche Funktionen erwartet werden und Analogien zu den notwendigen Schaltzuständen gezogen werden.

- *AUS-Zustand* liegt im Sperrbereich
  bei $u_{eoff} < U_P$ bzw. $u_{eoff} < U_{T0}$
  dann ist $U_{DS} = U_{DSY} \approx U_B$
- *EIN- Zustand* liegt im ohmschen Bereich
  bei $u_{eon} > U_P$ bzw. $u_{eon} > U_{T0}$
  und da ist $U_{DS} = U_{DSX} \leq U_{GS} - U_P$ bzw. $U_{DS} = U_{DSX} \leq U_{GS} - U_{T0}$

Im Vergleich zum Bipolartransistor wäre das der Zustand bzw. der Übergang in den Sättigungs-, also in den Übersteuerungsbereich.

4.4.2 Statische Betrachtung

4.4.2.1 Grundverhalten

Im folgenden Teil werden auf gleiche Weise wie bei Bipolartransistoren die Schaltzustände untersucht und die Pegellagen und Stromverläufe hergeleitet. Dabei ist natürlich nicht das komplette Bipolartransistorverhalten übertragbar, sondern es muss auf das spezifische Verhalten des Feldeffekttransistors eingegangen werden und seine Eigenheiten auf die Wirkung beim Schalterbetrieb untersucht werden. Als Grundschaltung wird eine Source-Schaltung eingesetzt, die ja prinzipiell der Emitterschaltung entspricht. Dementsprechend werden folgende Bereichseinteilung vorgenommen und diese einzeln und an ihren Grenzen untersucht:

1. Bereich: Sperrzustand (AUS-Zustand)

$U_{GS} < U_{T0}$ $\quad U_{DS} = U_B$ $\quad \Rightarrow U_{DSY}$

$I_D = 0$ $\quad \Rightarrow I_{DY}$

Zu bemerken ist, dass hier durchaus ein sehr kleiner Leckstrom fließt, der aber nicht für die Schaltfunktion als solche relevant ist, sondern auf den Nichtidealitäten des FET beruht.

2. Bereich: Sättigungsbereich (Abschnür-, Steuer-, Verstärkungsbereich)

$U_{GS} \geq U_{T0}$ $\quad U_{DS} \geq U_{GS} - U_{T0}$

$$I_D = \frac{K}{2}(U_{GS} - U_{T0})^2$$

3. Bereich: Ohmscher Bereich (EIN- Zustand)

$U_{GS} \geq U_{T0}$ $\quad U_{DS} \leq U_{GS} - U_{T0}$ $\quad \Rightarrow U_{DSX}$

$$I_D = K \cdot U_{DS} \cdot \left(U_{GS} - U_{T0} - \frac{U_{DS}}{2} \right) \quad \Rightarrow I_{DX}$$

Der Drainstrom I_D, der in diesem Bereich vom Transistor generiert wird, ist natürlich auch von R_D, R_L abhängig. Betrachtet man nun, dass man nur den Schalterbetrieb will, so sind nur noch die Bereiche 1 und 3 interessant, der Bereich 2 ist dafür störend und muss schnell durchlaufen werden. Ein weiterer Punkt, der untersucht werden muss, ist die Frage nach der Ausgangsbelastung und dem darausfolgenden Schaltverhältnis, das ein Hinweis auf die Pegellagen ergibt.

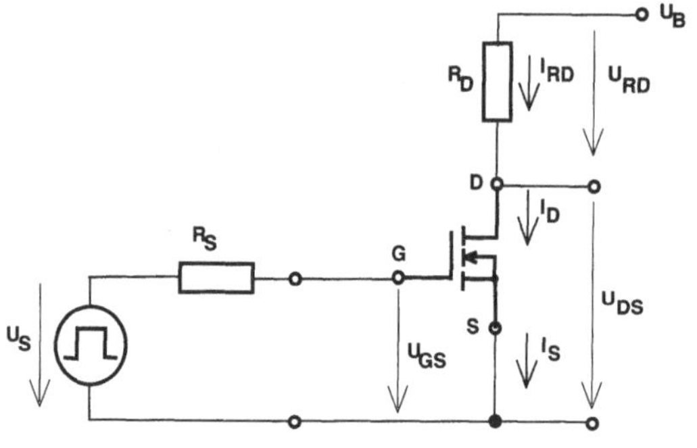

Bild 4.65 Grundschaltung für den Schalterbetrieb (selbstsperrender MOSFET)

4.4.2.2 Schaltverhältnis ohne Lastwiderstand

Solange keine Ausgangslast vorhanden ist, ist allein die Transistorstufe, bestehend aus Transistor und Drain-Widerstand, entscheidend für die Pegelverhältnisse.

Unter den Bedingungen:

1. Der logische EIN-Pegel ist viel größer als die Schwellspannung

   $U_{GS} = U_{SX} \geq U_{T0}$

2. Der Sperrwiderstand des Transistors ist viel größer als der Drain-Widerstand

   $r_{DSoff} >> R_D$

r_{DS} ist im Zustand AUS nahezu unendlich. Es ergibt sich für das Ausgangsspannungssignal, da kein Drainstrom I_D fließt: $U_{DSY} \cong U_B$

3. Das Schaltverhältnis ist ausreichend groß und es ergibt sich aus:

$$S_V = \frac{\text{Ausgangspegel im AUS - Zustand}}{\text{Ausgangspegel im EIN - Zustand}}$$

$$S_V = \frac{U_{DSY}}{U_{DSX}} \approx \frac{U_B}{U_{DSX}} = 1 + \frac{R_D}{r_{DSon}} \tag{4.66}$$

Für einen selbstsperrenden MOSFET gilt dann im EIN-Zustand:

$$U_{DS} < U_{GS} - U_{T0} \quad \text{und} \quad U_{GS} > U_{T0}$$

$$r_{DSon} = \frac{U_{DSX}}{I_{Don}} \approx \frac{1}{K \cdot (U_{GS} - U_{T0})} \tag{4.67}$$

Für das Schaltverhältnis ergibt sich als eine ausreichend genaue *Näherung*:

$$S_V \cong 1 + \frac{R_D}{r_{DSon}} \cong 1 + K \cdot R_D \cdot (U_{GS} - U_{T0}) \tag{4.68}$$

4.4.2.3 Schaltverhältnis mit Lastwiderstand

Bei dieser Schaltung spielt für eine gutes Funktionieren als Schalter das Verhältnis von Drain-Widerstand R_D zu Lastwiderstand R_L eine entscheidende Rolle. Eine weitere wichtige Bedingung für einen funktionsfähigen Schalter muss sein:

$$r_{DSon} << R_L$$

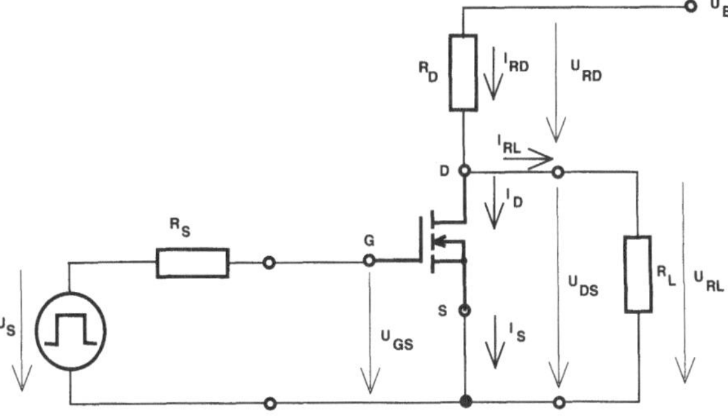

Bild 4.66 Schalterbetrieb mit Lastwiderstand (selbstsperrender MOSFET)

Ohne diese Bedingung wäre ein Schalten des Transistors zwar möglich, aber die Spannung am Drain-Anschluss würde nicht sinken können. Für das Schaltverhältnis gilt wieder der gleiche Ansatz und somit gilt:

$$S_V = \frac{U_{DSY}}{U_{DSX}}$$

$$S_V \approx \frac{1 + \dfrac{R_D}{r_{DSon}}}{1 + \dfrac{R_D}{R_L}} \approx \frac{1 + K \cdot R_D \cdot (U_{GS} - U_{T0})}{1 + \dfrac{R_D}{R_L}} \tag{4.69}$$

4.4.2.4 Vereinfachte I/U-Ausgangskennlinie

Um für die Kennlinien möglichst einfache Lösungen zu erhalten, ist man immer daran interessiert, die Frage nach zulässigen Vereinfachungen zu stellen.

Hier wird nach einer Näherung für die Darstellung des Drain-Source-Widerstand r_{DSon} gesucht. Bei solchen Näherungen ist aber immer zu beachten, dass man nicht etwa die reale Funktion völlig verwischt. Nähert man die Kennlinie des Ausgangsfeldes auf eine Gerade, so folgt für einen selbstsperrenden FET:

An der Grenze zwischen ohmschem und Abschnürbereich gilt entsprechend der eben als Vereinfachung gemachten Geradennäherung:

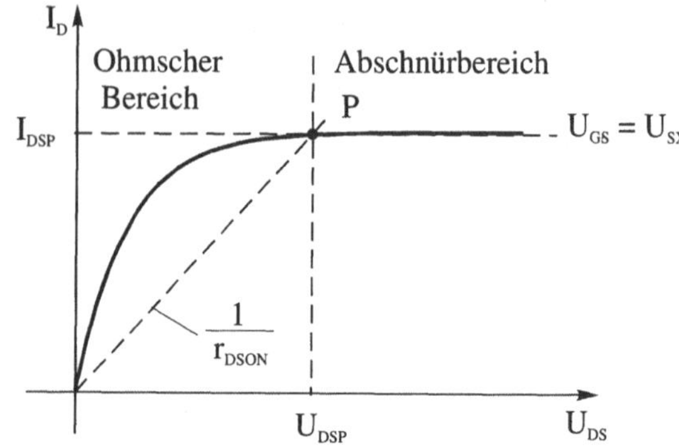

Bild 4.67 Näherung des Drain-Source-Widerstands

$$r_{DSon} = \frac{U_{DSP}}{I_{DSP}} = \frac{\alpha}{K \cdot (U_{GS} - U_{T0})} \tag{4.70}$$

α stellt einen technologischen Wert dar, der zwischen 1...2 sich bewegt.

Im Abschnürbereich gilt als günstige und gültige Vereinfachung:

$$I_D = \frac{U_{GS} - U_{T0}}{r_{DSon}} \tag{4.71}$$

Dabei ist der Anteil, den die Funktion $I_D = f(U_{DS})$ mit einbringt, sehr klein und vernachlässigbar. Die Steigung dieser Kurve, die im Abschnürbereich zu sehen ist, ist der sogenannte λ-Einfluss, der mit dem Early-Effekt vergleichbar ist, aber auf einem anderen physikalischen Zustand beruht.

4.4.3 Statisches Übertragungsverhalten

Die Betrachtung des Übertragungsverhaltens erfolgt am Beispiel des selbstsperrenden MOSFET. Die Grundschaltung ist wiederum eine Source-Schaltung.

Es sei weiterhin R_S sehr klein, das heißt, der Innenwiderstand des Generators ist sehr gering. Damit ist es zulässig festzusetzen:

$$U_S = U_{GS}$$

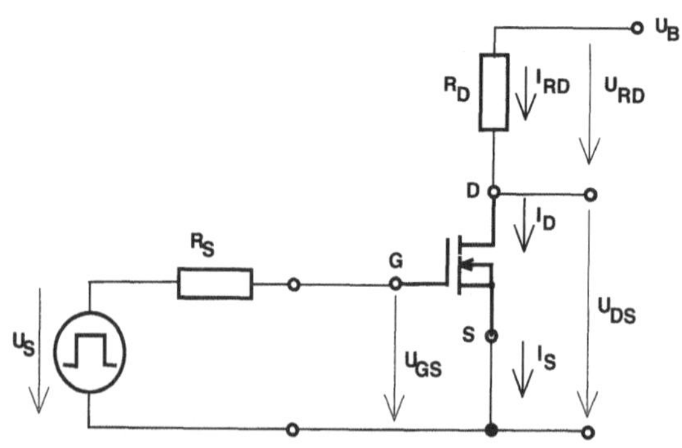

Bild 4.68 Einfacher FET-Schalter (selbstsperrender MOSFET)

1. Fall: Sperrzustand (logisch AUS) $U_{GS} < U_{T0}$

$$I_D = 0 \qquad U_{DS} = U_B = U_{DSY}$$

2. Fall: Abschnürbereich (verbotener Bereich) $U_{GS} \geq U_{T0}$ und $U_{DS} > U_{GS} - U_{T0}$

Für den Drainstrom bestehen folgende Beziehungen:

vom Transistor: $I_D = \frac{K}{2} \cdot (U_{GS} - U_{T0})^2$

vom Generator: $I_D = \frac{U_B - U_{DS}}{R_D}$

So folgt nach der Gleichsetzung der beiden Ansätze und der Umstellung nach U_{DS} :

$$U_{DS} = U_B - \frac{K}{2} \cdot R_D \cdot (U_{GS} - U_{T0})^2 \tag{4.72}$$

Wie bereits bekannt ist, stellen die Ausgangskennlinienfelder sich für alle drei Feldeffekttransistortypen vom Prinzip her in gleicher Art dar. Aus der Steuerkennlinie ist dann der Typ herauszulesen (1 Sperrschicht-FET 2 selbstleitender FET 3 selbstsperrender FET)

An der Grenze zwischen dem Abschnür-/ ohmschen Bereich folgt mit:

$$U_{DS} = U_{DSP} = U_{GS} - U_{T0} \qquad \text{und} \qquad U_{DSP} = U_B - \frac{K}{2} \cdot R_D \cdot U_{DSP}^2$$

Die Auflösung nach U_{DSP} ergibt:

$$U_{DSP} = -\frac{1}{K \cdot R_D} \cdot \left(1 - \sqrt{1 + 2 \cdot K \cdot R_D \cdot U_B}\right) \tag{4.73}$$

Dazu muss aber die Eingangsspannung $U_{GSP} = U_{DSP} + U_{T0}$ sein:

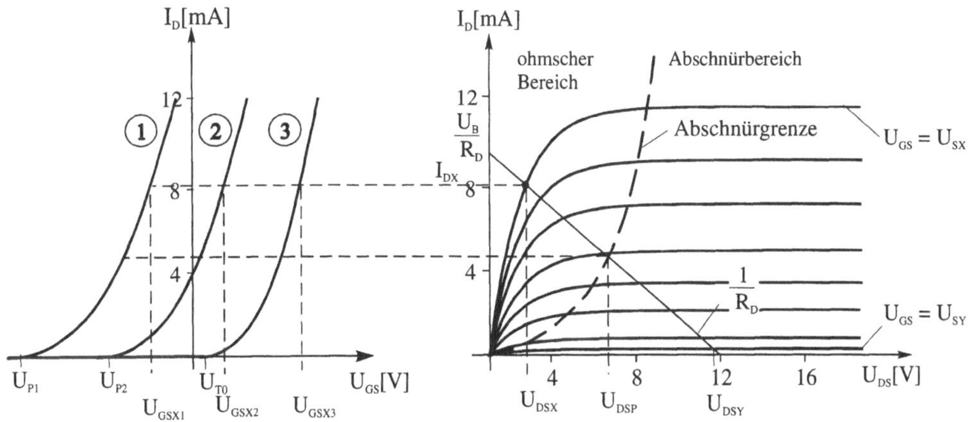

Bild 4.69 Schaltpunkte von Feldeffekttransistoren

Für die Eingangsspannung gilt damit:

wenn $U_{GS} > U_{GSP}$ erfolgt der Übergang zum ohmschen Bereich. Der Sättigungsbereich, der den Arbeitsbereich für den Verstärkerbetrieb darstellt, ist wegen der nicht günstigen logischen Pegel der unerwünschte und somit verbotene Bereich, der so schnell wie möglich durchfahren werden muss. In dieser Zone entsteht auch die größte Verlustleistung über dem FET.

3. Fall: ohmscher Bereich (logisch EIN) $U_{GS} \geq U_{GSP}$ und $U_{DS} < U_{GS} - U_{T0}$

Für den Drainstrom bestehen in diesem Bereich andere Beziehungen als im Abschnürbereich.

vom Transistor: $$I_D = K \cdot U_{DS} \cdot \left(U_{GS} - U_{T0} - \frac{U_{DS}}{2} \right)^2$$

vom Generator: $$I_D = \frac{U_B - U_{DS}}{R_D}$$

So folgt:

$$U_{DS} = \frac{1}{K \cdot R_D} + U_{GS} - U_{T0} - \sqrt{\left(\frac{1}{K \cdot R_D} + U_{GS} - U_{T0} \right)^2 - \frac{2 \cdot U_B}{K \cdot R_D}} \tag{4.74}$$

Die kleinste Ausgangsspannung tritt auf, wenn U_{GS} sehr groß, also nahe $U_{GS} = U_B$

Somit ergibt sich aus $U_{DS} = \frac{1}{K \cdot R_D} + U_B - U_{T0} - \sqrt{\left(\frac{1}{K \cdot R_D} + U_B - U_{T0} \right)^2 - \frac{2 \cdot U_B}{K \cdot R_D}}$

mit der Vereinfachung $\frac{1}{K \cdot R_D} << U_{T0}$ das Ergebnis zu:

$$U_{DS} = \frac{1}{K \cdot R_D} + U_B - U_{T0} - \sqrt{(U_B - U_{T0})^2} = \frac{1}{K \cdot R_D} \tag{4.75}$$

Einschätzung des Schaltverlaufes

Das Umschalten lässt sich in 3 Teilschritte unterteilen, wobei die ruhenden Zustände bezogen auf die Digitaltechnik in den Endpunkten liegen. Es ist zu sehen, dass die Schaltung, wie sie in Bild 4.68 dargestellt ist, eine klassische Source-Schaltung ist. Im Sperrzustand fließt kein Strom durch den Drain-Widerstand und den Transistor. Das ist der logische Zustand "0" am Eingang und durch die spannungsmäßige Negatorfunktion der Source-Schaltung logisch "1" am Ausgang. Im Übergangsbereich zum logisch "1" am Eingang durchläuft der Transistor den Abschnürbereich, wo auch der Einsatz als Verstärker angesiedelt ist. Beim weiteren Erhöhen der Eingangsspannung zum logisch " 1" hin geht dann der Transistor in den ohmschen Bereich und der durchfließende Strom wird zum Maximum. Am Ausgang erhält man jetzt ein logisch "0" durch geringe Spannung über der Drain-Source-Strecke. Dieser Gedanke kann nun weitergeführt werden. Man stellt die Frage, wie kann man den Drain-Widerstand ersetzen und so den Strom durch ein entgegengesetzt arbeitendes Bauelement unterbinden? Durch die Potentialsteuerung der FET ist keine Signalstrombereitstellung notwendig. Die Lösung dazu ist im Punkt 4.5 dargestellt und findet in der Anwendung der CMOS-Technik breiten Einsatz. Bereits schon hier sein auf die Übergangsphase zwischen den Logikzuständen hingewiesen, die Probleme bei der Nutzung bringen wird.

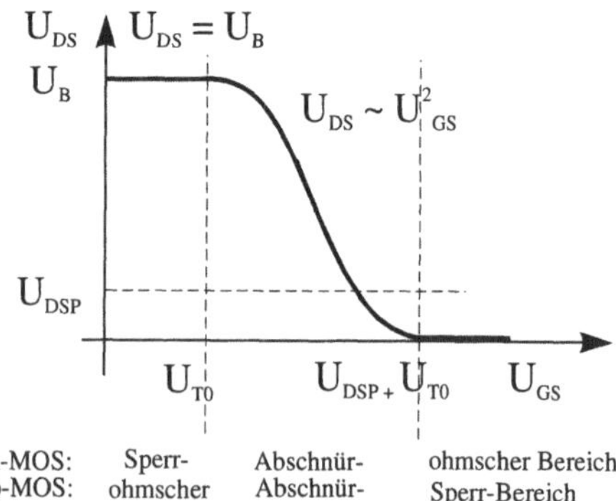

Bild 4.70 Ausgangssignalverlauf

4.4.4 Dynamisches Verhalten

4.4.4.1 Schaltzeiten des inneren FET

Für die Betrachtung der dynamischen Parameter ist sehr wichtig, das Verhalten im Inneren des Feldeffekttransistors zu untersuchen. Dabei soll durch Vergleiche, wie auch schon beim Bipolartransistor verfahren wurde, eine Beschreibung hergeleitet werden. Aus den Eigenschaften des Feldeffekttransistors ist bekannt, *dass kein durchgängiges Verhalten* (z.B. wie Kondensatorentladung) besteht, da der FET sich in *zwei Hauptbereiche, Abschnür- und ohmscher Bereich, aufteilt,* was wiederum eine getrennte Behandlung der Bereiche fordert. Der Ausgangspunkt für die Betrachtungen des Schaltverhaltens soll wieder eine Source-Schaltung mit einem FET des Anreicherungstyps sein. Um eine einfache und übersichtliche Betrachtung durchführen zu können, sollen folgende Festlegungen zur Vereinfachung gelten, damit der Blick auf die wesentlichen Einflussfaktoren nicht verdeckt wird. Es soll also gelten:

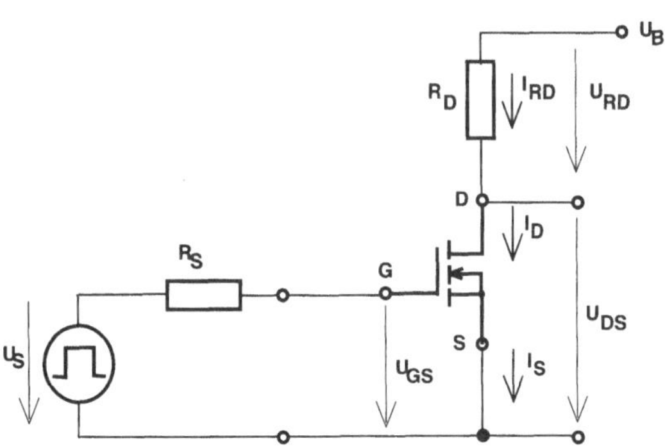

Bild 4.71 Grundschaltung zur Schaltzeitbetrachtung

R_S sei sehr klein und damit hat er keinen Einfluss auf die Eingangsschaltung. So gilt: $U_S = U_{GS}$. Die Eingangswiderstände r_{GS}, r_{GD} sind extrem groß und können auf Unendlich gesetzt werden (vgl. dazu auch die Herleitung des Ersatzschaltbildes).

a) Betrachtung der Einschaltzeiten (Anstiegszeiten)

Bedingungen:

Bei $t = 0$ erfolgt das Umschalten vom AUS-Zustand $U_{SY} < U_{T0}$
in den EIN-Zustand $U_{SX} > U_{T0}$

Das heißt, es entsteht aus dem Ruhezustand ein leitfähiger Kanal, wobei der Strom durch den Transistor

$$i_D\,(t=0) = 0$$

und die Spannung am Ausgang und damit über den Transistor

$$u_{DS} > U_{DSX}$$

sind. Das bedeutet voller Start aus dem Sperrzustand in den Abschnürbereich. Da weiter auch die Gate-Source-Kapazität C_{GS} parallel zur Eingangsspannung U_{SX} liegt, weiterhin sehr klein und außerdem R_S noch sehr niederohmig ist, kann man C_{GS} als *überbrückt* ansehen. Damit scheidet diese Kapazität für diese Berechnung aus.

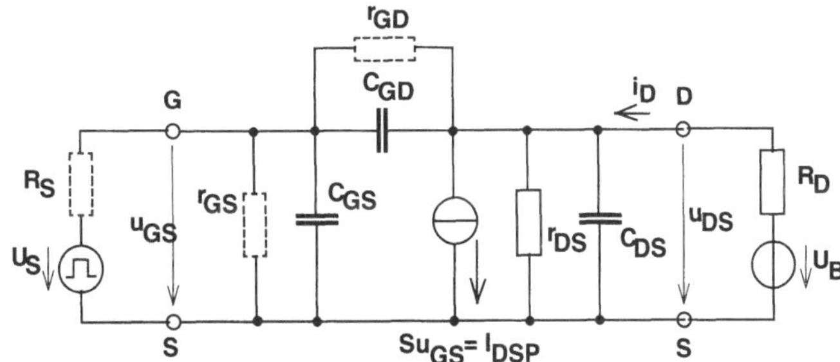

Bild 4.72 Ersatzschaltbild für den Abschnürbereich

Unter diesen Betrachtungen der Situation ist der folgende Ansatz zulässig:

$$i_D + R_D \cdot (C_{GD} + C_{DS}) \frac{di_D}{dt} = I_{DSP} \tag{4.76}$$

Dabei folgt für den Drain-Strom am Ausgang:

$$i_D(t) = I_{DSP} \cdot \left(1 - e^{-t/\tau_{a1}}\right) \tag{4.77}$$

Mit der Anstiegskonstante im Abschnürbereich: $\tau_{a1} = R_D \cdot (C_{GD} + C_{DS})$

C_{GS} scheidet in der Betrachtung aus genannten Gründen aus.

Berechnung der Verzögerungszeiten

a) Einschaltspeicherzeit

Wie auch beim Bipolartransistor gilt als Definition für die Speicherzeit, die hier die Einschaltspeicherzeit darstellt, die Zeit von Beginn des Eingangssignals bis der Ausgang 10% des maximalen Endwertes erreicht hat.

Somit ist $t = t_d$ wenn:

$$i_D(t_d) = 0{,}1\, I_{Don} \tag{4.78}$$

Das heißt, dass bei t_d dann 10% des Endwertes des Drain-"EIN"-Stromes I_{Don} erreicht sind, wobei für den stationären EIN-Zustand aus der Ausgangsmasche angesetzt werden kann:

$$I_{Don} = \frac{U_B}{r_{DSon} + R_D} \tag{4.79}$$

Durch das Einsetzen und über ein Umstellen kann man die Einschaltverzögerung dann bestimmen:

$$i_D(t_d) = \frac{0{,}1 \cdot U_B}{r_{DSon} + R_D} = I_{DSP} \cdot \left(1 - e^{-t_d/\tau_{a1}}\right) \tag{4.80}$$

$$t_d = \tau_{a1} \cdot \ln \frac{(U_{SX} - U_{T0}) \cdot (r_{DSon} + R_D)}{(U_{SX} - U_{T0}) \cdot (r_{DSon} + R_D) - 0{,}1 \cdot U_B \cdot r_{DSon}} \tag{4.81}$$

An der *Grenze Abschnür-/ohmschen Bereich* soll $t = t_{r1}$ sein, und es gilt bezüglich der Transistorfunktion:

$$u_{DS} = U_{DSP} = U_{SX} - U_{T0}$$

An dieser Stelle wechselt wie bekannt der Transistor sein Verhalten und somit ist die Funktion neu zu definieren. Demnach kann die Stromfunktion für den Wert $i_D(t_{r1})$ an der Grenze gesetzt werden:

$$i_D(t_{r1}) = \frac{U_B - U_{SX} + U_{T0}}{R_D} = I_{DSP} \cdot \left(1 - e^{-t_{r1}/\tau_{a1}}\right) \tag{4.82}$$

Umgestellt nach der Zeit t_{r1} folgt daraus:

$$t_{r1} = \tau_{a1} \cdot \ln \frac{(U_{SX} - U_{T0}) \cdot R_D}{(U_{SX} - U_{T0}) \cdot (r_{DSon} + R_D) - U_B \cdot r_{DSon}} \tag{4.83}$$

Ab diesem Zeitpunkt $t = t_{r1}$ befindet sich der FET *nicht mehr im Abschnürbereich*, sondern *im ohmschen Bereich* und es ist die Schaltung unter den neuen Bedingungen zu betrachten. Die Stromquelle im Ausgang wird durch den Widerstand im EIN-Zustand r_{DSon} ersetzt, was der Bedingung für den ohmschen Bereich entspricht.

Auch gelten die folgenden Festlegungen weiter:

- R_S ist sehr klein und damit gilt $U_S = U_{GS}$
- r_{GS} , r_{GD} sind extrem groß und können erneut entfallen.

So folgt der Ansatz:

$$i_D + \frac{R_D \cdot r_{DSon}}{R_D + r_{DSon}} \cdot (C_{GS} + C_{DS}) \cdot \frac{di_D}{dt} = \frac{U_B}{r_{DSon}}$$

Mit der Zeitkonstante

$$\tau_{a2} = \frac{R_D \cdot r_{DSon}}{R_D + r_{DSon}} \cdot (C_{GS} + C_{DS})$$

folgt bei diesem Zeitpunkt $t = t_{r1}$:

$$i_D(t_{r1}) = \frac{U_B - U_{SX} + U_{T0}}{R_D} \tag{4.84}$$

Im Zeitpunkt $t = \infty$ ergibt sich rein mathematisch der maximale Ausgangsstrom

$$i_D(\infty) = I_{Don}$$

Für die Stromfunktion folgt nunmehr der Ansatz:

$$i_D(t) = \left(\frac{U_B - U_{SX} + U_{T0}}{R_D} - I_{Don} \right) \cdot e^{-(t - t_{r1})/\tau_{a2}} + I_{Don} \tag{4.85}$$

b) Einschaltzeit

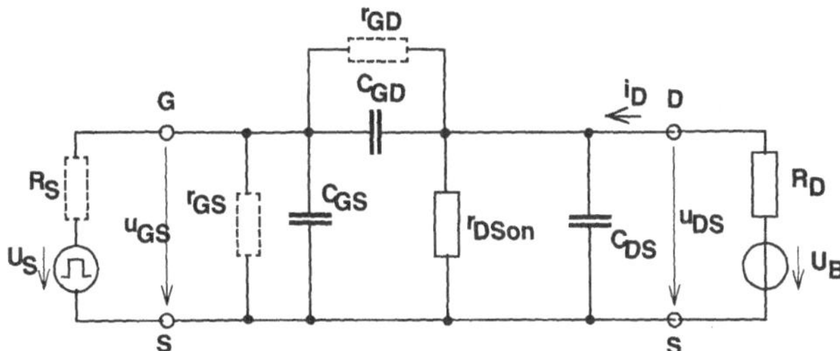

Bild 4.73 Ersatzschaltbild für den ohmschen Bereich

Da in der Technik die Zeit $t = \infty$ zur Nutzung nicht in Frage kommt, gibt es einen weiteren Betrachtungspunkt in der Digitaltechnik. Es wird festgelegt, dass man davon ausgehen kann, dass bei 90% des theoretischen Maximalwertes zum Zeitpunkt $t = \infty$ bereits der Endwert als erreicht angesehen werden kann. Somit ergeben sich zwei Definitionen von Zeiten in der Art, dass die Zeitspanne von 10% bis 90% als *Anstiegszeit* und vom Startpunkt $t = 0$ des Eingangssignals bis zu den 90% des maximalen Ausgangssignal als *Einschaltverzögerung* deklariert wird.

Zum Zeitpunkt $t = t_{r2}$ ist dieser 90%-Wert erreicht und es sei:

$$i(t) = 0{,}9 \cdot I_{Don} \tag{4.86}$$

$$i_D(t_{r2}) = 0{,}9 \cdot I_{Don} = \left(\frac{U_B - U_{SX} + U_{T0}}{R_D} - I_{Don} \right) \cdot e^{-(t_{r2} - t_{t1})/\tau_{a2}} + I_{Don}$$

So folgt nach der Umstellung nach der Zeit t_{r2}:

$$t_{r2} = t_{r1} + \tau_{a2} \cdot \ln \frac{10 \cdot [(U_{SX} - U_{T0}) \cdot (r_{DSon} + R_D) - U_B \cdot r_{DSon}]}{U_B \cdot R_D}$$

c) *Gesamtanstiegszeit*

Aus den einzelnen Betrachtungen ergibt sich dann die *Gesamtanstiegszeit* t_r, für die Zeit, die $i_D(t)$ von 10% auf 90% I_{Don} benötigt, zu:

$$t_r = t_{r2} - t_d = \tau_{a1} \cdot \ln(A) + \tau_{a2} \cdot \ln(B) - \tau_{a1} \cdot \ln(C) \tag{4.87}$$

mit den Teilen: $A = \dfrac{(U_{SX} - U_{T0}) \cdot R_D}{(U_{SX} - U_{T0}) \cdot (r_{DSon} + R_D) - U_B \cdot r_{DSon}}$

$$B = \frac{10 \cdot [(U_{SX} - U_{T0}) \cdot (r_{DSon} + R_D) - U_B \cdot r_{DSon}]}{U_B \cdot R_D}$$

$$C = \frac{(U_{SX} - U_{T0}) \cdot (r_{DSon} + R_D)}{(U_{SX} - U_{T0}) \cdot (r_{DSon} + R_D) - 0{,}1 \cdot U_B \cdot r_{DSon}}$$

d) Betrachtung der Ausschaltzeiten

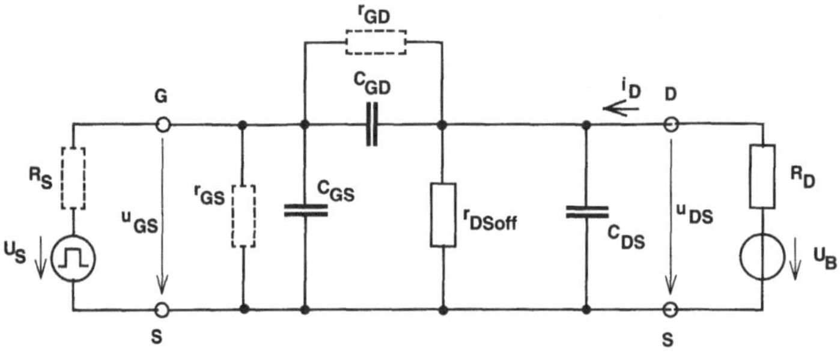

Bild 4.74 Ersatzschaltbild im ohmschen Bereich (ausgeschaltet)

Nach der Betrachtung der Anstiegszeiten, folgt nun der Fall des Ausschalten, in dem auch zwei Zeitintervalle zu erwarten sind. Die *Speicherzeit* ist der Wert zwischen dem Eintreffen der Ausschaltflanke am Eingang bis zur Reaktion des Ausganges, d.h. wo dieser auf 90% des EIN-Schaltwertes abgefallen ist. Der zweite Zeitraum ist die *Abfallzeit* von dem 90%- auf den 10%-Wert. Insgesamt ergibt sich dann über beide Zeiten die *Ausschaltverzögerung*, die vom Beginn des Ausschaltzeitpunktes bis auf 10% des Ausgangswertes gerechnet wird. Die Startbedingungen sind analog zum Einschalten zu sehen. Zu dem Zeitpunkt $t = 0$ geht der Spannungspegel am Eingang vom EIN-Pegel mit $U_{SX} > U_{T0}$ auf den AUS-Pegel mit $U_{SY} < U_{T0}$. Bezüglich R_S und r_{GS}, r_{GD} gelten wieder die gleichen Bedingungen wie beim Einschalten.

Für den fließenden Strom gilt bei: EIN $i_D\,(t{=}0) = I_{Don}$

AUS $i_D\,(t{=}\infty) = I_{Doff} = \dfrac{U_B}{r_{DSoff} + R_D} \cong 0$

Da im AUS-Zustand der Drain-Source-Widerstand r_{DSoff} gegen Unendlich läuft, geht der Strom $I_{Doff} \Rightarrow 0$. Für das Ersatzschaltbild der Schaltstufe ergibt sich im ohmschen Bereich, dass der Widerstand r_{DSon} durch den r_{DSoff} (ohmscher Bereich!) ersetzt werden muss, da der ausgeschaltete Zustand vorliegt.

e) Speicherzeit

Die *Speicherzeit* t_s ist die Reaktionszeit vom Einsetzen des AUS-Signals am Eingang bis der Ausgang auf 90% des Maximalwertes im EIN-Zustand gefallen ist. Somit ist der Zeitpunkt: $t = t_s$, wenn $i_D(t) = 0{,}9 \cdot I_{Don}$ erreicht hat. Damit ergibt sich aus :

$$i_D(t) = I_{Don} \cdot \mathrm{e}^{-t/\tau_{a1}} \tag{4.88}$$

$$i_D(t_s) = 0{,}9 \cdot I_{Don} = I_{Don} \cdot \mathrm{e}^{-t_s/\tau_{a1}} \tag{4.89}$$

und $$t_s = \tau_{al} \cdot \ln \frac{1}{0{,}9} \cong 0{,}1 \cdot \tau_{al}$$

Der zweite markante Punkt ist beim Erreichen der 10%-Schwelle und zeigt die Abfallzeit an. Dabei ist die *Abfallzeit* der Zeitraum, in dem der Ausgangswert von 90% auf 10% läuft. Die Gesamtzeit von Ausschaltbeginn am Eingang bis zu dem 10%-Wert hingegen ist die *Ausschaltverzögerung.*

Zum Zeitpunkt $t = t_{f1}$ erreicht $i_D(t) = 0{,}1 \cdot I_{Don}$

Demnach kann gesetzt werden $i_D(t_{f1}) = 0{,}1 \cdot I_{Don} = I_{Don} \cdot \mathrm{e}^{-t_{f1}/\tau_{a1}}$

und es ergibt sich $t_{f1} = \tau_{al} \cdot \ln 10$

Daraus wird die *Abfallzeit* zu:

$$t_f = t_{f1} - t_s = \tau_{al} \cdot \ln 9 \tag{4.90}$$

Abschließend soll folgende Bemerkung der Berechnung bei gekoppelten Transistorstufen helfen. Wenn die Schaltstufe von einem FET angesteuert wird, ist R_S nicht mehr vernachlässigbar, denn die eben betrachtete Signalquelle ist dann ein FET und nicht so ideal wie die gewählte Quelle. Es ergeben sich folgende Eingangsbedingungen:

$$u_{GS}(t) = U_{SX} \cdot \left(1 - \mathrm{e}^{-t/\tau_s}\right) \quad \text{und} \quad \tau_s = R_S \cdot (C_{GS} + C_{GD})$$

4.4.4.2 Vereinfachte Lösung zur Schaltzeitenberechnung

Aus den bisherigen Darlegungen ist ersichtlich, dass die dargestellten Herleitungen zu umfangreich und unpraktisch für den Gebrauch bei einfachen Schaltungsberechnungen sind. Aus diesem Grund werden Vereinfachungen eingeführt, die eine einfache Berechnung mit doch noch ausreichender Genauigkeit zulassen. Diese sogenannte ingenieur-technische Lösung soll im folgende Punkt diskutiert werden. Es wird wieder die Grundschaltung wie bei der vorangegangenen Berechnung benutzt, jedoch wird an den Ausgang ein bekannter Kondensator C angeschaltet. Um die Betrachtungen übersichtlicher darzustellen, sollen nun folgende Annahmen zur Vereinfachungen der Berechnung gelten:

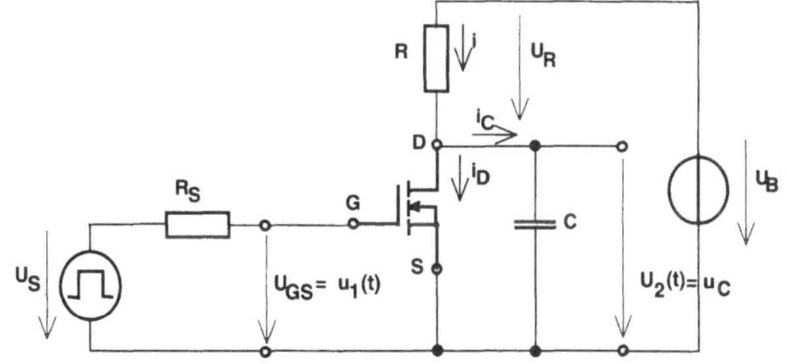

Bild 4.75 Grundschaltung des FET-Schalters (selbstsperrender Typ)

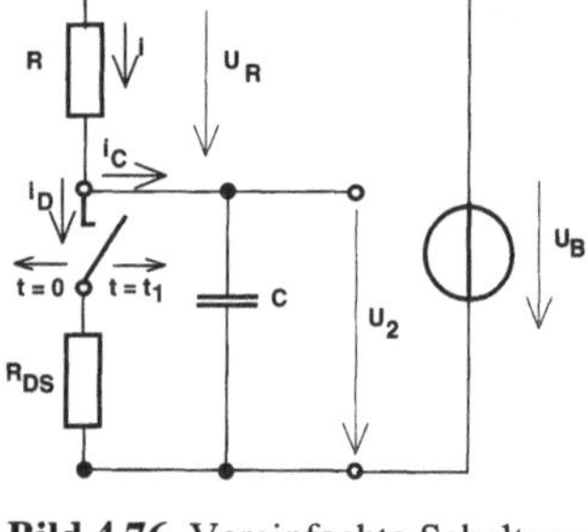

Bild 4.76 Vereinfachte Schaltung

- Der FET wird durch einen konstanten R_{DS} beschrieben. Bisher wurde unterschieden in r_{DSon} und r_{DSoff}, wobei r_{DSoff} gegen Unendlich geht.
- Es soll der ideale Schalter gelten und so wirkt natürlich nur R_{DS}.
- Die Bauelementekapazitäten C_{GS}, C_{GD}, C_{DS} sind wesentlich kleiner als der außen angeschaltete, bekannte Kondensator.
  Demnach gilt: $C_{GS}, C_{GD}, C_{DS} << C$
- Das Umladen des Kondensators C erfolgt nicht nach der e-Funktion, sondern es soll die Funktion des FET als Transistors wirken (vereinfacht).

Nunmehr lässt sich eine *vereinfachte Ersatzschaltung* wie im Bild 4.76 herleiten:
Der FET wird ersetzt durch einen idealen Schalter mit einem Drain-Source-Widerstand in Reihe, der dann den EIN-Widerstand beschreibt. Als Eingangssignal dient ein Rechteckeingangssignal, das den Schalter in zwei Stellungen bewegt:

$$u(t) = 0 \quad \text{für} \quad t < 0$$
$$u(t) = U_1 \quad \text{für} \quad 0 \le t \le t_1$$
$$u(t) = 0 \quad \text{für} \quad t \ge t_1$$

Für den Drainstrom $i_D\,(t)$ folgt durch diese Vereinfachung:

$$i_D\,(t) = 0 \qquad u_1 - U_{T0} < 0 \qquad \text{Sperrbereich}$$
$$i_D\,(t) = \frac{K}{2}\cdot(u_1 - U_{T0})^2 \qquad 0 \le u_1 - U_{T0} < u_2 \; \text{Sättigungsbereich}$$
$$i_D\,(t) = K\cdot\left(u_1 - U_{T0} - \frac{u_2}{2}\right)\cdot u_2 \qquad 0 \le u_2 < u_1 - U_{T0} \qquad \text{ohmscher Bereich}$$

Nun ist gemäß Knotensatz folgender Ansatz zur Beschreibung der Schaltung möglich:

$$i\,(t) = iD\,(t) + i_C\,(t)$$

Mit den folgenden Teilbeschreibung lässt sich das ganze System beschreiben:

Lade- und Entladestrom des Kondensators $\quad i_C\,(t) = C\cdot\frac{du_2(t)}{dt}$

Strom durch den Transistor im EIN-Zustand $\quad i_D\,(t) = G_{DS}\cdot u_2\,(t)$

Strom durch den Transistor im AUS-Zustand $\quad i_D\,(t) = 0$

Strom durch den Drain-Widerstand R $\quad i(t) = G\cdot\left(U_B - u_2\,(t)\right)$

Daraus ergibt sich eine einfache Gesamtlösung:

$$\frac{du_2(t)}{dt} + \frac{G+G_{DS}}{C}\cdot u_2(t) = \frac{G}{C}\cdot U_B \tag{4.91}$$

Jetzt kann man die Schaltung in zwei Teilfunktionen (EIN,AUS) untersuchen.

a) Schalten auf logisch "EIN"

Der Transistor wird leitend (eingeschalten), woraus eine Entladung des Kondensators folgt.

Aus dem Ansatz für den Strom

$$i(t) = G \cdot (U_B - u_2(t)) = G_{DS} \cdot u_2(t) + C \cdot \frac{du_2(t)}{dt} \quad (4.92)$$

ergibt sich durch Umstellen

$$\frac{G \cdot (U_B - u_2(t))}{C} = \frac{G_{DS}}{C} \cdot u_2(t) + \frac{du_2(t)}{dt}$$

$$\frac{G \cdot U_B}{C} = \frac{(G_{DS} + G)}{C} \cdot u_2(t) + \frac{du_2(t)}{dt}$$

die Funktion für den Spannungsverlauf am Ausgang des Transistors:

$$u_2(t) = U_{2\infty} + (U_B - U_{2\infty}) \cdot e^{-t/\tau_f} \quad (4.93)$$

mit der *Ladeendspannung* $U_{2\infty} = \frac{U_B}{1 + R \cdot G_{DS}}$

und der *Abfallzeitkonstante* $\tau_f = \frac{R \cdot C}{1 + R \cdot G_{DS}} \approx C \cdot R_{DS}$

b) Zurückschalten auf logisch "AUS"

Zu diesem Zeitpunkt schaltet der Transistor schlagartig von voll leitend auf gesperrt, die Aufladung des Kondensators erfolgt über den Drain-Widerstand *R*.

$$u_2(t) = U_{2\infty} + (U_B - U_{2\infty}) \cdot \left(1 - e^{-(t - t_1/\tau_r)}\right) \quad (4.94)$$

mit der *Anstiegszeitkonstante*

$$\tau_r = C \cdot R$$

Im Bild 4.77 ist eine schematische Darstellung des Schaltverhaltens für die Umschaltung in den EIN-Zustand bei $t = 0$ und den AUS-Zustand bei $t = t_1$. Im Bild 4.77 sind auch die Werte und die Lagen für die Parameter der Ausgangsspannung bei $t = \infty$. $U_{2\infty}$ (U_{2*}) und die Zeitkonstanten für den Einschaltzustand τ_f, und für das Rückschalten τ_r.

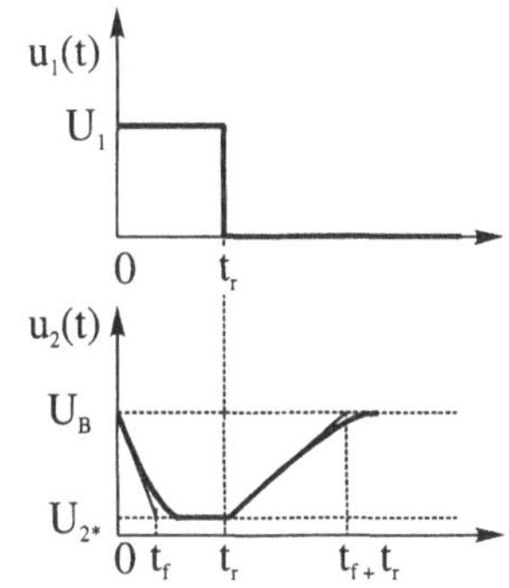

Bild 4.77 Schaltverlauf am Ausgang

4.5 CMOS-FET im Schalterbetrieb

4.5.1 Grundlagen

Die bisher benutze Source-Schaltung zeigt einige Probleme für den Einsatz in der Digitaltechnik und in der Integrierbarkeit. Es ist festzustellen, dass FET ein ungünstiges Schaltverhalten haben, da bei den Schaltzeiten eine starke Abhängigkeit von der äußeren Beschaltung besteht. Weiter sind ohmsche Widerstände schlecht direkt integrierbar. Dazu kommt noch, dass ein minimaler Leistungsverbrauch im statischen Betrieb angestrebt wird. Die Source-Schaltung hat im AUS-Zustand keinen Leistungsumsatz, aber im EIN-Zustand entsteht ein Querstrom. Aus diesen Gedanken heraus stellt sich die Frage, wie eine optimale Lösung gefunden werden kann. Daraus resultiert, dass ein Ersatz für den Widerstand gefunden werden muss. Damit auch kein Querstrom fließen soll, um den Leistungsumsatz zu minimieren, bedeutet das, dass im Ausgangszweig zwei antiparallel schaltende Transistoren eingesetzt werden müssen. Damit erfolgt derErsatz des Lastwiderstandes durch einen p-Kanal-MOS-FET, da dieser ein entgegengesetztes Schaltverhalten zum n-Kanaltyp hat. Somit stehen im Ausgang ein n-Kanal- und ein p-Kanal-Transistor, was eine komplementären Anordnung ist und somit den Namen dieser Familie CMOS-Technik (engl. Complementary MOS) erhielt. Die Grundschaltung, die in allen CMOS-Gattern zu finden ist, ist im Bild 4.77 am Beispiel des Grundgatters, dem Inverter oder auch Negator genannt, zu sehen. In der bisherigen Source-Schaltung wird der Drain-Widerstand durch den p-Kanal-FET des Anreicherungstyps ersetzt, der außerdem auch noch leicht zu integrieren ist.

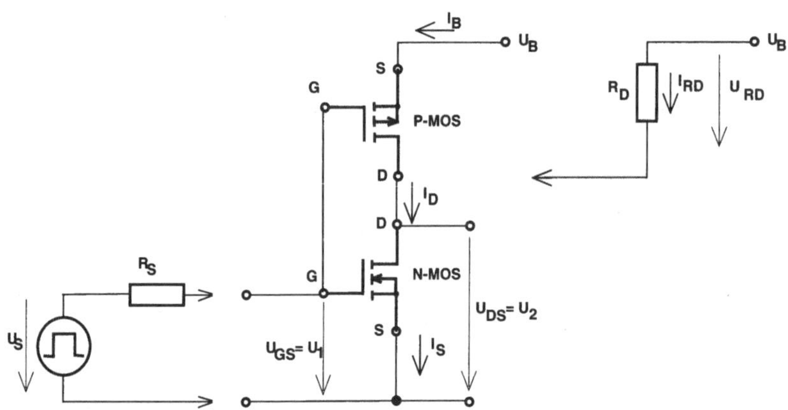

Bild 4.78 Grundschaltung eines Negators

Für die weiteren Betrachtungen soll nun wieder auf die Vereinfachung zurückgegriffen werden, die im Punkt 4.4.4.2 im Sinne der ingenieur-technischen Anwendung gemacht wurden. Im EIN-Zustand stellt ein FET nur den Drain-Source-Widerstand (und in Reihe den idealen Schalter im geschlossenen Zustand) dar. Im AUS-Zustand ist der Drain-Source-Widerstand unendlich groß, da der Schalter als geöffnet angesehen wird. Damit ergeben sich für die zwei Schaltzustände als Endwerte folgende Signale.

	Eingang		*Ausgang*
logisch 0	$U_1 \approx 0\,V$	logisch 1	$U_2 \approx U_B$
logisch 1	$U_1 \approx U_B$	logisch 0	$U_2 \approx 0\,V$

Aus den Pegeln ist weiter zu erkennen, dass es sich eindeutig um einen Inverter handelt.
Für die derartige Lösungen stellen sich folgende Probleme zur Diskussion:

1. Transistoren müssen bei der Integration aufeinander abgestimmt sein, damit ein betragsmäßig gleiches Verhalten sichergestellt wird. Bei den heutigen Integrationstechnologien ist das kein Hindernis.
2. In den Endlagen ist ein Idealzustand anstrebbar und es wird kein Querstrom fließen. Das ist ein sehr positiver Fakt, den andere Schaltkreisfamilien bisher nicht erfüllten.
3. Wesentlich problematischer ist der Wechsel zwischen den Endlagen, denn so ideal sind die FET nicht, dass sie wie exakte Schalter funktionieren.

Was passiert nun in den Übergangsphasen? Dabei stellt sich die Frage nach den Verläufen der logischen Pegel, wie hoch werden eventuelle Querströme und wie werden die Schaltgeschwindigkeiten (Wirkung der internen Kapazitäten) aussehen. Gerade der Punkt 3 ist für den günstigen Einsatz des FETs in Logikgattern ganz entscheidend und wird in den folgenden Schritten näher untersucht.

4.5.2 Statisches Verhalten des CMOS-Schalters

4.5.2.1 Allgemeine Kennlinienbetrachtung (schematisch)

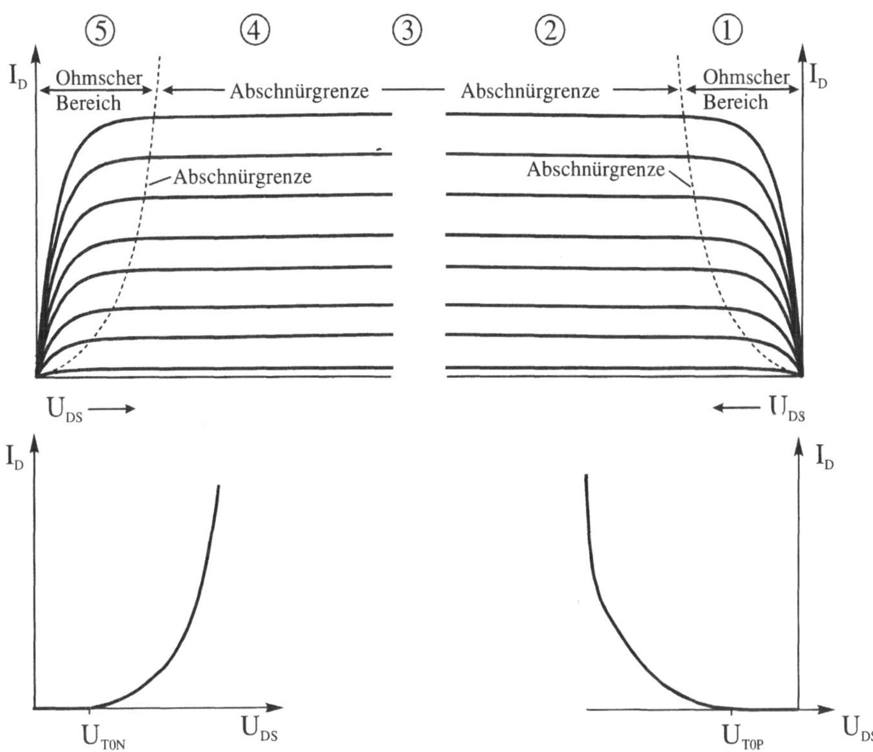

Bild 4.79 Schematische Betrachtung der Arbeitsbereiche

Im Bild 4.79 sind schematisch im oberen Teil die Ausgangskennlinienfelder des n- und des p-Kanal-Anreicherungstyp und darunter die Eingangssteuerkennlinien angegeben. Hieraus lässt sich eine Einteilung in 5 Bereiche ableiten und in jedem dieser Bereiche muss nun die Funktion untersucht werden. Schon aus der schnellen Betrachtung ist zu erkennen, dass sich eine Symmetrie abbildet. Da weiter eine betragsmäßige Gleichheit der beiden Transistoren gefordert wird, kann man sagen, dass man einen Vergleich zwischen dem Bereich 1 und 5 und 2 und 4 durchführen kann. Für die Funktion als digitaler Schalter und unter Betrachtung der sich abbildenden 5 Funktionsbereiche der FET-Kombination beim Übergang von einem Logikzustand zum anderen kann man folgende Einteilung machen, und die Transistoren nach ihren Funktionszustand (gesperrt, Abschnür- oder ohmscher Bereich) bewerten. Es wird nun der Übergang von logisch "0" auf logisch "1" am Eingang auf seine Wirkung auf die einzelnen FET geprüft.

1.	P-MOS	ohmscher Bereich	(EIN)	N-MOS	gesperrt	(AUS)
2.	P-MOS	ohmscher Bereich		N-MOS	Abschnürbereich	
3.	P-MOS	Abschnürbereich		N-MOS	Abschnürbereich	
4.	P-MOS	Abschnürbereich		N-MOS	ohmscher Bereich	
5.	P-MOS	gesperrt	(AUS)	N-MOS	ohmscher Bereich	(EIN)

4.5.2.2 Bereichsanalyse

Im diesem Punkt werden die eben beschriebenen 5 Bereiche, die beim Umschalten durchlaufen werden in Einzelschritten auf das Spannungs- und Stromverhalten hin untersucht.

1. Bereich

Die Eingangsspannung liegt im Bereich von

$$0 \leq U_1 \leq U_{T0},$$

was am Eingang dem logisch"0" entspricht und am Ausgang ein logisch "1" zur Folge hat. Das bedeutet, dass der n-Kanal-Transistor gesperrt ist und der p-Kanal-Transistor, da er mit seiner Source an die Betriebsspannung gebunden ist, ist leitend. In der Schaltung ist der

P-MOS = leitend R_{DSP}

N-MOS = gesperrt Schalter offen

Es gilt für den Querstrom I_D von U_B zur Masse:

$$I_D = 0 \quad \text{damit auch} \quad U_{DSP} = 0$$

$$U_2 = U_B$$

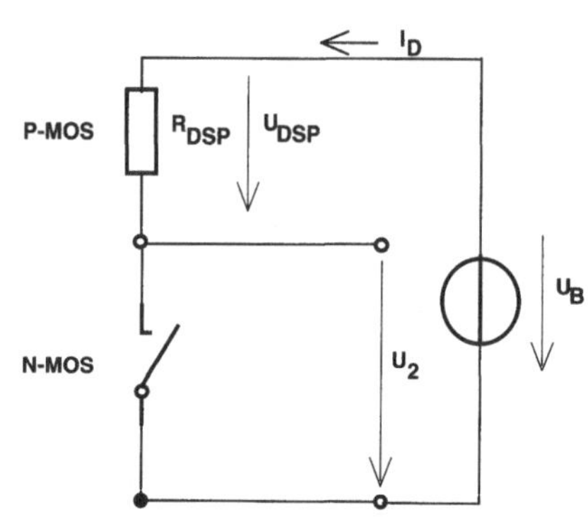

Bild 4.80 Ersatzschaltung Zustand 1

In diesem Bereich bietet die Schaltung eine sehr gute und stabile Funktion, und es bestehen keine Probleme mit dem Querstrom und somit mit einem auftretenden Leistungsumsatz. Es ergibt sich für den Querstrom $I_{quer} = 0$.

2. Bereich

Die Eingangsspannung liegt im Bereich von

$$U_{T0} \leq U_1 \leq \frac{U_B}{2}$$

Der Eingang befindet sich jetzt in dem verbotenen Bereich für die Digitaltechnik. Das bedeutet aber, der n-Kanal-Transistor sperrt nicht mehr, er geht in den Abschnürbereich und kann als Stromquelle dargestellt werden. Der p-Kanal-Transistor ist weiter im ohmschen Bereich und somit leitend.

In der Schaltung ist der

P-MOS = leitend R_{DSP} ohmscher Bereich

N-MOS = im Abschnürbereich Stromquelle

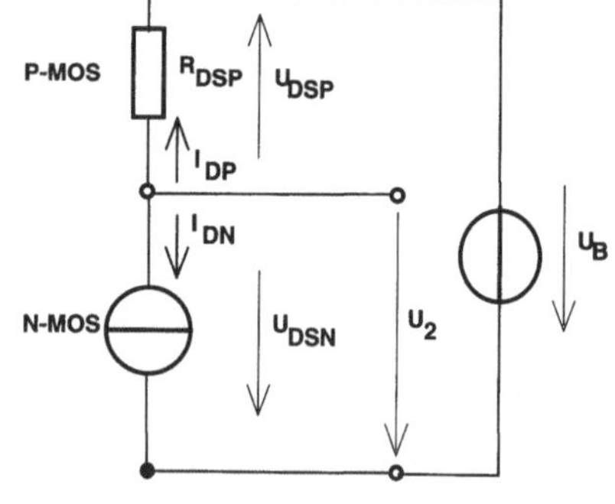

Bild 4.81 Ersatzschaltung Zustand 2

Daraus gilt für die Transistoren jeweils folgende Funktion:

$$\text{N-MOS:} \quad I_{DN} = \frac{K}{2} \cdot (U_{GSN} - U_{T0N})^2 \tag{4.95}$$

$$\text{P-MOS:} \quad -I_{DP} = K \cdot U_{DSP} \cdot \left(U_{GSP} - U_{T0P} - \frac{U_{DSP}}{2} \right) \tag{4.96}$$

Für die Schaltungsstruktur ergibt sich folgender formaler Zusammenhang bezüglich der Spannungen und Ströme:

$$-I_{DP} = I_D \qquad I_{DN} = I_D$$

$$-U_{DSP} = U_B - U_2 \qquad U_{DSN} = U_2$$

$$-U_{GSP} = U_B - U_1 \qquad U_{GSN} = U_2$$
$$-U_{T0P} = U_{T0} \qquad U_{T0N} = U_{T0}$$

Aus diesen Zusammenhängen und dem Gedanken, dass die beiden FET betragsmäßig gleiche Parameter haben sollen, ergeben sich folgende Vereinfachungen:

$$\text{N-MOS:} \quad I_D = \frac{K}{2} \cdot (U_1 - U_{T0})^2 \tag{4.97}$$

$$\text{P-MOS:} \quad I_D = K \cdot (U_B - U_2) \cdot \left(U_B - U_1 - U_{T0} - \frac{U_B - U_2}{2} \right) \tag{4.98}$$

Umgestellt nach der Ausgangsspannung U_2 des Gatters nach vorherigem Gleichsetzten der beiden Transistorströme I_D ergibt sich:

$$U_2 = (U_1 + U_{T0}) + \sqrt{[U_B - (U_1 + U_{T0})]^2 - (U_1 - U_{T0})^2} \tag{4.99}$$

Daraus ist sofort ersichtlich, dass das Ausgangssignal im verbotenen Pegelbereich liegt. Zum Problem wird, dass der Querstrom $I_{quer} \neq 0$ ist. Da dieser allerdings noch relativ klein ist, gibt es keinen hohen Leistungsumsatz, aber er ist störend für die Anwendung.

3. Bereich

Dieser Bereich, der eigentlich einen Punkt bei

$$U_1 = \frac{U_B}{2}$$

darstellt, ist der *kritische Punkt*. Dieser Spezialfall liegt in der Mitte des Signalüberganges und der Eingang befindet sich jetzt in der Mitte des verbotenen Bereiches. Das bedeutet aber, der n-Kanal-Transistor ist weiter im Abschnürbereich und kann als Stromquelle dargestellt werden. Der p-Kanal-Transistor ist nun aus dem ohmschen Bereich heraus in den Abschnürbereich gegangen. Somit ist er weiter leitend und ebenfalls als Stromquelle anzusehen. In der Schaltung ist der

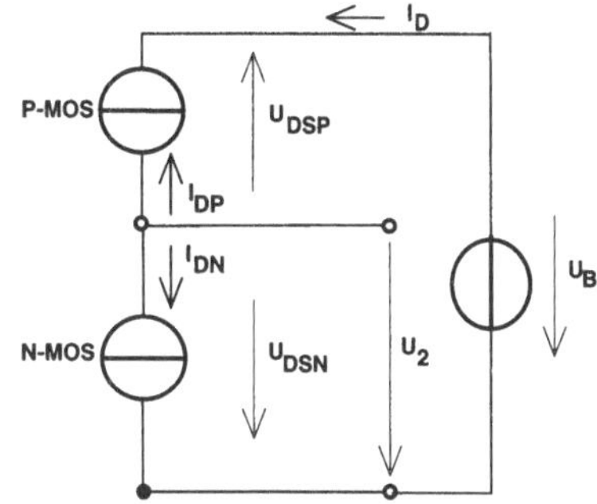

Bild 4.82 Ersatzschaltung Zustand 3

P-MOS =	im Abschnürbereich	Stromquelle
N-MOS =	im Abschnürbereich	Stromquelle

Aus dem Fakt, dass beide Transistoren im Abschnürbereich sind, folgt:

$$\text{N-MOS:} \quad I_{DN} = \frac{K}{2} \cdot (U_{GSN} - U_{T0N})^2 \tag{4.100}$$

$$\text{P-MOS:} \quad -I_{DP} = \frac{K}{2} \cdot (U_{GSP} - U_{T0P})^2 \tag{4.101}$$

und $\quad I_D = I_{DN} = -I_{DP}$

Das Problem ist hier nun akut, da in diesem Punkt nicht nur $I_{quer} \neq 0$ ist , sondern dieser Strom ist *sehr groß,* weil zwei Stromquellen zwischen der Betriebsspannung und der Masse ohne Schutzwiderstand in Reihe liegen. Damit kann der Auftrag nur heißen, dass dieser *Bereich schnell durchlaufen werden muss,* da ansonsten durch den großen Strom es zu thermischen Schäden im Gatter kommt.

Die Ausgangsspannung läuft hier im Bereich von $\frac{U_B}{2} + U_{T0} > U2 > \frac{U_B}{2} - U_{T0}$ was wiederum einem verbotenen Potential entspricht.

Der Eintritt aus Bereich 2 erfolgt bei: $U_2 = \frac{U_B}{2} + U_{T0}$

Der Austritt zum Bereich 4 erfolgt bei: $U_2 = \frac{U_B}{2} - U_{T0}$

4. Bereich

Die Eingangsspannung liegt im Bereich von

$$\frac{U_B}{2} \leq U_1 \leq U_B - U_{T0}$$

Der Eingang befindet sich jetzt weiter im verbotenen Bereich für die Digitaltechnik. Das bedeutet, der n-Kanal-Transistor geht in den ohmschen Bereich, ist somit leitend und kann als Widerstand ersetzt werden. Der p-Kanal-Transistor ist weiter im Abschnürbereich und kann als Stromquelle dargestellt werden.

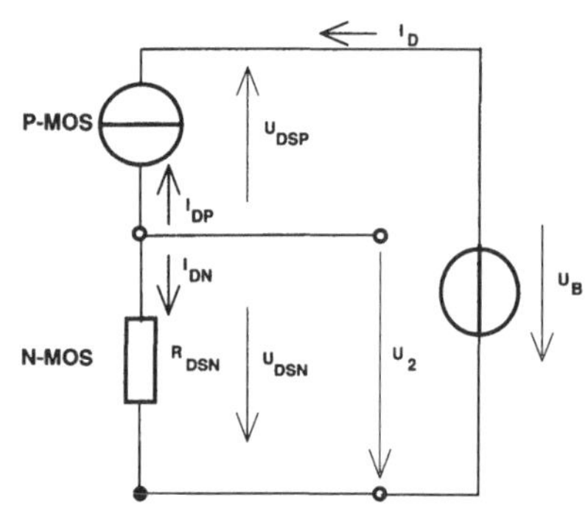

Bild 4.83 Ersatzschaltung Zustand 4

In der Schaltung ist der

N-MOS	=	ohmscher Bereich	leitend mit R_{DSP}
P-MOS	=	im Abschnürbereich	Stromquelle

Hieraus ist ersichtlich, dass dieser Bereich die Umkehrung des Bereichs 2 ist.
Es gilt für die Transistoren:

$$\text{N-MOS:} \quad -I_{DP} = K \cdot U_{DSN} \cdot \left(U_{GSN} - U_{T0N} - \frac{U_{DSN}}{2} \right) \tag{4.102}$$

$$\text{P-MOS:} \quad I_{DP} = \frac{K}{2} \cdot (U_{GSP} - U_{T0P})^2 \tag{4.103}$$

Für diese Schaltungsstruktur gilt die Analogie zum Bereich 2 und somit folgt:

$$\text{N-MOS:} \quad I_D = K \cdot U_2 \cdot \left(U_1 - U_{T0} - \frac{U_2}{2} \right) \tag{4.104}$$

$$\text{P-MOS:} \quad I_D = \frac{K}{2} \cdot (U_B - U_1 - U_{T0})^2 \tag{4.105}$$

$$U_2 = (U_1 - U_{T0}) - \sqrt{(U_1 - U_{T0})^2 - [U_B - (U_1 + U_{T0})]^2} \tag{4.106}$$

Durch die Analogie muss sich auch ergeben, dass der Ausgang im verbotenen Pegelbereich liegt und auch wieder ein relativ kleiner Querstrom I_{quer} auftritt.

5. Bereich

Die Eingangsspannung liegt im Bereich von $U_B - U_{T0} \leq U_1 \leq U_B$

Das entspricht für den Eingang ein logisch "1" und hat am Ausgang ein logisch "0" zur Folge. Daraus ist ersichtlich, dass es sich hier um die Umkehrung zum Bereich 1 handeln muss. Der n-Kanal-Transistor befindet sich im ohmschen Bereich, der p-Kanal-Transistor ist jetzt voll gesperrt und durch einen offenen Schalter darstellbar.

	P-MOS	= gesperrt	Schalter offen
und	N-MOS	= leitend	mit R_{DSN}

Durch den offenen Schalter ergibt sich, dass $I_D = 0$ ist und es, wie im Bereich 1 keinen Querstrom geben kann. Ebenfalls ist nun die Ausgangsspannung bestimmt durch den n-Kanal-Transistor und ergibt sich zu

$$U_{DSN} = 0 \quad \text{und ist damit} \quad U_2 = 0$$

Das entspricht eindeutig der Inverter-Funktion, die Ziel der Untersuchung war. Bemerkenswert ist, dass in beiden Endlagen (Bereich 1 und 5) kein Querstrom fließt, was ein wesentliches Kriterium für die Anwendung der CMOS-Technik ist.

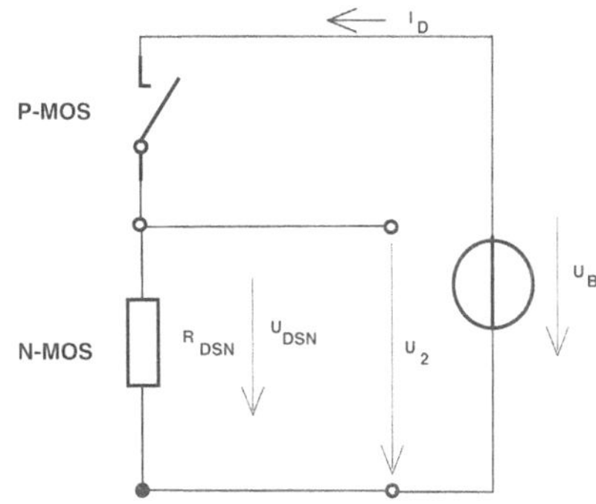

Bild 4.84 Ersatzschaltung Zustand 5

Betrachtet man nun die Übertragungscharakteristik als $U_2 = f(U_1)$ im Bild 4.85, so findet man dort die 5 Bereiche wieder und erkennt ganz klar, welche Bereiche als logische Pegel und somit auch als Endlagen und Ruhezustände anzusehen sind. Aus dem Querstromverhalten des CMOS-Gatters, also der Funktion $I_D = f(U_1)$ im Bild 4.86, ist weiterhin sofort zu sehen, dass in den Ruhepunkten kein Strom fließt und damit keinen Leistungsverbrauch (außer minimale Leckströme) entsteht. In dem Augenblick, wo am Eingang die Spannung U_{T0} überschritten wird, setzt ein Stromfluss ein, da beide Transistoren nun öffnen. Dieser Strom wird zu einem Spitzenstrom, wenn beide Transistoren im Abschnürbereich sind und fällt danach wieder bis der Wert $U_B - U_{T0}$ erreicht wird ab, weil dort der p-Kanal-Transistor schließt und den Strompfad somit unterbricht.

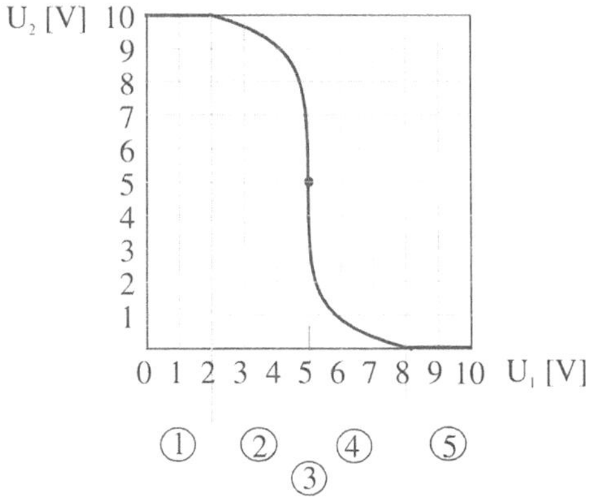

Bild 4.85 Spannungsverlauf beim Umschalten

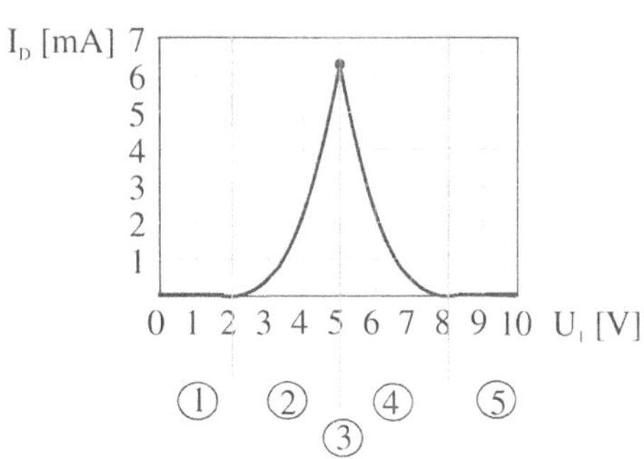

Bild 4.86 Querstromverlauf durch die Transistoren

4.5.3 Dynamisches Verhalten des CMOS-Schalters

Wenn man bei Bauelementen oder -gruppen die dynamischen Eigenschaften bestimmen will, so stellt sich die Frage, was für Einflüsse das Schaltverhalten "behindern" und wo liegen die auslösenden Bauelementeeigenschaften. Wie bei der Betrachtung der Einzeltransistoren wird also die Frage nach verzögernden Bauelementen gestellt, die in der Regel kapazitive Effekte darstellen. Aus den vorangegangenen Punkten ist bekannt, dass sich um den FET drei Kapazitäten abbilden können.

Aus diesem Grund greift man hier wieder auf den Gedanken zurück, durch eine bekannte äußere Beschaltung auf die "inneren Werte" der Bauelemente zu schliessen. Dazu wird, wie im Bild 4.88 dargestellt, an den Ausgang des CMOS-Inversters eine bekannte Kapazität angeschlossen. Auf den Eingang wird gemäß Bild 4.86 ein Rechtecksignal geschaltet und anschließend wird das Verhalten des Ausgangs analysiert. Um jetzt eine einfache und aussagekräftige Bewertung der Schaltung vornehmen zu können, seinen folgende Festlegungen als gültig definiert:

1. Die MOSFET werden ersatzweise (Verein-fachung) beschrieben durch den Bahnwiderstand der Drain-Source-Strecke und einen idealen Schalter.
2. P- und N-MOS sind symmetrisch aufgebaut und daher soll gelten:

$$R_{DSN} = R_{DSP} = R_{DS}$$

$$R_{DS} = \frac{\alpha}{K \cdot (U_B - U_{T0})} \tag{4.107}$$

$\alpha = 1...2$ technolog. Faktor

3. Schaltung schaltet zum Zeitpunkt $t = t_1$ von $U_1 = 0$ auf $U_1 = U_B$ so wie es im Bild 4.85 dargestellt ist.

Daraus folgt die Annahme, dass die Ausgangsspannung $u_2(t)$ dem *Exponentialgesetz* folgen muss. Somit muss gelten:

$$u_2(t) = U_B \cdot \left(1 - e^{-t/\tau}\right) \quad \text{für} \quad 0 < t < t_1 \tag{4.108}$$

$$u_2(t) = U_B \cdot \left(e^{-(t - t_1)/\tau}\right) \quad \text{für} \quad t > t_1 \tag{4.109}$$

Dabei ist die Zeitkonstante über den Ansatz ermittelbar:

$$\tau = R_{DS} \cdot C$$

Demnach kann man jetzt den Signalverlauf am Ausgang aufzeichnen und die Frage stellen, welchen Anteil bringt der Kondensator. Wenn man nun den Kondensatoranteil aus den Schaltsignal herausrechnet, so erhält man als zusätzliche Information die Einflüsse, die von den inneren Transistorkapazitäten kommen.

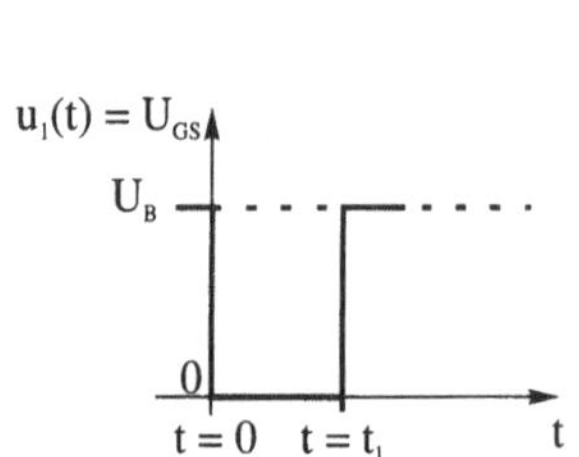

Bild 4.87 Schaltzustand

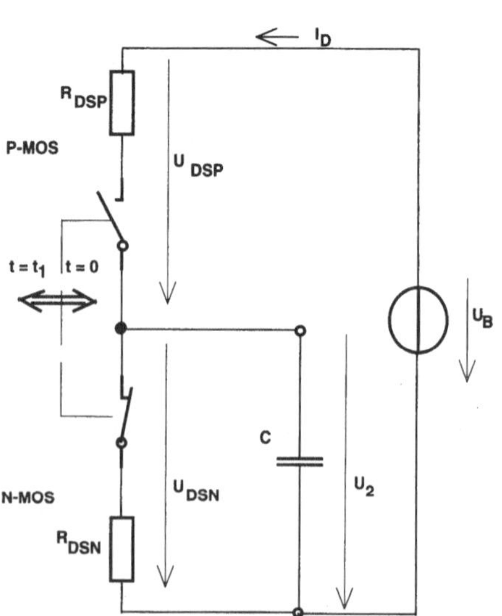

Bild 4.88 Ersatzschaltbild des CMOS-Schalters

5 Kleinsignalverhalten von Transistoren

Die bisherigen Betrachtungen liefen immer auf die statischen oder dynamischen Parameter hinaus, es wurde aber nie die Frage gestellt, was passiert, wenn um einen Punkt sich eine kleine Änderung des Eingangssignals ergibt. Das soll im folgenden Punkt nun betrachtet werden. Notwendig ist diese Betrachtung bei einem eingestellten Arbeitspunkt, der dann ein kleines Wechselsignal zur Verstärkung überlagert bekommt.

5.1 Einführung

Um klar die Situation zu untersuchen, muss man sich erst mit der Definition des Kleinsignalverhaltens vertraut machen. Kleinsignalverhalten ist das Verhalten eines Bauelementes bei einer kleinen Signaländerung um einen vorher eingestellten, stationären Zustand. Dabei ist naheliegend als stationären Zustand den Arbeitspunkt zu betrachten.

Arbeitspunkteinstellung

Um einen Arbeitspunkt zu erzielen, muss um das Bauelement Transistor eine äußere Beschaltung erfolgen, mit der die Bereitstellung der notwendigen Parameter

eingangsseitig	- Basisstrom I_{BA}	(Bipolartransistor)
	- Gate-Source-Spannung U_{GSA}	(Feldeffekttransistor)
und ausgangsseitig	- Kollektor- (Ruhe-) Strom I_{CA}	(Bipolartransistor)
	- Drain- (Ruhe-) Strom I_{DA}	(Feldeffekttransistor)

realisiert werden.

Diesen Zustand erreicht man durch eingangsseitige Beschaltung mit Widerständen in der Art von *einem Vorwiderstand* oder *einem Spannungsteiler.* Im Ausgangskreis liegt ein Arbeitswiderstand, der den Transistor auch vor Überlastung schützen soll, in der Form eines Kollektor- oder Emitterwiderstands beim Bipolartransistor bzw. in äquivalenter Art als Drain- oder Source-Widerstand für den Feldeffekttransistor vor.

Problem

Ein Hauptproblem für die Verstärkertechnik stellt der Fakt dar, dass die Strom-Spannungs-Kennlinien bei Bipolar- und auch bei Feldeffekttransistoren nicht linear sind. Das hat Wirkungen auf die Übertragung des zu verstärkenden Signals vom Eingang zum Ausgang des Transistors und somit durch die ganze Verstärkerschaltung. Aus dieser Überlegung folgt:

Ein lineares Eingangssignal (zum Beispiel: $u_e(t)=\hat{U}\sin\omega t$) wird durch die Nichtlinearität der Bauelemente bzw. deren Kennlinien nichtlinear zum Ausgang übertragen. Es treten *nichtlineare Verzerrungen* auf. Somit besteht die Forderung bei der Nutzung der Schaltungen, diese auftretenden Verzerrungen so gering wie möglich auf das Nutzsignal wirken zu lassen. Betrachtet man die eingangsseitigen Kennlinien für die zwei Transistortypen so, ergeben sich folgende Feststellungen. Aus den Kennlinie der Bilder 5.1 und 5.2 ist zu erkennen, dass der Bipolartransistor eine exponentielle Eingangskennlinie besitzt. Die Feldeffekttransistoren haben eine quadratische Steuerkennlinie. Da man die Kennlinien nicht verändern kann, da sie physikalisch gegeben sind, muss nach einer Abhilfe gesucht werden. Um dieses Problem möglichst zu umgehen bzw. so klein wie möglich in seiner Wirkung zu halten, geht man davon aus, dass man sagt:

- Bei einer für die Anwendung ausreichenden Genauigkeit, ist es möglich, einzelne Stücke der Kennlinie zu vereinfachen und als Gerade anzusehen (zu nähern).

Das bedeutet, dass man eine Einschränkung des Aussteuerbereiches um den ausgewählten Arbeitspunkt vornimmt. Die Bedingung ist dabei:

- Der Betrachtungsintervall ist so klein festzulegen, dass man für die vorgegebene Genauigkeit einen *quasilinearen Bereich* erhält (geringe Abweichungen der Kennlinien von der angelegten Tangente (Geraden) im Arbeitspunkt sind je nach Aufgabenstellung zulässig).

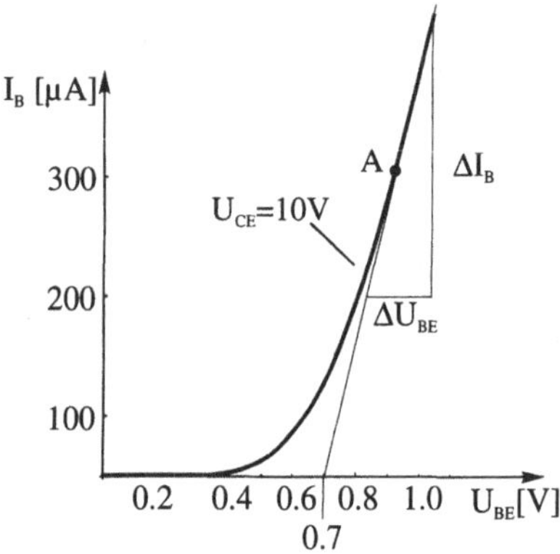

Bild 5.1 Eingangskennlinie eines npn-Bipolartransistors

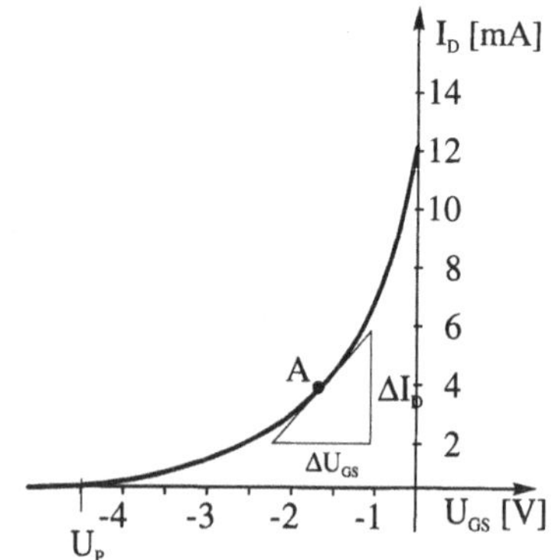

Bild 5.2 Steuerkennlinie eines J-Feldeffekttransistors

5.2 Betrachtung des Bipolartransistors

Das Verhalten der Bipolartransistoren kann durch drei Darstellungssysteme beschrieben werden, die zueinander feste Bezüge haben und das gleiche Objekt (Transistor) beschreiben.

- Ersatzschaltbilder (Ebers-Moll-Modell , h-Parameter-Modell)
- Gleichungssystem (Ein- und Ausgangsgleichung über Maschenansätze)
- Kennlinienfelder (Vierquadranten-Kennlinienfeld)

Um die Zusammenhänge dieser drei Systeme klar darzustellen, wird im ersten Schritt das Gleichungssystem untersucht und das prinzipielle Verhalten in Formeln dargestellt. Daraus folgt die Ableitung des h-Parameter-Ersatzschaltbildes, mit dem das komplette Bauelement Transistor über einfache Bauelemente wie Widerstand, Kondensator und Strom- bzw. Spannungsquellen ersatzweise beschrieben werden kann. Auch erfolgt hier die Betrachtung und die Darstellung des Transistors als Vierpolsystem (Blackbox), damit die Verbindung zu den von außen messbaren Größen hergestellt werden kann. Abschließend wird der Bezug der Daten und der Ersatzbauelemente zu den Darstellungen in den Kennlinienfeldern hergestellt und dabei das Vierquadrantenkennlinienfeld untersucht, welches alle notwendigen funktionellen Darstellungen in grafischer Form für den Betrieb des Transistors enthält.

Zu beachten ist der Hinweis, dass im folgenden Teil nur die Betrachtung des Transistors und nicht die ihn umgebende Schaltung erfolgt. Eine analoge Betrachtung von Verstärkerschaltungen als Vierpol ist ebenfalls möglich und wird in einem folgenden Punkt behandelt. Zum Verstehen der Zusammenhänge werden die Verhältnisse am Beispiel der Emitterschaltung behandelt, wobei festgestellt werden muss, dass die vorgeführten Betrachtungen gleichfalls für die Kollektor- und Basisschaltung anwendbar sind und auch auf Feldeffekttransistoren übertragen werden können.

5.2.1 Emitterschaltung

Im Bild 5.3 ist eine einfache Emitterschaltung mit Eingangs-Basisspannungsteiler angegeben. Aus dieser Schaltung wird der Transistor als Bauelement herausgelöst und nach den Regeln der Vierpoltheorie betrachtet.

Schneidet man den Transistor aus der dargestellten Schaltung (an der gestrichelten Linie) heraus, ergeben sich folgende Darstellungen für den Transistor und ein Vergleich mit dem allgemeinen Vierpol.

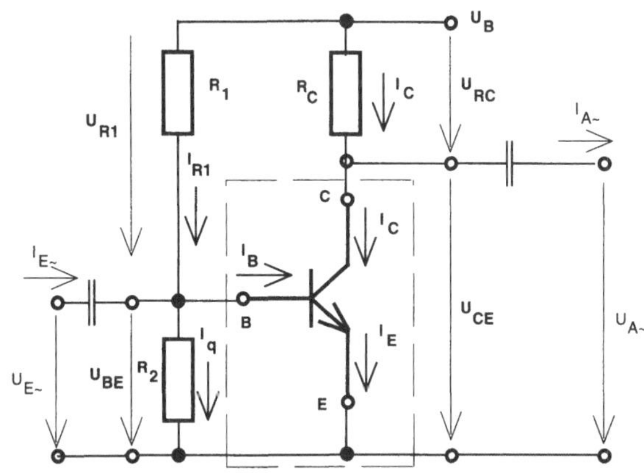

Bild 5.3 Emitterschaltung mit Basisspannungsteiler

Der Vierpol im Bild 5.4 zeigt, dass der Emitteranschluss die Verbindung zwischen Eingangs- und Ausgangspotential herstellt und damit wird eine Bezugsschiene als Quasi-Masse eingesetzt. Wenn man nun den Vierpol um den Transistor schließt, ergibt sich eine Blackbox, an deren herausgeführten Anschlusspunkten die *anliegenden Spannungen* und die *hineinfließenden Ströme* gemessen werden können. Diese müssen in der formalen Beschreibung wieder auftauchen und die dazugehörenden Bewertungsfaktoren stellen dann die Wichtung der Signale zu einer exakten Beschreibung dar.

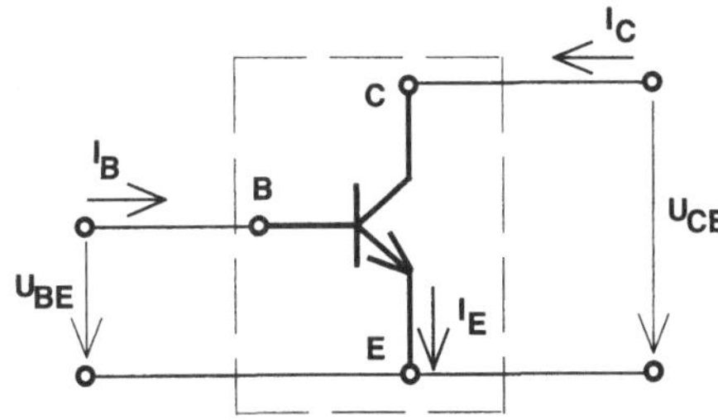

Bild 5.4 npn-Transistor in Emitterschaltung

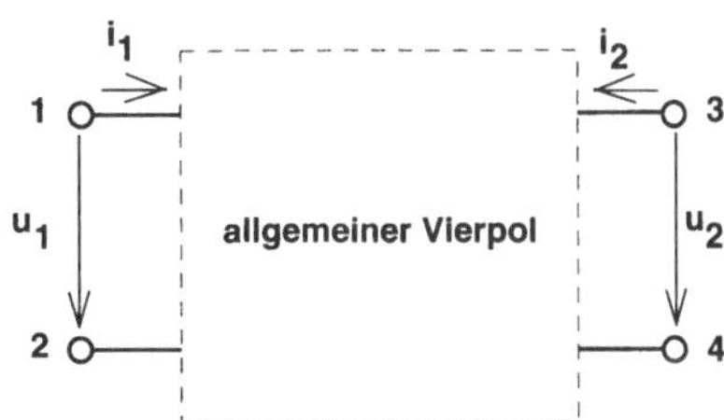

Bild 5.5 Schema des allgemeinen Vierpols

Bei diesen allgemeinen (immer und überall gültigen) Beschreibungsansätzen müssen die Wirkungen des Eingangs und des Ausgangs für sich und die gegenseitige Beeinflussungen berücksichtigt werden. Aus den Bildern 5.3 bis 5.5 ergeben sich folgende allgemeine Ansätze für die Beschreibung des Ein- und Ausgangsverhaltens.

Eingangsgleichung: $U_{BE} = \mathrm{f}\left(I_B, U_{CE}\right)$

Ausgangsgleichung: $I_C = \mathrm{f}\left(U_{CE}, I_B\right)$

5.2.1.1 Betrachtung des Kleinsignalverhaltens (Emitterschaltung)

Die Definition für das Kleinsignalverhalten lautet bezogen auf einen Bipolartransistor die Betrachtung von U_{BE} und I_C, wenn sich I_B bzw. U_{CE} *um kleine Beträge* $(\Delta I_B, \Delta U_{CE})$ um einen eingestellten Arbeitspunkt (A) ändert. Da die Eingangsspannung laut der vorliegenden Ansätze vom Eingangsstrom I_B und der Ausgangsspannung U_{CE}, sowie der Ausgangsstrom ebenfalls vom Eingangsstrom I_B und der Ausgangsspannung U_{CE} abhängig sind, ergeben sich für die Beschreibung des Änderungsverhalten die folgenden Differentiale für ΔU_{BE} und ΔI_C entsprechend zu:

$$\Delta U_{BE} = \left.\frac{\partial U_{BE}}{\partial I_B}\right|_A \Delta I_B + \left.\frac{\partial U_{BE}}{\partial U_{CE}}\right|_A \Delta U_{CE} \tag{5.1}$$

$$\Delta I_C = \left.\frac{\partial I_C}{\partial I_B}\right|_A \Delta I_B + \left.\frac{\partial I_C}{\partial U_{CE}}\right|_A \Delta U_{CE} \tag{5.2}$$

Das hier entstandene System ist linear. Dabei stellen die Differentiale $\left.\frac{\partial m}{\partial n}\right|_A$ die Anstiege im vorher festgelegten und eingestellten stationären Arbeitspunkt (A) dar.

5.2.1.2 Herleitung des h-Parameter-Ersatzschaltbildes

Aus den Differentialen lassen sich folgende 4 Verhältnisse zur Vereinfachung setzen:

$$\left.\frac{\partial U_{BE}}{\partial I_B}\right|_A = h_{11e} \qquad \left.\frac{\partial U_{BE}}{\partial U_{CE}}\right|_A = h_{12e} \qquad \left.\frac{\partial I_C}{\partial I_B}\right|_A = h_{21e} \qquad \left.\frac{\partial I_C}{\partial U_{CE}}\right|_A = h_{22e} \tag{5.3-5.6}$$

Diese Festlegung gilt aber nur für die im Bild 5.1 betrachtete Emitterschaltung, da bei der Festlegung der Zusammenhänge zwischen Schaltung, Stellung des Bauelementes und dem Vierpolansatz auf diese bezogen wurde. Das heißt gleichzeitig, dass für andere Anwendungen, wie man Kollektor- und Basisschaltung nennen könnte, andere Bauelementebeziehungen bestehen müssen. Setzt man nun die Spannungsänderungen ΔU als Amplitude eines anliegenden Spannungssignals (sinusförmige Wechselspannung) in der Form $u(t) = \hat{U} \sin \omega t$ folgt auch für ΔI ein sinusförmiges Signal. Betrachtet man nun die Beziehungen zum Vierpol, ergeben sich folgende Zusammenhänge zum h-Parameter-Ersatzschaltbild:

$$\Delta U_{BE} = u_1 \qquad \Delta I_B = i_1 \qquad \Delta U_{CE} = u_2 \qquad \Delta I_C = i_2$$

Unter der Nutzung der Differentiale ist eine Beschreibung mittels *h-Parameter über zwei formale Ansätze* möglich:

$$u_1 = h_{11e} \cdot i_1 + h_{12e} \cdot u_2 \qquad i_2 = h_{21e} \cdot i_1 + h_{22e} \cdot u_2 \tag{5.7/5.8}$$

Aus diesen Ansätzen und deren Strom-/Spannungsbeziehungen lassen sich folgende Ersatzbauelemente und das folgende h-Parameter-Ersatzschaltbild im Bild 5.6 herleiten:

Aus dieser Konstruktion eines Ersatzschaltbildes (Bild 5.6) lassen sich für die Emitterschaltung folgende Teilbauelemente des Transistors, die aus Strom-/Spannungs-Beziehungen ergeben, aus den h-Parametern ableiten.

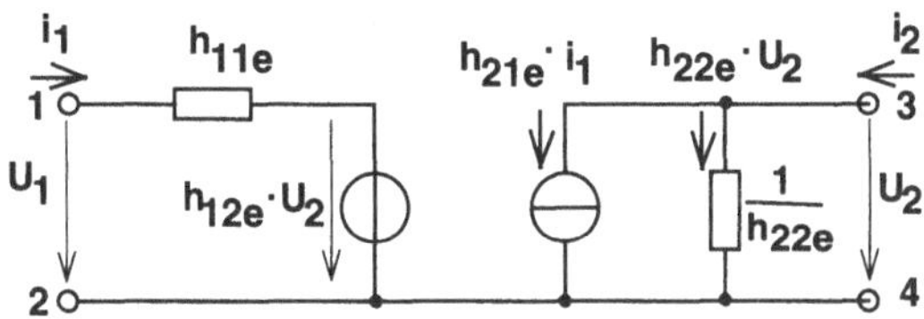

Bild 5.6 h-Parameter-Ersatzschaltbild für die Emitterschaltung

Der Vorteil dieser Lösung ist auch, dass nun eine klare Teilung zwischen Eingang und Ausgang sich ergeben hat, was für die Berechnung des Transistors und auch von Schaltungen weiter noch Erleichterungen bringt.

Der Transistor ist nun darstellbar in zwei Teilen:

Eingang: *ideale Spannungsquelle mit Innenwiderstand in Reihe* mit

$$\left.\frac{\partial U_{BE}}{\partial I_B}\right|_A = h_{11e} \equiv r_{BE} \qquad \textit{differentieller Basis-Emitter-Widerstand} \tag{5.9}$$

$$\left.\frac{\partial U_{BE}}{\partial U_{CE}}\right|_A = h_{12e} \equiv v_r \qquad \textit{differentielle Spannungsrückwirkung} \tag{5.10}$$

Betrachtet man diese Darstellung, so ist sie schon von der Bildung des Ersatzschaltbildes bei der Diode aufgetreten und hat sich dort als gut anwendbar bewiesen.

Ausgang: *ideale Stromquelle mit parallelem Innenwiderstand* mit

$$\left.\frac{\partial I_C}{\partial I_B}\right|_A = h_{21e} \equiv \beta \qquad \textit{differentielle Stromverstärkung} \tag{5.11}$$

$$\left.\frac{\partial I_C}{\partial U_{CE}}\right|_A = h_{22e} \equiv g_{CE} \equiv \frac{1}{r_{CE}} \qquad \textit{differentieller Ausgangsleitwert} \tag{5.12}$$

Aus den in den Differentialen stehenden Ein- bzw. Ausgangsgrößen lässt sich unkompliziert auf den Charakter der Größen schließen, was die folgende einfache Darstellung zeigt:

$$\frac{\partial U_{eing}}{\partial I_{eing}} = Widerstand_{Eingang} \qquad \frac{\partial U_{eing}}{\partial U_{ausg}} = Spannungsverstärkung_{rückwärts}$$

$$\frac{\partial I_{ausg}}{\partial I_{eing}} = Stromverstärkung_{vorwärts} \qquad \frac{\partial I_{ausg}}{\partial U_{ausg}} = Leitwert_{Ausgang}$$

5.2.1.3 Interpretation im Vierquadrantenkennlinienfeld

Im Vierquadrantenkennlinienfeld sind alle notwendigen Beziehungen zwischen Ein- und Ausgangssignalen als Kurvenverläufe dargestellt. Aus den Gleichungen 5.3, 5.4 bzw. 5.5-5.8 lassen sich nun die Differentiale *als Steigungen im Arbeitspunkt der Kennlinien* mit folgenden Parametern für die Emitterschaltung ermitteln:

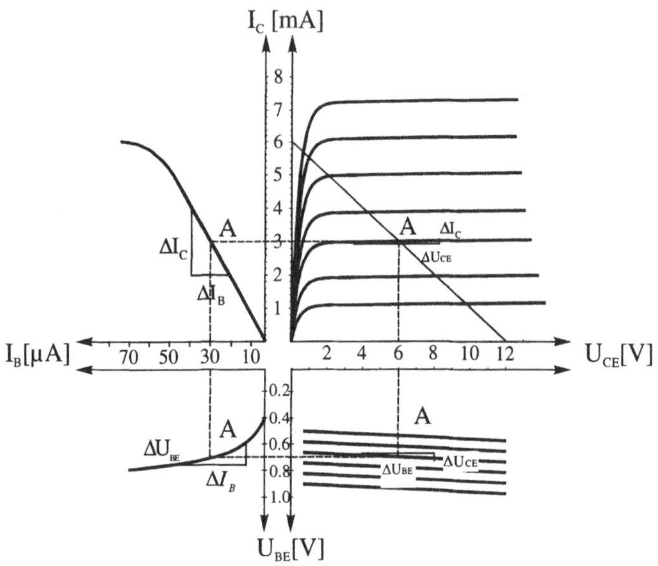

Bild 5.7 Darstellung der differentiellen Werte im Vierquadrantenkennlienfeld

1. Quadrant (Ausgangskennlinienfeld)

$$\left.\frac{\partial I_C}{\partial U_{CE}}\right|_A = \left.\frac{dI_C}{dU_{CE}}\right|_{A,I_B=konst} = \left.\frac{dI_C}{dU_{CE}}\right|_{A,\Delta I_B=0} = h_{22e} \equiv g_{CE} = \frac{1}{r_{CE}} \tag{5.13}$$

2. Quadrant (Stromsteuerkennlinienfeld)

$$\left.\frac{\partial I_C}{\partial I_B}\right|_A = \left.\frac{dI_C}{dI_B}\right|_{A,U_{CE}=konst} = \left.\frac{dI_C}{dI_B}\right|_{A,\Delta U_{CE}=0} = h_{21e} \equiv \beta \quad (\approx B) \tag{5.14}$$

3. Quadrant (Eingangskennlinienfeld)

$$\left.\frac{\partial U_{BE}}{\partial I_B}\right|_A = \left.\frac{dU_{BE}}{dI_B}\right|_{A,U_{CE}=konst} = \left.\frac{dU_{BE}}{dI_B}\right|_{A,\Delta U_{CE}=0} = h11e \equiv rBE \tag{5.15}$$

4. Quadrant (Spannungsrückwirkungskennlinienfeld)

$$\left.\frac{\partial U_{BE}}{\partial U_{CE}}\right|_A = \left.\frac{\partial U_{BE}}{\partial U_{CE}}\right|_{A,I_B=konst} = \left.\frac{\partial U_{BE}}{\partial U_{CE}}\right|_{A,\Delta I_B=0} = h_{12e} \equiv v_r \tag{5.16}$$

Als Ergebnis erkennt man, dass es sich im Ausgangskennlinienfeld (1. Quadrant) um einen Leitwert des Transistors, im Stromsteuerkennlinienfeld (2.Quadrant) um einen vorwärtsgerichteten Übertragungs-(Stromverstärkungs-) Faktor und im Eingangskennlinienfeld (3. Quadrant) um einen Widerstand sowie im Rückwirkungskennlinienfeld (4. Quadrant) um einen rückwärtsgerichteten Übertragungs- (Spannungsverstärkungs-) Faktor handeln muss. Alle Parameter haben *wegen der nichtlinearen Kennlinien differentiellen Charakter.* Auch ist aus den Kennlinienverläufen klar zu sehen, dass die Steigungen (Tangenten) der Kurven sowohl auf einer Kennlinie als auch zu benachbarten sich ständig ändern. Das unterstreicht deutlich, dass die h-Parameter immer auf einen fixierten Punkt (z.B. Arbeitspunkt) bezogen sein müssen. Recht genau sieht man das Verhalten an den Teilausschnitten aus den einzelnen Quadranten:

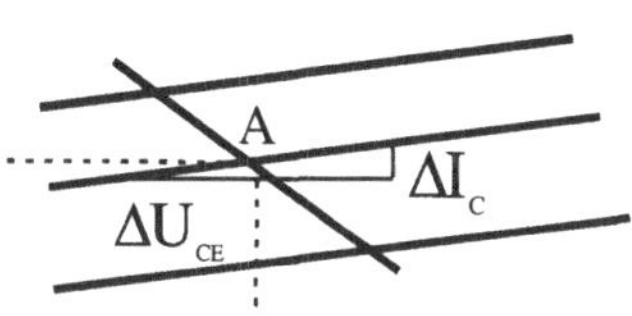

Bild 5.8 1. Quadrant (Ausgangskennlinienfeld)

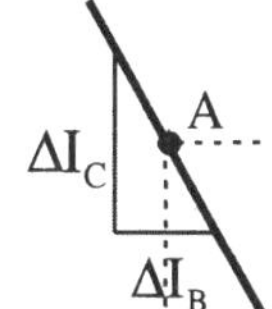

Bild 5.9 2. Quadrant (Stromsteuerkennlinienfeld)

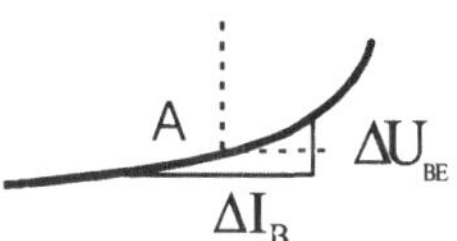

Bild 5.10 3. Quadrant (Eingangskennlinienfeld)

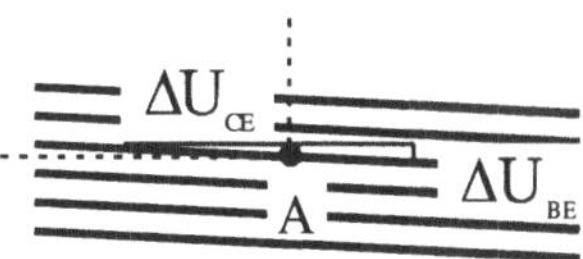

Bild 5.11 4. Quadrant (Rückwirkungskennlinienfeld)

Zusammenfassend kann das Kleinsignalverhalten des Transistors, also die physikalische (schaltungs- und bauelementemäßige) Beschreibung, rein formal wie folgt beschrieben werden:

physikalisch:

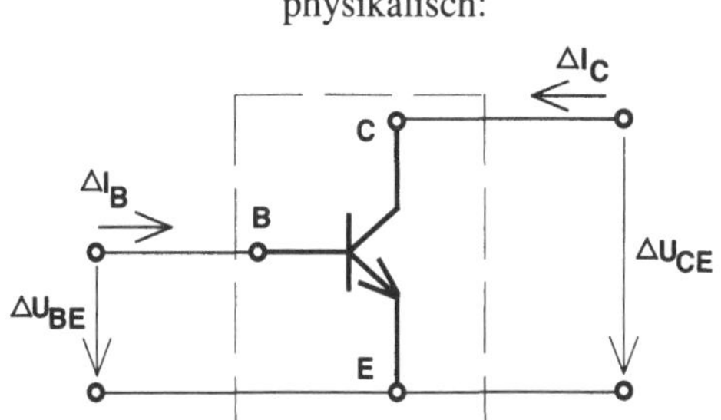

Bild 5.12 Kleinsignaldarstellung

formal:

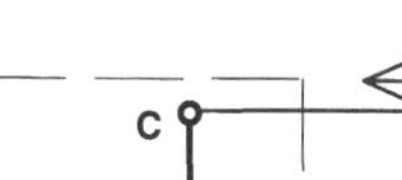

Bild 5.13 Allgemeine Darstellung

Somit ergeben sich zwei vergleichbare Formelsysteme:

Schaltungsmäßig kann aus Bild 5.12 abgeleitet werden:

$$\Delta U_{BE} = r_{BE} \cdot \Delta I_B + v_r \cdot \Delta U_{CE} \tag{5.17}$$

$$\Delta I_C = \beta \cdot \Delta I_B + g_{CE} \cdot \Delta U_{CE} \tag{5.18}$$

Für die h-Parameterdarstellung folgt im Vergleich aus Bild 5.13:

$$u_1 = h_{11e} \cdot i_1 + h_{12e} \cdot u_2 \qquad \text{und} \qquad i_2 = h_{21e} \cdot i_1 + h_{22e} \cdot u_2$$

Als Resultat aus den zwei dargestellten Verhältnissen kann man auf diese Zusammenhänge für die Emitter-Schaltung schließen:

$$\Delta U_{BE} = u_1 \qquad \Delta I_B = i_1 \qquad \Delta U_{CE} = u_2 \qquad \Delta I_C = i_2$$

Damit ergibt sich in Matrix-Form folgende Darstellung der h-Parameter:

$$\begin{pmatrix} u_1 \\ i_2 \end{pmatrix} = \begin{pmatrix} h_{11e} & h_{12e} \\ h_{21e} & h_{22e} \end{pmatrix} \begin{pmatrix} i_1 \\ u_2 \end{pmatrix} = (h_e) \begin{pmatrix} i_1 \\ u_2 \end{pmatrix} \tag{5.19}$$

Zum Vergleich, welche Bauelemente diese Parameter repräsentieren, kann *für die Emitterschaltung* festgelegt werden:

$$\begin{pmatrix} u_1 \\ i_2 \end{pmatrix} = \begin{pmatrix} r_{BE} & v_r \\ \beta & \dfrac{1}{r_{CE}} \end{pmatrix} \begin{pmatrix} i_1 \\ u_2 \end{pmatrix} \tag{5.20}$$

Merke:

> *Der Satz der Vierpolparameter gilt nur für den angegebenen Schaltungstyp (e = Emitter-, b = Basis-, C oder K = Kollektorschaltung) und dort nur für einen bestimmten Arbeitspunkt A.*

h-Parameter-Kleinsignalersatzschaltbild

Aus den Herleitungen (Gl. 5.17-5.18) lässt sich folgendes im Bild 5.14 dargestelltes Ersatzschaltbild aufbauen, was der bekannten Darstellungsweise mit Eingangsspannungsquelle mit Reiheninnenwiderstand und Ausgangsstromquelle mit pa-rallelem Innenwiderstand entspricht. Eine weitere Darstellungsmöglichkeit, die ebenfalls eine zulässige Darstellung ist, ist das Ersatzschaltbild, welches aus den folgenden Ansätzen entstanden ist. Dabei liegt die Orientierung nicht auf der Eingangsspannung sondern auf dem Eingangsstrom.

Eingangsstromänderung:

$$\Delta I_B = \frac{1}{r_{BE}} \Delta U_{BE} + S_r \cdot \Delta U_{CE} \quad \text{bzw.} \quad \Delta I_B = g_{BE} \cdot \Delta U_{BE} + S_r \cdot \Delta U_{CE} \tag{5.21}$$

Ausgangsstromänderung:

$$\Delta I_C = \frac{1}{r_{CE}} \Delta U_{CE} + \beta \cdot \Delta I_B \quad \text{bzw.} \quad \Delta I_C = g_{CE} \cdot \Delta U_{CE} + \beta \cdot \Delta I_B \tag{5.22}$$

Dementsprechend tauchen als Parameter eine *Eingangsstromquelle mit parallelem Eingangsleitwert* auf und die Stromquelle erhält als Faktor die *Rückwärtssteilheit*. Wie auch für das Bild 5.14 sind diese Werte ebenfalls differentiell.

Hinweise:

Die meisten Hersteller geben oft *nur* h-Parameter für die Emitterschaltung an. Daraus folgt, da die Werte für die anderen Schaltungsvarianten nicht identisch sind, dass für die Kollektor- und Basisschaltung eine Umrechnung erfolgen muss.

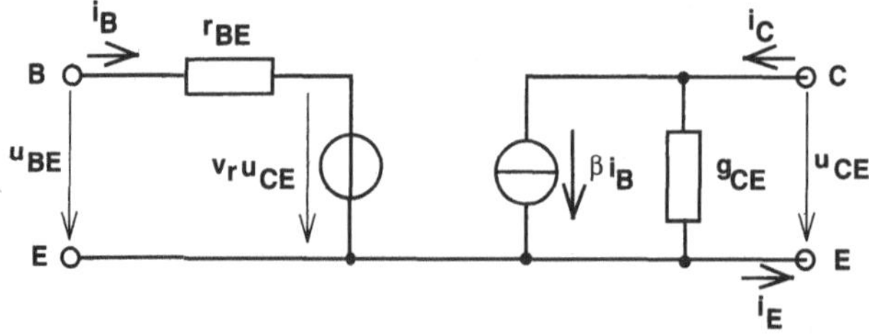

Bild 5.14 Kleinsignalersatzschaltbild eines npn-Transistors (mit Eingangsspannungsquelle)

Weiterhin werden für die differentiellen Werte oft nur Festwerte als Näherungen für den gesamten Arbeitsbereich angegeben

z.B.: $h_{21e} = \beta = B = 200$ oder $h_{11e} = r_{BE} = 5\,\mathrm{k\Omega}$. Das vereinfacht die Berechnung und ist für die allgemeinen Anwendungen meist hinreichend genau. Diese Vereinfachung dürfen aber nicht angewendet werden, wenn die Schaltung für spezielle, hochgenaue Anwendungen eingesetzt werden oder unter Extrembedingungen arbeiten soll.

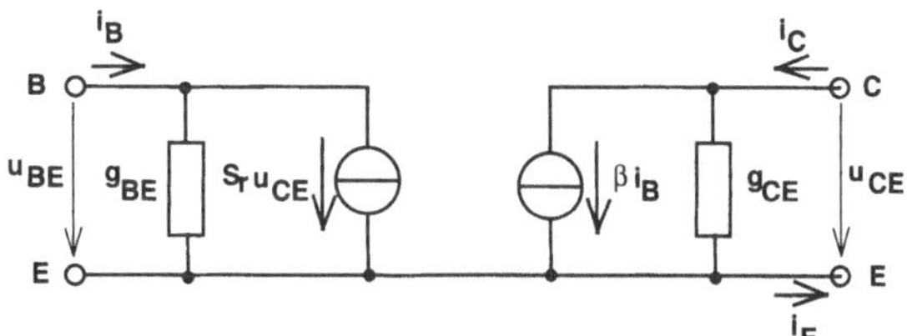

Bild 5.15 Kleinsignalersatzschaltbild eines npn-Transistors (mit Eingangsstromquelle)

5.2.2 Basisschaltung

Natürlich muss das Darstellungssystem für die Emitterschaltung auch auf die Basisschaltung übertragbar sein. Zu beachten ist dabei der wesentliche Unterschied in der Stellung des Transistors, der sich somit auch auf die Parameter auswirken muss. Analog zur Emitterschaltung wird nun in diesem Punkt die Basisschaltung untersucht.

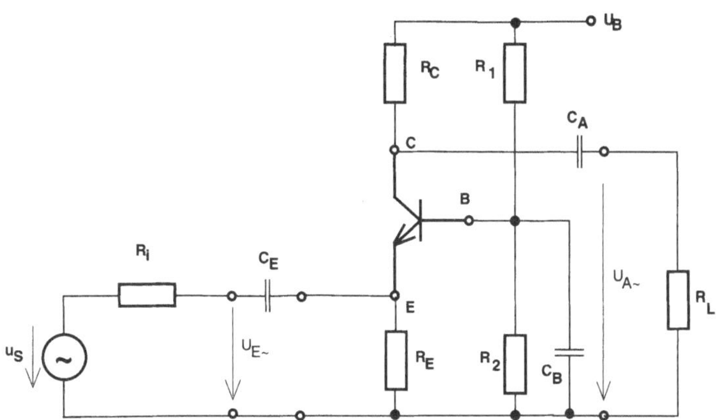

Bild 5.16 Beispiel einer Basisschaltung

Für die Basisschaltung ergeben sich folgende Ein- und Ausgangsfunktionen:

$$U_{EB} = \mathrm{f}\left(I_E, U_{CB}\right) \quad \text{und}$$
$$I_C = \mathrm{f}\left(U_{CB}, I_E\right)$$

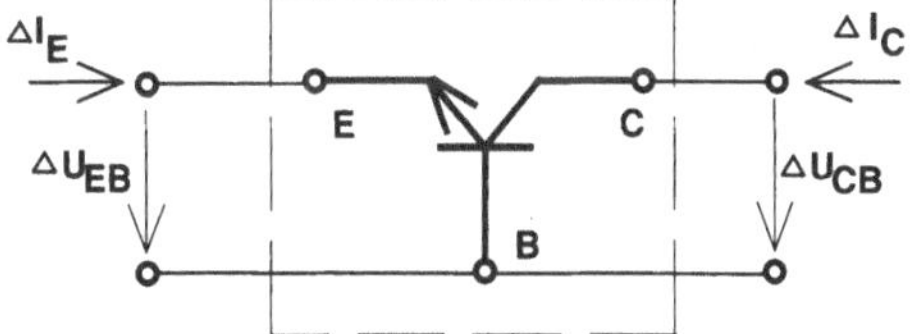

Bild 5.17 Transistor in Basisschaltung

Bereits aus diesen Ansätzen ist klar zu erkennen, dass die geänderte Stellung des Transistors in der neuen Schaltung auch andere Beziehungen mit anderen Werten bringen wird. Zu beachten ist hier, dass die Eingangsspannung nicht wie bei der Emitterschaltung U_{BE} sondern U_{EB} ist. Auch ist der Parame-ter der Stromfunktion jetzt nicht mehr I_C sondern I_E. Dementsprechend ergeben sich durch einfaches Betrachten folgende neue Beziehungen, die in den Bildern 5.17 - 5.19 dargestellt sind.

Bild 5.18 Allgemeiner Vierpol

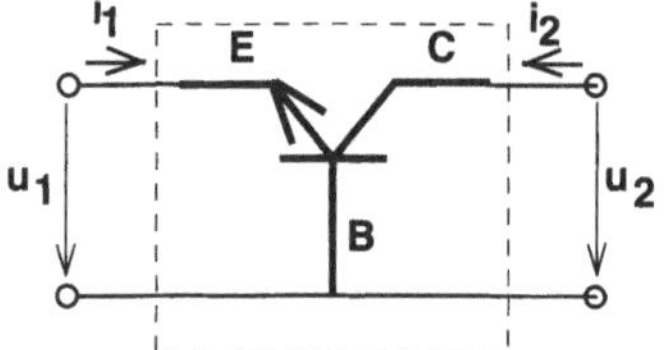

Bild 5.19 Vierpol-Bezug des Transistors

In Analogie zur Herleitung der Verhältnisse bei der Emitterschaltung ergibt sich für die Basisschaltung:

$$\Delta U_{EB} = \left.\frac{\partial U_{EB}}{\partial I_E}\right|_A \Delta I_E + \left.\frac{\partial U_{EB}}{\partial U_{CB}}\right|_A \Delta U_{CB} \qquad \Delta I_C = \left.\frac{\partial I_C}{\partial I_E}\right|_A \Delta I_E + \left.\frac{\partial I_C}{\partial U_{CB}}\right|_A \Delta U_{CB} \qquad (5.23/5.24)$$

Die weitere Betrachtung im Vergleich zur Emitterschaltung ergibt auch den Bezug zur h-Parameterdarstellung, wobei ganz genau auf die Zuordnung der allgemein im Vierpol formulierten Parameter (u_1, u_2, i_1, i_2) zu den Signalen aus / in den Transistor (u_{EB}, u_{CB}, i_E, i_C) zu achten ist. Es ergibt sich somit:

$$\Delta U_{EB} = u_1 \qquad \Delta I_E = i_1 \qquad \Delta U_{CB} = u_2 \qquad \Delta I_C = i_2$$

Demnach folgen über die allgemeine h-Parameterdarstellung *für die Basisschaltung*

$$u_1 = h_{11b} \cdot i_1 + h_{12b} \cdot u_2 \qquad i_2 = h_{21b} \cdot i_1 + h_{22b} \cdot u_2$$

folgende Zusammensetzungen für die Differentiale:

$$h_{11b} = \frac{\partial U_{EB}}{\partial I_E} \qquad h_{12b} = \frac{\partial U_{EB}}{\partial U_{CB}} \qquad h_{21b} = \frac{\partial I_C}{\partial I_E} \qquad h_{22b} = \frac{\partial I_C}{\partial U_{CB}}$$

5.2.3 Kollektorschaltung

Als dritte Grundschaltung wird nun die Kollektorschaltung unter den gleichen Aspekten wie die Emitterschaltung betrachtet.

Für die Kollektorschaltung ergeben sich folgende Ein- und Ausgangsfunktionen, wobei wiederum auf die neue Zuordnung der Transistorgrößen zu achten ist.

$$U_{BC} = \mathrm{f}\left(I_B, U_{EC}\right)$$
$$I_E = \mathrm{f}\left(U_{EC}, I_B\right)$$

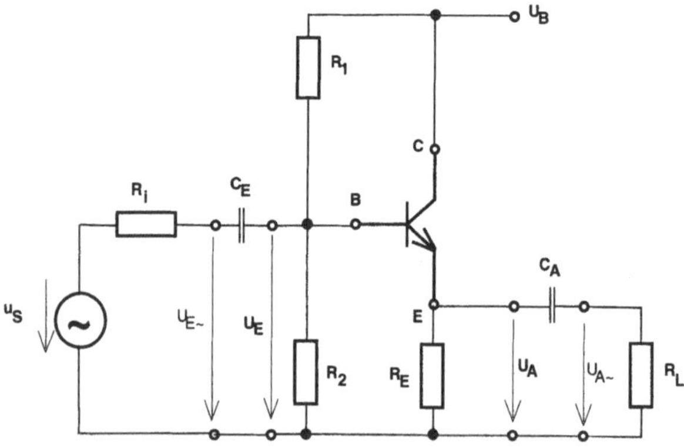

Bild 5.20 Beispiel einer Kollektorschaltung

In den folgenden Schritten läuft die völlige Analogie zu der Emitter- und Basisschaltung ab und braucht nicht weiter kommentiert werden. Für die Kollektorschaltung ergeben sich nun folgende zwei Gleichungssysteme:

$$\Delta U_{BC} = \left.\frac{\partial U_{BC}}{\partial I_B}\right|_A \Delta I_B + \left.\frac{\partial U_{BC}}{\partial U_{EC}}\right|_A \Delta U_{EC} \qquad \Delta I_E = \left.\frac{\partial I_E}{\partial I_B}\right|_A \Delta I_B + \left.\frac{\partial I_E}{\partial U_{EC}}\right|_A \Delta U_{EC} \qquad (5.25/5.26)$$

Auch hier erfolgt der Bezug zur h-Parameterdarstellung für die Kollektorschaltung

$$\Delta U_{BC} = u_1 \qquad \Delta I_B = i_1$$

$$\Delta U_{EC} = u_2 \qquad \Delta I_E = i_2$$

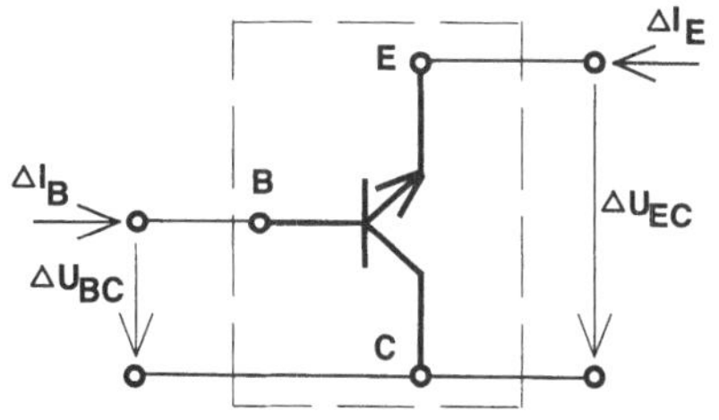

Demnach ergibt sich auch das h-Parametersystem in Kollektorschaltung

$$u_1 = h_{11c} \cdot i_1 + h_{12c} \cdot u_2$$

$$i_2 = h_{21c} \cdot i_1 + h_{22c} \cdot u_2$$

Bild 5.21 Transistor in Kollektorschaltung

mit den einzelnen Differentialen:

$$h_{11c} = \frac{\partial U_{BC}}{\partial I_B} \qquad h_{12c} = \frac{\partial U_{BC}}{\partial U_{EC}} \qquad h_{21c} = \frac{\partial I_E}{\partial I_B} \qquad h_{22c} = \frac{\partial I_E}{\partial U_{EC}}$$

Aus diesen Herleitungen sind folgende Schlussfolgerungen zu ziehen:

In jeder Grundschaltung (Emitter-, Basis-, Kollektorschaltung) sind die h-Parameter wegen der Stellung des Transistors *durch eigene Strom-/Spannungsbeziehungen definiert.* Das heißt, die h_{mn} sind nicht identisch zueinander und damit mit der Schaltungsversion zu kennzeichnen. Die Differentiale haben jeweils eigene Ansätze. Eine Umrechnung der einzelnen Parameter in die andere Schaltungsversion ist möglich. Die Hersteller geben aber i.A. nur die Parameter für die Emitterschaltung an.

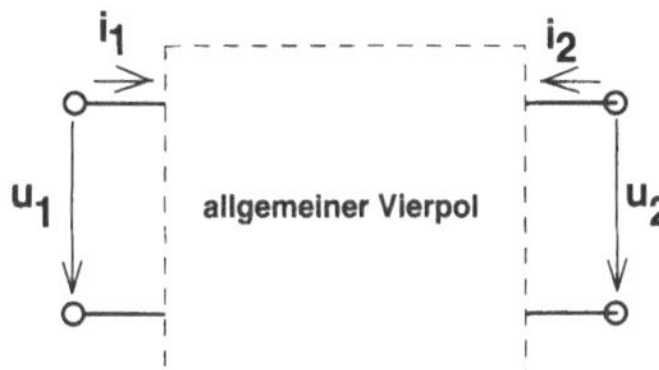

Bild 5.22 Allgemeiner Vierpol

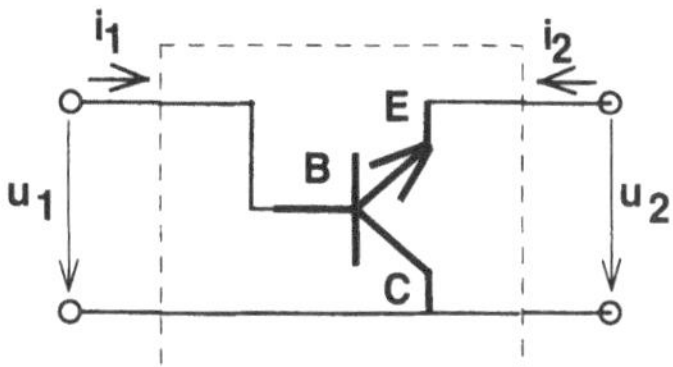

Bild 5.23 Vierpol-Bezug des Transistors

5.3 Umrechnung der h-Parameter

Wie bereits behandelt, wird von den Herstellern meist nur der Parametersatz für die Emitterschaltung (h_{nme}) veröffentlicht. Diese sind für die Kollektor- und Basisschaltung nicht direkt zu nutzen, sondern sie sind entsprechend nach den mathematischen Modellen umzurechnen. Im folgenden Punkt wird dieses Verfahren kurz dargestellt, wobei es um das prinzipielle Verstehen der mathematischen Lösungen bei der Drehung des Bauelementes Transistor geht. Grundsätzlich geht man dabei erneut davon aus, dass ein allgemeiner Vierpol ohne Kenntnis oder Bezug auf die vorhandene Transistorstellung vorliegt. Das bedeutet, es muss nun festgestellt werden, in welcher Schaltungsanwendung (Lage) sich der Transistor befindet. Erst danach ist ein sogenannter innerer Bezug zu den Transistorsignalen herstellbar. Bei der praktischen Nutzung wird i.A. auf Tabellen zurückgegriffen, um nicht jedes Mal die Herleitung der Umrechnung durchführen zu müssen.

5.3.1 Umrechnung von Emitter- in Kollektorschaltung

In diesem Punkt wird diese Umrechnung der Signalparameter von der Emitter- auf die Kollektorschaltung demonstriert. Der Sinn liegt darin, dass die aus den Datenblättern vorliegenden h-Parameter der Emitterschaltung nun auf die zu bearbeitende Anwendung umzurechnen sind. Nur so ist dann die Gesamtschaltung berechenbar. Im Bild 5.24 sind die Signalbeziehungen entsprechend der Datenblattangaben und im Bild 5.25 ist zum Vergleich die Lage für die Anwendungsschaltung angegeben. Stellt man nun den Bezug zwischen den beiden Schemen dar, so bietet sich die kombinierte Darstellung gemäß Bild 5.26 an. Hieraus sind die Gemeinsamkeiten und die Unterschiede klar zu erkennen. Aus diesem Bild kann man über die bekannten Analyseverfahren ganz einfach folgende formale Zusammenhänge ableiten

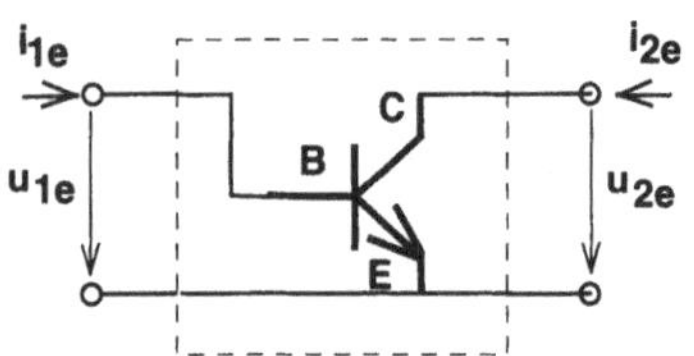

Bild 5.24 Emitterschaltung

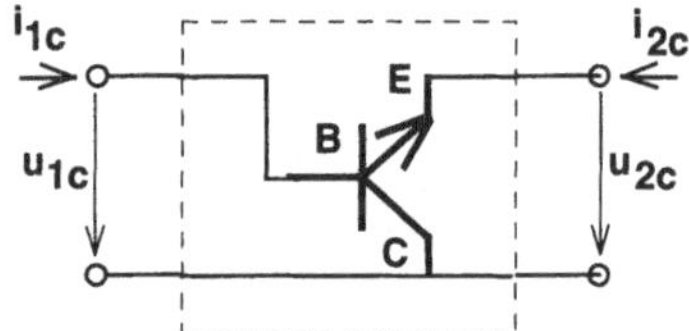

Bild 5.25 Kollektorschaltung

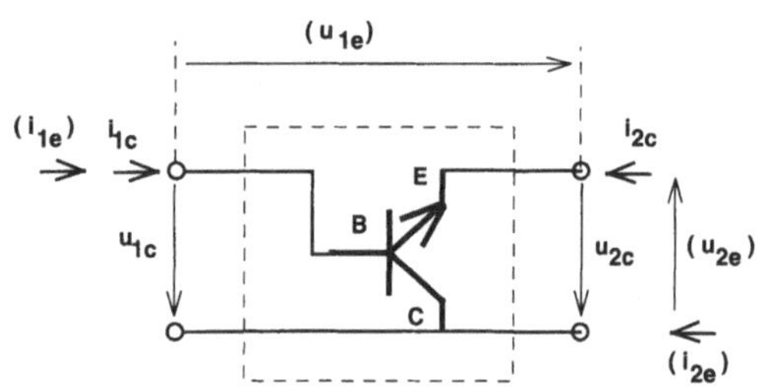

Bild 5.26 Lage der Signale für Emitter- (in Klammern) und Kollektorschaltung

$$i_{1e} = i_{1c} \tag{5.27}$$

$$i_{2e} = -i_{1c} - i_{2c} \tag{5.28}$$

$$u_{1e} = u_{1c} - u_{2c} \tag{5.29}$$

$$u_{2e} = -u_{2c} \tag{5.30}$$

In einem weiteren Schritt wird als Ausgangspunkt für die Umrechnung die h-Parameterbeschreibung für die Emitterschaltung mit ihren zwei Ansätzen hergenommen.

$$u_{1e} = h_{11e} \cdot i_{1e} + h_{12e} \cdot u_{2e} \qquad i_{2e} = h_{21e} \cdot i_{1e} + h_{22e} \cdot u_{2e} \tag{5.31/5.32}$$

Um in die Ebene der Kollektorschaltung zu gelangen, setzt man nun die Gl. 5.27 bis 5.30 in Ansätze der Gl. 5.31 und 5.32 ein, und so folgen die Lösungen:

$$u_{1c} - u_{2c} = h_{11e} \cdot i_{1c} + h_{12e} \cdot (-u_{2c}) \tag{5.33}$$

$$-i_{1c} - i_{2c} = h_{21e} \cdot i1c + h_{22e} \cdot (-u_{2c}) \tag{5.34}$$

Der nächste Schritt muss eine Umstellung in eine allgemeine Ansatzform wie für die Emitterschaltung sein, nur dass diese sich jetzt auf die Kollektorschaltung bezieht.

Die Zieldarstellung hat als allgemeine Beschreibung die Form:

$$u_{1c} = h_{11c} \cdot i_{1c} + h_{12c} \cdot u_{2c} \qquad i_{2c} = h_{21c} \cdot i_{1c} + h_{22c} \cdot u_{2c}$$

Stellt man nun die eingesetzte Form aus Gleichungen 5.33 und 5.34 in die Kollektorschaltung um, so ergibt sich die Ergebnisdarstellung:

$$u_{1c} = h_{11e} \cdot i_{1c} + (1 - h_{12e}) \cdot u_{2c} \tag{5.35}$$

$$i_{2c} = -(1 + h_{21e}) \cdot i_{1c} + h_{22e} \cdot u_{2c} \tag{5.36}$$

Aus dieser Herleitung ergibt sich eine matrixförmige Darstellung der Zusammenhänge und somit der Umrechnung.

$$\begin{pmatrix} h_{11c} & h_{12c} \\ h_{21c} & h_{22c} \end{pmatrix} = \begin{pmatrix} h_{11e} & 1 - h_{12e} \\ -(1 + h_{21e}) & h_{22e} \end{pmatrix} \tag{5.37}$$

$$(h_c) = \begin{pmatrix} h_{11e} & 1 - h_{12e} \\ -(1 + h_{21e}) & h_{22e} \end{pmatrix} \tag{5.38}$$

Unter dem Gedanken, dass die Rückwirkung des Ausganges auf den Eingang, die über den Parameter h_{12e} definiert ist, vernachlässigt werden kann und somit $h_{12e} \cong 0$ wird, ergibt sich eine *Näherungslösung*.

$$(h_c) \cong \begin{pmatrix} h_{11e} & 1 \\ -(1 + h_{21e}) & h_{22e} \end{pmatrix}$$

5.3.2 Umrechnung von Emitter- in Basisschaltung

In gleicher Weise wie die Umrechnung von der Emitter- zu der Kollektorschaltung erfolgte, ist auch die Umrechnung von Emitter- auf Basisschaltung über analoge Lösungsschritte durchführbar. Dabei ist wiederum die Lage des Transistor in beiden Schaltungen zu vergleichen.

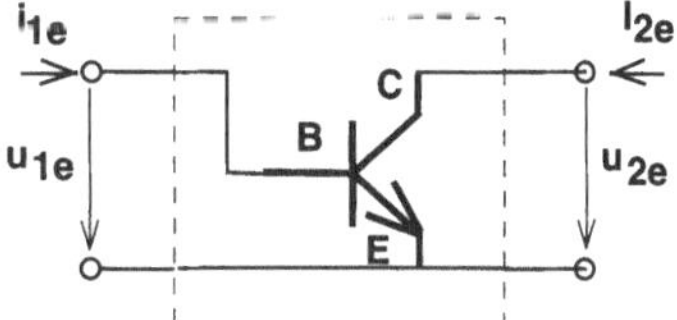

Bild 5.27 Emitterschaltung

Aus diesem Vergleich folgt analog zu Bild 5.26 die Lösung in Bild 5.29. Aus dieser Darstellung sind nun in Analogie zur Umrechnung auf die Kollektorschaltung die Ansätze und Vergleichswerte für die Basisschaltung aufzustellen. Danach muss wieder die Umstellung auf den allgemeinen Vierpolansatz nur eben für die h-Parameter der Basisschaltung erfolgen. Ohne weiteren Beweis über Zwischenschritte sei zur Vollständigkeit das Endergebnis der Umrechnung angeführt:

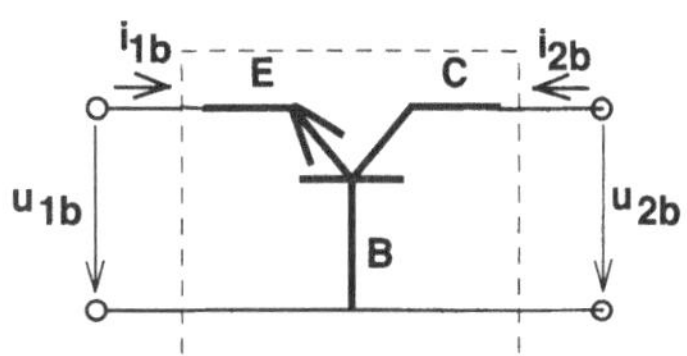

Bild 5.28 Basisschaltung

$$(h_b) = \begin{pmatrix} h_{11b} & h_{12b} \\ h_{21b} & h_{22b} \end{pmatrix}$$

$$= \frac{1}{\Sigma h_e} \cdot \begin{pmatrix} h_{11e} & |h_e| - h_{12e} \\ -(|h_e| + h_{21e}) & h_{22e} \end{pmatrix} \tag{5.39}$$

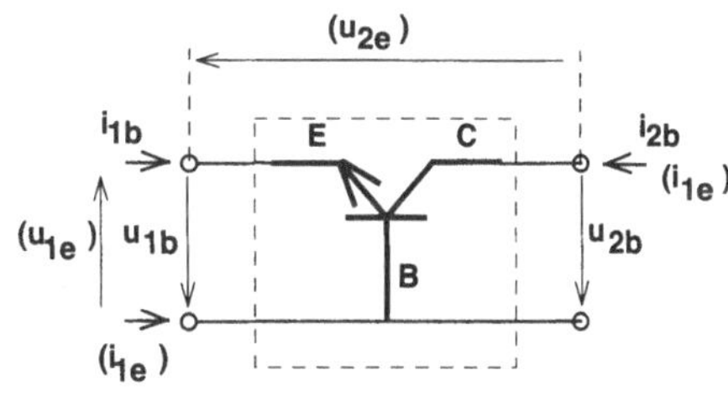

Bild 5.29 Lage der Signale für Emitter- (in Klammern) und Basisschaltung

$$(h_b) \approx \frac{1}{1 + h_{21e}} \cdot \begin{pmatrix} h_{11e} & 1 \\ -(1 + h_{21e}) & h_{22e} \end{pmatrix}$$

mit $|h_b| = \dfrac{|h_e|}{\sum h_e}$ und $\sum h_e = 1 + |h_e| + h_{21e} - h_{12e}$

Zusammenfassend kann gefolgert werden, dass eine Umrechnung der aus den in Datenblättern gegebenen h-Parametern, die sich auf die Emitterschaltung beziehen, auf die Anwenderschaltung mit den entsprechenden Parameter für die Basis- oder Kollektorschaltung relativ einfach möglich ist. Die Bedingung ist dabei aber, es muss der gleiche Arbeitspunkt vorliegen (!), da diese Parameter arbeitspunktabhängig und durch nichtlineare Kennlinien auch nicht konstant sind, wobei Näherungen und Vereinfachungen möglich sind.

5.4 Arbeitspunktabhängigkeit der h-Parameter

Aus den folgenden schrittweisen Überlegungen ist der logische Schluss, dass die h-Parameter arbeitspunktabhängig sein müssen, zulässig, denn anderenfalls dürften die Kennlinien nicht nichtlinear sein, bzw. sie müssten alle linear sein. Aus dieser Überlegung der Nichtlinearität der Kennlinien folgt, die Steigung ist an jedem Punkt der Kennlinie anders. Damit ergibt sich weiter der zweite Gedanke. Da die Steigungen sich ändern, ändern sich folglich auch die h-Parameter und demnach müssen alle h-Parameter von dem gewählten Arbeitspunkt abhängig sein.

Mathematische Beweisführung

Die Eingangsgleichung der Emitter-Basis-Strecke bei der Betrachtung der Grundschaltung (Emitterschaltung im Normalbetrieb) wird beschrieben als:

$$I_B = I_{BS} \cdot \left(e^{U_{BE}/U_T} - 1 \right) \tag{5.40}$$

Aus dieser Gleichung ist eindeutig die Diodenfunktion der Basis-Emitter-Diode erkennbar. Gleiches ist auch aus dem Ersatzschaltbild herleitbar. Damit ist eindeutig, dass es sich hier um eine eindeutig nichtlineare Funktion in der Art einer Exponentialfunktion handelt. Die Ausgangsgleichung der Kollektor-Emitter-Strecke, weiter bei Emitterschaltung im Normalbetrieb, ist über die Stromverstärkung zu bestimmen und ergibt sich zu:

$$I_C = B \cdot I_B \cdot \left(1 + \frac{U_{CE}}{U_A} \right) \tag{5.41}$$

Die Ausgangsfunktion stellt zwei Teilkomponenten dar. Einmal ist der funktionelle Zusammenhang des Ausgangsstromes (Kollektorstrom) zum Eingangsstrom (Basisstrom) über den Stromverstärkungsfaktor ausgewiesen. Im zweiten Teil stellt sich der Early-Effekt als Wirkung der Ausgangsspannung (U_{CE}) auf den Ausgangsstrom (I_C) dar. Aus der Eingangsgleichung ist sehr einfach der exponentielle Zusammenhang zu erkennen, der sich über den Ansatz für den Ausgang auch auf das Ausgangsstromsignal überträgt. Bei einfacher Betrachtung des folgenden Vierquadranten-Kennlinien-feldes sind die Nichtlinearitäten und somit die Arbeitspunktabhängigkeit deutlich zu erkennen. Am Beispiel von zwei ausgewählten Arbeitspunkten im Bild 5.30 (innere 4er Gruppe und äußere 4er Gruppe) zeigen sich ganz deutlich unterschiedliche h-Parameter-Werte (Steigungen in den Arbeitspunkten). Unter Verwendung der Gleichungen für die eben erfolgte Ein- und Ausgangsbetrachtung lassen sich wie folgt die h-Parameter formal bestimmen:

Differentieller Eingangswiderstand (h_{11e})

$$h_{11e} = \frac{\partial U_{BE}}{\partial I_B} = \frac{d}{dI_B} \left[U_T \ln \left(\frac{I_B}{I_{BS}} + 1 \right) \right] \tag{5.42}$$

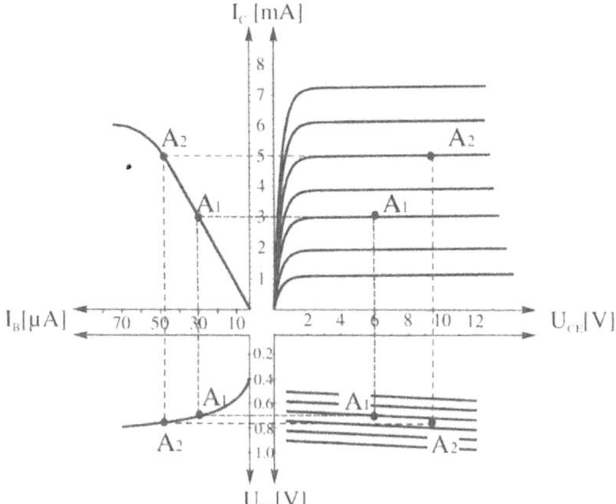

Bild 5.30 Vierquadranten-Kennlinie mit zwei Arbeitspunkten

$$h_{11e} = \frac{U_T}{I_{BS}\left(\frac{I_B}{I_{BS}}+1\right)}$$

Setzt man nun als zulässige Näherung für den Eingangswiderstand $h_{11e} \approx U_T / I_B$ und bringt man die Ausgangsgleichung mit in die Beziehung ein, dann ergibt sich:

$$h_{11e} \approx \frac{U_T}{I_B} = \frac{U_T \cdot B\left(1+\frac{U_{CE}}{U_A}\right)}{I_C}$$

Die Abhängigkeiten von h_{11e} stellen sich dann bezogen auf I_C und U_{CE} folgendermaßen dar.

Differentielle Spannungsrückwirkung (h_{12e})

Aus der Herleitung für h_{12e} ergibt sich, dass dieser Null werden muss.

$$h_{12e} = \frac{\partial U_{BE}}{\partial U_{CE}} = \frac{d}{dU_{CE}}\left(U_T \ln\left(\frac{I_B}{I_{BS}}+1\right)\right) = 0 \tag{5.43}$$

Differentielle Stromverstärkung (h_{21e})

$$h_{21e} = \frac{\partial I_C}{\partial I_B} = \frac{\partial}{\partial I_B}\left(B \cdot I_B \cdot \left(1+\frac{U_{CE}}{U_A}\right)\right) \tag{5.44}$$

$$h_{21e} = \frac{\partial I_C}{\partial I_B} = B \cdot \left(1+\frac{U_{CE}}{U_A}\right)$$

Hier ist auch zu erkennen, dass sich unter Vernachlässigung des Early-Effektes die bekannte einfache Lösung

$$h_{21e} = \frac{\partial I_C}{\partial I_B} = \beta = B \tag{5.45}$$

ergibt. Die Abhängigkeiten von h_{21e} stellen sich wieder bezogen auf I_C und U_{CE} folgendermaßen dar.

Differentieller Ausgangsleitwert (h_{22e})

$$h_{22e}=\frac{\partial I_C}{\partial U_{CE}}=\frac{\partial}{\partial U_{CE}}\left(B\cdot I_B\cdot\left(1+\frac{U_{CE}}{U_A}\right)\right) \tag{5.46}$$

$$h_{22e}=\frac{B\cdot I_B}{U_{CE}+U_A}=\frac{I_C}{U_{CE}+U_A}$$

Diese Herleitung lässt wieder eindeutig erkennen, dass sich im differentiellen Ausgangsleitwert g_{CE} der Early-Effekt mit widerspiegelt. Ableiten lässt sich auch, dass bei Vernachlässigung dieses Effektes sich ein konstanter Wert für g_{CE} im Arbeitsbereich ergibt. Die Abhängigkeiten von h_{22e} stellen sich dann bezogen auf I_C und U_{CE} folgendermaßen dar:

Betrachtung der Steilheit S:

Die (Vorwärts-) Steilheit S ist als das Verhältnis von Ausgangsstrom zu Eingangsspannung definiert und stellt ebenfalls einen differentiellen Wert dar. Der Begriff der Steilheit findet beim Feldeffekttransistor eine breite Anwendung, da dieser ein potentialgesteuertes Bauelement ist und demnach keinen Eingangsstrom hat. In der Bipolartechnik mit der Stromsteuerung als physikalische Grundlage kommt dieser Wert seltener zum Einsatz. Der Bezug des Differential von Eingangsspannung auf den Ausgangsstrom lässt sich in zwei schon bekannte Teildifferentiale zerlegen.

Somit kann geschrieben werden:

$$S=\left.\frac{\partial I_C}{\partial U_{BE}}\right|_A=\left.\left(\frac{\partial I_C}{\partial I_B}\frac{\partial I_B}{\partial U_{BE}}\right)\right|_A=\frac{h_{21e}}{h_{11e}}\sim I_C \tag{5.47}$$

Als eine kurze Zusammenfassung kann zur Arbeitspunktabhängigkeit bezogen auf I_C ,U_{CE} für die h-Parameter folgende Charakteristik bestätigt werden:

h_{11e}:	f(I_C)	logarithmisch fallend (mit Steigung -1)
	f(U_{CE})	linear steigend
h_{12e} :	f(I_C)	keinen Einfluss
	f(U_{CE})	keinen Einfluss
h_{21e} :	f(I_C)	konstant
	f(U_{CE})	linear steigend
h_{22e} :	f(I_C)	logarithmisch steigend (mit Steigung +1)
	$f(U_{CE})\sim\frac{1}{U_{CE}}$	fallend

Aus den zwei Grundbeziehungen $I_B=f(U_{BE})$ und $I_C=f(I_B,U_{CE})$ ist ersichtlich, dass der Bezug I_B zu U_{BE} eine e-Funktion darstellt und dass dieser sich dann zum Ausgangsstrom I_C fast linear fortsetzt. Somit muss die Gesamtfunktion wieder exponentiellen Charakter haben. Weiterhin kommt zu der Ausgangsfunktion (vgl. Gl. 5.41) noch ein Faktor hinzu, der auf den Early-Effekt verweist und eine weitere Unlinearität hinzufügt.

5.5 Betrachtung des Unipolartransistors

Im folgenden Punkt wird analog zum Bipolartransistor nun das Verhalten von Feldeffekttransistoren untersucht. Dabei wird hier nur auf einen Typ, den n-Kanal-Sperrschicht-FET, eingegangen, wie es in der Bipolartechnik auch nur der npn-Transistor war. Die anderen Typen (wie p-Kanal und auch die Version des Anreicherungs- und Verarmungstyp) sind natürlich analog behandelbar, wobei auf die Spezifika des jeweiligen Typs eingegangen werden muss (möglicher Arbeitspunkt, Polarität usw.). Die Beschreibung von J-FET und MOSFET ist, wie es auch beim Bipolartransistor durchgeführt wurde, unter Beachtung der genannten Besonderheiten über die folgenden 3 Systeme möglich

- Ersatzschaltbild (h-Parameter oder y-Parameter)
- Gleichungssystem für den Ausgang ($I_G = 0$)
- Kennlinienfelder (nur Ausgangs- und Steuerkennlinienfeld)

Dabei ist vor allem auf die Werte und Polarität von I_D, U_P, U_{T0} zu achten.

5.5.1 Source-Schaltung

Im folgenden Punkt wird nun vergleichend untersucht, wie hier die Vierpoltheorie angewendet werden kann und welche Bauelementeparameter sich hinter den einzelnen mathematischen Größen verbergen. Die Source-Schaltung ist als vergleichbar mit der Emitterschaltung zu sehen. Daraus resultierend soll nun der Verfahrensweg aus der Bipolartechnik übertragen und dabei die Eigenheiten der FET einbezogen werden.

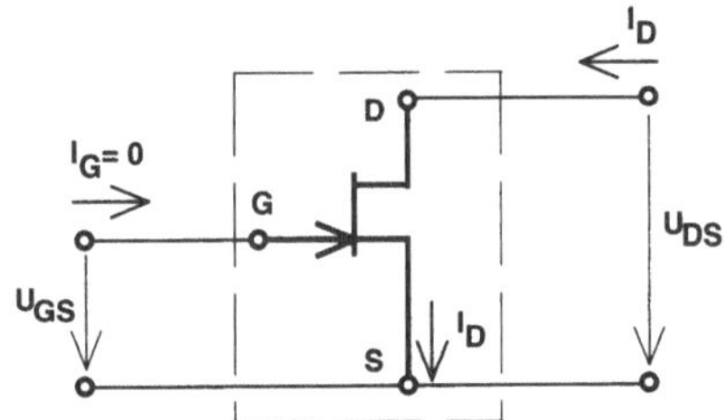

Bild 5.31 n-Kanal-JFET

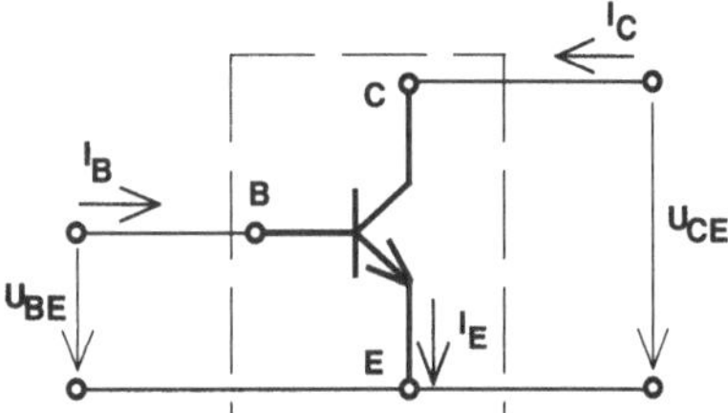

Bild 5.32 Vergleich npn-Transistor

Für den Ausgangsstrom gilt in Analogie zur Emitterschaltung der funktionale Zusammenhang $I_D = \mathrm{f}\left(U_{GS}, U_{DS}\right)$ mit der Besonderheit, dass nun eine Funktion zur Eingangsspannung U_{GS} und nicht zum Eingangsstrom I_G hergestellt werden muss. Bei einem normal funktionierenden FET gibt es keinen Eingangsstrom I_G, der einen Einfluss auf das Ausgangssignal ausübt. Gerade das Ausbleiben dieses Gate-Stromes, was über die physikalische Funktion zu erklären ist, stellt in Bezug auf den Eingangswiderstand einen Vorteil dieses Transistortyps dar. Diese Funktion ist aber nicht zu verwechseln mit eventuell auftretenden Leckströmen. So gilt bei den FETs immer $I_G = 0$.

Kleinsignalverhalten

Wie bereits beim Bipolartransistor definiert, ist das Kleinsignalverhalten die Reaktion des Bauelementes auf kleine Signalveränderungen um einen vorher eingestellten Arbeitspunkt.

Somit gilt als Grundansatz für die Beschreibung

$$\Delta I_D = \left.\frac{\partial I_D}{\partial U_{GS}}\right|_A \Delta U_{GS} + \left.\frac{\partial I_D}{\partial U_{DS}}\right|_A \Delta U_{DS} \tag{5.48}$$

Die Änderung des Eingangsstroms ist natürlich Null, da bekanntlich $I_G = 0$ ist. Damit ist der lineare Zusammenhang zwischen Strom- und Spannungsänderung um den Arbeitspunkt mit folgenden Bezügen erklärbar. Setzt man gleichzeitig die y-Parameter y_{mns} für die Source-Schaltung ein, so folgt:

$$\left.\frac{\partial I_D}{\partial U_{GS}}\right|_A = y_{21} \qquad \text{mit} \qquad y_{21} \equiv y_{21s} \tag{5.49}$$

$$\left.\frac{\partial I_D}{\partial U_{DS}}\right|_A = y_{22} \qquad \text{mit} \qquad y_{22} \equiv y_{22s} \tag{5.50}$$

Bei der erneuten Interpretation der Änderung ΔU als sinusförmiges Signal, folgt:

$$\Delta U_{GS} \equiv u_1 \qquad \Delta I_G \equiv i_1 \qquad \Delta U_{DS} \equiv u_2 \qquad \Delta I_D \equiv i_2$$

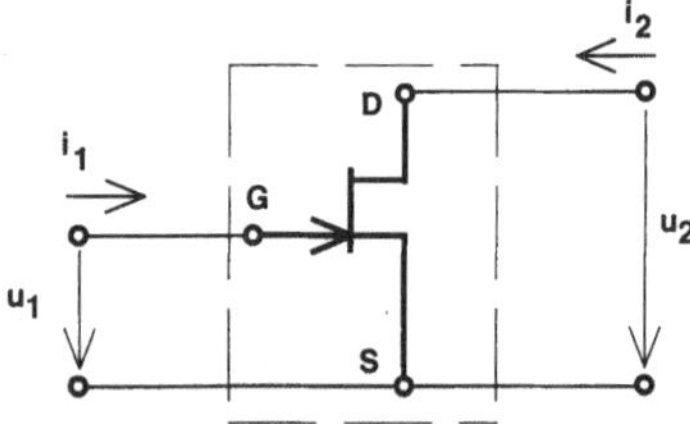

Bild 5.33 Schaltung des J-FET

Bild 5.34 Vergleich zum allgemeinen Vierpol

Aus diesen Beziehungen ergeben sich für das Kleinsignal- und Vierpolgleichungssystem folgende Lösungen. Diese Ansätze, und das sei nochmals extra betont, sind *nur für niedrige und mittlere Frequenzen gültig,* wo die inneren Kapazitäten der Bauelemente noch keine Wirkung ausüben. Vergleicht man nun wieder in analoger Weise den FET mit dem allgemeinen Vierpol, so folgt aus den zwei Vierpol-Gleichungen:

$$i_1 = 0 \qquad\qquad i_2 = y_{21}\, u_1 + y_{22}\, u_2 \tag{5.51/52}$$

Man erkennt hier, dass es *nur eine Gleichung* mit einem I/U-Zusammenhang gibt, da i_1 den nicht existierenden Eingangsstrom beschreibt. Stellt man dieses Ergebnis in der Matrix-Form dar, so ergibt sich *die Vierpolmatrix in Admittanz- (y-) Form für die Source-Schaltung*:

$$\begin{pmatrix} i_1 \\ i_2 \end{pmatrix} = \begin{pmatrix} y_{11s} & y_{12s} \\ y_{21s} & y_{22s} \end{pmatrix} \begin{pmatrix} u_1 \\ u_2 \end{pmatrix} = (y_s) \begin{pmatrix} u_1 \\ u_2 \end{pmatrix} \tag{5.53}$$

Da die Source-Schaltung, wie die Emitterschaltung beim Bipolartransistor, die Grundschaltung darstellt, wird oft die Kennzeichnung mit "s" weggelassen. Setzt man nun die Bauelemente-Parameter ein, da ja die Stellung des Transistors in der Schaltung bekannt ist, so folgt:

$$\begin{pmatrix} i_1 \\ i_2 \end{pmatrix} = \begin{pmatrix} 0 & 0 \\ S & g_{DS} \end{pmatrix} \begin{pmatrix} u_1 \\ u_2 \end{pmatrix} \tag{5.54}$$

Dabei stellen sich die y-Parameter folgendermaßen dar:

$$y_{11}, y_{12} = 0$$

Da bei Feldeffekttransistoren kein Eingangsstrom (Gate-Strom $i_1 = 0$) fließt, folgt

$$y_{21} = S = \frac{di_a}{du_e}$$

als Steilheit mit dem Bezug Ausgangsstrom auf Eingangsspannung und

$$y_{22} = g_{DS}$$

als Ausgangsleitwert, der den Leitwert der Drain-Source-Strecke repräsentiert. Aus diesen Betrachtungen ist das im Bild 5.35 dargestellte Ersatzschaltbild erstellbar. Dieses Ersatzschaltbild charakterisiert den FET *aber nur* für Gleichspannungen, niedrige und mittlere Frequenzen, da die bei hohen Frequenzen wirkenden kapazitiven Anteile ausgeschlossen sind. Alle y-Werte stellen hier Leitwertparameter dar. Zum Vergleich bietet das Bild 5.36 eine Beschreibung unter der Einbeziehung der kapazitiven Wirkungen und ist somit gültig für hohe Frequenzen. Aus dem Bild 5.35 sind folgende Erkenntnisse ableitbar:

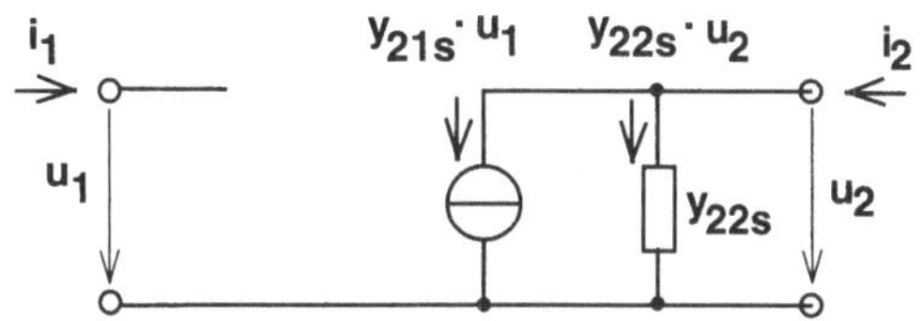

Bild 5.35 y-Parameter-Ersatzschaltbild für die Source-Schaltung

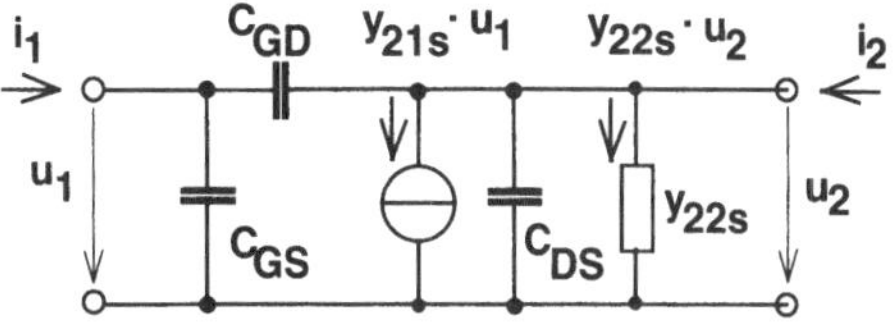

Bild 5.36 y-Parameter-Ersatzschaltbild hohe Frequenzen

- Im Bereich der niedrigen und mittleren Frequenzen, wo die internen FET-Kapazitäten noch nicht wirken, liegt ein quasi-offener Eingang vor. Da $I_G = i_1 = 0$ ist an den Eingangskontakten kein Widerstand (in den FET hinein) zu ermitteln. Die Werte von r_{GS} und r_{GD} sind nahezu unendlich.
- Anders ist die Situation bei hohen Frequenzen (Bild 5.36). Dort spielen die Kapazitäten eine wesentliche Rolle.
- Der Ausgang hat die gleiche Konstruktion wie beim Bipolartransistor mit Stromquelle und Ausgangsleitwert.
- Da es bekanntlich keinen Eingangsstrom gibt, ist der Eingangs-/Ausgangsbezug nur über den y_{21S}-Parameter (Steilheit S) herstellbar.

5.5.2 Interpretation der Differentiale am Kennlinienfeld

Um auch hier eine Verbindung zu den Kennlinienfeldern herzustellen, lassen sich die Differentiale wiederum als Anstiege im Arbeitspunkt interpretieren.

Steuerkennlinienfeld $\quad y_{21} \quad$ mit $\left.\frac{\partial I_D}{\partial U_{GS}}\right|_A = y_{21} = S|_A$ (5.55)

Ausgangskennlinienfeld $\quad y_{22} \quad$ mit $\left.\frac{\partial I_D}{\partial U_{DS}}\right|_A = y_{22} = g_{DS}|_A$ (5.56)

Hier ist ebenfalls wieder eine Analogie zum Bipolartransistor zu sehen. Allerdings ist durch den fehlenden Eingangsstrom (I_G bzw. i_1) nur ein Zweiquadrantenkennlinienfeld aufzubauen. Aus jedem Kennlinienfeld ist wieder je ein y-Parameter herausziehbar.

- Aus dem Steuerkennlinienfeld erhält man y_{21} (Steilheit) als Anstieg.
- Aus dem Ausgangskennlinienfeld erhält man y_{22} (Ausgangsleitwert) als Anstieg.

Für die konstruktive Lösung einer Arbeitspunkteinstellung gelten die gleichen Regeln, wie sie unter dem Punkt 4.3.4 bereits dargestellt wurden.

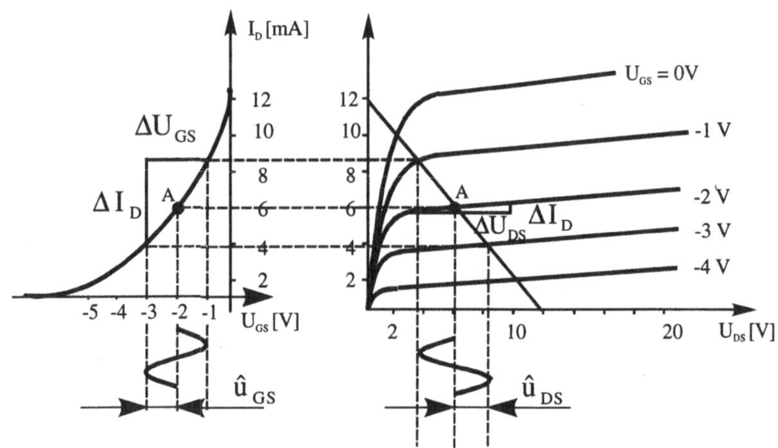

Bild 5.37 Kennlinienfelder eines J-FET mit Arbeitspunkt (links Steuerkennlinienfeld , rechts Ausgangskennlinienfeld)

5.5.3 Arbeitspunktabhängigkeit der y-Parameter

Auch für die FET steht die Frage der Arbeitspunktabhängigkeit der y-Parameter, und sie wird wiederum auf gleiche Weise wie beim Bipolartransistor untersucht. Für den Fall der FETs ergibt sich die Funktion für den Ausgangstrom (Drain-Strom) beim Großsignalverhalten zu

$$I_D = \frac{K}{2}(U_{GS} - U_{T0})^2 \cdot (1 + \lambda U_{DS}) \tag{5.57}$$

λ stellt einen Korrekturfaktor dar, der den Einfluss der Ausgangsspannung auf den Stromfluss kennzeichnet und kann als Analogie zum Early-Effekt angesehen werden. Stellt man die Frage nach Nichtlinearitäten, so zeigt die 1. Ableitung des Ausgangsstromes nach der Eingangsspannung, die gleichzeitig die Steilheit beschreibt.

$$y_{21} = \left.\frac{\partial I_D}{\partial U_{GS}}\right|_A = \frac{\partial}{\partial U_{GS}}\left(\frac{K}{2}(U_{GS} - U_{T0})^2 \cdot (1 + \lambda U_{DS})\right) \tag{5.58}$$

$$y_{21} = K(U_{GS} - U_{T0}) \cdot (1 + \lambda U_{DS})$$

Stellt man die Ausgangsformel $I_D = \frac{K}{2}(U_{GS} - U_{T0})^2 \cdot (1 + \lambda + {}_{DS})$ nach U_{GS} um, erhält man über die Abhängigkeit $y_{21} = \mathrm{f}(I_D)$ dann:

$$U_{GS} = \sqrt{\frac{2 \cdot I_D}{K \cdot (1 + \lambda U_{DS})}} + U_{T0} \tag{5.59}$$

Beim Einsetzen in die Gl. 5.58 erhält man

$$y_{21} = K\left(\sqrt{\frac{2 \cdot I_D}{K \cdot (1 + \lambda U_{DS})}} + U_{T0} - U_{T0}\right) \cdot (1 + \lambda U_{DS})$$

und nach Auflösung ergibt sich:

$$y_{21} = \sqrt{2 \cdot K \cdot I_D \cdot (1 + \lambda U_{DS})} \tag{5.60}$$

Auf analoge Weise erreicht man die Darstellung über die 1. Ableitung des Ausgangsstromes nach der Ausgangsspannung, die gleichzeitig den Ausgangsleitwert als $y_{22} = \mathrm{f}(I_D)$ beschreibt.

$$y_{22} = \left.\frac{\partial I_D}{\partial U_{DS}}\right|_A = \frac{\partial}{\partial U_{DS}}\left(\frac{K}{2}(U_{GS} - U_{T0})^2 \cdot (1 + \lambda U_{DS})\right) \tag{5.61}$$

$$y_{22} = \frac{K}{2}(U_{GS} - U_{T0})^2 \cdot \lambda$$

Setzt man nun die Gl. 5.59 ein und stellt systematisch um, erhält man schrittweise für den Ausgangsleitwert y_{22}:

$$y_{22} = \frac{K}{2}\left(\sqrt{\frac{2 \cdot I_D}{K \cdot (1 + \lambda U_{DS})}} + U_{T0} - U_{T0}\right)^2 \cdot \lambda \tag{5.62}$$

$$y_{22} = \frac{K}{2} \cdot \frac{2 \cdot I_D \cdot \lambda}{K \cdot (1 + \lambda U_{DS})} \quad \text{über} \quad y_{22} = \frac{I_D \cdot \lambda}{1 + \lambda U_{DS}}$$

$$y_{22} = \frac{I_D}{U_{DS} + \frac{1}{\lambda}} \tag{5.63}$$

6 Betriebskenngrößen von Transistorschaltungen

In diesem Kapitel wird nicht mehr der Transistor allein als Einzelbauelement betrachtet, sondern es werden die Methoden, mit denen der Transistor untersucht wurde, auf die gesamte Verstärkerschaltung ausgedehnt und angewendet. Dabei muss genau betrachtet werden, wo die Trennstellen für die Betrachtung der Verstärkerschaltung hingelegt werden. Dieser Schritt der Schnittpunktedefinition entscheidet darüber, welche Bauelemente innerhalb des Vierpols liegen und damit in die Gesamtfunktion verschmelzen und welche als Außenbeschaltung außerhalb stehenbleiben und extra berechnet werden müssen.

6.1 Der Vierpol

Bildet man nun wieder einen allgemeinen Vierpol, so müssen die Gesetzmäßigkeiten der Vierpoltheorie, die bisher nur für die Transistoren als ein einziges Bauelement angewendet wurden, auch für diese Betrachtung der Gesamtschaltung ihre Gültigkeit haben. Zu beachten sind allerdings jetzt die Bedingungen, die an den festgelegten Schnittpunkten gelten. Weiter sei gleich festgestellt, dass an den Außenkontakten des nun neu entstandenen Vierpols immer das Gesamtverhalten aller im Inneren befindlichen Bauelemente gemessen werden kann. Das bedeutet weiterhin, dass nun nicht mehr ein Rückschluss aus dem Gesamtverhalten auf den exakten inneren Aufbau der Schaltung möglich ist und erst recht nicht auf einzelne Bauelemente. Für den Anwender ist das nicht so störend, da ihn eigentlich nur die Gesamtfunktion interessiert.

6.1.1 Allgemeine Grundlagen

Es gelten hier die Bedingungen, die schon bei der Vierpolbetrachtung des Einzelbauelementes Transistor gültig waren. Die Grundlage ist die Beschreibung der inneren Funktion, die jetzt eine ganze Schaltung darstellen wird, als eine Blackbox durch *von außen messbare Parameter.* Folgende Festlegung zu den benutzten Formelzeichen und deren Darstellungen soll gelten, da es oft in der Literatur unterschiedliche Darstellungen gibt:

Bild 6.1 Schema eines allgemeinen Vierpols

		Gleichsignale	*Wechselsignale*
Messgrößen:	- Eingangsstrom	I_1	$i_1 \equiv \underline{I}_1$
	- Eingangsspannung	U_1	$u_1 \equiv \underline{U}_1$
	- Ausgangsstrom	I_2	$i_2 \equiv \underline{I}_2$
	- Ausgangsspannung	U_2	$u_2 \equiv \underline{U}_2$

Problem bei Vierpolanalyse

Hier steht nun für die Folgebetrachtungen die entscheidende Frage der Grenzziehung für den Vierpol und welche Teile, also welche Bauelemente in den Vierpol einbezogen werden und welche außerhalb dieser Blackbox stehen. Nach dieser Festlegung werden sich die zu analysierenden Signale an den Schnittpunkten mit ihrer Größe, Art und Richtung abbilden.

6.1.2 Schnittstellenvarianten an einer Verstärkerschaltung

Die Hauptfrage, die hier im Mittelpunkt stehen muss, ist die Frage nach der Lage der Schnittstellen zur Betrachtung des Verhaltens der Schaltung. Denn aus dieser hier getroffenen Festlegungen folgen sofort die Bedingungen aller nachfolgenden Betrachtungen.

Zur Grenzziehung für die Blackbox-Bildung sind folgende Varianten denkbar:

1. Um den Transistor

Das entspricht der Herangehensweise wie bisher, wo nur der Transistor als Einzelelement in der Blackbox untergebracht war und als solches betrachtet wurde.

2. Um den Verstärker

In die jetzige Betrachtung wird neben dem Transistor noch die darumbefindliche Beschaltung einbezogen, wobei, wie es auch das Bild 6.2 zeigt, unterschiedliche Grenzen für den Begriff "gesamte Schaltung" gezogen werden können.

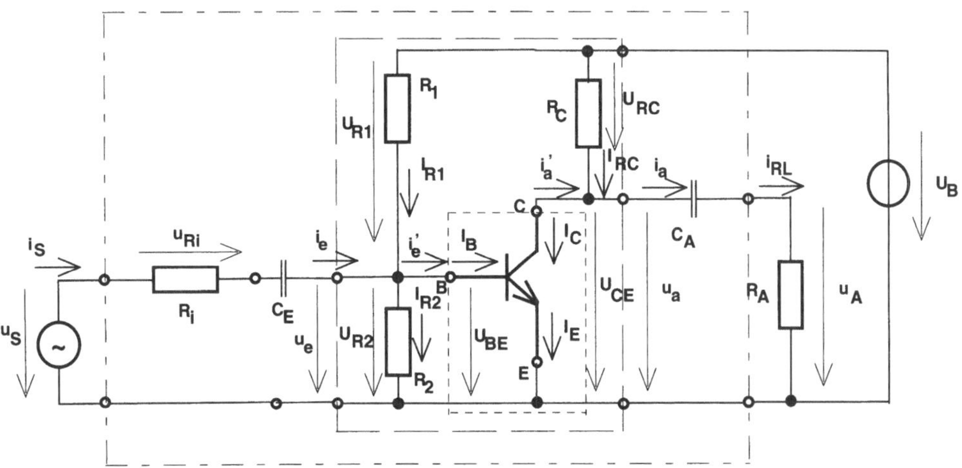

Bild 6.2 Mögliche Schnittstellen zur Betrachtung als Vierpol

Aus diesen *unterschiedlichen Betrachtungsgrenzen* ergeben sich auch *unterschiedliche Lösungen* zur Definition und somit zur Berechnung von:

- Eingangswiderstand / -leitwert
- Ausgangswiderstand / -leitwert
- Strom- und Spannungsverstärkung

Diese Definitionen zu den festgelegten Schnittstellen sind dann, nachdem sie einmal getroffen wurden, unbedingt beizubehalten und entscheidend für die Berechnung. Zu beachten ist weiterhin, in welche Richtungen Spannungen und Ströme definiert wurden. Das wirkt sich auf die entsprechenden Ansätze für Maschen und Knotenpunkte aus. Welche Bauelemente in welcher Anordnung im Inneren der Blackbox den Vierpol darstellen, ist völlig uninteressant für die äußere Beschaltung, denn sie gehen nun in die innere Funktion ein.

6.1.3 Beschreibungssysteme

Bisher wurde nur immer von der Darstellung über Hybridparameter (h-Parameter) gesprochen und die Leitwert- (y-)-Parameter-Darstellung nur kurz gestreift. Doch es gibt noch weitere Darstellungssysteme, die alle in irgendeiner Form ihre Daseinsbetrechtigung haben.

Für alle Schnittstellenmöglichkeiten lassen sich *rein mathematisch und allgemein* formuliert immer *vier formale Beschreibungssysteme* nutzen.

1. Hybridparameter (h-Parameter)

Grundansatz $u_1 = h_{11} \cdot i_1 + h_{12} \cdot u_2$ und $i_2 = h_{21} \cdot i_1 + h_{22} \cdot u_2$ (6.1/6.2)

in Matrix-Form $$\begin{pmatrix} u_1 \\ i_2 \end{pmatrix} = \begin{pmatrix} h_{11} & h_{12} \\ h_{21} & h_{22} \end{pmatrix} \begin{pmatrix} i_1 \\ u_2 \end{pmatrix} = (h) \begin{pmatrix} i_1 \\ u_2 \end{pmatrix} \quad (6.3)$$

2. Leitwert-, Admittanzparameter (y-Parameter)

Grundansatz $i_1 = y_{11} \cdot u_1 + y_{12} \cdot u_2$ und $i_2 = y_{21} \cdot u_1 + y_{22} \cdot u_2$ (6.4/6.5)

in Matrix-Form $$\begin{pmatrix} i_1 \\ i_2 \end{pmatrix} = \begin{pmatrix} y_{11} & y_{12} \\ y_{21} & y_{22} \end{pmatrix} \begin{pmatrix} u_1 \\ u_2 \end{pmatrix} = (y) \begin{pmatrix} u_1 \\ u_2 \end{pmatrix} \quad (6.6)$$

Für die Nutzung hat sich als häufigste Verwendung eingeführt:

- h-Parameter für den Bipolartransistor und dort für die Gleichsignal- und Niederfrequenzbetrachtungen.
- y-Parameter für den Feldeffekttransistor und für das Hochfrequenzverhalten aller Schaltungen.

Das ist nicht zwingend notwendig so vorgeschrieben, denn diese Beziehungen sind mathematisch völlig gleichberechtigt, sondern resultiert aus der einfachen Handhabung. Vor allem dann, wenn die Frage steht, dass z.B. bei hohen Frequenzen viele Bauelemente parallel liegen (kapazitive Wirkungen) bietet die y-Darstellung einen erheblichen Vorteil in der Anwendung. Um alle vier Möglichkeiten vorzustellen, seien noch die zwei weniger häufig benutzte Lösungen vorgestellt werden.

3. Widerstands-, Impedanzparameter (z-Parameter)

Grundansatz $u_1 = z_{11} \cdot i_1 + z_{12} \cdot i_2$ und $u_2 = z_{21} \cdot i_1 + z_{22} \cdot i_2$ (6.7,8)

in Matrix-Form $$\begin{pmatrix} u_1 \\ u_2 \end{pmatrix} = \begin{pmatrix} z_{11} & z_{12} \\ z_{21} & z_{22} \end{pmatrix} \begin{pmatrix} i_1 \\ i_2 \end{pmatrix} = (z) \begin{pmatrix} i_1 \\ i_2 \end{pmatrix} \quad (6.9)$$

4. Kettenparameter (a-Parameter)

Grundansatz $u_1 = a_{11} \cdot u_2 + a_{12} \cdot i_2$ und $i_1 = a_{21} \cdot u_2 + a_{22} \cdot i_2$ (6.10,11)

in Matrix-Form $$\begin{pmatrix} u_1 \\ i_1 \end{pmatrix} = \begin{pmatrix} a_{11} & a_{12} \\ a_{21} & a_{22} \end{pmatrix} \begin{pmatrix} u_2 \\ i_2 \end{pmatrix} = (a) \begin{pmatrix} u_2 \\ i_2 \end{pmatrix} \quad (6.12)$$

Vergleicht man nun diese rein mathematisch entstandenen Systemansätze, so stellt man fest, dass die Grundidee gleich ist und jede Darstellungsweise Vor- und Nachteile in den einzelnen Anwendungen bringen wird. Aus diesem Grund ist es auch so, dass das h- und y-Parametersystem in der Regel bevorzugt wird. Zu beachten ist, dass für jede Schaltungsvariante (Emitter-, Basis-, Kollektorschaltung) des Transistors die h_{nm}- und y_{nm}- (a_{nm}- und z_{nm}-) Parameter andere Funktionen haben. Demnach sind sie entsprechend zu kennzeichnen.

6.2 Beschreibung mittels h-Parameter

Diese Beschreibungsart stellt eine Wiederholung zu den vorangegangenen Punkten dar, wird aber nun vom vorherigen Einzelbauelement (Transistor) jetzt auf die gesamte Verstärkerschaltung ausgedehnt.

6.2.1 Bedeutung der einzelnen Parameter (allgemeine Darstellung)

Die Beschreibungsansätze beziehen sich ja in der Hauptaussage auf Signale, die man außerhalb der Blackbox messen kann und die dann die entsprechende Funktion abbilden. Somit sind folgende Bezüge ableitbar, die aber nicht einfach auf die Bauelemente im Inneren schließen lassen. Dazu benötigt man zusätzlich noch eine Information über die Schaltung selbst, also über die Lage der Bauelemente. In folgender Art lassen sich die vier h-Parameter bestimmen:

1. Ausgangsspannung $u_2 = 0$ (Ausgang ist kurzgeschlossen)

   i_1 wird eingespeist u_1 wird gemessen

Eingangswiderstand $$h_{11} = \frac{u_1}{i_1}$$

2. Eingangsstrom $i_1 = 0$ (Eingang ist offen)

   u_2 wird angelegt u_1 wird gemessen

Spannungsrückwirkung $$h_{12} = \frac{u_1}{u_2}$$

3. Ausgangsspannung $u_2 = 0$ (Ausgang ist kurzgeschlossen)

   i_1 wird eingespeist i_2 wird gemessen

Stromverstärkung $$h_{21} = \frac{i_2}{i_1}$$

4. Eingangsstrom $i_1 = 0$ (Eingang ist offen)

   u_2 wird angelegt i_2 wird gemessen

Ausgangsleitwert $$h_{22} = \frac{i_2}{u_2}$$

Beachtung bei der Zuordnung der Transistorparameter

Da jede Schaltungskonfiguration eigene bauelementespezifische Kenngrößen hat, folgt wie schon dargestellt, die Kennzeichnung je nach verwendeter Schaltung:

Emitterschaltung: h_{11e} ; h_{12e} ; h_{21e} ; h_{22e}

Kollektorschaltung: h_{11k} ; h_{12k} ; h_{21k} ; h_{22k}

Basisschaltung: h_{11b} ; h_{12b} ; h_{21b} ; h_{22b}

Bei der jetzt folgenden Einbeziehung der gesamten Verstärkerschaltung in den Vierpol kann jetzt keine Schlussfolgerung mehr gezogen werden, ob der Transistor sich in Emitter-, Kollektor- oder Basisbetrieb befindet. Dieser Fakt kann nur aus der Kenntnis der Innenschaltung hergeleitet bzw. zurückverfolgt werden.

6.2.2 Interpretation der h-Parameter

In den folgenden Betrachtungen wird als Grundlage immer, so nicht extra anders angegeben ist, die Emitterschaltung eingesetzt und auf deren Verhalten sich bezogen.

Allgemeingültige Darstellung der h-Parameter

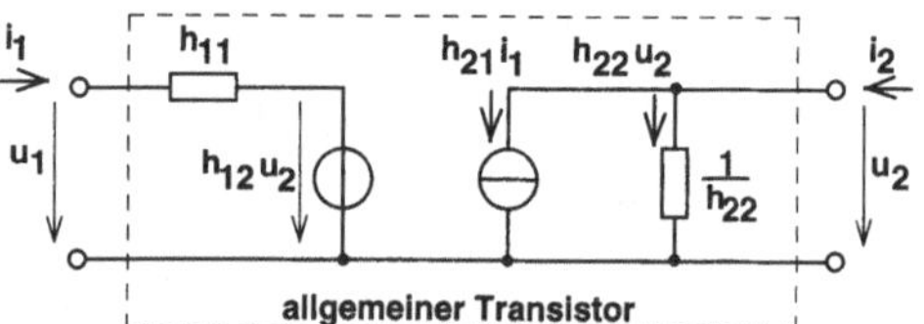

Bild 6.3 Ersatzschaltbild mit h-Parametern

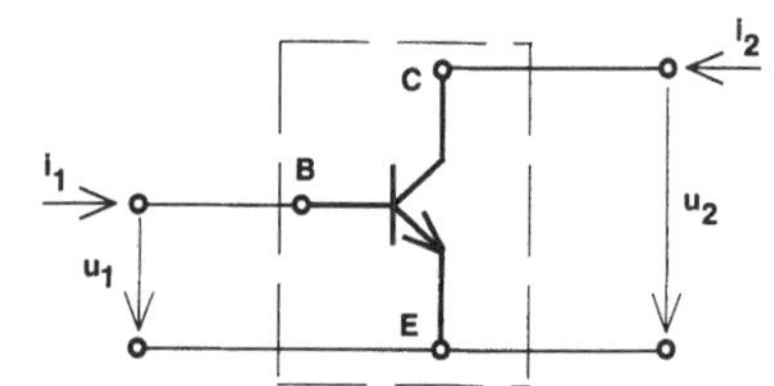

Bild 6.4 Betrachtung des Transistors

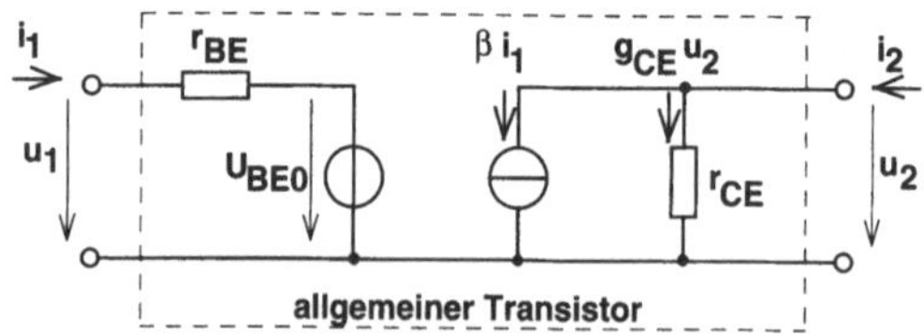

Bild 6.5 Bauelementezuordnung

Die Darstellung im Bild 6.3 des *h*-Parameter-Ersatzschaltbildes ist, wegen der allgemeinen Formulierung in dieser Form für alle Schaltungsvarianten gültig. Allerdings muss beachtet werden, dass die Symbole für Leitwerte und Widerstände gleich sind. Das führt oft zu Fehlern. Deshalb ist unbedingt zu beachten:

h_{11} ist ein differentieller Widerstand

h_{22} ist ein differentieller Leitwert

In der Widerstandsdarstellung folgt auf die Emitterschaltung bezogen, dass nun $r_{CE} = 1/h_{22}$ und in der Leitwertdarstellung $h_{22} = g_{CE}$ ist. Ist wirklich bekannt, dass sich der Transistor in Emitterschaltung, wie Bild 6.4 zeigt, befindet, so kann man in einem weiteren Schritt folgende Bauelemente-Bezüge zwischen den h-Parametern und den inneren Bauelementen herstellen:

Aus der Feststellung, dass der Transistor *in Emitterschaltung* arbeitet, sind jetzt die folgenden Zuordnungen zulässig. Hier nochmals der Hinweis, dass die hier gemachte h-Parameter- zu Bauelementezuordnung nur für die Emitterschaltung gilt. Für die Basis- und Kollektorschaltung erfolgt durch die geänderte Stellung des Transistors, die Drehung des Bauelementes, eine andere Stellung der inneren Bauelemente zu der standardisierten Außenzuordnung.

Basis-Emitter-Widerstand $r_{BE} = h_{11}$ $\left(h_{11} = \frac{u_1}{i_1} \right)$

Basis-Emitter-Spannungsquelle (Schwellspannung)

$$U_{BE0} = h_{12} \cdot u_2 \qquad \left(h_{12} = \frac{u_1}{u_2} \right)$$

Kollektorstromquelle (Verstärkerwirkung)

$$I_C = B \cdot I_B \cong h_{21} \cdot i_1 \quad h_{21} \cong B\,(=\beta) \qquad \left(h_{21} = \frac{i_2}{i_1} \right)$$

Kollektor-Emitter-Widerstand $r_{CE} = \frac{1}{h_{22}}$

Kollektor-Emitter-Leitwert $g_{CE} = h_{22}$ $\left(h_{22} = \frac{i_2}{u_2} \right)$

6.2.3 Betrachtung von Ein- und Ausgangswiderstand

Wiederum am Beispiel der Emitterschaltung erfolgt nun die Betrachtung der Ein- und Ausgangswiderstände bzw. der Ein- und Ausgangsleitwerte der Schaltung und somit des vereinbarten Vierpols.

6.2.3.1 Allgemeine Betrachtung

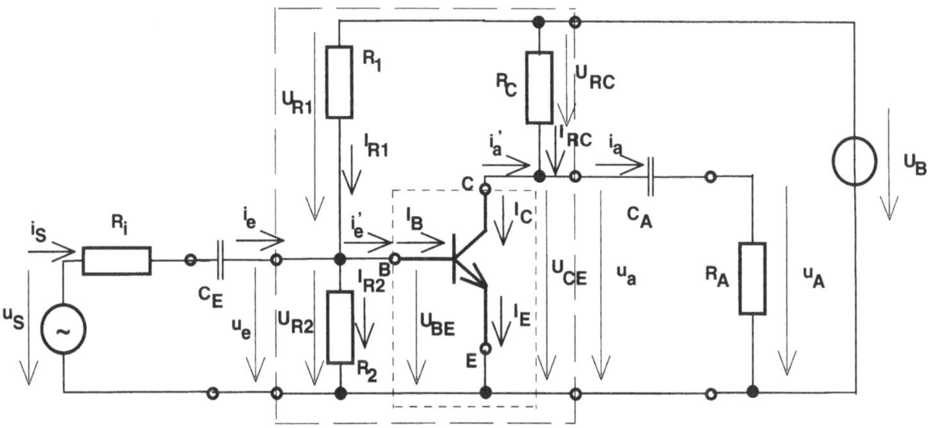

Bild 6.6 Emitterschaltung mit Basisspannungsteiler und äußerer Beschaltung

Auf folgenden Sachverhalt sei eingangs noch verwiesen. Der Lastwiderstand (Außenwiderstand) der Schaltung wird oft mit R_L statt mit R_A bezeichnet. In den folgenden Darstellungen wird nun der gesamte Widerstand, der am Kollektor anliegt, also aus dem Kollektoranschluss heraus nach hinten betrachtet, als ein Gesamtwiderstand zusammengefasst. Dieser Widerstand, der den Transistor belastet, wird von nun an mit R_L gekennzeichnet und R_A ist nur ein Teil davon, nämlich der eigentliche Verbraucher.

6.2.3.2 *Betrachtung der Ersatzschaltbilder für die gesamte Schaltung*

Bei Betrachtungen von Ersatzschaltbildern, die in den einzelnen Arbeitsbereichen unterschiedlich wirkende Komponenten haben, kann man von zwei Darstellungsversionen ausgehen.

Version 1 ist so angelegt, dass man sich eine Minimalfunktion erstellt, die in allen Arbeitsbereichen vorhanden ist. Man ergänzt dann für die entsprechend vorliegende Anwendung die in diesen Bereich zusätzlich wirkenden Bauelemente.

Version 2 ist so aufgebaut, dass man ein komplettes, allgemeines Ersatzschaltbild mit allen möglichem Bauelementen aufbaut. Bei der Anwendung werden dann alle die Bauelemente herausgestrichen, die für den zu untersuchenden Frequenzbereich nicht wirken.

In den folgenden Darstellungen soll die Version 2 bevorzugt eingesetzt werden, d.h. es werden in einem allgemeinen Ersatzschaltbild alle möglichen Bauelemente erstmal eingesetzt und die nicht wirkenden danach herausgelöscht. Der Vorteil besteht darin, dass man kein Bauelement beim Eintragen vergessen kann.

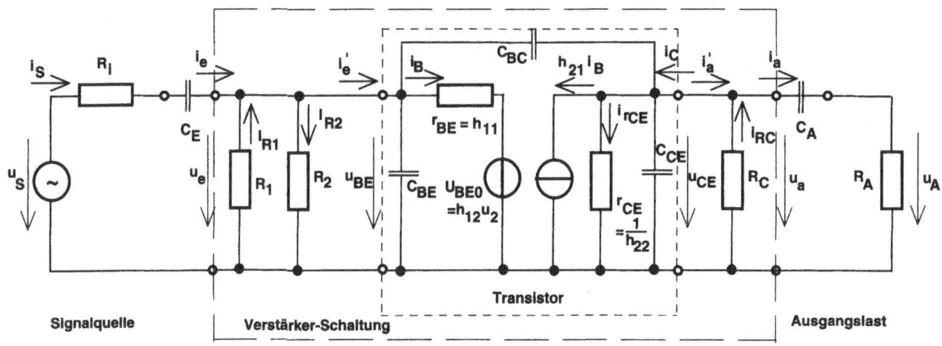

Bild 6.7 Allgemeines Ersatzschaltbild (Betriebsspannungsquelle gebrückt)

Aus dem im Bild 6.7 dargestellten allgemeinen, universellen und komplett ausgerüsteten Ersatzschaltbild lassen sich *für die einzelnen Frequenzbereiche* (Gleichstromfall, niedrige, mittlere und hohe Frequenzen) folgende *Teilersatzschaltbilder* ableiten. In diesen wird das Frequenzverhalten des Transistors und der umgebenden Schaltung dann in dem jeweiligen Betrachtungsbereich untersucht.

1. Gleichstromfall

Bei der Gleichsignalbetrachtung stellen alle Kapazitäten einen unendlichen Blindwiderstand $X_C \to \infty$ dar. Je nach Einbauort in der Schaltung ist ihre Wirkung entsprechend auf die Schaltung. Somit ergibt sich:

- Die Koppelkondensatoren trennen in diesem Fall Quelle und Verbraucher (Last) völlig ab.
- Die Kapazitäten im Bauelement Transistor wirken wegen $X_C \to \infty$ nicht und entfallen in der Darstellung.
- In diesem Fall tritt aber U_{BE0} in Erscheinung, da diese Quelle eine Gleichspannungsquelle ist.
- Die Außenquellen sind nicht relevant bei dieser Ersatzbetrachtung.

In diesem Frequenzbereich wird auch die Arbeitspunkteinstellung berechnet und vorgenommen, da eine Arbeitspunktfestlegung immer gleichstrommäßig erfolgt.

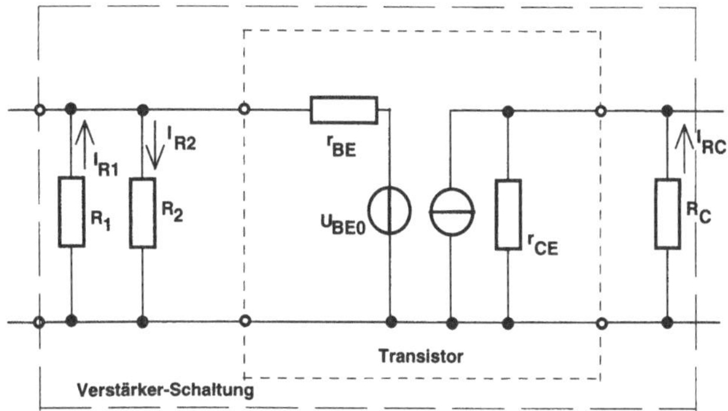

Bild 6.8 Ersatzschaltbild für den Gleichstromfall

2. Niedrige Frequenzen

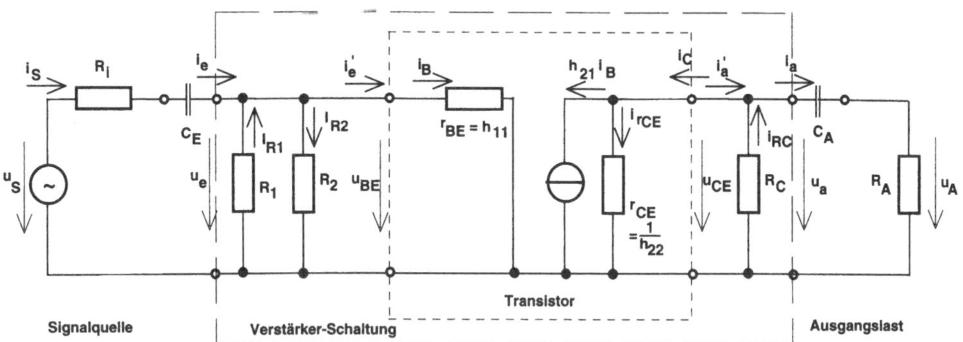

Bild 6.9 Ersatzschaltbild für niedrige Frequenzen

Es wird natürlich in diesem Fall wieder die Frage nach der Wirkung der Einzelkomponenten gestellt, die da lauten:

- Bei den niedrigen Frequenzen wirken die Koppelkondensatoren mit ihren recht hohen Kapazitäten (µF-Bereich) als Längs-Blindwiderstände und koppeln das Signal von der Quelle in die Schaltung ein und leiten es auch am Ausgang zur Folgestufe (Last) weiter.
- Die inneren Kapazitäten des Transistors (pF-Bereich) wirken noch nicht.
- Die Gleichspannungsquelle ist bei Frequenzbetrachtungen verschwunden, da sie einen inneren Quellenwiderstand von Null darstellt.

3. Mittlere Frequenzen

Betrachtet man nun wieder die Bauelemente, so ergeben sich folgende Schlüsse:

- Bei den mittleren Frequenzen sind die relativ großen Koppelkapazitäten zu einem sehr geringen Blindwiderstand "zusammengeschrumpft", zu fast Null bzw. wenige Ohm, was einer wechselstrommäßigen Überbrückung gleichkommt.

- Andererseits wirken die kleinen internen Transistorkapazitäten noch nicht und sind als $X_{CTr} \rightarrow \infty$ anzusehen.

Da der Ein- und der Ausgang je eine Hochpass-Kombination darstellt, heißt das auch, dass hier die größte Gesamtverstärkung (von Quelle zur Last) entstehen muss. Unter diesen Bedingungen wird bei mittleren Frequenzen die maximale Verstärkung berechnet.

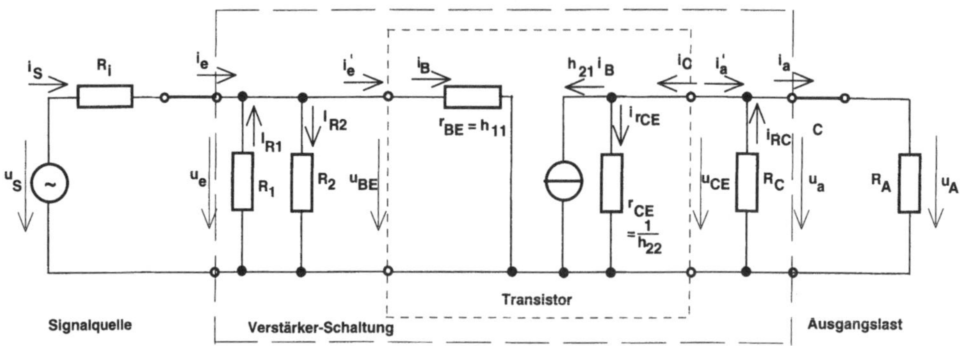

Bild 6.10 Ersatzschaltbild für mittlere Frequenzen

4. Hohe Frequenzen

Aus der Betrachtung der Bauelemente ergeben sich folgende Schlussfolgerungen:

- Bei den hohen Frequenzen sind die großen Eingangs- und Ausgangs-Koppelkapazitäten nun ganz "zusammengeschrumpft" und stellen eine Brücke dar.
- Dafür treten aber die Wirkungen der drei inneren Transistorkapazitäten ein, die das Tiefpassverhalten des Transistors zeigen.

Das bedeutet, dass die Gesamtverstärkung wieder zurückgehen muss. Ein besonderes Problem stellt die sogenannte "Brückenkapazität" C_{BC} zwischen der Basis und dem Kollektor dar. Um wieder die bekannte und für die Berechnung sehr hilfreiche Trennung zwischen Ein- und Ausgangsteil zu erhalten, muss die Kapazität C_{BC} aufgelöst und deren Anteile über das *Miller-Theorem* auf den Ein- und Ausgang umgerechnet werden. Anderenfalls wäre die getrennte Betrachtung von Eingangs- und Ausgangsverhalten nicht mehr so einfach möglich.

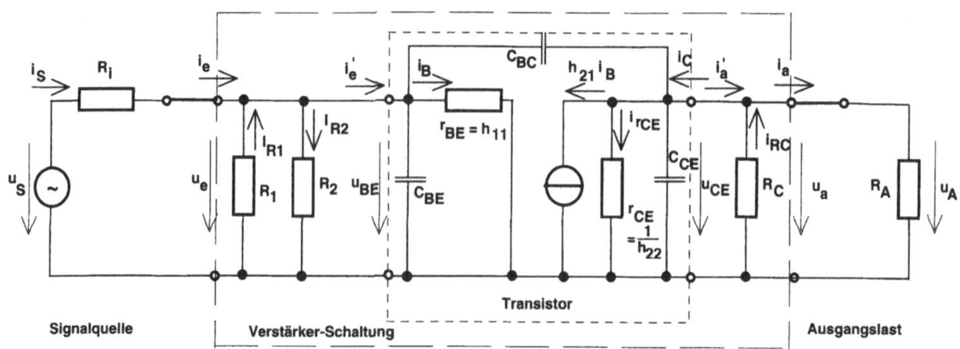

Bild 6.11 Ersatzschaltbild für hohe Frequenzen

6.2.4 Betrachtung des Transistors und dessen Umfeld

Hier steht nun die entscheidende Frage, wo die Schnittstelle zur Blackbox und dem Rest der Schaltung hingesetzt wird. Weiterhin besteht die Möglichkeit, die inneren Bedingungen z.B. eines Transistors aus Vierpol-Ansätzen oder h-Parameter herzuleiten und im allgemeinen Ansatz zusammenzufassen.

$$u_1 = h_{11} \cdot i_1 + h_{12} \cdot u_2 \qquad \text{und} \qquad i_2 = h_{21} \cdot i_1 + h_{22} \cdot u_2$$

Für die äußeren Bedingungen ergibt sich nach der Festlegung der Schnittstellen die Frage, was kann ich dort auf der Eingangs- und auf der Ausgangsseite zusammenfassen. Je nach dem, *wo* die Betrachtung (Schnittstelle) hingelegt wird, ist dann die Blackbox durch die Außenbeschaltung fixiert. In dem folgenden Teil sollen zwei ausgewählte Fälle untersucht werden. Es soll einmal die Schnittstelle um den Transistor, im zweiten Fall um den Verstärker gezogen werden. Dazu noch der Hinweis, dass unter den Begriff "um den Verstärker" die Schnittstellen an den Koppelkondensatoren zu sehen sind. Das macht auch Sinn, denn zur gleichstrommäßigen Arbeitspunkteinstellung dienen ja die Koppelkondensatoren als Trennung zur umliegenden Schaltung und das erleichtert wesentlich die Berechnung und Einstellung. Das gilt aber nur für Schaltungen, die nur Wechselsignale übertragen sollen.

6.2.4.1 Schnittstellen um den Transistor

Aus dieser Schnittstellenfestlegung (Fall 1) ergeben sich folgende Teilbilder, die sich auf
- die Lage des Vierpols in der gesamten Schaltung
- die innere Beschaltung des Vierpols
- äußere Beschaltung
- Ersatzschaltung der äußeren Beschaltung beziehen.

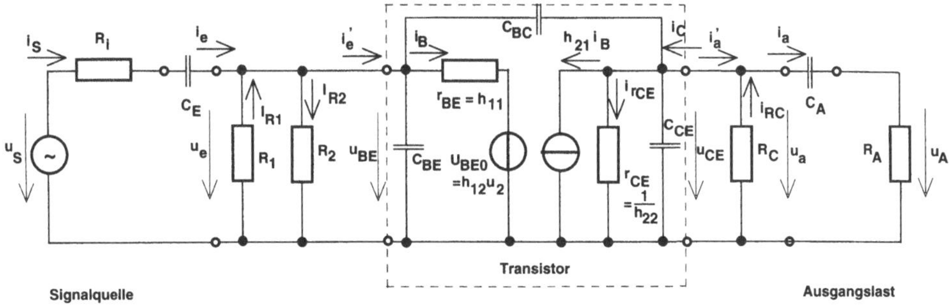

Bild 6.12 Allgemeines Ersatzschaltbild (Betriebsspannungsquelle gebrückt)

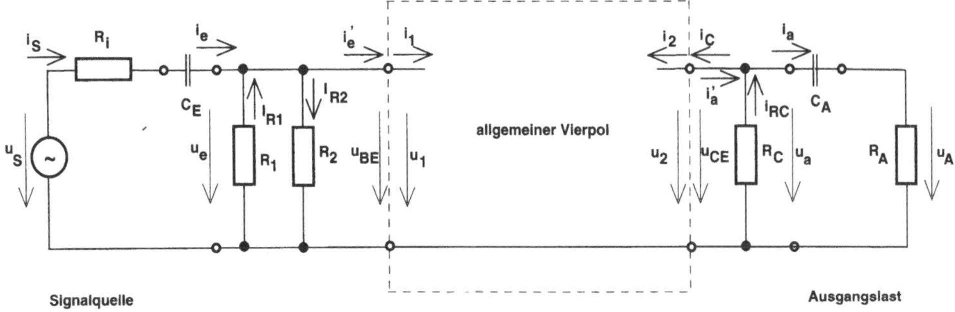

Bild 6.13 Lage des Vierpols in der gesamten Schaltung und volle äußere Beschaltung

Wenn man diese "Grenzziehung" absolviert hat, kann man die Gesamtschaltung in Teile zerlegen, die in sich autonom betrachtet werden können. In den Folgedarstellungen sollen diese Einzelgruppen nun untersucht werden.

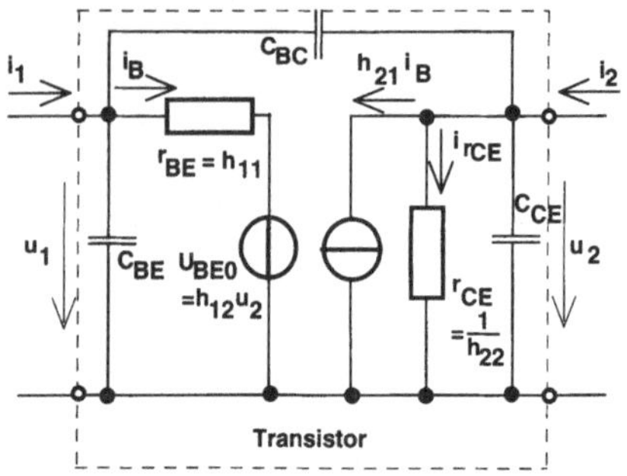

Bild 6.14 Innere Beschaltung des Vierpols

Im Bild 6.13 erfolgte die Einteilung in Blackbox und äußere Schaltungsteile. Nun kann man den Vierpol herauslösen, die Schnittstellen und deren Signale sind definiert, und in sich betrachten und berechnen. Das Bild 6.14 zeigt den herausgelösten Vierpol mit den Bauelementen, die in ihm enthalten sind. Aus dem Bild ist zu erkennen, dass dort der allgemeine Vierpol angegeben ist und somit keine Einschränkung auf ein bestimmten Frequenzbereich getroffen wurde. Das Bild 6.15 betrachtet nun die restliche Außenbeschaltung mit der Ergänzung, dass jetzt die äußeren Bauelemente des Eingangs und des Ausgangs zu je einem komplexen Widerstand zusammengefasst wurden. Auch sind an den Koppelpunkten die Übergabekriterien im Sinne einer Zusammenstellung der verbindenden Signale angegeben. Um die äußeren Beschaltungen in eine einfach Konstruktion zu bekommen, sind folgende Bauelemente gemäß der Schnittstellenziehung für diesen Fall zusammengefasst worden.

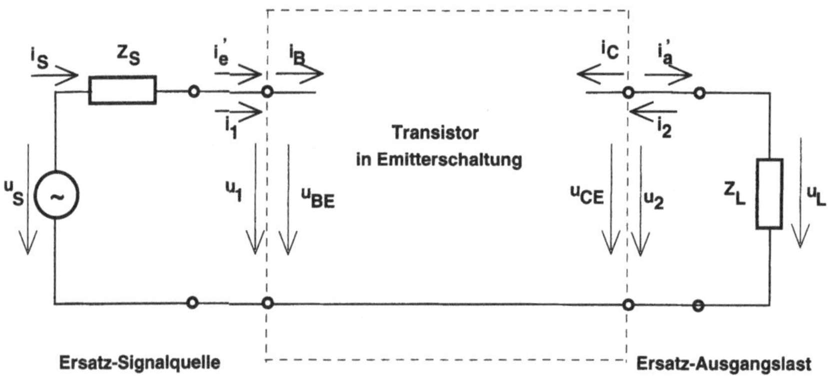

Bild 6.15 Ersatzschaltung der äußeren Beschaltung

Eingangsseitig wird $R_1,\ R_2,\ C_E,\ R_i \Rightarrow Z_S$

und ausgangsseitig wird $R_C,\ C_A,\ R_A \Rightarrow Z_L$ zu den komplexen Widerständen zusammengefasst.

Am Anschlusspunkt an den allgemeinen Vierpol ergeben sich folgende Beziehungen:

$$u_1 = u_e \ (= u_{R2}) \qquad i_1 = i_e' \quad (= i_B)$$

$$u_2 = u_a \ (= u_{CE}) \qquad i_2 = -i_a' \quad (= i_{CG})$$

Nach diesen Festlegungen kann nun die mathematische Betrachtung des Falls 1 (Schnittstellen um den Transistor) beginnen. Bei einfacher Anwendung der Grundgesetze der Elektrotechnik gelten folgende Ansätze:

für den Ausgang: $\frac{u_2}{-i_2} = Z_L$ mit $Y_L = \frac{1}{Z_L}$ und $Y_L = -\frac{i_2}{u_2}$

$$i_2 = -Y_L \cdot u_2 \tag{6.13}$$

für den Eingang: $u_S = Z_S i_1 + u_1$

$$u_1 = u_S - Z_S \cdot i_1 \tag{6.14}$$

Damit ist erstmal die grundlegende Schnittstellenbetrachtung abgeschlossen und es soll der zweite Fall untersucht werden.

6.2.4.2 Schnittstellen um die Verstärkerschaltung

Eine weitere Schnittstellenvariante bietet der Fall 2, wo die Schnittpunkte an den Koppelkondensatoren gezogen werden. Dabei muss man sich entscheiden, ob die Koppelkondensatoren mit in den Vierpol einbezogen werden oder nicht. Hier werden die Koppelkondensatoren nach außen verlagert und gehen in die Außenbeschaltung ein. Das Bild 6.16 zeigt die Grenzziehung.

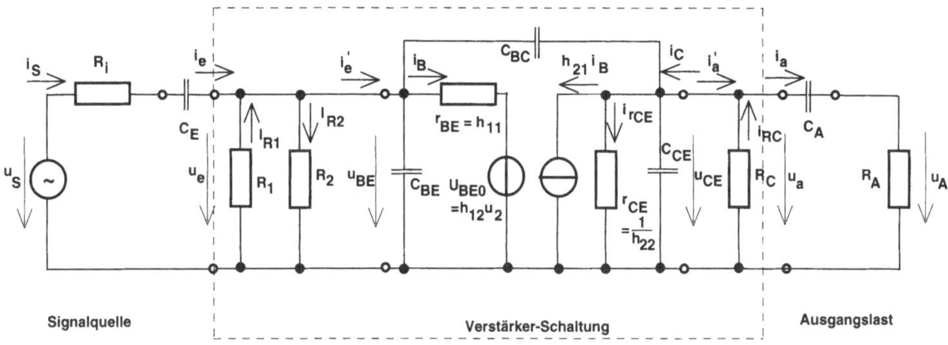

Bild 6.16 Allgemeines Ersatzschaltbild (Betriebsspannungsquelle gebrückt)

Hier lassen sich in analoger Weise erneut Teilbilder ableiten, wobei jetzt die Bauelementelage bezogen auf die neue Schnittstelle entscheidend für die Gestalt des Vierpols und der äußeren Beschaltung ist. Somit entstehen folgende Teilbilder:

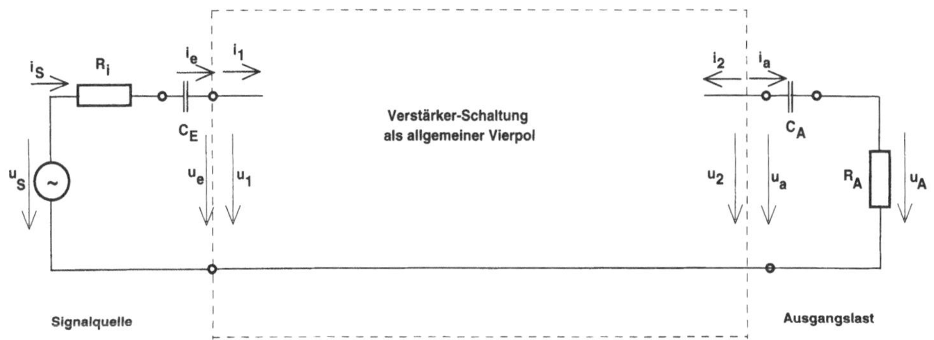

Bild 6.17 Lage des Vierpols in der gesamten Schaltung und volle äußere Beschaltung

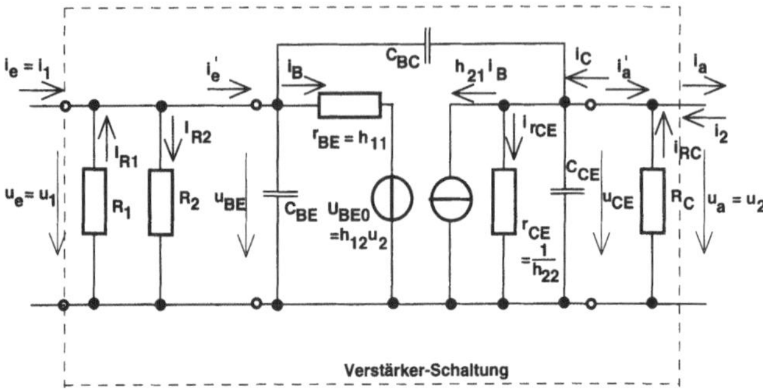

Bild 6.18 Innere Beschaltung des Vierpols

Aus dem Bild 6.17 ist klar zu erkennen, da nur noch der Koppelkondensator, R_i und die Quelle außerhalb liegen, dass der Basisspannungsteiler jetzt in der Blackbox liegt. Auch der Kollektorwiderstand ist innerhalb des Vierpols und somit bleibt für die Ausgangsseite nur noch der Auskoppelkondensator und der Lastwiderstand R_A. Genau diese Feststellung wird von Bild 6.18 bestätigt, wobei an dieser Stelle nochmals darauf verwiesen werden muss, dass die formale Beschreibung des Vierpols keine Rückschlüsse mehr auf einzelne Bauelemente im Inneren der Blackbox zulässt. Das Bild 6.19 zeigt nun wieder, dass die Ein- und Ausgangsbeschaltung in je einen komplexen Ersatzwiderstand zusammengefasst wird, wobei die Komponenten natürlich andere als beim Fall 1 sein müssen.

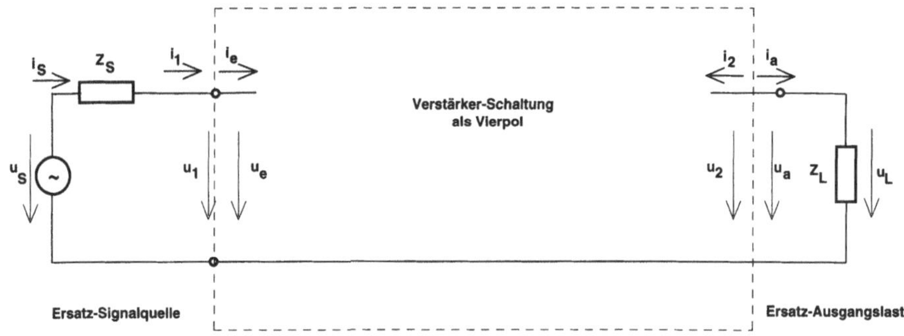

Bild 6.19 Ersatzschaltung der äußeren Beschaltung

Es wird eingangsseitig $C_E, R_i \Rightarrow Z_S$

und ausgangsseitig $C_A, R_A \Rightarrow Z_L$ zusammengefasst.

Wenn man die Bilder 6.13 und 6.14 mit den Bildern 6.17 und 6.18 vergleicht, so ist ersichtlich, dass Z_S und Z_L sich in beiden Schaltungen unterscheiden, obwohl sie sich schematisch ähnlich sehen. Die Widerstände zur Basisstromgenerierung für den Arbeitspunkt (R_1, R_2) und der Ausgangsarbeitswiderstand (R_C) werden in den Verstärker einbezogen.

Nach der allgemeinen Vierpoltheorie gelten folgende formale Zusammenhänge:

$$u_1 = u_e \qquad i_1 = i_e \qquad u_2 = u_a \qquad i_2 = -i_a$$

Wie schon verwiesen wurde, sind die h-Parameter des inneren Teils nicht allein die Transistorkenngrößen mehr, sondern nun ist als Blackbox der Gesamtverstärker (Transistor und dessen direkte Beschaltung) zu sehen.

6.2.5 Betrachtung von Ein- und Ausgangswiderstand

Für den Ein- und Ausgangswiderstand stellen sich die selben Fragen wie im Punkt zuvor. In der Regel kann man wieder zwei Fälle konstruieren. Der Fall 1 ist wie im vorangegangenen Punkt die Schnittstelle um den Transistor. Unter dem Fall 2 versteht man wieder in Analogie zu den vorangegangenen Betrachtungen, die Betrachtung des Ein- und Ausgangswiderstands der Schaltung. Das bedeutet aber, dass dann wieder die Schnittpunkte an den Koppelkondensatoren gezogen werden.

6.2.5.1 Eingangsimpedanz (Z_e) / - admittanz (Y_e)

Im diesem Teil wird nun der Fall 1 behandelt. Durch diese Wahl, dass sich nur der Transistor in der Blackbox befindet, werden auch die h-Parameter allein vom Transistor bestimmt. Die *Z*- und *Y*-Parameter beschreiben dabei die umgebende Schaltung. Zu beachten ist, welche Bauelemente zu Y_L und Z_S zusammenzufassen sind. Mit dieser Festlegung lässt sich nun die vereinfachte Schaltung nach den Bildern 6.13 bis 6.15 aufbauen, die die formale Betrachtung wesentlich vereinfacht. Betrachtet man zuerst den Ausgang, so erkennt man wieder 3 Bauelemente, die zusammengefasst werden können.

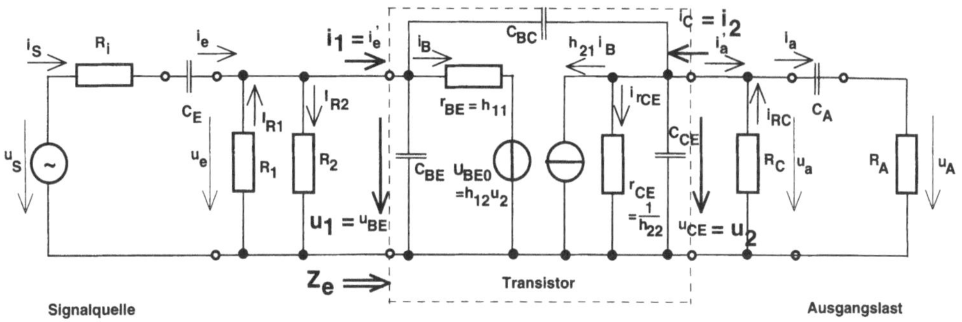

Bild 6.20 Kennzeichnung der Schnittstelle für die Eingangsimpedanz

Somit ergibt sich *ausgangsseitig* (betrachtet am Kollektoranschluss):

$$i_2 = -Y_L \cdot u_2 \qquad (6.15)$$

Für diesen Fall 1 gilt, dass unter Y_L bzw. Z_L die komplette Außenbeschaltung zusammengefasst werden muss.

$$Z_L = R_C \,\|\, (X_{CA} + R_A)$$

bzw.

$$Y_L = \frac{1}{Z_L} \qquad (6.16)$$

Für die Berechnung des Widerstandsverhaltens ist nun in die Vierpol-Ansätze (Gl. 6.1 und 6.2) einzusetzen, um im Ergebnis in den Formelansätzen keine Ströme oder Spannungen mehr zu haben. Sondern, es soll nur noch eine Darstellung über Bauelementeparameter erfolgen.

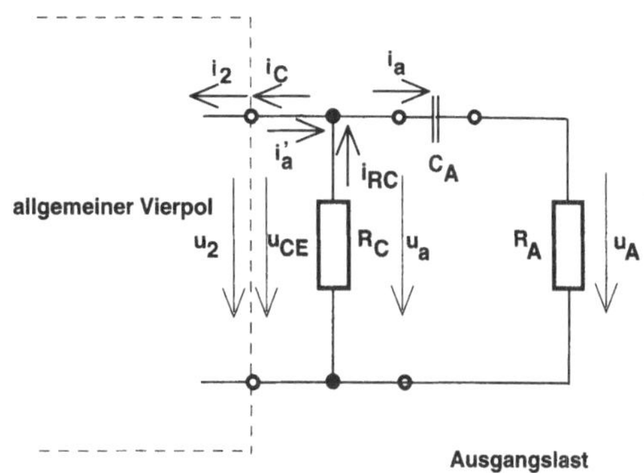

Bild 6.21 Betrachtung der Ausgangsbeschaltung des Vierpols

Im ersten Schritt wird im Vierpolansatz (Gl. 6.2) i_2 mittels der Gl. 6.15 ersetzt

$$-Y_L \cdot u_2 = i_2 = h_{21}\, i_1 + h_{22}\, u_2 \tag{6.17}$$

und es ergibt sich:

$$u_2 \cdot (-Y_L - h_{22}) = h_{21} \cdot i_1$$

bzw. umgestellt:

$$u_2 = -\frac{h_{21}}{(Y_L + h_{22})} \cdot i_1 \tag{6.18}$$

Um in einem weiteren Schritt dem Ziel des *Eingangswiderstandes* näher zu kommen, was einer Darstellung von $Z_e = \frac{u_1}{i_1}$ entspricht, ist ein weiterer unabhängiger Ansatz einzubeziehen. Hierbei bietet sich der zweite Vierpol-Ansatz (Gl. 6.1) an, um nun u_2 zu ersetzen.

$$u_1 = h_{11} \cdot i_1 + h_{12} \cdot u_2$$

$$u_1 = h_{11} \cdot i_1 + h_{12} \cdot \left(-\left(\frac{h_{21}}{Y_L + h_{22}} \right) \cdot i_1 \right)$$

Jetzt ist nach Umstellung die Zielfunktion $u_1 = \mathrm{f}(i_1)$ mit $u_1 = \left(h_{11} - \frac{h_{12} \cdot h_{21}}{Y_L + h_{22}} \right) \cdot i_1$ erreicht.

Für den Transistor ergibt sich nun der Eingangswiderstand zu:

$$Z_e = \frac{u_1}{i_1} = \left(h_{11} - \frac{h_{12} \cdot h_{21}}{Y_L + h_{22}} \right) \tag{6.19}$$

Über ein weiteres Umstellen

$$Z_e = \left(\frac{h_{11} \cdot (Y_L + h_{22}) - h_{12} \cdot h_{21}}{Y_L + h_{22}} \right)$$

$$Z_e = \left(\frac{h_{11} \cdot Y_L + h_{11} \cdot h_{22} - h_{12} \cdot h_{21}}{Y_L + h_{22}} \right)$$

und unter Verwendung der Determinante der Matrix $|h|$, die oft auch als Δh angegeben wird,

$$|h| = h_{11} \cdot h_{22} - h_{12} \cdot h_{21}$$

folgt schließlich für die *Eingangsimpedanz bzw. für die Eingangsadmittanz*:

$$Ze = \frac{h_{11} \cdot Y_L + |\mathrm{h}|}{Y_L + h_{22}} \qquad \text{und} \qquad Ye = \frac{Y_L + h_{22}}{|h| + h_{11} \cdot Y_L} \tag{6.20}$$

Somit ist eine Darstellung des komplexen Eingangswiderstandes bzw. -leitwertes auf der Basis von Bauelementeparametern erreicht. Alle variablen Größen, wie Spannungen und Ströme sind schrittweise ersetzt worden.

6.2.5.2 *Ausgangsimpedanz* (Z_a) / *-admittanz* (Y_a)

Ein gleicher Lösungsweg kann nun für die Betrachtung der Ausgangsseite und des komplexen Ausgangswiderstandes bzw. -leitwertes durchgeführt werden.

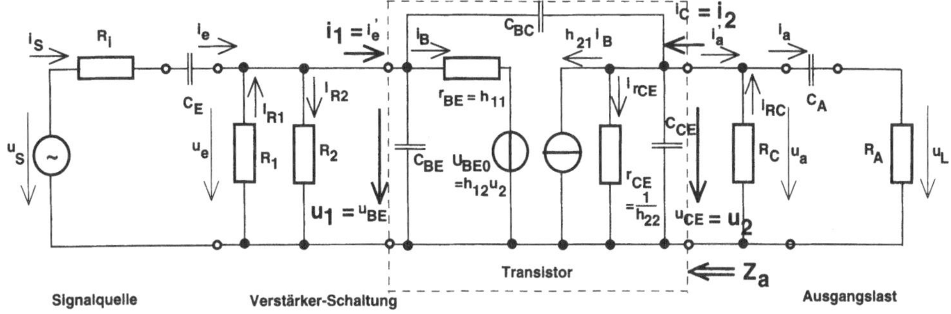

Bild 6.22 Kennzeichnung der Schnittstelle für die Ausgangsimpedanz

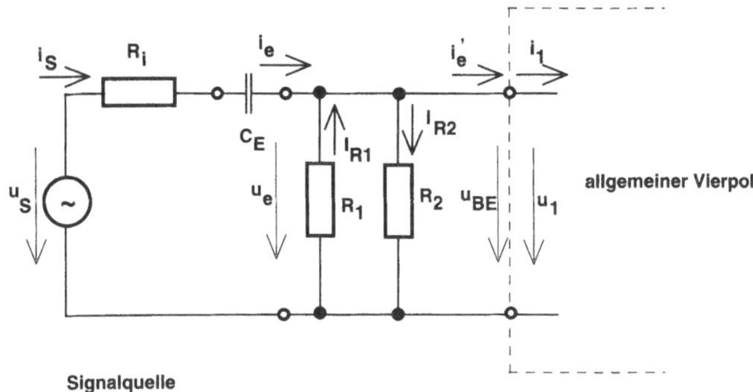

Bild 6.23 Betrachtung der Eingangsbeschaltung des Vierpols

Analog zur Eingangsbetrachtung werden an den Schnittstellen wieder die Signale miteinander verknüpft, wobei äußere und innere Signale gegenseitig eingesetzt werden. Es ergeben sich eingangsseitig (von der Basis zur Quelle gesehen) folgende Beziehungen:

$$u_1 = u_S - Z_S \cdot i_1 \tag{6.21}$$

Aus dem Bild 6.23 ist sofort die Funktion für Z_S ableitbar.

$$Z_S = R_1 \parallel R_2 \parallel (X_{CE} + R_i) \qquad \text{bzw.} \qquad Y_S = \frac{1}{Z_S} \tag{6.22}$$

Eingesetzt in den einen Vierpol-Ansatz erhält man die formalen Beziehungen:

$$u_1 = u_S - Z_S \cdot i_1 = h_{11} \cdot i_1 + h_{12} \cdot u_2$$

$$h_{11} \cdot i_1 + Z_S \cdot i_1 = u_S - h_{12} \cdot u_2$$

$$i_1 = \frac{u_S - h_{12} \cdot u_2}{h_{11} + Z_S} \tag{6.23}$$

Aus der zweiten Vierpolgleichung, um $i_2 = f(u_2)$ zu erhalten, folgt:

$$i_2 = h_{21} \cdot i_1 + h_{22} \cdot u_2$$

$$i_2 = h_{21} \cdot \frac{u_S - h_{12} \cdot u_2}{h11 + ZS} + h_{22} \cdot u_2 \tag{6.24}$$

Zur Bestimmung der Impedanz / Admittanz ist $u_S=0$ zu setzen, denn es liegt eine idealisierte Spannungsquelle mit einem internen Widerstand = 0 vor.

$$i_2 = h_{22} \cdot u_2 - h_{21} \cdot \frac{h_{12} \cdot u_2}{h_{11} + Z_S}$$

$$Y_a = \left.\frac{i_2}{u_2}\right|_{u_S=0} = h_{22} - \frac{h_{12} \cdot h_{21}}{h_{11} + Z_S} \quad \text{bzw.} \quad Z_a = \left.\frac{u_2}{i_2}\right|_{u_S=0} = \frac{1}{h_{22} - \dfrac{h_{12} \cdot h_{21}}{h_{11} + Z_S}} \tag{6.25}$$

Wie auch bei der Lösung des Eingangswiderstandes ist auch hier zu beachten, dass für beide Bestimmungen immer die Frage gestellt werden muss, was sich hinter Y_S und Z_S verbirgt bzw. was zusammengefasst wurde. Auf gleiche Weise wäre jetzt die Lösung für den Betrachtungsfall 2 durchzuführen. Dort zeigt sich, dass jetzt eingangsseitig R_1, R_2 mit in die Schaltung des Vierpols eingehen und ausgangsseitig wird R_C in den Vierpol einbezogen. Das erleichtert die äußere Rechnung zwar, bringt aber dann den größeren Aufwand in der Berechnung der Innenschaltung des Vierpols, in der nun die Transistorfunktion mit der Beschaltung verschmolzen ist.

6.2.6 Betrachtung der Verstärkungen

Für die gesamte Verstärkungsbetrachtung gelten einmal die Verstärkung des Transistors selbst und es ist die verstärkende oder auch abschwächende Wirkung des Umfeldes mit einzubeziehen. Dabei ist immer genau zu fragen, von welchem Punkt zu welchem Punkt der gesamten Schaltung die Verstärkung zu ermitteln ist. Im folgenden Teil wird erstmal die einfachere und übersichtlichere Variante des Falls 1 (Schnittstellen um den Transistor) untersucht. Anschliessend wird auf die Berechnung des Gesamtverstärkers übergegangen.

6.2.6.1 Spannungsverstärkung

Die Spannungsverstärkung ist definiert als das Verhältnis von:

$$V_U = \frac{u_2}{u_1} = \frac{\text{Ausgangsspannung}}{\text{Eingangsspannung}}$$

Jetzt ist nur festzulegen, wo der Eingang und wo der Ausgang als Schnittstelle definiert wurde.

Für die Folgebetrachtung (Fall 1) soll gelten, dass der Eingang an der Basis und der Ausgang am Kollektor festgelegt wird. Das heißt, es wird nur der Transistor bezüglich seiner Verstärkerwirkung betrachtet. Die gesamte Schaltung wird dann im Folgepunkt behandelt. Dazu sind folgende Ansätze aus der Bestimmung der Eingangsimpedanz bekannt. Grundgedanke war dabei die Nutzung der Vierpol-Gleichungen und der h-Parameter des Transistors.

$$u_2 = -\frac{h_{21}}{h_{22} + Y_L} \cdot i_1 \qquad \text{mit} \qquad i_1 = \frac{u_1}{Z_e} \tag{6.26}$$

Da die Zieldarstellung für die *Spannungsverstärkung* $V_u = \frac{u_2}{u_1}$ sein soll, kommt man über die Einbeziehung der *Eingangsimpedanz*

$$Z_e = \frac{h_{11} \cdot Y_L + |h|}{Y_L + h_{22}} \qquad \text{sowie} \qquad |h| = h_{11} \cdot h_{22} - h_{12} \cdot h_{21}$$

zur Einbindung von u_1. Eingesetzt folgt demnach $u_2 = f(u_1)$:

$$u_2 = -\frac{h_{21}}{h_{22}+Y_L} \cdot \frac{u_1}{\left(\frac{h_{11} \cdot Y_L + |h|}{Y_L + h_{22}}\right)}$$

Nun braucht man nur noch umzustellen, und so erhält man über

$$u_2 = -\frac{h_{21} \cdot u_1}{h_{11} \cdot h_{22} + h_{11} \cdot Y_L - h_{12} \cdot h_{21}} = -\frac{h_{21} \cdot u_1}{|h| + h_{11} \cdot Y_L}$$

die *Spannungsverstärkung*

$$V_u - \frac{u_2}{u_1} = -\frac{h_{21}}{|h| + h_{11} \cdot Y_L} \tag{6.27}$$

Für jede Schaltung gibt es zwei End- oder auch Extremwerte in der Form der Sonderfälle Leerlaufspannungs- und Kurzschlussstromverstärkung. Hier greift nur der eine Fall als Extremwert. Das ist die *Leerlaufspannungsverstärkung*.

Im Leerlauffall gilt: $Y_L = 0$ bzw. $Z_L = \infty$

Somit ergibt sich: $V_{uL} = -\frac{h_{21}}{|h|}$

6.2.6.2 Stromverstärkung

Die Stromverstärkung ist analog zur Spannungsverstärkung als das Verhältnis von

$$V_I = \frac{i_2}{i_1} = \frac{\text{Ausgangsstrom}}{\text{Eingangsstrom}}$$

definiert. Dabei lässt sich wiederum die Herleitung über die Ansätze aus der Impedanzberechnung nutzen, weil die gleichen Bedingungen gelten sollen.

Aus dem schon genutzten Ansatz $u_2 = -\frac{h_{21}}{h_{22}+Y_L} \cdot i_1$

ist nun u_2 durch i_2 zu ersetzen, damit danach das Verhältnis i_2/i_1 gebildet werden kann. Die Quelle dafür ist die Ausgangsbetrachtung unter Einbeziehung der angeschlossenen Gesamtlast. Hierbei ist Z_L nicht der Lastwiderstand R_A bzw. Z_A allein, sondern alle am Kollektor anliegenden/wirkenden Bauelemente.

Aus dem Ausgangsansatz $u_2 = -Z_L \cdot i_2$

folgt nach dem Einsetzen $-Z_L \cdot i_2 = -\frac{h_{21}}{h_{22}+Y_L} \cdot i_1$

Damit ergibt sich nach Umstellung:

$$V_I = \frac{i_2}{i_1} = \frac{h_{21}}{1 + h_{22} \cdot Z_L} \tag{6.28}$$

Stellt man hier die Frage nach dem Extremwert, so ergibt sich als Sonderfall die *Kurzschlussstromverstärkung.*

Im Kurzschlussfall gilt: $Z_L = 0$ bzw. $Y_L = \infty$

Folglich ergibt sich: $V_{iK} = h_{21} \quad (= \beta)$

6.2.6.3 Leistungsverstärkung

Wie aus der Elektrotechnik bekannt ist, ist die Leistung das Produkt aus Strom und Spannung. Die gleiche Definition gilt auch für die Leistungsverstärkung.

Leistungsverstärkung ist das Verhältnis von:

$$V_P = \frac{\text{Ausgangsleistung}}{\text{Eingangsleistung}} = (\text{Spannungsverst.}) \cdot (\text{Stromverst.})$$

Unter der Vereinfachung, dass nur reelle Lasten (ohmsche Widerstände) vorliegen, kann angesetzt werden:

$$V_P = -\frac{u_2 \cdot i_2}{u_1 \cdot i_1} = -V_U \cdot V_I$$

Das Minus kommt durch die Phasendrehung von 180° zwischen Ein- und Ausgangsspannung. Es ist auch zu beachten, dass der Wert für V_U negativ ist und demnach ist die Leistungsverstärkung wieder positiv. Durch einsetzen der Formeln

$$V_u = \frac{u_2}{u_1} = -\frac{h_{21}}{|h| + h_{11} \cdot Y_L} \quad \text{und} \quad V_I = \frac{i_2}{i_1} = \frac{h_{21}}{1 + h_{22} \cdot Z_L}$$

ergibt sich:

$$V_P = \frac{h_{21}^2}{(|h| + h_{11} \cdot Y_L) \cdot (1 + h_{22} \cdot Z_L)} \tag{6.29}$$

Aus der Formel 6.29 ist ersichtlich, dass es keine gleichbleibende Leistungsverstärkung gibt.

Merke:

Für sehr große und sehr kleine Lastwiderstände geht V_P gegen Null.

Das ist bedingt durch das gegenläufige Verhalten von Y_L, Z_L, die beide im Nenner auftreten.

6.2.6.4 Optimaler Lastwiderstand

Der optimale Lastwiderstand ist für die maximale Leistungsübertragung interessant, denn er ist dann gegeben, wenn der Fall der Anpassung vorliegt (vgl. Grundlagen). In dieser Situation wird die maximale Leistung übertragen und es ist der Ausgangswiderstand des Verstärkers gleich dem Eingangswiderstand der Folgestufe (Last). Optimale Anbindung der Last heißt, dass die Leistung ein Maximum werden muss, was der Ansatz aussagt:

$$V_P = \frac{h_{21}^2}{\left(|h| + h_{11} \cdot Y_L\right) \cdot \left(1 + h_{22} \cdot Z_L\right)} \Rightarrow \text{max.} \tag{6.30}$$

Aufgelöst ergibt das: $V_P = \dfrac{h_{21}^2}{|h| + h_{11} \cdot Y_L + |h| \cdot h_{22} \cdot Z_L + h_{11} \cdot Y_L \cdot h_{22} \cdot Z_L}$

Da jetzt noch Y_L und Z_L in der Formel vorliegt, muss man sich für eine Größe entscheiden und mit $Y_L = \dfrac{1}{Z_L}$ und $Y_L \cdot Z_L = 1$ ergibt sich:

$$V_P = \frac{h_{21}^2}{|h| + \dfrac{h_{11}}{Z_L} + |h| \cdot h_{22} \cdot Z_L + h_{11} \cdot h_{22}} \tag{6.31}$$

Als Optimierungskriterium ist bezogen auf den Ansatz in Gl. 6.30 die Ableitung von V_p nach Z_L (Wendepunkt) festzulegen:

$$\frac{dV_p}{dZ_L} \overset{!}{=} 0 \tag{6.32}$$

Damit folgt der Ansatz

$$\frac{dV_p}{dZ_L} \overset{!}{=} 0 = h_{21}^2 \cdot \frac{d}{dZ_L}\left(\frac{1}{|h| + h_{11} \cdot h_{22} + \dfrac{h_{11}}{Z_L} + h_{22} \cdot |h| \cdot Z_L}\right) \tag{6.33}$$

Aus dieser Ableitung heraus ist

$$h_{21}^2 \cdot \left(\frac{1}{-\dfrac{h_{11}}{Z_L^2} + h_{22} \cdot |h|}\right) \overset{!}{=} 0 \tag{6.34}$$

und für die Optimierungsbetrachtung bedeutet die Formel 6.34, dass

entweder Fall A: $h_{21}^2 = 0$

oder Fall B: $\dfrac{1}{-\dfrac{h_{11}}{Z_L^2} + h_{22} \cdot |h|} = 0$ erfüllt sein muss.

Der Logik folgend kann zur weiteren Betrachtung nur der Fall B benutzt werden, und es ergibt sich auch mit $Z_L \Rightarrow Z_{\mathrm{Lopt}}$ über:

$$-\frac{h_{11}}{Z_L^2} = -h_{22} \cdot |h| \qquad h_{11} = \left(h_{22} \cdot |h|\right) \cdot Z_L^2 \qquad \frac{h_{11}}{h_{22} \cdot |h|} = Z_L^2$$

$$Z_{Lopt} = \sqrt{\frac{h_{11}}{h_{22} \cdot |h|}} \tag{6.35}$$

Im Ergebnis ist festzustellen, das man den so errechneten Wert für den optimalen Widerstand an die Schaltung als Last anschalten muss, damit eine maximale Leistungsübertragung erzielt wird. Aus dieser Ableitung lässt sich auch die maximale Leistungsverstärkung ermitteln:

$$V_{Pmax} = \frac{h_{21}^2}{\left(|h| + \sqrt{h_{11} \cdot h_{22} \cdot |h|}\right) \cdot \left(1 + \sqrt{\frac{h_{11} \cdot h_{22}}{|h|}}\right)}$$

$$V_{Pmax} = \frac{h_{21}^2}{|h| \cdot \left(1 + \sqrt{\frac{h_{11} \cdot h_{22}}{|h|}}\right)^2} \tag{6.36}$$

Unter Bezug auf die zwei Grenzfälle folgt aus der Spannungsverstärkung $V_U = -\frac{h_{21}}{|h| + h_{11} \cdot Y_L}$

im Leerlauffall $Y_L = 0$ bzw. $Z_L = \infty$ und somit die *Leerlaufspannungsverstärkung*:

$$V_{uL} = -\frac{h_{21}}{|h|}$$

Analog ergibt sich aus der Stromverstärkung $V_i = \frac{h_{21}}{1 + h_{21} \cdot Z_L}$ und für den Kurzschlussfall

mit $Y_L = \infty$ bzw. $Z_L = 0$ die *Kurzschlussstromverstärkung:*

$$V_{iK} = h_{21}$$

Die Darstellung der maximalen Leistungsverstärkung ergibt sich dann:

$$V_{Pmax} = -\frac{V_{uL} \cdot V_{iK}}{\left(1 + h_{22} \cdot Z_{Lopt}\right)^2} \tag{6.37}$$

6.2.6.5 Berechnung der Gesamtverstärkung einer Schaltung

Wie eingangs schon dargelegt, ist es für die meisten Anwendungen nicht so interessant, welche Verstärkung die einzelnen Baugruppen (z.B. Transistor) erzielen können. Viel wesentlicher ist wie das Gesamtsignal über die einzelnen Teilstufen von der Quelle zur Last übertragen wird. Die Berechnung der einzelnen Teilstufen macht nur Sinn, wenn diese auf die Übertragung des Signals hin überprüft werden müssen (Frage: Übersteuerung). Hier stellt der Transistor als aktives Bauelement die Verstärkung bereit, die von der Umgebungsschaltung (Koppelkondensatoren, Quelleninnenwiderstand, Kollektorwiderstand) abgeschwächt werden kann. Der Grundgedanke bei dieser Betrachtung ist die Definition der Gesamtverstärkungen, die sich ergeben aus den Verhältnissen:

$$V_{UG} = \frac{\text{Spannung am Lastwiderstand (Eingang der Folgestufe)}}{\text{Spannung der Quelle (Ausgang vorherigen Stufe)}}$$

$$V_{IG} = \frac{\text{Strom in den Lastwiderstand (Eingang der Folgestufe)}}{\text{Strom aus der Quelle (Ausgang vorherigen Stufe)}}$$

Daraus ergibt sich die Forderung, um die gesamte Schaltung sinnvoll analysieren zu können, dass die Schaltung in Teilsegmente zu zerlegen ist. Dann können in den Einzelstufen die Teilverstärkungen berechnet werden.

Solche Teilbaugruppen könnten je nach vorliegender Schaltung sein:

- Quelle (Quelle mit Innenwiderstand)
- Eingangsblock (Einkoppelschaltung)
- Transistor (eigentliches Verstärkerelement)
- Ausgangsblock (Auskoppelschaltung)
- Lastwiderstand (Eingang der Folgestufe)

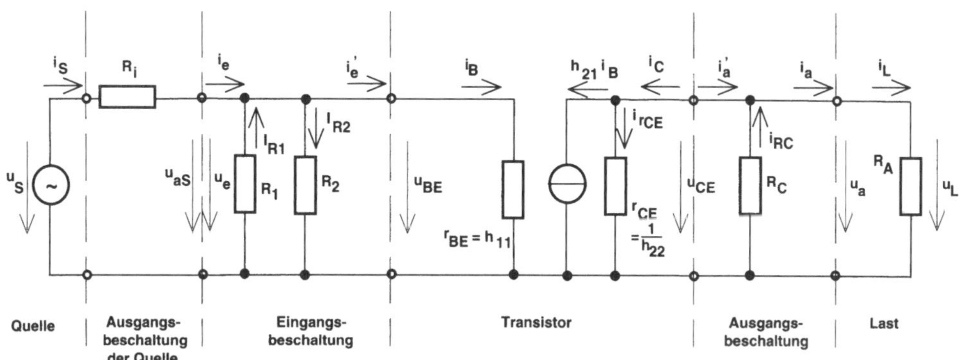

Bild 6.24 Beispiel der Zerlegung in Teilbaugruppen (Ersatzschaltbild für mittlere Frequenzen)

Jede Einteilung in Teilbaugruppen muss aber sicherstellen, dass die Kopplung der einzelnen Stufen exakt erfolgt und über die folgenden Ansätze beschreibbar sein muss.

$$i_{an} = i_{em} \qquad u_{an} = u_{em}$$

Da an den Übergabepunkten zur Kopplung die gleichen Signale vorliegen, sind nun die einzelnen Verstärkungen in den Teilbaugruppen zu ermitteln, wobei nicht in jeder Stufe eine Verstärkung stattfinden muss. Es kann eine unverstärkte Übertragung (V = 1) oder Abschwächung (V < 1) oder auch eine Phasendrehung (V wird negativ) auftreten. Dabei ist es wichtig, dass die Richtungen und somit die Vorzeichen der Signale zu beachten sind. An der folgenden Schaltung im Bild 6.24 wird ein Beispiel für die Zerlegungen demonstriert. Bei der Bestimmung der Gesamtverstärkung sind alle *Teilverstärkungen zu multiplizieren*. Damit lassen sich schrittweise die Gesamtverstärkungen gemäß folgendem Ansatz ermitteln

$$V_{UG} = \frac{u_L}{u_S} = \prod_n V_{Un} \qquad V_{IG} = \frac{i_L}{i_S} = \prod_n V_{In} \tag{6.38/6.39}$$

Für den im Bild 6.24 gezeigten Fall ergeben sich zur Vereinfachung der Rechnung folgende Gleichnisse:

z.B. $\quad i_S = i_e \quad i_e' = i_B \quad i_a' = -i_C \quad u_e = u_{BE} \quad u_{CE} = u_a \quad u_a = u_L$

Das heißt beispielsweise:

Die Stromverstärkung in der Gruppe "Ausgangsbeschaltung der Quelle" ist gleich 1, die Spannungsverstärkung ist kleiner 1 (d.h. Abschwächung). In der Gruppe "Eingangsbeschaltung" ist

$V_U = 1$ und $V_I < 1$, da ein Stromknoten vorliegt und Ströme verzweigen können. Zu beachten ist auch der Übergang, also die eigentliche aktive Verstärkung, vom Transistoreingang zum Transistorausgang über:

$$i_C = i_{CG} + i_{rCE} = -\beta \cdot i_B + \frac{u_{CE}}{r_{CE}} \tag{6.40}$$

6.3 Vierpol-Ersatzschaltbild mit y-Parametern

Wie bereits in Punkt 6.1.3 dargelegt wurde, gibt es mehrere Beschreibungssysteme. Nachdem das h-Parametersystem ausführlich untersucht und dargestellt wurde, folgt jetzt die Betrachtung der y-Parameter. Diese Darstellung wird hauptsächlich in der Hochfrequenz-Technik und bei Feldeffekttransistoren eingesetzt. Für Niederfrequenz-Anwendungen ist die Nutzung der h-Parameter günstiger. Zu beachten sind dabei die anderen funktionellen Zuordnungen der Parameter zu existierenden Bauelementen.

6.3.1 Allgemeine Darstellung

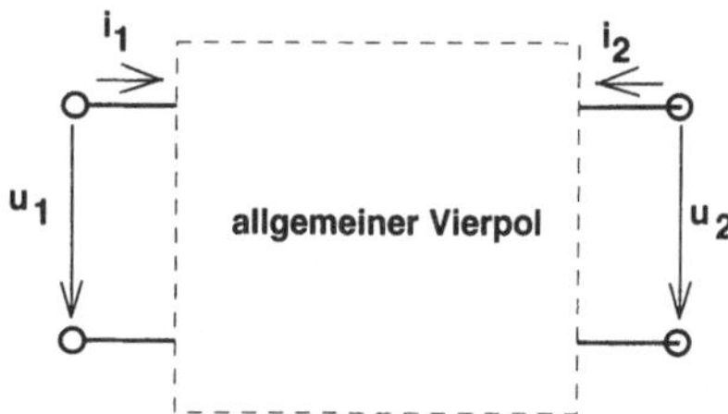

Bild 6.25 Schema des allgemeinen Vierpols

Es erfolgt nun die gleiche Herangehensweise wie bei den h-Parameter-Darstellungen, um die Äquivalente und die Unterschiede zu erkennen. Als erstes wird, wie im Bild 6.25 dargestellt, der allgemeine Vierpol herangezogen. Die formale Beschreibung über die y-Parameter (Leitwertparameter) läuft über die Darstellung der Strom/Spannungsverhältnisse, wobei neben der eingangs- und ausgangsseitigen Funktionen ebenfalls wieder die gegenseitige Beeinflussung von Ein- auf Ausgang und umgekehrt beschrieben werden müssen. Die Besonderheit, und damit anders als bei den h-Parametern, ist hier, dass beide Ansätze, also für den Ein- und Ausgangsfunktion, eine Funktion $i = \mathrm{f}(u_1, u_2)$ darstellen. Daraus ist auch der Begriff der Leitwertdarstellung hervorgegangen.

Es gilt also: $i_1 = \mathrm{f}(u_1, u_2)$ $\qquad i_2 = \mathrm{f}(u_1, u_2)$

$$i_1 = y_{11} \cdot u_1 + y_{12} \cdot u_2 \qquad i_2 = y_{21} \cdot u_1 + y_{22} \cdot u_2$$

Die Matrix-Darstellung ergibt sich wie folgt:

$$\begin{pmatrix} i_1 \\ i_2 \end{pmatrix} = (y) \begin{pmatrix} u_1 \\ u_2 \end{pmatrix} \quad \text{mit} \quad (y) = \begin{pmatrix} y_{11} & y_{12} \\ y_{21} & y_{22} \end{pmatrix}$$

6.3.2 Bedeutung der Einzelparameter in y-Darstellung

Allgemein lassen sich wieder äquivalent zu den h-Parametern folgende Benennungen für die y-Parameter aus den Ansätzen ableiten. Sie sagen ebenfalls noch nichts über die Schaltungsvariante des Transistors aus, da kein Bezug zu den inneren Bauelementen hergestellt wurde.

Kurzschluss-Eingangsleitwert bei $u_2 = 0$ $$y_{11} = \frac{i_1}{u_1}$$

Kurzschluss-Übertragungsleitwert (rückwärts) bei $u_1 = 0$ $$y_{12} = \frac{i_1}{u_2}$$

Kurzschluss-Übertragungsleitwert (vorwärts) bei $u_2 = 0$ $$y_{21} = \frac{i_2}{u_1}$$

Kurzschluss-Ausgangsleitwert bei $u_1 = 0$ $$y_{22} = \frac{i_2}{u_2}$$

Dabei ist zu beachten, dass die y-Werte komplexe Größen darstellen und damit aus einem Real- und einem Imaginärteil bestehen können. Weiterhin wird es sich mit Sicherheit, wie auch bei den h-Parametern, hier um nicht konstante und somit differentielle Werte handeln.

6.3.3 Darstellung des Transistors mit y-Parameter

Betrachtet man die Lösung des Ersatzschaltbildes im Bild 6.26, so erkennt man eine Ähnlichkeit mit dem h-Parameterersatzschaltbild, aber es gibt auch Unterschied in dieser Darstellung.

- Ausgangsgenerator *und* Transistoreingang werden durch Stromquellen dargestellt
- die Widerstände sind in Leitwerte gewandelt worden.

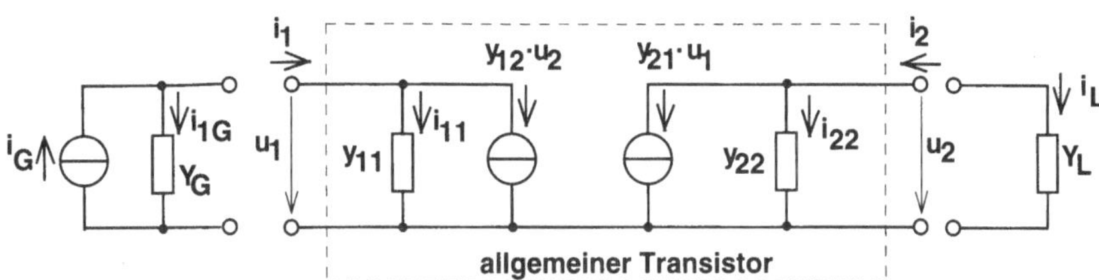

Bild 6.26 Ersatzschaltbild mit y-Parametern

Dieses System lässt sich durch Anwendung der Grundregeln der Elektrotechnik über folgende Gleichungen beschreiben:

vom Generator

$i_G = i_{1G} + i_1$ bzw. $i_G = Y_G \cdot u_1 + i_1$ und somit folgt:

$$i_1 = i_G - Y_G \cdot u_1 \tag{6.41}$$

für den Transistor

eingangsseitig $i_1 = i_{11} + y_{12} \cdot u_2$ mit $i_{11} = y_{11} \cdot u_1$

$$i_1 = y_{11} \cdot u_1 + y_{12} \cdot u_2 \tag{6.42}$$

ausgangsseitig $i_2 = i_{22} + y_{21} \cdot u_1$ mit $i_{22} = y_{22} \cdot u_2$

$$i_2 = y_{22} \cdot u_2 + y_{21} \cdot u_1 \tag{6.43}$$

von der Last $$i_2 = -Y_L \cdot u_2 \tag{6.44}$$

Das negative Vorzeichen kommt von der Gegenläufigkeit von i_2 zu i_L in der Signalfestlegung. Mit dem Gleichsetzen der Vierpolgleichung mit der Lastfunktion am Ausgang ergibt sich:

$$i_2 = y_{22} \cdot u_2 + y_{21} \cdot u_1 = -Y_L \cdot u_2 \tag{6.45}$$

Nach dem Umstellen nach u_2 ergibt sich nun:

$$u_2 = -\frac{y_{21} \cdot u_1}{y_{22}+Y_L} \tag{6.46}$$

Weiterhin ist es möglich am Eingang einzusetzen:

Es gilt $u_1 = u_G$ und aus den Gl. 6.41 und 6.42 folgt:

$$i_1 = i_G - Y_G \cdot u_1 \qquad \text{bzw.}$$

$$u_1 = \frac{i_G - i_1}{Y_G}$$

$$i_1 = y_{11} \cdot u_1 + y_{12} \cdot u_2 \qquad \text{und weiter}$$

$$i_1 = y_{11} \cdot \frac{i_G - i_1}{Y_G} + y_{12} \cdot u_2$$

$$i_1 = \frac{y_{11} \cdot i_G + y_{12} \cdot Y_G \cdot u_2}{Y_G + y_{11}} \tag{6.47}$$

Natürlich ist es auch möglich, nach anderen Größen umzustellen. Man erhält immer eine Lösung in der Art einer Spannung oder Stromes als Funktion einer anderen Spannung oder Stromes unter Einbeziehung der y-Parameter des Transistors und der äußeren Leitwerte. Daraus lassen sich nun auch die Ansätze für den Eingangs-, Ausgangswiderstand bzw. -leitwert und für die Verstärkungen erstellen.

6.3.4 Betriebseigenschaften der y-Parameter

Unter Nutzung der eben behandelten Gleichungssysteme lassen sich die komplexe Ein- und Ausgangsgrößen und auch die Verstärkung herleiten. Dabei wird erneut das *allgemeine Ersatzschaltbild* gemäß Bild 6.26 genutzt und die entsprechenden *Maschen- und Knotengleichungen* ausgewertet.

Eingangswiderstand:

$$Z_e = \frac{u_1}{i_1} \tag{6.48}$$

Aus dem Ersatzschaltbild ist ablesbar:

$$Z_e = \frac{u_1}{i_{11} + i_{12}} \qquad \text{sowie} \qquad i_{11} = y_{11} \cdot u_1$$

und $\quad i_{12} = y_{12} \cdot u_2 \quad$ bzw. $\quad i_{12} = y_{12} \cdot \left(\frac{y_{21} \cdot u_1}{y_{22} + Y_L} \right)$

Daraus ist dann der komplexe Eingangswiderstand bzw. die Eingangsimpedanz bestimmbar.

$$Z_e = \frac{u_1}{y_{11} \cdot u_1 + y_{12} \cdot \left(-\frac{y_{21} \cdot u_1}{y_{22} + Y_L} \right)} = \frac{1}{y_{11} - y_{12} \cdot \left(\frac{y_{21}}{y_{22} + Y_L} \right)}$$

$$Z_e = \frac{u_1}{i_1} = \frac{y_{22} + Y_L}{y_{11} \cdot (y_{22} + Y_L) - y_{12} \cdot y_{21}} \tag{6.49}$$

Für den komplexen Ausgangswiderstand wird der gleiche Verfahrensweg beschritten.

Ausgangswiderstand:

$$Z_a = \frac{u_2}{i_2} \tag{6.50}$$

Aus dem Ersatzschaltbild sind folgende Ansätze herausziehbar:

$$Z_a = \frac{u_2}{i_{21} + i_{22}} \quad \text{bzw.} \quad Z_a = \frac{u_2}{y_{21} \cdot u_1 + y_{22} \cdot u_2}$$

Analog zu Z_e wird über die Eingangsbeschaltung u_1 ersetzt.

$$i_{12} = -i_{11} - i_G \qquad y_{12} \cdot u_2 = -(y_{11} + Y_G) \cdot u_1 \qquad u_1 = -\frac{y_{12} \cdot u_2}{y_{11} + Y_G}$$

$$Z_a = \frac{u_2}{y_{21} \cdot \left(-\frac{y_{12} \cdot u_2}{y_{11} + Y_G} \right) + y_{22} \cdot u_2} = \frac{1}{y_{21} \cdot \left(-\frac{y_{12}}{y_{11} + Y_G} \right) + y_{22}}$$

$$Z_a = \frac{u_2}{i_2} = \frac{y_{11} + Y_G}{y_{22} \cdot (y_{11} + Y_G) - y_{12} \cdot y_{21}} \tag{6.51}$$

Verstärkungsberechnungen

Auch für die Berechnung der Verstärkung wird die gleiche Herangehensweise benutzt und wieder auf die Ansätze aus dem Ersatzschaltbild zurückgegriffen. Damit ist eindeutig ersichtlich, welche Rolle Ersatzschaltbilder für die Schaltungsanalyse darstellen.

Stromverstärkung

$$V_i = \frac{i_2}{i_1} \tag{6.52}$$

Mit den Ansätzen: $i_2 = -Y_L \cdot u_2$ $\qquad i_1 = y_{11} \cdot u_1 + y_{12} \cdot u_2$

$$u_1 = -\frac{y_{12} \cdot u_2}{y_{11} + Y_G} \qquad V_i = \frac{i_2}{i_1} = \frac{i_2}{y_{11} \cdot u_1 + y_{12} \cdot u_2}$$

Beim Ersetzen von u_1 folgt:

$$V_i = \frac{-Y_L \cdot u_2}{y_{11} \cdot \left(-\frac{y_{12} \cdot u_2}{y_{11} + Y_G} \right) + y_{12} \cdot u_2} = \frac{-Y_L}{y_{11} \cdot \left(-\frac{y_{12}}{y_{11} + Y_G} \right) + y_{12}}$$

$$V_i = -\frac{-Y_L\left(y_{11}+Y_G\right)}{y_{11}\cdot y_{12}+y_{12}\cdot\left(y_{11}+Y_G\right)} \tag{6.53}$$

Eine andere Lösung erhält man, wenn man u_2 ersetzt:

$$V_i = \frac{i_2}{i_1} = \frac{y_{21}\cdot Y_L}{y_{11}\cdot\left(y_{22}+Y_L\right) - y_{12}\cdot y_{21}} \tag{6.54}$$

Für die Spannungsverstärkung wird analog verfahren, und es ergibt sich eine einfache Lösung.

Spannungsverstärkung:

$$V_u = \frac{u_2}{u_1} \tag{6.56}$$

$$V_u = u_2\cdot\frac{1}{u_1} = -\frac{y_{21}\cdot u_1}{y_{22}+Y_L}\cdot\frac{1}{u_1}$$

$$V_u = \frac{u_2}{u_1} = -\frac{y_{21}}{y_{22}+Y_L} \tag{6.56}$$

Eine nicht unwesentliche Fehlerquelle liegt meist in der Zusammenfassung der angeschlossenen Bauelemente.

Hier gilt: Y_G Leitwert der Signalquelle

Y_L Leitwert des Verbrauchers

6.3.5 Zusammenhang zwischen h- und y-Parametern

Um einen Zusammenhang zwischen h- und y-Parameter herzustellen, wird ebenfalls auf die Auswertung der Schnittstellenparameter aufbaut. Es ergeben sich hier ohne Beweisführung folgende Zusammenhänge:

$$(h) = \begin{pmatrix} \frac{1}{y_{11}} & -\frac{y_{12}}{y_{11}} \\ \frac{y_{21}}{y_{11}} & \frac{|y|}{y_{11}} \end{pmatrix} \qquad (y) = \begin{pmatrix} \frac{1}{h_{11}} & -\frac{h_{12}}{h_{11}} \\ \frac{h_{21}}{h_{11}} & \frac{|h|}{h_{11}} \end{pmatrix} \tag{6.57}$$

Dabei gilt für die Determinanten:

$$|h| = h_{11}\cdot h_{22} - h_{12}\cdot h_{21} \qquad \text{bzw.} \qquad |y| = y_{11}\cdot y_{22} - y_{12}\cdot y_{21}$$

7 Frequenzverhalten von Transistorschaltungen

Wie bereits festgestellt wurde, ist sowohl der Transistor als aktives Bauelement und auch die umgebende Schaltung mit kapazitiven Elementen versehen und damit müssen diese Gruppen prinzipiell frequenzabhängig sein. Dieses Verhalten soll nun am Beispiel der Emitter-Schaltung in Einzelschritten untersucht werden.

7.1 Allgemeine Betrachtung der Emitter-Schaltung

Für die Untersuchungen des Frequenzverhaltens von Transistorschaltungen erfolgt eine Einteilung in vier Betrachtungsbereiche:

- Gleichstromsignale (f = 0)
- niedrige Frequenzen
- mittlere Frequenzen
- hohe Frequenzen

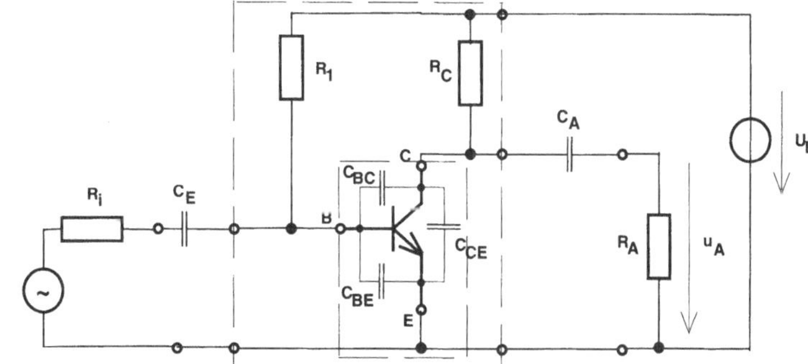

Bild 7.1 Allgemeine Betrachtungen an einer Emitterschaltung

Oft werden der Gleichstrombetrieb und die niedrigen Frequenzbereiche zusammengefasst bzw. die Gleichstrombetrachtung wird nicht betrachtet. Die Gleichsignalbetrach-tung ist hauptsächlich für die Arbeitspunkt-einstellung interessant. Bei dieser Untersuchung ist zu beachten, dass eine Festlegung auf absolute Zahlenwerte (Frequenzen) nicht möglich und auch nicht sinnvoll ist, weil diese abhängig vom Einsatzgebiet der Schaltung ist. Weiterhin werden zu jedem Einsatzgebiet optimierte Transistoren (z.B. Nieder-, Hochfrequenz-Typ) produziert. Die Schaltungsumgebung ist dementsprechend auszulegen und der gewünschte (Arbeits-) Frequenzbereich zu definieren. Damit ist also eine allgemeine Definition, welche Frequenzen als niedrig, mittel oder hoch einzustufen sind, für jede Aufgabe neu festzulegen. Als Vergleich, und um das Problem anschaulich zu machen, sei z.B. ein Niederfrequenzverstärker für Tonübertragung und ein Satellitensignalverstärker zur TV-Übertragung genannt. Der Tonfrequenzverstärker arbeitet im Bereich von wenigen Hertz bis zu ca. 20 bis 25 kHz, der Satellitenverstärker hingegen hat einen Arbeitsbereich von ca. 900 bis 2200 MHz. Daraus ist ersichtlich, dass in beiden Anlagen sowohl unterschiedliche Transistortypen als auch eine andere Außenbeschaltung eingesetzt werden müssen, denn die Arbeitsbereiche, die den mittleren Frequenzen entsprechen, liegen weit auseinander. Die wesentlichen Einflüsse auf das Frequenzverhalten kommen von den Koppelkondensatoren am Ein- und Ausgang der Schaltung. Sie liegen beispielsweise für einen NF-Verstärker im µF-Bereich. Auch stellt die Eingangsbeschaltung einen Hochpass dar. Den zweiten Einflussfaktor stellen die Sperrschicht- und Diffusionskapazitäten im Transistor dar, die für einen NF-Verstärker im pF-Bereich sich bewegen. Auch stellen diese Kondensatoren im Transistor ein Tiefpassverhalten dar. Diese einzelnen Verhaltensweisen werden nun im folgenden Teil noch weiter untersucht.

7.1.1 Überlegungen zur Wirkung der Kapazitäten

Um die Wirkung der kapazitiven Anteile der Schaltung genau zu untersuchen und deren Wirkungen zu erkennen, wird die Schaltung in zwei Teile zerlegt. Somit ergibt sich eine Betrachtung der Koppelkondensatoren und eine Betrachtung der inneren Kapazitäten des Transistors.

7.1.1.1 Wirkung der Koppelkondensatoren

Entscheidend für die Signalübertragung von der Quelle zum Transistor und vom Transistor zur Last ist das Verhalten der Koppelelemente (Koppelkondensatoren). Damit stellt sich die Frage, bei welchen Frequenzen sind Wechselsignale schlecht und gut zu übertragen. Bei steigender Frequenz wird der Blindwiderstand X_C eines Kondensators kleiner, da $X_C = 1/\omega C$ gilt. Daraus folgt der Gedanke, dass bei steigender Frequenz $\omega = 2\pi \cdot f$ die Blindwiderstände am Ein- und Ausgang sinken müssen. Das hat wiederum zur Folge, dass mit steigender Frequenz ein größerer Anteil der Signalamplitude von der Quelle zum Transistor und vom Transistor zur Last übertragen wird. Steigt die Frequenz weiter so gehen $X_E, X_A \to 0$. Das bedeutet weiterhin, dass mit steigender Frequenz die Spannungsabfälle über u_{XE}, u_{XA} abnehmen, und somit folgt auch $u_{XE}, u_{XA} \to 0$. Das bedeutet, dass die Ein- und Ausgangssignalübertragung ein *Hochpassverhalten* darstellt.

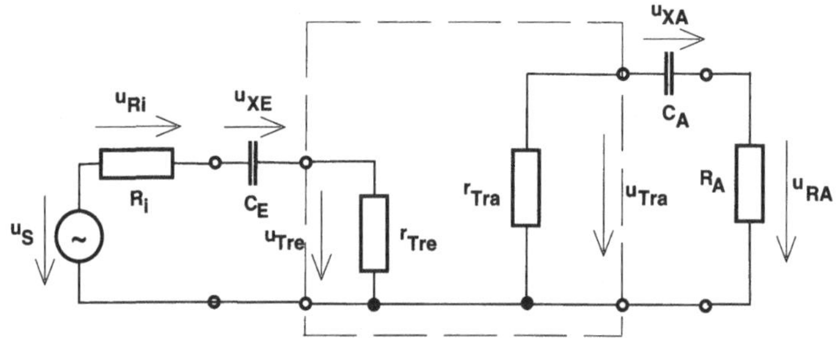

Bild 7.2 Schema der Signalankopplung

7.1.1.2 Verhalten der inneren Kapazitäten des Transistors

Das Bild 7.3 zeigt die drei Transistorkapazitäten. Für die grobe Frequenzbetrachtung ist zu sehen, dass die Kapazitäten C_{BE} und C_{CE} parallel zum Ein- bzw. Ausgang wirken. Da wiederum ihr Blindwiderstand sich bei steigenden Frequenzen verkleinert, hat das zur Folge, dass das Eingangs- und Ausgangssignal bei steigenden Frequenzen abgemindert wird. Das ist dadurch bestimmt, weil durch die parallele Lage die Signalströme vor und nach dem Transistor bzw. seiner Wirkungsebene abgeleitet werden. Somit wird das Nutzsignal verringert bei steigender Frequenz, was einem *Tiefpassverhalten* entspricht.

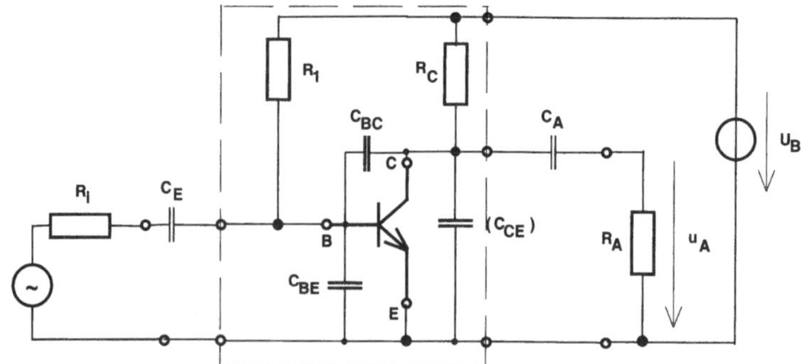

Bild 7.3 Abbildung der Transistorkapazitäten in der Schaltung

Aus der Größeneinheit der Transistorkapazitäten ist zu erkennen, dass das erst bei hohen Frequenzen auftreten wird. Ein weiteres Problem besteht darin, dass die dritte Kapazität C_{BC} von der Basis (Eingang) zum Kollektor (Ausgang) des Transistors eine Verbindung herstellt und eine sogenannte Brückenkapazität aufbaut. Um mit den bekannten Ersatzschaltbildern weiter einfach arbeiten und die Trennung von Ein- und Ausgangskreis nutzen zu können, muss nun eine *Aufteilung des Brückenbauelementes auf Ein- und Ausgang über das Miller-Theorem* erfolgen.

Zusammenfassend kann man den Schluss ziehen:

Daraus ergibt sich für die gesamte Schaltung aus den Tiefpassverhalten des Transistors und dem Hochpassverhalten der Ein- und Ausgangsschaltung ein *Bandpassverhalten* in Abhängigkeit der Größen von Koppel- und Transistorkapazitäten.

Das bedeutet:

- bei niedrigen Frequenzen erfolgt eine Signaldämpfung durch die Koppelkapazitäten
- bei mittleren Frequenzen ist keine Wirkung der Kondensatoren vorhanden, weil die Koppelkapazitäten jetzt einen geringen Blindwiderstand haben, die Transistorkapazitäten haben aber immer noch einen sehr hohen Blindwiderstand. Somit muss hier die beste Signalübertragung erfolgen und demnach wird hier auch die Berechnung der maximalen Signalverstärkung durchgeführt.
- bei hohen Frequenzen tritt dann die Signaldämpfung durch die Transistorkapazitäten ein.

7.2 Mathematische Betrachtungen

Um die Schaltung berechnen zu können, muss ein entsprechendes mathematisches Modell entworfen werden. Das erfolgt über die Nutzung der Kirchhoffschen Sätze und damit über die Verfolgung der Spannungs- und Stromsignale.

7.2.1 Betrachtung der Beschaltung

Damit man nicht zu umfangreiche und zu unübersichtliche mathematische Formelsätze erhält, werden folgende Vereinfachungen getroffen, die natürlich die Funktion nicht verändern, sich auch in der Praxis als funktionsfähig bewiesen haben sowie relativ leicht anwendbar sind.

Es werden folgenden Vereinfachungen getroffen:

- der Basisspannungsteiler bzw. der Basisvorwiderstand ist viel größer als Basis-Emitter-Widerstand und demnach gilt: $R_1 \| R_2$ bzw. $R_B >> r_{BE} = h_{11}$
- Auskoppelkondensator C_A ist sehr groß und stellt wechselstrommäßig einen Kurzschluss dar $\omega \cdot R_L \cdot C_A >> 1$.

Diese Vereinfachung wird getroffen, um keine Wirkung des Ausgangs auf die untere Grenzfrequenz zu erhalten. Auch wäre es unlogisch, die untere Grenzfrequenz von Ausgang her zu veranlassen. Die Spannungsrückwirkung kann vernachlässigt werden $h_{12} = 0$.

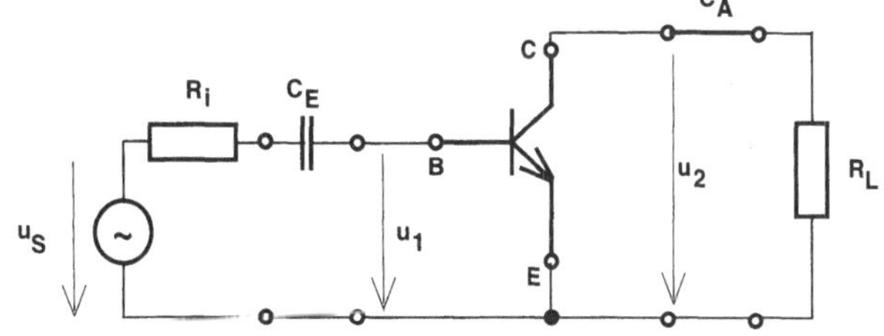

Bild 7.4 Vereinfachte Emitterschaltung

Danach ergibt sich nach Bild 7.4 eine vereinfachte Schaltung die nun für die Betrachtung des Schaltungsverhaltens bei Wechselsignalen als Grundlage genommen wird. Zu beachten ist wiederum, dass am Ausgang alle Widerstände am Kollektor unter dem Wert

$$R_L = R_C \parallel R_A \tag{7.1}$$

zusammengefasst wurden. Es gelten nun folgende Ansätze für die Zusammenfassung der äußeren Beschaltung

$$Z_S = R_i + X_E = R_i + \frac{1}{j\omega C_E} \tag{7.2}$$

$$Z_L = R_L = R_C \parallel (X_A + R_A) \tag{7.3}$$

und gemäß Festlegung mit $X_A \rightarrow 0$ folgt:

$$Z_L = R_L = R_C \parallel R_A$$

Aus den bisherigen Betrachtungen lässt sich nun einfach ein Vierpol aufbauen, der die frequenzunabhängigen h-Parameter enthält. Weiterhin sei dazu noch ergänzt, was die Lösung auch weiter vereinfacht, dass der Kondensator der Kollektor-Emitter-Strecke C_{CE} in der Regel so klein ist, dass er vernachlässigt werden kann. Die anderen Transistorkapazitäten C_{BE}, C_{CB}, die zur Frequenzabhängigkeit beitragen, sind herausgezeichnet. Danach ergibt sich das im Bild 7.5 dargestellte Modell. Nach dem *Miller-Theorem* lässt sich C_{BC} je nach seiner Wirkung anteilig auf den Ein- und Ausgang umrechnen und mit einer Ersatzkapazität entsprechend "umsetzen". Daraus folgt die Aufhebung dieses Brückenbauelementes und somit wieder die gewünschte Trennung zwischen Ein- und Ausgang. Für das Miller-Theorem ist es dabei egal, ob das Brückenelement ein innerer Kondensator des Transistors ist, oder, wie später noch behandelt wird, es sich um ein Rückkoppelbauelement des Verstärkers handelt. Das Theorem behandelt dieses Bauelement als komplexe Größe und bezieht sich nur auf seine Lage in der Schaltung.

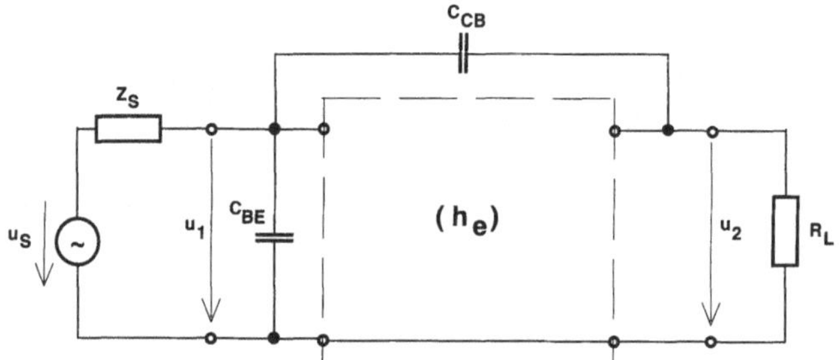

Bild 7.5 Ersatzschaltbild der Emitterschaltung

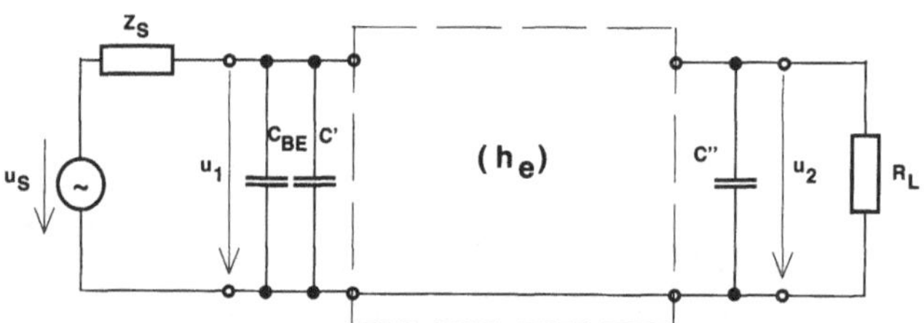

Bild 7.6 Ersatzschaltbild der Emitterschaltung nach Anwendung des Miller-Theorems

Folgende Zusammenhänge gelten nach Miller-Theorem:

Aus einem Brückenelement Z als allgemeine Darstellung im Ansatz für das Miller-Theorem wird:

für den Eingang $$Z' = \frac{Z}{1 - V_U} \tag{7.4}$$

für den Ausgang $$Z'' = \frac{Z}{1 - \frac{1}{V_U}} \tag{7.5}$$

Für den hier vorliegenden Fall eines Kondensators als sogenanntes Brückenelement ergibt sich für den *Eingangsteil*:

$$Z = X_{CB} = \frac{1}{j\omega C_{CB}} \tag{7.6}$$

Es folgt nach der Umstellung als Ersatzbauelemente, so wie es auch im Bild 7.6 dargestellt ist:

$$C' = C_{CB} \cdot (1 - V_U) \quad \text{bzw.} \quad C' \cong -V_U C_{CB} \quad \text{für } V_U >> 1 \tag{7.7}$$

Dabei wird oft auch C' mit C_M (wie Miller-Kondensator) bezeichnet.

Unter der Einbeziehung der Transistorfunktionen im Sinne der Spannungsverstärkung

$$V_U = -\frac{h_{21}}{h_{11}(h_{22} + G_L)}$$

gelangt man zu der Darstellung für den *zusätzlichen Kondensator C' im Eingang*:

$$C' \cong \frac{h_{21} \cdot C_{CB}}{h_{11}(h_{22} + G_L)} \tag{7.8}$$

Da i. A. gilt: $r_{CE} >> R_L$ bzw. $h_{22} << G_L$ und auch $V_U >> 1$ ist wiederum mit guter Näherung $C' \cong -V_U \cdot C_{CB}$ gültig.

Für den *Ausgangsteil* ergibt sich nach analoger Verfahrensweise der Ersatzkondensator aus

$Z'' = \frac{Z}{1-(1/V_U)}$ mit wiederum $Z = \frac{1}{j\omega C_{CB}}$, wo wie vorher $V_U >> 1$ gilt als Lösung:

$$C'' = C_{CB} \cdot \left(1 - \frac{1}{V_U}\right) \cong C_{CB} \tag{7.9}$$

Geht man nun einen Schritt weiter, um die Schaltung noch übersichtlicher zu gestalten, folgt eine Zusammenfassung der Kapazitäten am Transistorein- und -ausgang, wonach sich folgendes, im Bild 7.7 angegebenes, einfaches Ersatzschaltbild ergibt:

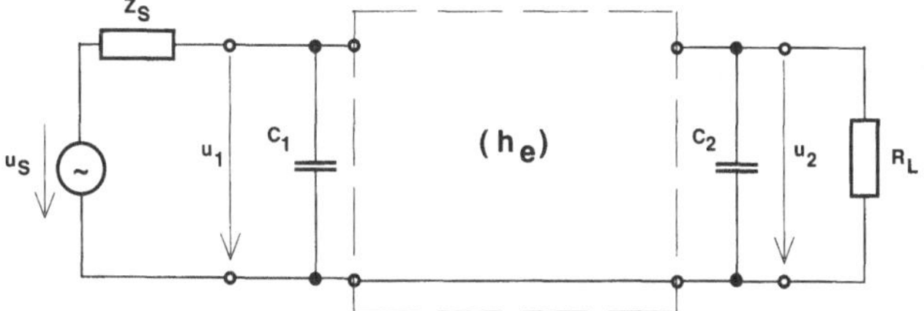

Bild 7.7 Modifiziertes Ersatzschaltbild (Emitterschaltung)

Für die *gesamte Eingangskapazität* ergibt sich nach dieser Zusammenfassung:

$$C_1 = C_{BE} || C' = C_{BE} + C' \quad \text{bzw.} \quad C_1 \cong C_{BE} + (-V_U \cdot C_{CB}) \tag{7.10}$$

Dabei muss man beachten, dass V_U *negativ* ist. Je nach Größe der Werte von C_{BE} und C_{CB} ist es denkbar, dass eine weitere Vereinfachung im Sinne der Vernachlässigungen von C_{BE} erfolgen kann.

Für die *Ausgangskapazität* ergibt sich:

$$C_2 = C_{CE} \| C'' = C_{CE} + C''$$

Aus den technischen Gegebenheiten, dass Diffussionskapazität der Kollektor-Emitter-Strecke wesentlich kleiner als die Sperrschichtkapazität zwischen Basis und Kollektor ist, folgt $C_{CE} << C_{CB}$ und somit $C'' \cong C_{CB}$. Damit ergibt sich als Lösung:

$$C_2 = C'' \cong C_{CB} \tag{7.11}$$

Im Ergebnis ist festzustellen, dass über das *Miller-Theorem* der Brückenkondensator herausgelöst wurde. Der Vierpol selbst kann nach den bekannten Methoden behandelt werden (ohne Brückenbauelement). Es sind nur eine neue Eingangs- (C_1) und Ausgangskapazität (C_2) gebildet worden, die das Frequenzverhalten der Schaltung beeinflussen.

7.2.2 Betrachtung der Spannungsverstärkung

7.2.2.1 Allgemeine Gesamtverstärkung

Wie schon bei der Betrachtung der Verstärkung von Transistorschaltungen gesagt, kann eine Zerlegung einer Gesamtschaltung in Teilbaugruppen erfolgen und die Berechnung der Gesamtverstärkung in Teilschritten durchgeführt werden. Die Gesamtverstärkung ergibt sich dann wieder aus dem Produkt dieser Teile. In den folgenden Darstellungen wird diese Zerlegung unter Berücksichtigung der neu gebildeten Kondensatoren C_1 und C_2 durchgeführt und mathematisch behandelt. Die nun zu behandelnde Gesamtschaltung ist im Bild 7.8 abgebildet, wobei die Betriebsspannung zur Vereinfachung bereits gebrückt ist. Für die folgenden Berechnungen wird nun auf die am Anfang des Kapitels gemachten Vereinfachungen zurückgegriffen, was die zu untersuchende Schaltung in folgender Form vereinfacht. Es wurde dort festgelegt:

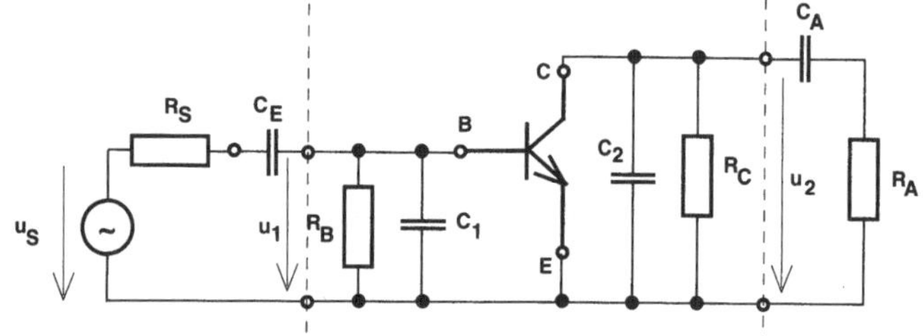

Bild 7.8 Trennstellen zur Verstärkungsberechnung

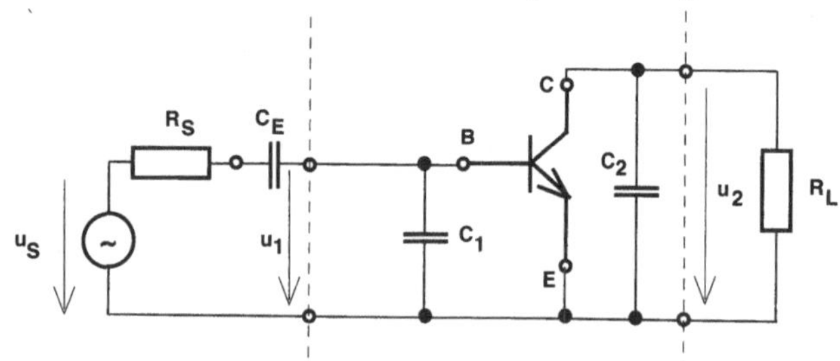

Bild 7.9 Vereinfachte Schaltung mit Trennstellen zur Verstärkungsberechnung

$$R_1 \| R_2 \text{ bzw. } R_B >> r_{BE} = h_{11} \quad \Rightarrow \quad R_B \to \infty$$

$$C_A >> C_E \quad \Rightarrow \quad X_A \to 0$$

und $$R_L = R_C \| (X_A + R_A) \quad \Rightarrow \quad R_L = R_C \| R_A$$

Demnach ergibt sich folgende vereinfachte Schaltungslösung, wie sie in Bild 7.9 dargestellt ist. Nun kann zur Verstärkungsbetrachtung übergegangen werden, und die *Gesamtspannungsverstärkung* errechnet sich allgemein *für alle Frequenzen* aus:

$$V_{Uges} = \frac{u_2}{u_S} = \frac{u_2}{u_1} \cdot \frac{u_1}{u_S} = V_{U1} \cdot V_{U2} \tag{7.12}$$

Wie der Ansatz in Gl. 7.12 zeigt, wird die Schaltung nun nur in zwei Teile zerlegt. Für die Betrachtung der Spannungsverstärkung gilt an der Schnittstelle zum 3.Teil, dass die Ausgangsspannung aus Teil 2 gleich der Spannung am Lastwiderstand ist. Somit bildet der Teil 3 einen Faktor 1 und braucht nicht extra betrachtet zu werden.

Teil 1: Transistorstufe

Aus dem h-Parameteransatz der Spannungsverstärkung an Transistor folgt:

$$V_{U1} = \frac{u_2}{u_1} = -\frac{h_{21}}{|h| + h_{11} \cdot Y_L} \tag{7.13}$$

Mit $|h| = h_{11} \cdot h_{22} + h_{12} \cdot h_{21}$ und unter der Maßgabe, dass die Rückwirkung vernachlässigbar ist, ergibt sich somit $h_{12} = 0$ und dementsprechend $|h| = h_{11} \cdot h_{22}$.

Als *Ausgangslastleitwert*, der die Belastung am Kollektor (*nicht* am Ausgang der Schaltung) zusammenfasst, folgt:

$$Y_L = G_L + j\omega C_2 \tag{7.14}$$

als Parallelschaltung von C_2 und dem Lastwiderstand R_L bestehend aus:

$$R_L = R_C \,||\, R_A \qquad \text{mit} \qquad G_L = 1/R_L$$

Eingesetzt in den Verstärkeransatz ergibt sich als *Teilverstärkung* V_{U1}:

$$V_{U1} = \frac{u_2}{u_1} = -\frac{h_{21}}{h_{11}\left(h_{22} + G_L + j\omega C_2\right)} \tag{7.15}$$

Teil 2: Eingangsbeschaltung

Für die Eingangsbeschaltung wird einfach auf das *Spannungsteilergesetz* zurückgegriffen und somit folgt als zweite *Teilverstärkung* V_{U2}:

$$V_{U2} = \frac{u_1}{u_S} = \frac{X_{C1} \,||\, h_{11}}{Z_S + \left(X_{C1} \,||\, h_{11}\right)} = \frac{1}{1 + Z_S \cdot \left(\frac{1}{h_{11}} + j\omega C_1\right)} \tag{7.16}$$

Der Ersatzkondensator C_1 liegt parallel zum Transistoreingang (zwischen Basis und Emitter) und somit parallel zum Basis-Emitter-Widerstand ($r_{BE} = h_{11}$).

Teil 3: Ausgangsbeschaltung

Wie bereits gesagt, folgt eine Betrachtung des Ausgangsteils für die Spannungsverstärkung nicht, da sie einen Faktor = 1 bringt, weil die Ausgangsspannung der Transistorstufe gleichzeitig über dem Lastwiderstand anliegt. Anderenfalls wäre eine analoge Betrachtung wie im Teil 2 erforderlich. Damit folgt als *Gesamtsignal* für die Spannungsverstärkung der Schaltung (Gesamtverstärkung (V_U):

$$V_U = \frac{u_2}{u_1} = V_{U1} \cdot V_{U2} = -\frac{h_{21}}{h_{11}\left(h_{22}+G_L+j\omega j_2\right)} \cdot \frac{1}{1+Z_S \cdot \left(\frac{1}{h_{11}}+j\omega C_1\right)} \tag{7.17}$$

Da die hier vorliegende Lösung allgemeingültig ist, muss nun für jeden Frequenzbereich die Verstärkung untersucht werden. Das läuft darauf hinaus, dass die Frage gestellt werden muss, welche Bauelemente wann aktiv sind und in die Berechnung eingehen.

7.2.2.2 Betrachtung bei mittleren Frequenzen

Wie bereits die Untersuchungen an den Ersatzschaltbildern ergaben, wird für mittlere Frequenzen die Wirkung der Koppelkondensatoren ausgeschlossen. Sie bilden eine förmliche Drahtbrücke. Die Kapazitäten im Inneren des Transistors sind so klein, dass diese ebenfalls nicht wirken, denn deren Blindwiderstand ist jetzt noch nahezu unendlich.

Es gilt nun:	- Koppelkondensatoren		$X_E, X_A \rightarrow 0$		
	- Transistorkapazitäten		$X_{CTr} \rightarrow \infty$		
Daraus folgt:	Z_S	$\Rightarrow$	R_S	$\Rightarrow$	R_i
	$G_L + j\omega C_2$	$\Rightarrow$	G_L		
mit	$R_L = R_C \| R_A$	bzw.	$G_L = G_C + G_A$		
	$\frac{1}{h_{11}} + j\omega C_1$	$\Rightarrow$	$\frac{1}{h_{11}}$		

Somit ergibt sich aus dem *allgemeinen Ansatz* (für alle Frequenzbereiche) *für die Verstärkung*

$$V_U = \frac{u_2}{u_S} = -\frac{h_{21}}{h_{11}\left(h_{22}+G_L+j\omega C_2\right)} \cdot \frac{1}{1+Z_S \cdot \left(\frac{1}{h_{11}} + j\omega C_1\right)}$$

Unter der Beachtung der Kondensatorwirkungen $X_E, X_A \rightarrow 0$ und $X_{CTr} \rightarrow \infty$, womit C_1 und C_2 ebenfalls wegfallen, gilt für die *Spannungsverstärkung bei mittleren Frequenzen:*

$$V_{Um} = \frac{u_2}{u_S} = -\frac{h_{21}}{h_{11}\left(h_{22}+G_L\right)} \cdot \frac{1}{1+\left(\frac{R_S}{h_{11}}\right)} \tag{7.18}$$

Aus dieser Erkenntnis kann nun folgender Merksatz abgeleitet werden:

> *Die Verstärkung nimmt hier ihren größten Wert an, da die wenigsten Faktoren im Nenner sind, weil die Koppelkondensatoren ausscheiden.*

Damit erfolgt hier, also bei der mittleren Frequenz, die Berechnung der maximalen Verstärkung:

$$V_{Umax} = V_{Um} \tag{7.19}$$

7.2.2.3 Betrachtung bei tiefen Frequenzen

In diesem Frequenzbereich, der natürlich unter der mittleren Frequenz liegt, muss die Wirkung der Koppelkondensatoren (Blindwiderstand) geprüft werden. Es ergibt sich bei einfacher Überlegung, dass bei fallenden Frequenzen der Wert für den Blindwiderstand steigen muss. Damit sind die Blindwiderstände in diesem Frequenzbereich zu berücksichtigen. Die kleinen Transistorkapazitäten wirken nicht, da ihre Blindwiderstandswerte weiterhin sehr hoch sind. Auch gilt dieser Bereich für die Ermittlung der unteren Grenzfrequenz.

Hier gilt, dass - Koppelkondensatoren $X_{CE}, X_{CA} \neq 0$

- Transistorkapazitäten $X_{CTr} \rightarrow \infty$

Daraus folgt: $Z_S \quad \Rightarrow \quad R_S + \frac{1}{j\omega C_S}$

wobei $C_S = C_E$ also der Eingangskoppelkondensator ist.

$$\frac{1}{h_{11}} + j\omega C_1 \quad \Rightarrow \quad \frac{1}{h_{11}}$$

Auch hieraus ist zu sehen, dass die Transistorkapazitäten in diesem Bereich nicht wirken.

Fall 1:

Dieser Fall zielt auf die am Anfang gemachten Vereinfachungen, dass die Ausgangskoppelkapazität nicht das Signal begrenzen soll und damit auch nicht zur Grenzfrequenz beiträgt. Deshalb wird $C_A >> C_E$ gewählt und somit ist bei schon ganz niedrigen Frequenzen $X_A \rightarrow 0$. Da weiterhin die inneren Kondensatoren des Transistors noch nicht wirken, folgt, dass es keine Beiträge von C_1 und C_2 geben wird.

$$G_L + j\omega C_2 \quad \Rightarrow \quad G_L \quad \text{mit} \quad G_L = G_C + G_A$$

Für die Spannungsverstärkung ergibt sich aus dem allgemeinen Ansatz:

$$V_U = \frac{u_2}{u_S} = -\frac{h_{21}}{h_{11}\left(h_{22} + G_L + j\omega C_2\right)} \cdot \frac{1}{1 + Z_S \cdot \left(\frac{1}{h_{11}} + j\omega C_1\right)}$$

Unter der Beachtung der Bauelementewirkungen für tiefe Frequenzen mit $Z_S = R_S + \frac{1}{j\omega C_S}$ ergibt sich für die Verstärkung bei tiefen Frequenzen:

$$V_{Ut} = -\frac{h_{21}}{h_{11}\left(h_{22} + G_L\right)} \cdot \frac{1}{1 + \left(R_S + \frac{1}{j\omega C_S}\right) \cdot \left(\frac{1}{h_{11}}\right)} \qquad (7.20)$$

Wie dargestellt, wirken C_1 und C_2 nicht, und C_A ist definitionsgemäß überbrückt. Nach einer Umstellung ergibt sich:

$$V_{Ut} = -\frac{h_{21}}{h_{11}\left(h_{22} + G_L\right)} \cdot \frac{1}{\left(1 + \frac{R_S}{h_{11}}\right)\left(1 + \frac{1}{j\omega C_S \cdot \left(h_{11} + R_S\right)}\right)}$$

Um jetzt einen *Bezug auf die maximale Verstärkung* herzustellen, wird durch Ausmultiplikation, Umstellung und erneutes Zusammenfassen die Auslösung der Terme für $V_{U\,\max}$ erreicht. Danach ist ein Bezug zwischen der Verstärkung bei niedrigen und mittleren Frequenzen, wo bekanntlich die maximale Verstärkung vorliegt, hergestellt.

$$\frac{V_{Ut}}{V_{Umax}} = \frac{1}{\left(1+\frac{1}{j\omega C_S\cdot(h_{11}+R_S)}\right)} \quad \text{bzw.} \quad V_{Ut} = \frac{V_{Umax}}{\left(1+\frac{1}{j\omega C_S\cdot(h_{11}+R_S)}\right)} \tag{7.21}$$

Aus der Gl. 7.21 ist ersichtlich, dass die Eingangsbeschaltung als Hochpass wirkt und bei niedrigeren Frequenzen die maximale Verstärkung abschwächt. Auch ist damit die Eingangsbeschaltung verantwortlich für die untere Grenzfrequenz der Gesamtschaltung. Wäre nicht die Vereinbarung getroffen worden, dass $C_A >> C_E$ gelten soll, so würde neben einer umfangreicheren Rechnung auch die Ausgangsschaltung auf die untere Grenzfrequenz wirken.

Bestimmung der Grenzfrequenz:

Beim Erreichen einer Grenzfrequenz gilt laut Definition allgemein:

Phasenwinkel = 45°

und das bedeutet: | Realteil | = | Imaginärteil |

Betrachtet man nun den Formelansatz für den niedrigen Frequenzbereich, so ergibt sich:

$$V_{Ut} = \frac{V_{Umax}}{\left(1+\frac{1}{j\omega C_S\cdot(h_{11}+R_S)}\right)} = \frac{V_{Umax}}{\left(1+j\frac{\omega_u}{\omega}\right)} \tag{7.22}$$

Nimmt man die Definition für die Grenzfrequenz her, so ergibt sich für den vorliegenden Fall:

Der Realteil ergibt sich zu: $|\mathrm{Re}| = 1$

Für den Imaginärteil folgt: $|\mathrm{Im}| = \dfrac{1}{\omega C_S\cdot(h_{11}+R_S)}$

Daraus ergibt sich der laut Definition entsprechend:

$$|\mathrm{Im}| = |\mathrm{Re}| = \frac{1}{\omega_{gr} C_S\cdot(h_{11}+R_S)} = 1 \tag{7.23}$$

Nun lässt sich einfach die *untere Grenzfrequenz* aus Gl.7.23 durch Umstellen bestimmen:

$$\omega_{gr} = \omega_u = \frac{1}{C_S\cdot(h_{11}+R_S)} \quad \text{bzw.} \quad f_{gr} = f_u = \frac{1}{2\pi\cdot C_S\cdot(h_{11}+R_S)} \tag{7.24}$$

Als Schlußfolgerung kann folgender Merksatz abgeleitet werden:

Demnach bilden der Eingangskoppelkondensator C_S, der Innenwiderstand der Signalquelle R_S und der Transistoreingangswiderstand h_{11} einen Hochpass 1. Ordnung mit der unteren Grenzfrequenz f_u. Diese Lösung ist aber nur gültig bei Vernachlässigung des Ausgangskoppelkondensators, was die Bedingung für den Fall 1 war.

Fall 2:

Die Vereinfachung aus Fall 1, dass $C_A >> C_E$ ist, soll jetzt für die nachfolgenden Betrachtungen *nicht mehr gelten*. Damit folgt für den Blindwiderstand des Ausgangskondensators $X_A \neq 0$. Es sei darauf verwiesen, dass dieser Fall in der Regel nicht üblich ist, da hier durch den Ausgangskoppelkondensator ein nicht erwünschter Signalverlust entsteht. Außerdem wird die Berechnung dadurch auch wesentlich aufwendiger.

Wie bisher gilt, dass - Koppelkondensatoren $X_E, X_A \neq 0$

- Transistorkapazitäten $X_{CTr} \to \infty$

Weiterhin folgt wie im Fall 1:

$$Z_S \quad \Rightarrow \quad R_S + \frac{1}{j\omega C_S}$$

wobei $C_S = C_E$ wieder der Eingangskoppelkondensator ist.

$$\frac{1}{h_{11}} + j\omega C_1 \quad \Rightarrow \quad \frac{1}{h_{11}}$$

$$G_L + j\omega C_2 \quad \Rightarrow \quad G_L$$

Die Transistorausgangskapazitäten (C_1, C_2) wirken wiederum nicht, da weiterhin tiefe Frequenzen vorliegen. Neu ist nun, dass man nochmals G_L prüfen muss, was sich dahinter für Bauelemente verbergen. Die Ausgangsschaltung liefert jetzt folgenden Ansatz:

$$R_L = R_C \| (X_A + R_A) = \frac{R_C \cdot \left(\frac{1}{j\omega C_A} + R_A \right)}{R_C + \frac{1}{j\omega C_A} + R_A} \quad \text{bzw.}$$

$$R_L = \frac{R_C + j\omega C_A R_C R_A}{1 + j\omega C_A \left(R_C + R_A \right)}$$

Weiter kann man durch Kehrwertbildung R_L in den komplexen Leitwert G_L überführen.

$$G_L = \frac{1 + j\omega C_A \left(R_C + R_A \right)}{R_C + j\omega C_A R_C R_A} \tag{7.25}$$

Auch für diesen Fall ist der allgemeinen Ansatz gültig, aus dem dann die korrigierte Lösung für die tiefen Frequenzen erstellt werden kann. Hier müssen natürlich die entsprechenden Bauelemente für den Fall 2 eingesetzt werden. Für G_L und Z_S gelten für den Betrachtungsfall 2 jetzt:

$$Z_S = R_S + \frac{1}{j\omega C_S} \qquad \text{(wie im Fall 1)}$$

$$G_L = \frac{1 + j\omega C_A \left(R_C + R_A \right)}{R_C + j\omega C_A R_C R_A} \qquad \text{(\textit{neu} für Fall 2)}$$

Beim Einsetzen in die Verstärkerformel bei tiefen Frequenzen ist zu erkennen, dass hier eine umfangreiche und aufwendige Lösung entstanden ist.

$$V_{Ut} = -\frac{h_{21}}{h_{11}\left(h_{22}+\dfrac{1+j\omega C_A\left(R_C+R_A\right)}{R_C+j\omega C_A R_C R_A}\right)}\cdot\frac{1}{\left(1+\dfrac{\left(R_S+\dfrac{1}{j\omega C_S}\right)}{h_{11}}\right)} \tag{7.26}$$

Als Schlußfolgerung kann folgender Merksatz abgeleitet werden:

> *Aus der Gl. 7.26 ist klar zu erkennen, dass es sich hier nicht mehr um einen einfachen Hochpass 1. Ordnung handeln kann, sondern es ist zu erwarten, dass sich nun ein Hochpass höherer Ordnung abbilden wird.*

Aus diesem Grund wird dieser recht komplexe Ansatz meist nur zur Berechnung des Verhaltens bei vorgegebenen, speziell zu betrachtenden Frequenzen benutzt.

7.2.2.4 Betrachtung bei hohen Frequenzen

Die nun folgende Betrachtung schließt die Frage nach dem Verhalten bei hohen Frequenzen ein. Es gilt, dass zur Ermittlung der oberen Grenzfrequenz der Schaltung, jetzt nur noch die inneren Kapazitäten der Transistoren wirken. Zur Veranschaulichung soll wieder der gleiche Betrachtungsweg beschritten werden, um das einheitliche Lösungsschema darzulegen.

Hier gilt, dass - Koppelkondensatoren $X_E\,, X_A \rightarrow 0$
- Transistorkapazitäten C_1, C_2 wirken jetzt.

Daraus folgt: $Z_S \quad \Rightarrow \quad R_S+\dfrac{1}{j\omega C_S}$

wobei $C_S = C_E$ wieder der Eingangskoppelkondensator ist.

$$\frac{1}{h_{11}}+j\omega C_1 \quad \Rightarrow \quad \frac{1}{h_{11}}+j\omega C_1$$

Jetzt ist C_2 einzubeziehen, denn diese Kapazität beinhaltet nur die Transistorkapazitäten

$$G_L+j\omega C_2 \quad \Rightarrow \quad G_L+j\omega C_2$$

Somit ergibt sich wiederum aus dem allgemeinen Ansatz der nun gültige Ansatz für hohe Frequenzen:

$$V_{Uh} = -\frac{h_{21}}{h_{11}\left(h_{22}+G_L+j\omega C_2\right)}\cdot\frac{1}{1+R_S\cdot\left(\dfrac{1}{h_{11}}+j\omega C_1\right)}$$

$$V_{Uh} = -\frac{h_{21}}{h_{11}\left(h_{22}+G_L\right)\left(1+j\omega\dfrac{C_2}{h_{22}+G_L}\right)}\cdot\frac{1}{\left(1+\dfrac{R_S}{h_{11}}\right)\cdot\left(1+j\omega\dfrac{C_1 R_S}{\left(1+\dfrac{R_S}{h_{11}}\right)}\right)} \tag{7.27}$$

$$V_{Uh} = \frac{V_{Umax}}{\left(1+j\omega\frac{C_2}{h_{22}+G_L}\right)\cdot\left(1+j\omega\frac{C_1 R_S}{\left(1+\frac{R_S}{h_{11}}\right)}\right)} \tag{7.28}$$

Betrachtet man die Gl. 7.28, so lässt sich eine Einteilung in zwei Teilglieder durchführen, die folgendermaßen allgemein beschrieben werden können.

$$V_{Uh} = \frac{V_{Umax}}{\left(1+j\frac{\omega}{\omega_1}\right)\cdot\left(1+j\frac{\omega}{\omega_2}\right)} \tag{7.29}$$

Setzt man hier nun erneut die Bedingungen für Grenzfrequenzen an, so folgen aus den Gln. 7.28 und 7.29 *ein* Ansatz für den Realteil mit

$$|\mathrm{Re}| = 1 \tag{7.30}$$

und *zwei Ansätze* für Imaginärteile, die somit auch zwei voneinander unabhängige Grenzfrequenzen auslösen.

$$|\mathrm{Im1}| = \frac{\omega C_2}{h_{22}+G_L} \quad \text{und} \quad |\mathrm{Im2}| = \frac{\omega C_1 R_S}{1+\frac{R_S}{h_{11}}} \tag{7.31,32}$$

Folgerichtig ergeben sich unter der Beachtung, dass $|\mathrm{Im}| = |\mathrm{Re}|$ und der Realteil gleich EINS ist, die zwei Grenzfrequenzen zu:

$$\omega_1 = \frac{h_{22}+G_L}{C_2} \quad \text{und} \quad \omega_2 = \frac{1+\frac{R_S}{h_{11}}}{C_1 R_S} = \frac{\frac{1}{R_S}+\frac{1}{h_{11}}}{C_1} \tag{7.33,34}$$

Als *Schlussfolgerung* kann folgender Merksatz gelten:

> *Die Schaltung bildet einen Tiefpass 2. Ordnung, da 2 unabhängige Komponenten wirken, wobei die kleinere also die niedrigere der beiden berechenbaren Frequenzen die obere Grenzfrequenz der Schaltung ergibt. Welche dabei die kleinere Frequenz ist, wird durch die Werte der Bauelemente bestimmt. Es gibt keine automatische Festlegung, dass immer* ω_1 *oder* ω_2 *die kleinere Frequenz sein muss.*

7.2.2.5 Fallbetrachtungen der Strom- und Spannungssteuerung

Für die Betrachtung der Schaltung ist es notwendig zu wissen, welche der Ansteuerungsart vorliegt und damit muss in

- Stromsteuerung oder
- Spannungssteuerung

unterschieden werden.

1. Stromsteuerung

Es gilt als Bedingung für die Stromsteuerung: $R_S >> h_{11}$

Will man nun feststellen, welche der beiden Grenzfrequenzen die kleinere ist, so muss man deren Zusammensetzung bezüglich der einzelnen Parameter prüfen und versuchen, eine Beziehung beider Frequenzen herzustellen.

Damit wird aus $\omega_2 = \frac{\frac{1}{R_S} + \frac{1}{h_{11}}}{C_1}$ jetzt $\omega_2 = \frac{1}{h_{11} C_1}$

Da weiterhin für die Transistorkapazitäten

eingangsseitig $C_{BE} << C_M$ da $C_M = C_{CB}(1 - V_U)$

und ausgangsseitig $C_2 \cong C_{CB}$ da $C_{CE} << C_{CB}$

mit $C_{CB} = C_{CB}\left(1 - \frac{1}{V_U}\right)$ gilt, folgt $C_1 \cong -V_U C_{CB} = \frac{h_{21} C_{CB}}{h_{11}(h_{22} + G_L)}$

Da andererseits auch $\omega_1 = \frac{h_{22} + G_L}{C_2}$ gilt, ergibt sich nun über $C_1 \cong \frac{h_{21}}{h_{11}\omega_1}$ die Abhängigkeit voneinander und letztlich auch:

$$\omega_2 \approx \frac{\omega_1}{h_{21}} \tag{7.35}$$

Als Ergebnis ist zu erkennen, dass bei der Stromsteuerung ω_2 die *kleine Frequenz* ist, die somit auch die *obere Grenzfrequenz* auslöst.

2. Spannungssteuerung

Im zweiten Fall wird über die gleichen Überlegungen nun auch hier die Frage nach der Quelle der Grenzfrequenz gestellt.

Es gilt als Bedingung für die Spannungssteuerung $R_S << h_{11}$

Mit dem Grundansatz für die zweite Grenzfrequenz wird aus:

$\omega_2 = \frac{\frac{1}{R_S} + \frac{1}{h_{11}}}{C_1}$ unter der angegebenen Bedingung $\omega_2 = \frac{1}{R_S C_1}$

Liefert man nun eine Ersatzbeschreibung für C_1 und setzt diese ein, erhält man

$$\omega_2 = \frac{1}{R_S \frac{h_{21} C_{CB}}{h_{11}(h_{22} + G_L)}} = \frac{h_{11}(h_{22} + G_L)}{R_S h_{21} C_{CB}}$$

durch gezieltes Umstellen ergibt sich $\omega_2 = \frac{h_{11}}{R_S h_{21}} \cdot \frac{h_{22} + G_L}{C_{CB}}$.

Setzt man nun, um einen Zusammenhang von ω_1 und ω_2 zu erhalten, ω_1 mit

$\omega_1 = \dfrac{h_{22}+G_L}{C_2}$ und, da $C_{CB} \cong C_2$ ist, ein, so erhält man mit $\omega_1 = \dfrac{h_{22}+G_L}{C_{CB}}$ die Lösung

$$\omega_2 = \frac{h_{11}}{R_S h_{21}} \cdot \omega_1 \tag{7.36}$$

Da in der Regel $\dfrac{h_{11}}{R_S h_{21}} >> 1$ folgt nun Ergebnis: $\omega_1 < \omega_2$.

Aus diesem Ergebnis lässt sich für die Spannungsteuerung sagen, dass ω_1 die *kleine Frequenz* und somit für die *obere Grenzfrequenz* verantwortlich ist.

3. Zusammenstellung maximale Verstärkung und Grenzfrequenzen

	V_{Umax}	f_u	f_o
Spannungssteuerung	$-\dfrac{h_{21}}{h_{11}(h_{22}+G_L)}$	$\dfrac{1}{2\pi h_{11} C_S}$	$\dfrac{h_{22}+G_L}{2\pi C_{CB}}$
Stromsteuerung	$-\dfrac{h_{21}}{R_S(h_{22}+G_L)}$	$\dfrac{1}{2\pi R_S C_S}$	$\dfrac{1}{2\pi h_{11} C_1}$

Bild 7.10 Verstärkung und Grenzfrequenzen

Die Erkenntnisse, die in diesem Punkt erarbeitet wurden, lassen sich in Tabellenform wie im Bild 7.10 zusammenstellen. So zeigt sich dass für die Spannungsteuerung Rs keine Rolle bei der Bestimmung der Verstärkung und der Grenzfrequenzen spielt, bei der Stromsteuerung hingegen eine klare. Für die untere Grenzfrequenz bringt die Eingangsbeschaltung einen Beitrag, für die obere Grenzfrequenz ist der Beitrag abhängig von Strom- oder Spannungsteuerung, ob der Ausgang oder der Eingang einen entscheidenden Anteil bringt.

Betrachtet man den Verstärkungsverlauf, vgl. Bild 7.11, so ist zu erkennen, dass die Spannungssteuerung eine wesentlich höhere obere Grenzfrequenz bringen wird. Zu beachten ist, daß die x-Achse für die Frequenz logarithmische Teilung besitzt.

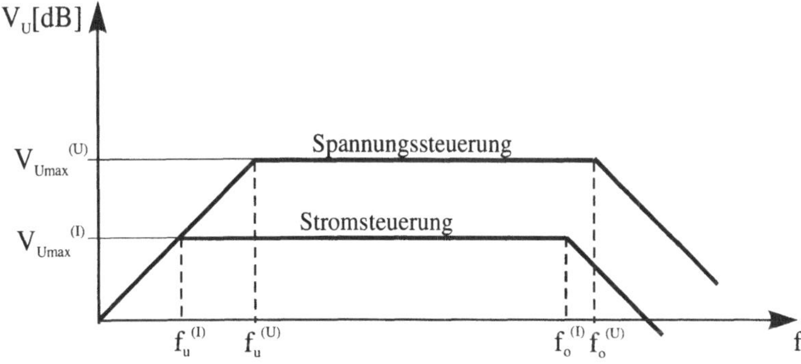

Bild 7.11 Verstärkungsverläufe bei einer Emitter-Schaltung

8 Der rückgekoppelte Transistorverstärker

Im folgenden Kapitel werden die Probleme der Rückkopplung erst allgemein dargestellt und dann an zwei Schaltungsbeispielen demonstriert, wobei diese die am häufigsten angewendeten Schaltungen sind. An diesen Schaltungen werden die notwendigen Berechnungsalgorithmen vorgestellt werden.

8.1 Problemstellung

Da bisher immer nur Schaltungen betrachtet wurden, die keine Rückkopplungen hatten, waren diese Schaltungen immer nur auf ihre Arbeitspunkte einmal einstellbar, doch es bestand keinerlei Kontrolle, ob der Arbeitspunkt beibehalten wird oder gar wegläuft. Man kann es mit einer Steuerung vergleichen, aber man erzielt keine Regelung. Nun soll zur Stabilisierung der Schaltung geprüft werden, ob bei einer Rückkopplung eine Signalverbesserung erzielt wird, oder bestimmt Funktionen besonders herausgearbeitet werden können.

8.1.1 Rückkopplung

Die Rückkopplung ist die Rückführung eines Teiles des Ausgangssignals des Verstärkers auf den Eingang des selben Verstärkers. An dem Zusammenführungspunkt im Eingangsbereich (S) kann das rückgeführte Signal nun mit dem Eingangssignal addiert werden. Das Koppelverhalten leitet sich aber daher ab, ob das rückgekoppelte Signal phasengleich oder phasengedreht zurückgeführt wird. Im Fall einer Phasendrehung von 180° ergibt sich eine Vorzeichenumkehr (Negation) des Ausgangssignals in Bezug auf das Eingangssignal und demnach folgt eine Subtraktion am Zusammenführungspunkt mit dem Nutzsignal. Damit ist die folgende Unterteilung möglich:

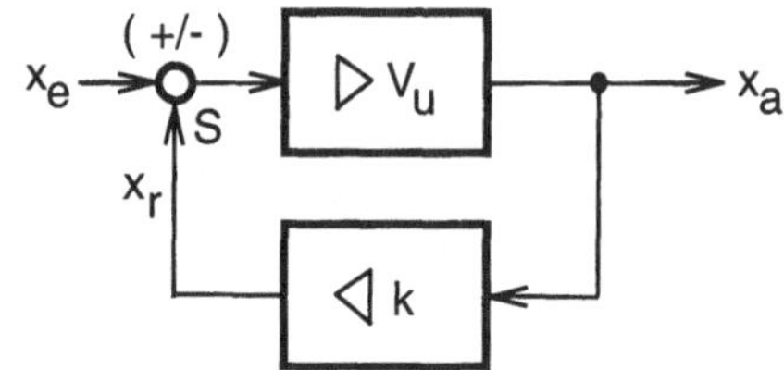

Bild 8.1 Allgemeines Blockschaltbild einer Rückkopplung

Bei *positiver (additiver) Kopplung* liegt das rückgeführte Signal in Phase zum Eingangssignal. Das bedeutet, dass das Eingangssignal einen gleichphasigen, additiven Zusatz bekommt, was das zu verstärkende Signal zusätzlich erhöht. Diese Funktion wird als *Mitkopplung* definiert.

Bei *negativer (subtraktiver) Kopplung* liegt das rückgeführte Signal gegenphasig zum Eingangssignal. Das bedeutet, dass das Eingangssignal gegenphasig und somit subtraktiv wirkt und das zu verstärkende Signal abschwächt. Diese Funktion wird als *Gegenkopplung* definiert.

Als Ergebnis kann festgestellt werden, dass bei Mitkopplung die Gesamtverstärkung steigt, bei Gegenkopplung sinkt die Gesamtverstärkung ab.

8.1.2 Ziel der Kopplungen

Aus den Definitionen leitet sich ab, dass die Mitkopplung zu

- Erhöhung der Verstärkung
- Verringerung der Bandbreite bei selektiven Verstärkern - Schwingungserzeugung
- (starke Mitkopplung führt zur Selbsterregung)

führt.

Aus diesen Effekten leitet sich als ein Einsatzgebiet die Problematik der Schwellwertdetektion ab. Damit verbunden ist dann der Übergang von analogen Signalen zur Digitaltechnik.

Für die Gegenkopplung, die oft auch nur Rückkopplung genannt wird, ergibt sich aus der Verringerung der Verstärkung auch das Einsatzziel zur

- Verringerung der Wirkung von Störeinflüsse wie z.B.
  - Temperaturschwankungen
  - Exemplarstreuungen bei Serienfertigung
  - Parameteränderung durch Alterung
- Verringerung der Wirkung der Nichtlinearitäten, die eine Verringerung der Signalverzerrungen durch die nichtlinearen Kennlinien der Transistoren bringen.

Ein ergänzender Hinweis sei auf die Operationsverstärkertechnik (OPV) gegeben, wo die Art der Rückkopplung sehr entscheidend für den Einsatz ist, da der nicht rückgekoppelte OPV eine extrem hohe innere Verstärkung hat $V_0 \to \infty$. Somit führt die Anwendung der Gegenkopplung zur Einstellung der gewünschten Verstärkung.

8.2 Prinzipien der Rückkopplung

Das Prinzip der Rückkopplung ist im Bild 8.2 dargestellt. Es zeigt, dass das Ausgangssignal über eine weitere Verstärkerstufe (k), die in der Regel eine Verstärkung kleiner dem Hauptverstärker (V_U') hat, zurück an den Eingang geführt wird. Diese Rückführung kann durchaus nur aus passiven Bauelementen bestehen. Die Gesamtverstärkung (V_U), die dann weitergeleitet wird, basiert auf dem Signalverhältnis aus u_2 und u_1. Die Verstärkung des Hauptverstärkers (V_U') bezieht sich auf u_2' und u_1', die Verstärkung der Rückkoppelstufe (k) setzt sich aus u_2 und u_r zusammen. Demnach lassen sich folgende Beziehungen aus dem allgemeinen Rückkoppelverstärker ableiten. Für den Gesamtverstärker gilt:

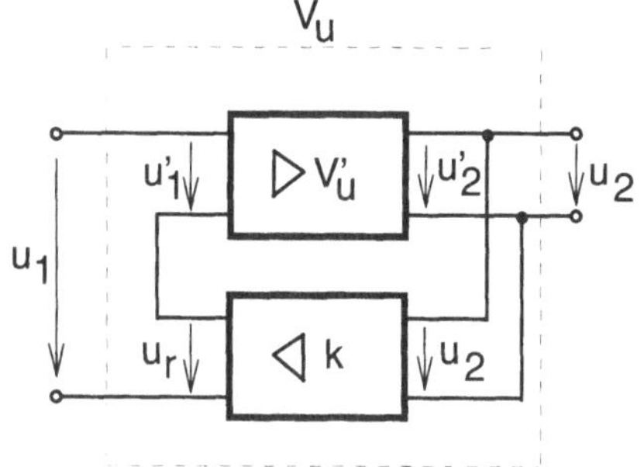

Bild 8.2 Allgemeiner rückgekoppelter Verstärker

Eingangsspannung:

$$u_1 = u_1' + u_r \tag{8.1}$$

äußere Verstärkung (Verstärkung des gesamten rückgekoppelten Verstärkers), die als Gesamtverstärkung bezeichnet wird:

$$V_u = \frac{u_2}{u_1} \tag{8.2}$$

innere Verstärkung (Verstärkung des nicht rückgekoppelten Hauptverstärkers):

$$V_u' = \frac{u_2'}{u_1'} \tag{8.3}$$

Für die Stärke (Intensität) der Rückkopplung ist als Beschreibung der *Koppelfaktor* zuständig mit der Definition:

$$k = \frac{u_r}{u_2} \tag{8.4}$$

Weiterhin gilt hier, wie aus dem Bild 8.2 ersichtlich, $u_2' = u_2$. Die *Gesamtverstärkung* einschließlich der Wirkung der Rückkopplung, die auch als *äußere Verstärkung* definiert wird, ergibt sich durch einfache Maschenbetrachtung und Zuordnung der Spannungssignale.

$$V_u = \frac{u_2}{u_1} = \frac{u_2}{u_1' + u_r} = \frac{u_2'}{u_1' + ku_2'} = \frac{V_u'}{1+kV_u'} \tag{8.5}$$

8.3 Varianten der Rückkopplungen

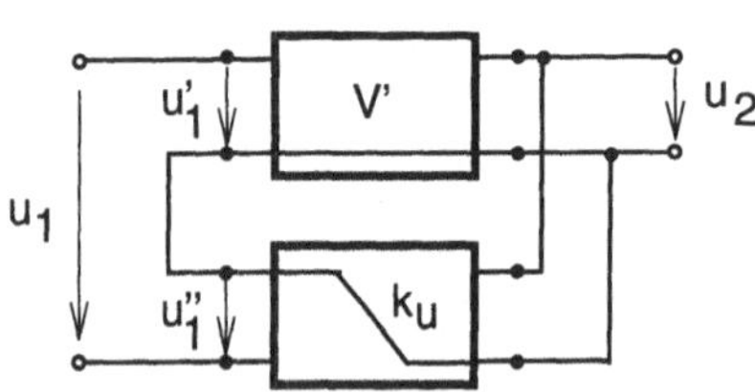

Bild 8.3 Schema der Spannungs-/Spannungs-Gegenkopplung

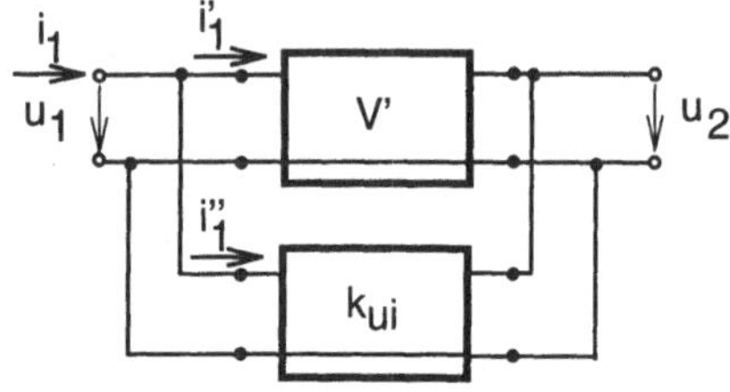

Bild 8.4 Schema der Spannungs-/Strom-Gegenkopplung

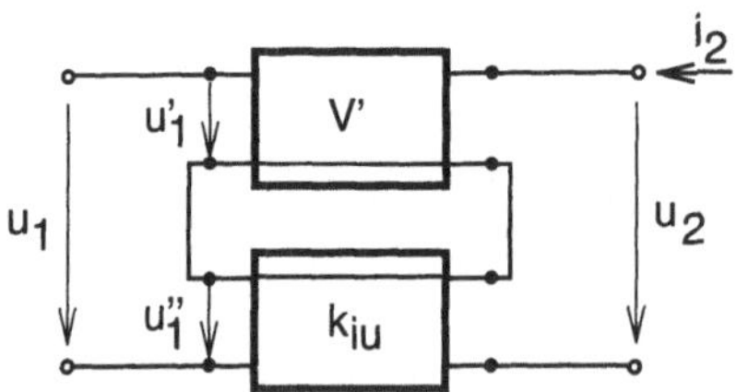

Bild 8.5 Schema der Strom-/Spannungs-Gegenkopplung

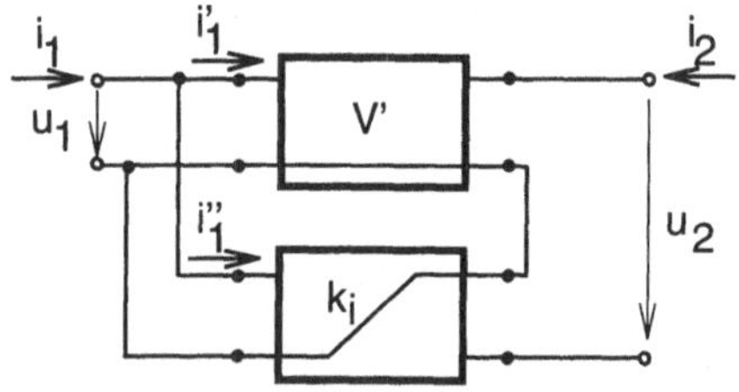

Bild 8.6 Schema der Strom-/Strom-Gegenkopplung

Spannungs-/Spannungs-Gegenkopplung

Die Ausgangsspannung wird über einen Gegenkopplungsvierpol (Verstärker) mit einem Koppelfaktor k_u in eine Spannung gewandelt, die wiederum der Eingangsspannung additiv überlagert wird (vgl. Bild 8.3).

Spannungs-/Strom-Gegenkopplung

Die Ausgangsspannung wird über einen Gegenkopplungsvierpol (Verstärker) mit einem Koppelfaktor k_{ui} in einen Strom gewandelt, der wiederum dem Eingangsstrom additiv überlagert wird (vgl. Bild 8.4). Die Pfeilrichtung (Wirkungsrichtung) von i_1'' ist auch prinzipiell umdrehbar, doch das hat dann zur Folge, dass der Knoten entsprechend neu formuliert werden muss.

Strom-/Spannungs-Gegenkopplung

Der Ausgangsstrom wird über einen Gegenkopplungsvierpol (Verstärker) mit einem Koppelfaktor k_{iu} in eine Spannung gewandelt, die wiederum der Eingangsspannung additiv überlagert wird (vgl. Bild 8.5).

Strom-/Strom-Gegenkopplung

Der Ausgangsstrom wird über einen Gegenkopplungsvierpol (Verstärker) mit einem Koppelfaktor k_i in einen Strom gewandelt, der wiederum dem Eingangsstrom additiv überlagert wird (vgl. Bild 8.6).

8.4 Einsatzfall der Strom-Spannungs-Gegenkopplung

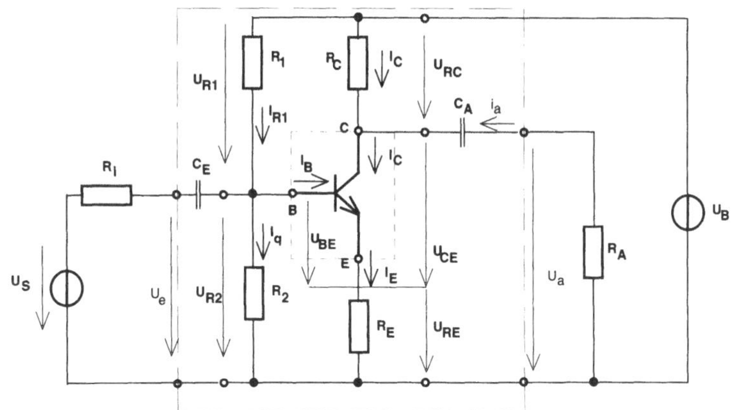

Bild 8.7 Emitterschaltung mit Eingangsspannungsteiler und Emitterwiderstand zur Rückkopplung

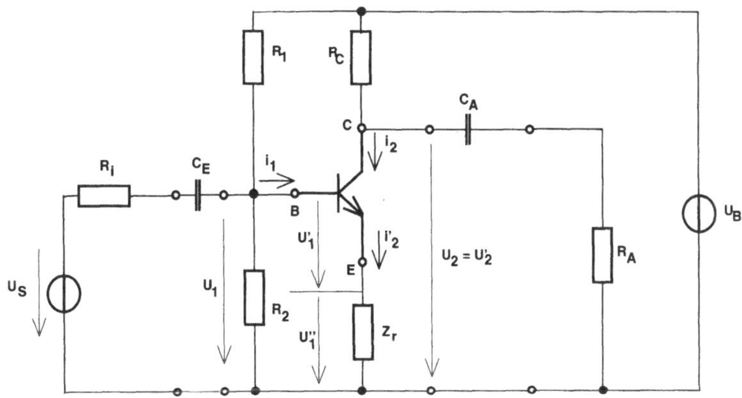

Bild 8.8 Komplette Schaltung des rückgekoppelten Verstärkers

Ein sehr häufiger Anwendungsfall für eine Rückkopplung ist die Strom-/Spannungs-Rückkopplung, die oft auch nur als Stromrückkopplung bezeichnet wird. Hier wird ein Widerstand zwischen dem Emitter und das Bezugspotential (Masse) der Emitterschaltung eingebaut. Dabei ist es notwendig, dass der Eingang (Basis) durch einen Spannungsteiler (zwischen Betriebsspannung und Masse) fixiert wird. Bei der Strom-/Spannungs-Gegenkopplung erzeugt der Ausgangsstrom ($i_E = i_2'$) an der Emitter-Impedanz ($Z_r = R_E$) den Spannungsabfall ($u_1'' = u_r$), der auf den Eingang zurückwirkt (entgegenwirkt). Daher kommt auch der Begriff "Strom zu Spannungs-Gegenkopplung".

Für diese Art der Gegenkopplung ist unbedingt ein Basisspannungsteiler erforderlich. Der Einsatz nur eines Basisvorwiderstandes ist nicht möglich, da dieser den (Basis-) Arbeitspunkt nicht stabilisieren (festhalten) kann. Der Spannungsteiler hingegen hat in der Regel einen vielfachen Querstrom gegenüber dem Basisarbeitsstrom, die ingenieur-technische Näherung empfiehlt einen Faktor 10, der das Festhalten des Arbeitspunktes sicherstellt.

8.4.1 Spannungsanalyse

In diesem Punkt soll mit den Mitteln der Strom- und Spannungsanalyseverfahren die aus dem Bild 8.8 hergeleitete vereinfachte Schaltung, die das Bild 8.9 zeigt, untersucht werden. Zum Vergleich seien folgende Bezüge hergestellt:

$i_1 = i_B \qquad i_2 = i_C$

$i_2' = i_E \qquad Z_r = R_E$

$u_1' = u_{BE} \qquad u_r = u_{RE}$

$u_2 = u_a$

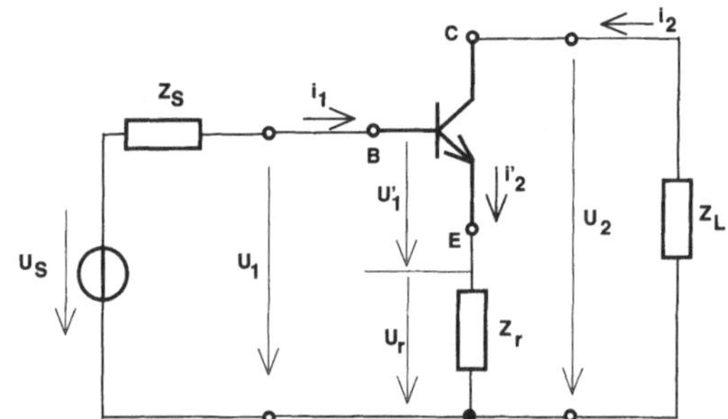

Bild 8.9 Vereinfachtes Schema des Ersatzschaltbildes für mittlere Frequenzen

Die *Gegenkopplungsspannung* u_r lässt sich einfach über den Widerstand und die durchfliessenden Ströme darstellen und es ergibt sich:

$$u_r = Z_r \cdot i_2' = Z_r \cdot (i_1 + i_2) \approx Z_r \cdot i_2 \tag{8.6}$$

Die Näherung ist deshalb zulässig, da $i_1 << i_2$ und außerdem $i_2 = \beta \cdot i_1$ ist. In der Regel, außer bei Leistungstransistoren, ist β auch recht groß (> 50). Weiterhin kann man die Eingangsspannung über die Masche beschreiben und es folgt:

$$u_1 = u_1' + u_r \qquad \text{bzw.} \qquad u_1' = u_1 - u_r \tag{8.7}$$

Aus diesen einfachen Ansätzen mit der Lösung in Gleichung 8.7 ist sofort ersichtlich, dass u_r *gegen* u_1 arbeitet und wirklich eine *Gegenkopplung* vorliegt.

Die *Ausgangsspannung* kann man nun auf gleiche Weise betrachten und es können die Ansätze gebildet werden:

$$u_2 = -i_2 \cdot Z_L \qquad \text{mit} \qquad Z_L = R_C || (X_{CA} + R_A)$$

Aus diesen Herleitungen kann nun der *Gegenkopplungsfaktor* bestimmt werden, der wie folgt definiert ist.

$$k = \frac{\text{gegengekoppelte Spannung}}{\text{Ausgangsspannung}} = \frac{u_r}{u_2}$$

Die rückgekoppelte Spannung u_r ist der Spannungsabfall über dem Rückkoppelbauelement und somit über Z_r. Die Ausgangsspannung u_2 ist die, die über der Kollektor-Masse-Strecke bei der Emitterschaltung sich abbildet. Da bei großen Werten von β gemäß Bild 8.9 die Vereinfachung angesetzt werden kann $i_2' = i_2$ ergibt sich die vereinfachte, aber durchaus brauchbare Lösung zu:

$$k_{iu} = \frac{u_r}{u_2} = \frac{i_2 \cdot Z_r}{-(i_2 \cdot Z_L)} = -\frac{Z_r}{Z_L} \tag{8.8}$$

Das negative Vorzeichen im Nenner kommt davon, dass der Strom i_2, der in den Transistor hineinfließt, gegenläufig zur Strom- und Spannungsrichtung durch den Lastwiderstand Z_L ist.

8.4.2 Analyse der Impedanzen

Aus der vereinfachten Darstellung nach Bild 8.9 muss klar die Zuordnung der in der Schaltung vorhandenen Bauelemente hervorgehen. Zu beachten ist, welche Einzelbauelemente unter Z_L und Z_S als reale oder komplexe Bauelemente des Schaltungsaufbaus zusammengefasst werden müssen. Weiter sind die Verhaltensweisen direkt um den Transistor zu untersuchen. Daraus folgt, dass unter der Lastimpedanz nicht die äußere, an den Anschlusskontakten des Schaltungsausganges angeschlossenen Bauelemente gesehen werden dürfen, sondern unter der Ersatz-Lastimpedanz sind alle Bauelemente zu verstehen, die am Kollektor angeschlossen sind. Die gleiche Festlegung gilt für die Eingangsimpedanzbetrachtung. Sie ist nicht nur die Ausgangsimpedanz der vorherigen Stufe, sondern sie umfasst alle vor der Basis liegenden Bauelemente. Solche Festlegungen machen Sinn, weil damit die Ersatzschaltungskonstruktion einfacher zu übersehen ist und damit auch leichter in mathematische Modelle zu bringen ist.

Ersatz-Lastimpedanz

Unter dem Gesamtbauelement Ersatz-Lastimpedanz sind alle am Kollektor nach hinten gesehen angeschlossenen Bauelemente zu einen Bauelement zusammengefasst.

$$Z_L = R_C \,||\, (X_{CA} + R_A) = R_C \,||\left(\frac{1}{j\omega C_A} + R_A\right)$$

Durch Auflösen und Umstellen ergibt sich dann:

$$Z_L = \frac{\frac{R_C}{j\omega C_A} + R_C R_A}{R_C + \frac{1}{j\omega C_A} + R_A} = \frac{R_C(1 + j\omega C_A R_A)}{1 + j\omega C_A(R_C + R_A)} \quad \text{bzw.:} \quad Y_L = G_C + \left(\frac{1}{R_A + \frac{1}{j\omega C_A}}\right) \tag{8.9}$$

Ersatz-Eingangsimpedanz

In Analogie zur Ausgangsimpedanz sind hier die gesamten an der Basis nach vorn anliegenden passiven Bauelemente zusammengefasst. Die Spannungs- oder Stromquelle der vorherigen Stufe ist natürlich nicht enthalten.

$$Z_S = (R_i + X_{CE}) \| R_1 \| R_2$$

$$Z_S = \left(R_i + \frac{1}{j\omega C_E}\right) \| R_1 \| R_2 = \left(R_i + \frac{1}{j\omega C_E}\right) \| \frac{R_1 \cdot R_2}{R_1 + R_2}$$

Nach Umformung ergibt sich als Darstellung für die *Ersatz-Eingangsimpedanz:*

$$Z_S = \frac{(1 + j\omega C_E R_i) \cdot R_1 R_2}{j\omega C_E R_1 R_2 + (1 + j\omega C_E R_i) \cdot (R_1 + R_2)} \tag{8.10}$$

Als Darstellung auf der Ebene der komplexen Leitwerte (Admittanz) ist folgende Lösung möglich $Y_S = Y_i + G_1 + G_2$ mit $Y_i = \frac{1}{Z_i}$ und $Z_i = R_i + \frac{1}{j\omega C_E}$.

Das wichtigste in diesem Teilschritt ist, dass eine richtige und exakte Zusammenfassung unter Z_S und Z_i als komplexe Widerstände erfolgen muss.

Aufteilung der Emitter-Impedanz

Zur Berechnung und zum besseren Verstehen der Signalverläufe wird die Emitter-Impedanz (hier Z_r) in zwei parallele Teile zerlegt. Dabei wird bei der Aufteilung eine derartige Zerlegung gewählt, dass der eine Teilwiderstand nur vom Basisstrom und der andere Teilwiderstand nur vom Kollektorstrom durchflossen wird. Dieser Ansatz wurde bereits in den vorangegangenen Punkten zur Bestimmung von Ein- und Ausgangswiderstand bei Kollektorschaltungen bzw. auch bei stromrückgekoppelten Emitterschaltungen verwendet.

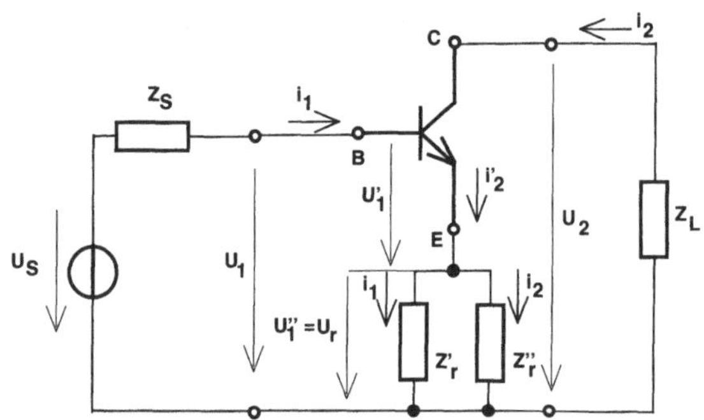

Bild 8.10 Aufteilung der Emitter-Impedanz in Teilimpedanzen

Zu dem Bild 8.10 kann zum Vergleich folgende Herleitung herangezogen werden.

$$i_2' = i_E = i_B + i_C \qquad i_1 = i_B \qquad \text{und} \qquad i_2 = i_C \qquad Z_r = Z_r' \| Z_r''$$

Dabei ergibt sich entsprechend der Stromaufteilung in:

$$Z_r' = Z_r \cdot \left(1 + \frac{i_2}{i_1}\right) \qquad \text{und} \qquad Z_r'' = Z_r \cdot \left(1 + \frac{i_1}{i_2}\right) \tag{8.11/8.12}$$

8.4.3 Umformung und Übertragung der Widerstandsanteile

Im weiteren Berechnungsverlauf müssen nun die Anteile auf den Eingangs- und Ausgangsstromkreis aufgeteilt werden.

Aus $Z_r' = Z_r \cdot \left(1 + \frac{i_2}{i_1}\right)$ und $i_2 = -\frac{u_2}{Z_L}$ sowie aus $k_{iu} = -\frac{Z_r}{Z_L}$ und $Z_L = -\frac{Z_r}{k_{iu}}$ folgt:

$$Z_r' = Z_r + \frac{Z_r \cdot i_2}{i_1} = Z_r + \frac{u_2 \cdot k_{iu}}{i_1} \tag{8.13}$$

Darstellung der Umformung

Der errechnete Teilwiderstand in Gl. 8.29 kann wie folgt in der Form eines Ersatzschaltbildes dargestellt werden. Dabei wird der Widerstand $Z_r^{'}$ in einen Widerstand Z_r und eine in Reihe liegende Spannungsquelle aufgeteilt, wobei die Quelle einmal über $Z_r \cdot i_2$ und zum anderen über $k_{iu} \cdot u_2$ beschrieben werden kann. Beide Darstellungen ergeben ein Spannungssignal.

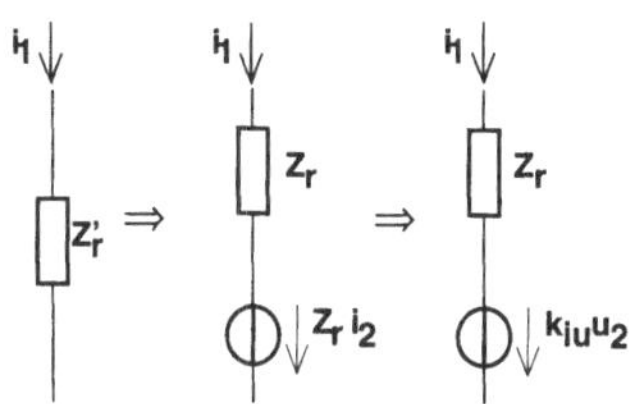

Bild 8.11 Umformung für den eingangsbezogenen Widerstand

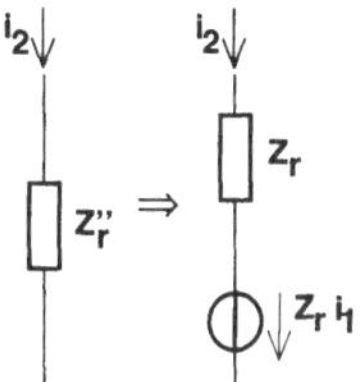

Bild 8.12 Umformung für den ausgangsbezogenen Widerstand

In Analogie zu $Z_r^{'}$ ergibt sich für $Z_r^{''}$:

$$Z_r^{''} = Z_r \left(1 + \frac{i_1}{i_2}\right) = Z_r + \frac{Z_r \cdot i_1}{i_2} \tag{8.14}$$

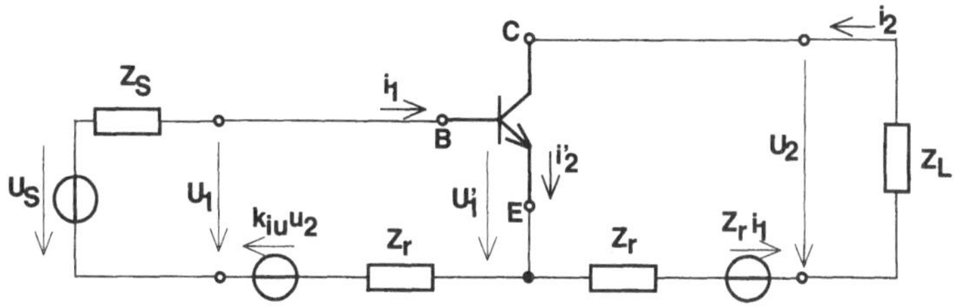

Bild 8.13 Schaltung mit Aufteilung in Ein- und Ausgangskreis

Hierbei zeigt sich nicht so ganz offensichtlich, dass $Z_r \cdot i_1$ durch eine Spannungsquelle dargestellt werden kann. Doch man muss bedenken, dass $Z = \mathrm{f}\left(\frac{u}{i}\right)$ ist, und damit bleibt ein Spannungswert aus dem Produkt $Z_r \cdot i_1$. Mit den gewonnenen Ersatzschaltbildern im Bild 8.13 kann nun die Aufteilung in Ein- und Ausgangskreis erfolgen. Um den weiteren Berechnungsweg einfacher zu gestalten, sollen die folgenden Festlegungen das unterstützen, die eine übersichtlichere Betrachtung gestatten.

Für den *Eingangskreis* sei: $|Z_r| < h_{11}$

Das soll heißen, dass die Rückkoppelimpedanz kleiner als r_{BE} $(= h_{11})$ ist.

Für den *Ausgangskreis* sei: $Z_r \cdot i_1 < u_2$

Das bedeutet, dass der Spannungsabfall über Z_r, also über R_E kleiner als die Ausgangsspannung u_a sein muss. Das ist wohl logisch, denn die Spannung über Z_r kann keinesfalls gleich oder größer sein.

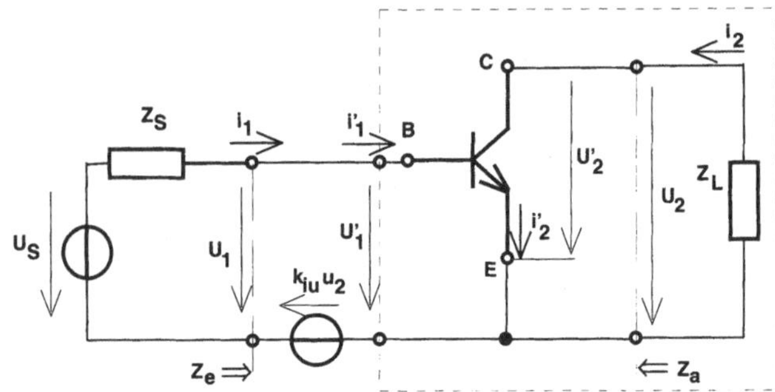

Bild 8.14 Vereinfachte rückgekoppelte Emitterschaltung

Abschließend soll noch gelten: $|Z_r| < |Z_L|$. Das heißt, Z_r ist kleiner als die am Kollektor anliegende Ersatz-Lastimpedanz. Aus diesen vereinfachenden und logischen Festlegungen ergibt sich die vereinfachte Schaltung im Bild 8.14. Bei dieser Umformung ergibt nun der eingerahmte Teil eine *nicht rückgekoppelte Emitterschaltung*. Die *rückkoppelnde* Wirkung zeigt sich über die *Ersatzspannungsquelle* $k_{iu}u_2$. Für die gesamte Ein- und Ausgangsimpedanz, also für die gesamte Schaltung, gelten dann die im Bild 8.14 eingezeichneten Schnittpunkte.

8.4.4 Verstärkungsanalyse

Um auf die Endformeln der Verstärkungsberechnung zu kommen, werden nun schrittweise die Herleitungen zusammengestellt. Folgende Zusammenhänge sind aus dem Bild 8.14 ableitbar:

$$i_1' = i_1 \qquad \text{und} \qquad i_2' = i_2 \qquad \text{sowie} \qquad u_2' = u_2$$

Damit folgt durch die Gleichheit der Signallagen:

1. Stromverstärkung

In den folgenden Darstellungen ist V die äußere und V' die innere Verstärkung. Demnach kann gesetzt werden:

$$V_i = \frac{i_2}{i_1} = \frac{i_2'}{i_1'} \stackrel{!}{=} V_i' \tag{8.15}$$

Das bedeutet:

Diese Gegenkopplung hat keine Wirkung auf die Stromverstärkung.

2. Spannungsverstärkungen

Bei der Betrachtung der Spannungsverhältnisse ergeben sich folgende Zusammenhänge:

innere Verstärkung (ohne Rückkopplung) $$V_u' = \frac{u_2'}{u_1'} \tag{8.16}$$

äußere Verstärkung (mit Rückkopplung) $$V_u = \frac{u_2}{u1} = \frac{u_2'}{u_1' + k_{iu}u_2'} \tag{8.17}$$

Gesamtspannungsverstärkung $$V_u = \frac{V_u'}{1 + k_{iu}V_u'} \tag{8.18}$$

Das bedeutet:

Diese Gegenkopplung wirkt mit dem Gegenkopplungsgrad $\left(1+k_{iu}V_u^{'}\right)$ *auf die Grundspannungsverstärkung des nicht rückgekoppelten (inneren) Verstärkers.*

8.4.5 Wirkungen auf die Ein- und Ausgangsimpedanz

Aus den vorangegangenen Betrachtungen lässt sich ein Wechselsignalersatzschaltbild, wie in dem Bild 8.15 dargestellt ist, aufbauen. Zu sehen ist, dass im Ausgang die gestrichenen und ungestrichenen Signale gleich liegen. Im Eingang ist die aus der Rückkopplung entstandene Spannungsquelle eingebaut worden.

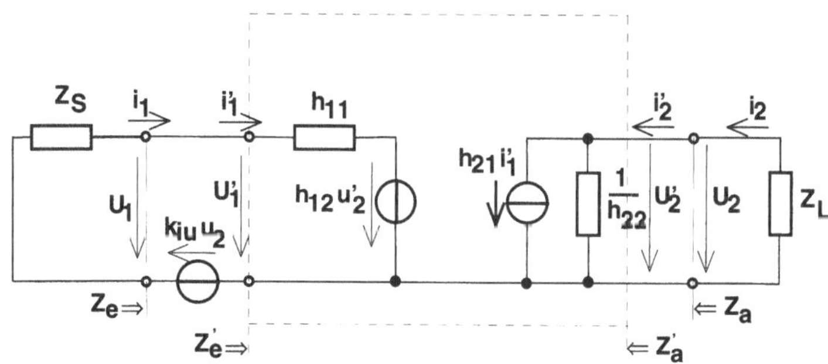

Bild 8.15 Wechselstrom-Ersatzschaltbild zur Z_e, Z_a-Berechnung

1. Eingangsimpedanz

Aus dem Schaltbild sind folgende Beziehungen herzuleiten:

$$i_1^{'} = i_1 \quad \text{und} \quad i_2^{'} = i_2 \quad \text{sowie} \quad u_2^{'} = u_2 \quad \text{und damit} \quad u_1 = u_1^{'} + k_{iu}u_2^{'}$$

Die gestrichene (innere) Eingangsimpedanz $Z_e^{'}$ wird, wie folgt, definiert und ist: $Z_e^{'} = \dfrac{u_1^{'}}{i_1^{'}}$.

Aus dem Bild 8.15 ergibt sich über die bereits aufgestellten Zusammenhänge die Eingangsimpedanz Z_e zu:

$$Ze = \frac{u_1}{i_1} = \frac{u_1^{'} + k_{iu}u_2^{'}}{i_1^{'}} = Z_e^{'}\left(1 + k_{iu}V_u^{'}\right) \tag{8.19}$$

wobei $V_U^{'} = \dfrac{u_2^{'}}{u_1^{'}}$ die innere, nicht rückgekoppelte Verstärkung und $Z_e^{'}$ die Eingangsimpedanz des ebenfalls nicht rückgekoppelten Verstärkers ist.

Das bedeutet:

Die Eingangsimpedanz wird um Gegenkopplungsgrad $\left(1 + k_{iu}V_u^{'}\right)$ *erhöht.*

2. Ausgangsimpedanz

Schon aus dem vereinfachten Bild 8.15 ist zu erkennen, dass die ausgangsseitigen Signale gleich liegen und somit ergibt sich auch formal:

$$Z_a = \left.\frac{u_2}{i_2}\right|_{U_S=0} = \left.\frac{u_2'}{i_2'}\right|_{U_S=0} \tag{8.20}$$

Das bedeutet, dass $Z_a = Z_a'$ wird, wenn $u_S = 0$ ist. Da, wie im Bild 8.15 zu sehen ist, gilt:

$$i_1' = i_1 \qquad \text{und} \qquad i_2' = i_2 \qquad \text{sowie} \qquad u_2' = u_2$$

Aus der Umstellung $k_{iu} \cdot u_2 = Z_r \cdot i_2 = k_{iu} \cdot u_2' = Z_r \cdot i_2'$ ergibt sich:

$$i_1 = i_1' = -\frac{h_{12} \cdot u_2 + Z_r \cdot i_2}{h_{11} + Z_S} \qquad \text{und} \qquad i_2 = i_2' = h_{22} \cdot u_2 + h_{21} \cdot i_1$$

Setzt man die Formel für i_1 in die Formel von i_2 ein, so erhält man:

$$i_2 = h_{22} \cdot u_2 - \frac{h_{21}}{h_{11}+Z_S}\left(h_{12} \cdot u_2 + Z_r \cdot i_2\right)$$

Durch weiteres Ersetzen und Umstellung ergibt sich für die Ausgangsimpedanz:

$$i_2 = h_{22} \cdot u_2 - \frac{h_{21}}{h_{11}+Z_S}\left(h_{12} \cdot u_2\right) - \frac{h_{21}}{h_{11}+Z_S}\left(Z_r \cdot i_2\right)$$

$$i_2\left(1 + \frac{h_{21} \cdot Z_r}{h_{11}+Z_S}\right) = u_2\left(h_{22} - \frac{h_{21} \cdot h_{12}}{h_{11}+Z_S}\right)$$

$$Z_a = \frac{u_2}{i_2} = \frac{\left(1 + \frac{h_{21} \cdot Z_r}{h_{11}+Z_S}\right)}{\left(h_{22} - \frac{h_{21} \cdot h_{12}}{h_{11}+Z_S}\right)} \qquad \text{bzw.}$$

$$Z_a = \frac{h_{11} + Z_S + h_{21} \cdot Z_r}{h_{11} \cdot h_{22} - h_{21} \cdot h_{12} + Z_S \cdot h_{22}} \tag{8.21}$$

Unter der Einbeziehung von $|h| = h_{11} \cdot h_{22} - h_{21} \cdot h_{12}$ folgt die Lösung:

$$Z_a = \frac{h_{11} + Z_S + h_{21} \cdot Z_r}{|h| + Z_S \cdot h_{22}}$$

Um den Bezug zum nicht rückgekoppelten Verstärker herzustellen, folgt aus den Gleichungen im Punkt 6.2 für die dort aufgeführte nicht rückgekoppelte Verstärkerschaltung:

$$Z_a = \left.\frac{u_2}{i_2}\right|_{u_S=0} = \frac{1}{h_{22} - \frac{h_{12} \cdot h_{21}}{h_{11}+Z_S}} \tag{8.22}$$

Dieser Ansatz kann nun auf die hier vorliegende Anwendung, hier gelten jetzt aber die Werte mit Strich gekennzeichnet, weil es ein rückgekoppelter Verstärker ist, übertragen werden und es gilt:

$$Z_a' = \left.\frac{u_2'}{i_2'}\right|_{u_S=0} = \frac{1}{h_{22} - \dfrac{h_{12}\cdot h_{21}}{h_{11}+Z_S}} \quad \text{sowie}$$

$$Z_a' = \frac{h_{11}+Z_S}{h_{11}\cdot h_{22}+Z_S\cdot h_{22} - h_{12}\cdot h_{21}}$$

Die Umstellung liefert:

$$Z_a = \frac{h_{11}+Z_S+h_{21}\cdot Z_r}{h_{11}\cdot h_{22} - h_{21}\cdot h_{12}+Z_S\cdot h_{22}}$$

Nach der Teilung der Formel in zwei Teilbeträge

$$Z_a = \frac{h_{11}+Z_S}{h_{11}\cdot h_{22} - h_{21}\cdot h_{12}+Z_S\cdot h_{22}} + \frac{h_{21}\cdot Z_r}{h_{11}\cdot h_{22} - h_{21}\cdot h_{12}+Z_S\cdot h_{22}}$$

ist ersichtlich, dass man Z_a' mit einbeziehen kann und es ergibt sich:

$$Z_a = Z_a' + \frac{h_{21}\cdot Z_r}{h_{11}\cdot h_{22} - h_{21}\cdot h_{12}+Z_S\cdot h_{22}}$$

und damit ergibt sich letztlich:

$$Z_a = Z_a' + \frac{Z_a'\cdot h_{21}\cdot Z_r}{h_{11}+Z_S} \quad \text{bzw.} \quad Z_a = Z_a'\left(1+\frac{h_{21}\cdot Z_r}{h_{11}+Z_S}\right) \qquad (8.23)$$

Daraus ist nach doch recht langer Umrechnung zu erkennen, dass die Rückkoppelimpedanz Z_r mit der Stromverstärkung h_{21} auf die Ausgangsimpedanz erhöhend wirkt.

3. Grenzfall-Betrachtung für reine Strom- bzw. Spannungssteuerung

Bei den beiden Grenzfällen ergibt sich damit vereinfachend:

Stromsteuerung Bedingung: $Z_S \to \infty$

$$Z_a = Z_a'\left(1+\frac{h_{21}\cdot Z_r}{h_{11}+\infty}\right) = Z_a'(1+0)$$

$$Z_a = Z_a' \qquad (8.24)$$

Spannungssteuerung Bedingung: $Z_S \to 0$

$$Z_a = Z_a'\left(1+\frac{h_{21}\cdot Z_r}{h_{11}}\right) \approx Z_a'\left(1+k_{iu}\cdot V_u'\right) \qquad (8.25)$$

8.4.6 Näherungen bei der Strom-/Spannungs-Gegenkopplung

Bei sehr starker (großer) Gegenkopplung kann man folgende Näherungen zur Vereinfachung ableiten. Unter dieser Bedingung, dass $\left|k_{iu}\cdot V_u'\right| >> 1$ können folgende Näherungen ingenieur-technisch genutzt werden:

$$V_u \approx \frac{1}{k_{iu}} = -\frac{Z_L}{Z_r} \tag{8.26}$$

$$Z_e \approx Z_e' \cdot k_{iu} \cdot V_u' = \frac{h_{21}}{h_{22}+Y_L} \cdot \frac{Z_r}{Z_L}$$

$$Z_e \approx h_{21} \cdot Z_r \tag{8.27}$$

$$Z_a\big|_{U_S=0} \approx Z_a' \cdot k_{iu} \cdot V_u' \approx \frac{1}{h_{22}} \cdot \frac{Z_r}{Z_L} \cdot \frac{h_{21} \cdot Z_L}{h_{11}}$$

$$Z_a\big|_{U_S=0} \approx \frac{h_{21} \cdot Z_r}{h_{11} \cdot h_{22}} \tag{8.28}$$

Daraus ergeben sich für diese Näherung folgende Schlussfolgerungen:

- Die Spannungsverstärkung ist nahezu *nur noch von* der äußeren Beschaltung abhängig, nicht mehr von den Transistorparametern.
- Die Eingangsimpedanz ist nahezu linear und *nur von* der Rückkoppelimpedanz Z_r und der Stromverstärkung des Transistors h_{21} abhängig.
- Die Ausgangsimpedanz wird auch linearisiert, da sie *nicht nur* von h_{22} abhängig ist, *sondern von* den nahezu linearen Parametern Z_r, h_{21}, h_{11} abhängt.

Diese Schlussfolgerungen finden in der Operationsverstärkertechnik ihre Anwendung.

Bei der Annahme des *idealen Operationsverstärkers* gilt $V_{U0} \to \infty$, was sofort die Bedingung $|k_{iu} \cdot V_u'| >> 1$ erfüllt, sind diese Ansätze sofort verwendbar. Damit kann dann auch angenommen werden, dass die Gesamtverstärkung nur von der Außenbeschaltung abhängt. Das wiederum gestattet eine sehr einfache Anwendung und Berechnung von OPV-Schaltungen.

8.5 Einsatzfall der Spannungs-/ Strom-Gegenkopplung

Eine zweite sehr häufige Anwendung der Rückkopplung ist der Einsatz eines Basisvorwiderstandes oder eines Basisspannungsteilers, der nicht an die Betriebsspannung angekoppelt ist, sondern jetzt an den Kollektor der Emitterschaltung angeschlossen wird. Diese Schaltung bildet eine Spannungs-/ Stromrückkopplung mit gegenkoppelnden Verhalten, die oft auch nur mit Spannungs-Gegenkopplung bezeichnet wird.

8.5.1 Grundprinzip

Aus der Schaltung ohne Rückkopplung im Bild 8.16 wird durch zusätzliches Einbringen eines komplexen Rückkoppelwiderstandes zwischen Kollektor und Basis die Rückkopplung in der Form einer Gegenkopplung erreicht. Das Bild 8.17 zeigt eine mögliche Lösung, wobei das Rückkoppelelement zusätzlich eingebaut wurde. Es sind aber folgende Modifikationen der Schaltung möglich. Der Spannungsteiler muss nicht unbedingt zusätzlich eingesetzt werden. Es kann im Bild 8.17 R_1 entfallen, bzw. R_1 wird selbst zu Z_r.

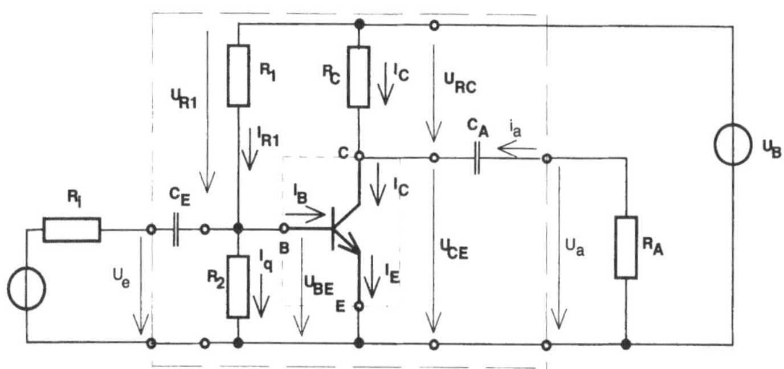

Bild 8.16 Emitterschaltung mit Basisspannungsteiler ohne Rückkopplung

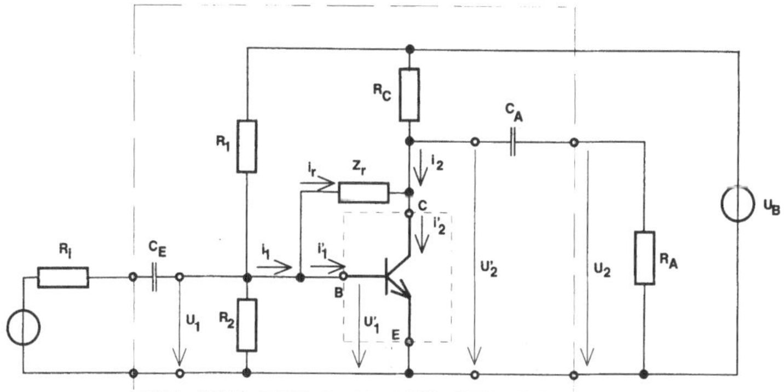

Bild 8.17 Emitterschaltung mit Basisspannungsteiler mit Spannungsrückkopplung

Als eine weitere Lösung kann R_2 entfallen, so dass nur Z_r allein in der Schaltung steht. Damit liegt kein Basisspannungsteiler mehr vor, sondern es ist jetzt eine Schaltung mit Basisvorwiderstand, der gleichzeitig Rückkoppelwiderstand ist. Zu beachten ist dann für jeden Fall, welche Bauelemente in welcher Position tatsächlich vorhanden sind. Das Grundprinzip für jede der Anwendungen ist, dass die Ausgangsspannung über eine Rückkopplungsimpedanz, die Ausgang (Kollektor) und Eingang (Basis) verbindet, einen Strom in den Eingang zurückspeist. Es ergeben sich aus dem Bild 8.17 folgende Grundansätze:

$$u_r = u_1' - u_2' \quad \text{und} \quad Z_r = \frac{u_r}{i_r} \quad \text{sowie} \quad i_r = \frac{u_1' - u_2'}{Z_r} = -Y_r \cdot \left(u_2' - u_1'\right)$$

Als Näherung ist zulässig: $i_r \approx -Y_r \cdot u_2'$ da i.a. $u_1' << u_2'$

Am Eingang des Transistors gilt: $i_1 = i_r + i_1'$ bzw. $i_1' = i_1 - i_r$

Daraus folgt:

Die Ausgangsspannung beeinflusst den Eingangsstrom gegenphasig.

Auch hier wird der Gegenkoppelfaktor analog zum Punkt 8.4 definiert als:

$$k_{ui} = \frac{\text{gegengekoppelter Strom}}{\text{Ausgangsstrom}}$$

Das heißt nun, dass der rückgekoppelte Strom der Strom durch das Rückkoppelbauelement Y_r ist. Der Ausgangsstrom ist der Strom, der durch die Lastbauelemente Y_L fließt.

Aus den einfachen Ansätzen $i_r \approx -Y_r \cdot u_2'$ und $i_2 = -Y_L \cdot u_2'$ ergibt sich :

$$k_{ui} = \frac{-Y_r \cdot u_2'}{-Y_L \cdot u_2'} = \frac{Y_r}{Y_L} \tag{8.29}$$

Hier gilt wieder, dass Y_L *alle Lasten* (Bauelemente) beinhaltet, die am Kollektor angeschlossen sind. Y_L beinhaltet nicht nur die äußeren Lasten an der Schaltung. Y_r ist das oder sind die Bauelemente, das oder die nach vorn in der Rückkopplungstrasse liegen.

8.5.2 Analyse über y-Parameter

8.5.2.1 Darstellung der Emitterschaltung

Zur Vereinfachung und Erhöhung der Übersichtlichkeit bietet sich hier die Analyse über die y-Parametersätze an. Eine Darstellung über h-Parameter wäre durchaus auch möglich, doch wird die formale Behandlung recht aufwendig und unübersichtlich. Das ist aber nicht das Problem, denn es ist wohl bekannt, dass die h- und y-Parameterdarstellung mathematisch völlig gleichberechtigt sind. Das Bild 8.18 zeigt die zusammengefasste Form des Ersatzschaltbildes in der y-Darstellung: Aus dieser Darstellung folgt:

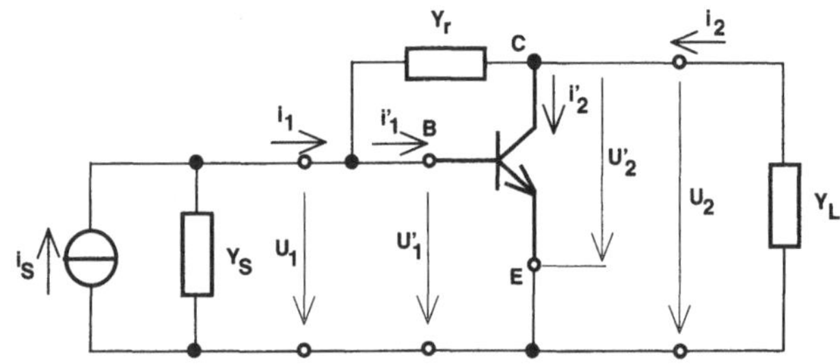

Bild 8.18 Schematisches Wechselspannungsersatzschaltbild

$$i_S = \frac{u_S}{Z_i} \qquad \text{mit} \qquad Z_i = R_i + \frac{1}{j\omega C_E}$$

Y_S beinhaltet alle Bauelemente, die vor der Basis im Eingangsbereich liegen. Z_i beinhaltet die Bauelemente der Quelle und der Ankopplung der Quelle. Das sind also der Innenwiderstand der Quelle und der Koppelkondensator am Eingang. Hierzu gehört nicht ein eventuell vorhandener Basisspannungsteiler.

8.5.2.2 Ersatz-Leitwerte

Unter dem *Ersatz-Eingangsleitwert* werden alle Bauelemente vor der Basis zusammengefasst und so ergibt sich:

$$Y_S = Y_i + G_1 + G_2 \tag{8.30}$$

G_1, G_2 sind die Leitwerte des genannten Basisspannungsteilers (so vorhanden), Y_i ist die Zusammenfassung des Innenwiderstandes der Quelle und des Koppelkondensators. Für den Ausgang kann folgender *Ersatz-Lastleitwert* gebildet werden:

$$Y_L = G_C + \frac{1}{R_A + \frac{1}{j\omega C_A}} \tag{8.31}$$

Da nun eine Verbindung zwischen Ein- und Ausgang über die Rückkopplung besteht, muss diese zur Berechnung aufgehoben werden. Das kann über das Miller-Theorem erfolgen. Mit diesem wird das Rückkoppelelement entsprechend seiner Wirkung auf den Eingang und den Ausgang aufgeteilt. Demnach entsteht folgendes neues im Bild 8.19 dargestelltes Ersatzschaltbild. Nach der Anwendung des Miller-Theorems, wo das Rückkoppelelement in seine Wirkungsanteile für den Aus- und den Eingang zerlegt wurde, bildet sich wieder eine Transistorfunktion (wie bekannt) und eine Wirkung auf die ganze Schaltung ab. Für die weiteren Betrachtungen lässt sich folgende Vereinfachung treffen.

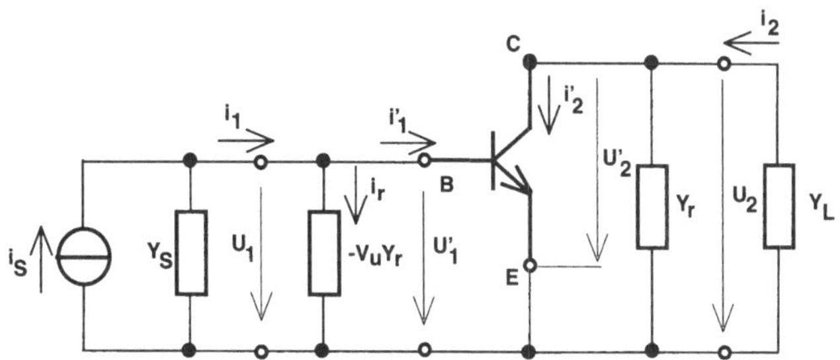

Bild 8.19 Wechselspannungsersatzschaltbild nach der Anwendung des Miller-Theorems

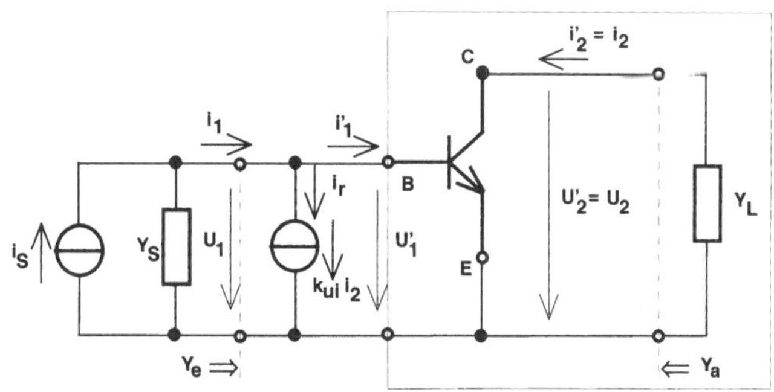

Bild 8.20 Vereinfachtes Wechselspannungsersatzschaltbild

Es soll in dem zu betrachtenden Frequenzbereich gelten: $|Y_r| < h_{22}$. Damit kann angesetzt werden $|Y_r| \to 0$ und es gilt $i_2^{'} = i_2 \quad u_2^{'} = u_2$.

Greift man nun auf die Erkenntnisse aus Punkt 8.4.3 zur Wandlung eines Widerstandes in einen Widerstand mit Ersatzquelle zurück (Spannungsquelle mit Reihenwiderstand oder Stromquelle mit Parallelwiderstand), kann erneut eine Aufteilung in Rückkopplungsteil und nicht rückgekoppelten Verstärker erfolgen. Somit folgt das vereinfachte Ersatzschaltbild mit einem nicht rückgekoppelten Verstärker. Im Bild 8.20 ist in dem gestrichelten Rahmen die nicht rückgekoppelte Emitterstufe eingezeichnet. Nun kann die weitere Berechnung leichter fortgesetzt werden.

8.5.2.3 Verstärkungsberechnungen

In Analogie wird nun zum Punkt 8.4 die Verstärkung berechnet und es ergibt sich für die *Spannungsverstärkung:*

$$V_u = \frac{u_2}{u_1} = \frac{u_2^{'}}{u_1^{'}} \overset{!}{=} V_u^{'} \tag{8.32}$$

Das bedeutet:

Bei der Spannungs-/Strom-Gegenkopplung wirkt die Rückkopplung nahezu nicht auf die Spannungsverstärkung.

Stromverstärkung:

$$V_i = \frac{i_2}{i_1} = \frac{i_2'}{i_1' + k_{ui} \cdot i_2'} = \frac{V_i'}{1 + k_{ui} V_i'} \tag{8.33}$$

Das bedeutet auch:

Bei der Spannungs-/Strom-Gegenkopplung vermindert die Rückkopplung die Stromverstärkung um den Faktor des Gegenkopplungsgrades ($1 + k_{ui} V_i'$).

Das stellt genau ein umgekehrtes Verhalten im Vergleich zur Strom-/Spannung-Gegenkopplung dar.

8.5.2.4 Ein- und Ausgangsadmittanz der Schaltung

Im folgenden Teil erfolgt die Rechnung über die Admittanzwerte (komplexe Leitwerte), um den Zusammenhang einfacher und damit deutlicher darzustellen. Weiterhin soll auch dieser Weg zeigen, dass Impedanz- und Admittanz-Rechnungen gleichberechtigt sind.

Die *Eingangsadmittanz* wird beschrieben als: $Y_e = \frac{i_1}{u_1}$.

Da für die vorliegende Schaltung $u_1' = u_1$ gilt, ergibt sich als einfach überschaubare Lösung:

$$Y_e = \frac{i_1' + k_{ui} \cdot i_2'}{u_1'} = Y_e' \left(1 + k_{ui} V_i'\right) \tag{8.34}$$

Hierbei stellt Y_e' den Eingangsleitwert ohne Rückkopplung dar.

Das bedeutet:

Bei der Spannungs-/Strom-Gegenkopplung erhöht die Rückkopplung die Eingangsadmittanz um den Faktor des Gegenkopplungsgrades ($1 + k_{ui} V_i'$).

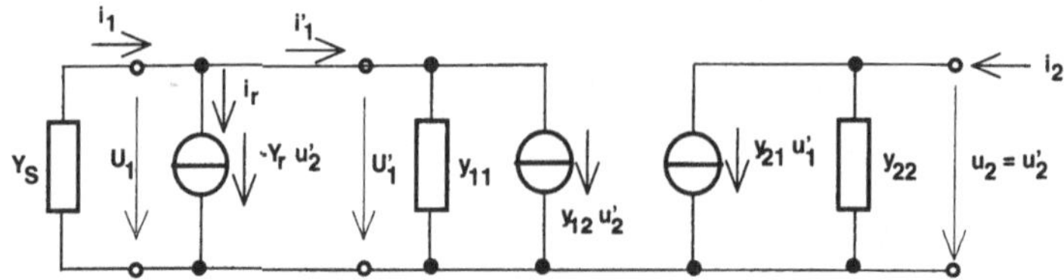

Bild 8.21 Wechselspannungsersatzschaltbild in Leitwertdarstellung

Für die *Ausgangsadmittanz* gilt wieder in analoger Weise wie bei den vorangegangenen Betrachtungen:

$$Y_a = \frac{i_2}{u_2}\bigg|_{i_S=0} = \frac{i_2'}{u_2'}\bigg|_{i_S=0} \tag{8.35}$$

In Analogie zur Strom-/ Spannung-Gegenkopplung folgt nun die Darstellung des Wechselspannungsersatzschaltbildes für mittlere Frequenzen über die Leitwerte. Aus der Darstellung im Bild 8.21 lassen sich folgende Ansätze ableiten:

$$i_1 = i_r + i_1' \quad u_1 = u_1' \qquad \text{und} \qquad u_2 = u_2'$$

$$i_1 = -u_1 \cdot Y_S = -u_2 \cdot Y_r + y_{11} \cdot u_1 + y_{12} \cdot u_2$$

$$u_1 = -\frac{y_{12} - Y_r}{y_{11} + Y_S} u_2 \qquad \text{und} \qquad i_2 = y_{22} \cdot u_2 + y_{21} \cdot u_1$$

Eingesetzt folgt

$$i_2 = y_{22} \cdot u_2 - \frac{y_{12} - Y_r}{y_{11} + Y_S} y_{21} \cdot u_2 - \left(y_{22} - \frac{y_{12} - Y_r}{y_{11} + Y_S} y_{21} \right) \cdot u_2$$

und nun lässt sich nach dem komplexen *Ausgangsleitwert* umstellen:

$$Y_a = \frac{i_2}{u_2} = \left(\frac{y_{11} \cdot y_{22} + Y_S \cdot y_{22} - y_{12} \cdot y_{21} - Y_r \cdot y_{21}}{y_{11} + Y_S} \right) \tag{8.36}$$

Unter Verwendung des nicht rückgekoppelten Ausgangsleitwertes Y_a' (vgl. Punkt 8.4) und mit $|y| = y_{11} \cdot y_{22} - y_{12} \cdot y_{21}$ ergibt sich:

$$Y_a = \frac{i_2'}{u_2'}\bigg|_{I_S=0} = Y_a' \left(1 + \frac{y_{21} \cdot Y_r}{|y| + y_{22} \cdot Y_S} \right) \tag{8.37}$$

Als eine Darstellung über h-Parametern würde sich folgende Lösung (ohne Beweisführung) ergeben.

$$Y_a = \frac{i_2'}{u_2'}\bigg|_{I_S=0} = Y_a' \left(1 + \frac{h_{21} \cdot Y_r}{h_{22} + |h| \cdot Y_S} \right) \tag{8.38}$$

Betrachtung der zwei Grenzfälle

Gleichfalls in Analogie zur Strom/Spannungsrückkopplung erfolgt die Betrachtung der zwei Extremfälle:

Spannungssteuerung Bedingung: $Y_S \rightarrow \infty$

$$Y_a = Y_a' = \frac{|h|}{h_{11}} \tag{8.39}$$

Stromsteuerung Bedingung: $Y_S \to 0$

$$Y_a = Y_a^{'} \left(1 + \frac{h_{21} \cdot Y_r}{h_{22}}\right) = h_{22} + h_{21} \cdot Y_r \tag{8.40}$$

Das bedeutet:

Bei der Spannungssteuerung wird die Ausgangsadmittanz durch die Gegenkopplung nicht beeinflusst. Bei der Stromsteuerung erhöht sich die Ausgangsadmittanz um den Term $h_{21} \cdot Y_r$

Betrachtung bei starker Gegenkopplung

Eine starke Gegenkopplung bedeutet, dass $\left|k_{ui} V_i^{'}\right| >> 1$ gilt. Daraus ergibt sich als Lösungen:

$$V_i \approx \frac{1}{k_{ui}} = \frac{Y_L}{Y_r} \tag{8.41}$$

$$Y_e \approx Y_e^{'} k_{ui} V_i^{'} = \frac{h_{21} \cdot Y_r}{|h| + h_{11} \cdot Y_L}$$

$$Y_e \approx -V_u^{'} \cdot Y_r \qquad \text{und} \qquad Y_a \approx h_{21} \cdot Y_r \tag{8.42/8.43}$$

Das bedeutet:

- *Die Stromverstärkung wird nahezu unabhängig von den Transistorparametern.*
- *Sie ist nur abhängig von der äußeren Beschaltung.*
- *Die Eingangsadmittanz wird stark vergrößert.*
- *Die Ausgangsadmittanz steigt ebenfalls stark und fast linear an, da* h_{21} *nahezu konstant ist.*

Vergleicht man nun die Strom-/Spannungsrückkopplung mit der Spannungs-/Stromrückkopplung, so sind gleiche Lösungswege / -ansätze und gewisse Parallelitäten zu erkennen. Man darf allerdings für beide Lösungen nicht Fehler in der Bauelementezuordnung machen, um exakt mit diesen Zusammenfassungen arbeiten zu können.

9 Differenzverstärker

Im folgenden Abschnitt werden kurz die Grundlagen des Differenzverstärkers als Kombination von zwei Transistorstufen behandelt. Diese bilden auch die Voraussetzung für das Verstehen und die Berechnungen des Operationsverstärkers in den zwei folgenden Kapiteln.

9.1 Grundlagen

Das Ziel ist es, durch Verbindung zweier Verstärkerstufen einen Vergleich zweier vorliegender Signale z.B. Messsignal mit einem Referenz- (Vergleichs-) Signal zu schaffen. Danach wird das Ergebnis als Ausgangssignal gegebenenfalls noch verstärkt ausgegeben. Dieses kann als Differenz der zwei Verstärkerausgänge oder als nur ein Ausgangssignal gegen Masse gemessen weiterverarbeitet werden.

Aus dieser Vorstellung leitet sich als Grundgedanke ab, dass

- zwei gleichaufgebaute Verstärkerstufen miteinander gekoppelt werden müssen,
- über gemeinsame Bauelemente wird eine gegenseitige Abhängigkeit geschaffen, was einer Rückkopplung gleichkommt.

Grundschaltung

Für eine derartige Schaltungskombination bietet sich die stromgegengekoppelte Emitterschaltung an, wie sie im Kapitel 8 intensiv untersucht wurde. An ihr kann durch eine andere Stufe das Potential über den Emitterwiderstand R_E als Folge einer Stromänderung durch R_E beeinflusst werden. Das hat letztlich zur Folge, dass die Eingangsmasche $U_e \rightarrow U_{BE} \rightarrow U_{RE}$ beeinflusst wird. Für das Eingangssignal ergibt sich die Masche:

$$U_e = U_{BE} + U_{RE} \qquad (9.1)$$

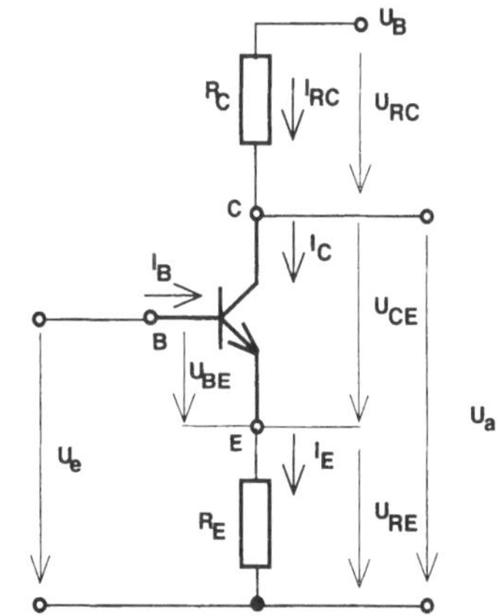

Bild 9.1 Grundschaltung der stromgegengekoppelten Emitterschaltung

Damit folgt, wenn $U_e =$ konstant, folgt dann die Funktion $U_{BE} = \mathrm{f}\left(U_{RE}\right)$. Das heißt, es bildet sich folgender funktioneller Zusammenhang ab. Wird extern durch eine andere Quelle U_{RE} verändert, dann folgt eine Änderung von U_{BE}, wenn die Eingangsspannung konstant gehalten wird. Das löst folgende *Kettenreaktion* aus:

ändert sich U_{BE}

$\Rightarrow$ folglich ändert sich I_B

$\Rightarrow$ damit I_C

$\Rightarrow$ somit U_{CE}

$\Rightarrow$ und damit auch U_a

Diese Kettenreaktion zeigt, dass bei feststehender Eingangsspannung eine Änderung des Spannungsabfalls über R_E sofort eine Änderung der Ausgangsspannung am Kollektor auslöst. Diese Funktion soll nun als Ausgangspunkt für den Aufbau einer Differenzstufe dienen.

9.2 Allgemeiner Differenzverstärker

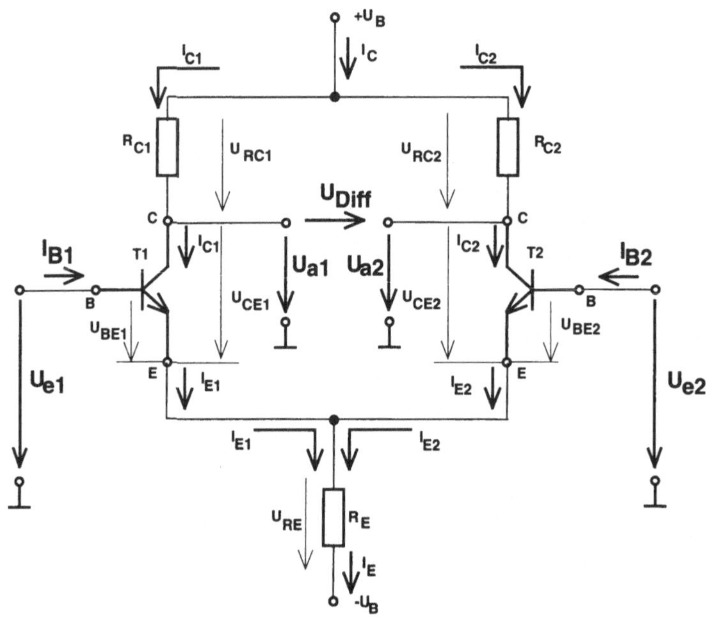

Bild 9.2 Grundaufbau eines Differenzverstärkers

Es werden zwei gleiche Emitterschaltungen auf-gebaut. An den Basisanschlüssen wird je ein Eingangs- (Mess-) Signal U_{e1} bzw. U_{e2} angeschlossen. Durch die Zusammenschaltung der beiden Emitter wird der Rückkoppelwiderstand R_E gemeinsam genutzt, was auch bedeutet, dass durch ihn I_{E1} und I_{E2} fließen wird. An den Kollektoren befinden sich je ein eigener Kollektorwiderstand R_{C1}, R_{C2} gegen die Betriebsspannung. Gemäß der Emitterschaltung sind die Ausgänge der Teilschaltungen an den Kollektoranschlüssen. Das nun zwischen den Kollektoren 1 und 2 entstehende (Differenz-) Signal bildet das gemeinsame Ausgangssignal aus der Zusammenführung der beiden Eingangssignale.

9.2.1 Grundvoraussetzungen für diese Funktion

Für die exakte Anwendung als Differenzverstärker sind folgende Bedingungen zu erfüllen:

- symmetrischer Aufbau von zwei Emitterschaltungen
- Transistoren T1 und T2 müssen gleiche Parameter haben. Bei Integration auf einem Chip ist das sichergestellt.
- Widerstände R_{C1} und R_{C2} müssen ebenfalls identisch sein.
- R_E wird gemeinsam genutzt, somit folgt die Differenzfunktion über die Gegenkopplung mit dem Emitterwiderstand.

- An R_{C1}, R_{C2} wird eine positive an R_E eine negative Betriebsspannung angelegt. Damit kann eine Hub- bzw. Aussteuerungserhöhung erzielt werden und die Verarbeitung negativer Pegel ist möglich.
- Ausgangsspannung wird gegen Masse (Bezugspotential) gemessen.
- beide Eingangsspannungen müssen sich auf das gleiche Massepotential beziehen.

9.2.2 Funktionsweise

Bevor man die unterschiedlichen Fälle betrachtet, kann man sich anhand der dargestellten Zeichnung (Bild 9.3) die grundlegenden Verhaltensweisen herleiten. Da das gemeinsame Bauelement der Emitterwiderstand ist, muss dessen Spannungsabfall, der durch die Summe der beiden Emitterströme erzeugt wird, auf beide Transistoren zurückwirken. Anschaulich ist das, wenn man sich vorstellt, dass der R_E nicht an einer negativen Betriebsspannung liegt, sondern auf Masse. Damit würde sich ergeben

$$U_{e1} = U_{BE1} + U_{RE} \,. \quad (9.2)$$

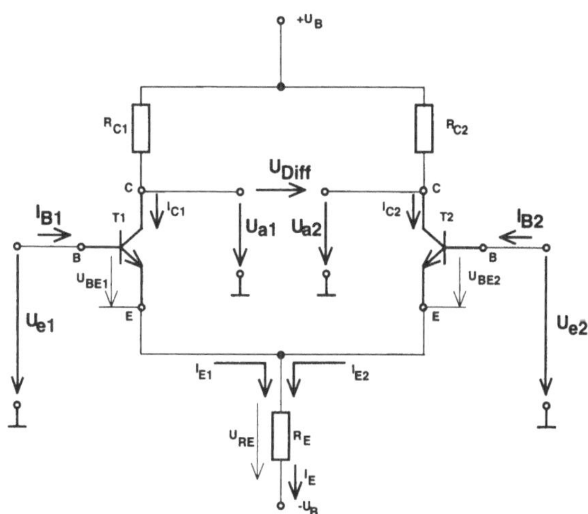

Bild 9.3 Signalverlauf am Differenzverstärker

Steigt nun I_{RE}, folgt U_{RE} mit einem Spannungsanstieg und so muss bei konstanter Eingangsspannung U_{e1} die Basisspannung U_{BE} fallen bzw. zurückgedrängt werden. Damit fällt gemäß der Transistorfunktion I_{B1} und damit auch I_{C1} und folglich steigt U_{a1} an. Somit ist die Funktion, die im Punkt 9.1.2.1 angestrebt wurde, erfüllt. In der folgenden Fallbetrachtung soll nun die Schaltung weiter untersucht werden.

Fall 1: $U_{e1} = U_{e2} = 0$

Da die Zweige (Teilschaltungen) symmetrisch sind, baut sich ein stabiler Zustand auf. Es muss $I_{C1} = I_{C2}$ sein. Bei Vernachlässigung der Basisströme, also bei großen Verstärkungswerten für β, ergibt sich: $I_E = I_{C1} + I_{C2}$. Somit ist auch:

$$U_{a1} = U_{a2} \qquad \text{und} \qquad U_{Diff} = 0 \qquad (9.3)$$

Damit ist die gewünschte Funktionsweise erreicht, denn beide Eingänge sind gleich, was ein Nullsignal am Ausgang bringen muß. Das ist aber nur dann erfüllt, wenn beide Teilschaltung wirklich exakt symmetrisch sind.

Fall 2: $U_{e1} = U_e$ und $U_{e2} = 0$

Aus der Eingangsfunktion ergibt sich bei einer Stromeinspeisung, dass I_B des Einganges 1 steigt. Das wiederum löst sofort die *Kettenreaktion* aus.

Steigt I_{B1}, steigt folglich auch I_{C1}

$\Rightarrow$ Anstieg von U_{RE}

da $U_{e2} = U_{BE2} + U_{RE} = 0$

$\Rightarrow$ sinkt U_{BE2}

$\Rightarrow$ I_{C2} sinkt und U_{RC2} sinkt ebenfalls

$\Rightarrow$ U_{a2} steigt

Da I_{C1} steigt, sinkt U_{a1} und U_{RC1} steigt an.

Für den Einsatz dieser Verstärkerschaltung ist natürlich von wesentlichem Interesse *das Differenz-Ausgangssignal*, das sich ergibt zu:

$$U_{Diff} = U_{a1} - U_{a2} \tag{9.4}$$

Weiter gilt aber auch nur unter der Bedingung, dass beider Verstärkerteile voll symmetrisch, also gleich, sind:

$$U_{Diff} = V_{UDiff} \cdot (U_{e1} - U_{e2}) \tag{9.5}$$

Diese Festlegung über die gemeinsame Verstärkung setzt die völlige Gleichheit der beiden Emitterschaltungen zwangsläufig voraus. Anderenfalls würde jeder Verstärker eine eigene Verstärkung bringen, die dann in umfangreiche Rechnungen eingehen würden.

9.2.3 Betrachtung der Signalparameter

Um mit relativ einfachen Ansätzen arbeiten zu können, muss ein diealer Verstärker angestrebt werden, was in einer integrierten Lösung recht einfach, bei einem diskreten Aufbau schwieriger zu lösen ist. Die Bedingungen für die Symmetrie, die für den nun benutzten idealen Verstärker vorausgesetzt werden, sind wie schon mehrfach dargestellt:

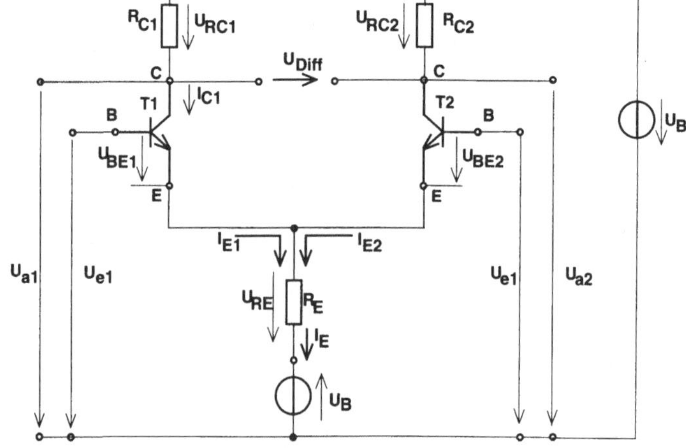

Bild 9.4 Äußere Signale am Differenzverstärker

$R_{C1} = R_{C2} = R_C$

$r_{BE1} = r_{BE2} = r_{BE}$

$\beta_1 = \beta_2 = \beta$

Aus der Schaltung können folgende Ansätze abgeleitet werden:

$$u_{e1} = i_{B1} \cdot r_{BE} + u_{RE} \quad \text{und} \quad u_{e2} = i_{B2} \cdot r_{BE} + u_{RE} \tag{9.6/9.7}$$

$$u_{RE} = i_E \cdot R_E \tag{9.8}$$

Bei *völliger Symmetrie*, die hier vorausgesetzt wird, ist setzbar:

$$i_E = i_{E1} + i_{E2} = i_{B1}(\beta+1) + i_{B2}(\beta+1)$$

$$i_E = (\beta+1)\cdot(i_{B1} + i_{B2}) \tag{9.9}$$

Mit der inneren Übertragungsfunktion des Transistors, die den Transistor als stromgesteuertes Bauelement kennzeichnet, folgt der Ansatz für den ausgangsseitig generierten Strom.

$$i_{CG1} = \beta \cdot i_{B1} \qquad \text{und} \qquad u_{RC1} = R_C \cdot i_{CG1} = \beta \cdot R_C \cdot i_{B1}$$

So ergibt sich letztlich für das Ausgangssignal 1:

$$u_{a1} = U_B - u_{RC1} \tag{9.10}$$

Analog dazu gilt für den zweiten Verstärkerteil:

mit $$i_{CG2} = \beta \cdot i_{B2} \qquad \text{und} \qquad u_{RC2} = R_C \cdot i_{CG2} = \beta \cdot R_C \cdot i_{B2}$$

$$u_{a2} = U_B - u_{RC2} \tag{9.11}$$

Als *Differenz-Ausgangssignal* stellt sich ein:

$$u_{Diff} = u_{a1} - u_{a2} \tag{9.12}$$

Für die einzelnen Basisströme lässt sich daraus durch Umstellung der Eingangsmasche herleiten:

$$i_{B1} = \frac{u_{e1} - u_{RE}}{r_{BE}} \qquad \text{und} \qquad i_{B2} = \frac{u_{e2} - u_{RE}}{r_{BE}} \tag{9.13}$$

Daraus ist zu sehen, dass für die Eingangsströme der Spannungsabfall über den gemeinsam genutzten Emitterwiderstand die entscheidende Rolle spielt.

Emitterspannung

Die Emitterspannung, die sich als Spannung über den Emitterwiderstand R_E aufbaut, kann wie folgt bestimmt werden. Natürlich muss weiter die Symmetrie gelten.

$$u_{RE} = i_E \cdot R_E = (\beta+1)\cdot(i_{B1}+i_{B2})\cdot R_E \tag{9.14}$$

Durch das Ersetzen von i_B ergibt sich nun:

$$u_{RE} = (\beta+1)\cdot\left(\frac{u_{e1} - u_{RE}}{r_{BE}} + \frac{u_{e2} - u_{RE}}{r_{BE}}\right)\cdot R_E$$

$$u_{RE} + (\beta+1)\cdot\frac{2\cdot u_{RE}}{r_{BE}}\cdot R_E = (\beta+1)\cdot\left(\frac{u_{e1}}{r_{BE}} + \frac{u_{e2}}{r_{BE}}\right)\cdot R_E$$

$$u_{RE}\left(1 + \frac{2\cdot(\beta+1)\cdot R_E}{r_{BE}}\right) = \frac{(\beta+1)\cdot R_E}{r_{BE}}\cdot(u_{e1}+u_{e2})$$

Als Ergebnis erhält man dann nach den Einsetzungen und Umstellungen:

$$u_{RE} = \frac{R_E(\beta+1)}{r_{BE} + 2R_E(\beta+1)}(u_{e1}+u_{e2}) \tag{9.15}$$

Um das Ergebnis übersichtlicher zu gestalten, zieht man die Bauelementeparameter zusammen zu einen technologischen Faktor *K*. Danach erhält man eine einfache Lösung zu:

$$u_{RE} = K \cdot (u_{e1} + u_{e2}) \qquad \text{mit} \qquad K = \frac{R_E\,(\beta+1)}{r_{BE} + 2R_E\,(\beta+1)}$$

Unter dem Faktor *K* sind nur Bauelementeparameter der Differenzschaltung mit feststehenden Größen zusammengefasst.

Für die Ausgangsspannung (am Ausgang 1) ergibt sich:

$$u_{a1} = -\beta R_C \cdot i_{B1} \tag{9.16}$$

Unter der Ausgangsspannung ist hier der Spannungsabfall (entgegengesetzte (negative) Richtung beachten) über den Kollektorwiderstand zu sehen, da beide Trassen an den gleichen Betriebsspannungsquellen angeschlossen sind. Das bedeutet, der Transistor hängt förmlich in der Schwebe zwischen beiden Quellen. Die Ausgangsspannung ergibt sich damit zwischen Kollektoranschluss und Masse. Benutzt man zur weiteren Berechnung auch hier den Ansatz für i_B

mit $$i_{B1} = \frac{u_{e1} - u_{RE}}{r_{BE}}$$

und bezieht die Eingangsspannungen mit

$$i_{B1} = \frac{u_{e1}}{r_{BE}} - \frac{R_E(\beta+1)}{r_{BE}(r_{BE} + 2R_E(\beta+1))}(u_{e1} + u_{e2})$$

ein, folgt dann eingesetzt und umgestellt für die Spannung am Ausgang 1:

$$u_{a1} = -\frac{\beta \cdot R_C}{2r_{BE}}(u_{e1} - u_{e2}) - \frac{\beta \cdot R_C}{r_{BE} + 2R_E(\beta+1)}\left(\frac{u_{e1} + u_{e2}}{2}\right) \tag{9.17}$$

Unter Nutzung der Definitionen für die Differenz-Eingangs- und Gleichtaktspannung, die auch wieder beim Operationsverstärker auftreten werden, ergeben sich die folgenden Lösungen.

Differenz-Eingangsspannung

Das ist die Differenz der beiden Eingangssignale zueinander.

$$u_d = u_{e1} - u_{e2} \tag{9.18}$$

Gleichtaktsignal

Das ist definitionsgemäß der arithmetische Mittelwert beider Eingangssignale.

$$u_{gl} = \frac{(u_{e1} + u_{e2})}{2} \tag{9.19}$$

Nutzt man diese Definitionen so ergibt sich für die Ausgangsspannung 1:

$$u_{a1} = -\frac{\beta \cdot R_C}{2r_{BE}} u_d - \frac{\beta \cdot R_C}{r_{BE} + 2R_E(\beta+1)} u_{gl} \tag{9.20}$$

Hier ist jetzt zu erkennen, dass eigentlich nur der erste Term mit der Differenzspannung von Interesse ist. Er bringt die lineare Verstärkung der gesamten Schaltungsanordnung. Der zweite Teil, der sich aus der Gleichtaktspannung bildet, ist meist störend und bringt eine Nichtlinearität und Verschiebung der Pegellage in das Ausgangssignal.

9.2.4 Berechnung der Verstärkerparameter

Da sich aus der Schaltung abzeichnet, dass es einmal eine Nutzverstärkung geben wird, die eine Verstärkung des Eingangssignals auf den Ausgang repräsentiert, muss es noch weitere mehr oder weniger störende Verstärkungen bzw. Kennzeichnungen für die Qualität z.B. Linearität geben. Folgende Definitionen, die ebenfalls wieder beim Operationsverstärker auftreten werden, werden hier ohne deren Herleitungen aufgeführt.

Differenz-Spannungsverstärkung

$$V_d = \left.\frac{u_{a1}}{u_d}\right|_{V_{gl}=0} = -\frac{\beta R_C}{2 r_{BE}} \tag{9.21}$$

Gleichtaktverstärkung

$$V_{gl} = \left.\frac{u_{a1}}{u_{gl}}\right|_{V_d=0} = -\frac{\beta R_C}{r_{BE}+2R_E(\beta+1)} \tag{9.22}$$

Der Vergleich der beiden Definitionen zeigt, dass die Differenzspannung mit dem halben Wert der Verstärkung einer reinen Emitterschaltung verstärkt wird. Die Gleichtaktverstärkung hingegen wird durch eine normale stromrückgekoppelte Emitterschaltung bestimmt, die allerdings den doppelten Wert des Emitterwiderstandes besitzt.

Gleichtaktunterdrückung (Gütemerkmal eines Verstärkers)

$$G = \frac{V_d}{V_{gl}} = \frac{r_{BE}+2R_E(\beta+1)}{2 \cdot r_{BE}} \approx \frac{\beta R_E}{r_{BE}} \tag{9.23}$$

Die Gleichtaktunterdrückung wird oft auch als *CMRR* (Common Mode Rejection Ratio) bezeichnet und dann in Dezibel angegeben.

$$CMRR[\mathrm{dB}] = 20 \cdot \lg|G| = 20 \cdot \lg\left|\frac{V_d}{V_{gl}}\right| \tag{9.24}$$

In Analogie zum Ausgang 1 folgt für die Ausgangsspannung am Ausgang 2:

$$u_{a2} = -\frac{\beta R_C}{2 r_{BE}}(u_{e2} - u_{e1}) - \frac{\beta R_C}{r_{BE}+2R_E(\beta+1)}\left(\frac{u_{e1}+u_{e2}}{2}\right) \tag{9.25}$$

Aus beiden Ausgangssignalen lässt sich dann die Differenzspannung zwischen den beiden Ausgängen herleiten, die in vielen Fällen von Interesse ist und weiterverarbeitet wird.

Differenz-Ausgangsspannung

$$u_{Diff} = u_{a1} - u_{a2} = -\frac{\beta R_C}{r_{BE}}(u_{e1} - u_{e2}) \tag{9.26}$$

Zur Unterscheidung ist u_{Diff} die Differenz-Ausgangsspannung und u_d die Differenz-Eingangsspannung. Zur Beschreibung des Differenzverstärkers werden noch die Widerstandsverhältnisse an den Eingängen wie folgt bestimmt:

Gleichtakt-Eingangswiderstand

Zur Bestimmung des Gleichtakt-Eingangswiderstandes werden die beiden Eingänge E1 und E2 verbunden und somit mit dem gleichen Signal versorgt.

Es folgen zwei Ansätze:

$$u_{gl} = \frac{(u_{e1} + u_{e2})}{2} = u_{e1}$$

$$i_B = i_{B1} + i_{B2} = 2 \cdot i_{B1}$$

So ergibt sich weiter:

$$r_{gl} = \frac{u_{e1}}{2 \cdot i_{B1}} = \frac{u_{e1} \cdot r_{BE}}{2 \cdot (u_{e1} - u_{RE})} \quad \text{bzw.}$$

$$r_{gl} = \frac{r_{BE}}{2} + (\beta+1) R_E \approx \frac{r_{BE}}{2} + \beta R_E \tag{9.27}$$

Differenz-Eingangswiderstand

Am Eingang E1 liegt u_{e1}, und E2 wird auf Masse gelegt.

Mit $u_{e2} = 0$ folgt $r_d = \frac{u_{e1}}{i_{B1}}$ und über $i_{B1} = \frac{u_{e1} \cdot [r_{BE} + R_E(\beta+1)]}{r_{BE} \cdot [r_{BE} + 2R_E(\beta+1)]}$ erhält man:

$$r_d = \frac{r_{BE}\,[r_{BE} + 2R_E(\beta+1)]}{[r_{BE} + R_E(\beta+1)]} \tag{9.28}$$

Da im Allgemeinen $r_{BE} << R_E(\beta+1)$ gilt, folgt für den Differenz-Eingangswiderstand

$$r_d \approx 2 \cdot r_{BE} \tag{9.29}$$

Demnach kann festgestellt werden:

> *Der Differenz-Eingangswiderstand ist näherungsweise der doppelte Wert des Basis-Emitter-Widerstandes eines der symmetrischen Transistoren.*

10 Grundlagen der Operationsverstärkertechnik

In diesem Kapitel werden die physikalischen und mathematischen Grundlagen der Operationsverstärkertechnik behandelt, wobei auf die Kenntnisse zur Differenzverstärkertechnik aus Kapitel 9 aufgebaut wird. Auch wird keine Breitendarstellung aller Möglichkeiten angestrebt, sondern es soll mit einfachen Mitteln am Beispiel eines universellen Operationsverstärkers die wirklich so universelle, und deshalb breite Einsatzmöglichkeit herausgearbeitet werden. Dazu gehört ein gutes allgemeines Wissen über die Operationsverstärker, das Spezialwissen kann danach aus den entsprechenden Literaturstellen [18...22] herausgezogen werden.

10.1 Einführung

10.1.1 Allgemeine Beschreibung eines OPV

Bei der ersten Idee zur Entwicklung des Operationsverstärkers (OPV) war es das Ziel, ein universell einsetzbares Bauelement für die Analogtechnik zu schaffen. Daraus ergaben sich folgende Forderungen:

- Damit das Bauelement nicht die vorgeschaltete Baugruppe belastet, muss *ein hoher Eingangswiderstand der Eingänge* vorliegen.
- Damit der Ausgang umfangreich nutzbar ist, muss dieser *einen niederohmigen, möglichst kurzschlussfesten Ausgang* besitzen.
- Damit möglichst nur über die äußere Beschaltung, also über eine Rückkopplung, die Gesamtverstärkung eingestellt werden kann, muss im Inneren eine *extrem hohe Differenzverstärkung* erfolgen.
- Damit man mit diesem Bauelement auch Signale verbinden bzw. vergleichen kann, muss eine *Differenz-Eingangsstufe für zwei Signalquellen (invertierender, nichtinvertierender Eingang)* aufgebaut werden.
- Damit das Bauelement gut einsetz- und in großen Schaltungen gut verarbeitbar ist, muss es als komplex, integrierter Baustein angeboten werden, der bei der zu erwartenden hohen Verstärkung intern über mehrere Verstärkerstufen verfügt. Dazu kommt noch, dass die inneren Schaltungen so auszulegen sind, dass für einfache Anwendungen keinerlei Korrekturen an der Schaltung notwendig werden.
- Damit das Bauelement wirklich universell nutzbar sein kann, müssen die Betriebsspannungen zur Versorgung recht weit variierbar sein, woraus folgt, dass im Allgemeinen zwei symmetrische Betriebsspannungen in den Bereichen von +5 ... +50 V bzw. -5 ... -50 V zum Einsatz kommen. Dabei bildeten sich bestimmte Werte als ein Quasi-Standard (5, 9, 12, 15 V-Bereich) heraus.

Das nach diesen Grundforderungen entstandene Bauelement besteht im einfachsten Fall aus einem integrierten Baustein mit zwei Betriebsspannungsanschlüssen, zwei Eingängen für das invertierende und für das nicht invertierte Signal und einem Ausgang. Aus dieser Grundkonzeption ist eine Vielzahl von universell einsetzbaren OPV von vielen Herstellern in der ganzen Welt und genauso eine große Zahl von OPV für Spezialanwendungen entstanden. In diesen Kapiteln zum OPV werden nur die Universaltypen behandelt, wobei viele Typen unterschiedlicher Hersteller nahezu völlig gleich sind und damit auch gleich eingesetzt werden können.

Darstellungen

Da man unter den OPV nun ein kompaktes Bauelement zur Verfügung hat, hat dieses auch ein eigenes Schaltzeichen erhalten. Im Bild 10.1 ist das ältere aber sehr anschauliche Symbol dargestellt, das auch hier im Buch benutzt werden soll. Das Bild 10.2 zeigt die neue, DIN-gerechte Darstellung. Dabei ist zu beachten, wie auch aus dem Bild 10.3 zu erkennen ist, dass die beiden Eingangssignale gegen die Bezugsmasse gemessen werden. Der Ausgang bezieht sich ebenfalls auf die Masse, zu der die Betriebsspannungen gehören. Ist kein Massebezug herstellbar, können die Signale nicht erkannt, also nicht verarbeitet werden.

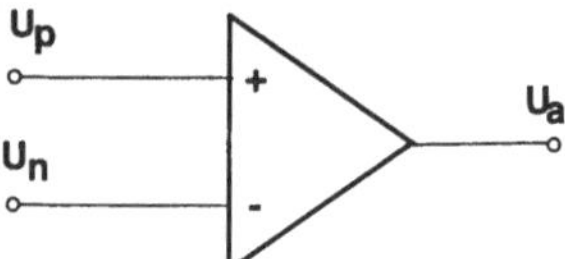

Bild 10.1 Schaltzeichen eines OPV

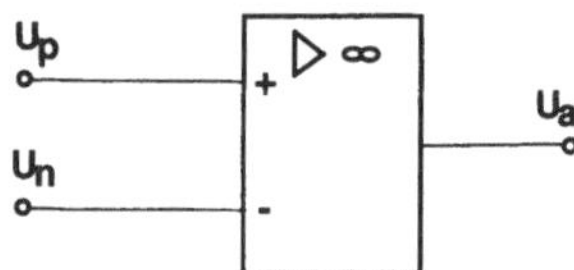

Bild 10.2 Symbol nach DIN 40900

Grundbeschaltung eines OPVs

Das Bild 10.3 zeigt eine ganz einfache Beschaltung eines OPV, wobei hier klar der eben genannte Signalbezug dargestellt ist. Die Anschlussbelegung variiert bei den Typen und Herstellern. Hier ist als ein Beispiel der OPV des Typs LF 355 mit seiner Kontaktbelegung angegeben. Dabei ist deutlich zu sehen, dass sich die zwei möglichen Eingangssignale und das Ausgangssignal auf die gemeinsame Masse beziehen, auf der auch die beiden Betriebsspannungen liegen. Auch sei der Hinweis gegeben, dass in den meisten Einsatzfällen die Betriebsspannungen von ihrer Größe her symmetrisch sind.

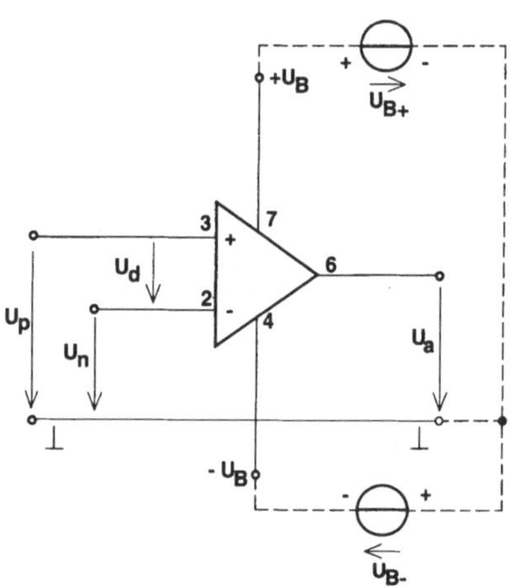

Bild 10.3 Grundbeschaltung eines allgemeinen OPV

10.1.1.1 Der ideale Operationsverstärker

Wenn man sich die eingangs zu diesem Kapitel formulierten Kriterien ansieht, so stellt sich die Frage, ob man nicht die Parameter so gut machen kann, dass man eine Idealisierung des OPVs machen könnte. Diese könnten dann wiederum die Berechnungen wesentlich erleichtern. Damit also die Frage: Was kennzeichnet einen idealen Operationsverstärker? Das wären folgende Hauptparameter, die vergleichend mit dem Differenzverstärker kurz aufgelistet werden sollen:

- unendliche Verstärkung, innere Verstärkung, Leerlaufverstärkung $V = \infty$, $V_0 = \infty$
- unendlich hohe Gleichtaktunterdrückung $CMRR = \infty$
- unendlicher differentieller Differenzeingangswiderstand $r_d = \infty$
- unendlicher differentieller Gleichtakteingangswiderstand $r_{gl} = \infty$
- kein differentieller Ausgangswiderstand $r_a = 0$
- keine bzw. vernachlässigbare Ruheströme, Offset- und Driftgrößen $u_a = 0$ bei $u_d = 0$
- kein Rauschen
- keine Rückwirkungen

Obwohl es so ein ideales Bauelement nicht gibt, sind die Berechnungen mit dieser Idealisierung für die allgemeinen (einfachen) Anwendungen möglich. Bei Spezialanwendungen müssen die realen Parameter verwendet und die damit verbundenen Schwankungen berücksichtigt werden.

10.1.1.2 Der reale Operationsverstärker

	formale Zusammenhänge	idealer OPV	realer OPV
Differenzverstärkung (Leerlaufverstärkung)	$V = V_U = \frac{u_a}{u_d}$	∞	>80dB
Gleichtaktverstärkung	$V_{gl} = \frac{u_a}{u_{gl}}$		+20...-10dB
Gleichtaktunterdrückung	$CMRR = \frac{V_d}{V_{gl}}$	∞	60...90dB
Eingangsoffsetspannung (Spannung zwischen p- und n-Eingang, damit $u_a = 0$)	$u_F = u_P - u_n$	0	1...3mA
Temperaturdrift der Eingangsoffsetspannung	$\Delta u_F = \frac{\partial u_F}{\partial \vartheta} \Delta\vartheta$	0	5µA/K
Eingangsoffsetstrom	$i_F = i_p - i_n$	0	10pA...50nA
Temperaturdrift des Eingangsoffsetstroms	$\Delta i_F = \frac{\partial i_F}{\partial \vartheta} \Delta\vartheta$	0	1pA...0,5nA/K
Eingangsruhestrom	$i_b = \frac{(i_p - i_n)}{2}$	0	100...200pA
Eingangsdifferenzwiderstand (Widerstand zwischen p- und n-Eingang)	r_d	∞	> 50...150kΩ
Gleichtakteingangswiderstand (Widerstand zwischen den verbundenen p- und n-Eingängen gegen Masse)	r_{gl}	∞	> 15 MΩ
Ausgangswiderstand	r_a	0	10...150Ω

Bild 10.4 Tabelle wichtiger Kenngrößen von OPV

Um sich vorstellen zu können, wie weit man von dieser Idealverstellung weg ist, sollen nun Realwerte für die einige Hauptparameter im Vergleich zur Idealisierung betrachtet werden. Aus der Tabelle Bild 10.4 ist zu erkennen, dass der OPV mit den Realparametern den Idealvorstellungen recht gut folgt. Diese Abweichungen zum Idealfall haben alle *schaltungstechnische bzw. bauelementephysikalische Ursachen.* Diese Fakten sind zu beachten, wenn man hochgenaue Verstärkerschaltungen entwickeln muss. Das gilt auch, wenn extrem kleine Signale zu verarbeiten sind, oder wenn die Schaltungen starken Temperaturschwankungen unterliegen.

10.1.2 Hauptbaugruppen eines OPV

Ein OPV besteht immer aus einer Vielzahl von Bauelementen, die in folgenden *Grundbaugruppen* zusammengefasst werden können, wobei je nach Hersteller und nach dem vorgesehenen Einsatzgebiet diese Schaltungsteile unterschiedlich ausgelegt sind. Auch haben gerade für Spezialanwendungen diese integrierten OPV weitere ergänzende Schaltungskomponenten, die aber nicht zur reinen Grundfunktion gehören.

Grundbaugruppen:

- Eingangs-Differenzverstärker
- Hauptverstärker mit hoher Verstärkung
- Ausgangs-Leistungsverstärker

Weiterhin sind meist mehrere Stromspiegel und Konstantstromquellen eingesetzt, die das System stabilisieren. Das Bild 10.5 zeigt ein stark vereinfachtes Blockschaltbild.

Bild 10.5 Prinzipschaltbild eines OPV

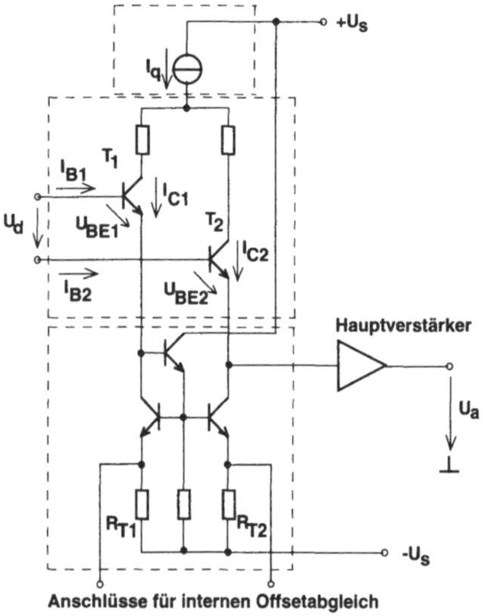

Bild 10.6 Eingangsstufe eines Universal-OPVs

Dieses Blockschaltbild zeigt die Hintereinanderschaltung der genannten Grundbaugruppen. Die Signalverarbeitung läuft in der Regel in folgender Abfolge ab. Das zu verarbeitende Eingangssignal liegt zwischen dem p- Eingang (nicht invertierender Eingang) und dem n-Eingang (invertierender Eingang). Das sich dazwischen abbildende Differenzsignal, das das Ausgangssignal der Differenzverstärkerstufe ist, wird dem Hauptverstärker zur Spannungsverstärkung zugeführt. Dessen Ausgangssignal geht an den Ausgangsverstärker, der nun das hochverstärkte Signal niederohmig ausgibt. Dieses Ausgangssignal hat seinen Bezug auf die mitgeführte Masse, es wird also gegen die Bezugsmasse der Betriebsspannungen gemessen. Das Bild 10.6 zeigt ein vereinfachtes Schaltbild der Eingangsstufe (Differenzverstärker) des bipolaren Universal-Operationsverstärkers µA 741. Das Bild zeigt, dass der Differenzverstärker aus 3 Teilbaugruppen besteht. Von der Betriebsspannung wird über eine Stromquelle (Stromspiegel) beiden Zweigen des Differenzverstärkers ein konstanter Strom angeboten. Je nach anliegenden Eingangssignalen wird in jeder Trasse ein entsprechender Strom fließen. T1 und T2 bilden einen klassischen Differenzverstärker, wobei der Teil unter den beiden Transistoren eine Schaltungsnachbildung des bekannten Emitterwiderstandes ist.

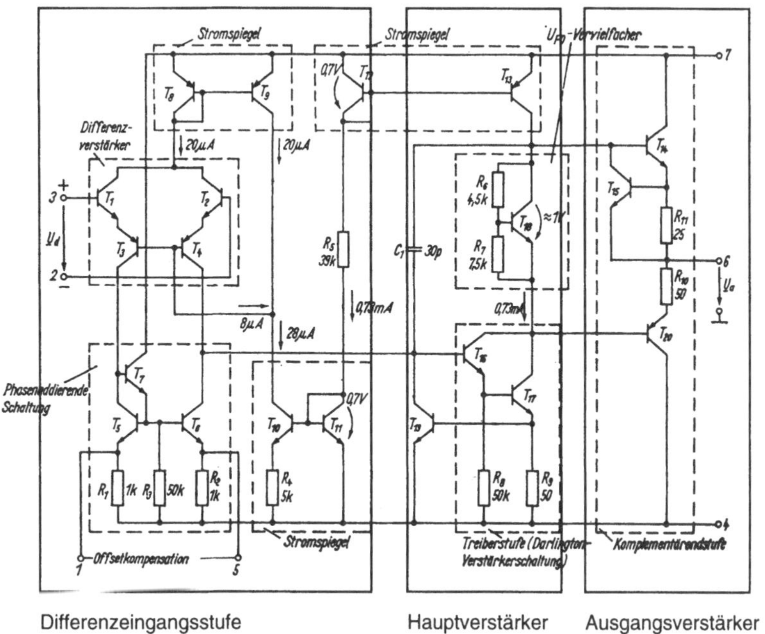

Bild 10.7 Gesamtschaltung des OPV μA 741 [20]

Dabei hat diese untere Baugruppe, die eine Phasenaddierstufe darstellt, noch die Aufgabe, über die beiden externen Anschlüsse einen Offsetspannungsausgleich zu realisieren, denn es ist meist keine volle Symmetrie (Gleichheit) beider Trassen gegeben. Das Bild 10.7 zeigt die Innenschaltung des bereits erwähnten Universal-OPVs μA 741. Hieraus ist neben der vereinfacht dargestellten Eingangsstufe die Hauptverstärkerbaugruppe zu sehen. In dieser Anwendung wird sie durch eine Darlington-Stufe realisiert. Am Ausgang befindet sich eine Komplementär-Leistungsstufe, die selbst wiederum zwischen zwei Betriebsspannungen arbeitet. Damit ist je nach Signallage des Differenzverstärkers eine Ausgangsspannung im Bereich zwischen annähernd der positiven und der negativen Betriebsspannung erreichbar. Man kann als Überschlagswert sagen, dass die Aussteuerungsgrenzen etwa 1...1,5 V unter den Betriebsspannungswerten liegen. Ein Beispiel eines Operationsverstärkers mit Feldeffekttransistoren im Eingang, die somit auch den Diffe-

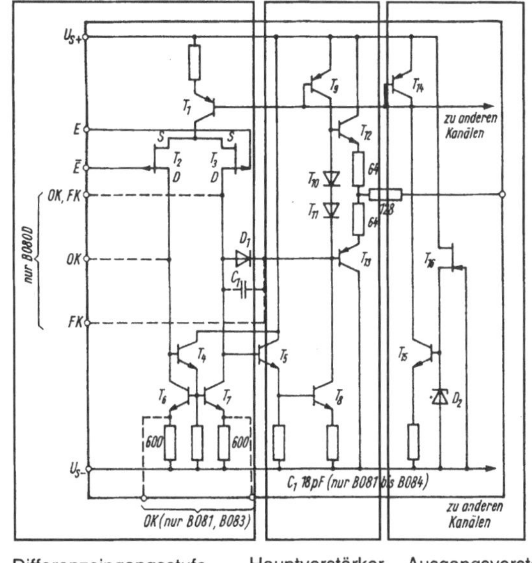

Bild 10.8 Gesamtschaltung des OPV B080 [20]

renzverstärker bilden, zeigt Bild 10.8. Daraus ist auch zu erkennen, dass die Schaltungsstruktur dieses Universal-FET-OPVs wieder die gleichen Baugruppen wie der Bipolar-OPV besitzt. Das hier gezeigte Beispiel ist wiederum ein Universal-OPV der Typenreihe B 080 ... 84. Es sind klar der Differenzverstärker mit Phasenaddierstufe (T2,3,4,6,7), die Darlington-Stufe (T5,8) und der Ausgangsverstärker (T12,13) zu erkennen. Weiterhin ist in dieser Serie über unterschiedliche Varianten die Offsetkorrektur zu realisieren. Damit kann also festgestellt werden, dass die OPV doch recht grundsätzlichen Aufbauregeln folgen und man sich in der Regel als Anwender nur auf die äußere Beschaltung und die Funktionsparameter beschränken kann. Die Bilder 10.9 und 10 sollen zur besseren Vorstellung die zwei häufigsten Gehäuseformen für die OPV zeigen. Das Bild 10.9 zeigt die typische Gehäuseform des 14-poligen DIL-Gehäuses, wie es auch aus der Digitaltechnik bekannt ist. Die zweite Gehäuseform ist hingegen typisch für die Analogtechnik, wie es auch bei Mittelleistungstransistoren eingesetzt wird, wo alle Anschlüsse kreisförmig angeordnet sind.

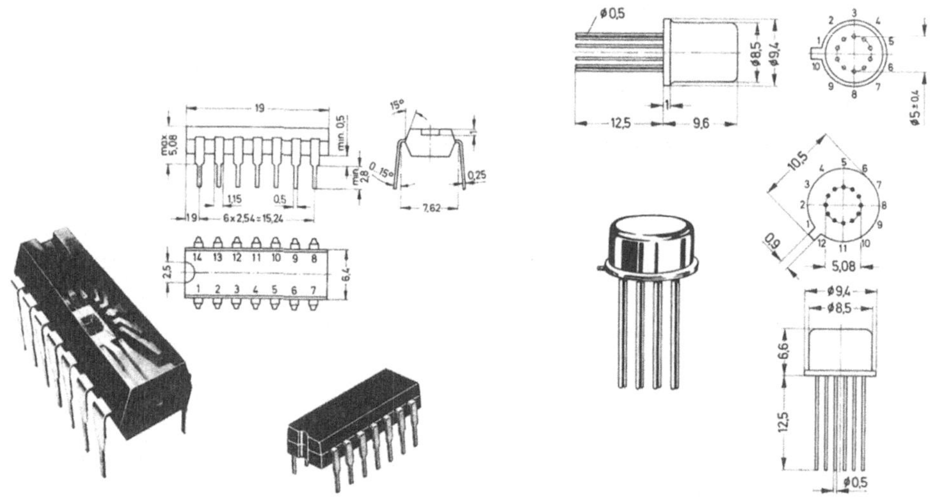

Bild 10.9 Dual-in-line-Gehäuse

Bild 10.10 TO-Zylindergehäuse

10.2 Grundkenngrößen von Operationsverstärkern

10.2.1 Wichtige Parameter

In der Tabelle des Bildes 10.11 sind die wesentlichen Parameter für die beschriebenen allgemeinen Anwendungen zusammengestellt. Der Vergleich zwischen Real- und Idealwerten, welche eine starke Vereinfachung der Rechnungen bringen würden, zeigt, dass man doch recht nahe an die Idealisierung herankommen kann. Demnach können die Rechnungen mit dem idealisierten OPV nicht all zu große Fehler bringen. Deshalb sollte immer überlegt werden, ob man mit den realen oder idealisierten Daten die Berechnung der Schaltung und deren Funktion durchführt.

		idealer OPV	realer OPV
Leerlaufspannungsverstärkung	V_U	∞	≈ 1 000 000 ≈ 120dB
Eingangswiderstand (zwischen p- und n-Eingang)	r_e	∞	1MΩ...1GΩ
Ausgangswiderstand	r_a	0	10...150Ω
untere Grenzfrequenz	f_u	0	0 Hz
obere Grenzfrequenz	f_o	∞	≈ 100 MHz
Gleichtaktverstärkung	V_{gl}	0	≈ 0,2
Gleichtaktunterdrückung	G	∞	≈ 5 000 000 ≈ 133dB
Rausch-(Ausgangs-)Spannung	U_{Rausch}	0	≈ 3μV

Bild 10.11 Tabelle der Grundparameter

10.2.2 Übertragungsverhalten

Wie schon aus der Parameterbeschreibung und auch aus dem Innenschaltungsaufbau bekannt ist, handelt es sich um ein Bauelement, das eine hohe, sogar extrem hohe Gesamtverstärkung bringt. Weiterhin bezieht sich diese Verstärkung nur auf das Differenzsignal zwischen den Eingängen. Als Folge muss das aber haben, dass bei einer geringen Aussteuerung am Eingang ein großes Signal am Ausgang folgt, bzw. um nicht den Ausgang zu übersteuern, darf das Eingangs-Differenz-Signal nur eine minimale Aussteuerung haben. Genau diese Funktion zeigt das Bild 10.12, wo eine lineare Verstärkung nur bei einer Eingangsaussteuerung von etwa 1 mV möglich ist. Alle Werte, die darüber hinausgehen, haben ein Ausgangssignal im Übersteuerungsbereich, an der Sättigungsgrenze des positiven oder negativen Bereichs als Ergebnis. Aus dieser Betrachtung lässt sich ableiten, dass man wegen der hohen (Grund-) Verstärkung, die ohne Rückkopplung auftritt, Lösungen finden muss, die die hohe Verstärkung gezielt absenken. Eine Minderung der hohen inneren Verstärkung ist über den Aufbau einer außerhalb des OPVs liegenden Rückkopplung, also durch externe Beschal-

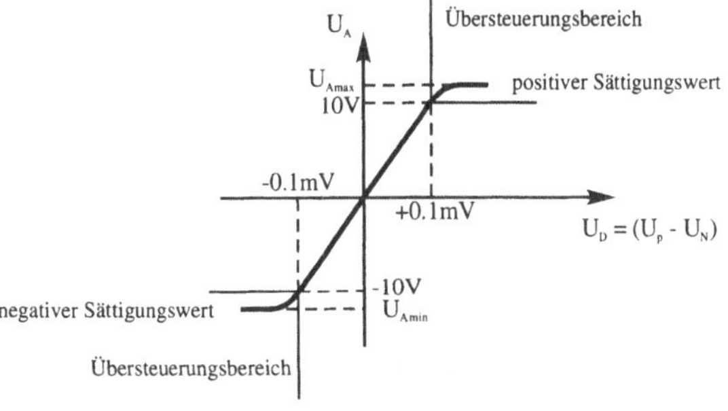

Bild 10.12 Übertragungskennlinie eines allgemeinen OPV

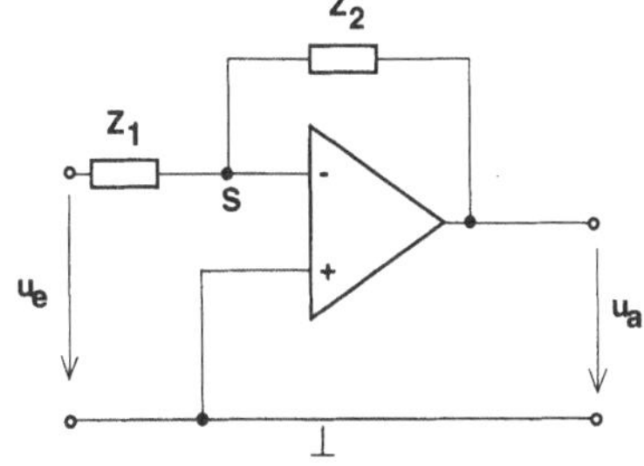

Bild 10.13 Grundschaltung des invertierenden OPV

tung möglich. Das Bild 10.13 zeigt die allgemeine Lösung der Rückkopplung im Sinne einer Gegenkopplung mit einem komplexen Widerstand Z_2 zwischen Ausgang und Eingang. Da hier eine Gegenkopplung notwendig ist, heißt das, es muss eine phasengedrehte Rückkopplung realisiert werden. Das bedeutet, das Rückkoppelelement muss an den invertierten Eingang (n-Eingang) geführt werden. Um den Eingangspunkt gegen Rückwirkungen zu schützen, ist dort ebenfalls noch eine Bauelement Z_1 einzubauen. Am n-Eingang bildet sich der sogenannte Summenpunkt S, der für die Betrachtungen und Berechnungen sehr wichtig ist. Verwendet man die Annahme, dass ein idealisierter OPV vorliegt, ist dann am Punkt S eine einfache Betrachtung bezüglich Strom- und Spannungssignale möglich. In den folgenden Betrachtungen wird das noch intensiv untersucht. Durch entsprechende Auswahl von Z_1 und Z_2 erhält man beispielsweise folgende Funktionen für die gesamte Schaltung:

Funktionen	*eingesetzte Bauelemente* (Z_1 / Z_2)
Linearverstärker	R / R
Integrierer	R / C in Rückkopplung
Differenzierer	C im Eingang / R
Logarithmierer	R / Transistor in Rückkopplung
Exponentialverstärker	Transistor im Eingang / R
Summierer	gewichtete R zusammengeführt an S / R
Subtrahierer	gewichtete R zusammengeführt an S, die zu subtrahierenden Größen werden als gewichtete R zusammengeführt an p-Eingang geführt / R
Regelverstärker	je nach Funktion und Wirkungsanteil, wird die Lage (P-, I-, PD-, PID-Regler) von R und C bestimmt.

10.2.3 Wechselstromeigenschaften

Will man nun die Wechselstromeigenschaften betrachten, so stellt sich die Frage, welche komplexe Größen bilden sich am Ein- und Ausgang ab. Dabei sei immer an den Vergleich mit den Betrachtungen des Differenzverstärkers für den Eingang und mit einer Spannungsquelle am Ausgang gedacht. Im Bild 10.14 ist die allgemeine Beschaltung im Wechselstromersatzschaltbild angegeben. Unter den komplexen Größen sind folgende Bauelemente zusammengefasst:

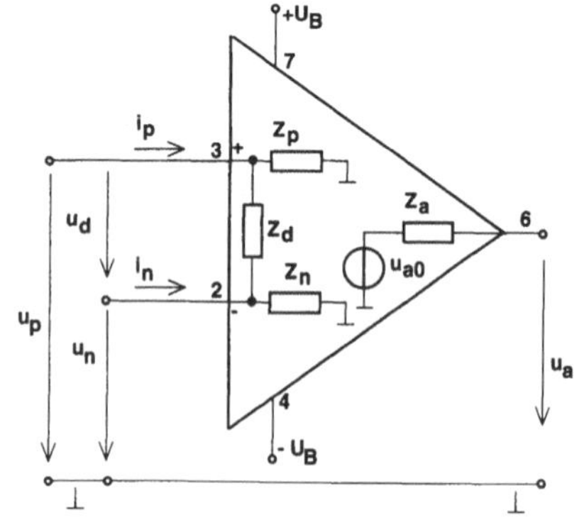

Bild 10.14 Wechselstrom-Ersatzschaltbild

$$Z_p = r_p || C_p \qquad Z_n = r_n || C_n$$

$$Z_d = r_{pn} || C_{pn} \qquad Z_a \cong r_{a0}$$

$$r_{pn} \equiv r_d \qquad r_p, r_n \approx 10...100\, r_{pn}$$

Es ist zu sehen, dass in der komplexen Darstellung immer ohmsche Widerstände und Kapazitäten auftreten. Das kommt daher, da die Kondensatoren das Ladungsträgerverhalten wiedergeben, die Widerstände bilden das Bahnverhalten ab. Man kann durchaus die Regel der Transistorbetrachtung heranziehen. Um einen Überblick zu erhalten, kann man folgende Merksätze aufbauen.

- Die Eingangswiderstände sind bei tiefen Frequenzen sehr hoch. ($r_p \approx r_n \approx 10^6 \dots 10^{13}\,\Omega$)
- Die komplexen Eingangswiderstände sinken mit steigender Frequenz durch die parallelen Kapazitäten. (C_p , C_n , $C_{pn} \approx 4\,\text{pF} \dots 10\,\text{pF}$)
- Der Ausgangswiderstand ist gering, hat aber ein leicht induktives Verhalten. ($r_{a0} \approx 10\Omega \dots 300\,\Omega$)

In *Analogie zum Differenzverstärker* (vgl. Kapitel 9) ergeben sich für den OPV folgende Signalbeschreibungen:

Differenz- (Eingangs-) Spannung: $u_d = u_p - u_n$ (10.1)

Gleichtakteingangsspannung: $u_{gl} = \dfrac{u_p + u_n}{2}$ (10.2)

Differenz-Spannungsverstärkung: $V_d = \dfrac{u_a}{u_d}$ mit $u_{gl} = 0$ (10.3)

Gleichtakt-Spannungsverstärkung: $V_{gl} = \dfrac{ua}{u_{gl}}$ mit $u_d = 0$ (10.4)

offene Spannungsverstärkung: $V_d\big|_{Z_L = \infty} = V \equiv V_0$ (10.5)

(offene Differenz-Spannungsverstärkung ohne Last)

Gleichfalls existiert zur Beschreibung des OPVs in Analogie zu den Spannungssignalen ein Satz von Beziehungen für die Beschreibung der Ströme:

Differenzeingangsstrom:

$$i_d = \frac{i_p - i_n}{2} \qquad (10.6)$$

Gleichtakteingangsstrom:

$$i_{gl} = i_p + i_n \qquad (10.7)$$

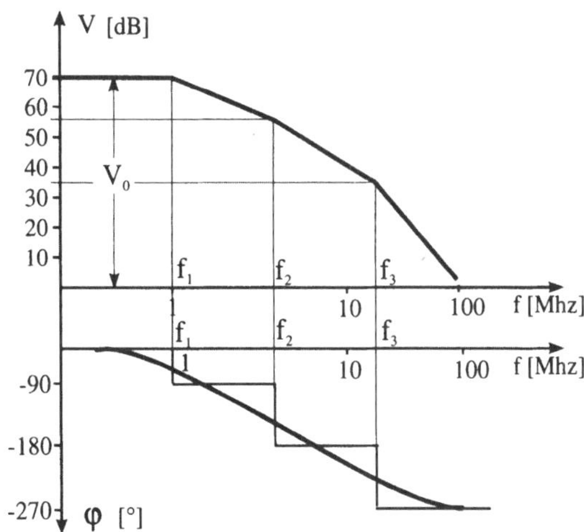

Bild 10.15 Frequenzverhalten eines offenen Verstärkers (oben Leerlaufverstärkung unten Phasenwinkel)

Frequenzbetrachtung

Eine allgemeine *Frequenzbetrachtung des nicht rückgekoppelten Verstärkers* ergibt, dass durch die Vielzahl der internen Bauelemente ein Tiefpass auftritt, der, wie aus dem Bild 10.15 ersichtlich ist, drei hintereinanderliegende Grenzfrequenzen besitzt. Weiter gilt entsprechend dem Tiefpassverhalten, dass bei jeder Grenzfrequenz eine Phasendrehung um 90° vorliegt und die Verstärkung sinkt mit steigender Frequenz pro Grenzfrequenz um 20 dB. Die Ursache bilden die internen Widerstände und die parasitären Kapazitäten sowie die kapazitiven Wirkungen in den Transistoren. Ein Hochpassverhalten kann nicht eintreten, da dieses bei den Verstärkerschaltungen durch den Koppelkondensator ausgelöst wurde. Hier werden die Eingänge direkt angekoppelt. Damit ergibt sich für diesen Fall eine allgemeine Darstellung:

$$V = \frac{V_0}{\left(1+j\frac{f}{f_1}\right)\cdot\left(1+j\frac{f}{f_2}\right)\cdot\left(1+j\frac{f}{f_3}\right)}$$

bzw. $$V = \frac{V_0}{\left(1+j\frac{\omega}{\omega_1}\right)\cdot\left(1+j\frac{\omega}{\omega_2}\right)\cdot\left(1+j\frac{\omega}{\omega_3}\right)} \qquad (10.8)$$

Als Beispielwerte würden sich aus Bild 10.15 ergeben:

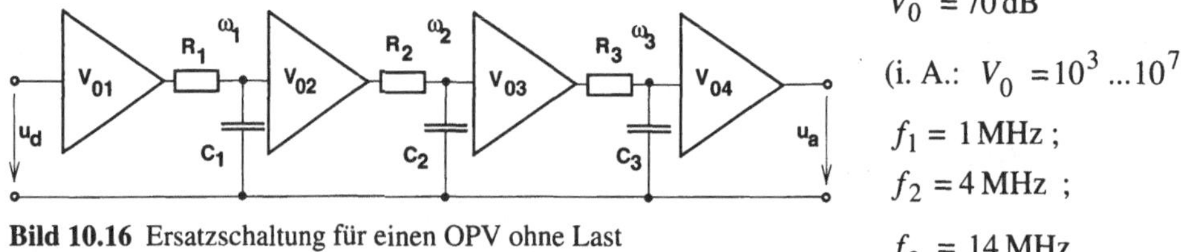

Bild 10.16 Ersatzschaltung für einen OPV ohne Last

$V_0 = 70\,\text{dB}$

(i. A.: $V_0 = 10^3 \ldots 10^7$)

$f_1 = 1\,\text{MHz}$;

$f_2 = 4\,\text{MHz}$;

$f_3 = 14\,\text{MHz}$

Diese Lösung ergibt eine Reihenschaltung einzelner idealer Verstärkerbaugruppen (OPV) mit RC-Kombinationen in der Art, wie sie im Bild 10.16 dargestellt ist.

Weitere Beschreibungsgrößen für den Operationsverstärker sind:

Leerlaufausgangsspannung: $u_{a0} = V_d \cdot u_d + V_{gl} \cdot u_{gl}$

$$u_{a0} = V_d \cdot \left(u_d + \frac{1}{G} \cdot u_{gl}\right) \qquad (10.9)$$

mit der *Gleichtaktunterdrückung:* $$G = \frac{V_d}{V_{gl}} \qquad (10.10)$$

Diese Werte liegen im Bereich von:

$G = 10^3 \ldots 10^5$.

Am Eingang bilden sich nach Bild 10.14 folgende differentielle Impedanzen ab:

Differentielle Eingangsimpedanz:

$$Z_d = \frac{u_d}{i_d} \qquad (10.11)$$

Differentielle Gegleichtaktimpedanz:

$$Z_{gl} = \frac{u_{gl}}{i_{gl}} \qquad (10.12)$$

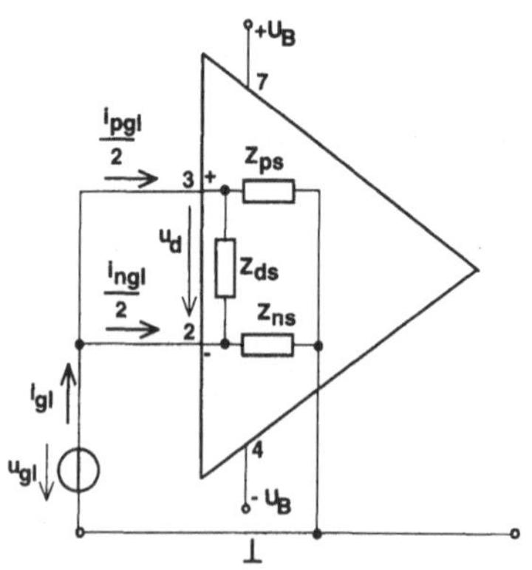

Bild 10.17 Betrachtung der Impedanzen

Für einen Bipolar-OPV liegen diese Werte in den Bereichen $Z_d = 100\,\text{k}\Omega \ldots 10\,\text{M}\Omega$ und $Z_{gl} = 10\,\text{M}\Omega \ldots 1\,\text{G}\Omega$.

Nimmt man nun den Eingangsbereich her und setzt einen *exakt symmetrischen* Verstärker an, so ergibt sich:

Exakt symmetrisch bedeutet

$$Z_{ps} = Z_{ns} = Z_s$$

und damit folgt:

$$i_{pgl} = i_{ngl} = \frac{i_{gl}}{2} \tag{10.13}$$

Mit der Bedingung, dass $u_d = 0$ ergibt sich $u_{gl} = \frac{i_{gl}}{2} \cdot Z_s$ und

$$\left.\frac{u_{gl}}{i_{gl}}\right|_{u_d = 0} = \frac{Z_s}{2} = Z_{gl} \tag{10.14}$$

Damit gilt weiter $Z_s = 2 \cdot Z_{gl}$ und mit $Z_d << Z_{gl}$ ist auch $Z_{ds} \approx Z_d$. Diese Gleichungen gelten aber nur für den Begriff der Symmetrie.

10.2.4 Statische Eigenschaften

Das Hauptproblem, was sich im statischen Bereich zeigt, ist der Zustand, dass der Verstärker eben *nicht exakt symmetrisch* ist, denn er hat Bauelementeschwankungen und Herstellungstoleranzen für alle Komponenten. Auch kommt noch dazu, dass der OPV außerdem noch ein Temperaturverhalten also eine Temperaturdrift besitzt.

Daraus muss sich zwangsläufig ergeben, dass die Ausgangsspannung *nicht* Null wird, obwohl die Eingangsspannung Null ist. Formal bedeutet das:

$$U_a \neq 0 \qquad \text{bei} \qquad U_p = U_n = 0$$

Die Abhilfe kann damit geschaffen werden, dass eine Einstellung entweder extern durch eine Beschaltung um den OPV oder intern durch eine Beschaltung extra herausgeführter Anschlüsse erfolgt. Damit wird der Differenzspannung eine zusätzliche Hilfsspannung zugeführt, mit der der Ausgang zu Null korrigiert wird, wenn das Nutzeingangssignal ebenfalls Null ist. Damit $U_a = 0$ wird, muss die Hilfsspannung, die als *Offsetspannung* bezeichnet wird, zugeschaltet werden und sie ergibt sich zu $U_a = 0$ wenn:

$$U_o = U_p - U_n \tag{10.15}$$

Nicht so einfach einstellbar ist die *Offsetspannungsdrift* (langsames zeitliches Abwandern), die sich wie folgt zusammen setzt:

$$\Delta U_O(\vartheta, t, U_B) = \frac{\partial U_O}{\partial \vartheta} \Delta\vartheta + \frac{\partial U_O}{\partial t} \Delta t + \frac{\partial U_O}{\partial U_B} \Delta U_B \tag{10.16}$$

Dabei ergeben die einzelnen Terme folgende Funktionen:

Temperaturkoeffizient: $\frac{\partial U_O}{\partial \vartheta}$ ca. 1 ... 100 µV / K

Langzeitkoeffizient: $\frac{\partial U_O}{\partial t}$ ca. 10 µV ... 1 mV / Tag

Betriebsspannungskoeffizient: $\frac{\partial U_O}{\partial U_B}$ ca. 10 µV ... 1 mV / V

Bei Bipolar-OPV fließen in die Eingänge Ströme (auch bei $U_a = 0$) hinein, da die bipolaren Eingangstransistoren im Gegensatz zum Feldeffekttransistor eine Stromverstärkung besitzen und somit auch einen Basisstrom benötigen. Daraus ergeben sich noch folgende Beziehungen, die ebenfalls unerwünschte Einstellungen und Abgleiche fordern.

Eingangsbasis-Ruheströme $$I_B = \frac{I_p + I_n}{2} \qquad (10.17)$$

Daraus folgt der *Offsetstrom* als Fehlstrom:

$$I_O = I_p - I_n \qquad (10.18)$$

wobei i.A. $I_O \approx 0{,}1 \cdot I_B$ als Orientierung angesehen werden kann.

10.2.5 Abgleichmöglichkeiten der Offsetfehler

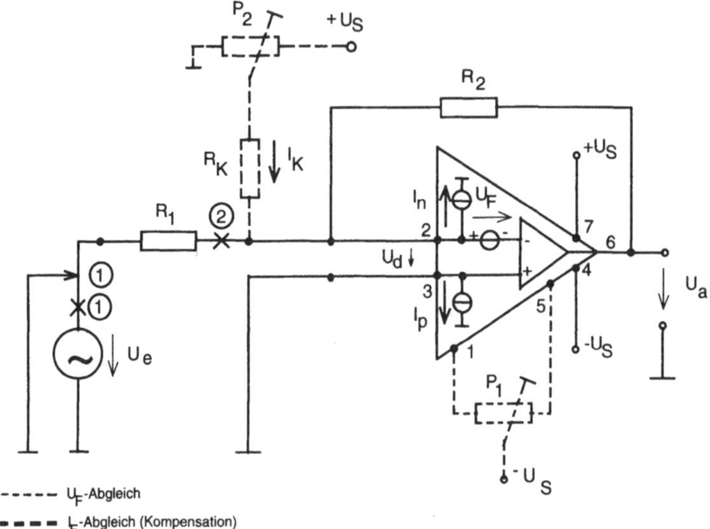

Bild 10.18 Abgleichmöglichkeiten am Universal-OPV µA 741

In diesem Punkt soll in einer Kurzdarstellung am Beispiel des Universal-OPVs µA 741 als invertierender Spannungsverstärker die Korrektur der Offsetfehler vorgenommen werden. Die Aufgabe besteht, den Spannungs- U_F und den Stromfehler I_F auszugleichen. Dabei bietet dieser OPV, wie im Bild 10.18 dargestellt, die Möglichkeit der inneren Spanungsoffsetkorrektur. Damit kann über die Anschlüsse 1 und 5 die innere Unsymmetrie beeinflusst werden. Die Stromkorrektur geht nur über eine äußere Zusatzbeschaltung. Für diese Lösung sind folgende Schritte in der vorgegebenen Reihenfolge zu erfüllen:

1. Spannungsoffset-Abgleich U_F

- Die davorliegende Schaltung wird am Punkt 1 abgetrennt.
- Punkt 1 wird auf Masse gelegt.
- Messung von U_F zwischen Eingang 1 und 2.
- Mit dem Potentiometer P_1 wird $U_d \equiv U_F \Rightarrow 0$ geregelt.
- Danach wird Punkt 1 wieder angeschlossen.

Daran schließt sich der Stromabgleich an.

2. Stromoffset-Abgleich I_F

- Am Punkt 2 wird R_1 abgetrennt und somit ist der Summierpunkt offen zu u_e.
- Mit dem Potentiometer P_2 wird $u_a \Rightarrow 0$ eingestellt.
- Danach wird Punkt 2 wieder angeschlossen.

Ist die Korrektur nicht erfolgreich gewesen, so werden diese Schritte wiederholt. Je nach OPV-Typ sind weitere externe Schaltungslösungen möglich bzw. bereits interne Korrekturmechanismen vorhanden. Dazu steht eine Vielzahl von Informationen in der Spezialliteratur und den Datenblättern zur Verfügung. Speziell soll auf [18] verwiesen werden.

10.3 Betriebsarten

Aus der allgemeinen Grundfunktion des OPVs sind rein theoretisch für den Einsatz folgende vier Betriebsarten prinzipiell möglich:

- nichtinvertierender Verstärker
- invertierender Verstärker
- Differenzverstärker
- Gleichtaktverstärker

Grundverstärkung

Die Grundverstärkung, auch als Leerlauf- oder Verstärkung ohne Rückkopplung bezeichnet, ist die Signalverstärkung, die das Ausgangssignal bezogen auf die Eingangsdifferenzspannung, ergibt. Sie zeigt die maximale Verstärkung an, die der "freilaufende OPV" bringen kann. Es erfolgt also keine zusätzliche äußere Beschaltung des OPVs zum Zweck der Rückkopplung. Es erfolgt immer nur die Verstärkung des Eingangsdifferenzsignals, da die Eingangsstufe ein Differenzverstärker ist und dessen Ausgangssignal an den Haupt- und danach an den Endverstärker weitergeleitet wird. Somit ergeben sich zwei prinzipielle Ansätze für die Ausgangsspannung u_a und für die Eingangsdifferenzspannung u_d:

$$u_a = V_{U0} \cdot u_d \qquad \text{mit} \qquad u_d = u_p - u_n \tag{10.19}$$

Dabei stellen u_p die Spannung am nichtinvertierenden p-Eingang und u_n die Spannung am invertierenden n-Eingang gemessen gegen Masse dar. Umgestellt ergibt sich für die

Grundverstärkung:

$$V_{U0} = \frac{u_a}{u_d} = \frac{u_a}{u_p - u_n} \tag{10.20}$$

Der Operationsverstärker in sich kann Gleich- und Wechselspannungen verarbeiten. Damit sind auch folgende Schreibweisen für die Signalwerte möglich: U_D ; U_P ; U_N ; U_A. Stromsignale kann ein OPV selbst nicht verarbeiten, diese müssen im Vorfeld in Spannungspegel umgesetzt werden. Damit hat ein OPV keine Stromverstärkung. In den folgenden Punkten sollen nun die vier möglichen Betriebsarten beschrieben werden.

10.3.1 Nichtinvertierender Betrieb

Es ist hier und auch bei den Folgeschaltungen zu beachten, dass diese Schaltungen kaum ohne Rückkopplung betrieben werden können, da durch die hohe Verstärkung nur eine ganz geringe Aussteuerung am Eingang möglich wäre. Interessant ist dieser "offene Betrieb" z.B. für Anwendungen, die den Übergang von der Analog- zur Digitaltechnik bringen. Dazu gehören u.a. Schwellwertschalter, wo nur zwei Ausgangspegel gewünscht werden.

Das Bild 10.19 zeigt den nichtinvertierenden Verstärker, da das zu verstärkende Signal an den p-Eingang geführt wird. Zur Vereinfachung der Betrachtung ist der n-Eingang auf Masse gelegt. Da hier keine Rückkopplung in der Schaltung vorliegt, würde der OPV das Eingangssignal mit der Grundverstärkung (Leerlaufverstärkung) auf den Ausgang phasengleich übertragen.

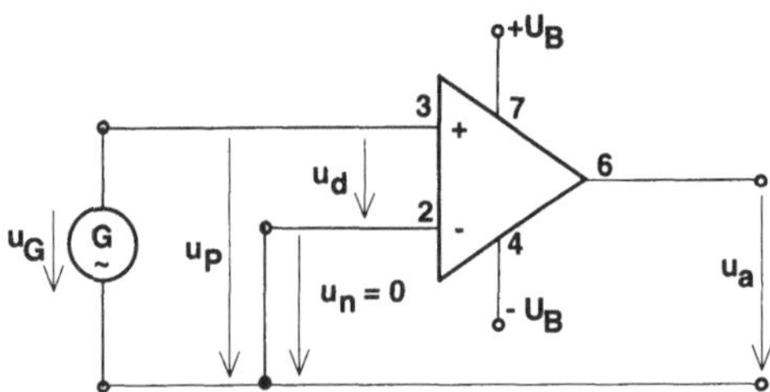

Bild 10.19 Schema für nichtinvertierenden Betrieb

Kennzeichen:

am + Eingang liegt das Eingangssignal
am - Eingang liegt die Masse

Daraus ergeben sich folgende Ansätze zur Beschreibung des Operationsverstärkers:

$u_p = u_G$ da $u_n = 0$ und somit gilt: $u_d = u_p$

$$u_a = V_{U0} \cdot u_d = V_{U0} \cdot u_p \tag{10.21}$$

10.3.2 Invertierender Betrieb

Diese Schaltung unterscheidet sich zur vorherigen nur in dem Fakt, dass hier der p-Eingang auf Masse gelegt wird und das zu verstärkende Signal liegt am n-Eingang. Damit ist im Prinzip die gleiche Funktion des Verstärkens gegeben. Durch den Anschlusstausch erfolgt jetzt eine Invertierung (Phasenumkehr) des Eingangssignals und somit Umkehr der Polarität der zu verstärkenden Differenzspannung.

Kennzeichen:

am - Eingang liegt das Eingangssignal
am + Eingang liegt die Masse

Somit ergeben sich in Analogie zum vorherigen Fall folgende Ansätze, wobei die Phasendrehung am Vorzeichen zu erkennen ist.

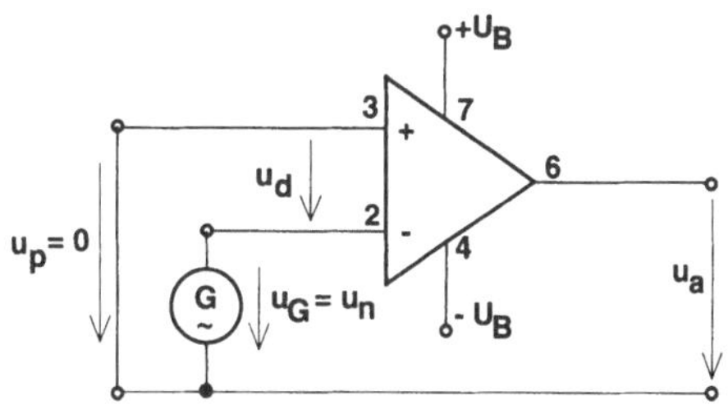

Bild 10.20 Schema für invertierenden Betrieb

$$u_n = u_G \quad \text{da} \quad u_p = 0$$

$$u_d = -u_n$$

$$u_a = V_{U0} \cdot u_d = -V_{U0} \cdot u_n \tag{10.22}$$

Für den Fall, dass die Eingangsdifferenzspannung vom n- zum p-Eingang definiert wird, so würde sich folgende Lösung ergeben, wobei ist die Phasendrehung in die Verstärkung einzubeziehen ist:

$$u_d = +u_n$$

$$u_a = (-V_{U0}) \cdot (u_d) = -V_{U0} \cdot u_n \tag{10.23}$$

Es kann festgestellt werden, dass bezüglich der Verstärkung und des Einsatzes die gleichen Aussagen wie bei Punkt 10.3.1 zu treffen sind.

10.3.3 Differenzbetrieb

Diese Funktion ist eine der häufigsten Einsatzfälle und die eigentliche volle Nutzung der Funktion des Differenzverstärkers im Eingang. Als zu verstärkendes Signal kommt hier die Differenz der beiden Eingangssignale zur Wirkung. Mit der Differenz kommt somit die Subtraktion der beiden Signal zur Wirkung.

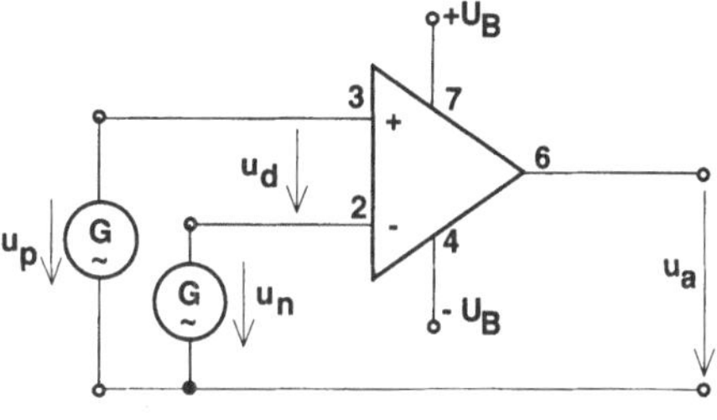

Bild 10.21 Schema für Differenzbetrieb

Kennzeichen:

am + Eingang liegt Eingangssignal 1

am - Eingang liegt Eingangssignal 2

Somit ergeben sich folgende Ansätze zur Beschreibung des Ausgangssignals:

$$u_p = u_1 \quad \text{und} \quad u_n = u_2$$

$$u_d = u_p - u_n$$

$$u_a = V_{U0} \cdot u_d = V_{U0} \cdot (u_p - u_n) \tag{10.24}$$

10.3.4 Gleichtaktbetrieb

Die vierte mögliche Funktion stellt der Gleichtaktbetrieb dar, bei dem an beide Eingänge das gleiche Eingangssignal angeschlossen wird. Von der Logik her, und deshalb wird diese Schaltung kaum angewendet, müsste das Ausgangssignal bei einen ideal funktionierenden Verstärker immer Null sein.

Da das nicht der Fall ist, können bei dieser Anwendung die Nichtidealitäten für die Nutzsignalgewinnung genutzt werden.

Kennzeichen:

am + Eingang liegt Eingangssignal 1

am - Eingang liegt ebenfalls Eingangssignal 1

Folgende formalen Ansätze sind fassbar, und aus diesen ist bei idealer Betrachtung das Ausgangssignal immer Null.

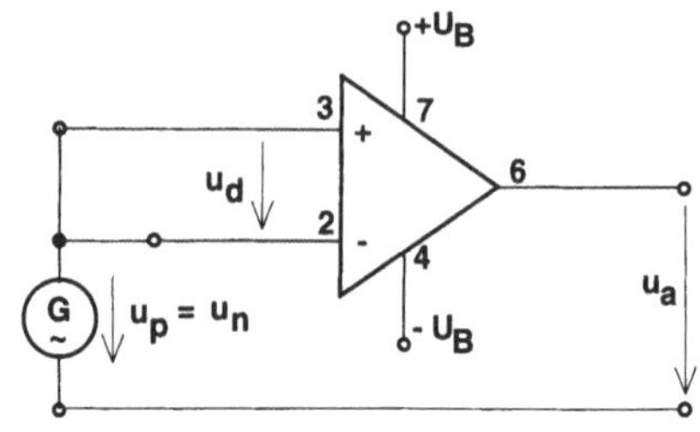

Bild 10.22 Schema für Gleichtaktbetrieb

$$u_p = u_n = u_G$$

$$u_d = u_p - u_n = 0$$

$$u_a = V_{U0} \cdot u_d = V_{U0} \cdot (u_p - u_n) = 0 \qquad (10.25)$$

Aus diesen Formeln ist bestätigt worden, dass diese Betriebsart relativ unüblich und selten sein muss, da die inneren Verhältnisse (Schwankungen und Abweichungen) des OPVs die entscheidende Rolle spielen.

10.4 Allgemeine Grundanwendungen von Operationsverstärkern

In diesem Punkt wird nun die Rückkopplung mit in die Anwendung einbezogen, um die Verstärkung auf die gewünschte Größe zu reduzieren und somit die Schaltung erst richtig anwendungsbezogen nutzbar zu machen. Im Kapitel 11 werden diese allgemeinen Kenntnisse dann in Einsatzfällen tiefer untersucht. Im Vorbereitung auf die zu diskutierenden Anwendungen werden jetzt die Grundvarianten der möglichen Schaltungsauslegungen allgemein behandelt. Wie aus der Transistortechnik schon bekannt ist, gibt es 4 Grundvarianten der Strom- bzw. Spannungsrückkopplung.

10.4.1 Der rückgekoppelte OPV

10.4.1.1 Spannungs-/ Spannungs-Rückkopplung

Der Begriff der Spannungs-/Spannungs-Rückkopplung kommt daher, dass die Ausgangsspannung (über einen Widerstandsteiler) am Eingang ein Spannungssignal auslöst. Um die hohe Verstärkung gezielt auf einen bestimmten Wert einstellen zu können, muss eine Rückkopplung im Sinne einer Gegenkopplung realisiert werden. Das bedeutet, dass das Ausgangssignal phasengedreht am Eingang wieder angeboten werden muss. Da kein Zwischenverstärker als zweites Element eingesetzt werden kann, folgt der Schluss, das Ausgangssignal muss zwecks der Phasendrehung an den n-Eingang geführt werden.

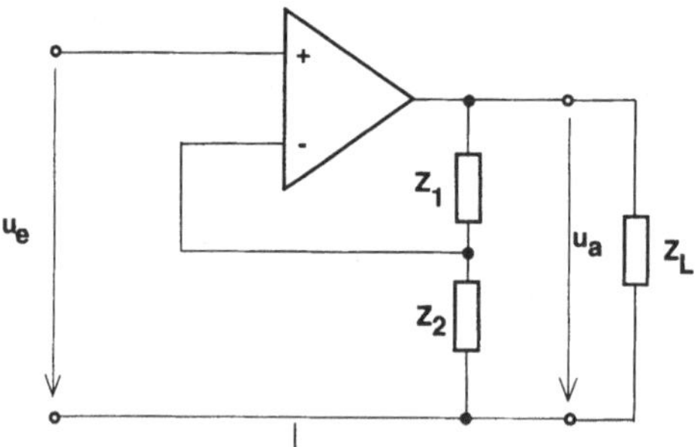

Bild 10.23 Spannungsgesteuerte Spannungsrückkopplung

Funktion

- Das Eingangssignal liegt direkt am p-Eingang an, somit wird das Signal nichtinvertiert, also phasengleich, verstärkt und zum Ausgang übertragen.

- Parallel zum Lastwiderstand wird über Z_1, Z_2 das Ausgangspotential abgegriffen und auf den invertierenden Eingang entsprechend dem Teilungsfaktor Z_1/Z_2 zurückgeführt.
- Die beiden Impedanzen bilden den Rückkoppelfaktor und sind damit für die gesamte Verstärkung entscheidend.
- Z_L stellt die angeschaltete Last dar, die unabhängig von der Rückkopplung ist.
- Der Ausgangslaststrom fließt über Z_L und *nicht* über Z_1, Z_2.

10.4.1.2 Strom-/ Spannungs-Rückkopplung

Der Begriff der Strom-/Spannungs-Rückkopplung kommt daher, dass der Ausgangsstrom am Eingang ein Spannungssignal auslöst. Diese Schaltung ist ähnlich der vorangegangenen Lösung. Hier wird jetzt nicht der Rückkopplungszweig extra aufgebaut, sondern der Verbraucher, also der Lastwiderstand, ist in die Rückkopplung mit einbezogen und stellt damit einen Teil des Rückkoppelfaktors.

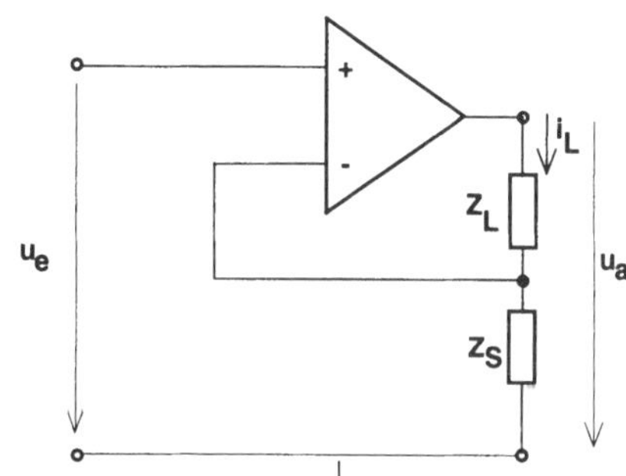

Bild 10.24 Stromgesteuerte Spannungsrückkopplung

Funktion

- Das Eingangssignal liegt direkt am p-Eingang an, somit wird das Signal nichtinvertiert, also phasengleich, verstärkt und zum Ausgang übertragen.
- Z_L stellt die angeschaltete Last dar.
- Über den Z_L fließt der Ausgangsstrom, der das Ausgangspotential über Z_L, Z_S aufbaut.
- Das Ausgangspotential wird entsprechend dem Teilungsverhältnis Z_L/Z_S auf den invertierten den Eingang rückgeführt, womit die Gegenkopplung erreicht wird.

10.4.1.3 Spannungs-/ Strom-Rückkopplung

Der Begriff der Spannungs-/Strom-Rückkopplung kommt daher, dass die Ausgangsspannung am Eingang einen Strom auf den Knoten auslöst. Die Schaltung im Bild 10.25 zeichnet sich dadurch aus, dass der p-Eingang auf Masse liegt und vor dem n-Eingang sich ein Knoten befindet. Auf diesen Punkt läuft das Eingangssignal und das Rückkoppelsignal zusammen. Um eine Gegenkopplung zu erhalten, muss das Ausgangssignal, wie auch bei den anderen Schaltungen, auf den n-Eingang zurückgeführt werden. Da das Eingangssignal ebenfalls am n-Eingang angelegt wird, ist der Knotenpunkt der entscheidende Betrachtungspunkt dieser Schaltung bezüglich Strom- und Spannungssignale. Die vorliegende Schaltung bildet für das zu verstärkende Signal einen invertierenden Verstärker.

Funktion

- Z_L stellt wieder die angeschaltete Last dar. Er hat keinen Einfluss auf die Rückkopplung.
- Über Z_L liegt das Ausgangspotential an und dort fließt der Ausgangsstrom i_L.

- Das Ausgangspotential wird über Z_1 auf den Summenpunkt S des invertierenden Eingangs als Strom i_1 zurückgeführt.
- Der Summenpunkt hat die Aufgabe, da in den idealen OPV kein Eingangsstrom fließen kann, den Eingangsstrom über Z_0 mit dem Rückkoppelstrom über Z_1 auszugleichen. Das geschieht durch den OPV mit einem entsprechend hohen Ausgangsspannungssignal.
- Der OPV ist bestrebt, so weit den Ausgang zu öffnen, bis auch die Differenzspannung am Eingang zu Null wird.

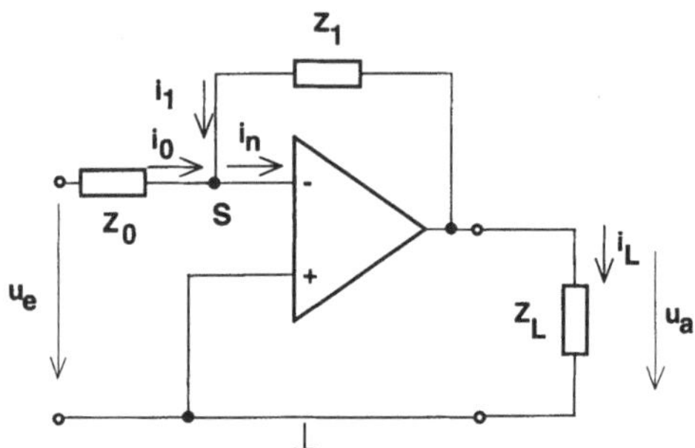

Bild 10.25 Spannungsgesteuerte Stromrückkopplung

10.4.1.4 Strom-/ Strom-Rückkopplung

Der Begriff der Strom-/Strom-Rückkopplung kommt daher, dass der Ausgangsstrom, der über Z_L fließt, am Eingang einen Strom auf den Knoten auslöst. Die Schaltung im Bild 10.26 hat wieder eine Ähnlichkeit mit der vorangegangenen Darstellung im Bild 10.25, nur mit dem Unterschied, dass jetzt der Lastwiderstand nicht mehr unabhängig von der Rückkopplung ist, sondern er liegt selbst voll mit seinem Laststrom in der Rückkopplung. Die Rückführung geht wieder an den n-Eingang, wo auch das Eingangssignal aufliegt. Demnach bildet der Summenpunkt wieder die Hauptfunktion in der Schaltung. Der p-Eingang kann einmal als Differenzpol für das Eingangssignal dienen oder auch direkt auf Masse liegen.

Funktion

- Z_L stellt die angeschaltete Last dar, über den der Ausgangsstrom i_L fließt.
- Der Ausgangsstrom wird direkt auf den Summenpunkt S des invertierenden Eingangs über Z_L als Strom i_L zurückgeführt.
- Der Summenpunkt hat auch hier die Aufgabe, da in den idealen OPV kein Eingangsstrom fließen kann, den Eingangsstrom über Z_0 mit dem Rückkoppelstrom über Z_1 auszugleichen. Das geschieht durch den OPV mit einem entsprechend hohen Ausgangsspannungssignal.
- Der OPV ist bestrebt, so weit den Ausgang zu öffnen, bis auch die Differenzspannung am Eingang zu Null wird.

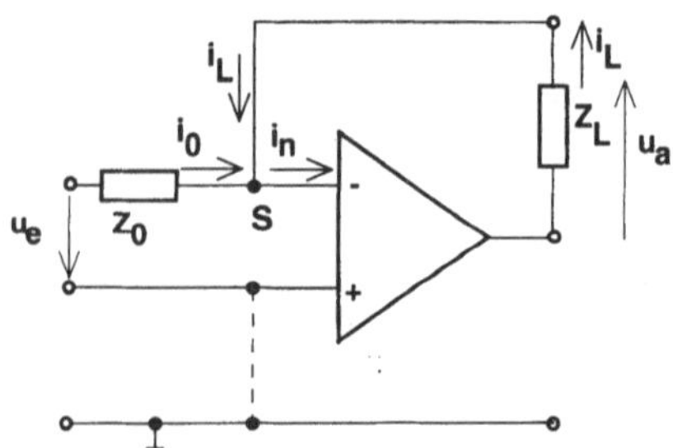

Bild 10.26 Stromgesteuerte Stromrückkopplung

11 Operationsverstärker - Anwendungen

In diesem Kapitel werden einige Grundanwendungen in allgemeinster Form behandelt, um ein Verständnis für den Operationsverstärker als komplexes Bauelement zu erhalten und ihn in einfachen Schaltungsaufgaben einsetzen zu können. Für weitere und spezielle Anwendungen gibt es eine Reihe von ausführlichen Spezialliteraturstellen.

11.1 Einführung zur Anwendung von Operationsverstärkern

11.1.1 Festlegungen

Damit man die Sicht für die wesentlichen Prinzipien nicht verliert, wird in den folgenden Punkten von dem *völlig idealen Bauelement* des Operationsverstärkers ausgegangen. Was man darunter zu verstehen hat und wie nahe man an die Idealisierung herankommt, das ist im Kapitel 10 beschrieben worden. Hier sollen nur nochmals kurz die Hauptparameter genannt werden:

Definition des idealen Operationsverstärkers

Der ideale OPV stellt eine "Blackbox" dar, die folgende Parameter erfüllt:

- offene Spannungsverstärkung (ohne Rückkopplung) $|\underline{V}| = V \to \infty$
- Gleichtaktunterdrückung $|\underline{G}| \to \infty \Rightarrow |\underline{V}_{gl}| = V_{gl} = 0$
- Eingangsimpedanz (intern) $Z_e \to \infty$
- Ausgangsimpedanz (intern) $Z_a = 0$
- Eingangsruheströme (auch bei Bipolartransistoren) $I_p = I_n = 0$
- Offsetspannungen (Eingangsfehlspannungen) $U_O = 0$
- völlige (interne) Rückwirkungsfreiheit

Aus den Darstellungen zu den Grundlagen im Kapitel 10 ist natürlich klar, dass es dieses idealisierte Bauelement nicht gibt, aber in vielen Fällen diese Annahmen durchaus zulässig sind. Im Ergebnis erreicht man als entscheidenden Fakt, und das war auch das Ziel, dass die Berechnungen wesentlich einfacher werden, aber kein gravierender Fehler bei den Grundanwendungen eintragen wird. Die somit zulässigen Vereinfachungen führen zu einfachen, allgemeinen und praxistauglichen Annahmen (Näherungen), die aber keinesfalls bei Spezialanwendungen des OPVs eingesetzt werden dürfen.

11.1.2 Grundschaltungen für Spannungsverstärker

Bei dem Einsatz des OPVs kann man, wie bereits in den Punkten 10.3 und 10.4 dargestellt wurde, auf zwei Grundanwendungen in der Form des invertierenden und des nichtinvertierenden Verstärkers zurückgreifen. Beide Schaltungen haben hier Gleichberechtigung, wobei jede ihre Vor- und auch Nachteile hat, die dann in den Einzelpunkten zu diesen Schaltungen beschrieben werden. Die Grundschaltungen werden in den Bildern 11.1 und 11.2 dargestellt.

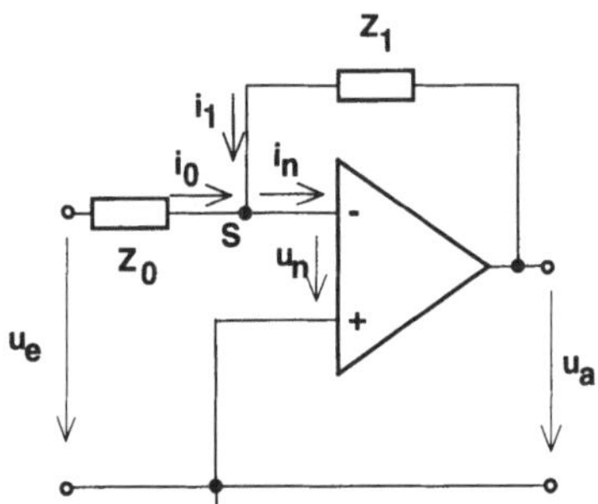

Bild 11.1 Invertierender Verstärker

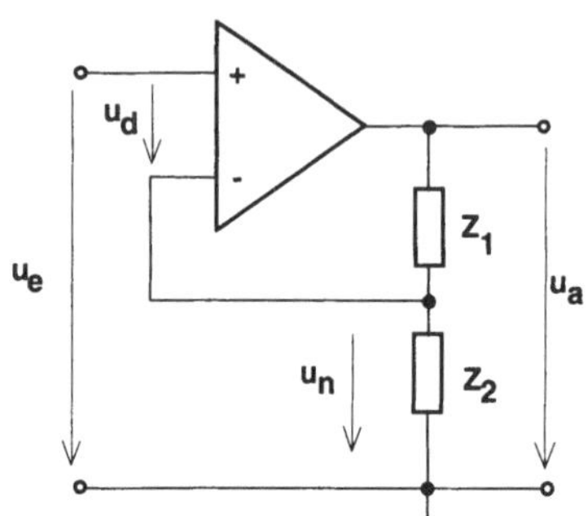

Bild 11.2 Nichtinvertierender Verstärker

Im folgenden Kurzschema sollen die Verstärker kennzeichnen

	invertierender Verstärker	*nichtinvertierender Verstärker*
Eingangssignal:	auf n-Eingang	auf p-Eingang
Rückführung:	auf S-Punkt am n-Eingang	allein auf n-Eingang
Ausgangssignal:	phasengedreht um 180°	phasengleich zu Eingangssignal
Verstärkungsbereich:	0 .... - ∞	+1 ... + ∞

Zu beachten ist, Z_0, Z_1 und Z_2 können ohmsche Widerstände, Kondensatoren, Induktivitäten und auch deren Kombinationen sein. Weiterhin ist es möglich, auch aktive Bauelemente wie Dioden oder Transistoren in die Schaltungen einzubeziehen.

11.2 Invertierender Spannungsverstärker

11.2.1 Betrachtung eines idealen Operationsverstärkers

Diese Grundschaltung invertiert das zu verstärkende Signal und die Rückkopplung erfolgt durch Rückführung des Ausgangssignals auf den Summenpunkt S am n-Eingang. Die beiden komplexen Widerstände werden die extrem hohe Grundverstärkung des OPVs entsprechend ihrer eigenen Werte herunterregeln, also abschwächen. Da der p-Eingang auf Masse gelegt ist, ergibt sich folgende Eingangsbeziehung

$$u_p = 0 \qquad \text{folgt:} \qquad u_n = u_d$$

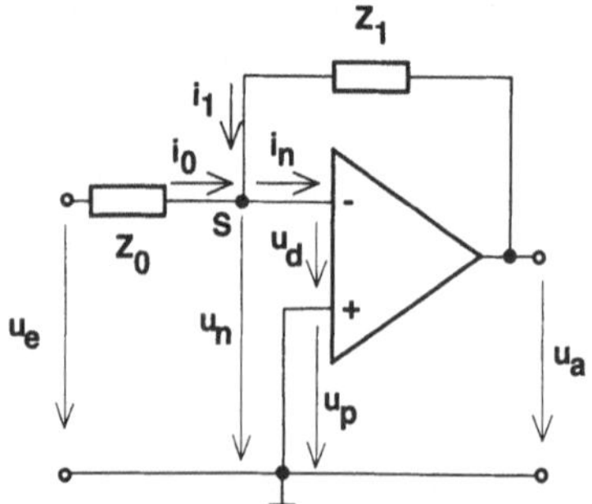

Bild 11.3 Invertierender Verstärker

Diese Grundschaltung findet sehr häufig Anwendung und ist auch einfach zu berechnen. Für die Darstellung der Grundlagen der Berechnung soll die Anwendung als Spannungsverstärker dienen. Das bedeutet, dass die komplexen Widerstände durch rein ohmsche Werte ersetzt werden müssen. Es folgt für die weitere Betrachtung: $Z_0 \Rightarrow R_0$; $Z_1 \Rightarrow R_1$. Demnach muss sich eine *lineare Signalverstärkung* ergeben, die *keine Frequenzabhängigkeit durch die äußere Beschaltung* haben wird.

11.2.1.1 Berechnungsgrundlagen

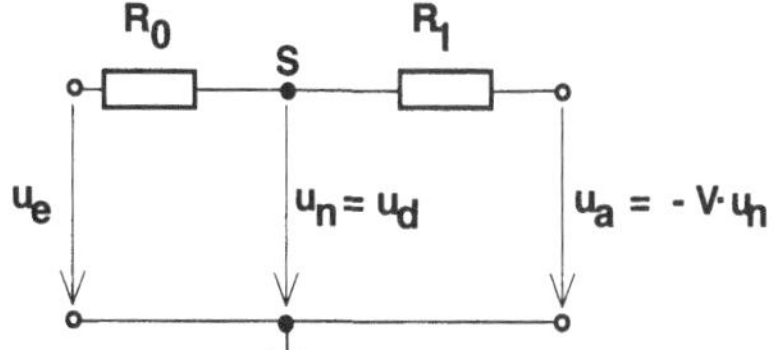

Bild 11.4 Vereinfachte Darstellung der Schaltung (Ersatzkonstruktion)

Zur Berechnung der Schaltung ist es günstig eine Ersatzkonstruktion der zu betrachtenden Schaltung zu entwerfen, wobei die Näherungen und deren Folgen für die Schaltung mit einzubeziehen sind. Für den invertierenden Verstärker mit einem idealen OPV als zentrales Bauelement ergibt sich die Schaltung gemäß Bild 11.4. Dabei erscheint der OPV nicht mehr als Bauelement, sondern nur noch seine Signale als Eingangsdefinition u_d und als Ausgangssignal mit u_a. Der Grund liegt in der Idealisierung, die bedeutet, am Eingang fließt kein Strom in den OPV und am Ausgang wird eine Spannung generiert, wobei jeder Ausgangsstrom bereitgestellt werden kann. Es wurde ja bei der Idealisierung eine Quelle mit einem Innenwiderstand von Null festgelegt.

In den folgenden Ansätzen wird nun die Wirkung der Widerstände der Außenbeschaltung (R_0 , R_1) auf die Signale und somit auf das gesamte Verstärkerverhalten untersucht.

Aus Bild 11.4 ergeben sich durch einfache Ansätze die Beschreibungen:

Zum *Startzeitpunkt* ist $u_a = 0$ und damit wird:

$$u_n = u_e \cdot \frac{R_1}{R_0 + R_1} \tag{11.1}$$

Die Spannung u_n wird dann am Ausgang des OPVs entsprechend verstärkt auftreten.

$$u_a = - V \cdot u_n \tag{11.2}$$

Das negative Vorzeichen kommt dabei aus der Phasendrehung, da das Eingangssignal am n-Eingang anliegt. Folglich stellt sich durch die Rückführung am Punkt S der Gleichgewichtszustand ein, und aus der Einbeziehung des Eingangspotentials folgt:

$$\frac{u_n}{u_e} = \frac{R_1}{(1+V) \cdot R_0 + R_1}$$

Mit der Feststellung, dass $V >> 1$ ist, kann man auf eine Vereinfachung schließen:

$$u_n = u_e \cdot \frac{R_1}{V \cdot R_0 + R_1} \tag{11.3}$$

Für das Ausgangssignal ergibt sich demnach aus den Gln. 11.2 und 11.5:

$$u_n = u_e \cdot \frac{R_1}{V \cdot R_0 + R_1} = - \frac{u_a}{V} \tag{11.4}$$

Stellt man diesen Ansatz um, damit man eine Aussage über die Verstärkung erhalten kann, so ergeben sich folgende Schritte.

$$u_a = - \frac{V \cdot R_1}{V \cdot R_0 + R_1} \cdot u_e \qquad \text{bzw.} \qquad u_a = - \frac{R_1}{R_0 + \frac{R_1}{V}} \cdot u_e \tag{11.5}$$

Da für den idealen OPV eine unendlich große innere Verstärkung gilt, und diese ist wesentlich größer als das äußere Widerstandsverhältnis, ergibt sich:

$$V >> 1 \qquad \text{und} \qquad V >> \frac{R_1}{R_0}$$

Dem folgt aus der Gleichung 11.5:

$$u_a = -\frac{R_1}{R_0} \cdot u_e \qquad \text{bzw.} \qquad \frac{u_a}{u_e} = -\frac{R_1}{R_0}$$

Daraus ergibt sich gemäß der Definition für die Verstärkung, die eine Spannungsverstärkung ist, denn eine Stromverstärkung hat die OPV-Schaltung nicht:

$$V = V_U = \frac{u_a}{u_e} = -\frac{R_1}{R_0} \tag{11.6}$$

Diese Lösung nach den Vereinfachungen und Idealisierungen ist praxistauglich und kann immer für Überschlagsrechnungen und, wie mehrfach schon betont, auch für einfache Schaltungen eingesetzt werden. Der Gleichgewichtszustand am Punkt S stellt sich so ein, dass gilt:

$$u_n = -\frac{u_a}{V} \Rightarrow \cong 0 \tag{11.7}$$

Der Operationsverstärker versucht also, den Ausgang so "hoch" einzustellen, dass der Rückstrom über den R_1 den Eingangsstrom, der an S über R_0 ankommt, kompensiert. Damit wird die Differenzeingangsspannung zu Null gehen und, da die u_d zu Null geht sowie u_p auf Masse liegt, ergibt sich am Summenpunkt eine *"virtuelle Masse"*. Dabei ist zu beachten, dass immer $V >> 1$ also extrem groß gilt.

11.2.1.2 Weitere Betrachtungen zu den Berechnungsgrundlagen

Im folgenden Teil werden zwei Varianten von weiteren Berechnungswegen vorgestellt, wobei diese ganz einfach auf der Strombetrachtung bzw. des Überlagerungssatzes, also auf Grundlagen der Elektrotechnik aufbauen.

1. Strombetrachtung:

Für diese Betrachtung wird auf die gleiche Ersatzkonstruktion für den OPV zurückgegriffen, wobei jetzt aber *die Ströme um den Summenpunkt* analysiert werden. Am Summenpunkt S besteht durch den idealen OPV kein Stromfluss in den OPV. Demnach müssen sich die Ströme vom Eingang mit dem Rückstrom vom Ausgang gegenseitig aufheben. Daraus lassen sich für diese Betrachtung folgende Stromansätze aufstellen.

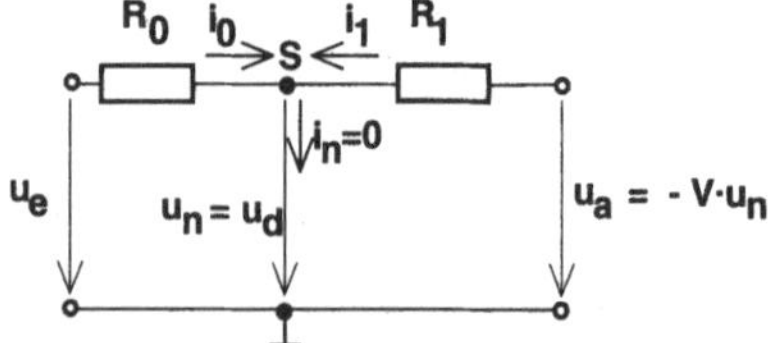

Bild 11.5 Vereinfachte Darstellung der Schaltung für die Strombetrachtung

$$i_n = 0 \qquad \text{und folglich} \qquad i_0 + i_1 = i_n = 0 \tag{11.8}$$

Ersetzt man nun die Ströme durch Widerstands- und Spannungsangaben, um später auf die Spannungsverstärkung schließen zu können, ergibt sich aus der Gl. 11.8:

$$\frac{u_e}{R_0} + \frac{u_a}{R_1} = 0 \qquad \text{bzw.} \qquad \frac{u_e}{R_0} = -\frac{u_a}{R_1}$$

Nach der Umstellung lässt sich schrittweise die Verstärkung herleiten

$$V = V_U = \frac{u_a}{u_e} = -\frac{R_1}{R_0} \tag{11.9}$$

Im Vergleich zu den Ansätzen und Ergebnis im vorangegangenem Punkt ist natürlich hier das gleiche Ergebnis erreicht worden, nur über einen anderen Weg.

2. Überlagerung:

Die Grundlage dieser Betrachtung ist das *Überlagerungsgesetz* der Elektrotechnik, wobei als Ersatzkonstruktion für den OPV wieder die Ersatzschaltung aus dem vorherigen Punkt verwendet wird. Gemäß dem Überlagerungssatz ist also einmal die Wirkung des Eingangssignals auf den Summenpunkt und somit auf u_d bei kurzgeschlossenem Ausgang zu betrachten.

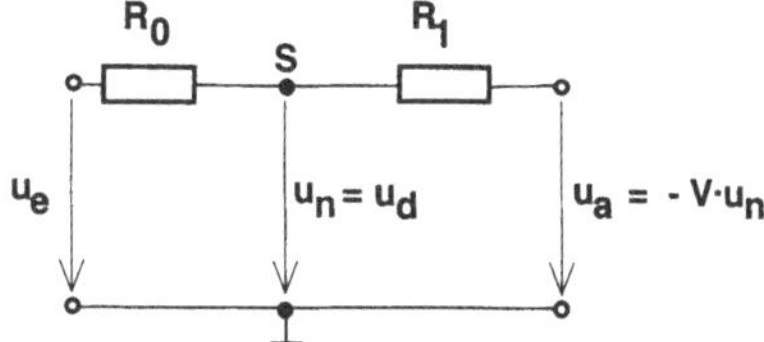

Bild 11.6 Vereinfachte Darstellung der Schaltung für die Überlagerungsbetrachtung

Danach erfolgt im zweiten Ansatz die Ausgangswirkung bei dann kurzgeschlossenem Eingang. Anschließend sind beide Wirkungen zusammenzuführen, was einer Addition der beiden Teilfunktionen bedeutet.

Es gelten folgende Ansätze für den invertierenden Verstärker:

Überlagerungsansatz 1 (vom Eingang gesehen mit $u_a = 0$)

$$\text{aus} \quad \frac{u_{dv}}{u_e} = \frac{R_1}{R_0 + R_1} \qquad \text{folgt:} \quad u_{dv} = u_e \cdot \frac{R_1}{R_0 + R_1} \tag{11.10}$$

Überlagerungsansatz 2 (vom Ausgang gesehen mit $u_e = 0$)

$$\text{aus} \quad \frac{u_{dr}}{u_a} = \frac{R_0}{R_0 + R_1} \qquad \text{folgt:} \quad u_{dr} = -u_a \cdot \frac{R_0}{R_0 + R_1} \tag{11.11}$$

Mit der *Überlagerung* (Summenbildung):

$$u_d = u_{dv} + u_{dr} \tag{11.12}$$

$$u_d = u_e \cdot \frac{R_1}{R_0 + R_1} + ua \cdot \frac{R_0}{R_0 + R_1}$$

Ein OPV stellt am Eingang eine *virtuelle Masse* zwischen beiden Eingängen her. Das bedeutet $u_d = 0$ und es ergibt sich:

$$u_e \cdot \frac{R_1}{R_0 + R_1} = -ua \cdot \frac{R_0}{R_0 + R_1}$$

Stellt man diesen Ansatz um, so erhält man für die *Spannungsverstärkung*:

$$V_U = V = \frac{u_a}{u_e} = -\frac{R_1}{R_0} \tag{11.13}$$

Zusammenfassung zur Betrachtung eines idealen OPVs in der invertierenden Schaltung

Die Verwendung eines idealen OPVs bedeutet, dass dieser keine Eingangsströme, keine Offsetspannung aber eine innere Verstärkung $V \rightarrow \infty$ besitzt, und das Eingangssignal wird linear verstärkt am Ausgang erscheinen. Dieses Ausgangssignal wird über R_1 auf den *negativen Eingang* zurückgeführt und "bremst" *wegen der Rückkopplung im Sinne einer Gegenkopplung* den Verstärker. Würde das Ausgangssignal auf den *positiven Eingang* zurückgeführt werden, so würde das Eingangssignal zusätzlich phasengleich erhöht werden, und der Verstärker würde *wegen der Mitkopplung* in die Endlage laufen.

11.2.2 Betrachtung eines realen Operationsverstärkers

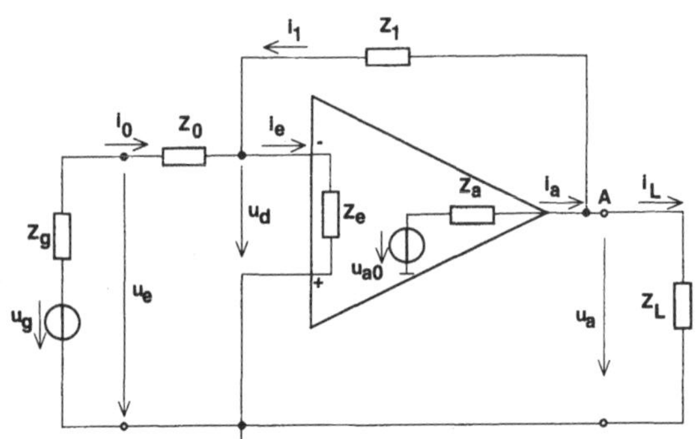

Bild 11.7 Wechselstrom-Ersatzschaltbild eines OPVs

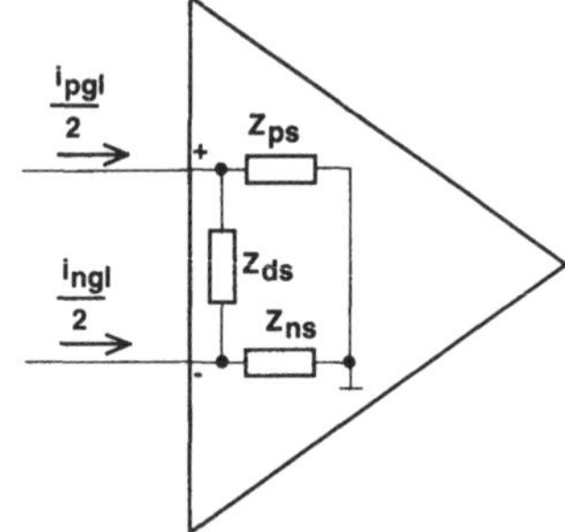

Bild 11.8 Betrachtung der Eingangswiderstände

Geht man jetzt von der Vereinfachung im Sinne eines idealisierten OPVs ab und fragt nach den realen Signalen des Operationsverstärkers, so ergibt sich daraus die Frage nach den realen Ein- und Ausgangsbedingungen. Das Bild 11.7 zeigt einen invertierenden Verstärker mit einer Spannungs-/Strom-Gegenkopplung und komplexen Ein- und Ausgangsgrößen.

Ein Fakt, der den realen vom idealen OPV unterscheidet, ist die Frage nach den Eingangswiderständen. Beim idealen OPV wurden diese als unendlich groß definiert, was natürlich auch keine Eingangströme zur Folge hätte. Bei der Betrachtung des realen OPVs, wie im Bild 11.8 dargestellt ist, kommen diese Widerstände dann zum Tragen und müssen in die Rechnung einbezogen werden. Bereits im Punkt 10.2-3 wurden kurz die Wechselstromeigenschaften vorgestellt. Nun stellt sich hier die Frage, wie sich diese realen Zustände auf die Verstärkung und den Eingangswiderstand der angewendeten Schaltung auswirken.

1. Allgemeine Strom- und Spannungsbetrachtungen

Die *Eingangsimpedanz* des OPVs ergibt sich nun im *Realfall* zu:

$$Z_e = Z_d \parallel Z_{gl} \tag{11.14}$$

mit den beiden Teilimpedanzen Differenz- bzw. Gleichtakt-Eingangsimpedanz

Differenz-Eingangsimpedanz: $$Z_d = \frac{u_d}{i_d} \tag{11.15}$$

mit $u_d = u_p - u_n$ und $i_d = \dfrac{i_p - i_n}{2}$

Gleichtakt-Eingangsimpedanz: $$Z_{gl} = \frac{u_{gl}}{i_{gl}} \qquad (11.16)$$

mit $u_{gl} = \frac{u_p + u_n}{2}$ und $i_{gl} = i_p + i_n$

Eine gleiche Zusammensetzung aus Differenz- und Gleichtaktanteil erhält man bei der Betrachtung des Ausgangssignals im Leerlauffall.

Leerlaufausgangsspannung:

$$u_{a0} = V_d \cdot u_d + V_{gl} \cdot u_{gl} \qquad \text{bzw.} \qquad u_{a0} = V_d \cdot \left(u_d + \frac{1}{G} \cdot u_{gl} \right) \qquad (11.17)$$

Hierbei ist V_d die Differenzspannungsverstärkung, wie sie in der Näherung beim idealisierten OPV benutzt wird, und G die Gleichtaktunterdrückung $G = V_d / V_{gl}$, wie sie aus der Beschreibung des Differenzverstärkers bekannt ist. Da für den invertierenden Verstärker gemäß Schaltung im Bild 11.7 der p-Eingang auf dem Masse liegt, gilt natürlich $u_p = 0$. Weiterhin folgt unter Anwendung der Gl. 11.14 für den Eingangsansatz

$$u_d = u_p - u_n = -u_n \qquad \text{und} \qquad u_{gl} = \frac{u_p + u_n}{2} = +\frac{u_n}{2}$$

und es ergibt sich für die Leerlaufspannung:

$$u_{a0} = V \left(-u_n + \frac{1}{2G} \cdot u_n \right) \qquad (11.18)$$

Mit der Leerlaufspannungsverstärkung $V = V_d \big|_{Z_L \to \infty}$ kommt man zu dem Schluss:

$$u_{a0} = -V \cdot u_n \left(1 - \frac{1}{2G} \right) = -V^* \cdot u_n \qquad (11.19)$$

mit $V^* = V \left(1 - \frac{1}{2G} \right)$

Aus der Schaltung sind auch die Stromverhältnisse abzulesen und es gelten die Ansätze:

$$i_e = i_0 + i_1$$

mit $i_1 = \frac{u_a - u_n}{Z_1}$

Da man auch schreiben kann: $i_0 = \frac{u_e - u_n}{Z_0}$ und $i_e = \frac{u_n}{Z_e}$ folgt so:

$$\frac{u_e - u_n}{Z_0} + \frac{u_a - u_n}{Z_1} = \frac{u_n}{Z_e} \qquad (11.20)$$

Unter Verwendung von $u_n = -\frac{u_{a0}}{V^*}$ erhält man nach dem Einsetzen und Umstellen aus

$$-\frac{u_e}{Z_0} = \frac{u_a}{Z_1} + \frac{u_{a0}}{V^*} \cdot \left(\frac{1}{Z_e} + \frac{1}{Z_0} + \frac{1}{Z_1} \right)$$

für die *Eingangsspannung:*

$$u_e = -Z_0 \cdot \left(\frac{u_a}{Z_1} + \frac{u_{a0}}{V^*} \cdot \left(\frac{1}{Z_e} + \frac{1}{Z_0} + \frac{1}{Z_1} \right) \right) \tag{11.21}$$

Nimmt man nun wiederum den *realen OPV* und betrachtet das Ausgangssignal, so kann man auf den Ansatz zurückgreifen:

$$u_{a0} = i_a \cdot Z_a + u_a \tag{11.22}$$

Ersetzt man den Ausgangsstrom i_a, denn man will die Ausgangsspannung als Funktion der Bauelemente haben, folgen die Ansätze:

$$i_a = i_1 + i_L \qquad \text{mit} \qquad i_L = \frac{u_a}{Z_L} \qquad \text{und} \qquad i_1 = \frac{u_a - u_n}{Z_1}$$

Nach dem Einsetzen erhält man für die *Leerlaufausgangsspannung:*

$$u_{a0} = u_a \cdot \frac{1 + \frac{Z_a}{Z_1} + \frac{Z_a}{Z_L}}{1 - \frac{Z_a}{Z_1} \cdot \frac{1}{V^*}} \qquad \text{bzw.} \qquad u_a = u_{a0} \cdot \frac{1 - \frac{Z_a}{Z_1} \cdot \frac{1}{V^*}}{1 + \frac{Z_a}{Z_1} + \frac{Z_a}{Z_L}} \tag{11.23}$$

2. Bestimmung der Verstärkung

Bestimmt man nun das Verhalten des realen Operationsverstärkers über den *Frequenzgang*, der in der Regel auf der Basis der p-Transformation dargestellt wird, folgt die Herleitung durch Einsetzen der Lösungsansätze für die Ein- und Ausgangsspannung.

$$F(p) = \frac{u_a(p)}{u_e(p)} \tag{11.24}$$

Mit den Ansätzen für die *Eingangsspannung*

$$u_e = -Z_0 \cdot \left(\frac{u_a}{Z_1} + \frac{u_{a0}}{V^*} \cdot \left(\frac{1}{Z_e} + \frac{1}{Z_0} + \frac{1}{Z_1} \right) \right)$$

und die *Ausgangsspannung*

$$u_a = u_{a0} \cdot \frac{1 - \frac{Z_a}{Z_1} \cdot \frac{1}{V^*}}{1 + \frac{Z_a}{Z_1} + \frac{Z_a}{Z_L}}$$

folgt nach diesem Einsetzen und einer Umstellung gemäß Gl. 11.24 für den *Frequenzgang*:

$$F(p) = -\frac{Z_1}{Z_0} \cdot \frac{1 - \frac{1}{V^*} \cdot \frac{Z_a}{Z_1}}{1 + \frac{1}{V^*}\left[1 + \frac{Z_a}{Z_L} + \frac{Z_1}{Z_0}\left(1 + \frac{Z_0}{Z_e}\right)\left(1 + Z_a \frac{Z_1 + Z_L}{Z_1 \cdot Z_L}\right)\right]} \tag{11.25}$$

Die Transformation in die p-Ebene kommt erst dann zum Tragen, wenn in die komplexen Widerstände dann die Bauelementeparameter eingesetzt werden. Auch zeigt die sehr umfangreiche Formel, dass alle inneren und äußeren Impedanzen auf die Übertragung wirken. Um sich jetzt eine bessere Vorstellung zu machen, bietet sich die Frage an, wie sich unter Gl. 11.25 die idealisierte Darstellung des Operationsverstärkers vereinbaren lässt. Für den idealen OPV gilt bekanntlich, dass mit $V \to \infty$ auch $V^* \to \infty$ wird, und es ergibt sich dann:

$$F(p) = \frac{u_a}{u_e} = -\frac{Z_1}{Z_0} \tag{11.26}$$

Das entspricht auch den bekannten Darstellungen, wie sie auch im vereinfachten Idealisierungsverfahren erreicht wurden.

3. Eingangsimpedanz der Schaltung

Will man nun den Eingangswiderstand der gesamten Schaltung bestimmen, so muss man den realen OPV und seine Umgebungsschaltung einbeziehen. So ergibt sich für die Eingangsimpedanz als Grundansatz:

$$Z_{ein} = \frac{u_e}{i_0} \tag{11.27}$$

mit $\quad u_e = i_0 \cdot Z_0 + i_e \cdot Z_e$

Eingesetzt ergibt das weiter $\quad Z_{ein} = \frac{u_e}{i_0} = Z_0 + \frac{i_e}{i_0} \cdot Z_e$

und unter Verwendung der Ansätze $i_e = \frac{u_n}{Z_e}$ und $i_0 = \frac{u_e - u_n}{Z_0}$ folgt

$$\frac{i_e}{i_0} = \frac{Z_0}{Z_e} \cdot \frac{1}{\frac{u_e}{u_n} - 1}$$

und somit kann festgestellt werden:

$$Z_{ein} = Z_0 + Z_0 \cdot \frac{1}{\frac{u_e}{u_n} - 1} \tag{11.28}$$

Ersetzt man weiter und bindet die Verstärkung V^* mit ein, dann ergibt sich:

$$\frac{u_e}{u_n} = -V^* \cdot \frac{u_e}{u_{a0}}$$

Nach dem Einsetzen der Formeln für u_e und u_{a0} erhält man

$$\frac{u_e}{u_n} = 1+\frac{Z_0}{Z_e}+\frac{Z_0}{Z_1}\cdot\frac{Z_1+Z_a\cdot\frac{Z_1}{Z_L}+Z_1\cdot V^*}{Z_1+Z_a+Z_a\cdot\frac{Z_1}{Z_L}}$$

und daraus die Lösung für den *komplexen Eingangswiderstand der gesamten Schaltung*

$$Z_{ein} = Z_0+\frac{1}{Z_e}+\frac{1+\frac{Z_a}{Z_L}+V^*}{Z_1+Z_a+Z_a\cdot\frac{Z_1}{Z_L}} \tag{11.29}$$

bzw. umgestellt

$$Z_{ein} = Z_0 + \frac{Z_a+Z_1\cdot\left(1+\frac{Z_a}{Z_L}\right)}{V^*+1+\frac{Z_a}{Z_L}+\frac{1}{Z_e}\left[Z_a+Z_1\cdot\left(1+\frac{Z_a}{Z_L}\right)\right]}$$

Stellt man jetzt wieder eine Betrachtung für den idealen Operationsverstärker ($V\to\infty$) an, so erhält man:

$$Z_{ein}\big|_{V\to\infty} = Z_0 \tag{11.30}$$

Das heißt, dass der komplexe Eingangswiderstand gleich dem Einkoppelbauelement Z_0 der Schaltung ist. Das erscheint auch dann logisch, wenn man bedenkt, dass der Summenpunkt S, wo die Signale zusammengeführt werden und an den n-Eingang gehen, auf der virtuellen Masse liegt. Demnach liegt der der Schaltung zugewandte Anschluss des Z_0 auf Masse. Z_0 stellt dann offensichtlich die gesamten Eingangsimpedanz dar.

4. Ausgangsimpedanz des Operationsverstärkers

Mit einem analogen Herleitungsverfahren, wie für die Eingangsimpedanz, kann man aus dem Strom- und Spannungsverhältnissen gleichermaßen die Ausgangsimpedanz herleiten, die ohne Beweisführung wie folgt lautet.

$$Z_{aus} = \frac{u_a}{i_a}\bigg|_{u_G=0} = \frac{Z_a\cdot\left[1+Z_1\cdot\left(\frac{1}{Z_e}+\frac{1}{Z_0+Z_G}\right)\right]}{1+V^*+(Z_a+Z_1)\left(\frac{1}{Z_e}+\frac{1}{Z_0+Z_G}\right)} \tag{11.31}$$

Betrachtet man nun wieder den idealen Operationsverstärker mit $V\to\infty$ so ergibt sich die zu erwartende Lösung:

$$Z_{aus}\big|_{V\to\infty} = 0 \tag{11.32}$$

11.2.3 Kompensation von Eingangsruhestrom und Offsetspannung

Wie schon bei der allgemeinen Betrachtung unter dem Kapitel 10 festgestellt wurde, gibt es eben nicht den idealen OPV. Damit der reale OPV exakt arbeiten kann, müssen die störenden Größen, die Abweichungen vom Ideal-OPV, in einfacher und sicherer Weise kompensiert werden. Folgenden Größen ist entgegenzuwirken, um sie aufzuheben bzw. möglichst weit zu minimieren, da sie Fehlsignale am Ausgang des OPVs bringen:

- eingeprägte Ruheströme
- Offsetspannung

11.2.3.1 Kompensation des Eingangsruhestromes

Der nichtlineare OPV hat natürlich in die Eingänge hineinfließende Ruheströme, die einerseits auf die Stromsteuerung der Bipolartransistoren aufbauen und andererseits auf Leckströme der Transistoren (auch bei FET) zurückzuführen sind. Demnach steht die Aufgabe, diese Ströme so auszugleichen, dass diese keinen Einfluss auf das Ausgangssignal und damit auch nicht auf das zu verstärkende Eingangssignal haben. Eine Lösung ist eine zusätzliche Beschaltung des p-Eingangs mit einen Widerstand, der einen Spannungsabfall zwischen Masse und p-Eingang erzeugt. Das Bild 11.10 zeigt diese Lösung im Vergleich zur unkompensierten Schaltung des Bildes 11.9.

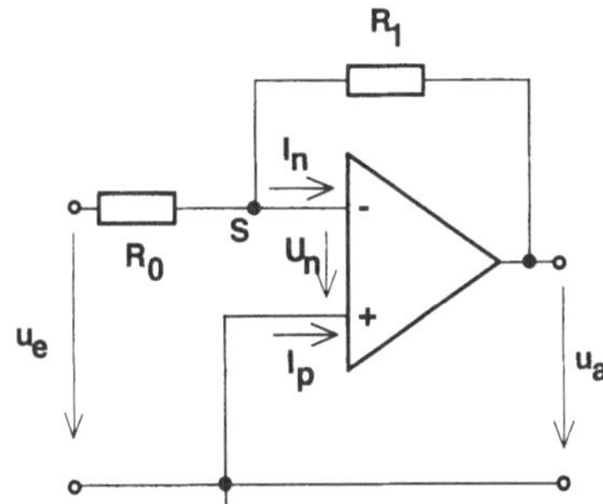

Bild 11.9 Ohne Kompensation des Eingangsruhestromes

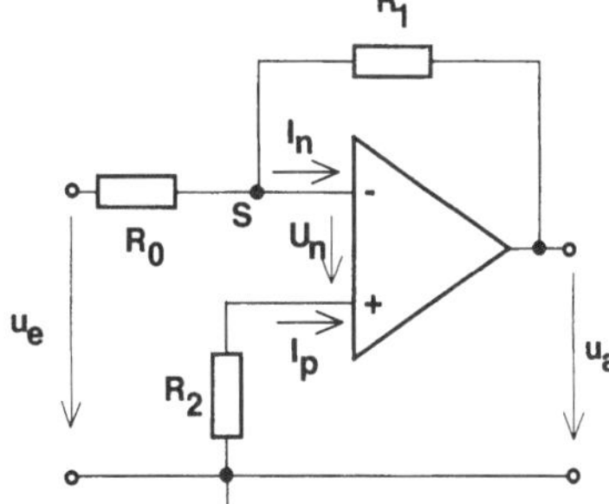

Bild 11.10 Mit Kompensation des Eingangsruhestromes

Bei dieser Lösung ist zu beachten, dass hier ein Ruhezustand betrachtet wird, und die Signale als Gleichsignale arbeiten. Aus diesem Grund werden sie auch großgeschrieben. Weiterhin ist hier die Wirkungsrichtung von U_n vom n-Eingang zum p-Eingang gerichtet. Dieser Fakt ist bei den Maschenbildungen zu beachten und es gilt hier erneut:

$$u_a = -V \cdot u_d$$

Im *"Ruhezustand"*, wo die Eingangs- und Ausgangsspannung Null sein soll, muss gelten:

Spannungsabfall:

$$U_N = I_N \cdot (R_0 \parallel R_1) \tag{11.33}$$

Da im *Kompensationsfall* gelten soll: $I_N \overset{!}{=} I_P$ und auch $u_a = -V \cdot u_d = 0$ und somit auch $u_d = 0$, muss auch der Ansatz

$$U_P = I_P \cdot R_2 = U_p = I_P \cdot (R_0 \parallel R_1) \tag{11.34}$$

erfüllt sein. Damit kann für den Kompensationswiderstand R_2 nur gelten:

$$R_2 = R_0 \parallel R_1 \tag{11.35}$$

Eine weitere Lösung der Kompensation wäre, dass auf der Seite des n-Eingangs ein Kompensationsstrom eingesetzt wird. Es muss z.B. über ein Potentiometer zusätzlich ein Strom auf den Summenpunkt geführt werden (vgl. Punkt 10.2.5).

11.2.3.2 Offsetspannungskompensation

Die Offsetspannung am Eingang bzw. im OPV erzeugt eine Ausgangsgleichspannung, die dem Nutzsignal überlagert ist. Die Ursache für diesen Offsetfehler liegen in der leichten Unsymmetrie der Eingangsverstärkerstufe. Als Ergebnis ist festzustellen, dass bei einem Eingangswert $u_d = 0$ eine Ausgangsspannung ungleich Null vorliegt. Die Korrektur ist über zwei Wege, so dass das die Bauelemente zulassen, möglich. Es kann einmal eine Korrektur durch Eingriff in den inneren Verstärker erfolgen, oder es wird eine Korrekturspannung an dem nicht mit dem Eingangssignal belegten Anschluss zugeführt.

1. externe Korrektur

Dieser Weg, der bei allen Typen einsetzbar ist, greift auf eine äußere Korrekturspannung zurück. Dabei wird, wie im Bild 11.11 dargestellt ist, am p-Eingang eine zusätzliche Spannungsquelle U_O eingebaut. Aus dieser Schaltung lässt sich nach dem Überlagerungssatz der Ansatz für den Ruhezustand herleiten, wobei die Eingangsdifferenzspannung $u_d = 0$ sein soll.

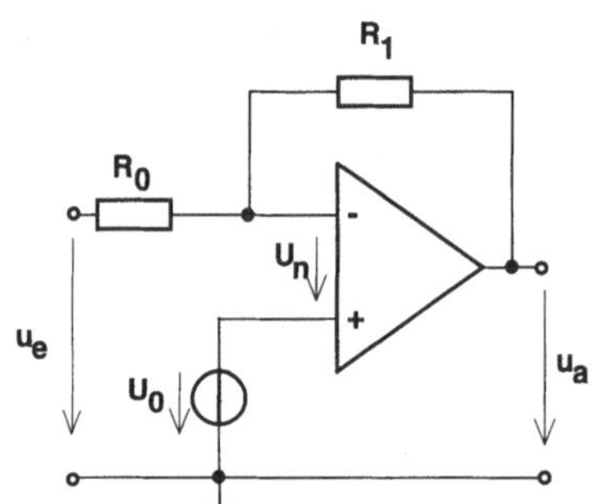

Bild 11.11 Spannungskompensation am OPV

Mit $u_{d1} = \dfrac{u_e - U_0}{R_0}$

bzw. $u_{d2} = \dfrac{u_a - U_0}{R_1}$

und $u_d = u_{d1} + u_{d2}$ ergibt sich:

$$\frac{u_e - U_0}{R_0} + \frac{u_a - U_0}{R_1} = 0 \tag{11.36}$$

Setzt man die Bauelemente ein, so ergibt sich:

$$u_a = - u_e \cdot \frac{R_1}{R_0} + \left(1 + \frac{R_1}{R_0}\right) \cdot U_0 = u_{aNutz} + U_{a0} \tag{11.37}$$

und der Zusammenhang mit der Ausgangsspannung folgt dann zu:

$$U_{a0} = \left(1 + \frac{R_1}{R_0}\right) \cdot U_0 \tag{11.38}$$

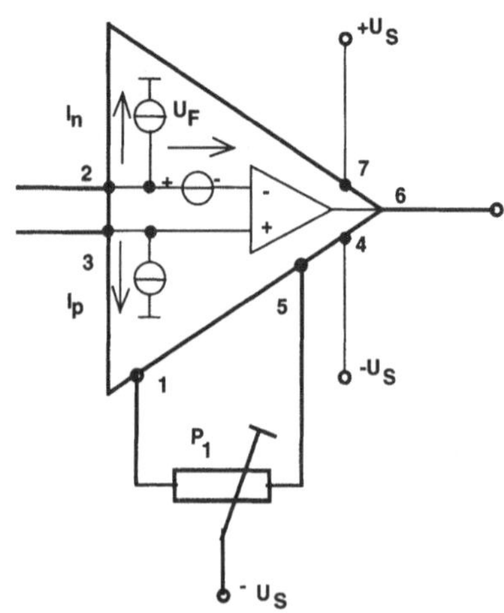

Bild 11.12 Korrekturschaltung

2. Korrektur am inneren Verstärker

Bei manchen OPV kann eine Korrektur durch Eingriff über die Kompensationsanschlüsse in den inneren Verstärker erfolgen, wo die Querströme des Differenzverstärkers korrigiert werden. Im Bild 11.13 sind die Eingriffspunkte an der Eingangsstufe zu sehen. Mit dem Anschluss des Potentiometers, wie es im Bild 11.12 dargestellt ist, wird erreicht, dass die Phasenaddierstufe dem Differenzverstärker die einzelnen Kollektorströme verschieben kann. Damit kann die Symmetrie der beiden Kollektorströme nachträglich hergestellt werden.

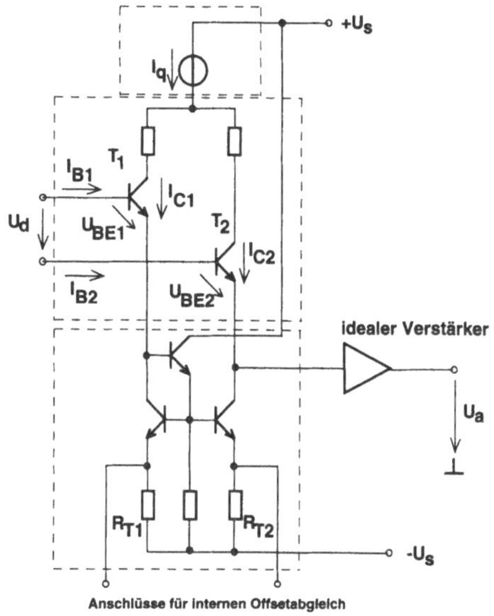

Bild 11.13 Schema der Eingangsstufe eines Bipolar-OPVs

3. Schaltungsbeispiel einer kompletten externen Korrektur

Im Bild 11.14 ist eine Lösung für die Korrektur der Eingangsströme und der Offsetspannung angegeben. Der Widerstand R dient der Stromkorrektur und sichert, dass beide Ströme i_n und i_p gleich sind. Über das Potentiometer P und dem Längswiderstand R_K erfolgt dann die Offsetspannungskorrektur durch Einspeisung einer zusätzlichen Spannung am nichtinvertierenden Eingang. Dabei müssen folgende Bedingungen erfüllt werden.

Für die Widerstände muss, wie bereits dargestellt wurde, gelten:

$$R = R_0 \parallel R_1 \tag{11.39}$$

Weiterhin muss, damit sich die Widerstände und somit die Korrekturen nicht gegenseitig behindern,

$$R_K >> R$$

angesetzt werden.

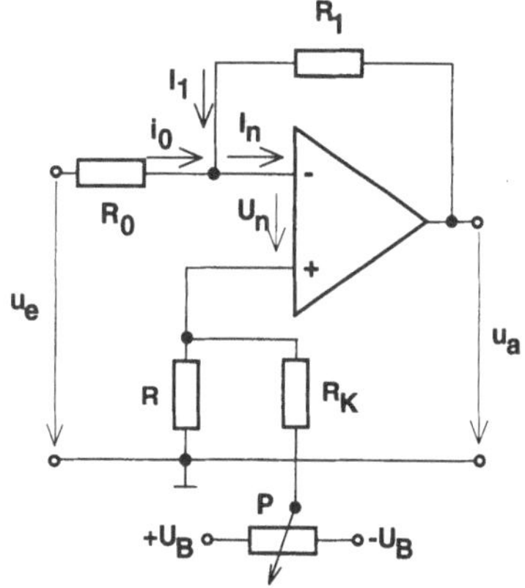

Bild 11.14 Korrektur durch Widerstandsbeschaltung

11.3 Nichtinvertierender Verstärker

Im Gegensatz zum invertierenden Verstärker liegt, wie aus den Grundlagen bekannt, das Eingangssignal allein am p- Eingang und die Rückführung, da es ja eine Gegenkopplung sein muss, befindet sich am n-Eingang.

11.3.1 Betrachtung des idealen OPVs

In Analogie zum vorangegangenen Punkt wird nun in gleicher Weise das Verhalten des OPVs betrachtet. Dabei sollen zu Beginn zwei Fälle betrachtet werden, die die Funktion der Rückkopplung veranschaulichen. Um das Verhalten klar zu erkennen, wird wieder für den OPV der Idealfall angenommen.

Fall 1:

- Am p-Eingang liegt die zu verstärkende Eingangsspannung u_e
- Der Punkt P wird auf Masse gelegt. Damit liegt auch der n-Eingang auf Masse.

Für die formale Beschreibung gilt im übertragenen Sinn aus Kapitel 11.2:

$$u_n = 0 \qquad \text{und} \qquad u_p = u_e$$

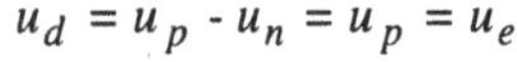

sowie $u_d = u_p - u_n = u_p = u_e$

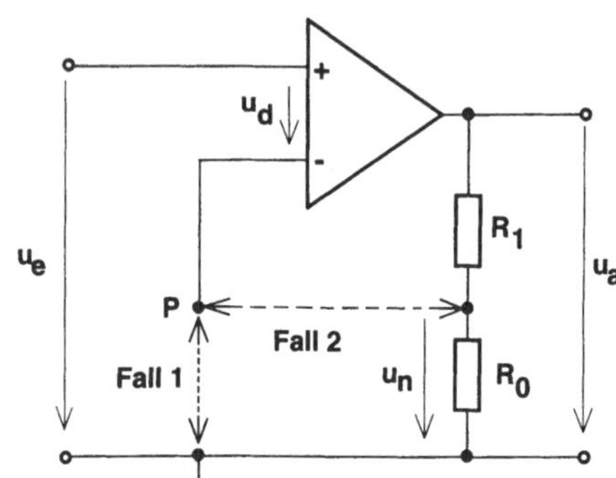

Bild 11.15 Nichtinvertierender Verstärker (Fallbetrachtung)

Demnach folgt für das Ausgangssignal:

$$u_a = V \cdot u_d = V \cdot u_e \tag{11.40}$$

Fall 2:

- Da die Eingangsspannung am p-Eingang liegt, befindet sich der OPV im nichtinvertierenden Betrieb, wobei zur Gegenkopplung die Rückführung an den n-Eingang geführt werden muss.
- Am p-Eingang liegt wieder die Eingangsspannung u_e
- Der Punkt P wird nicht auf Masse, sondern zwischen R_1 und R_0 gelegt.

  ⇒ Rückkopplung eines Teils des Ausgangssignals auf den n-Eingang

  ⇒ Verringerung der Differenzspannung u_d, da diese

  $u_d = u_p - u_n$

  ⇒ Verringerung des Ausgangssignals u_a, da dieses der Formel folgt:

  $u_a = V \cdot u_d$

Der OPV hat wegen der hohen internen Verstärkung das Ziel, ein hohes Ausgangssignal zu bringen, das dann die Differenzspannung auf Null stellen soll. Das würde bedeuten:

$$u_d = \frac{u_a}{V} = 0 \tag{11.41}$$

Daraus folgt der Schluss, es ist $u_p = u_n$ und da $u_p = u_e$ geht der andere OPV-Eingang auf $u_n = u_e$. Aus dem Spannungsteilergesetz ergibt sich:

$$\frac{u_n}{u_a} = \frac{R_0}{R_0 + R_1} \qquad \text{bzw.} \qquad u_n = \frac{R_0}{R_0 + R_1} \cdot u_a = u_e$$

Stellt man nun diese Gleichung mit dem Ziel der Ermittlung der Spannungsverstärkung um, so erhält man für die *Spannungsverstärkung*

$$V_U = \frac{u_a}{u_e} = \frac{R_0 + R_1}{R_0} = 1 + \frac{R_1}{R_0} \tag{11.42}$$

Zusammenfassung

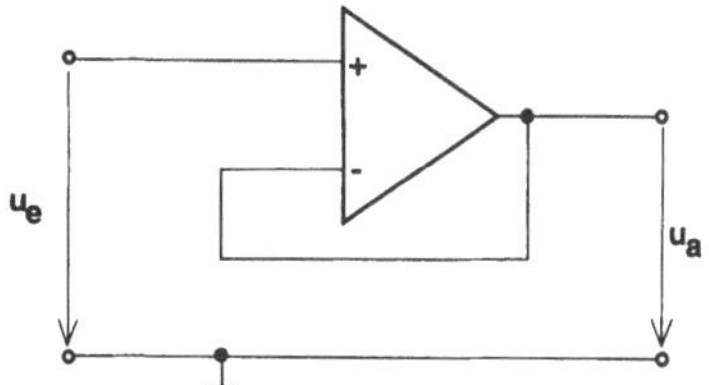

Bild 11.16 Spannungsfolger

Die Verstärkung wird durch den Grad der Rückkopplung bestimmt. Wird der Ausgang direkt auf den n-Eingang geschaltet, so tritt eine minimale Verstärkung von V_U = +1 ein. Eine Abschwächung, also Dämpfung der Verstärkung von $V_U = 0 \dots < 1$ ist mit dieser Schaltung nicht erzielbar. Es erfolgt keine Invertierung (Negation) des Eingangssignals, da es am p-Eingang eingespeist wird. Der Eingangswiderstand ist nahezu unendlich groß, da kein Strom in den p-Eingang fließt und für den Eingangswiderstand der Schaltung gilt, dass diese gleich dem Eingangswiderstand des OPVs ist. Der Ausgangswiderstand der Schaltung ist klein und gleich dem Ausgangswiderstand des OPVs, damit ist diese Schaltung u.a. sehr gut als *Impedanzwandler* einsetzbar. Ein Beispiel für die Anwendung ist der Sonderfall, wie im Bild 11.3-2 angegeben, mit der direkten Rückführung des Ausganges auf den n-Eingang. Damit erzielt man einen ganz einfachen Impedanzwandler mit der Verstärkung $V_U = +1$, also das Ausgangssignal ist gleich dem Eingangssignal.

11.3.2 Betrachtung eines realen OPV

Wenn man nun sich wieder auf den realen OPV beziehen will, so muss man sich die Leerlaufverstärkung und die Gleichtaktunterdrückung hernehmen und mit in die Betrachtungen einbeziehen.

Verstärkungsbetrachtung

In Schritten werden nun die zwei Parameter einbezogen und zu einer Gesamtlösung zusammengesetzt.

Mit der Einbeziehnung der *endlichen Leerlaufverstärkung* (*V*) wird jetzt die Rückkoppelschleife betrachtet, und es ergibt sich nach dem Spannungsteilergesetz:

$$u_n = \frac{R_0}{R_0 + R_1} \cdot u_a \tag{11.43}$$

Die Verstärkerwirkung durch den OPV ist wie bisher gültig und lautet weiterhin:

$$u_a = V \cdot u_d$$

Stellt man nun schrittweise um, so folgen die formalen Ansätze:

$$u_d = \frac{u_a}{V} \quad \text{und} \quad u_d = \frac{u_a}{V} = u_e - u_n \quad \text{sowie}$$

$$u_d = \frac{u_a}{V} = u_e - \frac{R_0}{R_0 + R_1} \cdot u_a$$

Wenn man nach diesen Schritten das Spannungsverhältnis erreicht hat, so ist man bei der Lösung für die Spannungsverstärkung bei endlicher Leerlaufverstärkung (*V*)

$$\frac{u_e}{u_a} = \frac{1}{V} + \frac{R_0}{R_0 + R_1}$$

$$V_U = \frac{u_a}{u_e} = \frac{1}{\frac{1}{V} + \frac{R_0}{R_0 + R_1}} = \frac{V}{1 + \frac{V \cdot R_0}{R_0 + R_1}} \tag{11.44}$$

Bezieht man weiter noch die *endliche Gleichtaktunterdrückung* ein, das dem realen OPV noch näher kommt, so folgen die Ansätze:

$$u_a = V \cdot u_d + V_{gl} \cdot u_{gl} \tag{11.45}$$

$$u_a \cdot \left(1 + V \cdot \frac{R_0}{R_0 + R_1}\right) = u_e \cdot \left(V + V_{gl}\right)$$

Umgestellt ergibt sich dann:

$$\frac{u_e}{u_a} = \frac{\left(\frac{1}{V} + \frac{R_0}{R_0 + R_1}\right)}{1 + \frac{V_{gl}}{V}} = \frac{1}{V_U} \quad \text{bzw.} \quad V_U = \frac{u_a}{u_e} = \frac{1 + \frac{V_{gl}}{V}}{\left(\frac{1}{V} + \frac{R_0}{R_0 + R_1}\right)}$$

Mit der Näherung: $\frac{1}{1 + \frac{1}{G}} \approx 1 - \frac{1}{G}$ folgt:

$$\frac{1}{V_U} = \frac{u_e}{u_a} = \left(\frac{1}{V} + \frac{R0}{R_0 + R_1}\right) \cdot \left(1 - \frac{1}{G}\right) \tag{11.46}$$

Betrachtet man nun wieder den *idealen OPV* mit $V = \infty$ und $G = \infty$, so ergibt sich aus den Ansätzen für den realen OPV die so gern verwendete Näherung:

$$\frac{u_e}{u_a} = \frac{R_0}{R_0 + R_1} = \frac{1}{V_U} \quad \text{bzw.} \quad V_U = \frac{u_a}{u_e} = \frac{R_0 + R_1}{R_0} \tag{11.47}$$

11.3.3 Ersatzschaltbild des nichtinvertierenden OPVs

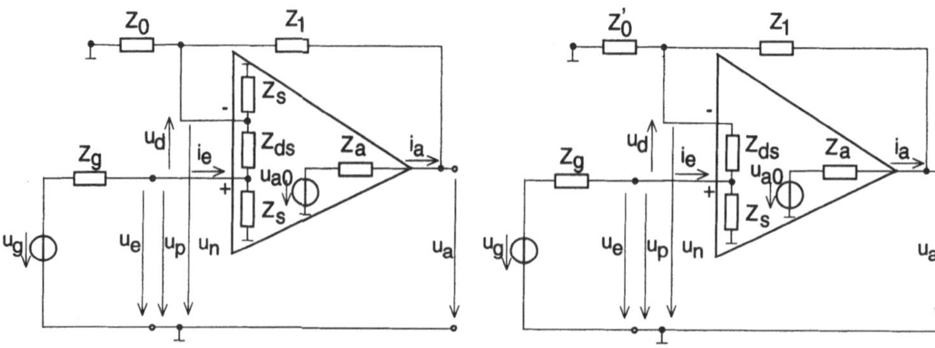

Bild 11.17 Wechselstrom-Ersatzschaltbild des nichtinvertierenden OPVs

Bild 11.18 Umgestelltes Ersatzschaltbild des nichtinvertierenden OPVs (mit Z_0')

Wenn man den realen OPV betrachtet, so stellt sich sofort auch die Frage nach dem Eingangs- und Ausgangswiderstand. Bei der Idealisierung wurde der Eingangswiderstand mit unendlich und der Ausgangswiderstand mit nahezu Null angegeben. Hier soll nun überprüft werden, wie weit die Annahmen beim idealen OPV von der tatsächlichen Situation abweichen. Im Bild 11.17 ist dazu das Ersatzschaltbild der Anwendung als nichtinvertierender Verstärker angegeben. Es sei dazu bemerkt, dass die Anschlüsse im Vergleich zu den vorangegangenen Darstellungen gedreht sind. Somit ist der n-Eingang mit der Rückführung oben und der Signaleingang und somit der p-Eingang unten. Es ist keine Darstellung eines invertierenden Verstärkers. Um die Darstellung zu vereinfachen und somit das Verständnis zu erleichtern, erfolgte im Bild 11.18 eine Zusammenfassung gemäß Gleichung 11.48. Die interne Impedanz des n-Eingangs (Z_S) wurde mit der externen, gegen Masse liegenden Z_0 zu dem externen Z_0' zusammengefasst. Somit ergibt sich:

$$Z_0' = Z_0 \parallel Z_s \tag{11.48}$$

1. Verstärkungsberechnung

Zur Betrachtung des Verstärkerverhaltens geht man wieder von den Grundansätzen aus, und es gilt wiederum:

$$u_{a0} = V \cdot u_d + V_{gl} \cdot u_{gl} \tag{11.49}$$

Unter Verwendung von $u_d = u_p - u_n$ und $u_{gl} = \dfrac{u_p + u_n}{2}$ sowie mit der Zusammenfassung von $V^* = V \cdot \left(1 - \dfrac{1}{2 \cdot G}\right)$ folgt dann:

$$u_{a0} = V^* \cdot \left[u_p \cdot \left(1 + \frac{V_{gl}}{V^*}\right)\right] - u_n \tag{11.50}$$

Aus dem Ersatzschaltbild im Bild 11.18 lässt sich ableiten:

$$u_n = Z_0' \cdot \frac{u_a - \dfrac{Z_1}{Z_{ds}} \cdot u_e}{Z_1 + Z_0' \cdot \left(1 + \dfrac{Z_1}{Z_{ds}}\right)} \qquad \text{und} \qquad u_{a0} = u_a \cdot \left(1 + \frac{Z_a}{Z_1}\right) - \frac{Z_a}{Z_1} \cdot u_n$$

Wie auch beim invertierenden Verstärker ist auch hier eine *Übertragungsfunktion* herleitbar, die der Spannungsverstärkung entspricht.

$$F(p) = \frac{u_a}{u_e} = \left(1 + \frac{Z_1}{Z_0}\right) \cdot \frac{1 + \dfrac{1}{V^*} \cdot \dfrac{Z_0'}{Z_0' + Z_1} \left[\dfrac{Z_a}{Z_{ds}} + V_{gl} \cdot \left(1 + \dfrac{Z_1}{Z_0'} + \dfrac{Z_1}{Z_{ds}}\right)\right]}{1 + \dfrac{1}{V^*}\left(1 + \dfrac{Z_1}{Z_0'} + \dfrac{Z_1}{Z_{ds}} + \dfrac{Z_a}{Z_0'} + \dfrac{Z_a}{Z_{ds}}\right)} \tag{11.51}$$

Leitet man nun aus dieser Funktion den Einsatz des idealen OPVs ab, so ergibt sich mit den Bedingungen für den idealen OPV: $V \to \infty$ und $G \to \infty$

$$F(p) = \frac{u_a}{u_e} = 1 + \frac{Z_1}{Z_0} \tag{11.52}$$

Daraus ist zu erkennen, dass die gemachten Näherungen für den idealen OPV richtig waren.

2. Eingangsimpedanz

Zur Betrachtung des Eingangswiderstandes erfolgt eine zweiteilige Widerstandsdarstellung mit:

$$Z_{ein} = Z_{e1} \parallel Z_{e2} \tag{11.53}$$

wobei sich die beiden Teile ergeben zu

$$Z_{e2} = Z_S \tag{11.54}$$

und $$Z_{e1} = Z_{ds} \cdot V^* \cdot \frac{1 + \frac{1}{V^*} \cdot \left[1 + \left(1 + \frac{Z_a}{Z_1}\right) \cdot \left(\frac{Z_1}{Z_0'} + \frac{Z_1}{Z_{ds}}\right)\right]}{1 + \frac{Z_1}{Z_0'} + \frac{Z_a}{Z_0'} - V_{gl}} \tag{11.55}$$

Wird nun wieder die Frage gestellt, wie der *ideale OPV* mit den Parametern $V \to \infty$ und $G \to \infty$ auf den komplexen Eingangswiderstand wirkt, so ergibt sich mit $Z_{e1} \to \infty$:

$$Z_{ein} = Z_S \approx 2 \cdot Z_{gl} \tag{11.56}$$

3. Ausgangsimpedanz

Der komplexe Ausgangswiderstand ist durch die hohen Widerstände in den Rückkopplungen und den Eingängen des OPVs nur auf den niedrigen Impedanzwert der Ausgangssignalquelle bezogen.

$$Z_{aus} = Z_{aOPV} \tag{11.57}$$

11.3.4 Operationsverstärker als Niederfrequenzverstärker

Eine Anwendung als Niederfrequenzverstärker, also keine Verstärkung eines Gleichstromsignals, soll hier, wie im Bild 11.19 dargestellt, kurz diskutiert werden. Da hier ein nichtinvertierender Verstärker vorliegt, ergibt sich die Verstärkung zu:

$$V_U = \frac{u_a}{u_e} = 1 + \frac{R_1}{R_0}$$

Betrachtung der Gleichstromverhältnisse

Wie zu ersehen ist, bildet die Kondensator-/Widerstands-Kombination C_2, R_2 einen Hochpass, der Gleichsignale nicht passieren lässt. Weiter wird mit steigender Frequenz der Blindwiderstand von C_2 kleiner und somit folgt eine bessere Einkopplung der Eingangsspannung. Gleichfalls trennt in der Rückkopplung der Kondensator C_0 bei Gleichsignalen R_0 von der Masse ab. Damit ergibt sich eine Gleichstromschaltung gemäß Bild 11.20. Der Ausgang wird über R_1 auf den invertierenden n-Eingang zurückgeführt. R_2, über den i_p fließt, fixiert den nichtinvertierenden p-Eingang ("nahe" der Masse). Da der OPV bestrebt ist, u_d über die Rückkopplung auf Null zu regeln, gleicht er somit auf diese Weise seine Offsetfehler aus.

$$U_p = -I_B \cdot R_2 \tag{11.58}$$

$$U_n = U_{a0} + U_0 - I_B \cdot R_1 \tag{11.59}$$

Mit $U_p = U_n$ folgt für die *Ausgangsoffsetspannung:*

$$U_{a0} = -U_0 + I_B \cdot (R_1 - R_2) \tag{11.60}$$

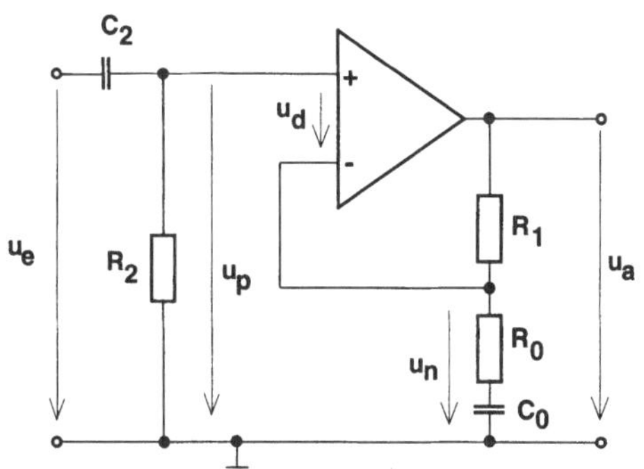

Bild 11.19 Niederfrequenzverstärker mit nichtinvertierenden OPV

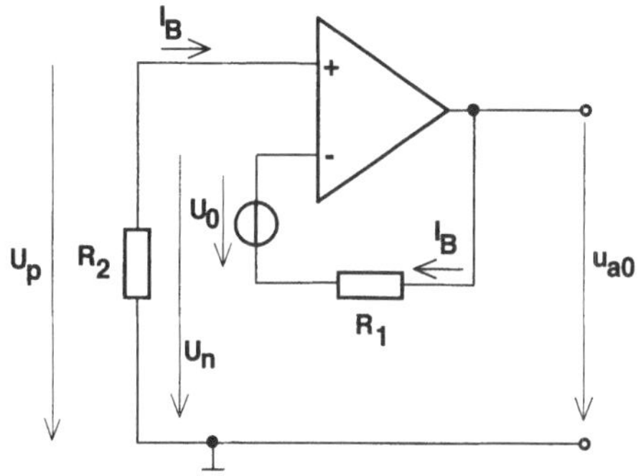

Bild 11.20 Gleichstrom-Ersatzschaltung

Stellt man nun die Wechselsignalbetrachtung an, so kann man über den *Frequenzgang* mit der p-Transformation $p = j\omega$ das System voll beschreiben.

Eingangsseitig am p-Eingang

$$u_p(p) = u_e(p) \cdot \frac{pT_2}{1 + pT_2} \tag{11.61}$$

mit $T_2 = R_2 \cdot C_2$

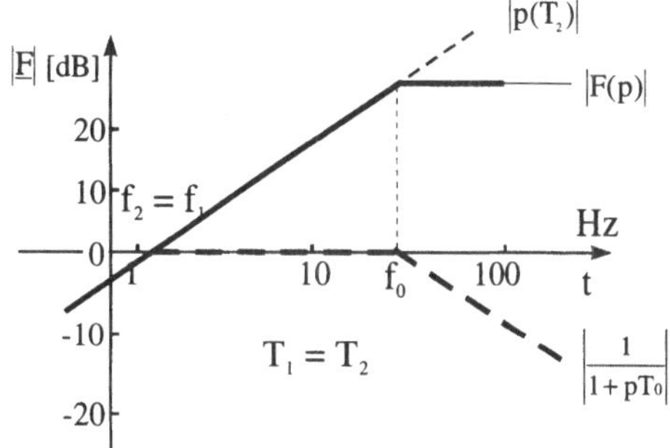

Bild 11.21 Verlauf des Frequenzganges

Rückführungsseitig am n-Eingang

$$u_n(p) = u_a(p) \cdot \frac{1 + pT_0}{1 + pT_1} \tag{11.62}$$

mit $T_0 = R_0 \cdot C_0$

$$T_1 = (R_1 + R_0) \cdot C_0$$

Aus dem Ausgleichsverhalten des OPVs folgt:

$$u_p(p) = u_n(p)$$

Somit ist die Übertragungsfunktion und damit das Verstärkerverhalten beschreibbar als:

$$F(p) = \frac{u_a(p)}{u_e(p)} = \frac{(1+pT_1) \cdot pT_2}{(1+pT_0) \cdot (1+pT_2)} \tag{11.63}$$

Für die Beispielwerte $R_1 = R_2 = 1\mathrm{M}\Omega$; $R_0 = 50\,\mathrm{k}\Omega$; $T_1 = T_2$ ergibt sich folgender im Bild 11.21 dargestellter Frequenzgang. Aus dieser Darstellung ist zu erkennen, dass bei der Annahme eines idealen OPVs zwei Teilkomponenten, nämlich die Eingangsstufe und die Rückkopplung, wirken. Bis zur Frequenz f_0 steigt die Gesamtverstärkung an. Danach heben sich beide Komponenten gegenseitig in der Wirkung auf, was eine konstante Verstärkung zur Folge hat. Wäre keine Idealisierung des OPVs vorgegeben, so würde ab der Grenzfrequenz des OPVs die Gesamtverstärkung mit 20 dB pro Dekade sinken.

11.4 Analoge Rechenschaltungen

In diesem Punkt werden einfache analoge Rechenschaltungen behandelt, wobei der Wert auf die Verarbeitung des analogen Spannungssignals gelegt wird. Der Schwerpunkt liegt dabei in der Erläuterung der prinzipiellen Schaltungsmöglichkeiten, weniger auf den Berechnungsalgorithmen.

11.4.1 Addierer

Der Addierer basiert auf dem invertierenden Verstärker, daher auch die Bezeichnung des Umkehraddierers. Die Addition der analogen Signale (Ströme) erfolgt im Punkt S. Umkehraddierer auch deshalb, weil das Summensignal auf den n-Eingang geführt wird und damit das summierte Eingangssignal am n-Eingang phasengedreht verstärkt am Ausgang ankommt. Aus dem Grundansatz der Verstärkung für den invertierenden Verstärker

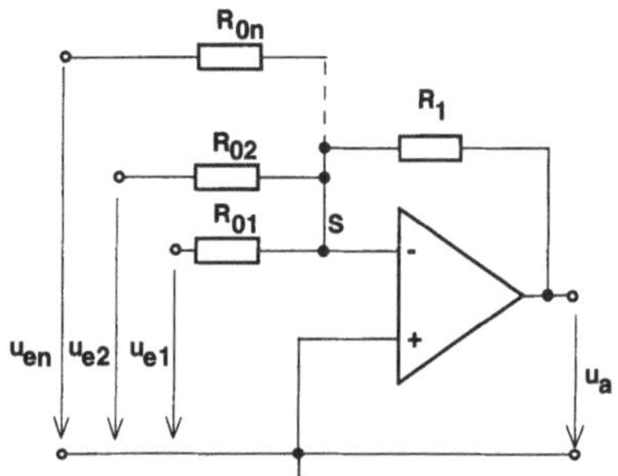

Bild 11.22 Umkehraddierer

$$u_a = -\frac{R_1}{R_{01}} \cdot u_e$$

folgt für die n-Eingänge:

$$-u_a = \frac{R_1}{R_{01}} \cdot u_{e1} + \frac{R_1}{R_{02}} \cdot u_{e2} + \dots + \frac{R_1}{R_{0n}} \cdot u_{en} \tag{11.64}$$

Aus dieser Herleitung ist zu sehen, dass einmal die Eingangssignale summiert und außerdem noch verstärkt, also multipliziert, werden. Je nach Wahl der Eingangswiderstände R_{0n} können die Einzeleingangssignale selbst noch gewichtet werden.

11.4.2 Subtrahierer

Der Gedanke, der hinter der Anwendung des OPVs als Subtrahierer steht, ist die Funktion der Differenzbildung zwischen p- und n-Eingang. Die zu subtrahierenden Signale werden getrennt an den n- bzw. p-Eingang geführt. Die Subtraktion führt die Differenz-Eingangsstufe aus. Für den OPV gilt erneut das Ziel $u_d = 0$ und daraus folgt:

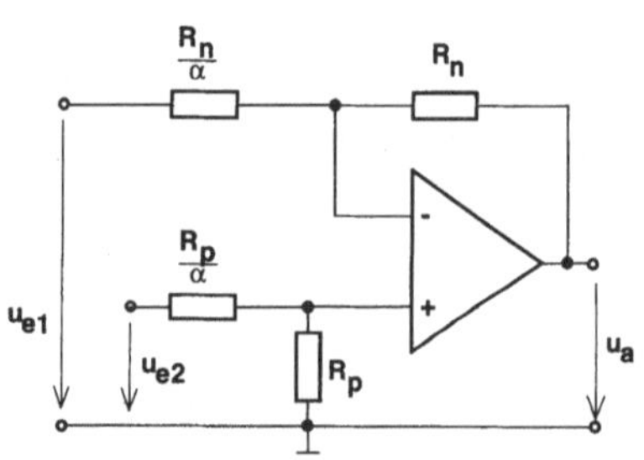

Bild 11.23 Subtrahierschaltung mit invertierendem OPV

$$u_p = u_n$$

Für die Einzelspannungen gilt:

$$u_p = \frac{R_p}{R_p + \frac{R_p}{\alpha}} \cdot u_{e2} \qquad \text{und} \qquad u_n = \frac{R_n}{R_n + \frac{R_n}{\alpha}} \cdot (u_{e1} - u_a) + u_a \qquad (11.65/11.66)$$

Setzt man nun die Teilfunktionen für eine übersichtlichere Lösung zu:

$$A = \frac{R_p}{R_p + \frac{R_p}{\alpha}} \qquad \text{und} \qquad B = \frac{R_n}{R_n + \frac{R_n}{\alpha}}$$

so ergibt sich aus dem Gleichheitsbestreben mit $u_p = u_n$:

$$A \cdot u_{e2} = B \cdot (u_{e1} - u_a) + u_a$$

die Lösung:

$$ua = \frac{A \cdot ue2 - B \cdot ue1}{1 - B} \qquad (11.67)$$

Setzt man nun die Widerstände alle gleich $R_p = R_n = R$ folgt auch $A = B$ und das Ausgangssignal wird zu:

$$u_a = \frac{A}{1 - A} \cdot (u_{e2} - u_{e1}) \qquad (11.68)$$

Abschließend ergibt sich:

$$u_a \cong \alpha \cdot (u_{e2} - u_{e1})$$

Damit erhält man als Ergebnis, dass das Ausgangssignal die Differenz der Eingangssignale bildet. Der Term α stellt somit einen Faktor dar, der das Eingangssignal multipliziert.

11.4.3 Exponentialverstärker

Bei dieser Schaltung spielt der Grundgedanke, dass man ein Bauelement braucht, das selbst eine exponentielle Funktion bietet, die entscheidende Rolle. Wenn man auf die Grundlagen zurückgreift, erfüllt diese Funktion der Transistor mit seiner Eingangskennlinie. Somit muss das Verhalten der Eingangsspannung, die über die Stromverstärkung einen exponentiellen Ausgangsstrom erzeugt, in die Schaltung des OPVs einbezogen werden. Allgemein gilt die Funktion für den Transistor:

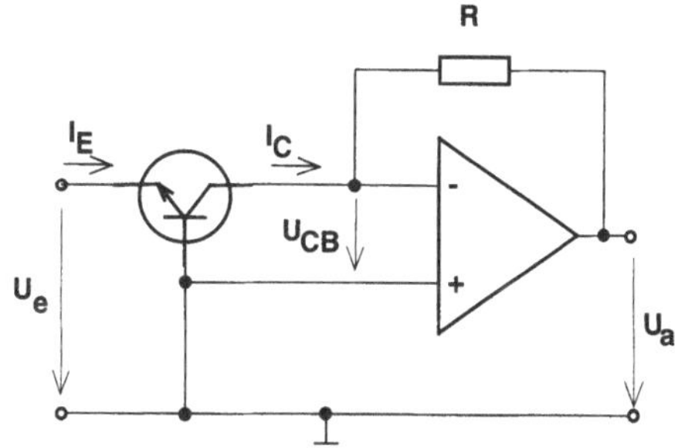

Bild 11.24 Exponentialverstärker mit Transistor im Eingangszweig

$$I_E = f\left(e^{U_{EB}}\right) \qquad (11.69)$$

Das bedeutet nun in der Realisierung, dass die Eingangssignalspannung zwischen Emitter und Basis gelegt werden muss. Der Kollektor muss auf den Eingang des OPVs gelegt werden. Beim invertierenden Verstärker wird der Kollektorstrom auf den Summenpunkt S geführt, der dann den OPV ausregelt.

Am Ausgang des OPVs erhält man die gewünschte Exponentialfunktion. Eine entsprechende Schaltungslösung zeigt das Bild 11.24. Betrachtet man nun die physikalischen Zusammenhänge, so muss man auf die Darstellung der Transistorparameter zurückgreifen. Aus dem Ebers-Moll-Modell (vgl. Bild 11.25b) lassen sich folgende Ansätze zusammenstellen und mit dem OPV-Funktionen verbinden:

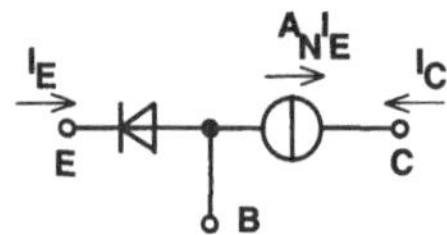

Bild 11.25a,b Vereinfachtes Transistor-Ersatzschaltbild für den Normalbetrieb nach Ebers-Moll

$$u_d = u_{CB} = 0 \qquad \text{und} \qquad u_a = R \cdot i_C = -R \cdot A_N \cdot i_E$$

Die Funktion $i_E = f(u_{EB})$ kommt über die grundsätzliche Transistorfunktion

$$i_E = -I_{ES} \cdot \left(e^{-u_{EB}/m \cdot U_T} - 1\right) \tag{11.70}$$

mit $u_e = u_{EB}$. Unter der Annahme, dass $u_e < 0$ ist, also u_e einen negativen Wert hat, ist weiterhin $|u_e| = |u_{EB}| >> U_T$, und es folgt:

$$u_a = R \cdot A_N \cdot I_{ES} \cdot e^{-u_e/U_T} \tag{11.71}$$

Aus dieser Betrachtung ist zu erkennen, dass durch den *Transistor im Eingang* eine Exponentialfunktion erreicht werden kann.

11.4.4 Logarithmierverstärker

Aus der Mathematik, dass der natürliche Logarithmus die Umkehrfunktion zur Exponentialfunktion ist, stellt sich nun die Frage: wie kann man die Umkehrfunktion realisieren? Als zweiter Gedanke soll der Vergleich zwischen Integrierer und Differenzierer helfen. So kann man aus diesen Überlegungen schließen, dass man jetzt eigentlich den Transistor vom Eingang der Verstärkerstufe nur wegnehmen müsste und in die Rückkopplung einbauen brauchte. Diese Überlegungen sind natürlich richtig und so folgt die Lösung wie im Bild 11.26 angegeben. Somit sind aus dieser Umkehrung folgende Ansätze möglich:

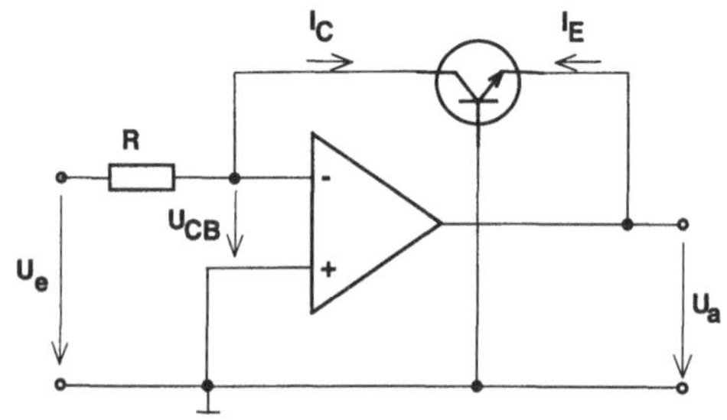

Bild 11.26 Logarithmischer Verstärker mit Transistor im Ausgangszweig

$$u_d = u_{CB} = 0 \qquad \text{und} \qquad u_a = u_{EB}$$

Auch gilt wieder der gleiche Ansatz für die Beziehung zwischen Basis-Emitter-Spannung und Emitter- bzw. Kollektorstrom.

$$i_E = -I_{ES} \cdot \left(e^{-u_{EB}/m \cdot U_T} - 1\right) \tag{11.72}$$

$$u_e = R \cdot i_C = -R \cdot A_N \cdot i_E \tag{11.73}$$

Es sollen auch die analogen Annahmen wie beim Exponentialverstärker gelten mit:

$$u_e > 0 \quad \text{und} \quad u_a < 0 \quad \text{sowie} \quad |u_a| >> U_T$$

Folglich ergibt sich für das Ausgangssignal:

$$u_a = -U_T \cdot \ln\left(\frac{u_e}{R \cdot A_N \cdot I_{ES}}\right) \tag{11.74}$$

Damit ist zu sehen, dass durch einen Wechsel der Bauelemente vom Eingang in die Rückkopplung und umgekehrt wirklich eine Umkehrfunktion erreichbar ist. Somit war auch aus der Exponentialfunktion der logarithmische Verstärker zu gewinnen.

11.5 Signalaufbereitung mit OPV

In diesem Punkt wird die Kombination der passiven Bauelemente Widerstand und Kondensator als Hoch- bzw. Tiefpass in die Beschaltung des Operationsverstärkers einbezogen. Wie zu erwarten war, bilden diese ebenfalls einen Integrierer bzw. einen Differenzierer in völliger Analogie zu der passiven Einzelschaltung.

11.5.1 Integrierer

Als Grundlage soll wieder der invertierende OPV dienen. Damit stellt sich im Vergleich zu Punkt 11.2 die Frage, wie die beiden Bauelemente anzuordnen sind. Weiterhin wird der Integrierer ein durch den invertierenden Betrieb mit der Phasendrehung Umkehrintegrierer sein. Das Bild 11.27 zeigt eine entsprechende Schaltungslösung. Folgende Ansätze lässt diese Schaltung mit einem ideale OPV zu:

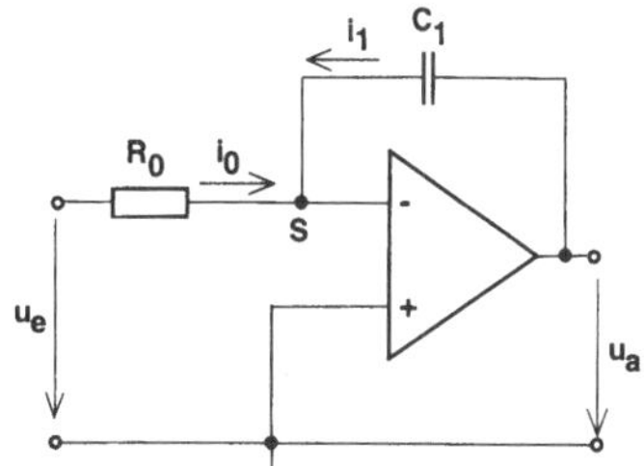

Bild 11.27 Umkehrintegrierer mit invertierendem OPV

Am Summenpunkt S ergibt sich die bekannte Lösung für die Strombeziehungen: $i_0 + i_1 = 0$

Mit den Beschreibungen für die einzelnen Teilströme:

$$i_0 = \frac{u_e}{R_0} \qquad \text{und} \qquad i_1 = C_1 \cdot \frac{du_a}{dt}$$

Eingesetzt in den Stromansatz folgt dann:

$$\frac{u_e}{R_0} + C_1 \cdot \frac{du_a}{dt} = 0 \tag{11.75}$$

Daraus ergibt sich nach der Umstellung für die *Ausgangsspannung*:

$$u_a = -\frac{1}{R_0 \cdot C_1}\int u_e \, dt + U_{a0} \tag{11.76}$$

Dabei ist U_{a0} die Integrationskonstante, die wiederum die Ausgangsspannung zum Zeitpunkt $t = 0$ darstellt. Stellt man nun wieder die Frage nach dem Frequenzgang so ergibt sich:

$$F(p) = \frac{-u_a(p)}{u_e(p)} = \frac{1}{pT_1} \tag{11.77}$$

mit $T_1 = R_0 \cdot C_1$

Diese Funktion ist eindeutig eine Integratorfunktion.

Fehlerbetrachtung am realen OPV

Bei dieser Schaltung ist es unbedingt notwendig auf die Fehler zwischen realen und idealen OPV hinzuweisen, da diese sich hier eindeutig bemerkbar machen. Wie bekannt ist, zeigt der OPV durch das nicht exakt ideale Verhalten und durch die hohe Signalverstärkung ein Ausgangssignal bei Null am Eingang. Die Ursache liegt in den Offsetfehlern, die eine Verschiebung des Nullpunkts und somit des Ruhezustandes sowie der Umkehrpunkte zur Folge haben. Ganz besonders fällt das hier ins Gewicht, da im Ruhezustand Gleichstromverhalten vorliegt und das hat als Ergebnis, dass der OPV zu dieser Zeit keine Rückkopplung mehr besitzt, weil der Blindwiderstand des Kondensators unendlich wird. Demnach wird jede Unsymmetrie extrem am Ausgang erscheinen.

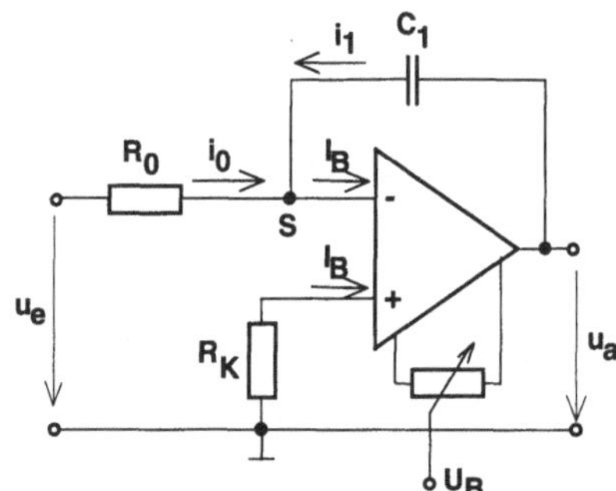

Bild 11.28 Beispiel für die Korrekturen der Fehlersignale

Korrekturmöglichkeiten für Offsetspannung und Eingangsruhestrom

Offsetspannung U_O

Bei einigen OPVs (z.B. µA 741) ist eine interne Korrektur des Eingangsverstärkers möglich, bei den anderen Typen ist die notwendige Korrektur extern vorzunehmen.

$$i_0 \cdot R_0 + U_0 = 0 \tag{11.78}$$

$$u_a = \frac{1}{C_1} \int i1\, dt + U_0 \tag{11.79}$$

Eingangsruhestrom I_B

Durch Einbau des Widerstandes R_K in den p-Eingang mit $R_K \cong R_0$

$$i_0 + i_1 = I_B \tag{11.80}$$

Das Bild 11.29 zeigt die Reaktion des Ausganges (unten) auf einen Eingangssprung (oben) auf normiert 1 bzw. anschließend auf 0 und danach auf -0,5. Aus dem Bild 11.29 ist auch in der Signalantwort zu sehen, dass dort eine Fehlersignalkorrektur durchgeführt wurde und der Ausgangspunkt im Ursprung (0,0) ist. Weiterhin die Integrationszeit T_I ist eingezeichnet. Weitere detailliertere Ausführungen sind u.a. [18] zu entnehmen.

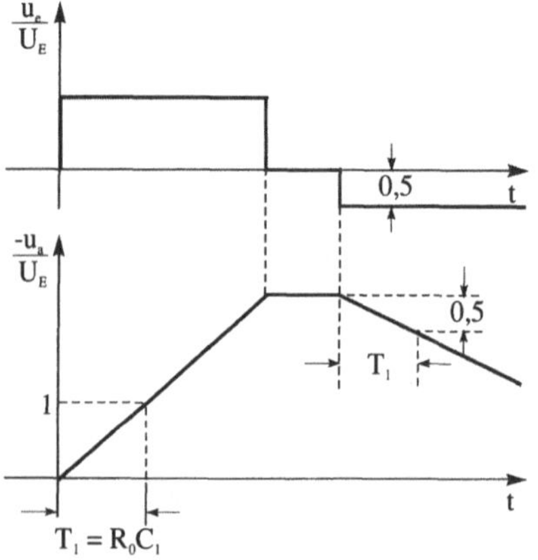

Bild 11.29 Zeitlicher Verlauf der Ein- und Ausgangssignale

11.5.2 Differenzierer

Die entgegengesetzte mathematische Funktion folgt durch die Vertauschung der Bauelemente R und C. Das Bild 11.30 zeigt eine Lösung für den Differenzierer, wobei sich jetzt die Offsetfehler nicht so stark wie beim Integrierer abbilden. Der Grund liegt darin, dass jetzt bei einer Gleichsignalbetrachtung eine Rückkopplung besteht und nicht der Rückkoppelwiderstand zu unendlich wird. Dafür wird der Eingang förmlich durch den Blindwiderstand mit einem unendlichen Wert bestimmt. Natürlich lassen sich für den idealen OPV folgende Ansätze formulieren.

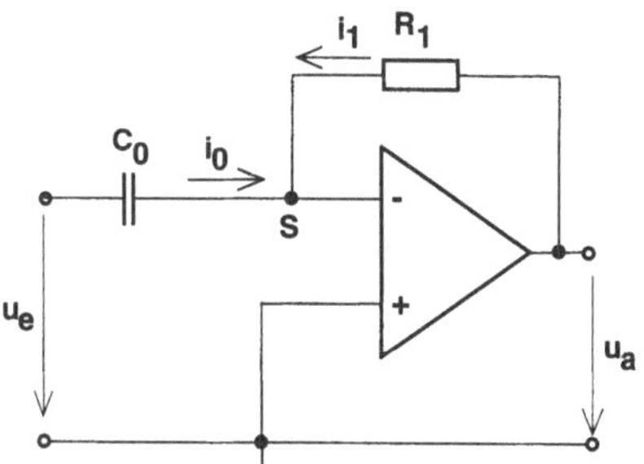

Bild 11.30 Differenzierer mit invertierendem OPV

$$i_0 + i_1 = 0$$

Die Einzelströme lassen sich beschreiben als:

$$i_0 = C_0 \cdot \frac{du_e}{dt} \qquad \text{und} \qquad i_1 - \frac{u_a}{R_1}$$

Damit ergibt sich für die Strombetrachtung:

$$C_1 \cdot \frac{du_e}{dt} + \frac{u_a}{R_1} = 0 \tag{11.81}$$

Daraus folgt für die *Ausgangsspannung*:

$$u_a = - R_1 \cdot C_0 \frac{du_e}{dt} \tag{11.82}$$

Für den Frequenzgang folgt damit:

$$F(p) = \frac{-u_a(p)}{u_e(p)} = pT_D \tag{11.83}$$

mit $T_D = R_1 \cdot C_0$

Anwendungsbeispiel

Eine praktisch einfach einsetzbare Schaltung, die in jedem Zweig eine RC-Kombination enthält, ist im Bild 11.31 dargestellt. Im Rückkoppelzweig befindet sich eine Parallelschaltung der RC-Gruppe. Im Eingang steht eine RC-Kombination in Reihenschaltung. Demnach ergeben sich, bezogen auf die vorangegangenen Betrachtungen, folgende Zusammenhänge. Dabei ist auf die genau Definition bezüglich der Vorzeichen zu achten. Es ergeben sich zwei Varianten

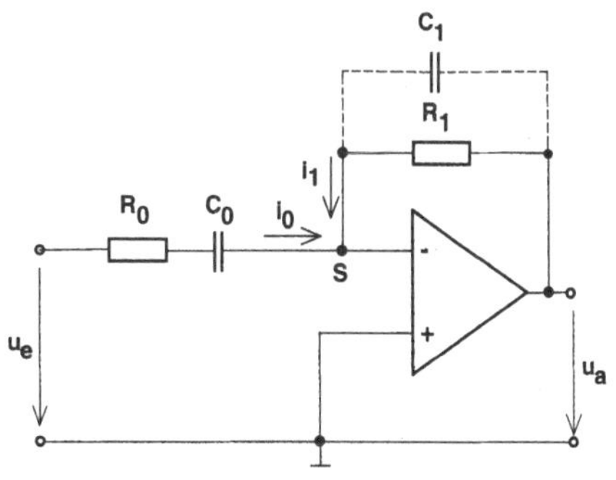

Bild 11.31 Differenzierer mit zwei RC-Gliedern

entweder $F(p)=\dfrac{-u_a(p)}{u_e(p)} = +\dfrac{Z_1(p)}{Z_0(p)}$

oder $F(p)=\dfrac{+u_a(p)}{u_e(p)} = -\dfrac{Z_1(p)}{Z_0(p)}$ (11.84)

In den folgenden Betrachtungen wird auf die zweite Lösung nach Gl. 11.84 zurückgegriffen. Dabei stellen die Einzelelemente folgende Beziehungen dar.

Rückkoppelzweig $Z_1(p) = \dfrac{R_1}{1+pT_1}$

Eingangszweig $Z_0(p) = R_0 \cdot \dfrac{1+pT_0}{pT_0}$

mit $T_1 = R_1 \cdot C_1$ und $T_0 = R_0 \cdot C_0$

Damit ergibt sich als Gesamtfunktion:

$$F(p) = \frac{-u_a(p)}{u_e(p)} = \frac{R_1}{R_0} \cdot \frac{pT_0}{(1+pT_0)\cdot(1+pT_1)} \tag{11.85}$$

Geht man nun davon aus, dass der Rückkoppelkondensator C_1 wegfällt, so ergibt als Vereinfachung aus Gleichung 11.85:

$$F(p) = \frac{-u_a(p)}{u_e(p)} = \frac{R_1}{R_0} \cdot \frac{pT_0}{(1+pT_0)} \tag{11.86}$$

Dabei ist das Eingangssignal im Bild 11.33 eine Sägezahnspannung, die das Rechtecksignal am Ausgang zur Folge hat.

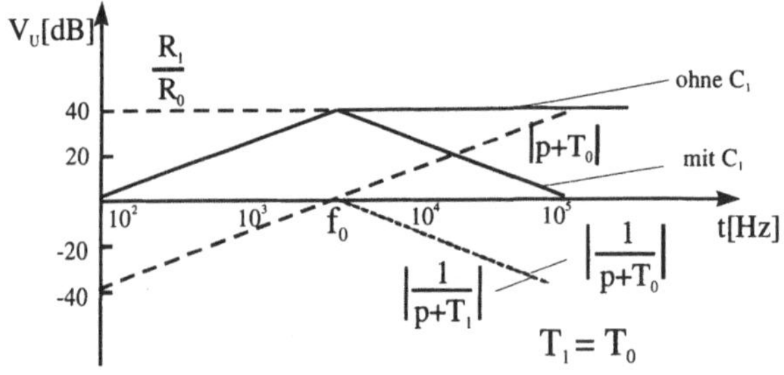

Bild 11.32 Frequenzverhalten des Differenzierers

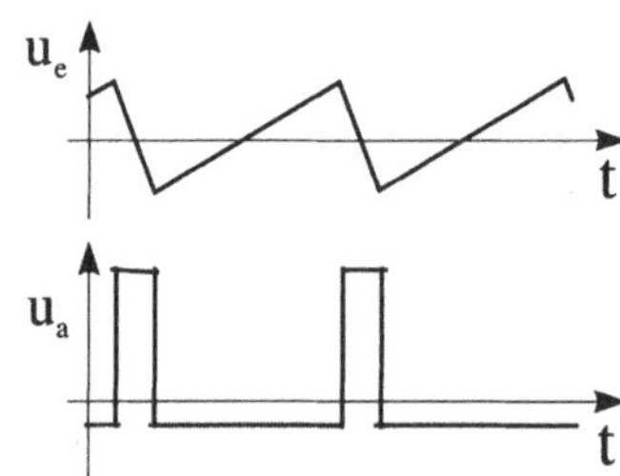

Bild 11.33 Zeitlicher Verlauf der Ein- und Ausgangssignale

11.5.3 Vierpolbeschaltung

Eine übliche Schaltung stellt auch die äußere Beschaltung mit einem allgemeinen Vierpol in T-Struktur dar, wobei die Bauelemente komplexe Größen sein können. Aus dieser Struktur gemäß Bild 11.34 ist es möglich, einen universellen komplexen Ansatz für die Schaltungsfunktion herzuleiten, der wiederum je nach Anwendung dann durch Weglassen von Bauelementen vereinfacht werden kann.

Setzt man nun das T-Glied in die Schaltung eines invertierenden Verstärkers ein, so erhält man die Lösung, wie sie im Bild 11.35 abgebildet ist. Für die Anwendungen stellt sich dann eben die Frage, welche Bauelemente eventuell nicht benötigt werden. Um aber eine universelle Lösung aufstellen zu können, muss der Fall betrachtet werden, wo alle Bauelemente als komplexe Größen enthalten sind. Als Annahme soll aber für den OPV gelten, dass er ein ideales Verhalten hat, damit die Rechnung nicht zu unübersichtlich wird.

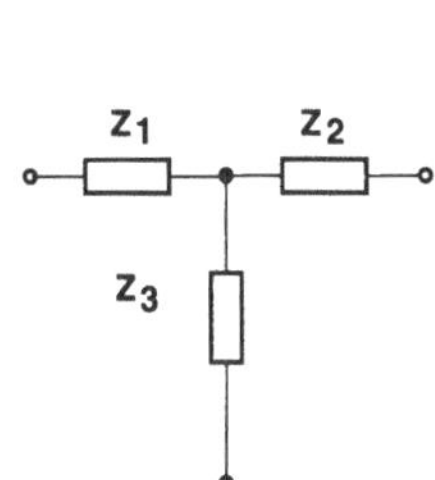

Bild 11.34 Allgemeiner Vierpol in der T-Struktur

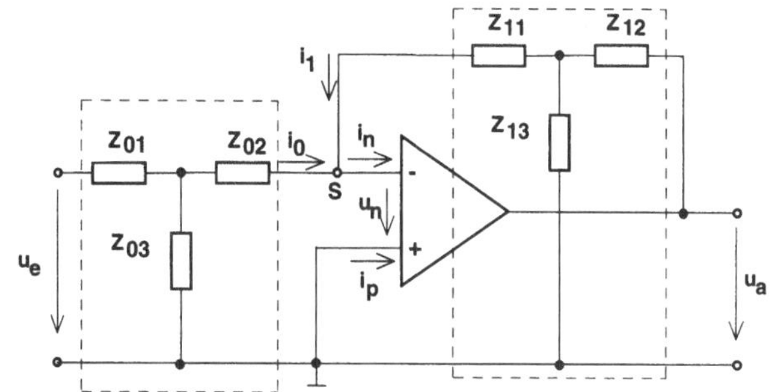

Bild 11.35 Operationsverstärker mit einem T-Glied im Ein- und im Ausgang

Frequenzverhalten

Für den Summenpunkt S gilt wieder der Ansatz:

$$i_n = i_0 + i_1 = 0$$

Da der OPV bestrebt ist, einen "Quasi-Massepunkt" einzustellen, ergibt sich weiter: $u_n = 0$ Betrachtet man nun das Eingangs-T-Glied, so folgt nach Bild 11.36 für den "Quasi-Massepunkt" $u_n = 0$ und somit auch $i_0 = i_2$.

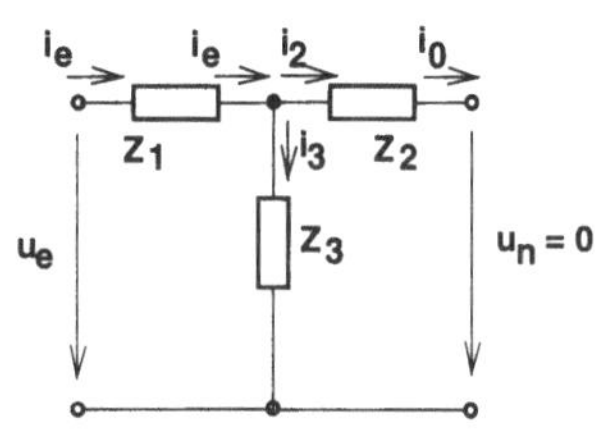

Bild 11.36 Signalverhältnisse am T-Glied

Dann ergibt sich für den Vierpol:

$$u_e = u_{Z1} + u_{Z2} \tag{11.87}$$

$$u_{Z3} = u_{Z2} = i_3 \cdot Z_3 = i_0 \cdot Z_2 \tag{11.88}$$

Das bedeutet weiterhin:

$$\frac{i_3}{i_0} = \frac{Z_2}{Z_3} \qquad \text{bzw.} \qquad i_3 = \frac{Z_2}{Z_3} \cdot i_0$$

Die Eingangsspannung lässt sich nach den Maschensätzen beschreiben als:

$$u_e = i_e \cdot Z_1 + i_0 \cdot Z_2 \tag{11.89}$$

Will man nun i_0 bestimmen, weil das für den OPV interessant ist, so folgt über die Umstellungen und Einsetzungen

$$u_e = (i_0 + i_3) \cdot Z_1 + i_0 \cdot Z_2 \qquad \text{und} \qquad u_e = \left(i_0 + \frac{Z_2}{Z_3} i_0 \right) \cdot Z_1 + i_0 \cdot Z_2$$

über $$u_e = i_0 \cdot \left[\left(1 + \frac{Z_2}{Z_3} \right) \cdot Z_1 + Z_2 \right] \qquad \text{erhält man} \qquad u_e = i_0 \cdot \left[Z_1 + \frac{Z_1 \cdot Z_2}{Z_3} + Z_2 \right]$$

und schließlich:

$$i_0 = \frac{u_e}{Z_1 + Z_2 + \frac{Z_1 \cdot Z_2}{Z_3}}$$

Damit ergeben sich die Einzelströme zu:

$$i_0 = \frac{ue}{Z_{01} + Z_{02} + \frac{Z_{01} \cdot Z_{02}}{Z_{03}}}$$ und analog

$$i_1 = \frac{u_a}{Z_{11} + Z_{12} + \frac{Z_{11} \cdot Z_{12}}{Z_{13}}} \tag{11.90/11.91}$$

Geht man nun zum OPV an den Summenpunkt zurück, so muss dort gelten:

$i_0 + i_1 = 0$ woraus folgt: $i_0 = - i_1$.

Nun kann man mit dem Ziel die Übertragungsfunktion zu ermitteln, die Einzelströme aus Gleichung 11.90 und 11.91 einsetzen.

$$\frac{u_e}{Z_{01} + Z_{02} + \frac{Z_{01} \cdot Z_{02}}{Z_{03}}} = - \frac{u_a}{Z_{11} + Z_{12} + \frac{Z_{11} \cdot Z_{12}}{Z_{13}}}$$

Durch einfaches Umstellen erhält man dann für den Frequenzgang:

$$F(p) = \frac{u_a}{u_e} = - \frac{Z_{11} + Z_{12} + \frac{Z_{11} \cdot Z_{12}}{Z_{13}}}{Z_{01} + Z_{02} + \frac{Z_{01} \cdot Z_{02}}{Z_{03}}} \tag{11.92}$$

Betrachtet man dieses Ergebnis, so kann man folgern, dass sich entsprechend den unter Z_n eingesetzten Bauelementen (Widerstand, Kondensator, Induktivität) und deren Größe sich ein entsprechender Frequenzgang abbilden wird.

11.6 Nichtlineare Schaltungsstufen

Im folgenden Punkt sollen Schaltungen behandelt werden, bei denen nicht der Verstärkereffekt im Vordergrund steht, sondern die extrem hohe Grundverstärkung. Diese hat zur Folge, dass schon bei kleinen Aussteuerungen der OPV in einen der beiden Sättigungszustände geht. Auch soll hier die Rückkopplung im Sinne der Gegenkopplung nicht mehr benutzt werden.

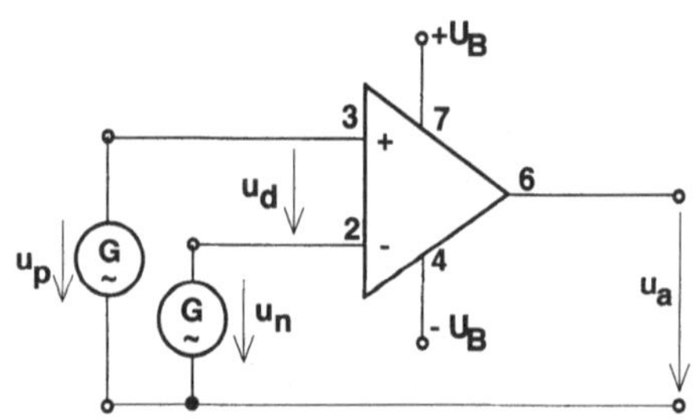

Bild 11.37 Schema des OPVs für den Differenzbetrieb

11.6.1 Spannungskomparator

Ziel dieser Anwendungen soll es sein, den Effekt auszunutzen, dass der OPV neben einer extrem hohen Eigen- (Leerlauf-) Verstärkung immer nur das Differenzsignal u_D an den beiden Eingängen verstärkt. Aus diesen Gedanken folgt nun der Einsatz eines *nichtrückgekoppelten OPVs*, an dessen p-Eingang das Nutzsignal und am n-Eingang ein Referenzsignal als Entscheidungsschwelle angelegt wird.

Funktion:

Geht man wieder von einem idealen OPV aus, so wird der OPV die Spannungssignale am Eingang miteinander *vergleichen* und die Differenz mit der unendlichen Verstärkung mit folgenden drei Ergebnissen am Ausgang anbieten

$$\begin{array}{lllll} \text{für} & u_d > 0 & \Rightarrow & +U_{A\max} & (\hat{=}\ +U_{Asat}) \\ \text{für} & u_d = 0 & \Rightarrow & 0 & \\ \text{für} & u_d < 0 & \Rightarrow & -U_{A\max} = U_{A\min} & (\hat{=}\ -U_{Asat}) \end{array}$$

Das heißt aber auch, dass man hiermit einen klassischen Komparator (Vergleicher) erhält, der drei Zustände annehmen kann. Diese Anwendung ist nicht mit dem Schmitt-Trigger zu verwechseln. Die Schaltung nach Bild 11.37 kann formal mit folgenden Ansätzen beschrieben werden:

$$u_p = u_1 \quad \text{und} \quad u_n = u_2 \qquad \text{sowie} \qquad u_d = u_p - u_n$$

Daraus ergibt sich für die Verstärkung und das Ausgangssignal:

$$u_a = V_{U0} \cdot u_d = V_{U0} \cdot (u_p - u_n) \tag{11.93}$$

Für die Anwendung als Schwellwertschalter lässt sich wie eine wie im Bild 11.38 angegebene einfache Schaltung mit einer invertierenden OPV-Schaltung aufbauen. Eine nichtinvertierende Schaltung ist ebenfalls möglich.

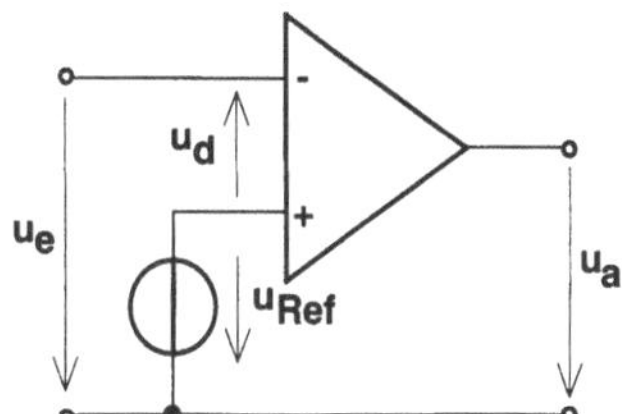

Bild 11.38 Prinzip eines einfachen Schwellwertschalters

Hier liegt folgender Gedanke zu Grunde:

Ein Eingang wird fest auf die Referenz (Schwellwert) gelegt. Am anderen Eingang liegt die zu analysierende Signalspannung. Da der Operationsverstärker *nicht rückgekoppelt* ist, bringt dieser mit seiner extrem *hohen Verstärkung des Differenzeingangssignals* u_D ein hohes Ausgangssignal. Beim invertierenden Verstärker ist das große Ausgangssignal phasengedreht zum kleinen Differenzeingangssignal. Das bedeutet weiter, dass bei minimalen Abweichungen von der Referenzspannung am p-Eingang sofort eine der beiden Endlagen am Ausgang folgt. Ein Beispiel für den Signalverlauf ist im Bild 11.39 dargestellt. Es ist zu sehen, dass das Referenzsignal wenig positiv ist und das Ausgangssignal zwischen dem positiven und negativen Ausgangssättigungswert hin- und herschaltet. Weiterhin ist auch die Phasendrehung von 180°, was einer Negation oder Invertierung gleich kommt, zu erkennen.

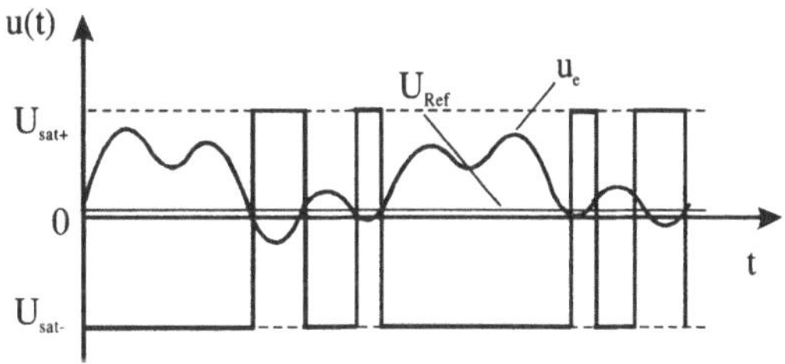

Bild 11.39 Signalbild eines einfachen Schwellwertschalters

Diskussion eines Anwendungsfalls

Für den Schwellwertschalter ist wieder ein invertierender Verstärker gegeben. Dabei gilt ohne Rückkopplung

für den *idealen OPV*:

$$V_U = V_{U0} = \infty$$

für den *realen OPV*:

$$V_U = V_{U0} \Rightarrow \text{sehr groß (z.B. 80dB)}$$

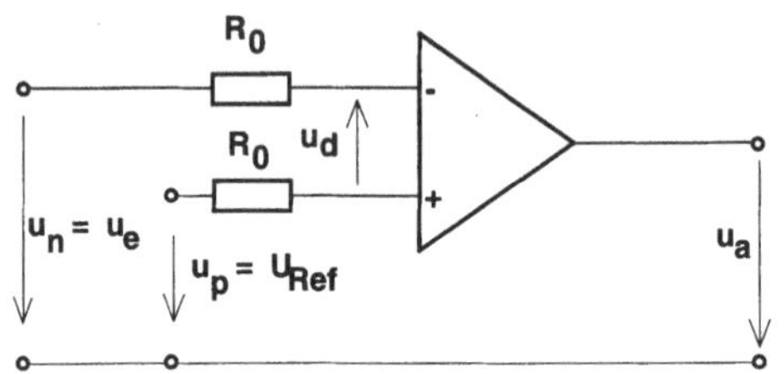

Bild 11.40 Schema eines Komparators (mit invertierendem Verstärker)

Das bedeutet gemäß dem allgemeinen Ansatz:

Aus der Eingangsmasche

$$u_e = -u_d + u_{Ref} \quad \text{bzw.} \quad u_d = u_{Ref} - u_e$$

und für die Verstärkung bedeutet das:

$$u_a = V_{U0} \cdot u_d = V_{U0} \cdot (u_{Ref} - u_e) \tag{11.94}$$

Folgende Schaltzustände sind möglich:

Für $u_e > URef$ folgt $u_d =$ negativ und damit ist $u_a = -U_{A\max} = U_{A\min}$.

und umgekehrt.

Für $ue < U_{Ref}$ folgt $u_d =$ positiv und damit ist $u_a = +U_{A\max}$.

Nur für den Punkt

$ue = U_{Ref}$ ergibt sich $u_d = 0$ und damit $u_a = 0$.

Die bisherige Schaltungsauslegung, so einfach diese auch ist, hat aber zwei bedeutende Nachteile, die möglichst umgangen werden sollten.

1. Es besteht kein Schutz der Eingänge gegen zu hohe Spannungen, was die Eingangsstufe zerstören könnte.
2. Der Verstärker geht immer in die Endlage, also in die Sättigung. Das zieht aber nach sich, dass es beim Umschalten zu Verzögerungen kommen wird.

Diese für die Arbeit kritischen und störenden Situationen können teilweise oder ganz über die folgenden Schaltungslösungen behoben werden. Die Schaltung im Bild 11.41 behebt den Kritikpunkt 1. Durch die antiparallelen Dioden kann u_d nur den Bereich der Flussspannungen der Dioden (Schwellspannungen) annehmen und somit ist die Spannung an den OPV-Eingängen.

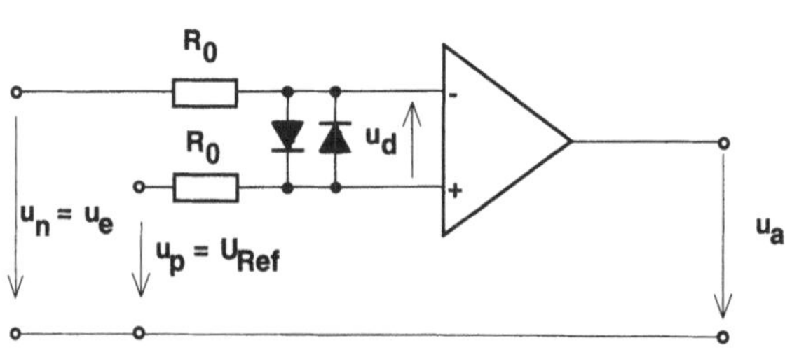

Bild 11.41 Schema eines Komparators mit Schutzdioden

$$-U_F < u_d < +U_F$$

Mit dieser Lösung ist zwar der Schutz der Eingänge gewährleistet, aber der OPV läuft weiter in die Sättigung. Eine bessere Lösung stellt die Schaltung im Bild 11.42 dar, die auf dem Umkehraddierer basiert. Am Punkt S erfolgt die analoge Addition und damit eine Differenzbildung zwischen Eingangs- und Referenzsignal, so eines dieser Signale negativ definiert ist. Am Punkt A erfolgt die Rückkopplung mit dem Ziel, dass der Punkt A wieder auf Null geführt wird, wie es auch am p-Eingang anliegt. Es bildet sich in diesem Fall dort eine "virtuelle Masse". Bei Überschreitung von $u_a = U_F + U_Z$, da eine Z-Diode in Durchlass-, die anderen in Sperrrichtung geschaltet sind, folgt durch die geringen Werte von r_D und r_Z eine starke Rückkopplung. Das hat zur Folge, so $|U_F + U_Z| < |U_{asat}|$ also unter der Sättigungsgrenze liegt, dass keine Übersteuerung mehr eintreten kann. Demnach müsste auch keine Umschaltverzögerung vorhanden sein. Weiterhin steht der Punkt A über die Rückkopplung auf der "virtuellen Masse" und somit ist auch der Schutz gegen zu hohe Eingangsspannungen erreicht.

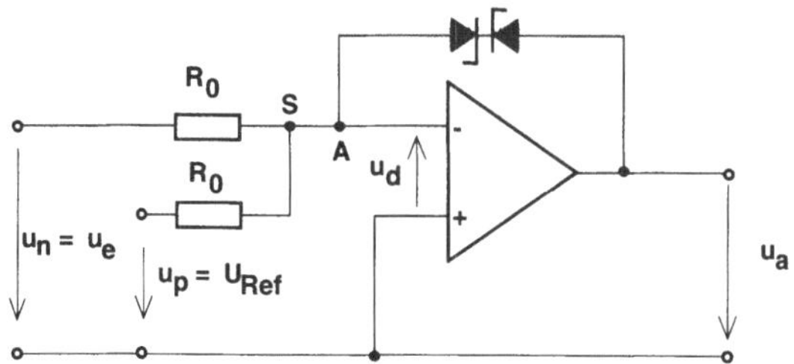

Bild 11.42 Schema eines Komparators mit Z-Dioden in der Rückkopplung

$$u_a = -\frac{r_D + r_Z}{R_0} \cdot \left(u_e + U_{Ref}\right) \tag{11.95}$$

Der Ausgang nimmt folgende Werte an:

$u_a = U_Z + U_F$ für $u_e < -U_{Ref}$

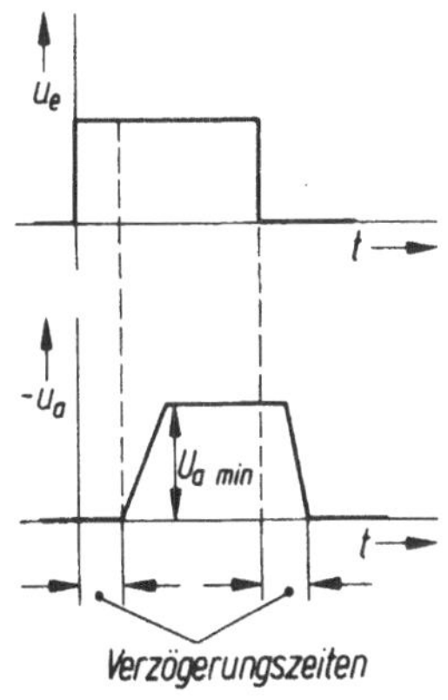

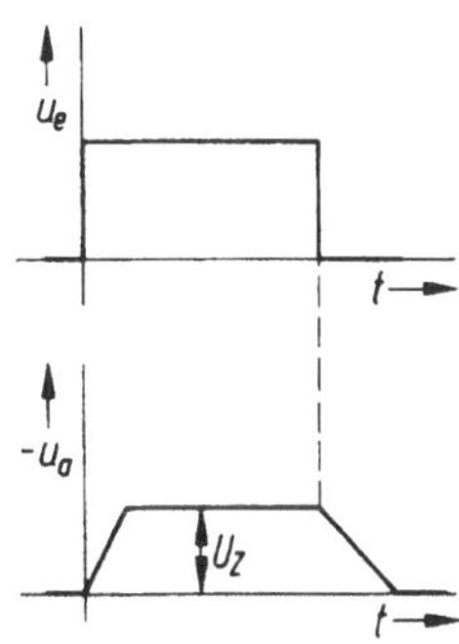

Bild 11.43 Darstellung der Verzögerungen beim Umschalten
a) ohne Rückkopplung b) mit Z-Dioden-Rückkopplung

Als Überschlagsbetrachtung kann festgestellt werden, dass, wenn man $U_Z >> U_F$ annimmt, sich die Ausgangsspannung ergibt zu entweder $u_a = -U_Z$ für $u_e > -U_{Ref}$

oder $u_a = +U_Z$ für $u_e < -U_{Ref}$

Das zeitliche Verhalten ist in den Bildern 11.43a bzw. 11.43b dargestellt. Diese Bilder beweisen, dass ohne Rückkopplung eine Übersteuerung eintritt. Diese hat störende Umschaltverzögerungen zur Folge. Wird aber eine Rückkopplung z.B. über eine Z-Diode eingeführt, so verringert sich die Höhe des Ausgangssignals. Folglich tritt keine Übersteuerung mehr ein und dann auch keine Verzögerung.

11.6.2 Schmitt-Trigger

Der Schmitt-Trigger ist eine Sonderform des Komparators, wo über die äußere Beschaltung in der Rückkopplung zwei Schaltschwellen festgelegt werden, die je nach Berechnung näher oder weiter von einander entfernt liegen können. Die Besonderheit dieser Schaltungslösungen liegt darin, dass die Rückkopplung keine Gegenkopplung, sondern eine Mitkopplung durch die Rückführung des Ausgangssignals an den p-Eingang ist. Durch den unterschiedlichen Pegel am Summenpunkt S, der sich jetzt am p-Eingang befindet, der vom Ausgangssignal ausgelöst wird, ergeben sich je nach vorherigem Schaltzustand zwei unterschiedliche Schaltpunkte. Den Wert zwischen den Schaltpegeln nennt man Hysterese. Setzt man Widerstände in die Rückkopplung ein, so werden sich symmetrische Schaltpegel ergeben. Voraussetzung dazu ist, dass die Ausgangssignale auch symmetrisch sind. Setzt man aber z.B. Dioden in die Rückführungsschaltung ein, so kann man unterschiedliche unsymmetrische Schaltpegel erreichen.

11.6.2.1 Schmitt-Trigger mit invertierenden OPV

Im Bild 11.44 ist eine Anwendung des invertierenden Verstärkers als Schmitt-Trigger dargestellt. Am p-Eingang liegt über R_0 die feste Referenzspannung. Über R_1 wird das Ausgangssignal an den p-Eingang und somit im Sinne einer Mitkopplung phasengleich zurückgeführt. Je nach Widerstandsverhältnis bildet sich am Summenpunkt S ein Pegelwert ab, der den Schwellpunkt darstellt. Daraus ist auch sofort ersichtlich, dass der Punkt je nach Lage von u_a zwei Werte bei fester u_{Ref} annehmen wird. Um die Schaltpunkte bestimmen zu können, ist es notwendig die Signale um den Summenpunkt zu analysieren.

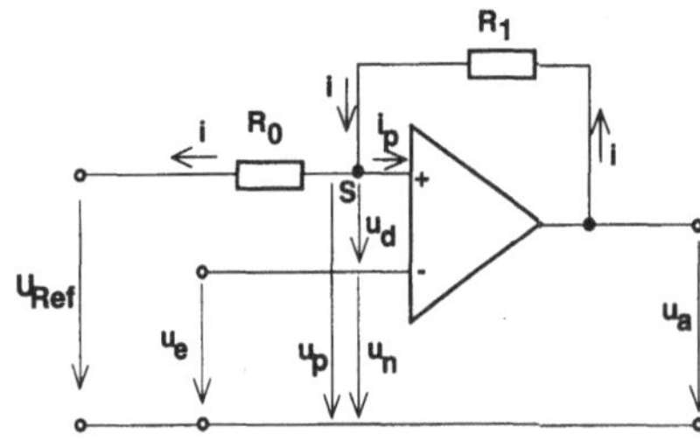

Bild 11.44 Schmitt-Trigger mit invertierenden OPV

Es gelten folgende Ansätze:

$$i = \frac{u_a - U_{Ref}}{R_1 + R_0} \tag{11.96}$$

Beim idealen OPV gilt: $i_p = 0$

Damit folgt nach dem *Maschensatz*:

$$U_{Ref} = - i \cdot R_0 + u_p$$

bzw.
$$u_p = i \cdot R_0 + U_{Ref} \tag{11.97}$$

Weiterhin ergibt sich nach dem *Überlagerungssatz* $u_p = u_{p1} + u_{p2}$ mit den Teilspannungen

$$u_{p1} = \frac{R_0}{R_1+R_0} \cdot u_a \qquad \text{bei} \qquad U_{Ref} = 0$$

$$u_{p2} = \frac{R_1}{R_1+R_0} \cdot U_{Ref} \qquad \text{bei} \qquad u_a = 0$$

$$u_p = \frac{R_0}{R_1+R_0} \cdot u_a + \frac{R_1}{R_1+R_0} \cdot U_{Ref} \tag{11.98}$$

Da Mitkopplung vorliegt, die Rückführung liegt am p-Eingang, folgt als Ausgangssignal am OPV ein Schalten zwischen den zwei Zuständen:

$$+U_{A\max} \quad (+U_{Asat}) \qquad \text{und} \qquad -U_{A\max} = U_{A\min} \quad (-U_{Asat})$$

Setzt man nun die zwei möglichen Ausgangsspannungen ein, so ergibt sich im Punkt S als Schaltpegel:

$$u_{p\max} = \frac{R_0}{R_1+R_0} \cdot U_{A\max} + \frac{R_1}{R_1+R_0} \cdot U_{Ref} \tag{11.99}$$

$$u_{p\min} = \frac{R_0}{R_1+R_0} \cdot U_{A\min} + \frac{R_1}{R_1+R_0} \cdot U_{Ref} \tag{11.100}$$

Die Schaltung springt bei der Änderung von u_e von einem Pegel auf den anderen. Aus $u_d = u_p - u_n = u_p - u_e = 0$ und dementsprechend $u_e = u_p$ ergeben sich *zwei Pegel* für den jeweiligen Schaltpunkt für das Eingangssignal, die mit I oder II gekennzeichnet werden sollen:

Pegel I:
$$U_{eI} = \frac{R_0}{R_1+R_0} \cdot U_{A\max} + \frac{R_1}{R_1+R_0} \cdot U_{Ref} \tag{11.101}$$

Pegel II:
$$U_{eII} = \frac{R_0}{R_1+R_0} \cdot U_{A\min} + \frac{R_1}{R_1+R_0} \cdot U_{Ref} \tag{11.102}$$

Da in dieser Schaltung nur passive Bauelemente vorliegen, und die Gln. 11.101 und 11.102 zeigen das auch, ergeben sich um den Nullpunkt symmetrische Schaltpunkte. Vorausgesetzt muss aber werden, dass die beiden Betriebsspannungen ebenfalls symmetrisch sind, das wiederum symmetrische Ausgangssignale bringt.

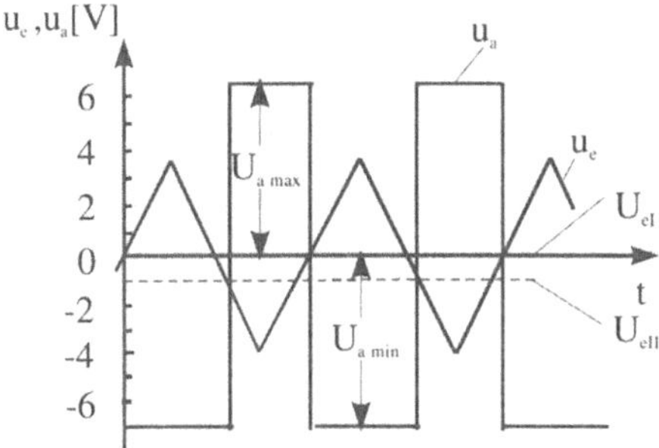

Bild 11.45 Schaltschwellen des Schmitt-Triggers

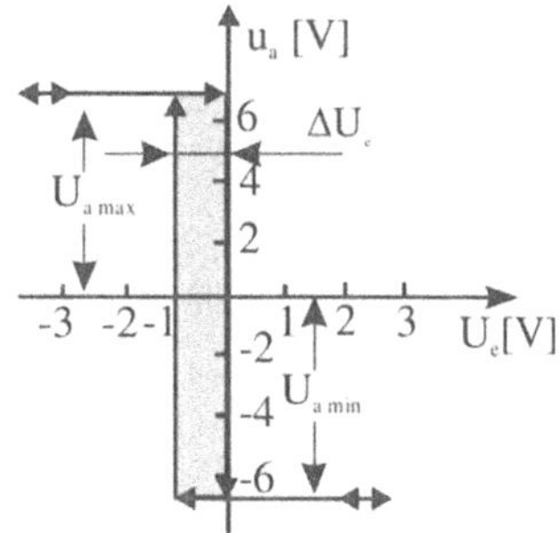

Bild 11.46 Hysteresebereich des Schmitt-Triggers

Die *Schalthysterese*, die den Abstand der beiden Schaltpunkte beschreibt, ergibt sich zu:

$$\Delta U_e = U_{eI} - U_{eII} = \frac{R_0}{R_1+R_0} \cdot (U_{A\max} - U_{A\min}) \tag{11.103}$$

Weiter Berechnungen ergeben sich zur Hysteresebreite und zu dem Widerstandsverhältnis

$$n = \frac{R_0}{R_1} = \frac{\Delta U_e}{(U_{A\max} - U_{A\min}) - \Delta U_e} \tag{11.104}$$

sowie zur Ermittlung der Referenzspannung

$$U_{Ref} = U_{eI} \cdot \left(\frac{R_0}{R1} + 1 \right) - \frac{R_0}{R_1} \cdot U_{A\max} \tag{11.105}$$

Die Bilder 11.45 und 11.46 zeigen eine unsymmetrische Lösung für die Schaltschwellen, wobei die eine bei 0V und die andere bei -1 V liegt.

Diese Ergebnisse setzen eine unsymmetrische Ausgangssignallage oder richtungsabhängige Bauelemente in der Schaltung voraus.

11.6.2.2 Spannungsgesteuerter Schmitt-Trigger

Eine weitere Lösung für einen Schmitt-Trigger stellt die Schaltung im Bild 11.47 mit einer spannungsgesteuerten Stromrückkopplung dar. Die Schaltung zeigt wegen der Mitkopplung das gleiche Schaltungsschema, nur mit den Unterschieden, dass an R_0 hier nicht das Referenz-, sondern das Eingangssignal anliegt. Weiter liegt an dem n-Eingang, wo vorher das Eingangssignal lag, jetzt die Masse. Es könnte dort auch eine Referenzspannungsquelle anliegen. Folgende Funktion kann nun beschrieben werden.

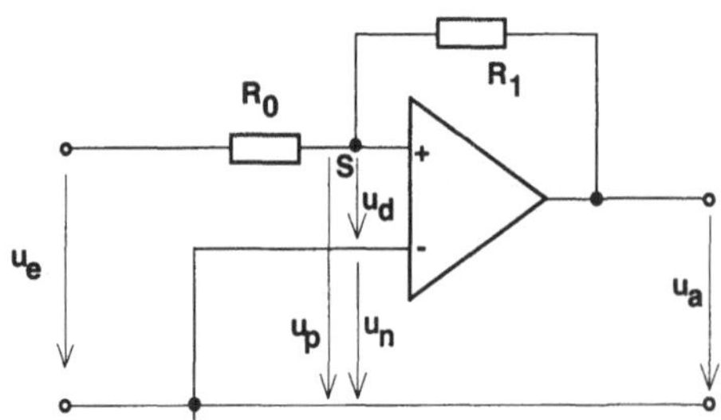

Bild 11.47 Schmitt-Trigger mit spannungsgesteuerter Stromrückkopplung

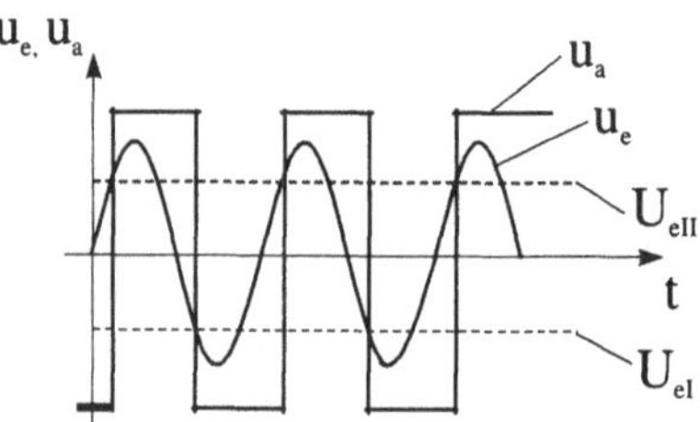

Bild 11.48 Signalverlauf bei einem sin-förmigem Eingangssignal

Der n-Eingang liegt auf Masse, damit ergibt sich $u_n = 0$ und gemäß eines idealen OPVs folgt somit $u_d = u_P$. Da eine Mitkopplung ohne Signalbegrenzung vorliegt, die Rückführung liegt am p-Eingang, folgt auch, dass der OPV in den positiven oder negativen Sättigungsbereich geht. Betrachtet man nun wieder den Summenpunkt S in der Schaltung, so erhält man folgenden Ansatz

$$u_{p\max} = \frac{R_0}{R_1+R_0} \cdot U_{A\max} + \frac{R_1}{R_1+R_0} \cdot u_e \tag{11.106}$$

und die beiden Überlegungen:

bei $u_p = u_d > 0$ bleibt $u_a = U_{A\max}$

bei $u_p = u_d \leq 0$ schaltet u_a: $U_{A\max} \Rightarrow U_{A\min}$

Somit muss für den Schaltpegel I gelten:

Schaltpegel I:
$$U_{eI} = -\frac{R_0}{R_1} \cdot U_{A\max} \qquad (11.107)$$

Danach liegt am Punkt S gemäß dem Überlagerungssatz:

$$u_{p\min} = \frac{R_0}{R_1+R_0} \cdot U_{A\min} + \frac{R_1}{R_1+R_0} \cdot u_e \qquad (11.108)$$

bei $u_p = u_d < 0$ bleibt $u_a = U_{A\min}$

bei $u_p = u_d \geq 0$ schaltet u_a: $U_{A\min} \Rightarrow U_{A\max}$

Somit muss für den Schaltpegel II gelten:

Schaltpegel II:
$$U_{eII} = -\frac{R_0}{R_1} \cdot U_{A\min} \qquad (11.109)$$

Das Bild 11.48 zeigt einen Signalverlauf bei einem eingehenden Sinus-Signal. Zu erkennen ist, dass die Schaltschwellen symmetrisch sind, und das Ausgangssignal arbeitet gleichphasig zum Eingangssignal.

11.6.2.3 Schmitt-Trigger über Ausgangsspannungsteiler

Bei dieser Anwendung, wie sie auch Bild 11.49 zeigt, wird als Referenzsignal das Ausgangssignal an den p-Eingang über einen Spannungsteiler zurückgeführt. Weiterhin liegt eine invertierende Verstärkerfunktion vor, da das Eingangssignal an den n-Eingang geht. Die Schwellwerte basieren wiederum auf den zwei Endausschlägen des OPVs, die entsprechend dem Widerstandsverhältnis geteilt werden. Die beiden Schwellwerte werden rein nach der Spannungsteilerregel ermittelt, und damit ist auch die Spannung am Punkt P, die gleich dem Potential am p-Eingang ist, ausschlaggebend für das Umschalten.

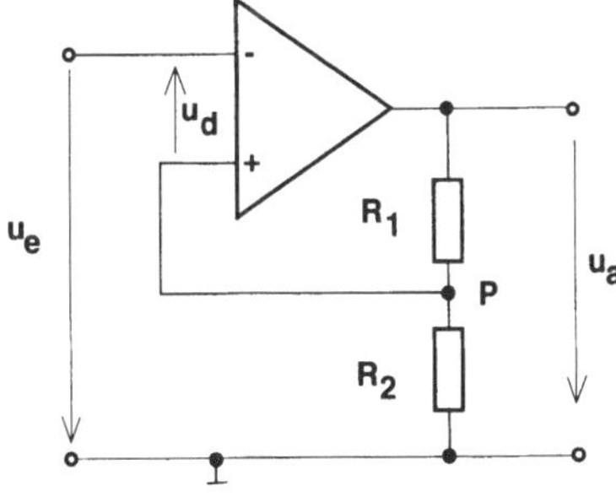

Bild 11.49 Trigger-Funktion über spannungsteiler

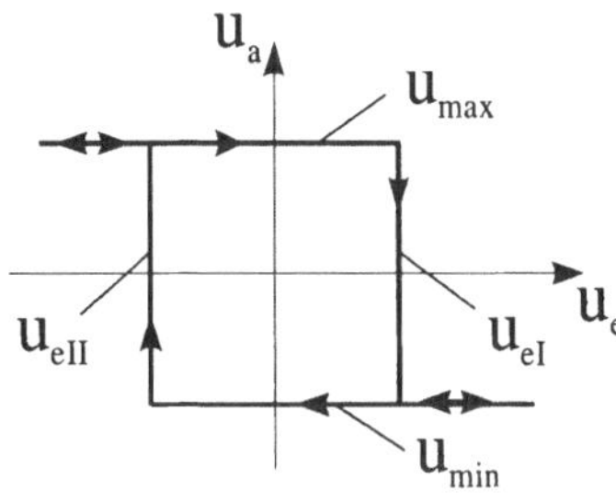

Bild 11.50 Hystereseverlauf Ausgangs-

Das erfolgt dann, wenn:

$$u_d = u_p - u_n = 0 \qquad \text{mit} \qquad u_n = u_e \qquad \text{und} \qquad u_p = \frac{R_2}{R_1+R_2} \cdot u_a$$

ist. Es ergeben sich somit die Schaltschwellen:

Schaltschwelle I:
$$U_{eI} = \frac{R_2}{R_1+R_2} \cdot U_{A\max} \tag{11.110}$$

Schaltschwelle II:
$$U_{eII} = \frac{R_2}{R_1+R_2} \cdot U_{A\min} \tag{11.111}$$

Dabei ist es egal, welche der beiden Schwellwerte mit I und welche mit II gekennzeichnet wird. Im Bild 11.50 ist der Signalverlauf dargestellt, und es zeigt auch das Hysteresefeld mit dessen Breite.

11.6.3 Astabiler Multivibrator

Aus den Überlegungen, die für die einzelnen Triggerschwellen diskutiert wurden, kann man auch folgende Ideen ableiten. Es müsste mit diesem Schaltungskonzept auch ein Generator (astabiler Multivibrator) aufbaubar sein, wenn man keine Eingangsspannung anlegt, sondern über die Rückführung einen Kondensator aufladen würde. Solange dieser nicht die Schaltschwelle erreicht, bleibt der Ausgangszustand bestehen. Tritt aber eine Gleichheit auf, so würde der OPV auf Null schalten. Das hat wiederum keine Gleichheit an den Eingängen mehr zur Folge und nun schaltet der OPV durch auf den anderen Ausgangspegel. Danach wird über die Rückführung der Kondensator umgeladen bis wieder die Gleichheit eintritt. Diese Überlegungen zu einer möglichen Funktion greift auf die Schmitt-Trigger-Schaltung aus Bild 11.49 zurück, die eine zusätzliche Rückführung über einen Widerstand vom Ausgang auf den n-Eingang hat. Außerdem ist an den n-Eingang ein Ladekondensator gegen Masse angeschlossen. Aus diesen Änderungen/Ergänzungen entsteht nun die Schaltung nach Bild 11.51. Aus dieser Schaltung ergeben sich folgende Signalbetrachtung

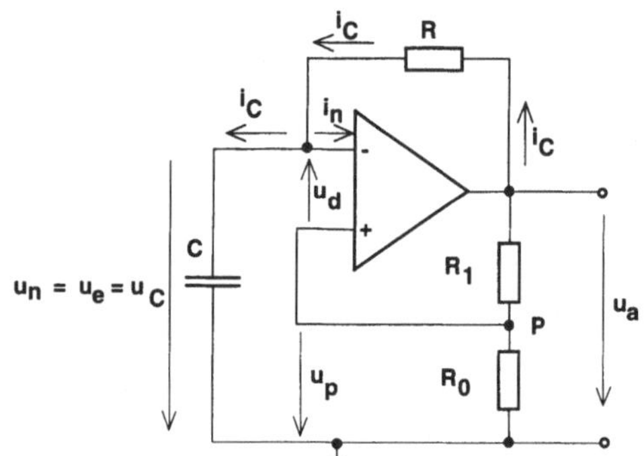

Bild 11.51 Astabiler Multivibrator mit invertierenden OPV

$$u_n = u_e = u_C$$

Wenn nun $u_a = U_{A\max}$ ist, folgt am p-Eingang:

$$u_{p\max} = \frac{R_0}{R_0+R_1} \cdot U_{A\max} \tag{11.112}$$

Über R erfolgt die Aufladung des Kondensators C. Die Umschaltung geschieht dann, wenn $u_n = u_C = u_{Cp\max}$, da zu diesem Zeitpunkt $u_d = u_p - u_C = 0$ wird. Die Umschaltung erfolgt zuerst auf $u_a = 0$. Sofort geht die Vergleichsspannung u_n über die Widerstände R_0,

R_1 auf $u_n = 0$, aber die Differenzspannung u_d auf $u_d \neq 0$. Das hat zur Folge, dass sich als neue Ausgangsspannung $u_a = U_{A\min}$ einstellt. Weiterhin stellt sich auch sofort (unverzögert) am p-Eingang ein neuer Wert ein.

$$u_{p\min} = \frac{R_0}{R_0+R_1} \cdot U_{A\min} \tag{11.113}$$

Folglich wird der Kondensator umgeladen und bei $u_n = u_C = u_{CP\min}$ schaltet der OPV wiederum, jetzt aber zurück auf $u_a = U_{A\max}$. Daraus kann folgender Ansatz als Maschengleichung angesetzt werden:

$$U_{A\max} = i_C \cdot R + u_C \tag{11.114}$$

Da für den idealen OPV gilt: $i_p = 0$ und der Ladestrom über $i_C = C\frac{du_C}{dt}$ definiert ist, ergibt sich die Ladezeitkonstante zu $\tau = R \cdot C$.

Der Gesamtansatz folgt dann als:

$$U_{A\max} = u_C + C\frac{du_C}{dt} \cdot R = u_C + \tau\frac{du_C}{dt} \tag{11.115}$$

Betrachtet man nun den Lade- und Entladevorgang, so kann man folgende Gleichungen aufstellen:

Zum Zeitpunkt $t = 0$ gilt:

$$u_C(t{=}0) = u_{p\min} = \frac{R_0}{R_0+R_1} \cdot U_{A\min} \tag{11.116}$$

Zur Betrachtung des zeitlichen Verlaufes muss festgestellt werden, dass diese Schaltung eine Gleichheit in den beiden Halbperioden haben muss, da es nur eine Ende-/Entladestrecke und damit nur eine Zeitkonstante gibt. Damit kann für die eine Teilperiode in der Zeit von $0 \leq t \leq T_1$ und für die zweite $T_1 \leq t \leq T_2$ auch geschrieben werden, dass jede eine Länge von 0,5 T hat. Somit ist folgender Ansatz für die Betrachtung der Gesamtperiode möglich:

Für den Bereich: $0 \leq t \leq T/2$ folgt für die Ladespannung der Funktion:

$$u_C(t) = \left(\frac{R_0}{R_0+R_1} \cdot U_{A\min} - U_{A\max}\right) \cdot \mathrm{e}^{-t/\tau} + U_{A\max} \tag{11.117}$$

Zum Zeitpunkt $t = T_1 = T/2$ (Umschaltpunkt $U_{A\max} \Rightarrow U_{A\min}$) muss der n-Eingang das gleiche Potential wie der n-Eingang haben. Demnach muss sich formal ergeben:

$$u_C(t{=}T/2) = u_{P\max} = \frac{R_0}{R_0+R_1} \cdot U_{A\max} \tag{11.118}$$

Daraus lässt sich nun die Zeit bis zum Erreichen dieses Zustandes als Teilperiodendauer bestimmen.

$$\frac{R_0}{R_0+R_1} \cdot U_{A\max} = \left(\frac{R_0}{R_0+R_1} \cdot U_{A\min} - U_{A\max}\right) \cdot \mathrm{e}^{-T/2\tau} + U_{A\max}$$

umgestellt nach T, also für die Gesamtperiode, ergibt sich die Lösung:

$$T = 2\tau \cdot \ln\left[1+\frac{R_0}{R_1}\left(1-\frac{U_{A\min}}{U_{A\max}}\right)\right] \tag{11.119}$$

Im Falle, dass zwei unterschiedliche Teilperioden vorliegen würden, wie es z.B. Bild 11.53 zeigt, so müssen beide Teilperioden getrennt berechnet und danach zusammengesetzt werden, bevor man die Frequenz bestimmt. Da die meisten OPVs symmetrische Sättigungsspannungen haben (natürlich bei symmetrischer Betriebsspannung) folgt:

$$U_{A\min} = -U_{A\max} \quad \text{und somit} \quad T_1 = T_2 .$$

Damit ergibt sich die Vereinfachung:

$$T = T_1 + T_2 = 2\tau \cdot \ln\left[1+2\cdot\frac{R_0}{R_1}\right] \tag{11.120}$$

Im Bild 11.52 ist schematisch der Signalverlauf am n-Eingang u_n, p-Eingang u_p sowie am Ausgang u_a dargestellt. Die entstandene Generatorfrequenz ist entsprechend dem Kehrwert zur Periodendauer definiert und berechenbar nach:

$$f_0 = \frac{1}{T} = \frac{1}{2\tau \cdot \ln\left[1+2\cdot\frac{R_0}{R_1}\right]} \tag{11.121}$$

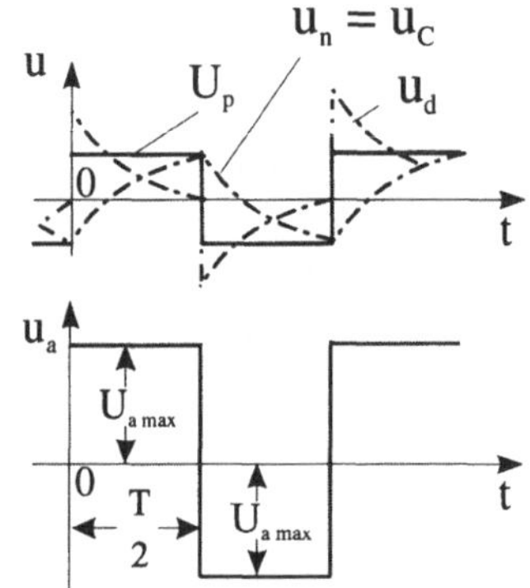

Bild 11.52 Signalverlauf am astabilen Multivibrator

Um die Generatorfrequenz variabel zu gestalten, kann man nun den Widerstand R oder die Spannungsteilerkombination R_1, R_0 oder im theoretischen Fall auch den Kondensator C veränderlich gestalten. Die bisherige Lösung lässt nur zwei gleiche Teilperiodenzeiten zu. Will man das ändern, so ergibt sich als einfache Lösung ein zweiteiliger Rückkoppelzweig, dessen Wirkungsrichtungen durch Dioden vorgeschrieben werden. Setzt man nun unterschiedliche Widerstände ein, so wird ein kleinerer Widerstand ein schnelleres Umladen auslösen und dementsprechend wird diese Teilperiode kleiner sein. Wie schon beschrieben sind hier beide Teilfunktionen zu bestimmen, wobei sich die Ladezeitkonstanten zu

$$\tau_1 = R_3 \cdot C \tag{11.122}$$

$$\tau_2 = R_4 \cdot C \tag{11.123}$$

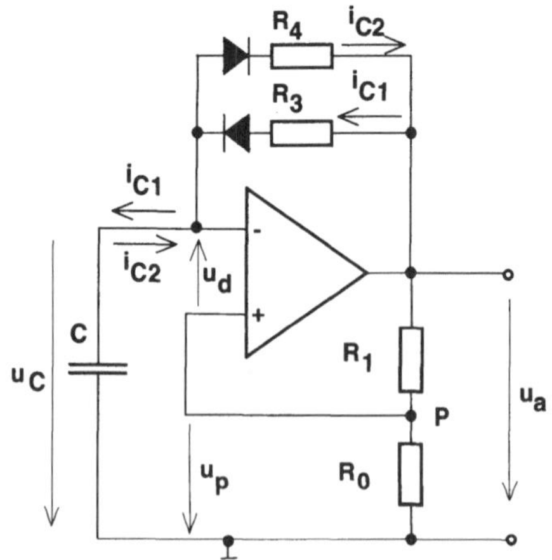

Bild 11.53 Astabiler Multivibrator mit unterschiedlichen Teilperioden

ergeben. Jetzt ist der jeweilige Spannungsverlauf für die einzelnen Zeitetappen $0 \le t \le T_1$ und $T_1 \le t \le T_2$ zu untersuchen. Daraus ergeben sich folgende Ansätze für die Spannungsverläufe. Für die Zeit $0 \leq t \leq T_1$ gilt analog wie beim symmetrischen System, nur die Zeiteinheit ist nicht T, sondern T_1.

$$\frac{R_0}{R_0+R_1} \cdot U_{A\max} = \left(\frac{R_0}{R_0+R_1} \cdot U_{A\min} - U_{A\max} \right) \cdot e^{-T_1/\tau_1} + U_{A\max}$$

Umgestellt nach T_1, also für die Teilperiode des Ladens, ergibt sich die Lösung:

$$T_1 = \tau_1 \cdot \ln \left[1 + \frac{R_0}{R_1} \left(1 - \frac{U_{A\min}}{U_{A\max}} \right) \right] \tag{11.124}$$

Für den zweiten Zeitraum $T_1 \leq t \leq T_2$ gilt in Analogie:

$$\frac{R_0}{R_0+R_1} \cdot U_{A\min} = \left(\frac{R_0}{R_0+R_1} \cdot U_{A\max} - U_{A\min} \right) \cdot e^{-T_2/\tau_2} + U_{A\min}$$

umgestellt nach T_2, also für die zweite Teilperiode, ergibt sich die Lösung:

$$T_2 = \tau_2 \cdot \ln \left[1 + \frac{R_0}{R_1} \left(1 - \frac{U_{A\max}}{U_{A\min}} \right) \right] \tag{11.125}$$

Abschließend sind die beiden Teilzeiten nur noch zusammenzufassen und die Frequenz zu berechnen, wobei die richtige Verwendung der entsprechenden Zeitkonstanten zu beachten ist.

$$T = T_1 + T_2 \qquad \text{und} \qquad f_0 = \frac{1}{T} \tag{11.126}$$

Um die Frequenz variieren zu können, ist es nun möglich, die Widerstände R_3, R_4 variabel zu gestalten, was auch gleichzeitig eine Veränderung des Tastverhältnisses mit sich bringt. Weiterhin ist zur Frequenzänderung auch denkbar, R_0, R_1 zu verändern. Dabei bleibt das Tastverhältnis erhalten. Ein Einsatz eines variablen Kondensators (Trimmer) zur Frequenzänderung ist technisch möglich, aber aus Kostengründen und wegen der Größe der Bauelemente nicht üblich.

Ein weiteres großes Einsatzgebiet ist die Regelungstechnik, die in diesem Buch nicht behandelt werden soll.

Literaturverzeichnis

[1] Beuth, K.: *Elektronik, Bd 2, Bauelemente.*
Vogel-Fachbuch-Verlag Würzburg 16. Auflage 2001

[2] Schmusch, W.: *Elektronik, Bd 6, Elektrische Meßtechnik.*
Vogel-Fachbuch-Verlag Würzburg 5. Auflage 2001

[3] WIKA: *Firmendokumentation zu Drucksensoren.*
Alexander Wiegand GmbH Klingenberg/Main 2000

[4] Lunze, K.: *Einführung in die Elektrotechnik - Lehrbuch -.*
Verlag Technik Berlin 13.Auflage 1991

[5] Lunze, K.; Wagner, E.: *Einführung in die Elektrotechnik - Arbeitsbuch -.*
Verlag Technik Berlin 7.Auflage 1991

[6] Lunze, K.: *Theorie der Wechselstromschaltungen - Lehrbuch -.*
Verlag Technik Berlin 8. Auflage 1991

[7] Lunze, K.: *Berechnung elektrischer Stromkreise - Arbeitsbuch -.*
Verlag Technik Berlin 15. Auflage 1990

[8] Möschwitzer, A.; Lunze, K.: *Halbleiterelektronik - Lehrbuch -.*
Hüthig-Verlag Heidelberg und Verlag Technik Berlin 7. Auflage 1986

[9] Möschwitzer, A u.a.: *Halbleiterelektronik - Arbeitsbuch.*
Verlag Technik Berlin 1. Auflage 1974

[10] Wupper, H.; Niemeyer, U.: *Elektronische Schaltungen 1 und 2.*
Springer-Verlag Heidelberg 1. Auflage 1996

[11] Bystron, K.; Borgmeyer, J.: *Grundlagen der Technischen Elektronik.*
Hanser-Verlag München 2. Auflage 1990

[12] Böhmer, E.: *Elemente der angewandten Elektronik.*
Vieweg-Verlag Braunschweig/Wiesbaden 12. Auflage 2000

[13] Meier, U.; Neretter, W.: *Analoge Schaltungen - Entwurf, Berechnungen, Simulation.*
Carl Hanser Verlag München 1. Auflage 1997

[14] SIEMENS AG: *Halbleiter - Technische Erläuterungen und Kenndaten für Studierende.*
Siemens AG 1998

[15] VALVO: *Valvo-Handbuch Transistoren.*
Firmenschrift 1976

[16] Papula, L.: *Mathematik für Ingenieure und Naturwissenschaftler Band 1 -3.*
Vieweg-Verlag Braunschweig/Wiesbaden 9. Auflage 2000

[17] Giesecke, P.: *Dehnungsmeßstreifentechnik, Grundlagen und Anwendung in der industriellen Meßtechnik.*
Vieweg-Verlag Braunschweig/Wiesbaden 1. Auflage 1994

[18] Dostal, J.: *Operationsverstärker.*
Verlag Technik Berlin 1.Auflage 1986

[19] Herpy, M.: *Analoge integrierte Schaltungen.*
Akademie-Verlag Budapest (2. Ausgabe in deutscher Sprache) 1988

[20] Seifart, M.: *Analoge Schaltungen.*
Verlag Technik Berlin 5. Auflage 1998

[21] Federau, J.: *Operationsverstärker.*
Vieweg-Verlag Braunschweig/Wiesbaden 1. Auflage 1998

[22] Tietze, U.; Schenk, C.: *Halbleiter-Schaltungstechnik.*
Springer-Verlag Berlin 11. Auflage 1999

[23] Herberg, H.: *Arbeitsmaterial zu den Vorlesungen Elektronik 1-3.*
Fachhochschule Frankfurt 6. Auflage 2001

[24] Naundorf, U.: *Analoge Elektronik.*
Hüthig-Verlag Heidelberg 1. Auflage 2001

[25] Analog Devices: *Data Manual.*
Firmenschrift 1992

Weitere empfehlenswerte Literatur

Metz, D.; Naundorf, U.; Schlabbach, J.: *Kleine Formelsammlung Elektrotechnik.*
Fachbuchverlag Leipzig 3. Auflage 2001

Meister, H.: *Elektronik, Bd 1, Elektrotechnische Grundlagen.*
Vogel-Fachbuch-Verlag Würzburg 12. Auflage 2001

Beuth, K.; Schmusch, W.: *Elektronik, Bd 3, Grundschaltungen.*
Vogel-Fachbuch-Verlag Würzburg 14. Auflage 2000

Beuth, K.: *Elektronik, Bd 4, Digitaltechnik.*
Vogel-Fachbuch-Verlag Würzburg 11. Auflage 2001

Seifart, M.: *Digitale Schaltungen.*
Verlag Technik Berlin 5. Auflage 1998

Müller, R.; Piotrowski, A.: *Einführung in die Elektrotechnik und Elektronik Band 1 und 2.*
Oldenbourg-Verlag München 4. Auflage 1996

Beuth, K.; Beuth, O.: *Elementare Elektronik.*
Vogel-Fachbuch-Verlag Würzburg 6. Auflage 2000

Vömel, M.; Zastrow, D.: *Aufgabensammlung Elektrotechnik Band 1 und 2.*
Vieweg-Verlag Braunschweig/Wiesbaden 1. Auflage 1998

Lindner, H.: *Elektro-Aufgaben Band I bis III.*
Fachbuchverlag Leipzig im Carl Hanser Verlag München 21. Auflage 1998

Koß, G.; Reinhold,W.: *Lehr- und Übungsbuch Elektronik.*
Fachbuchverlag Leipzig im Carl Hanser Verlag München 1. Auflage 1998

Paul, R.: *Elektronische Halbleiterbauelemente.*
B.G. Teubner-Verlag Stuttgart 3. Auflage 1992

Paul, R.: *Elektrotechnik und Elektronik für Informatiker Band 1.*
B.G. Teubner-Verlag Stuttgart 2. Auflage 1999

Becker, W.-J.; Bofing, K.W.; Höing, K.: *Handbuch elektrische Meßtechnik.*
Hüthig Verlag Heidelberg 1. Auflage 1998

Brauer, H.: *Elektronik-Aufgaben, Band 1: Bauelemente und Grundschaltungen.*
Fachbuchverlag Leipzig-Köln GmbH 2. Auflage 1999

Lehmann, C.: *Elektronik-Aufgaben, Band II: Analoge und digitale Schaltungen.*
Fachbuchverlag Leipzig-Köln GmbH 1. Auflage 1994

Reisch, M.: *Elektronische Bauelemente.*
Springer-Verlag Berlin Heidelberg 1.Auflage 1998

Sachwortverzeichnis

A

Abfallzeit 144, 194, 195
Abfallzeitkonstante 197
Abgleichmöglichkeit 306
Abschnürbereich 155, 188ff,
Abschnürgrenze 152
Abschnürpunkt 168
Achsenschnittpunkte 106
Addierer 332
aktiver Bereich 91
Ankopplung 123
Anpassungsart 123
Anreicherungsbetrieb 170
Anreicherungstyp 163, 199
Anreicherungstyp n-Kanal 164, 168
Anreicherungstyp p-Kanal 165
Anstiegszeit 143, 193
Anstiegszeitkonstante 192, 197
Arbeit elektrische 26, 29
Arbeitsbereich 65, 139
Arbeitspunkt 103ff, 161, 178, 205ff, 222ff
Arbeitspunkt, Stabilisierung 111
Arbeitspunktabhängigkeit 218, 224
Arbeitspunkteinstellung 104ff, 117, 130, 159, 173, 233
Arbeitspunktwahl 106
Atommodell 30
Ausgangsadmittanz 241, 284
Ausgangsbeschaltung 259
Ausgangseffektivwert 50, 53
Ausgangsgleichspannung 48, 53, 60
Ausgangsimpedanz 241, 277, 313, 322, 330
Ausgangskapazität 358
Ausgangskennlinie 177
Ausgangskennlinienfeld 89ff, 101, 154, 170ff, 210, 223
Ausgangsleitwert 87, 102, 209, 220ff, 285
Ausgangsleitwert, differentieller 169, 171
Ausgangsmasche 84, 108, 125
Ausgangssignal 290, 314, 326, 341
Ausgangsspannung 190, 200f, 320, 335f, 345, 349
Ausgangsstrom 121, 312
Ausgangsverstärker 298ff
Ausgangswiderstand 123ff, 160, 181, 231, 239, 251, 297, 303
Ausgangswiderstand, differentieller 156
Ausschaltverzögerung 194
Ausschaltzeit 142, 144, 194
Außenbeschaltung 239
Außenlast 239ff
Aussteuerbarkeit 105
Aussteuerbarkeit, maximal 106f, 130
Aussteuerbereich 114, 161
Aussteuerung, maximal 110
Auswahlreihe 70

B

Bahnwiderstand 40, 95, 153, 166
Basis 79
Basis-Emitter-Spannung 79, 100, 334
Basis-Emitter-Spannungsquelle 88, 231
Basis-Emitter-Widerstand 88, 209, 231
Basisgleichstrom 102
Basisschaltung 85ff, 133, 213ff
Basisspannungsteiler 93, 109, 118, 124, 231, 255, 281
Basisvorwiderstand 93, 108, 255
Belastung, maximale 70
Beleuchtungsstärke 76
Bereich, ohmscher 155, 182, 185f, 190ff
Beschaltung, äußere 236, 238, 256
Beschaltung, innere 236, 238
Betrieb, übersteuerter 140
Betrieb, invertierender 308
Betrieb, nichtinvertierender 308
Bipolar-Transistor 78

Blindleistung 28
Blindwiderstand 18, 119
Bootstrap-Schaltung 131
Brückenbauelement 255
Brückengleichrichter 45, 51
Brummspannung 59f

C

CMOS 197
CMOS-Schalter 199
CMOS-Schaltung 173
CMRR 293

D

Darlington-Schaltung 131
Dehnungsmessstreifen (DMS) 7
Differenzausgangsspannung 293
Differenzbetrieb 309
Differenzeingangsimpedanz 318
Differenzeingangssignal 341
Differenzeingangsspannung 292, 316
Differenzeingangsstrom 303
Differenzeingangsstufe 295, 332
Differenzeingangswiderstand 294, 296
Differenzierer 302, 334, 337
Differenzierglied 24f
Differenzschaltung 292, 303, 312, 326, 348
Differenzspannungsverstärkung 293, 303
Differenzverstärker 287f, 297f, 300, 303, 307, 309, 319, 325,
Differenzverstärkung 297
Diffusionskapazität 42
Diffusionsspannung 32f, 167
Diode 30
Diode, lichtemittierende 76
Diode, lichtempfindliche 76
Diodenersatzschaltbild 39
Diodensperrspannung, maximale 49, 54, 58
Diodenspitzenstrom 49, 54, 58
Diodenstrom, mittlere 49, 54
Diodenstrom, maximaler 66
Dotierung 31
Drain-Schaltung 180
Drain-Source-Sättigungsspannung 151
Drain-Source-Spannung 150
Drain-Source-Widerstand 181, 183, 188, 194
Drain-Strom 167f, 175f, 192, 200f
Drain-Widerstand 186, 190
Driftfeld 166
Driftverstärkung 115f
Dual-in-line-Gehäuse 300
Durchbruchbereich 65, 155
Durchlassbereich 65, 100
Durchlassbetrieb 35
Durchlassrichtung 343

E

Early-Effekt 80, 90, 92, 188, 224
Early-Faktor 98
Ebers-Moll-Modell 94, 96, 206, 334
Effektivwert 27, 48
Eigenleitfähigkeit 30
Eingang, invertierender 295
Eingang, nichtinvertierender 295
Eingangsadmittanz 239f, 284
Eingangsbeschaltung 259
Eingangsimpedanz 239f, 273, 277, 304, 313, 318, 320, 330
Eingangskapazität 257
Eingangskennlinie 206
Eingangskennlinienfeld 89, 93, 101, 210
Eingangsleitwert 102, 282
Eingangsruhestrom 313, 323, 336
Eingangsspannung 48, 292, 320, 326, 343
Eingangsspannungsteiler 79, 162, 174
Eingangsstrom 121
Eingangsstromquelle 212
Eingangswiderstand 86, 122, 127f, 130ff, 157, 159, 181, 191, 218, 229, 231, 239, 250, 295, 303, 318, 322, 327
Einschaltspeicherzeit 192
Einschaltverzögerung 192f
Einschaltzeit 142f, 191, 193

Einweg-Gleichrichter 45
elektrisches Feld 32f
Elektronenbewegung 82
Elektronendrift 153
Emitter 79
Emitterimpedanz 274
Emitterschaltung 83, 85, 87, 118, 124, 207, 216f, 230, 253, 255, 274, 281, 287
Emitterspannung 291
Emitterstrom, äußerer 94
Emitterstrom, innerer 94
Emitterwiderstand 291
Empfindlichkeit, spektrale 76
Entladekurve 11
Entladestrom 196
Ersatzschaltbild 2f, 30, 67, 74f, 94f, 172, 181f, 191, 193, 204, 209, 231, 234, 237, 247, 250, 256, 277, 283, 302, 318, 328, 331
Ersatzschaltbild, dynamisches 104
Ersatzschaltbild, FET 158
Ersatzschaltbild, y-Parameter 223
Ersatzschaltbild, reduziertes 95
Ersatzschaltung, CMOS 200ff
Ersatzspannungsquelle 276
Exponentialverstärker 302, 333f

F

Fehlerstrom 96
Feldeffektransistor (FET) 146
FET, selbstleitender 147
FET, selbstsperrender 147
Flussspannung 35
Frequenz 351
Frequenzabhängigkeit 314
Frequenzbetrachtung 303
Frequenzen, hohe 119
Frequenzen, mittlere 118
Frequenzen, niedrige 118
Frequenzgang 320, 331, 335, 337, 340
Frequenzverhalten 253, 303, 338f

G

Gate 150
Gate-Kapazität 167
Gate-Schaltung 181
Gate-Source-Spannung 159, 175, 224
Gate-Source-Widerstand 183
Gate-Spannung 146, 150, 166
Gegenkoppelvierpol 270
Gegenkopplung 124, 177, 268, 272, 277, 286, 318, 326,
Gegenkopplungsfaktor 272, 281
Gegenkopplungsgrad 277, 284
Gegenkopplungsspannung 272
Generator 188f, 348
Generatorgerade 117, 176
Generatorkennlinie 93, 106
Gesamtanstiegszeit 194
Gesamtperiode 349
Gesamtverstärkung 246, 259, 269, 270
Glättung 56
Gleichrichter 45
Gleichspannungsanteil 48, 53
Gleichspannungsgegenkopplung 113
Gleichstromgegenkopplung 115
Gleichstromverhältnisse 96, 330
Gleichstromverstärkung 80, 100
Gleichstromwiderstand 37
Gleichtaktbetrieb 309
Gleichtakteingangsspannung 303
Gleichtakteingangsstrom 303
Gleichtakteingangswiderstand 293, 296
Gleichtaktimpedanz 304, 318f
Gleichtaktsignal 292
Gleichtaktspannungsverstärkung 303
Gleichtaktunterdrückung 293, 297, 301 304, 313, 328
Gleichtaktverstärker 307
Gleichtaktverstärkung 293, 297, 301
Grenzfrequenz 21, 262, 266, 267, 301
Großsignalersatzschaltbild 99
Großsignalverhalten 38, 97
Grundverstärkung 307f

H

Halbperiode 349
Halbwelle 44, 46
Heissleiter (NTC) 6
Hochpass 22, 254, 264
Hybrid- (h-) Parameter 86, 88, 208, 219, 228f, 238, 282
h-Parameter, Ersatzschaltbild 208
h-Parameter, Umrechnung 215
Hysterese 345, 348
Hysteresebreite 346

I

IEC-Normreihe 4
Imaginärteil 262
Impedanz 273, 304
Impedanzwandler 130, 327
Induktivität 12, 18
Integrierer 302, 334f
Integrierglied 24
Inversbetrieb 94f
Isolierschicht-FET 163

K

Kaltleiter (PTC) 6
Kanalbildung 164
Kapazität 17
Kapazitätsdiode 73
Kennlinienfelder 89
Kennlinienkonstruktion 109f
Kennlinienverlauf 100
Kennlinienverschiebung 72
Kettenparameter, a-Parameter 228
Kirchhoffsche Sätze 1
Kleinsignalersatzschaltbild 102, 212
Kleinsignalparameter 102
Kleinsignalverhalten 41, 101, 205, 208, 211, 221
Knickbereich 65
Knotenpunktsatz 1
Kollektor 79
Kollektor-Emitterleitwert 231
Kollektor-Emitterspannung 79
Kollektor-Emitterwiderstand 88, 231
Kollektorgleichstrom 102
Kollektorschaltung 85, 87, 130, 124, 214ff
Kollektorstrom 81
Kollektorstrom, äußerer 94
Kollektorstrom, generierter 120
Kollektorstrom, innerer 94
Kollektorstromquelle 88
Kollektorwiderstand 83, 292
Komparator 341, 343
Kompensation 323
Kondensator 9
Kondensatorentladung 11
Koppelfaktor 270
Koppelkondensator 238, 253, 255, 263
Koppelmasche 126
Kopplekondensatoren 233
Korrektur, externe 324f
Korrektur, interne 325
Kristallstruktur 30f
Kurzschluss-Ausgangsleitwert 249
Kurzschluss-Eingangsleitwert 249
Kurzschlussstrom 2f, 93
Kurzschluss-Stromverstärkung 244, 246
Kurzschluss-Übertragungsleitwert 249

L

Ladeendspannung 197
Ladeendwert 11
Ladekurve 10
Ladespannung 349
Ladestrom 10, 196, 349
Ladezeitkonstante 350
Ladungsträger 80, 166
Ladungsträgerdichte 146
Ladungsträgerdiffusion 33
Ladungsträgerfalle 80, 83
Ladungsträgerinjektion 79, 83
Ladungsträgertransport 83
Ladungsträgerverteilung 164
Lambda-Effekt 155, 224
Längsregler 136

Längswiderstand 325
Lastimpedanz 273
Lastleitwert 282
Lastschwankungsfaktor 62
Lastwiderstand 186f
Lastwiderstand, minimaler 70
Lastwiderstand, optimaler 244
Leckstrom 95f, 154
Leerlaufausgangsspannung 304, 319f
Leerlaufspannung 2f, 93
Leerlaufspannungsverstärkung 243, 246
Leerlaufverstärkung 296, 307, 327
Leistung 26, 105
Leistungsanpassung 123
Leistungsgrenzwert 73
Leistungsverstärker 298
Leistungsverstärkung 121, 136, 244, 246
Leistungsverstärkung, maximale 123
Leitfähigkeit 146f, 166
Leitwertparameter, y-Parameter 228
Leuchtdiode 77
Linearisierung 98
Linearverstärker 302
Löcherbewegung 82
Löcherwanderung 84
Logarithmierer 302
Logarithmierverstärker 334
Logik-Baustein 63

M

Maschengleichung 349
Maschensatz 1
Masse, virtuelle 316f, 343
Matrixdarstellung 212, 217, 228f
Miller-Theorem 255f, 258, 283
Mitkopplung 268, 346
MOSFET 149, 188, 221
MOS-Transistor 173
Multivibrator 348, 350

N

Nachladezeitraum 57
Näherungslösung 69
Näherungsverfahren 71
Negator 198
Niederfrequenzverstärker 330
Normalbetrieb 79, 82, 94f, 218

O

ODER-Gatter 63
Offset 296
Offsetfehler 306, 324
Offsetkorrektur 300
Offsetspannung 305, 313, 323, 336
Offsetspannungsdrift 305
Offsetstrom 306
Ohmsche Gesetz 1
Operationsverstärker (OPV) 287, 295, 313
OPV, ideal 296, 313, 316, 325, 328, 330, 341
OPV, invertierender 344
OPV, realer 297, 318, 327
Optimierungskriterium 245

P

Parallelschaltung 9
Pegel, logischer 186
Periodendauer 350
Phasenaddierstufe 300, 325
Phasendrehung 315, 335, 341
Phasenverlauf 17
Phasenverschiebung 120
Phasenwinkel 17, 303
Photowiderstand 8, 76
Pinch-off-Spannung 152, 154
PN-Übergang 32, 146, 150
Potentialsteuerung 177

Q

Querstrom 197, 200ff

R

Raumladung 32
Raumladungszone 32f, 150, 155
Rauschen 296
RC-Kombination 337
RC-Reihenschaltung 19
Rechenschaltung 332
Referenzsignal 341, 343
Referenzspannung 341, 344, 346
Regelverstärker 302
Reststrom 96, 100
RL-Reihenschaltung 20
Rückführung 348
Rückkoppelfaktor 311
Rückkoppelgrad 114
Rückkoppelstufe 269
Rückkoppelzweig 338
Rückkopplung 268f, 284, 287, 301, 307, 311f, 318, 326, 331, 334, 336, 343
Rückkopplungsgrad 112
Rückwärtssteilheit 102, 212
Rückwärtsverstärkung 92
Rückwirkung 296
Rückwirkungskennlinienfeld 89, 92f
Ruhestrom 306

S

Sättigung 301
Sättigungsbereich 91, 117, 186, 346
Sättigungsgrenze 139f, 183
Sättigungsspannung 350
Sättigungsspannung, maximale 152
Sättigungssteilheit 156
Sättigungsstrom 94, 154, 169, 170
Schalter, digital 137
Schalter, idealer 39
Schalterbetrieb 117, 137, 186
Schaltereinsatz 104, 184
Schaltgeschwindigkeit 145
Schaltpegel 345, 347
Schaltpunkt 189, 345
Schaltschwelle 345
Schaltstufen 340
Schaltverhalten 43f
Schaltverhältnis 187
Schaltzeitberechnung, vereinfacht 195
Schaltzeiten 85, 191
Schaltzustände 85, 185
Scheinleistung 29
Schichtfolge 78
Schmitt-Trigger 341, 344, 346, 348
Schnittstellen 227, 235, 241
Schottky-Diode 75
Schutzdiode 342
Schwellspannung 36f, 66, 167, 231, 342
Schwellwertschalter 341
Siebfaktor 61f
Siebkette 62
Siebung 61
Signalaufbereitung 335
Signalverlauf 190
Silizium, n-dotiert 31
Silizium, p-dotiert 31
Sinus-Signal 16
Source-Schaltung 198, 221
Source-Widerstand 160, 181
Spannung, induzierte 13
Spannungs-/Spannungs-Gegenkopplung 270, 310
Spannungs-/Strom-Gegenkopplung 270, 280, 311, 318
Spannungsanpassung 123
Spannungsfolger 327
Spannungsgegenkopplung 111, 178
Spannungskomparator 340
Spannungsoffsetabgleich 307
Spannungsquelle 2, 209
Spannungsregler 136
Spannungsrückkopplung 116, 177, 281, 310
Spannungsrückwirkung 86, 209, 219, 229
Spannungsrückwirkungskennlinienfeld 210
Spannungssteuerkennlinienfeld 89f
Spannungssteuerung 265ff, 279, 285
Spannungsteilergesetz 326

Spannungsverstärkung 119, 129, 126, 133, 160, 242, 252, 258, 260f, 276, 303, 313f, 317, 326
Speicherzeit 144, 194f
Spektralbereich 76
Sperrbereich 91, 100, 139, 185
Sperrbetrieb 35
Sperrrichtung 34, 343
Sperrschicht 83, 151
Sperrschichtaufbau 150
Sperrschicht-Effekt 146, 148
Sperrschicht-FET 150, 154
Sperrschichtkapazität 42
Sperrschichtweite 152f, 167
Sperrspannung 65
Sperrspannungsfestigkeit 35
Sperrstrom 65, 76
Sperrstromverlauf 68
Sperrwiderstand 186
Sperrzustand 138, 186, 188
Stabilisierung 67, 113, 137
Stabilisierungskriterium 71
Stabilisierungsschaltung 66
Steigung 188
Steilheit 156, 160, 169, 171, 220
Steuerkennlinie 154, 170ff, 176f, 206
Steuerkennlinienfeld 223
Steuerspannung 183
Strom-/Spannungs-Gegenkopplung 270f, 279, 285, 311
Strom-/Strom-Gegenkopplung 270, 312
Stromanpassung 123
Strombetrachtung 316, 337
Stromgegenkopplung 111, 113, 178
Stromoffsetabgleich 307
Stromquelle 2, 200f, 209
Stromrichtung, technische 84
Stromrückkopplung 116, 178, 310
Stromsteuerkennlinienfeld 89f, 93, 210
Stromsteuerung 265ff, 279, 286
Stromverstärkung 81, 87, 102, 119, 121, 127, 135, 209, 219, 229, 243, 251, 276, 286
Subtrahierer 302, 332
Summierer 302
Symmetrie 290, 305

T

Teilperiode 349ff
Teilverstärkung 247, 259
Temperaturabhängigkeit 4
Temperaturkoeffizient 4, 306
Temperaturverhalten 38, 72, 99f, 158
T-Glied 338f
Thermistor 6
Tiefpass 21, 254, 262, 265
TO-Zylindergehäuse 300
Transistorfunktion 334
Transistorschaltzustand 138
Tunneldiode 74

U

Umkehraddierer 332
Umschaltverzögerung 343
UND-Gatter 64
Universal-OPV 299
Überlagerung 317
Überlagerungsgestz 317
Übersteuerung 138, 141
Übersteuerungsbereich 301
Übersteuerungsfaktor 117, 141
Übertragungsfunktion 329, 331, 340
Übertragungsverhalten 188, 301

V

Varistor 6
Verarmungstyp 163, 165f, 170
Verhalten, dynamisches 103, 191, 203
Verlustleistung 157, 189
Verstärker, invertierender 307, 311, 314, 318, 342
Verstärker, nichtinvertierender 307, 314, 325f, 328
Verstärkereinsatz 104
Verstärkerfunktion 79
Verstärkerschaltung 226, 237

Verstärkerstufe 287
Verstärkung 283, 296, 315, 317, 341
Verstärkung, äußere 269, 276
Verstärkung, innere 269, 276
Verstärkungsberechnung 119, 258, 329
Verzerrung 205
Verzögerung 342
Verzögerungszeit 143, 192
Vierpol 86, 207, 222, 226, 234, 241, 248, 338
Vierpol, Ersatzschaltbild 87
Vierpolanalyse 227
Vierpolparameter 85
Vierpolsystem 206
Vierquadrantenkennlinienfeld 93, 103, 210
Vorspannungserzeugung 159

W

Wärmeumsatz 105
Wechselstromeigenschaften 302
Wechselstromverhalten 117
Wechselstromwiderstand 21
Welligkeit 53
Welligkeitsspannung 59, 60
Widerstand, differentieller 5, 37, 42, 182
Widerstand, dynamischer 68
Widerstand, gesteuerter 182, 184
Widerstand, innerer 2, 10
Widerstand, interner 2
Widerstand, komplexer 20
Widerstand, nichtlinearer 5
Widerstand, ohmscher 3
Widerstandsparameter, z-Parameter 228
Widerstandsverhältnis 346
Winkelgeschwindigkeit 16
Wirkleistung 28

Y

y-Parameter 222, 224, 248, 250, 282

Z

Z-(Zener-)Diode 64, 343
Z-Bereich 65
Zeitkonstante 10, 14, 204, 351
Zener-(Z-)Spannung 35
Zener-Effekt 65
Zweipol 20
Zweiweggleichrichter 45, 50

Weitere Titel zur Nachrichtentechnik

Fricke, Klaus
Digitaltechnik
Lehr- und Übungsbuch für Elektrotechniker und Informatiker
Mildenberger, Otto (Hrsg.)
2., durchges. Aufl. 2001. XII, 315 S.
Br. € 26,00
ISBN 3-528-13861-0

Klostermeyer, Rüdiger
Digitale Modulation
Grundlagen, Verfahren, Systeme
Mildenberger, Otto (Hrsg.)
2001. X, 344 S. mit 134 Abb.
Br. € 27,50
ISBN 3-528-03909-4

Meyer, Martin
Kommunikationstechnik
Konzepte der modernen Nachrichtenübertragung
Mildenberger, Otto (Hrsg.)
1999. XII, 493 S. Mit 402 Abb. u. 52 Tab. Geb. € 39,90
ISBN 3-528-03865-9

Meyer, Martin
Signalverarbeitung
Analoge und digitale Signale, Systeme und Filter
Mildenberger, Otto (Hrsg.)
2., durchges. Aufl. 2000. XIV, 285 S.
Mit 132 Abb. u. 26 Tab.
Br. DM € 19,00
ISBN 3-528-16955-9

Mildenberger, Otto (Hrsg.)
Informationstechnik kompakt
Theoretische Grundlagen
1999. XII, 368 S. Mit 141 Abb. u. 7 Tab. Br. € 28,00
ISBN 3-528-03871-3

Werner, Martin
Nachrichtentechnik
Eine Einführung für alle Studiengänge
Mildenberger, Otto (Hrsg.)
2., überarb. u. erw. Aufl. 1999.
VIII, 210 S. Mit 122 Abb. u. 19 Tab.
Br. € 14,90
ISBN 3-528-17433-1

Abraham-Lincoln-Straße 46
65189 Wiesbaden
Fax 0611.7878-400
www.vieweg.de

Stand 1.11.2001
Änderungen vorbehalten.
Erhältlich im Buchhandel oder im Verlag.

Handy, Internet und Fernsehen verstehen

Glaser, Wolfgang

Von Handy, Glasfaser und Internet

So funktioniert moderne Kommunikation

Mildenberger, Otto (Hrsg.)

2001. X, 330 S. Mit 173 Abb. u. 4 Tab. Br. € 19,90

ISBN 3-528-03943-4

Dieses Buch will Verständnis wecken für die Techniken und Verfahren, die die moderne Informationstechnik überhaupt möglich machen. Nach einer Diskussion über den unterschiedlich definierten Begriff der Information in der Umgangsprache und in der Nachrichtentheorie wird auf die elementaren Zusammenhänge bei der zeitlichen und spektralen Darstellung von Signalen eingegangen, und es werden die grundlegenden Begriffe und Mechanismen der Nachrichtenverarbeitung erklärt (Nutz- und Störsignal, Modulation, Leitung und Abstrahlung von Signalen). Auf dieser Grundlage kann dann auf einzelne Kommunikationstechniken näher eingegangen werden, wie auf die optische Übertragung und Signalverarbeitung, auf Kompressionsverfahren, kompliziertere Bündelungstechniken und Nachrichtennetze. Nicht zuletzt durch einen Vergleich mit einem theoretisch vollkommenen biologischen informationsverarbeitendem System, dem Ortungssystem der Fledermäuse, wird auf die erst in den letzten Jahrzehnten möglich gewordene technische Nutzung des Optuhalempfangsprinzips eingegangen, das einen Signalvergleich als theoretische Optimallösung vorschreibt.

Abraham-Lincoln-Straße 46
65189 Wiesbaden
Fax 0611.7878-420
www.vieweg.de

Stand 1.11.2001
Änderungen vorbehalten.
Erhältlich im Buchhandel oder im Verlag.